현대 경제지리학 강의

현대 경제지리학 강의

ECONOMIC GEOGRAPHY

A Contemporary Introduction 3rd Edition

푸른길

차례

제3판 서문_____6

감사의 글_____14

1부 개념적 기반

제1장 지리학-우리는 어떻게 공간적으로 사고하는가?_____18

제2장 경제-'경제'는 무엇을 의미하는가?_____52

제3장 자본주의의 역동성-경제성장은 왜 불균등한가?_____85

제4장 네트워크-세계경제는 어떻게 연결되어 있는가?_____118

2부 주요 경제 행위자들

제5장 초국적기업-초국적기업은 어떻게 그 모든 것을 함께 유지하
는가?_____150

제6장 노동-이주 노동자는 뉴노멀인가?_____185

제7장 소비자-누가 우리가 구매하는 것을 결정하는가?_____221

제8장 금융-자본은 얼마나 강력해졌는가?_____262

3부 경제의 거버넌스

제9장 국가—누가 경제를 운영하는가?____294

제10장 국제기구—어떻게 국제개발을 운영하고 촉진하는가?
____322

제11장 환경—기후변화는 모든 것을 변화시키는가?____351

4부 사회문화적 차원

제12장 클러스터—근접성이 왜 중요한가?____388

제13장 정체성—경제는 젠더화되고 인종화되었는가?____423

제14장 대안—우리는 다양성 경제를 창출할 수 있을까?____453

5부 결론

제15장 경제지리학—지적 여행과 미래의 방향____488

찾아보기____509

제3판 서문

2007년 이 책의 초판이 출간된 이후, 경제지리학에 대해 몇몇 우수한 학생지향적 개설서가 등장하였다. 하지만 우리는 이 책을 위해 개발된 모델이 여전히 여러 측면에서 독특하다고 생각하며, 이번 제3판에서도 이러한 특징들을 포함시켰다.

- 첫째, 이 책은 지성사나 학문적 논쟁에 기반을 두기보다는, 지리학적 관점을 이용해 다루어지는 화제의 이슈들을 바탕으로 구성되었다. 우리는 여전히 이 점이 주변 세계에 호기심을 갖고 우리의 강의에 참여하는 많은 학생의 관심을 끄는 최선의 방법이라고 믿고 있다. 우리는 학문으로서의 지리학에 몰두해 있거나 심지어 이 분야의 사전 지식을 갖추고 있어야 한다고 생각하지 않는다.
- 둘째, 이 책은 우리가 기대하는 것처럼 명료하고도 매력적인 방식으로 서술되어 있다. 대학교 1, 2학년 학생들이 쉽게 접근할 수 있게 서술하였으며, 인용문들로 복잡해지는 것을 피하고자 하였다. 이 책의 장들은 지리학적 논쟁으로 주도되고 현실 세계의 사례로 뒷받침되어 있지만, 경험적 데이터와 사례 연구의 정보를 총량이 아닌 유용한 정보로 한정하려 하였다.
- 셋째, 이 책은 세계경제 자체에 관한 것이 아니지만, 오늘날 세계경제가 직면한 주요 이슈들을 폭넓게 다루고자 애썼으며, 전 세계로부터 이 책에 활용된 다양한 맥락을 반영하는 사례를 끌어오고자 신중한 노력을 기울였다. 이런 의미에서 경제지리학과 종종 그 하위 분야로 간주되는 '개발지리학(Development Geography)'을 거의 구분하지 않는다.
- 넷째, 이 책은 의도적으로 현시대에 관한 것을 담았다. 하나의 학문 분야로서 경제지리학의 역사를 성찰하는 데 상대적으로 적은 시간을 할애한 반면, 모든 장에서 학생들이 세계 각지에서 살고 일하는 현대 경제를 반영하려고 노력하였다. 이는 인용된 문헌 또한 대부분 2010년 이후에 출간된 상당히 최신임을 뜻한다.
- 다섯째, 이 책은 현대 경제지리학의 다양한 주제적·이론적 접근 방법을 반영하고 있다. 강의자들은 정치경제학적 접근 방법과 제도론적 접근 방법이 이 책의 많은 부분을 뒷받침한다고 인식

하겠지만, 동시에 후기구조주의적 사고와 문화 및 정체성의 경제적 함의를 탐구하려는 노력도 진지하게 담고 있음을 알게 될 것이다.

간략히 말해, 이 책은 경제지리학자들이 경제적 과정을 이해하는 다양한 방법을 제시하는 학문인 경제지리학에 대해 개념적으로 풍부하지만 읽기 쉬운 개설을 제시하고자 하였다. 경제지리학을 처음 접하는 학생들이 관심을 갖도록 하면서도, 좀 더 친숙한 학생들에게도 깊이 있는 내용을 제공할 수 있도록 구상하였다.

제3판에서 바뀐 것들

제3판은 제2판에 도입된 변화들을 유지하였다(금융지리학에 관한 장을 포함하여). 그러나 많은 것이 새롭게 바뀌었다.

- (생수에 관해 완전히 새로운 사례 연구를 자체적으로 개발한) 제1장에서는 지리학적 개념을 설명하는 데 사용한 언어를 약간 수정하였다. 우리의 지리학적 개념은 이제 공간 패턴, 장소 특수성, 공간을 가로지른 연결, 영역권 등으로 표현된다. 그리고 이러한 서로 다른 주제들을 가로질러 재단하는 개념으로 스케일(규모)이 도입된다. 또한 이 주제들을 후속의 모든 장에 공통적으로 적용함으로써, 학생들이 수많은 다른 문제에 적용하였을 때 어떻게 지리학적 개념이 활용될 수 있는지를 알 수 있도록 하였다.
- 이전에 (학문으로서 노동지리학의 기원을 반영하는) 조직 노동자의 전략과 영향을 강조한 노동력에 관한 장이 이주 노동자의 역할에 초점을 맞추어 바뀌었다. 우리는 권리를 박탈당한 이주 노동자에 대한 전 세계적인 의존성 증가를 일반적인 노동 불안정성의 증대, 노동시장과 작업장

의 규제, 노동조직화의 새로운 형태, 그 자체로 하나의 경제 부문인 이주산업 등을 숙고하기 위해 활용하고 있다.

- 세계경제와 국제개발이 제도화되고 통제되는 방식을 반영하여 국제조직에 관한 새로운 장을 만들었다. 여기에는 두 가지 이점이 있다. 첫째, 국가에 관한 기존 장은 이제 국민국가의 역할과 전략에 한층 충실히 초점을 맞출 수 있으며, 신자유주의, 발전국가, '자본주의의 다양성'에 관한 문헌들이 통합된다. 둘째, 새로운 장은 국제개발을 조성하는 제도적 형태를 검토함으로써 국제개발 이슈에 한층 더 명시적으로 관여할 수 있게 해 준다.

- 제2판에서 자연의 상품화에 관한 일반적 개관을 제공한 환경에 관한 장을 새로 글로벌 기후변화의 경제지리에 관한 장으로 교체하였다. 이 장은 이전의 환경에 관한 장의 특성을 일부 유지하면서, 기후변화와 이와 관련된 주요 관심 분야를 다룬다. 여기에는 탄소 배출과 경제적 충격의 불균등한 패턴, 과세와 거래 체제와 같은 배출을 통제하는 프로그램, 녹색 또는 탈탄소 경제의 지리학적 함의 등이 포함된다.

- 이전 판에서 짝을 이루었던 두 개의 장을 결합하였다. 첫째, 젠더와 민족성에 관한 별개의 두 장을 '경제는 젠더화되고 인종화되었는가?'라는 문제를 제기하면서 정체성에 관한 장으로 병합하였다. 이 두 주제를 통합함으로써 상호 교차하는 정체성의 이슈들을 언급할 수 있게 되었다. 이는 작업장과 노동시장에 체화된 정체성의 영향이 젠더화된 형태와 인종화된 형태로 명확하게 나뉘지 않는다는 폭넓은 인식을 반영하고 있다. 둘째, 소매와 소비에 관한 이전의 두 장을 통합함으로써 상품과 서비스의 전달과 다양한 소비 방식을 형성하는 역학 간의 상호작용을 살펴볼 수 있다. 물론 이러한 상호작용은 서로 다른 장소와 영역에서 다양한 형태를 띤다.

- 주류 자본주의 밖에 존재하는 관행을 반영하고자 다양성 경제와 커뮤니티 경제에 관한 문헌들을 폭넓게 포함하였다. 이들 자료는 여러 장에 걸쳐 나타나는데, 비공식적 소매업, 이슬람 금융, 커뮤니티 기반 발전, 국지적·재생산적 노동력 등의 이슈가 논의된다. 하지만 이들 이슈는 새로운 장(제14장)에 통합하였다. 이는 강의자들이 학생들 스스로가 일상생활에서 대안적인 경제적 관행에 어떻게 관여할 수 있는지를 성찰하게 하면서 강의를 끝맺을 수 있도록 해 준다.

- 마지막으로, 데이터와 사례 및 참고문헌을 전반적으로 광범위하게 업데이트하였다. 거의 모든 예와 사례 연구는 모든 규모에서 경제의 현재적 패턴을 반영하기 위해 전반적으로 수정하거나 교체하였다. 가능한 부문에서는 2015~2018년 기간에 나온 최신 데이터를 포함하였다. 또한 경제지리학 분야의 현재적 연구 주제들, 예를 들어 진화론적 경제지리학, 금융화, 다양한 양상의 경제, 페미니즘 정치경제학 등을 반영하고자 노력하였다.

독자에게

이 책은 학사학위 과정의 경제지리학 개론 강의를 위해 구상한 것이다. 본문의 문장을 손쉽게 다가설 수 있게 서술하였으나, 책에서 논의하는 일부 경제적 과정과 아이디어는 어쩔 수 없이 복잡다단하다. 따라서 본문을 이용하는 방식은 수강생들의 배경과 학습 준비 상황에 관한 강의자의 평가에 크게 좌우될 것이다. 이 책에 제시된 개념과 논의에 어느 정도 익숙해진 학생들에게는 각 장의 '심화학습을 위한 자료'에 제시된 논문들을 포함해 경제지리학 연구 논문을 활용함으로써 주어진 주제에 대한 추가적 탐구의 출발점이 될 수 있을 것이다. 그러나 지리학(이나 심지어 일반 사회과학)에 관한 배경지식이 거의 없는 학생의 경우에는 일반 대중을 대상으로 한 뉴스나 잡지, 웹사이트의 기사들을 미리 읽어 보면, 이 책의 장들에 더 쉽게 접근할 수 있다. 다시 말해, 이 책을 집어든 학생들이 누구인지에 따라 이 책의 장들은 출발점이 될 수도 종점이 될 수도 있다. 이 책은 목적이 어떻든 쓸모가 있도록 구상되어 있다.

이 책의 주장은 특정 독자를 대상으로 하였지만, 경제지리학을 구성하는 독특한 개념은 우리의 주제 선택과 취급 방식에 함축되어 있다는 사실도 주목할 만하다. 따라서 본문의 문장은 이러한 접근 방법을 공유하거나 채택하고자 하는 강의자들을 대상으로 삼고 있다. 이와 관련하여 다음의 몇 가지 논점을 지적해 둘 필요가 있다.

- 첫째, 이 책은 다양한 스케일(규모)의 경제적 과정을 탐구하는 것으로, 국제적 혹은 국가적 규모와 같은 더 큰 과정에 배타적으로 초점을 맞춘 것이 아니라는 점이다. 우리는 경제지리학이 세계화하는 초국적기업의 조직 형태와 생산 네트워크를 이해하는 데 기여하는 만큼이나, 가계에서의 젠더 역할이 도시 노동시장의 공간에서 어떻게 작동하는지를 사고하는 데 기여한다고 믿고 있다(이 책에서는 두 가지를 모두 다루고 있다).
- 둘째, 이 책은 주로 경제지리학 분야의 질적 시각을 중요시하는데, 이는 우리가 형식적인 분석 기법을 강조하지 않는다는 점을 의미한다. 우리는 계량 분석에 관한 연습을 제공하기보다는, 학생들이 비판적 관점과 논의에 흥미를 갖도록 하는 데 초점을 맞추었다. 예를 들어, 민족적으로 구조화된 노동시장을 고찰할 때, 그러한 패턴이 존재하는 것을 통계적으로 입증하는 방법을 설명하기보다 그 현상 뒤에 놓인 과정을 사고할 수 있도록 하는 데 더욱 관심을 두었다. 물론 통계적 연습은 이 책의 사용에 보충 과제로 활용할 수 있다.
- 셋째, 우리는 경제지리학에서 최근 가장 중요하다고 생각하는 것들에 초점을 맞추었다. 일부 고

전적 모델과 이론적 접근 방법을 포함하고 있기는 하지만, 현대 경제지리학이 학생들에게 자신의 주변 세계를 이해할 수 있는 통찰력을 제공하는 것이 목표이다.

- 넷째, 우리는 사회적·문화적·정치적 과정과 관련된 다른 분야와 경제지리학 간에 침투할 수 없는 경계를 설정하려고 하지 않는다. 경제지리학이라는 학문 분야는 이른바 다공적(투과적)이라는 것이 우리의 시각이며, 경제를 삶의 다른 영역에 포함된 것으로 볼 필요성을 중요하게 받아들이고 있다. 우리는 소비를 '단지' 경제적 행위로만이 아니라 공정무역과 여타 인증 제품을 통한 정치적 참여 행위, 정체성 형성의 구성 요소로 본다. 이러한 의미에서 이 책은 지리학자들이 일컫는 '신경제지리학'(때때로 동일한 이름이 붙여지곤 하는 경제학에서의 접근 방법과 혼동하지 않아야 한다)에 크게 부합한다. 따라서 이 책의 독자는 이와 같은 경제지리학의 보편적 시각을 공유하는 사람들 중 하나일 것이다.

책의 구성

이 책은 경제지리학에서의 최고 연구의 일부를 끌어내고 소개하는 시사적 이슈와 현재적 쟁점에 관한 장들을 연결하는 형태를 취하고 있다. 이들 이슈는 현재적 경제생활에서 도출한 것이다. 이러한 경제생활은 불균등 발전과 기후변화, 그리고 초국적기업으로부터 이주 노동자와 민족경제에 이르기까지 갈수록 글로벌 규모에서 구축되고 있다. 우리는 이들 각각을 현상이라기보다는 하나의 이슈로 보는데, 바꾸어 말해 기술해야 할 실제적 현실이 아니라 논쟁하고 있는 과정인 것이다. 따라서 각 장은 호기심 많고 박식한 독자가 자신을 둘러싼 세계에 관해 질문을 던질 것으로 기대되는 중요한 현재적 문제에 해답을 추구하려고 한다.

그러므로 이 책은 종래의 교과서와 같지 않다. 즉 우리의 목표는 다양한 관점의 단일화나 사실 및 데이터의 수집을 보여 주는 것이 아니라, 경제지리학적 관점에서 탄탄한 논의를 전개하려는 것이다. 이에 명료하고도 접근 가능한 방식으로 이러한 논의들을 전개하기 위해 힘쓰고 있다.

이 책은 다음과 같이 4부로 조직되어 있다.

제1부: 개념적 기반—지리학적 분석의 기본 형성 요소와 경제에 관한 이해를 뒷받침하는 핵심 아이디어를 소개하고자 한다. 제1장은 핵심적 지리학 개념으로서 공간 패턴, 장소의 특수성, 공간을 넘나드는 연결 영역권과 이들 모두에 걸쳐 교차하는 스케일(규모)에 대해 검토한다. 제2장은 '경제'라

는 개념과 수요, 공급, 생산, 시장, 기업과 같이 경제 분석에서 사용되는 몇 가지 공통적인 개념들이 역사적으로 어디에서 유래하는지를 탐색한다. 제3장은 이러한 지리학적·경제학적 개념들을 자본주의 경제에서의 불균등 발전에 대한 동태적·구조적 설명에 원용하려고 한다. 이러한 구조적 사고로부터 한걸음 내려와서, 제4장은 글로벌 경제를 함께 연결하는 행위자와 활동을 통합하기 위해 네트워크의 개념을 소개한다.

제2부: 주요 경제 행위자들—여기에서는 제1부에서 다룬 더 큰 체계적 과정을 해체하고, 거의 모든 경제적 과정의 4가지 주요 구성 요소, 즉 기업, 노동자, 소비자, 자본을 논의한다. 제5장은 초국적기업에 대해 다룬다. 아무리 기업들의 형태와 크기가 다양할지라도 초국적기업은 글로벌 경제 경관을 형성하는 데 절대적인 역할을 하고 있다. 우리는 글로벌 생산을 조직하는 작업이 실제로 어떻게 행해지고 있는지를 질문하고자 한다. 제6장은 노동자를 검토하는데, 노동자 또한 수많은 형태를 띠고 있다. 여기서도 이주 노동자의 형태로 그 초국적 표현 양상에 초점을 맞춘다. 제7장은 불균등한 소비의 공간 패턴, 변화하는 소매업 부문에서의 조직, 소비를 형성하는 데 장소의 역할 등을 주목하면서 소비자와 소비 과정을 검토한다. 제8장에서는 자본에 눈을 돌려 금융 부문은 어떻게 작동하고, 어떻게 금융 센터로의 권력 집중을 창출해 왔는지, 그리고 '금융화'가 어떻게 경제 경관을 형성하고 있는지를 검토한다.

제3부: 경제의 거버넌스—경제가 시장 기제의 '보이지 않는 손'에 의해서가 아니라, 경제 행위자와 경제적 과정을 형성하고 조절하는 기관에 의해 조직되는 방식을 논의한다. 제9장은 국가가 국경 내와 국경을 넘어 경제활동을 조직하는 방식을 고찰한다. 또한 국가와 관련하여 다양한 국가의 형태, 전 세계에 걸친 전략, 그리고 이와 연관된 다양한 자본주의 형태 등을 언급한다. 제10장은 국제기구의 규모에 대해 논의하고, 이들 조직이 글로벌 경제활동을 형성하는 방식을 살펴본다. 여기에서는 개발 문제에 명시적으로 눈을 돌려 세계 빈곤감소 프로그램이 다양한 기관에 의해 어떻게 조직되고 있는지를 질문한다. 제11장은 이주와 글로벌 기후변화의 영향과 관련하여 경제에 대한 국가 및 국제적 정부의 특수한 개입 형태에 초점을 맞춘다. 이 장은 국가적 조절 또는 규제를 기꺼이 넘어서지만, 논의의 핵심적인 부분은 다양한 배출감소 전략과 영향에 관심을 두었다.

제4부: 사회문화적 차원—이 책의 마지막 부분은 경제적 과정과 경제적 과정이 착근되어 있는 사회문화적 맥락 간의 모호한 경계선을 탐색하고자 한다. 제12장은 경제적 클러스터 형성의 사회적 과

정과 학습의 이점, 그 결과 이루어지는 혁신을 조명한다. 제13장은 경제적 과정이 작업장과 노동시장, 기업에 부여하는 젠더화되고 인종적으로 차별화된 정체성에 의해 개인이 형성되는 과정을 검토한다. 제14장에서는 개인과 커뮤니티가 시장 거래, 자본주의 기업, 임금노동, 사적 재산의 주류로부터 상당히 다른 경제적 관행을 만드는 것을 어떻게 결정할 수 있는지를 검토한다. 특히 이러한 개인과 커뮤니티는 단순히 이윤을 증식하는 것과 매우 다른 동기와 목적을 가지고 있을 수 있다. 개인적 경제 행위자의 주체와 그들의 경제 세계를 재편하는 역량은 우리가 서술하는 대안적 모델의 중요한 특성이다.

제5부: 결론—이 책을 마무리하는 제15장은 꽤 다른 방향을 취하며, 경제지리학의 역사를 형성해 온 사상가들과 지적 패러다임, 사회적 맥락에 초점을 맞추고자 한다. 이 책의 대부분을 위해 경제지리학 분야에 관한 명시적인 검토를 의도적으로 피하면서, 여기에서는 말하자면 경제지리학이 사회정치적 상황에 대응하여 시대에 걸쳐 어떻게 변화해 왔는지에 관심이 있는 학생들을 위해 커튼을 열어젖히고자 한다.

교수법

이 책의 각 장은 유사한 구조를 따르고 있다. 대부분 장의 제목은 다소 직관적인 질문으로 서술되어 있는데, 학생들이 경제 세계에 관해 가질 법한 질문과 맞물리게 하려는 시도를 반영한다. 각 장의 주제는 그 자체로 경제지리학 내의 특정 분야와 부합하지만, 우리는 이런 입장에서 각 장을 학술적 용어들로 설명하는 것을 의도적으로 피하려고 하였다.

각 장은 우리가 '낚싯바늘'이라 부르는 것, 즉 장의 핵심 주제를 소개하기 위해 선정한 (매력적이었으면 하는) 현재의 사례나 이슈로 시작한다. 두 번째 절에서는 당면한 주제에 대한 통념이나 오해(국민국가는 이제 권력을 상실하였다든지, 초국적기업은 전능하다든지 하는 것)에 관해 다루고, 이러한 통념이나 오해가 대체로 우리를 둘러싼 세계에 대한 지리학적 이해가 부족해서 벌어지는 것임을 설명한다. 이후 각 장의 중심 부문은 경제의 다양한 측면을 이해하기 위해 명시적으로 지리학적 접근 방법을 취할 필요성과 효율성을 설명하는 데 주력한다.

이러한 논의들을 경제의 다양한 부문과 전 세계의 폭넓은 사례를 통해 명료하게 이해할 수 있고 손쉽게 참조하며, 전문용어를 사용하지 않는 방식으로 수행하는 것이 목적이다. 본문 속의 자료는 '핵심 개념', '사례 연구', '심화 개념'이라고 명명되어 있으며, 특정 개념이나 사례에 관한 자세한 보충 설명을 제공한다.

각 장의 끝에서 두 번째 절은 장의 앞에서 기술한 논의들을 '비틀어 보는' 견해를 추가하도록 구상하였다. 바꾸어 말해, 이는 현대 경제지리학의 복잡성을 좀 더 깊이 살펴보기 위해 설정하였다. 학생들이 경제적 과정에 대해 단순한 견해를 갖는 것을 방지하기 위해, 이 비틀기에서는 추가적인 미묘한 차이와 통찰을 제시하고 있다. 그런 다음 각 장은 앞에서 다룬 중심 주제에 대한 간략한 요약으로 결론을 맺는다.

요약 부분 뒤에 놓여 있는 사항도 중요하다. 첫째, 활용의 용이성을 위해 참고자료 목록이 장별로 담겨 있다. 둘째, 각 장에 있는 '심화학습을 위한 자료'는 우리가 주제에 관해 가장 적절하고 접근하기 쉬운 문헌이라고 파악한 것들을 학생들에게 안내한다. 이들 문헌 중 일부는 지리학 문헌에서 도출한 잘 알려진 사례 연구의 출처를 확인시켜 주는데, 이를 통해 학생들은 각 장에 제시한 간략한 요약을 구체화할 수 있을 것이다. 하지만 인용한 참고문헌이나 '심화학습을 위한 자료'는 그 문헌에 대한 종합적인 안내가 되도록 한 것은 아니라는 사실에 주목해야 한다. 이 책에서는 인용하지 않은, 경제지리학에서 수행한 많은 가치 있는 연구들이 있다. 또한 학술문헌 외에도 그 장의 정보와 논의를 보충하는 데 활용할 수 있는 일부 온라인 자료를 확인할 수 있다.

전체적으로 우리의 의도는 한편으로 세계의 다양한 지역에서의 경제생활과 관행에 학생들을 노출시킬 수 있으며, 동시에 학생 자신이 처한 지역적 맥락 속에 '대입'할 수 있는 개념들을 소개하는 사례와 사례 연구가 풍성한 경제지리학 탐구를 제공하는 것이다. 따라서 이 책은 사용하는 곳 어디에서나 지역 문헌 및 사례 연구와 통합할 수 있다.

감사의 글

앞선 제1, 2판과 마찬가지로 이 제3판을 제작하는 데에도 오랜 시간이 걸렸다! 하지만 책을 저술하는 과정 내내 우리는 이전 버전의 사용자와 독자들의 긍정적인 피드백과 격려에 계속해서 동기부여를 받았다. 우리는 이 새로운 판이 그들의 기대를 충족시키고, 경제지리학이 우리의 격동하는 세계에 제시하는 독특한 관점에 학생친화적인 창문을 제공하기를 희망한다. 제3판은 2003년으로 되돌아가는 이 여정을 시작한 이후, 수많은 사람들—제안서 논평자, 원고 검토자, 강의자, 학생 사용자—이 준 수많은 누적된 논평과 피드백에서 큰 도움을 받았다. 특별히 이 제3판의 제안서에 대해 논평해 주고 우리의 사고방식을 가다듬는 데 도움을 준 7명의 익명의 논평자들에게 깊이 감사드리고 싶다. 또한 다시 한 번 경제지리학의 접근성과 가시성을 제고하는 데 더불어 작업하도록 영감을 준 피터 디킨(Peter Dicken)에게 진 우리 모두의 빚에 깊은 사의를 표하고자 한다.

와일리(Wiley) 출판사의 경우, 우리는 초판의 편집자인 저스틴 보건(Justin Vaughan)의 힘을 주는 관리를 이 제3판에 돌려줄 수 있어 기쁘다. 이 프로젝트에 대한 그의 오랜 헌신에 매우 고맙게 생각한다. 또한 나타샤 무(Natasha Mu), 대니얼 핀치(Daniel Finch), 메릴 르 로스(Merryl Le Roux)의 훌륭한 편집 조력을 잘 알고 있다. 몇몇 동료들은 이 책에 실린 사진을 재생하는 것을 허락해 주었다. 그들에게 책의 관련 부분에서 사의를 표하였지만, 여기서 모두에게 다시 한 번 감사를 드리는 바이다. 끝으로 진정한 기술과 재능으로 이 책의 그래픽을 제작해 준 미세스 이리경(Lee Li Kheng)에게 큰 감사를 드린다. 일부 그래픽의 경우, 이리경은 이전 판에 있는 그레이엄 보든(Graham Bowden, 맨체스터 대학교)의 뛰어난 작업을 바탕으로 한 것도 있지만, 대부분 책의 본문을 제고하기 위해 완전히 새로운 그림을 그려 주었다.

개인적 차원에서 닐(Neil)은 싱가포르 국립대학교의 모든 부문의 지리학 동료들에게 동료애와 경제지리학을 실행하는 데 참여적이고 지원적인 환경을 만들어 준 점에서 감사드리고 싶다. 과거와 현재의 대학원생들은 변함없는 영감을 주었으며, 그들은 여기서 거론할 수 없을 정도로 많은 전 세계의 경제지리학 공동체의 학우와 동료의 폭넓은 네트워크를 지니고 있다. 여러분은 당신이 누구인지를 알고 있다고 나는 희망한다! 가정으로 좀 더 다가서서, 나는 너무 많은 것을 읽지 않도록 하고 있는데, 나의 딸 로라(Laura)는 대학에서 경제지리학을 청강하는 것을 포기하고, 아들 애덤(Adam)은 철학과 정치학, 경제학을 수강하기로 선택하였다! 나는 아들·딸과 아내 엠마(Emma)가 주는 지원과 머리를 식히게 해 주는 마음을 늘 귀중하게 생각한다.

  필립(Philip)은 알게 모르게 이러한 노력을 함께 지원해 준 토론토와 다른 곳의 동료들에게 고마움을 전한다. 특히 요크 대학교의 대학원생과 동료 교수들은 폭넓고 비판적이며 참여적이고 활기찬 분야인 경제지리학을 이해할 수 있는 환경을 제공해 주었다. 지난 몇 년에 걸쳐 경제지리학 교육 조교들, 즉 케네스 카데나스(Kenneth Cardenas), 얼래나 게나라(Alana Gennara), 크리스털 멜빌(Crystal Melville), 루피 민하스(Rupi Minhas) 등에게 특별히 감사드린다. 또한 이 프로젝트의 이면에 있는 일부 연구와 생각을 뒷받침해 준 연구기금에 대한 캐나다 사회과학 및 인문학 연구협의회의 지원에 감사드리고, 이들 연구기금을 조치해 준 얼리샤 필리포위치(Alicia Filipowich)에게 감사드리게 되어 기쁘다. 마지막으로 그리고 다른 모든 것에 대해 헤일리(Hayley), 알렉산더(Alexander), 잭(Jack), 테오(Theo)에게도 감사드린다.

  헨리(Henry)는 거의 10여 년 동안 그의 '경제와 공간(GE2202 Economy and Space)' 수업에 이 책의 초판과 제2판을 주교재로 사용하였다. 이 오랜 기간 동안 수백 명의 학생들은 영감을 얻기 위해 이 책을 사용하였으며, 건실하고 긍정적인 피드백을 제공해 주었다. 우리 자신의 지적 산출물을 갖고 '최종 소비자'를 가르치는 것은 저술을 무한하게 만족스럽게 한다. 한편, 싱가포르 대학교 지리학과 동료들은 가장 적극적이고 용기를 보여 주었는데, 특히 정치, 경제, 공간(PEAS) 그룹에 몸담은 사람들이 그러하였다. 가정으로 돌아와 이 제3판의 준비는 중학교에서 지리를 공부하고 있는 나의 두 자녀 케이(Kay)와 루카스(Lucas)와 일치하였다. 나는 그들이 경제지리학에 더 현명해졌다고 생각하지 않는다! 이 책에 반영되지 못한 내용에 대한 사려 깊은 조언은 아내 웨이유(Weiyu)만이 할 수 있었다.

닐 코(NC), 필립 켈리(PK), 헨리 영(HY)

싱가포르 및 토론토

2019년 6월

1부

개념적 기반

1

지리학-
우리는 어떻게 공간적으로 사고하는가?

탐구 주제

- 우리 분석의 지리학적 핵심 주제인 공간 패턴, 장소의 특수성, 공간을 가로지르는 연결, 영역권 등을 소개한다.
- 논란의 여지는 있지만 보편적 상품인 생수에 대한 자세한 연구를 통해, 이러한 지리학적 주제들을 설명한다.

1.1 서론: 병 속에 담긴 메시지

전 세계의 대학 강의실에 등장하는 몇 가지 물건이 있다. 노트북 컴퓨터와 스마트폰은 이제 기본적인 장비이고, 커피 한 잔이 책상 가장자리에 놓여 있을 수 있으며, 물론 몇몇 전통주의자들은 여전히 펜과 종이를 사용한다. 또한 강의실의 배경 풍경에 섞여 있거나 가방 주머니에 튀어나와 있는 것은 보통 많은 물병일 것이다. 그 일부는 대학 로고가 새겨진 재사용할 수 있는 금속 용기일 수도 있지만, 대부분은 편의점이나 슈퍼마켓 또는 자동판매기에서 구입한 일회용 플라스틱으로 만들어진 생수병일 것이다. 이 물의 대부분은 거대 초국적기업이 운영하는 자회사에 의해 현지에서 병에 담겼을 것이다. 그중 일부는 프랑스, 노르웨이, 뉴질랜드, 피지, 캐나다로부터 상당한 거리를 두고 수송되었을 수 있다(그림 1.1 참조).

우리는 일상생활에서 병에 든 생수가 증가하는 것을 거의 생각하지 않는 경향이 있다. 때때로 컴퓨터 기술, 인터넷, 스마트폰의 출현과 그 영향에 대해서는 성찰하는 반면, 단순한 플라스틱 물병은 대개 무시한다. 그러나 컴퓨터 하드웨어 및 소프트웨어와 마찬가지로 생수는 바로 이전 세대 동안에 널리 퍼진 상품으로 급증해 왔다. 생수의 생산 및 판매의 성장률은 놀랍다. 1970년 미국에서는 한 사

그림 1.1 캐나다 토론토의 한 식료품점에서 판매되고 있는 생수: 일부는 지역의 수돗물을 병에 담은 것(네슬레의 퓨어라이프, 코카콜라의 다사니, 펩시코의 아쿠아피나)이지만, 프랑스, 피지, 노르웨이, 뉴질랜드산 샘물을 담은 것도 있다.
출처: 저자.

람이 평균 연간 5.5L의 생수(대부분은 대형 냉수기에서 나온 것)를 소비하였다(Hawkins and Emel, 2014). 1970, 1980년대 그리고 심지어 1990년대에 걸쳐서까지 대학 강의실에서 물병을 보는 것은 드문 일이었다. 그런데 2015년까지 미국의 생수 소비량은 1인당 138L로, 25배나 증가하였다. 2017년에는 처음으로 탄산음료 소비량을 능가하였다. 영국에서도 비슷하게 급격한 소비 증가를 보였는데, 영국의 생수 총 소비량은 1980년 3,000만L에서 2000년 14억L로, 2016년에는 32억L로 증가하였다. 영국의 생수 사업은 연간 30억 달러 이상의 가치가 있다. 한편, 지구 남부(Global South)에서는 훨씬 극적인 증가가 나타났다. 중국에서는 총 생수 소비량이 1997년 27억L에서 2015년 770억L 이상으로 증가하였다. 전 세계적으로 생수산업은 2020년까지 2,800억 달러의 연간 매출액을 올릴 것으로 추정된다(Elmhirst, 2016).

이러한 추세는 여러 가지 과정을 반영하고 있다. 중국을 포함한 지구 남부에서는 쓸 수 있는 가처분소득을 가진 중산층 소비자가 크게 확대되었다. 이와 동시에 많은 정부는 늘어나는 인구에 이용 가능하고 안전한 식수를 제공하는 데 실패하였다. 이로 인해 생수에 대한 의존도가 높아졌다(특히 가정과 사무실의 대형 용기의 배달, 그림 1.2 참조). 이미 상대적으로 소득이 높고 안전한 수돗물이 널리 보급된 지구 북부(Global North)에서 생수 소비의 증가는 개인의 보건과 건강에 대한 관심이 심화된 것과 어느 정도 관련이 있다. 물은 설탕이 든 청량음료의 건강한 대안으로 간주되고 있다. 모든 맥락에서 포장 기술, 특히 1990년대에 페트(PET)* 재질로 된 플라스틱병의 개발로 생수를 보다

그림 1.2 중국 광저우에서 가정이나 사무실로 배달되는 생수

출처: 저자.

쉽고 저렴하게 운송할 수 있게 되었다. 2016년에는 전 세계적으로 4,800억 개 이상의 플라스틱 음료 수병(물과 기타 음료를 위한)이 사용되었으며, 이는 2004년의 약 3,000억 개에서 증가한 것이다. 만약 이 병들을 이어서 늘어놓는다면, 태양까지 거리의 절반 이상에 이를 것이다(Laville and Taylor, 2017). 산업의 확장은 생수 제품을 생산, 유통, 마케팅하는 데 투자할 전문성과 자본을 갖춘 대형 생수 회사의 출현과 함께 이루어졌다. 여기에는 네슬레(Nestlé), 코카콜라(Coca-Cola), 펩시(Pepsi), 다논(Danone)과 같은 주요 기업들이 포함된다(자료 1.1 참조).

생수산업은 비교적 단순한 제품을 중심으로 빠르게 성장하는 산업부문의 사례가 된다. 이와 같이 생수산업은 우리 주변의 경제에 적용할 수 있는 지리학적 접근 방법을 탐구할 때, 이 장 전체에서 이용할 수 있는 좋은 사례 연구를 제공한다. 제2절에서는 환경영향과 경제적 공정성에 대한 질문을 포함하여 생수의 성장을 둘러싼 몇 가지의 논란을 살펴볼 것이다. 이러한 질문을 통해 경제적 과정 역시 논쟁적이고 정치적인 과정임을 알 수 있다. 이 장의 나머지 부분에서는 이들 논쟁의 쟁점에 대해 지리학적 접근 방법이 체계적이고 이해에 도움이 되는 관점을 어떻게 제공하는지를 보여 주는 것이

---

* 역자주: 음료수병 등의 제조에 쓰이는 합성수지로, 테레프탈산과 에틸렌글리콜을 축합 중합하여 얻을 수 있는 포화 폴리에스 터(polyethylene terephthalate)를 말한다.

자료 1.1 생수의 기업 세계

전 세계의 많은 시장을 장악하고 있는 생수의 주요 생산 기업은 4곳이다.

- 영국-스위스의 식음료 거대기업인 네슬레는 34개국에서 생수를 생산하며, 페리에(Perrier, 프랑스), 산펠 레그리노(San Pellegrino, 이탈리아), 폴란드 스프링(Poland Spring, 미국), 애로헤드(Arrowhead, 미국), 벅스턴(Buxton, 영국), 네슬레 퓨어라이프(Nestlé Pure Life) 등의 브랜드를 소유하고 있다. 2016년 네슬 레의 생수 판매량은 약 88억 달러로, 전 세계 생수 판매량의 약 11%를 차지하였다.

- 프랑스의 식품 생산업체인 다논은 에비앙(Evian), 볼빅(Volvic), 다논 아쿠아(Danone Aqua) 등의 브랜드 를 소유하고 있다. 다논의 물 사업은 2016년에 전 세계 매출에서 약 50억 달러를 기록하였다. 이는 네슬 레 다음으로 두 번째로 큰 매출액이다. 2016년 이 회사의 가장 큰 시장은 중국, 인도네시아, 프랑스였다.

- 미국 조지아주 애틀랜타에 본사를 둔 코카콜라는 다사니(Dasani), 글라소 스마트워터(Glaceau Smart Water), 글라소 비타민워터(Glaceau Vitamin Water) 등의 브랜드를 소유하고 있다. 게다가 코카콜라는 2002년부터 북아메리카 내에서 다논 브랜드의 유통업체가 되었다. 2016년에 다사니는 미국에서 가장 큰 단일 생수 브랜드였다. 또한 코카콜라가 소유한 마운트 프랭클린(Mount Franklin)은 오스트레일리아에서 가장 큰 단일 (생수) 브랜드이다.

- 뉴욕 해리슨에 본사를 둔 펩시코(PepsiCo)는 수많은 식음료 사업을 보유하고 있지만, 가장 큰 수익원은 아쿠아피나(Aquafina)와 같은 브랜드를 포함하고 있는 북아메리카 음료 사업 부문이다. 아쿠아피나는 2016년 미국에서 10억 달러 이상의 매출을 올렸으며, 전국 40개 지점의 병입 공장에서 생산된다. 다른 주요 물병 상품과 마찬가지로 아쿠아피나는 기본 제품에서 향미, 단맛, 탄산 버전 제품의 마케팅으로 광범 위하게 이동해 왔다.

이들은 글로벌 생수 사업에서 지배적인 기업이지만, 그 중요성은 시장에 따라 다르다. 예를 들어, 인도에 서는 뭄바이에 본사를 둔 비슬레리(Bisleri)가 24%의 점유율로 시장을 지배하고 있다(India Water Review, 2017). 주요 슈퍼마켓의 '자체 브랜드' 라벨도 중요한 역할을 하고 있다. 미국과 영국에서 캐나다 코트 코퍼 레이션(Canada's Cott Corporation)은 최근 들어 세이프웨이(Safeway)와 세인스버리스(Sainsbury's)와 같은 소매업체를 위해 생수 생산업체와 제조 제품을 인수해 상당한 시장점유율을 확보하였다. 미국에서 생 수 시장의 13.1%를 차지하고 있는 코트(Cott)는 네슬레와 코카콜라, 펩시의 바로 뒤를 잇고 있다(Stivaros, 2017).

이들 기업은 개인의 보건 및 건강에 대한 높아지고 있는 인식에 대응하였을 뿐만 아니라, 물 소비의 이점 을 광고하고 그들 제품의 순수성을 강조함으로써 이러한 추세를 주도해 왔다. 이들은 지자체가 공급하거나 지하 대수층으로부터 취수할 수 있는 물에 접근하기 위해 법적 권한과 로비 자원을 확보해 왔다. 그리고 환 경적 지속가능성, 그들 제품의 건강과 안전 그리고 책임 있는 기업행동 등과 관련하여 정부와 대중을 안심시 키기 위해 많은 자원을 투입하고 있다. 이는 전혀 놀라운 일이 아니다. 이들 기업은 물 취수 허가의 보장, 판 매 제품의 규제, 플라스틱병의 사용 후 재활용 촉진 등과 관련해 상당 부분 정부의 대응 방식에 의존하고 있 다. 또한 이들 기업은 전체 산업부문의 이익을 증진시키는 역할을 하는 국제생수협회(International Bottled Water Association) (www.bottledwater.org)와 같은 산업 협회 및 로비 그룹을 지원하고 있다.

목표이다. 이 지리학적 접근 방법은 공간에 관한 다음 4가지의 질문을 통해 전개된다.

- 경제활동은 어떻게 공간을 가로질러 불균등하게 분포하며, 우리는 어떻게 경제생활의 불균등성을 설명하는가?(제3절)
- 특정 장소의 고유한 특징이 경제활동의 형태와 발전을 어떻게 형성하는가?(제4절)
- 경제활동이 공간을 가로질러 어떻게 함께 연결되어, 한 장소에서 발생하는 일이 다른 장소에서 발생하는 일에 심대한 영향을 미치는가?(제5절)
- 공간에 대한 권력, 특히 정부('국가')가 통제하는 영역 형태로의 권력이 어떻게 경제생활과 경관에 영향을 미치는가?(제6절)

1.2 생수: 논란의 여지가 있는 상품

생수가 주요 소비재이자 하나의 산업으로 부상하면서 여러 가지 논란을 불러왔다. 최근 몇 년 동안 많은 교육기관에서는 해당 기관의 식품 매장과 자동판매기에서 생수를 완전히 금지하였다. 이러한 금지와 생수에 반대하는 더욱 광범위한 옹호 운동은 특히 생수의 생산 및 소비의 환경영향, 산업과 관련한 경제적 이해 관계와 같은 여러 가지 이슈를 제기하고 있다. 이 절에서는 이러한 우려와 생수 산업 내의 조직이나 기업이 이의를 제기해 온 방식을 분석할 것이다.

환경적 이슈

환경적 이슈는 생수 반대자들의 주장에서 두드러지게 나타난다. 병입(water bottling) 기업이 우물과 샘에서 물을 끌어오는 경우, 그곳 지하수 공급의 고갈에 대한 우려가 있다. 이는 특히 작은 대수층에서 물을 공급받고 지역 수도시설의 요구와 경쟁할 만큼의 양에 도달할 수 있는 곳에서 이슈가 되어 왔다. 갈등은 병입업체들이 공급이 부족할 때도 이윤을 위해 계속해서 물을 끌어가는 곳에서 더욱 심각해졌다. 2014년 캘리포니아는 주 전역이 가뭄을 겪었지만, 생수 병입업체들은 대수층과 지자체의 공급 모두로부터 취수를 하고 있었다. 그림 1.3에서 보듯이, 주 전역에 다양한 회사들이 운영되고 있었는데, 에토스워터(Ethos Water)의 경우는 판매되는 생수 1병당 5센트를 기부하여 전 세계의 물 공급 프로젝트를 지원하는 윤리적 사명을 천명하여 특히 주목을 받았다. 2002년에 설립되고

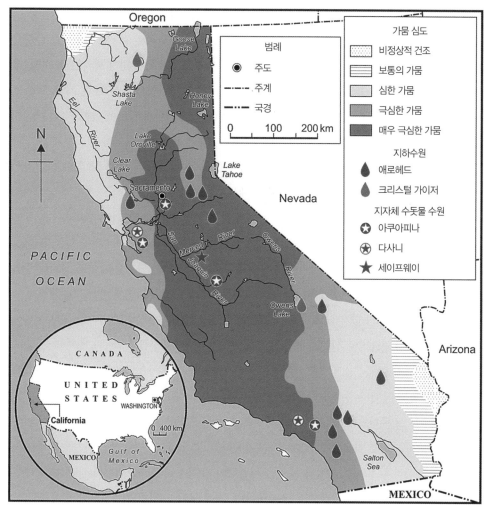

그림 1.3 2015년 캘리포니아의 가뭄과 생수 제조

출처: US Drought Monitor/Coca-Cola/Aquafina.

2005년 스타벅스(Starbucks)에 인수된 이 브랜드는, 캘리포니아주에서 가뭄에 가장 시달린 지역의 중심지인 머세드(Merced)에 있는 세이프웨이(Safeway) 슈퍼마켓 소유의 공장에서 제조되었다. 캘리포니아와 다른 곳의 생수 병입업체들은 지역 당국과의 합의에 따라 물을 뽑아낸다고 주장하였다. 그럼에도 불구하고 2015년 5월 스타벅스는 에토스워터 생산을 펜실베이니아로 이전할 것이라고 신속하게 발표하였다(Lenzer, 2015). 기업들은 병입용 물이 매년 미국에서 추출하는 전체 지하수의 아주 작은 부분(0.02%)을 차지한다고 주장해 왔다. 더군다나 이들은 실제로 높은 비율이 가정의 하수로 배출되는 것이 아니라 인간의 소비로 가기 때문에, 매우 효율적이라고 주장하고 있다.

수원(水源)이 환경적 논란의 한 세트를 형성하는 한편, 또 다른 우려는 생수에 사용되는 플라스틱이다. 페트(PET) 플라스틱병은 이제 표준이 되었지만, 3가지의 중요한 우려가 제기된다. 첫째, 병의 원료는 기본적으로 석유이므로, 제조 공정은 전 세계 석유화학산업에서 석유 시추, 가공 및 운송과 관련된 모든 환경영향을 포함하고 있다. 2008년 브리타(Brita)* 정수기 필터에 관한 기억에 남는 한 광고 캠페인에서, 해당 기업은 "지난해 1,600만 갤런의 석유가 플라스틱 물병을 만드는 데 소비되었다."라고 지적하였다. 광고 문구에는 사람의 입에서 원유가 쏟아지는 이미지가 함께 제공되었다. 이 이미지(와 통계)가 너무 눈에 띄었다는 점에서, 국제생수협회는 여전히 웹사이트에서 그들의 제품에 대한 신화 중 하나라고 이를 반박하고 있다는 사실에 주목할 가치가 있다(IWBA, 2018).

환경적 우려가 있는 또 다른 영역은 도로 및 철도를 통한 생수의 운송과 이에 따른 탄소 배출과 관련이 있다. 이 점은 많은 국가에서 지자체의 상수도 공급에 사용되는 고효율 파이프 시스템에 비해 매우 불리하다. 한 추정에 따르면, 생수를 생산하고 병에 담아 차갑게 하여 운송하기 위해서는 수돗물보다 1,000~2,000배나 많은 에너지가 필요하다(Gleick, 2010). 이에 대해 업계는 대부분의 생수가 비교적 현지에서 공급되며, 장거리 배송은 이례적인 것이라고 주장한다.

마지막으로, 사용 후 플라스틱병을 폐기하는 것은 매립지, 수도 시스템, 먹이사슬에 플라스틱의 축적이라는 세계적 문제의 증가에 한 원인이 되고 있다. 비록 페트병은 재활용할 수 있지만, 그 비율은 세계적으로 크게 다르다. 한 보고서에 따르면, 2010년 일본은 페트병의 72%를 재활용한 반면, 유럽에서는 48% 그리고 미국에서는 29%를 재활용하였다(McCurry, 2011). 생산자들은 플라스틱 용기의 재활용 함량을 늘리고, 재활용 노력을 지원하며, 처음부터 플라스틱 사용량을 줄이도록 포장 디자인의 효율성을 높이는 방식으로 대응해 왔다. 예를 들어, 코카콜라는 2017년에 유통된 용기 (생수 및 기타 음료 제품을 포함)의 60%에 해당하는 것을 리필하거나 재활용하였다고 보고하였다 (Coca-Cola Company, 2017). 생산자들은 또한 물이 생산되고 소비되는 장소에서의 환경적 원인과 전 세계에 걸친 자선사업에 대한 그들의 기여를 강조하고 있다.

경제적 공정성

심지어 가장 비싼 지자체의 상수도 비용도 소비자에게는 생수 가격의 일부에 지나지 않는다. 일부

---

* 역자주: 세계 최초로 정수기 특허를 출연하고, 업계 최초로 징수기 필더 재활용 프로그램을 두입한 글로벌 친환경 정수기 브랜드를 가진 독일 회사이다.

추정에 따르면, 생수는 가격대와 구입처에 따라 수돗물 가격의 240~1만 배 사이로 판매되고 있다. 여러 생수 브랜드가 수돗물을 원료로 사용하고 있다는 점을 감안할 때, 이는 특히 불공평한 것으로 보인다.

이 주장은 2004년 영국에 처음 소개된 코카콜라의 생수 브랜드인 다사니를 겨냥한 것이었다. 영국의 타블로이드판 신문은 다사니가 지자체의 수돗물을 여과처리하였다는 사실을 알았을 때, 헤드라인에 "코카콜라는 수돗물을 95펜스에 판매한다"와 "이는 사실인가?"라는 문구를 달았다. 이 논란은, 브롬산염(bromate)이라는 과도한 수준의 발암물질과 관련된 오염 우려와 함께 코카콜라 기업이 50만 병을 리콜하고 영국과 나머지 유럽 국가에서 해당 브랜드를 철수해야만 하였음을 의미하였다. 해당 기업이 영국에 생수 제품을 가지고 되돌아오기까지 10년이라는 시간이 걸렸다(이번에는 글라소 스마트워터라는 브랜드명으로). 병에 담아 판매되는 수돗물이나 지하수에 가격을 덧붙이는 것은 활동가들에게 지속적인 논쟁의 대상이 되어 왔다(Clarke, 2007).

보다 폭넓게 생수 반대론자들은 물이 수도꼭지에서 나온 것이든 지하에서 나온 것이든 상관없이, 이처럼 크게 가격을 인상하는 것은 본질적으로 공공자원에서 사적 이윤을 추출하는 것이라고 주장한다. 많은 관할구역에서 생수 기업은 지하수를 퍼 올릴 권리에 대해 매우 적은 비용을 지불하고 있다(때로는 전혀 지불하지 않는다). 최근까지 캐나다 온타리오의 생수 기업은 추출한 지하수 100만L당 3.71캐나다달러(CA$)만을 주정부에 지불하였다. 공공자원으로부터 얻은 이윤에 대한 대중들의 항의가 있은 후, 이 사용 수수료를 2017년 8월 500캐나다달러로 인상하였다. 생수 기업과 업계의 옹호자들은 그들의 활동에 대한 이처럼 적은 비용을 받아들이는 경향이 있다. 결국 이러한 더 높은 비용조차도 판매되는 모든 생수병당 1센트의 작은 일부를 나타낼 뿐이다. 생산자들은 비판자들이 지적한 매우 큰 가격 인상은 처리, 검사, 병입 장비에 이루어진 투자를 무시하기 때문에 오해의 소지가 있다고 주장한다(www.bottledwater.org 참조). 또한 이들 기업은 특히 슈퍼마켓에서 물을 대량으로 구입할 때, 생수가 일부 추정치가 제시하는 것보다 훨씬 저렴한 경우가 많다고 지적한다.

세부 사항은 다양하지만, 생수에 관한 논쟁의 여지가 있는 이슈는 전 세계적으로 여러 맥락에서 표면화되어 왔다. 지방정부는 수자원의 추출 및 판매를 어떻게 규제할 것인지를 고려할 필요가 있다. 학교와 대학은 어떤 종류의 제품을 구내에 허용해야 할 것인지를 고려한다. 개별 소비자는 생수를 구입할지 아니면 수도꼭지에서 나오는 물만 고수할지를 결정한다. 각각의 경우, 환경적 이슈와 경제 정의의 일정한 조합이 논의의 핵심이었다. 그것들은 승자와 패자(장소든, 사람이든, 환경이든 간에) 사이에 선이 그어질 때 경제생활이 거의 언제나 경쟁을 벌인다는 사실을 상기시켜 준다.

경제지리학자로서 우리에게 핵심적인 문제는 이러한 이슈와 논쟁에 지리학적 관점을 적용할 수 있는 방법이 존재하는지 하는 것이다. 특히 공간에 대한 지리학적 초점이 이들 논쟁거리에 대한 일정한 분석적 명확성을 제공할 수 있는가? 우리는 그럴 수 있다고 제안하며, 이 장의 다음 4개의 절은 각각 지리학적 접근 방식을 취하여 어떻게 생수를 둘러싼 논쟁을 의미 있게 설명하는지를 검토할 것이다.

1.3 공간에서의 입지와 패턴

어느 한 입지에서의 현상이 보다 큰 패턴의 일부라는 점은 언제나 명확하지 않다. 만약 생수 제조 시설이 있는 마을에 살고 있다면, 이러한 특정 경제활동이 일상적이라고 가정하기 쉽다. 그 어떤 형태의 생산 또는 소비에 대해서도 마찬가지이다. 즉 우리는 주변에서 보는 모든 것을 정상화하는 경향이 있으며, 지역 경제 경관이 어떻게 글로벌 규모(스케일)에서 공간을 가로질러 매우 불균등하게 분포하는 활동과 경험의 일부인지 하는 점을 거의 고려하지 않는다. 또한 세계가 매우 불균등한 수준의 부와 소비 패턴의 조각보라는 사실을 망각하고, 우리 자신의 경제생활 방식을 정상화할 수도 있다. 지리학적 접근 방법은 경제활동과 경제적 과정의 불균등한 공간분포를 강조하고 의문을 제기한다. 이를 통해 이러한 패턴이 왜 존재하며, 우리의 복잡한 경제체제 내에서 누가/어디가 승리하고 실패하는지에 대해 비판적인 질문을 던질 수 있다. 이 절에서는 두 가지의 생수 사례 연구를 이용하여 이러한 종류의 사고를 설명할 것이다. 그 첫 번째가 미국에서의 생수 생산 분포이다. 두 번째는 전 세계의 생수 소비 분포이다.

공간상의 입지

그림 1.4는 미국의 주별 인구밀도와 함께 미국 전역의 생수 병입 시설의 분포를 보여 준다. 아마도 이 지도에서 가장 눈에 띄는 점은 이들 시설이 전국에 얼마나 널리 분포하고 있는지일 것이다. 이는 확실히 자동차 제조, 영화 제작, 소프트웨어 개발과 같은 다른 산업에서 찾아볼 수 있는 것과는 매우 다른 패턴이다. 이러한 공간분포의 이유를 조사함으로써, 우리는 생수산업을 주도하는 몇 가지 역동성을 이해할 수 있을 것이다.

생수 병입 공장이 어디에 입지할 것인지를 결정하는 데에는 두 가지 중요한 요소가 있다. 첫 번째는 수원(水源)이다. 어떤 기업이 천연 샘물이나 지하수를 대규모로 병입한다면, 기후, 지질, 경관 조건의 특정한 조합을 찾을 필요가 있다. 이는 병입 시설이 때때로 몬태나와 네브래스카처럼 인구밀도가 매우 낮은 지역에 입지하고 있는 이유를 설명해 준다. 이보다 중요한 것은 지방정부의 승인이 필요하다는 것으로, 이는 부분적으로 지역사회의 지원에 달려 있다. 생수 브랜드는 특히 명성에 민감하기 때문에, 어느 한 입지에서 문제가 발생하면 이전이 필요할 수 있다—앞서 스타벅스가 남부 캘리포니아의 가뭄 동안 에토스워터의 병입 작업 시설을 펜실베이니아로 이전한 경우를 살펴보았다.

그러나 미국의 많은 브랜드의 생수는 지하수가 아니라 지자체의 수돗물을 수원으로 사용하고 있다. 이러한 경우, 병입 시설은 지역 상수도업체가 생수 제조 기업과 공급 계약을 체결할 의향이 있는 곳이면 어디든 입지할 수 있다. 그러면 대도시 지역과 같이 수요가 집중된 곳 가까이에 입지하는 것이 한층 용이하다. 생수는 운송하기에 부피가 크고 무거운(따라서 비용이 많이 드는) 상품이므로, 주요 시장 부근에 입지하는 데 상당한 인센티브가 있다. 이는 그림 1.4에서 뉴욕시와 북동부 도시 회랑, 중서부의 시카고, 남부 캘리포니아의 로스앤젤레스와 같이 인구밀도가 높은 장소 부근에 일부 집중

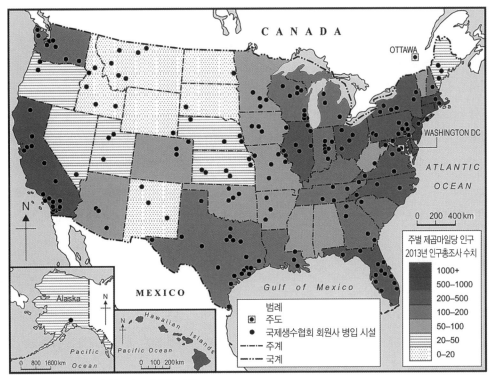

그림 1.4 2013년 미국의 인구밀도와 생수 공장

출처: IBWA, http://www.bottledwater.org/bottled-water-visuals 및 Wikipedia, https://en.wikipedia.org/wiki/List_of_U.S._states_and_territories_by_population_density에서 수정 인용함.

이 왜 이루어지는지를 설명해 줄 것이다.

병입 입지 결정과 관련이 없을 수 있는 몇 가지 요인에 주목하는 것도 흥미롭다. 뉴욕시의 고차 금융 서비스와 같은 일부 산업의 경우에는 고도로 숙련된 노동력 풀을 찾는 것이 그 입지를 결정하는 데 핵심적 요소가 될 것이다. 생수의 경우는 그렇지 않은데, 이 산업은 실제로 비교적 적은 사람들을 고용하기 때문이다. 미국 전역의 병입 시설에 직접 고용된 노동자는 약 1만 4,000명에 불과하다(Stivaros, 2017). 생산이 확장되었음에도 불구하고 고용 수준은 상당히 정태적 상태로 유지되어 왔는데, 이는 점점 더 자동화되는 생산 시설의 효율성을 반영한다. 또한 생수업체는 공급업체가 입지한 곳을 고려할 필요가 거의 없다. 예를 들어, 자동차산업처럼 복잡한 제품을 생산하는 제조업체는 광범위한 공급업체의 입지와 이러한 부품들이 조립 공장에 빠르고 효율적으로 도달할 방법을 고려해야 한다. 생수 같은 일상적인 상품의 경우, 한 번의 설치로 생산이 이루어지기 때문에 그러한 복잡성이 없다. 마지막으로, 생수업체는 지방정부의 인센티브에 반응하지 않는다. 대형 첨단기술 제조업체는 다양한 수준의 정부로부터 일부 상당히 관대한 세금 감면과 기타 인센티브를 얻는 것을 기대할 수 있다. 반면에 생수 제조 공장에는 일자리 수가 상대적으로 적기 때문에, 지방정부가 많은 것을 제공하지는 않을 것이다.

이러한 모든 방식으로 경제활동의 입지적 의사결정을 살펴볼 때, 우리는 입지 결정이 왜 어떤 장소에서는 발생하고 다른 장소에서는 발생하지 않는지를 분석할 수 있다. 또한 이 패턴화의 과정에서 중요한 요인(과 중요하지 않은 요인)을 식별할 수 있다. 그러면 상대적으로 간단한 수준에서 우리는 기업이 왜 특정 장소에서 상품과 서비스를 생산하기로 결정하는지에 대해 질문할 수 있다. 생수에 관해 한 가지의 패턴과 원인을 식별할 수 있지만, 모든 부문은 다를 것이다. 생수는 비교적 단순한 상품이지만, 소프트웨어 개발, 자동차 제조, 전문 사업 서비스와 같은 활동에는 훨씬 더 많은 고려 사항이 있다. 이러한 종류의 입지 결정을 분석하는 것은 수십 년 동안 경제지리학의 근본적인 부분이었다.

불균등한 패턴

하지만 우리 주변의 경제 세계에 존재하는 패턴은 민간기업이 행한 입지 결정보다 훨씬 더 크다. 표 1.1은 세계에서 1인당 생수 소비량이 가장 많거나 총 소비량이 가장 많은 국가를 포함한 14개국을 보여 준다. 여기에는 몇 가지 흥미로운 지리적 패턴이 존재한다.

표 1.1에서는 미국과 사우디아라비아와 같이 세계에서 가장 부유한 일부 국가에서 1인당 생수 소비 수준이 예상대로 높다는 점을 파악할 수 있다. 그런데 왜 시간이 지남에 따라 이들 국가에 부가 축

적되어 왔는가? 이는 식민주의의 역사, 현대 세계의 열강의 지정학, 다양한 글로벌 생산 과정의 지리적 구성, 핵심 자원(석유 등)의 입지, 자본주의를 뒷받침하는 몇 가지 근본적 과정 등에 도달하기 위해 우리에게 요구하는 문제이다. 이 책의 뒷부분에서 이러한 문제에 대해 자세히 살펴보겠지만, 현재로서는 데이터로 인해 발생하는 더욱 구체적인 몇 가지 이슈가 있다.

표 1.1에서 보이는 놀라운 패턴 중 하나는 1인당 생수 소비량이 많은 국가들이, 소득과 경제발전의 수준은 매우 다르지만 나란히 배열되어 있다는 것이다. 예를 들어, 멕시코와 태국이 목록의 맨 윗자리를 차지하고 이탈리아와 독일이 그 뒤를 따르고 있는 점은 놀랍다. 이 패턴을 설명하려면, 세계의 서로 다른 지역에서 높은 소비 수준에 대한 다양한 이유가 있다는 것을 이해해야 한다. 멕시코와 태국을 포함한 지구 남부에서는 소비하는 생수 대부분이 대형 용기에 담겨 있으며, 매일매일의 식수로 제공된다. 멕시코에서는 생수 소비의 3분의 2가 대형 용기를 통해 가정과 사무실에 배달된다(Rod-wan, 2016). 두 국가에서의 이러한 소비 수준은 의미 있고 빠르게 성장하는 도시 중산층이 있는 중위소득 경제의 지위를 반영한다. 그러나 이는 또한 지자체 상수도의 안전에 관한 일반 대중의 불신과 일부 지역사회의 그러한 공급에 대한 접근성의 부족을 나타낸다. 따라서 제2절에 제시된 몇 가지의 주장은 이러한 맥락에서 실제로 수돗물이 실행 가능한 대안이 아닐 수도 있다는 사실을 반영하도록 수정되어야만 할 것이다.

표 1.1 2015년 일부 국가의 1인당 생수 소비량과 총 소비량

	2015년 1인당 생수 소비량(L)	2015년 생수 총 소비량(백만L)
멕시코	244.2	30,591
태국	203.7	13,718
이탈리아	177.9	10,887
독일	142.3	11,736
프랑스	139.3	9,043
미국	138.2	44,436
벨기에-룩셈부르크	132.9	1,558
스페인	115.1	5,432
사우디아라비아	114.7	3,429
아랍에미리트연방	112.0	1,073
인도네시아	100.9	25,800
브라질	99.6	20,280
중국	55.4	77,625
인도	13.6	17,399

출처: Rodwan(2016).

반면에 유럽 국가들(이탈리아, 독일, 프랑스)은 완벽하게 안전한 수돗물이 있지만, 수 세기 전으로 거슬러 올라가는 미네랄과 샘물을 소비하는 오랜 전통도 가지고 있다. 1990년대에 처음으로 생수 소비의 급증을 주도한 것은 확고히 자리 잡은 이탈리아와 프랑스의 미네랄워터[페리에(Perrier)와 산펠리그리노(San Pellegrino)], 즉 광천수였으며, 오늘날에도 여전히 주요 프리미엄 브랜드이다. 미국과 같은 다른 부유한 국가에서의 높은 소비는 편의성에 더 중점을 두고, 건강상의 우려로 인해 청량음료를 멀리하는 경향이 있다. 특히 가벼운 페트병이 등장한 이후, 생수는 편리하고 휴대하기 좋은 '개인용 수분 공급'(업계에서 선호하는 용어를 사용)의 형태가 되었다. 또한 일부의 경우에는 지위의 상징이자 생활양식의 제품이 되기도 하였다. 특히 이국적 입지, 자연의 순수함, 심지어 약효에 대한 호소가 이루어지는 고급 시장에서 더욱 그러하다.

이와 동시에 한층 부유한 시장에서 생수 수요의 증가는 부분적으로 제2절에서 서술한 논쟁으로 인해 크게 둔화하였다. 또한 스웨덴(1인당 소비량이 10L에 불과한)과 같은 일부 부유한 국가는 심지어 이 목록에 등장하지 않는다. 이곳과 다른 스칸디나비아 국가들에서는 일회용 플라스틱병의 사용이 가져오는 환경비용에 대한 인식이 생수 수요의 매력을 제한하였다. 물론 이 모든 설명은 추측에 불과할 수도 있지만, 우리가 생수 소비의 지리적 패턴을 살펴보아야 하는 이유에 관한 통찰력을 제공한다. 이와 같은 아주 기본적인 경제활동조차도 전 세계적으로 매우 다르게 나타날 수 있다. 이러한 불균등한 글로벌 패턴을 지도화함으로써, 경제 경관이 왜 특정 방식으로 형성되는지에 대한 질문을 시작할 수 있다.

또한 이 설명은 모두 국가적 규모로 이루어졌다는 점에 주목하는 것이 중요하다. 우리가 다른 규모에서 살펴보면 한층 큰 복잡성을 발견할 것이다. 예를 들어, 인도나 중국의 도시에서 생수 소비 수준이 매우 높은 부유한 거주지를 찾는 일은 쉬울 것이다. 마찬가지로 우리는 지구 북부에서 생수가 생활양식이나 편리함을 이유로 한 선택이 아니라, 필수품인 곳을 찾을 수 있다. 캐나다의 보호구역에 살고 있는 제1민족(캐나다 원주민들)은 오랫동안 오염된 물 공급에 직면해 왔다. 2016년 말에 44개의 원주민에 81건의 식수 주의령이 있었으며, 캐나다 연방정부는 이들에게 생수를 배송하였다(David Suzuki Foundation, 2017). 따라서 생수는 단지 사치품이 아니다—지구 북부와 남부의 일부 사람들에게 생수는 기본적인 필요를 충족시키고 있다.

1.4 장소의 고유성

제3절에서 공간 패턴을 설명하면서, 특정 장소와 그 독특한 특징을 신속히 논의하는 것이 필요해졌다. 우리가 관찰한 공간 패턴에 대한 미묘한 차이를 설명할 수 있었던 것은, 미네랄워터를 마시는 프랑스와 이탈리아 사람들의 오랜 전통을 인정하거나 다른 지역에서 공공 수돗물 공급이 부적절하다는 점을 지적함으로써만 가능하였다. 마찬가지로 미국 전역의 생수 생산 패턴을 살펴보면서, 지하수의 접근은 자연환경의 물리적 조건과 정부의 승인 및 지역사회의 지원이라는 측면에서 정치적 조건의 수렴에 의존한다는 사실에 주목하였다. 이러한 특징은 우리에게 장소에 대한 이해를 시작할 수 있게 해 준다.

장소는 환경적 조건, 자연 및 인문 경관, 문화적 관행, 정치제도, 사회생활, 경제활동을 포함하여 지표면에 있는 인문적·자연적 특징의 독특한 총체(ensemble)이다. 하지만 장소는 단지 내부적으로만 생성되는 것이 아니다—장소는 독특한 결과를 생성하기 위해 서로 다른 장소에서 상이하게 교차하는 공간을 가로지르는 다양한 관계와 흐름의 산물이다. 경제활동이 '발생'할 곳을 결정하는 데 일정한 역할을 하는 것은 이러한 결과의 고유성이다.

장소의 이러한 독특한 특징은 어디에서 생겨나는가? 일부는 자연환경의 부분이며, 인간 활동의

그림 1.5 프랑스 베르제즈 마을의 페리에 생산 시설. 브랜드가 유래한 19세기의 대저택 샤토(château)는 사진 오른쪽 하단에 위치하고 있다.

출처: Perrier.

영향을 거의 받지 않는다. 이는 한 지역의 경제발전을 위한 기반을 형성하는 자원을 결정하는 데 대단히 중요할 수 있으므로 잊어서는 안 된다. 예를 들어, 페리에 물은 남부 프랑스의 옥시타니(Occitanie) 지방에 있는 천연 탄산천에서 추출된다(그림 1.5). 탄산화는 샘이 발생하는 지표면 암석 부근에서 방출되는 화산가스가 원인이다. 이제 제품은 인공적으로 탄산화되지만 물과 이산화탄소는 모두 현지에서 공급되며, 탄산화 수준은 자연적으로 발견되는 수준을 재현한다. 또한 물의 독특한 맛은 지역의 암석층에서 발견되는 광물질의 고유한 조합의 산물이기도 하다.

장소의 자연적 특징은 때때로 제품이 다른 곳에서 판매될 때, 제품 브랜딩의 중요한 부분이 될 수 있다. 어떤 의미에서는 장소 그 자체가 마케팅되고 있는 것이다. 소비자들이 남태평양의 비티레부(Viti Levu)섬에서 배로 운반된 피지워터(FIJI Water)를 왜 구매하는가? 그 이유는 (로스앤젤레스에 본사를 두고 있는) 기업이 배포한 마케팅 자료에서 명료하게 드러난다.

가장 가까운 대륙에서 1,600마일 떨어져 있는 태평양의 외딴섬에서 적도 무역풍이 피지워터(FIJI® Water)의 여정을 시작하는 세계의 마지막 원시 생태계 중 하나를 통과하는 구름을 정화합니다. 오염되지 않은 우림에 열대의 비가 내릴 때, 비는 화산암층을 통과하여 천천히 천연 미네랄과 전해질을 모아 피지워터에 부드럽고 매끄러운 맛을 선사합니다. 물은 지표면 아래 깊숙한 천연의 자분(自噴) 대수층에 모여 암석층을 가둠으로써 외부 요소로부터 보호됩니다. 자연적인 압력은 물을 지표면으로 밀어내고, 여기서 당신이 뚜껑을 열 때까지 사람의 접촉 없이 원천에서 병에 담깁니다. 사람의 손이 닿지 않은 것(Untouched by man™). 지구에서 가장 좋은 물(Earth's Finest Water)®. http://www.fijiwater.com/company.html

이 인용문은 한 장소의 표현이나 평판이 때때로 실제의 특징만큼이나 중요할 수도 있다는 사실로 우리의 관심을 끈다. 순수 샘물의 원천이든, 이탈리아 신발 한 컬레든, 캘리포니아 실리콘밸리의 첨단 혁신이든 상관없이, 장소는 브랜드의 일부가 된다(소비에서 장소의 역할은 제7장에서, 첨단기술 생산에서의 역할은 제12장에서 좀 더 자세히 살펴볼 것이다).

자연환경의 속성은 하나의 차원을 형성할 수 있는 한편, 장소는 근본적으로 인간 활동에 의해 형성되기도 한다. 정부 형태, 종교적 전통, 언어 집단, 젠더 역할과 관련한 규범, 건축, 예술적 표현, 다른 사람들과의 상호작용하는 방식, 부의 수준 및 부의 불평등, 사람들이 행하는 일의 유형, 존재하는 상점, 식당, 바, 카페 그리고 그들이 판매하는 물건들—이러한 것들은 모두 특정 장소의 고유한 특징을 발생시키는 인간 활동이며, 장소에 따라 크게 다를 수 있다.

장소 기반의 특징은 제2절에서 논의된 생수 제조의 정치를 이해하는 데 도움을 준다. 예를 들어, 캐나다 온타리오주에 있는 센터웰링턴(Centre Wellington, 인구 3만 명)의 작은 마을은 네슬레 (Nestlé)의 물 추출에 대한 논란의 장소였다(그림 1.6 참조). 2016년에 이 마을은 늘어나는 인구를 위한 상수도를 보장하기 위해 5헥타르(ha) 부지의 샘 우물을 매입하려고 하였다. 그런데 애버포일 (Aberfoyle)에 있는 기존 우물을 보완하여 향후 사업 성장을 위한 자원으로서 이 부지를 매입한 네 슬레와의 경합에서 뒤졌다. 지역에 있는 이 우물과 다른 우물은 지역 식수 보호 및 복원에 전념하는 웰링턴 물 감시원(Wellington Water Watchers)이라는 단체에 의해 격렬한 항의를 받았다(wellingtonwaterwatchers.ca).

그들의 독특한 환경적·정치적·문화적·경제적 상황을 검토하지 않고서는 그러한 입지에서 발생

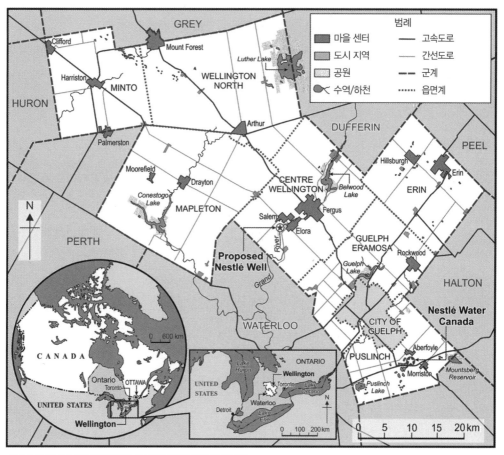

그림 1.6 캐나다 온타리오주의 센터웰링턴과 웰링턴카운티.

하는 반대의 정도를 이해하기란 불가능하다. 이에 몇 가지 주요 장소 기반의 특징을 강조할 수 있다.

- 네슬레가 사용하는 지하수 공급원은 궬프(Guelph) 지역에 있다. 이곳은 인근 토론토로부터의 인구 유출을 포함하여 인구가 급속도로 증가하고 있는 지역이다. 장차 보다 많은 인구에 공급하기 위한 지하수의 가용성이 주요 관심사이다.
- 이 지역의 대부분은 여전히 농촌이기 때문에 우물을 가정용 물 공급을 위해 사용하는 가구가 많고, 농작물에 물을 사용하는 농장들도 있다. 이들 집단은 생수를 위한 추출을 유한한 자원에 대한 경쟁적인 주장으로 간주하고 있다.
- 이 지역을 포함한 온타리오의 대부분은 물을 신성시하고 자원 추출 프로젝트와 관련하여 협의할 헌법적 권리를 가진 원주민 집단(캐나다 원주민으로 알려진)의 전통적인 영토이다.
- 지역 경제는 다양하며, 대륙 및 글로벌 첨단산업, 자동차 제조, 농업생산 등과 연계되어 있다. 이는 물 병입 공장에서 약속한 적당한 고용을 유치하는 것에 의존하지 않는다.
- 활동가 조직(웰링턴 물 감시원)은 지역의 개별 집단이 대규모 다국적기업을 상대로 캠페인을 추진할 수 있는 시간, 자원, 교육, 인맥을 가지고 있었기 때문에 만들어지고 유지되었다.
- 의욕적인 활동가들이 자신의 목소리를 내고 선출직 공무원들에게 영향을 미칠 수 있는 대의민주주의 체제가 지역과 지방 수준에서 모두 존재한다.

궁극적으로 이 모든 장소 기반의 특징(그리고 아마도 더 많은 것)은 2017년 1월 온타리오 주정부가 제정한 생수 추출에 대한 신규 허가를 2년 동안 금지하는 데 기여하였다(Kassam, 2016). 더욱 폭넓은 논점은 특정한 경제활동이 존재하는 이유와 그것이 반대를 받는 이유를 설명하기 위해서는 이와 같은 지역적 특징의 고유한 조합을 이해하는 것이 필수적이라는 사실이다. 경제활동을 살펴보는 지리학적 접근 방법은 바로 이러한 종류의 장소 기반의 이해를 촉진시킨다.

장소는 독특하지만, 순전히 지역적 과정을 통해 창출되는 것은 결코 아니다. 앞서 언급한 온타리오주 웰링턴카운티의 모든 특징은 더 큰 과정과의 관계나 연결의 산물이다. 인구 증가는 토론토로부터 인구가 유출된 결과이며, 지역의 농업경제는 지역적, 국가적, 세계적 규모의 상품 시장에 공급하고 있으며, 캐나다 원주민은 유럽 식민화와 정착의 생존자들이다. 지역적으로 다양한 고용에는 토론토의 금융센터로 통근하거나 인접한 워털루의 첨단기술 중심지에서 일하는 것을 포함하며, 둘 다 글로벌 경제체제에 깊이 통합되어 있다. 지역단체의 행동주의는 다른 곳에서의 유사한 투쟁과 명시적으로 연결되어 있다(웰링턴 물 감시원의 웹페이지에는 미국의 오리건주와 펜실베이니아주에 있는 네슬레를 반대하는 캠페인에 대한 링크가 포함되어 있다). 마지막으로, 네슬레는 189개국에서 사업체를 운영하는 세계 최대의 식음료 초국적기업이다. 이 모든 면에서 캐나다 작은 마을의 장소 기반 특징은 다른 장소와의 관계의 산물이다. 따라서 우리는 내부적이고 '지역적'인 과정만큼이나 외부적 과정에 의해 창조된 장소를 이해할 필요가 있다. 그렇다면 장소는 특정 입지에서 고유한 교차점을 만들기 위해 공간을 가로지르는 흐름의 '결합'으로 볼 수 있다. 이러한 장소의 개념은 도린 매시(Doreen Massey, 1991)가 '글로벌 장소감'이라고 불렀던 것이다.

그러나 장소는 단순히 현재적 연결의 결과가 아니라는 사실을 기억하는 것이 중요하다. 장소는 또한 서로 다른 시대의 역사적인 장소 만들기(place-making)의 결과이며, 각 장소는 이전 시대 위에 겹쳐진다. 이 역사적 층화 과정은 두 장소가 서로 같지 않은 또 다른 이유이다. 우리는 지난 몇 세기 동안 세계 제국의 중심에서 런던의 역할을 인정하지 않고서는 런던의 위엄과 부를 이해할 수 없다. 또한 수 세기에 걸친 식민주의가 사회, 문화, 경제를 형성한 방식에 대해 생각하지 않고서는 필리핀의 마닐라나 인도 뭄바이를 완전히 이해할 수 없다. 가장 외딴 마을조차도 이러한 역사적 연결과 그 현재적 결과에 의해 가장 심오한 방식으로 형성된다.

그러므로 장소의 고유성을 이해하는 것은 복잡하다. 이를 위해서는 역사적·현재적 과정과 그것들이 장소를 어떻게 형성해 왔는지, 그리고 한 장소의 특징이 과거 장소가 미래에 무엇이 될 수 있는지를 어떻게 형성(실제로 **결정하지** 않고)하였는지에 관해 생각해야 한다. 이것은 또한 장소 자체가 어떠한지뿐만 아니라, 장소가 보다 큰 구조와 과정에서 수행하는 역할도 검토할 것을 요구한다—따라서 어느 한 장소를 연구한다는 것은 **단지** 그 장소만을 연구하는 것이 아니다. 더군다나 장소를 연구하는 것은 자연환경부터 문화적 관행, 경제활동, 정치적 과정에 이르기까지 다양한 요인들이 어떻게 상호 연결되어 있는지를 인식하는 것이다. 이처럼 특정 장소의 복잡성과의 만남은 여러 면에서 본질적으로 지리학적 작업이다.

게다가 세계에 대한 이러한 지리학적 접근 방법에는 다른 학문 분야, 특히 경제학(제2장에서 강조할 차이점)에서 찾을 수 있는 것과는 다소 다른 사고방식이 필요하다는 점도 지적할 가치가 있다. 경제활동의 패턴에 대한 지리학적 접근 방법을 취하려면, 우리가 살고 있는 현실 세계의 장소가 보여주는 모든 복잡성과 혼란스러움에 관계할 것을 요구한다. 이는 이러한 활동을 형성하는 보다 폭넓은 힘을 무시한다는 것이 아니라, 우리가 그러한 힘을 '법칙'이나 원칙의 모델을 도출하는 방식으로서보다는, 실제 살아간 장소에서 고유하게 표현된 것으로 이해하고자 함을 의미한다. 경제학자는 흔히 보편적으로 적용할 수 있는 일반화(경제적 과정의 '과학')를 모색하는 반면, 경제지리학자는 보통 다른 방향으로 가고 있다—특정한 상황이 특정한 장소에서 왜 발생하는지를 그 장소의 모든 풍부함과 복잡성의 맥락에서 이해하려고 시도한다.

1.5 네트워크를 통한 공간을 가로지르는 연결

다음 유형의 공간성은 지금까지의 논의에서 (되풀이하여) 이미 시사되었다. 우리는 공간이 어떻게 서로 연결되어 있는지를 생각지 않고서는 경제 경관의 패턴화와 불균등에 관해 실제로 논의할 수 없다. 또한 장소가 다른 장소와의 관계를 통해 어떻게 만들어지는지(그리고 다시 만들어지는지)를 생각지 않고서는 장소의 특수성을 이해할 수 없다. 공간을 가로지르는 연결과 네트워크의 생성이라는 이 아이디어는 우리의 공간성에 관한 세 번째 형태이다. 이 절에서는 생수의 사례 연구에서 분명히 드러나는 3가지의 서로 다른 유형의 연결을 간략히 설명하고자 한다.

- 기업 및 생산 네트워크에 의해 생성된 연계
- 폐기물처리 네트워크와 환경적 과정
- 자본주의 세계체제에 의해 형성된 보다 폭넓은 연계

기업 및 생산 네트워크

경제 세계에서 연결에 주의를 기울일 가장 확실한 방법은 글로벌 경제에서 네트워크를 서로 엮고 조직하는 기업 시스템을 통해서이다. 우리는 이미 전 세계 생수산업에 펩시코, 코카콜라, 네슬레, 다논과 같은 소수의 지배적 업체들이 존재함을 확인하였다(자료 1.1 참조). 그러나 단순히 이들 기업을 식별하고 그들이 전능한 글로벌 자본가라고 가정하는 것만으로는 우리에게 대단히 많은 것을 말해주지 않는다. 우리는 그러한 초국적기업들이 구조화되고 있는 방식을 더욱더 자세히 살펴볼 수 있다. 예를 들어, 네슬레는 스위스에 본사를 두고 있다. 그 주주의 약 3분의 1은 스위스인이고, 3분의 1은 미국인이다(나머지 대부분은 독일, 벨기에, 영국, 캐나다, 일본에 기반을 두고 있다). 네슬레의 자회사 대다수는 전 세계 지역별로 관리되지만, 생수 사업부는 글로벌 사업으로 운영된다. 네슬레워터스(Nestlé Waters)는 세계 최대의 생수 생산업체이지만, 이는 전 세계 매출액의 11%에 지나지 않는다—따라서 이 기업이 완전히 지배적인 것과는 거리가 멀다. 더군다나 2016년 매출의 18.4%는 페리에와 산펠레그리노 같은 국제적 브랜드에서 발생하였으며, 25.7%는 네슬레 자체 브랜드(특히 퓨어라이프)에서 나왔고, 절반 이상(50.4%)은 이 기업이 소유한 지역 브랜드에서 나왔다(Nestlé, 2018). 이는 이러한 특정 사업이 어떻게 부의 지리를 만들어 내는지를 함의하고 있다. 만약 매출이 주로 지역 상품(물)의 추출에 기반하고 이윤은 글로벌 본사로 이전되어 북아메리카와 유럽의 주주에게 배당금으로 지급된다면, 궁극적으로 그 구조는 글로벌 부의 재분배를 나타내며, 제3절에서 언급한 불균등한 발전 패턴을 생성하는 과정의 일부가 된다.

초국적기업에서 나오는 이익의 분배는 또한 세금을 납부하는 장소에 따라 결정된다. 글로벌 사업을 운영하는 기업은 내부 회계 메커니즘('이전가격조작'으로 불린다)을 사용하여 가능한 한 가장 낮은 조세제도에서 이윤이 신고되도록 한다. 피지워터가 그 예를 제공한다.

> 피지워터의 피지 자회사는 12L의 물 한 상자를 미국에 본사를 둔 모기업에 4달러로 판매하고, 모기업은 이 물을 유통업체에 13달러로 판매한다. 이 물 한 상자는 미국에서 어느 곳이든 20~28달러에 소매된다. 이 협의는 피지 자회사가 낮은 수익을 창출하고 피지의 28%에 달하는 법인세율의 대부분을 피할 수 있도록 한다(Dornan, 2010).

더군다나 기업들은 세금계산서가 법적으로 가능한 한 낮게 유지되도록 사업 소유권을 조세피난지(tax haven)에 둘 수도 있다. 다시 한 번 피지워터가 그 예를 제공한다. 비록 물은 피지에서 나오고 본사는 캘리포니아에 있지만, 기업은 룩셈부르크에 등록된 법인이 소유하고 있다. 자산의 일부는 스위스에 있는 기업들에 이전되어 왔다. 그리고 기업은 케이맨 제도에서 '피지(FIJI)'라는 단어를 상표로 등록하였다(Lenzer, 2010). 글로벌 금융과 역외 조세피난지 현상은 제8장에서 좀 더 논의될 것이다.

그런데 생수 사업은 제품을 만들고 판매하는 기업을 훨씬 뛰어넘는 관계의 시스템이다. 네슬레나 펩시코와 같은 기업은 훨씬 큰 규모의 행위자와 기관의 네트워크에 속해 있다. 그들이 생산하는 상품의 주요 부분은 플라스틱 물병 그 자체이다. 실제로 병, 뚜껑, 라벨은 생산과 관련된 비용의 가장 큰 부분을 차지한다(Bhushan, 2006). 이는 생수 사업을 매우 다른 지리를 가진 석유화학산업이라는 전혀 다른 생산자 네트워크에 연결한다. 예를 들어, 플라스틱병을 만드는 데 사용되는 페트(PET) 수지를 살펴보면, 세계 최대 생산업체인 인도라마(Indorama)는 태국에 본사를 두고 있다. 2015년에 인도라마는 440만 톤의 PET 수지를 생산하였다(전 세계 총생산량의 16%). 이 생산 네트워크에서 플라스틱병은 최종 제품이며, 석유 채굴, 정제, 해상 운송, 상품 거래, PET 수지 생산, 병 제조에 기반을 두고 있다. 경우에 따라 식물 재료 또는 재활용 플라스틱이 병의 일부를 형성할 수 있지만, 거의 대부분의 병은 여전히 석유화학산업의 결과물이다.

우리가 관련된 다른 행위자들을 고려하기 시작할 때, 생산 네트워크는 한층 넓어진다. 이 산업은 여과, 정화, 병입 장비, 자본을 빌려주는 은행가, 보험 및 법률 서비스의 제공업체, 운송 회사, 광고대행사, 산업협회, 소매업체, 경영 컨설턴트 및 리서치 회사 등 다른 상품과 서비스 공급업체들을 가지고 있다. 더군다나 제2절에서 살펴본 것처럼, 이 부문과 관련된 다른 것들도 있다. 모든 수준의 정부 (지방정부에서 유럽연합 같은 국제기구에 이르기까지)는 물 추출, 제품 안전, 재활용, 기타 문제에 대한 규칙을 수립하고 시행하는 데 핵심적인 역할을 한다. 위에서 언급한 모든 부문의 노동조합은 임금과 노동조건을 결정하기 위해 협상할 수 있다. 지역 환경을 보호하려는 활동가 단체는 생수업체의 활동에 상당한 영향을 미칠 수 있다. 교내에서 생수를 금지하는(또는 해당 분야의 연구를 수행하는) 학교, 칼리지, 종합대학조차도 생수 생산업체의 판매와 평판에 영향을 미치고 있다.

그렇다면 전반적으로 생수는 공간을 가로질러 다양한 경제활동을 연결하는 복잡한 관계 네트워크의 결과물이다. 그러므로 이 책에서 우리는 그러한 네트워크를 주도하는 초국적기업의 구조와 운영 (제5장)뿐만 아니라 생산 네트워크의 글로벌 구조(제4장)에도 주목한다.

폐기물 네트워크와 환경적 과정

지금까지 우리는 생수 생산업체를 중심으로 한 네트워크에 초점을 맞추었다. 그런데 플라스틱병은 한번 폐기되면 공간을 가로질러 장소를 연결하는 완전히 다른 네트워크의 집합으로 들어간다(그림 1.7 참조). 어떤 경우에는 플라스틱 폐기물이 지역 재활용 시설이나 매립지로 운송되기 때문에, 네트워크는 상당히 지역적일 수도 있다. 하지만 폐기물은 또한 그 자체로 글로벌 산업이다. 이는 2018년 1월 중국이 페트병, 혼합 종이, 직물 등을 포함한 특정 폐기물의 수입을 금지하였을 때 극적으로 조명을 받았다. 중국 정부는 그러한 폐기물이 재활용할 수 없고 심지어 유해물질과 너무나도 빈번하게 혼합되어 있다고 선언하였다. 이에 '양라지(yang laji)' 또는 '외국 쓰레기'라는 꼬리표가 붙었다. 중국은 이전에 특히 지구 북부로부터 재활용할 수 있는 플라스틱 폐기물의 세계 주요 목적지였다. 예를 들어, 아일랜드는 플라스틱 폐기물의 95%를 중국으로 보냈다. 유럽 전체에서는 2016년 수집 및 분류된 플라스틱의 50%를 수출하였는데, 이들 물질 중 85%가 중국으로 들어갔다. 중국의 갑작스러운 금지 조치로 많은 국가에서는 폐기물을 버릴 새로운 장소를 찾거나, 플라스틱 사용을 줄이기 위한 새로운 정책을 모색하게 되었다(AFP, 2018). 이는 글로벌 공간을 연결하는 네트워크에 착근되어 있는 제조 제품뿐만 아니라 우리가 생산하는 폐기물의 범위를 보여 준다. 소비 관행의 영향에 대한 인식이 높아지면서, 환경적으로 지속가능하고 윤리적인 방식을 추구하는 대안적인 소비 형태가 촉진

그림 1.7 더미로 분류되고 압축되어 재활용을 위해 준비된 플라스틱병

출처: Meinrad Riedo/Getty Images.

되었다(제14장 참조).

　또한 플라스틱 폐기물의 이슈는 우리에게 글로벌 공간을 함께 묶는 또 다른 형태의 연결성, 즉 환경적 과정을 상기시켜 준다. 그 한 예는 전 세계의 바다에 축적되는 플라스틱 폐기물에서 발견된다. 유엔(UN)의 한 보고서는 2050년까지 전 세계의 바다에 플라스틱 폐기물(주로 봉지나 병 같은 일회용품에서 나온)이 어류보다 더 많을 수 있다고 시사하였다(United Nations, 2017). 이미 우리는 플라스틱 폐기물이 강과 바다에서 시작되는 먹이사슬에 축적되고 있음을 알고 있다. 플라스틱으로 오염된 어류, 패류, 바닷새가 유럽에서 아메리카와 아시아에 이르기까지 전 세계에 걸쳐 발견되었다(Smillie, 2017)(그림 1.8 참조). 이러한 방식으로 글로벌 생수산업에서 발생하는 폐기물은 글로벌 해산물 생산으로 다시 순환되고 있다. 즉 언뜻 보기에는 연결되지 않은 것처럼 보이는 두 가지 형태의 경제활동이 글로벌 환경의 연결을 통해 결합되어 있다.

　덜 직접적인 또 다른 형태의 연결성은 글로벌 기후변화의 과정에서 찾아볼 수 있다. 생수의 생산, 운송, 냉각과 관련된 에너지 사용과 탄소 배출량은 상당하다. 앞서 언급하였듯이, 이는 파이프로 연결된 수돗물을 공급하는 데 사용되는 에너지량을 확실히 훨씬 초과한다. 이처럼 생수산업은 글로벌 기후변화에 부정적인 영향을 끼치는 역할을 하고 있다. 이는 1인당 생수 소비 수준이 높은 지역(멕시

그림 1.8 어린 앨버트로스 한 마리가 자연 그대로의 미드웨이 환초(Midway Atoll)에서 병, 낚시찌, 심지어 텔레비전을 포함하여 해변에 떠내려온 쓰레기 더미 속에 앉아 있다.

출처: Rick Loomis/Los Angeles Times via Getty Images.

코, 태국, 이탈리아)이 1인당 수준이 낮은 지역(인도, 중국)보다 글로벌 기후변화에 불균형적으로 더 많은 영향을 미치고 있음을 의미한다(표 1.1). 이들은 제11장에서 다룰 글로벌 기후변화의 복잡한 지리 중 일부이다.

기후변화의 영향은 지리적으로도 복잡하고 다양한 방식으로 생수산업에 영향을 미친다. 제2절에서 우리는 캘리포니아의 가뭄 기간 동안 스타벅스 브랜드의 생수인 에토스워터를 둘러싼 논란을 언급하였다. 그 당시(2015년) 물 부족 현상은 캘리포니아주 전역으로 확산되었고, 120년 만에 최고 기온을 기록하였다. 기후학자들은 기후변화가 가뭄을 자연적 기후변동성보다 15~20% 더 악화시켰다고 추정하였다. 그러나 물 부족은 생수산업에 큰 도움이 될 수도 있다. 2018년 남아프리카공화국 케이프타운시는 저수위가 너무 낮아 지자체의 물 공급이 중단될 '데이 제로(day zero)'가 다가오고 있다고 선언하였다. 케이프타운의 물 부족에는 다양한 원인이 있었지만, 한층 건조하고 더운 날씨로 향하는 장기적인 (기후변동) 추세가 중요한 요인이었다. 임박한 '데이 제로'의 발표는 부유한 주민들 사이에서 생수의 엄청난 수요와 가격의 급등을 초래하였다. 슈퍼마켓은 생수 구매에 대한 배급제를 시작해야 하였으며, 정부는 가격을 규제할 것을 촉구받았다(Watts, 2018).

명백하지만 종종 부정확한 가정은 생수산업이 물을 추출하는 관행을 통해 물 부족을 악화시킨다는 것이다. 사실 물의 총 추출량은 다른 용도(농업과 같은)에 비해 매우 적다. 더욱 큰 문제는 산업에서 사용되는 불필요한 에너지이며, 이는 전체 탄소 배출 및 기후변화와 연관되어 있다. 따라서 우리는 글로벌 기후 체계를 통해 한 장소의 생수 소비와 다른 장소의 물 부족 간의 연관성을 살펴볼 수 있다.

글로벌 자본주의 체제

생수를 한층 큰 공간을 연결하는 체제의 일부로서 살펴볼 수 있는 세 번째 방식이 있다. 이는 글로벌 자본주의 체제를 통해서이다. 제3장에서 자본주의의 지리를 더 자세히 살펴보겠지만, 생수와 관련하여 지적할 가치가 있는 몇 가지 특성이 있다. 첫째, 자본주의는 근본적으로 사유재산(토지, 물, 공장, 기타 자산 등 무엇이든 간에)의 소유권과 사용에 기반을 두고 있으며, 해당 재산의 소유자를 위한 이윤을 창출하는 체제이다. 공공자원(지하수 같은)을 사유화함으로써 이윤을 창출하는 기회가 존재하는 곳에서는 체제가 그 기회를 향해 움직일 것이다. 만약 공공적으로 이용할 수 있는 수돗물로 아무런 이윤도 얻을 수 없다면, 체제는 사적으로 판매할 수 있는 상품을 찾을 것이다(Jaffee and Newman, 2013). 이것이 자본주의 체제의 내적 논리이다.

둘째, 이윤 추구에 있어 자본주의는 판매를 위해 제공되는 상품과 그 상품이 만들어지는 과정의 측면에서 본질적으로 혁신적이다. 우리는 1990년대 페트병의 도입에서 이 점을 보았다. 또한 미네랄 농도, 비타민 함량 또는 향미 주입에 대한 인상적인 주장과 함께 새로운 '프리미엄' 물 제품을 만드는 데서도 이 점을 확인할 수 있다. 런던 북부에 있는 체육관을 방문하고 어지러울 정도로 다양한 물 제품이 제공되는 것을 보고 난 후, 한 영국 언론인은 생수에 대해 다음과 같이 언급하였다.

현재 전 세계 생수산업은 매주 신제품이 진열대에 오르는 것 같은 기이하고도 활기찬 호황 단계에 있다. 단지 단조롭거나 반짝이는 것이 아니라, 그 요소에 대한 완전히 새로운 정의가 있다. 그것은 자본주의의 극도로 활동적이고 뻔뻔하게 창의적인 사례이다. 즉 자유롭게 구할 수 있는 물질을 가져다가 수많은 다른 의상을 입혀 몸과 마음, 영혼을 바꿀 수 있는 새로운 것으로 판매하는 것이다(Elmhirst, 2016).

이 인용문은 자본주의 체제의 창의성과 역동성을 훌륭하게 포착하고 있다.

셋째, 자본주의는 항상 상품, 새로운 원료 공급원, 더 저렴하거나 보다 효율적인 노동력을 판매할 새로운 시장을 모색할 것이다. 만약 어느 한 시장이 수익성이 떨어지거나 더 정체할 경우, 다른 곳에서 판매함으로써 성장을 모색해야만 한다. 원료나 생산 공정에 대한 투입물이 다른 곳에서 훨씬 저렴하다면, 그곳이 이용될 것이다. 지역 노동력이 너무 비싸지면, 생산을 이전하거나 외국인 이주 노동자 같은 저렴한 노동력을 데려오려는 압력이 가해질 것이다. 이것이 체제가 참여자들에게 부과하는 생존과 이윤극대화의 논리이다. 생수의 경우, 이들 선택사항을 모두 사용할 수 있는 것은 아니다—제품 자체가 운송 비용이 비싸서, 인건비가 값싸거나 물이 저렴한 새로운 입지로 이동하는 것은 일반적으로 선택사항이 될 수 없다. 더군다나 페리에나 피지워터 같은 일부 제품의 경우는 브랜딩으로 인해 생산이 특정 장소에 묶여 있다. 그러나 환경에 대한 인식이 높아져 북아메리카와 유럽에서 생수 판매가 정체한다면, 기업들은 분명히 인도, 중국, 동남아시아, 아프리카, 라틴아메리카와 같은 새로운 시장으로의 확장을 모색할 것이다. 선도적인 생수 생산업체의 전 세계적인 발자국은 성장과 이윤을 위한 새로운 공간을 찾고자 하는 이러한 충동의 결과이다. 따라서 자료 1.1에서 확인한 생수 생산업체는 자본주의 체제의 피조물이다. 그들이 작동하고 있는 글로벌 공간은 어떤 의미에서 자본주의의 공통 영역에 함께 연결되어 있다.

1.6 영역을 통한 공간의 규정과 통제

공간에 대한 우리의 마지막 개념은 **영역(territory)**이다. 우리는 이미 공간이 패턴화되고 불균등할 수 있으며, 장소는 고유한 특성으로 이해할 필요가 있고, 공간을 가로지르는 연결은 다양한 형태를 취할 수 있다는 점에 주목하였다. 이러한 다른 공식에서 완전히 포착되지 않는 공간의 한 측면은 공간을 분할하고 통제할 수 있는 방식이다. 공간의 한 부분은 어떤 방식으로든 경계 지어지고 규정되며, 관할권이 행사할 수 있다. 이러한 경계구분과 권력의 조합은 우리가 영역(領域)이라고 부르는 것을 만든다. 영역권의 주요 형태는 정부에 의해 행사되고, 정부는 그 관할권 내에서 다양한 방식으로 (공)권력을 행사할 수 있다. 그러나 정부만이 어느 정도의 영역권을 가진 유일한 조직은 아니다. 캠퍼스에서의 생수 금지는 대학 행정부가 행사하는 영역권의 예이다. 생수 소매업체에 대한 수요를 높이기 위해 식수대를 제공하지 않기로 결정한 쇼핑몰 운영 기업도 영역권을 행사하고 있다.

이 절에서 우리는 영역권을 행사할 수 있는 두 가지 방식을 강조하고, 이 공간에 대한 사고가 생수 사업을 이해하는 데 어떻게 도움이 되는지를 보여 줄 것이다. 첫째, 영역권이 어떻게 상품, 사람, 돈,

정보의 흐름을 통제하는 경계를 생성하는지를 살펴본다. 둘째, 일련의 공간적 경계 내에서 경제활동을 형성하고 관리하기 위해 영역권을 사용하는 몇 가지 방식을 강조할 것이다.

흐름의 통제

영역의 안팎으로 경제적 흐름을 통제하는 권한은, 영역의 경계를 감시하고 수호하고 집행할 수 있는 권한을 가진 국가의 중앙정부에 가장 명확하게 놓여 있다. 이는 노동자, 상품, 돈을 포함하여 이들 경계를 가로질러 이동하는 것을 통제할 수 있음을 의미한다. 일부 정부에서는 특정 신문과 잡지의 인쇄나 온라인 콘텐츠를 금지하는 등, 정보도 어느 정도 통제할 수 있다.

생수의 경우, 우리는 2018년에 중국 정부가 영토주권을 주장하여 일정한 종류의 폐기물이 국가로 들어오는 것을 금지한 결과에 관해 논의한 바 있다. 국경에 대한 영역적 통제는 수입품에 부과되는 관세를 통해 부여될 수도 있다. 예를 들어, 수입 미네랄워터는 오스트레일리아나 캐나다로 수입될 때 관세가 부과되지 않으며, 중국에서는 10%의 관세가, 인도에서는 30%의 관세가 부과된다.

국경의 흐름에 대한 정부의 통제에는 사람들의 이동도 포함된다. 만약 다논이 전 세계 자회사 중 하나에 프랑스 본사 출신의 관리자를 선임하려 한다면, 해당 직원의 업무 능력은 현지 국가에 의해 결정될 것이다. 대부분의 국가는 이러한 유형의 외국인 관리자를 투자 유치에 필요한 존재로 인식하기 때문에, 외국인 관리자에게 상당히 개방적이다. 그러나 노동력 위계의 아래에 있는 이주 노동자들에게 부여된 조건은 훨씬 엄격하다. 병입 공장 자체는 상대적으로 적은 인력을 고용하고 있는 반면, 전 세계의 많은 국가에서 이주 노동자는 건설, 운송, 소매업 등에 광범위하게 고용되어 생수 생산 네트워크의 여러 지점에 존재하고 있다. 이러한 노동자들은 면밀히 추적 관찰되고 있으며, 이들이 노동하는 국가의 영주권자나 시민보다 더 적은 권리를 갖고 생활한다(제6장 참조).

경제의 형성 및 규제

두 번째 형태의 영역 통제는 해당 경계 내에서 특정 과정을 형성하고 규제하는 권한을 포함한다. 국민국가의 경우, 이 권한은 정부가 운영하는 교육 및 훈련 프로그램부터 재산, 계약, 고용 관계에 관한 법률과 복지, 실업수당, 조세정책에 이르기까지 여러 가지 방식으로 행사된다. 생수의 경우, 정부는 환경 및 식품안전 기준을 부과하고 시행한다. 정부는 또한 기업이 병입을 위해 지하수를 끌어올 때 추출되는 천연자원을 '소유'하고 있다. 따라서 국가는 해당 자원의 가격을 설정할 수 있다. 물 사용자에게 부과하는 수수료를 인상한 캐나다 온타리오주의 사례(앞서 살펴본)가 그 예이며, 이는 또한 영역 내의 특별한 이슈에 대한 권한을 중앙정부가 아닌 하위 지방정부가 행사할 수 있음을 상기시켜 준다. 더 작은 지역 단위로 이동하면, 수돗물은 종종 지방정부의 책임이지만, 일부 지역에서는 별도의 공공 수도 시설이나 민간 공급업체가 존재한다. 지자체의 상수도는 북아메리카의 다사니와 아쿠아피나 같은 브랜드의 원료이다. 이러한 경우에 기업들은 지역 도시정부 및 그 수도 시설과 공급 계약을 체결할 것이다.

정부의 역할은 그 이상이다. 정부는 자국 관할권 내에서 생산되는 상품의 주요 구매자이기도 하다. 예를 들어, 중국에서 정부 소유의 중국철도공사(China Railway Corporation)는 티베트의 해발고도 5,100m에서 빙하가 녹은 물을 병에 담는 기업인 티베트 5100(Tibet 5100)의 주요 고객이었다. 이 기업은 2011년부터 2015년까지 국유철도공사에 승객에게 무료로 제공된 6억 병의 생수를 판매하였다(Liu, 2015). 어떤 경우에는 정부가 생수 기업을 소유할 수도 있다. 중국의 주요 생수 브랜드 중 하나는 국유 중국자원(China Resources) 기업에서 생산하는 쎄봉(C'estbon)이다. 자메이카에서는 국가물위원회(National Water Commission)가 자체 생수 브랜드의 설립을 논의하기도 하였다. 아마도 국가원수로서는 유일하게 도널드 트럼프(Donald Trump)가 자기 소유의 생수 브랜드인 '트럼프 내추럴 스프링워터(Trump Natural Spring Water)'를 보유하였으며, 이 생수는 전 세계의 대통령 호텔, 레스토랑, 골프장에서 제공되었다. 이와 같이 정부는 경제활동의 규제를 통해서뿐만 아니라 특정 부문의 완전한 참여자로서도 영역권을 행사할 수 있다. 우리는 제9장에서 이러한 권한과 기타 국가 권한에 관해 논의할 것이다.

영역 통제를 행사하는 방식은 관할권에 따라 다르겠지만, 또한 시간이 지남에 따라 바뀔 수도 있다. 예를 들어, 한 국가가 자유무역협정에 서명하면, 그 영역권의 일부를 양도하거나 더 정확하게는 다른 규모로 이전하게 된다(자료 1.2 참조). 이렇듯 미국, 캐나다, 멕시코 간의 북미자유무역협정(NAFTA)은 세 국가 간의 생수에 대한 관세를 철폐하고 있다. 한편, 세계무역기구(WTO) 회원국은 세 국가가 다른 모든 수입국에 동일하게 관세 없이 접근할 수 있는 권한을 줄 것을 요구하고 있다. 이러한 협정은 종종 국제 투자자와 지역 물 기업에 동일한 권리를 부여하도록 요구한다. 이것이 앞서 설명한 예에서 네슬레와 같은 초국적기업이 캐나다 생수 기업과 동일한 권리를 갖고 캐나다에서 사업을 운영할 수 있는 이유이다. 마지막으로, 유럽연합(EU)처럼 가장 긴밀하게 통합된 자유무역지역의 경우에는 전체 지역에 걸쳐 균일한 환경 및 기타 규정이 있을 것이다. 이와 같은 방식으로 경제를 통제하는 국가 중앙정부의 영역권이 부분적으로 이양된다. 제10장에서는 경제적 과정을 형성하는 데 국제기구의 역할을 살펴보면서 이 논점을 보다 포괄적으로 전개할 것이다.

지역적 통제의 문제는 가끔 물 추출에 대한 논쟁의 핵심이 된다. 미국 캘리포니아주 매클라우드(McCloud)라는 작은 마을에서는 대규모 병입 공장을 위해 샘물을 추출하겠다는 네슬레의 제안에 반대하는 운동이 전개되었다. 분쟁은 2003년부터 네슬레 기업이 2009년에 제안을 철회할 때까지 계속되었다. 많은 주민과 활동가들에게 중요한 문제는 수자원에 대한 지역적 통제와 수자원이 공공 소유 및 관리하에 있어야 한다는 열렬한 믿음이었다(Jaffee and Newman, 2013). 이러한 수많은 논쟁에는 물이 영역의 근본적인 부분이라는 강한 인식이 존재한다. 해당 자원에 대한 통제력을 상실한다는 것(물과 이윤이 모두 지역을 떠나 민간 생수 기업으로 간다는 것 같은)은 곧 지역적으로 정당하게 존재해야 하는 영역권의 핵심 부분을 포기하는 것이다. 따라서 생수에 관한 논쟁을 완전히 이해하기 위해서는, 영역권의 논쟁과 그것이 다양한 규모에서 어떻게 행사되는지를 파악하는 것이 필요하다. 자료 1.2는 이 장에서 논의된 모든 공간성에 영향을 미치는 스케일, 즉 규모의 개념을 자세히 설명한다.

심화 개념

자료 1.2 규모(스케일)

이 장에서 공간을 이해하는 다양한 방법을 다루었지만, 그 과정에서 우리의 논의는 글로벌 기업부터 매우 작은 마을까지 다양한 범주에 걸쳐 있다. 다시 말해, 우리는 많은 다른 **규모(scale)**를 통합해 왔다. 규모가 무엇을 의미하고, 어떻게 중요할 수 있는지를 명시적으로 사고하는 것이 중요하다. 이 장에서는 적어도 8개의 규모가 분명히 나타나 있다.

- **글로벌(지구적)** 규모를 통해 공간을 서로 연결하는 환경적 과정, 안전한 물에 대한 접근을 형성하는 경제적 불평등, 주요 생수 기업이 운영되는 규모를 이해할 수 있다.
- **거시 지역적** 규모는 일반적으로 국가군을 지칭한다. 예를 들어, 우리는 유럽연합이 회원국들 사이에서 환경, 노동, 무역 및 기타 이슈들을 어떻게 형성하는지를 주목해 왔다.
- **국가적** 규모는 영역권의 여러 측면이 행사되는 장이지만, 우리는 또한 경제 통계가 보통 국가적으로 수집되고 있기 때문에 국가 간 불평등을 연구하는 데에도 이 규모를 사용해 왔다.
- **지역적** 규모는 물 추출 요금을 부과하는 캐나다 온타리오주의 경우와 같이 영역적 통제 단위를 나타낼 수 있다.
- **도시적** 규모는 남아프리카공화국 케이프타운의 경우처럼 많은 수도 시설이 기반을 두고 있는 장이다. 물은 운송하기 어려운 상품이므로, 수돗물 공급은 일반적으로 도시의 규모에서 조직되고 있다.
- **국지적(local)** 규모는 종종 사회 및 환경 운동이 물의 추출과 병입에 대한 반대를 동원하는 장이다. 예를 들어, 병에 든 생수 금지는 대학 캠퍼스와 같이 국지적으로도 존재할 수 있다.
- **직장과 가정**은 일상생활의 많은 미시적 과정들이 실행되는 규모이다. 직장과 가정은 재활용된(또는 폐기

된) 플라스틱병의 글로벌 네트워크를 위한 가장 가능성이 높은 출발점이다.

- **신체**는 건강과 피트니스에 대한 우려를 바탕으로 증가하는 생수 수요를 이해하기 위한 장이다. 그러나 또한 생수산업에 고용된 체화된 노동자는 직장과 노동시장의 경험에 영향을 미치는 젠더화된, 인종차별적인, 기타 정체성을 지니고 있다(제13장에서 다루어진 문제).

이러한 규모는 경제적 과정을 사고하는 데 유용한 틀이지만, 기억해야 할 3가지 중요한 사항이 더 있다. 첫 번째, 규모는 **계층적이지 않다**. 보다 큰 규모가 보다 작은 규모에서 진행되는 일을 결정한다고 가정하는 것은 매력적이다. 사실 경제 세계는 이보다 훨씬 복잡하다. 제6절에서 언급하였듯이, 네슬레와 같은 글로벌 기업이 미국 캘리포니아주의 매클라우드 같은 작은 마을에서 단호한 현지 반대자들에 의해 막힐 수도 있다. 두 번째 요점은, 경제적 과정이 **다중적 규모에서 동시적으로** 작동한다는 것이다. 어느 하나의 규모만으로 일련의 과정을 이해하려고 시도하는 것은 필연적으로 무슨 일이 일어나고 있는지에 대한 매우 불완전한 그림을 생성할 것이다. 피지워터의 전 세계적인 판매는 신체의 규모에서 그러한 제품을 소비하는 것과 결부된 지위 향상, 태평양 섬의 지역 수원과 관련된 순도(純度), 그리고 로스앤젤레스에 위치한 기업 본사까지 뻗어 있는 글로벌 기업 네트워크를 통해 이해할 필요가 있다. 따라서 지리학적 분석의 목적은 초점을 맞출 '올바른' 규모를 선택하는 것이 아니라, 다중적 규모를 동시에 염두에 두는 것이다. 마지막으로, 우리는 규모를 어떻게든 자연적으로 발생하는 것으로 보려는 유혹을 피해야 한다. 위에 나열된 각 규모는 두 가지 의미에서 인간이 만들어 낸 것이다. 즉 한편으로 '국가적' 또는 '도시적' 규모는 우리가 집합적으로 만들어 온 실체를 말한다―이는 자연적으로 발생하는 현상이 아니다. 다른 한편으로 각각의 규모는 우리의 경제와 사회의 지속적인 변화와 함께 능동적으로 구성되고 재구성된다―이는 '규모의 생산'이라고 불리는 과정이다. 예를 들어, 글로벌 기업이 생수를 마케팅할 수 있는 가능성은 지난 수십 년 동안 국경을 넘어 사람, 투자, 상품, 정보의 흐름을 가능하게 한 변화의 산물이다. 따라서 우리 자본주의 경제의 규모는 재작업되어 왔으며, 이러한 의미에서 규모는 끊임없이 생산되고 있다.

1.7 요약

지리학자가 하는 일에 관해 많은 대중적인 관념이 존재한다. 지리학을 공부하는 학생이라면, 그 내용을 대부분 들어 보았을 것이다. 흔히 가정하듯이, 지리학은 지도(사물과 현상이 어디에 위치하고 있으며, 경계는 어떻게 구성되어 있는지를 파악하는 것)와 자연환경(강, 산, 화산, 빙하 등), 장소(현장학습을 위해 찾아가는 곳, 한 나라의 수도를 아는 것 등)에 관한 학문이라는 것이다. 이 장에서는 지리학에 대한 이러한 선입견이 진실의 요소를 지니고 있음을 보여 주었지만, 사실 지리학적 분석은 그 이상에 관한 것이다.

지리학적 사고의 초석은 항상 다음과 같은 질문을 던지는 것이 될 것이다. 즉 경제적 현상은 왜 특정 **입지**에서 발생하는가? 경제적 현상이 어떻게 그리고 왜 공간에 걸쳐 불균등하게 패턴화되는가? 그 공간적 불균등성은 시간이 지남에 따라 어떻게 변화하는가? 우리는 그림 1.9에서 이를 비롯한 기타 지리학적 질문을 포착하려고 노력하였다. 작은 삼각형, 사각형, 원은 경제적 현상을 표현하고 있다—그것들은 생수 공장의 입지부터 한 지역의 평균 가계소득에 이르기까지 무엇이든 될 수 있다. 그것들이 왜 특정 장소에 입지하는지, 왜 공간에 걸쳐 불균등한지는 근본적인 질문이 된다.

두 번째 핵심 개념은 **장소**이다. 장소는 자연환경, 경관, 문화생활, 정치적 과정, 노동 유형, 생산되는 물건, 소비 패턴 등 공간을 구별하는 가능한 모든 차원에서 만들어진다. 장소는 지역적 특수성에 관한 것이지만, 그 장소를 만드는 연결과 관계와도 관련이 있다. 또한 현재적 장소는 그 과거의 산물인데, 이전의 특징이 다른 특징 위에 겹쳐져 현재의 장소를 형성하는 역할을 한다. 특정 입지의 경제적 과정을 연구할 때, 우리는 항상 다음과 같이 질문하고 싶을 것이다. 즉 무엇이 이 장소의 독특하고 고유한(환경적이고 사회적인 것 모두) 속성이며, 시간이 지나면서 어떻게 생겨났는가? 그리고 이 장소는 다른 장소와의 연결을 통해 어떻게 형성되고 있는가? 그림 1.9에서 장소의 고유성과 역사적으로 형성된 특징이 줄무늬로 묘사되어 있다—이는 시간의 지남에 따른 역사적 층위를 제시할 뿐만 아니라, 주어진 장소에 대한 고유한 '바코드(bar code)'라는 인상을 주기도 한다.

우리의 세 번째 핵심 지리학적 접근 방법은 공간을 가로지르는 연결이 어떻게 만들어지고 유지되

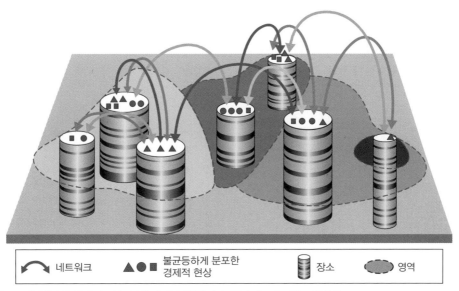

그림 1.9 지리학의 핵심 개념—불균등한 패턴, 독특한 장소, 연결되는 네트워크, 영역권

느지를 이해하는 것이다. 이는 초국적기업을 통해 형성된 기업의 연결일 수도 있고, 어느 상품이나 서비스 생산에 기여하는 보다 광범위한 연결의 **네트워크**일 수도 있으며, 한층 폭넓은 자본주의 체제에서 작동함으로써 형성된 관계일 수도 있다. 하지만 연결을 만드는 것은 기업과 상품만이 아니다. 이주자의 이동, 데이터의 공유, 지구 환경 시스템 내에서 형성된 연결도 공간을 가로지르는 이러한 연결 네트워크의 일부이다. 따라서 그림 1.9에서 장소는 관계 네트워크의 결절들이다.

국가나 기타 기관이 통제하는 **영역**을 규정하는 지도상의 선은 지리학적 분석의 네 번째 핵심 요소를 나타낸다. 그런데 우리는 경계가 정확히 어디에 위치하는지보다, 경계가 그 안에서의 경제활동 또는 경계를 가로지르는 경제 흐름에 어떤 영향을 미칠 수 있는지에 더 큰 관심이 있다. 따라서 영역을 중요한 개념으로 만드는 것은 공간을 통제하거나 관리하는 단위로 분할하는 것이다. 경제지리학자로서 우리는 항상 다음과 같은 질문을 하고 싶을 것이다. 즉 공간은 어떻게 정의되고, 경계 지어지고, 통제되는가? 그리고 이 과정에 어떻게 이의가 제기되는가? 그림 1.9에서 음영 처리된 부분은 영역이 어떻게 공간을 '색칠하는'지를 나타낸다.

이 4가지 차원의 공간은 이 책의 각 장에 정보를 제공할 것이다. 이 4가지 차원은 함께 우리가 생활하고 일하는 경관에 기반을 둔 경제생활이 어떻게, 왜 변화하는지, 그리고 그것들이 어떻게 연결되어 있는지를 묻는 매우 독특한 접근 방법을 나타낸다. 다음 장에서는 이러한 지리학적 접근 방법이 경제학 분야가 제공하는 경제적 과정에 대한 지배적인 관점과 다르다는 점을 제시한다.

주

- Clarke(2007), Gleick(2010), Hawkins et al.(2015)은 생수의 증가에 관한 접근 가능하고 잘 조사된 연구를 제시하고 있다.
- 공간성에 대한 다양한 사고 방법이 있으며, 여기서 우리가 제시하는 유형은 몇 가지 가능성 중 하나일 뿐이다. Eric Sheppard(2016)는 장소, 규모, 네트워크/연결성, 사회·공간적 위치성을 논의하고 있다. Peter Jackson (2006)은 공간과 장소, 규모와 연결, 근접성과 거리, 관계적 사고를 사용하고 있다. Bob Jessop et al.(2008)은 영역, 장소, 규모, 네트워크를 사용하고 있다.
- 경제지리학 분야와 그 범위에 대한 추가적인 소개와 관련하여, MacKinnon and Cumbers(2019), Hayter and Patchell(2016), Barnes and Christophers(2018) 등을 참조할 수 있다.

연습문제

- 생수는 왜 논란의 여지가 있는 상품인가?
- 지역 수자원을 병에 담아 판매하는 것을 허용하는 데 찬성하는 주장을 구성해 보자.

- 공간적 불균등성/장소/공간을 가로지르는 네트워크화된 연결/영역의 개념을 설명하고, 이를 생수의 사례를 활용하여 설명할 수 있는 방법을 제시해 보자.
- 우리가 경제지리학에서 공간성을 논의할 때 규모의 개념을 이해하는 것이 왜 중요한가?

심화학습을 위한 자료

- 주요 다국적 생수 생산업체에 대한 자세한 정보는 다음 웹사이트에서 찾아볼 수 있다. Nestlé, https://www.nestle-waters.com/get-to-know-us/key-figures; Danone, http://www.danone.com/en/for-all/our-4-business-lines/waters/strategy-key-figures; Coca-Cola, http://www.coca-colacompany.com/stories/water; PepsiCo, http://www.aquafina.com/en-US/sustainability.html.
- 기타 산업협회의 웹사이트는 다음을 포함한다. http://www.bottledwatermatters.org, www.bottled-water.org, http://www.efbw.org, www.naturalhydrationcouncil.org.uk.
- 생수에 반대하는 웹사이트와 조직은 다음을 포함한다. www.banthebottle.net, www.polarisinstitute.org, www.foodandwaterwatch.org.
- 물건이야기(Story of Stuff)의 웹사이트에는 생수에 대한 짧은 비디오가 있다. https://storyofstuff.org/movies/story-of-bottled-water. 또한 Story of Stuff에는 캘리포니아(https://storyofstuff.org/movies/nestle)와 오리건(https://storyofstuff.org/movies/our-water-our-future)에 있는 네슬레 생수 제조업체에 저항한 짧은 다큐멘터리 2개가 있다.
- 앨버트로스(Albatross)는 2018년에 개봉된 다큐멘터리 영화로, 전 세계 해양에서 플라스틱 오염이 미치는 영향을 강조하고 있다. www.albatrossthefilm.com.
- 『가디언(The Guardian)』지는 전 세계 플라스틱 생산 및 폐기의 이슈에 관한 광범위한 주제 모음을 제공한다. https://www.theguardian.com/environment/plastic.

참고문헌

AFP (2018). China's waste import ban upends global recycling industry. http://www.straitstimes.com/asia/east-asia/chinas-waste-import-ban-upends-global-recycling-industry (accessed 27 April 2018).

Barnes, T. and Christophers, B. (2018). *Economic Geography: A Critical Introduction*. Oxford: Wiley.

Bhushan, C. (April 2006). Bottled Loot: the structure and economics of the Indian bottled water industry. *Frontline* 23 (7). http://www.frontline.in/static/html/fl2307/stories/20060421006702300.htm (accessed 27 April 2018).

Clarke, T. (2007). *Inside the Bottle: Exposing the Bottled Water Industry*. Ottawa: Canadian Centre for Policy Alternatives.

Coca-Cola Company (2017). 2016 sustainability report. http://www.coca-colacompany.com/stories/2016-packaging-and-recycling (accessed 27 April 2018).

David Suzuki Foundation (2017). *Glass Half Empty? Year 1 Progress Toward Resolving Drinking Water Adviso-*

ries. Vancouver: David Suzuki Foundation. www.davidsuzuki.org (accessed 27 April 2018).

Dornan, M. (2010). The Fiji Water saga. *East Asia Forum* (18 December 2010). http://www.eastasiaforum. org/2010/12/18/the-fiji-water-saga-2 (accessed 27 April 2018).

Elmhirst, S. (2016). Liquid assets: how the business of bottled water went mad. *The Guardian* (6 October 2016). https://www.theguardian.com/business/2016/oct/06/liquid-assets-how--business-bottled-water-went-mad (accessed 27 April 2018).

Gleick, P. H. (2010). *Bottled and Sold: The Story Behind our Obsession with Bottled Water*. Washington, DC: Island Press.

Hawkins, G., Potter, E., and Race, K. (2015). *Plastic Water: the Social and Material Life of Bottled Water*. Cambridge, Massachusetts: The MIT Press.

Hawkins, R. and Emel, J. (2014). Paradoxes of ethically branded bottled water: constituting the solution to the world water crisis. *Cultural Geographies* 21: 727-743.

Hayter, R. and Patchell, J. (2016). *Economic Geography: an Institutional Approach*, 2e. Don Mills, Ontario: Oxford University Press.

India Water Review (2017). India's packaged drinking water market set for new launches. *India Water Review* (10 October 2017). http://www.indiawaterreview.in/Story/Specials/indias-packaged-drinking-water-market-set-for-new-launches/2068/3#.WrPDR5Pwb-Y (accessed 27 April 2018).

IWBA (International Bottled Water Association) (2018). Bottled water myths. http://www.bottledwater.org/education/myths (accessed 27 April 2018).

Jackson, P. (2006). Thinking Geographically. *Geography* 91: 199-204.

Jaffee, D. and Newman, S. (2013). A more perfect commodity: bottled water, global accumulation, and local contestation. *Rural Sociology* 78: 1-28.

Jessop, B., Brenner, N., and Jones, M. (2008). Theorizing sociospatial relations. *Environment and Planning D: Society and Space* 26: 389-401.

Kassam, A. (2016). Canadian town steams over Nestlé bid to control local spring water well. *The Guardian* (24 September 2016). https://www.theguardian.com/world/2016/sep/24/canada-nestle-water-well-bid-centre-wellington (accessed 27 April 2018).

Laville, S. and Taylor, M. (2017). A million bottles a minute: world's plastic binge 'as dangerous as climate change'. The Guardian (28 June 2017). https://www.theguardian.com/environment/2017/jun/28/a-million-a-minute-worlds-plastic-bottle-binge-as-dangerous-as-climate-change (accessed 27 April 2018).

Lenzer, A. (2010). Fiji water closes, fires workforce… re-opens? *Mother Jones* (30 November 2010). https://www.motherjones.com/environment/2010/11/fiji-water-closes-fires-workforce-re-opens (accessed 27 April 2018).

Lenzer, A. (2015). Starbucks wants you to feel good about drinking up California's precious water. *Mother Jones* (29 April 2015). https://www.motherjones.com/environment/2015/04/starbucks-making-bank-californias-disappearing-water (accessed 27 April 2018).

Liu, H. (2015). Bottled Water in China — Boom Or Bust? Hong Kong: China Water Risk. http://chinawater-risk.org/notices/bottled-water-in-china-boom-or-bust (accessed 27 April 2018).

MacKinnon, D. and Cumbers, A. (2019). *Introduction to Economic Geography: Globalization, Uneven Develop-*

ment and Place, 3e. London: Routledge.

Massey, D. (1991). A global sense of place. *Marxism Today* June: 24-29.

McCurry, J. (2011). Japan streets ahead in global plastic recycling race. *The Guardian* (29 December 2011). https://www.theguardian.com/environment/2011/dec/29/japan-leads-field-plastic-recycling (accessed 27 April 2018).

Nestlé (2018). Sales analysis. https://www.nestle-waters.com/get-to-know-us/key-figures (accessed 27 April 2018).

Rodwan, J. (2016). Bottled water 2015. Published by the International Bottled Water Association. http://www.bottledwater.org/economics/industry-statistics (accessed 27 April 2018).

Sheppard, E. S. (2016). *Limits to Globalization: Disruptive Geographies of Capitalist Development.* Oxford: Oxford University Press.

Smillie, S. (2017). From sea to plate: how plastic got into our fish. *The Guardian* (14 February 2017). https://www.theguardian.com/lifeandstyle/2017/feb/14/sea-to-plate-plastic-got-into-fish accessed 27 April 2018.

Stivaros, C. (2017). Bottled water production in the US. In: *IBISWorld Industry Report 31211b*, October 2017. Los Angeles: IBIS World.

United Nations (2017). UN's mission to keep plastics out of oceans and marine life. UN News (27 April 2017). https://news.un.org/en/story/2017/04/556132-feature-uns-mission-keep-plastics-out-oceans-and-marine-life (accessed 27 April 2018).

Watts, J. (2018). Cape Town faces Day Zero: what happens when the city turns off the taps? *The Guardian* (3 February 2018). https://www.theguardian.com/cities/2018/feb/03/day-zero-cape-town-turns-off-taps (accessed 27 April 2018).

02

경제–
'경제'는 무엇을 의미하는가?

탐구 주제

- '경제'가 특정한 시간과 장소에서 생겨난 사고임을 보여 준다.
- 경제적 과정을 이해하는 데 사용되는 중심 개념들을 소개한다.
- '경제'에 대한 통상적인 관념이 어떻게 확장될 수 있는지를 탐색한다.
- 경제학에 기반을 둔 관점에서 경제지리학에 영감을 받은 관점으로 옮겨 간다.

2.1 서론

> 이코노크러시는 … 정치적 목표가 경제에 미치는 영향의 측면에서 규정되는 사회로, 이를 관리하기 위해 전문가가 요구된다는 자체 논리를 가진 별개의 독특한 체제로 여겨진다(Earle et al., 2017: 7).

1970년대에 처음으로 만들어졌지만, '이코노크러시(econocracy)'*라는 개념은 2017년에 『이코노크러시: 경제학을 전문가에게만 맡기는 것의 위험성(The Econocracy: The Perils of Leaving Economics to the Experts)』이라는 제목의 책이 출간되면서 새로운 관심을 받았다. 이 책은 출간과 함께 폭넓은 대중의 관심을 끌었으며, 잉글랜드은행의 수석 경제학자인 앤드루 홀데인(Andrew Haldane), 미국의 비평가 노엄 촘스키(Noam Chomsky), 전 영국 기업혁신기술부 장관 빈스 케이블(Vince Cable)을 포함한 다양한 전문가들로부터 찬사를 받았다. 선도적 학술지인 『네이처(Nature)』

---

* 역자주: 이코노크러시(econocracy)는 '경제학(economics)'에서 따온 'econo'와 권력이나 통치를 의미하는 그리스어 'cracy'를 조합한 것으로, '경제학이 통치하는 사회'를 뜻하는 조어라고 할 수 있다.

와 『뉴사이언티스트(New Scientist)』의 전 미국인 편집장이었던 마크 뷰캐넌(Mark Buchanan)도 "이는 10년 동안 가장 중요한 경제학서일지도 모른다."라고 논평하였다. 이 책에서 저자인 조 얼(Joe Earle), 카할 모런(Cahal Moran), 잭 워드 퍼킨스(Zach Ward-Perkins)는 이코노크러시가 영국과 다른 나라에서 확고히 확립되었다고 주장하였다. 이 진단은 다음과 같은 3가지 특징에 기반을 두었다. 첫째, 이코노크러시는 정책이 '경제'에 미치는 영향에 대한 우려가 정치 영역을 지배하는 사회이다. 둘째, 경제는 사회의 나머지 부분과 분리될 수 있으며, 그 자체의 내부 논리 측면에서 분석될 수 있는 별개의 독특한 체제로 가정되고 있다. 셋째, 이 독특한 체제를 유지하려면 정책 수립을 기술적이고 외견상 비정치적인 과정으로 전환하는, 체제를 관리하기 위한 전문가 그룹이 필요하다. 그 최종적인 결과는 경제 자체와 이를 특정한 방식으로 유지해야 할 필요성이 당연한 것으로 여겨진다는 것이다. 얼 등이 제시하듯이, "이코노크러시의 존재는 일상 언어 속에서 분명히 나타난다. 일반적으로 미디어는 '경제'를 하나의 실체 자체로 이야기하고, 어떤 것이 '경제에 좋은 것' 또는 '경제에 나쁜 것'이 될지를 논의할 것이다. 경제는 속도를 올릴 수도 둔화할 수도, 개선할 수도 쇠퇴할 수도, 추락하거나 회복할 수도 있지만, 무엇을 하든 간에 정치적 관심의 중심에 있어야만 한다"(Earle et al., 2017: 7).

이것은 강력한 비판이며, 전 세계 대부분의 맥락에서 그러한 토론과 신뢰할 수 있는 '경제'의 수호자로 여겨지기를 바라는 정당의 열망이 지배하였을 수 있는 선거 과정을 겪은 사람이라면, 그 누구도 확실히 공감할 것이다. 그러나 이 책의 주장과 수용을 한층 강력하게 만드는 것은 2012년 맨체스터 대학교에 포스트크래시경제학회(Post-Crash Economics Society)를 결성하는 데 도움을 준 3명의 과거 경제학과 학생들이 책을 저술하였다는 사실이다. 이 학회는 2007~2008년에 발생한 글로벌 금융 위기를 예측하고 그 여파에 적응하기 위한 학문 분야와 전문직으로서 경제학이 무능해 보인다는 우려에서 만들어졌다. 맨체스터는 곧바로 경제를 '재고'하고자 하는 학생, 학자, 전문가로 구성된 광범위한 글로벌 네트워크에서 중요한 결절이 되었다. 이 운동의 중요 관심사는 경제에 대한 특정 주류 관점의 지배와 그것이 어떻게 관리되어야 하는지였다. 이는 결국 매우 제한된 특정 이론적·방법론적 매개변수 내에서 새로운 세대의 경제학자를 교육시킴으로써 이코노크러시를 재생산하는 방식으로 영국 전역과 그 밖의 대학 교육과정에서 경제학을 가르치는 방법과 연결되었다.

따라서 이코노크러시는 경제가 특정 관점에서 연구되고 관리되는 독특한 실체로서 '저 바깥에' 있는 것으로 여겨지는 세계를 설명하는 하나의 방식이다. 그러나 더욱 넓게 이러한 방식으로 경제를 이해한다는 것은 무엇을 의미하는가? 왜 우리는 삶의 특정한 측면을 분리하여 그것에 '경제적'이라는 이름표를 붙이기를 집단적으로 선택하는 것일까? 그렇게 함으로써 우리는 무엇을 배제하고 있는가? 이것이 왜 중요하며, 어떤 면에서 중요한가? 이는 우리가 이 장에서 검토할 몇 가지 중요한 질문들이다. 제1장에서 지리학이 의미하는 바를 분석하고 설명하고자 한 것처럼, 이 장에서는 '경제'라고 불리는 분석 주제의 채택이 함축하고 있는 바를 검토하고자 한다.

이 장은 우리가 경제를 이해하는 전통적인 방식을 고려하여 제2절에서 시작한다. 특히 우리는 국내총생산(GDP)과 같은 지표가 '경제적인' 모든 것을 정의하고 측정하는 데 어떻게 사용되고 있으며, 그러한 사용이 실제로 경제가 무엇인지를 이해하는 방법에 관해 무엇을 보여 주는지를 살펴본다. 국내총생산은 경제를 측정 가능한 실체로 다루지만, 제3절에서는 경제에 관한 이러한 이해가 놀랍게도 비교적 최근의 발전임을 보여 준다. 불과 몇 세대 전인 20세기 초에도 경제 영역에 대한 관념은 상당히 다른 것을 암시하였다. 오늘날 우리가 알고 있는 경제가 학문적이고 대중적인 상상력 속에 자리 잡은 것은 20세기 중반의 결정적인 몇 년 동안이었다. 제4절에서는 주류 경제학의 관점에서 일반적으로 경제생활의 근본적 과정으로 가정하는 공급, 수요, 가격, 시장의 몇 가지 기본 개념을 제시한다. 경제가 역사적으로 어떻게 생겨났으며, 어떻게 분석되는지를 살펴본 후, 제5절에서는 얼마나 많은 부분이 경제에 대한 우리의 전통적인 관점에서 배제되는지를 보여 주고자 한다. 요컨대 이는 우리가 경제에 대해 덜 '경제적인' 이해를 가지고, '경제'라고 부르는 것의 엄청난 현장 변동성과 복잡성을 인식하는 경제지리학의 관점을 발전시켜야 한다는 뜻을 함축하고 있다. 우리가 본질적으로 지리적 현상으로서 경제를 탐구함에 따라, 이 사고는 이 책의 많은 부분을 뒷받침할 것이다. 이로써 경제가 제1장에서 소개한 서로 다른 공간, 네트워크, 장소, 영역—이러한 측면들은 보편적인 경제적 과정의 세계에서 단순히 '배경 소음'이 아니라—을 통해 능동적으로 생산된다는 것을 의미한다.

2.2 경제로 '계산'되는 것은 무엇인가?

현대의 삶에서 '경제'를 피하기는 어렵다. 우리는 매일의 언론보도를 통해 지역 경제, 국가경제, 세계경제와 같은 다양한 지리적 규모의 경제 상황에 관한 정보를 받는다. 정치 지도자들은 경제에 대한 계획을 설명하고, 경제를 성장시킨 공을 인정받는다. 경제 구제, 경제 살리기 또는 경제 소생을 주요 목표로 한 글로벌 지도자들의 모임이 점점 빈번해지고 있다. 하지만 선거 정치의 수사를 넘어 '경제'는 우리가 일상 뉴스를 소화하면서 끊임없이 마주하는 개념이다. 테러 공격, 자연재해, 정치적 긴장 등과 같은 주요 사건들은 '경제'에 미치는 영향과 관련하여 평가된다. 한 국가의 경제는 마치 환자가 진단을 받는 것처럼 건강 또는 약점의 징후가 있는지 검사된다. 그림 2.1은 이러한 사고를 보여 준다. 비만인 '미스터 이코노미(Mr. Economy)'가 체중계 위에 있으며, 그의 늘어나는 몸집 때문에 이

그림 2.1 유기체로서의 경제
출처: John Ditchburn(Ditchy).

자율을 올릴 가능성이 높아 보인다.

'경제'에 관해 존재하는 의구심의 공통적인 결여는 아마도 경제의 존재가 결코 의심받을 수 없는 견고하고 유형적인 '사물'이라는 가정을 반영하는 것일 수도 있다. 저 밖에 있는 유형적 '사물'에 대한 이 감각은 경제를 정의하고 측정하는 다양한 방식에 의해 강화된다. 가장 일반적으로 이 측정은 일정 기간(보통 1년) 동안 특정 경제의 총생산량을 계산하는 국내총생산(GDP)의 형태를 취한다. 국내총생산은 국가 경제를 위주로 가장 빈번히 계산되지만, 수치는 때때로 주(州), 지방, 지역과 같은 하위 국가 단위 및 유럽연합 같은 초국가적 기구에 대해서도 인용된다. 국내총생산을 계산하는 방법에는 여러 가지가 있다(Coyle, 2014). 한 가지 방식인 부가가치나 생산의 접근 방법은 소비자가 구매한 모든 '최종' 재화와 서비스의 합을 더한 다음, 이중 계산을 피하기 위해 생산에 들어간 중간 재화와 서비스를 빼는 것이다. 소득의 방법은 경제의 주요 부문에 걸친 소득, 예를 들어 노동자의 임금, 기업의 이윤, 임대소득 등의 소득을 합산하는 것으로 구한다. 세 번째로 일반적이자 가장 간단한 방법은 특정 영역의 재화와 서비스에 대해 기록된 모든 최종 지출을 결합하는 최종 수요 또는 지출의 접근 방법이다. 이 지출에는 매일 구매하는 재화와 서비스에 대한 민간 소비지출(C), 투자에 대한 지출(I), 병원, 학교, 군대, 기타 서비스 공급에 대한 정부의 소비지출(G)이 포함된다. 더욱이 이 계산에는 해외로부터 (국민)경제로 유입되는 자금(수출가[X]에서 수입가[M]를 뺀 값)도 포함된다. 이러한 방식으로 국내총생산의 계산은 믿을 수 없을 만큼 간단한 방정식으로 축약될 수 있다.

$$국내총생산(GDP)=소비지출(C)+투자지출(I)+정부지출(G)+(수출가[X]-수입가[M])$$

이렇게 계산된 국내총생산은 경제를 전체적으로 설명하는 수단을 제공하며, 여러 면에서 무엇이 경제를 구성하는지, 즉 부를 창출하는 복잡한 과정으로 구성된 영역적으로 경계 지어진 실체에 대한 대중적인 개념화를 반영하고 있다. 국내총생산의 수치는 의심할 여지 없이 현대 세계에서 매우 중요하다. 예를 들어, 한 경제에서 창출되는 부의 총량을 어느 정도 측정하는 것이 중요한데, 이는 (i) 시간이 지남에 따른 부의 변화(즉 성장 대 쇠퇴)를 추적하기 위해, (ii) 주어진 시점에서 다른 영역의 산출량과 비교할 수 있도록 하기 위해서이다. 2017년 국내총생산 데이터를 그래픽으로 나타내면, 그림 2.2와 같이 경제활동의 글로벌 지리를 보여 주는 그림이 제시된다. 1인당 국내총생산을 계산하는 것은 국가 간 비교를 위해 훨씬 유용한 또 다른 기초를 제공한다. 그러나 앞서 국내총생산을 계산하는 다양한 방식의 간략한 논의를 통해, 그러한 비교가 간단한 과정과는 거리가 멀다는 점이 이미 명백해졌다. 한 가지 간단한 지표를 제공하기 위해 가장 최근의 2008년 국민계정체계(System of National Accounts)—국가의 국내총생산 통계를 비교 가능케 하기 위한 국제표준—편람은 722페이지에 달한다!

그런데 국내총생산의 계산과 관련한 어려움은 적어도 3가지 수준에서 명백하다. 첫째, 단순히 위의 공식을 적용하면 광범위한 기술적 문제가 발생한다. 시간과 공간에 따른 비교가 가능하다는 측면에서, 수치는 인플레이션과 환율 차이에 맞게 각각 조정할 필요가 있다. 예를 들어, 구매력평가(purchasing power parity)라는 개념은 영역마다 서로 다른 생활 비용을 조정하기 위해 고안된 것이다. 측정 과정 자체에서는 과세로 지불되는 공공서비스를 통합하는 방법과 금융부문을 설명하는 방법에 대한 문제가 있다. 직접적인 시장가치가 없는 요소의 경우, 해당 금액은 계산의 일부로서 통계적으로 '귀속'될 필요가 있다. 좀 더 폭넓게 국내총생산의 계산 기법은 경제가 공산품 생산에 의해 지배되던 초기 시대에 만들어졌으며, 무형의 서비스, 빠른 혁신 속도, 복잡한 글로벌 생산 체계, 광범위한 무료 디지털플랫폼 등을 특징으로 하는 경제에서 가치창출을 측정하는 데 점점 더 적합하지 않을 수 있다(Economist, 2016). 예를 들어, 구글(Google)과 같은 편재적(遍在的) 무료 서비스의 경제에 대한 광범한 기여도는 어떻게 측정하는가?

둘째, 국내총생산의 계산에 포함되는 것과 포함되지 않는 것을 면밀히 조사할 필요가 있다. 이는 기술적 문제의 영역을 넘어, 우리가 사회에서 가치를 부여하거나 부여하지 않기로 선택하는 것의 더 넓은 측면을 드러내기 시작한다. 한 가지 큰 누락은, 예를 들어 돌봄, 청소, 음식 제공 등의 가정 내에서 수행되는 일이 그 어떤 경제적 거래를 발생시키지 않기 때문에 간단히 계산되지 않는다는 점이

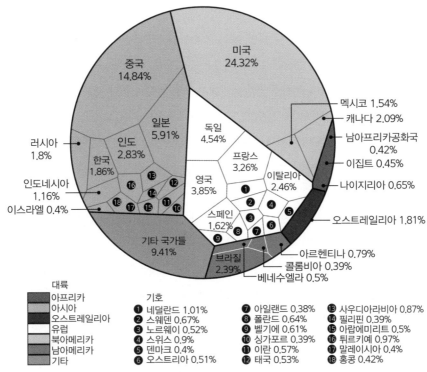

그림 2.2 국내총생산(GDP) 수치를 통해 본 세계경제

출처: https://howmuch.net/articles/the-global-economy-by-GDP(2018년 5월 29일 접속).

다. 이러한 기여도를 정확하게 측정하려면, 생활시간조사(time-use surveys)와 같은 다양한 데이터 수집 방식이 필요하다. 이러한 조사가 존재하지만 일반적으로 국내총생산의 계산과는 연결되지 않는다. 결과적으로 개개인이 일을 하는 데 시간을 보낸 것의 상당 부분—그리고 이는 종종 젠더의 측면에서 크게 왜곡되어 있다—이 무시된다(제13장에서 다루게 될 것이다). 비공식 경제가 어떻게 통합되는지 또한 논쟁의 여지가 많다. 예를 들어, 이탈리아가 1987년 처음으로 비공식 경제의 척도를 통합하려 하였을 때, 이탈리아 경제는 하룻밤 사이에 명백히 20%가량 성장하였다. 나이지리아도 마찬가지로 2014년에 국내총생산을 89% 상향 조정하였다. 같은 해 유럽연합 전체의 국내총생산 수치는 마약이나 매춘과 같은 불법적인 활동에 대한 지출을 처음으로 국내총생산에 포함시키기로 한 공동 결정으로 인해 몇 퍼센트 상승하였다. 따라서 공식 활동과 비공식 활동 간의 경계를 어디에 설정할 것인지는 어려운 일이다. 추정에 따르면, 영국의 비공식 활동은 전체 경제의 10분의 1에 해당하는 반면, 인도에서는 13억 인구 중 4,800만 명을 제외하고는 모두 비공식 부문에 속한다.

셋째, 우리는 국내총생산이 실제로 올바른 것을 측정하고 있는지에 관해 더 폭넓은 질문을 할 수 있다. 정의에 따르면, 국내총생산은 경제 생산량의 척도이다. 하지만 그것이 정말로 현대사회에서 우리가 가장 관심을 가져야 할 것인가? 웰빙, 행복, 지속가능성과 같은 한층 광범위한 이슈는 어떠한가? 가사노동 및 비공식 경제와 마찬가지로 국내총생산은 환경과 환경보호의 고유한 가치를 효과적으로 평가할 수 없다. 예를 들어, 국내총생산 측면에서 오염 저감과 석탄 채굴에 대한 지출은 경제활동으로 '계산'된다. 일부 환경자산은 석유 매장량처럼 상대적으로 가치평가가 쉬울 수 있는 반면, 깨끗한 공기와 같은 것들은 훨씬 더 복잡하다. 따라서 국내총생산은 유엔개발계획(UN Development Programme)의 인간개발지수(Human Development Index), 경제협력개발기구(OECD)의 더 나은 삶 지수(Better Life Index), 2014년 이후 영국에서 수집된 경제복지(Economic Well-Being) 통계와 같이 통용되고 있는 웰빙에 대한 광범위한 측정과 함께 지난 10년 동안 더욱더 면밀하게 조사되어 왔다. 여기서 생각하는 것은 하나의 척도를 추출하는 것이 아니라, 경제적·사회적·환경적 지속가능성 측면에서 특정 사회의 '부'에 대한 보다 폭넓은 관점을 나타내는 다양한 '대시보드(dashboard)' 지표를 제공하는 것이다. '도넛경제학(doughnut economics)'의 개념은 이러한 사고를 기반으로 하는 흥미로운 시도 중 하나이다(자료 2.1 참조).

사례 연구

자료 2.1 도넛경제학

케이트 레이워스(Kate Raworth, 2017)의 저서 『도넛경제학: 21세기 경제학자처럼 생각하는 일곱 가지 방법(Doughnut Economics: Seven Ways to Think like a 21st Century Economist)』은 현대의 사회적·환경적 도전 과제를 해결하기 위해 경제적 사고를 재구축하려는 대담한 시도이다. 옥스퍼드 대학교의 환경변화연구소(Environmental Change Institute)에 기반을 둔 자칭 '배신자' 경제학자 레이워스는 국내총생산의 성장을 우선시하기보다는, 우리 지구의 생태적 한계(기후변화, 오염, 생물다양성 손실의 면에서)를 무시하는 경제형태와 모두를 위한 사회적 기반(건강, 교육, 주택, 평등의 면에서)을 제공하는 경제형태 사이의 '가장 좋은 지점(sweet spot)'을 공통적으로 찾아야 한다고 주장한다. 그녀가 '인류를 위한 안전하고 정의로운 공간'이라고 부르는 이것은 다시 재생 및 분배 경제에 의존한다(그림 2.3 참조). 레이워스는 이 기본 전제에 이 장에서 우리의 주장과 더 넓게는 이 책에 영향을 주는 6가지 원칙을 추가하고 있다.

- 경제는 자족적 시장으로서가 아니라 다른 영역, 특히 가계, 국가, 환경 공유재 내에 '착근된' 것으로 간주되어야 한다.
- 경제는 합리적인 행위자들에 의해 채워지기보다는, 사회적 존재들에 의해 구성된 것으로 간주되어야 한다.
- 경제는 균형 체제가 아니라, 강력한 피드백 메커니즘을 갖춘 복잡한 체제로 간주되어야 한다.
- 경제는 심각한 불평등을 받아들이기보다는, 모든 참여자들에게 부를 재분배하는 체제로 간주되어야 한다.
- 경제가 환경을 조정할 것이라고 가정하기보다는, 경제가 의존하는 환경 체제를 재생하도록 설계되어야

한다.
- 우리는 성장지향적이기보다는, 경제성장에 한계가 있음을 인정해야 한다.

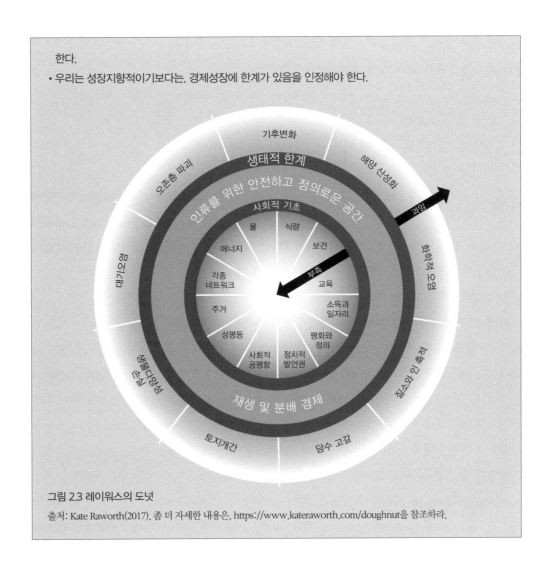

그림 2.3 레이워스의 도넛
출처: Kate Raworth(2017). 좀 더 자세한 내용은, https://www.kateraworth.com/doughnut을 참조하라.

요컨대 국내총생산은 사회적 구성물이다. 그것은 가장 정확한 수단과 기법으로 측정되기를 단순히 '저 밖에서' 기다리는 것이 아니라, 추상적인 아이디어이다. 계산을 생각해 보면, 무엇을 포함하고 측정할 가치가 있는지에 대한 내재된 가정(심지어 편견까지)이 드러난다. 경제로 '계산'하는 것은 객관적인 기술적 과정이 아니라, 다양한 형태의 작업의 타당성을 판단하는 것을 포함한다. 또한 이는 정부와 기타 강력한 경제 행위자가 국내총생산 수치와 관련하여 정책 및 전략을 결정하기 때문에 현실 세계에도 영향을 미친다. 따라서 국내총생산에 대한 질문은 이 장의 주제를 살펴보는 데 유용한 방법을 제공한다. 그러나 이제 우리는 정의할 수 있고 측정 가능한 실체로서의 경제라는 개념이 어디에서 비롯된 것인지, 그러한 경제 연구와 연관된 주요 학문 분야인 경제학이 그 내부적 과정을 어떻게 이해하는지를 자세히 살펴보기 위해 제3, 4절에서 '뒷받침'해야 한다. 그래야만 이 지배적인 개념화의 한계를 **넘어서는** 것들에 대해 신중하게 생각할 수 있다.

2.3 '경제'의 간략한 역사

18세기 초 영어권 세계에서 '경제'라는 단어는 가계(家計)의 관리를 지칭하였을 것이다. 어떤 맥락에서는 오늘날에도 여전히 이러한 의미로 이 단어를 사용하고 있다. 우리가 '경제적(economizing)'이라고 이야기할 때는 일반적으로 개인의 재정수지를 말한다. 우리가 '경제적(economy)'인 크기의 자동차를 몰거나 '이코노미' 클래스의 항공권을 구매하는 경우, 각각의 경우에 함축된 의미는 더 작고 보다 검소한 선택이라는 것이다.

그러나 18세기는 급격한 변화의 시기였으며, 특히 후반 수십 년은 영국에서 산업혁명의 시작을 알렸다. 그 이전 재화와 서비스의 생산과 사용이 매우 작은 규모였을 때에는 가족이나 가구의 규모를 초과하는 일련의 경제적 과정에 대해 생각할 필요가 거의 없었다. 산업화 이전 사회에서는 대부분의 농업 및 수공업 생산이 최저생활의 생계를 위한 것이었으며, 아마도 일부 잉여는 봉건귀족에게 지불하거나 지역 시장에서 교환하였을 것이다. 그러나 산업혁명으로 인해 서유럽은 생산의 본질과 이를 둘러싼 사회적 관계에 중대한 변화를 겪었다. 특히 공장 기반 제조업과 함께 대규모 농업생산이 등장하였다. 훨씬 큰 규모로 이루어지는 생산과 작업의 전문화 수준이 높아짐에 따라, 처음으로 **분업**(division of labour)을 생각할 수 있게 되었다. 이 구분은 서로 다른 사람들이 서로 다른 작업을 수행하고, 그럼으로써 필요에 따라 서로 의존하는 방식을 나타낸다. 어떤 의미에서 **사회적** 분업은 언제나 존재해 왔다. 각 마을에는 그 자체의 목수, 대장장이, 정육점 등이 있었을 것이다. 하지만 근대 산업 시대의 출현은 훨씬 큰 정도와 규모의 상호 의존 및 전문화를 보여 주었다.

애덤 스미스(Adam Smith)가 1776년에 출판한 저서 『국부론(The Wealth of Nations)』에서 유명하게 확인한 것이 바로 이 분업이었다. 핀(pin)을 만드는 공장을 예로 들며, 스미스는 **기술적** 분업을 통해 제조 공정의 다양한 단계를 전문적으로 다루는 사람들의 집단이 공정의 모든 단계를 자체로 수행하는 개별 장인보다 핀을 훨씬 빠르고 효율적으로 만들 수 있음을 보여 주었다. 하지만 스미스의 통찰은 이보다 한층 광범위하였다. 그의 저술에는 처음으로 '경제'가 가계의 관리보다 더 큰 무엇인가와 관련이 있다는 의미가 담겨 있었다. 그것은 의식하지 못한 채 모두를 위해 더 큰 부를 창출하고자 함께 일한 많은 개별적인 부분들의 전체, 한 국가의 규모로 통합된 전체를 나타내는 것이다. 이러한 상호의존성은 스미스의 '보이지 않는 손'이라는 은유로 요약되었다. 개개인은 자신의 풍요로움과 진보만을 추구함으로써, 그 과정에서 의식하지 못한 채 사회 전체에 이익을 던져 주었다. 스미스의 말에 따르면, 각 개인은 "보이지 않는 손에 이끌려 자신의 의도가 아닌 목적을 촉진시켰다"(Smith, 1976: 477). 스미스의 사고는 시장 기제가 보편적으로 유익하고, 모든 맥락에서 사회를 조직하는 가장 적절한 방법으로 간주되는 정치적 이데올로기를 정당화하는 데 사용되어 왔다. 이는 그의 관점을 다소 부분적으로 해석한 것이다. 더욱 폭넓은 수준에서, 스미스는 떠오르는 근대 산업사회에 의해 창출되는 상호의존성을 통찰력 있게 확인하였다. 그는 '경제'를 가계의 관리가 아니라 국가의 부를 육성하는 것으로 봄으로써, 사람들이 경제 행위자로 참여하는 통합된 '전체'의 발전을 지적하고 있다.

애덤 스미스가 발전시킨 국민 생산과 소비에 대한 분석은 당시 '정치경제학'으로 알려졌다. 이는 본질적으로 국가적 규모의 자원 관리와 관련된 것이었다. 영국에서는 잉글랜드은행과 런던증권거래소와 같은 기관들이 거의 동시에 등장하고 있었다. 이들 기관은 보다 큰 규모의 경제적 과정을 이해하는 데 조직적 기반을 제공하였다. 1800년대 초까지 경제적 과정은 단순히 가계 관리의 관행이 아닌 국가적 중요성을 지닌 문제로 인식되었다. 이는 중요한 발걸음이었지만, 오늘날 사용하는 '경제'라는 개념과는 여전히 거리가 멀었다.

별도의 독특한 실체로 이해되는 '경제'의 시작을 찾기 위해, 우리는 19세기 말로 나아가야 한다. 그때까지 경제는 스미스의 전통과 그 후 19세기 중반에 카를 마르크스의 저술이 전개한 급진적인 견해의 정치경제학이었으며, 이는 사회의 집단적 생산, 소비, 무역, 부에 대한 이해를 생성하였다. 그러나 19세기 후반은 심대한 과학적·기술적·지적 변화의 시기였다. 유럽 사회는 식민지 영역으로 확장되고, 대규모 산업도시가 빠르게 성장하였으며, 전기공학, 의학, 자연과학 등 분야에서 큰 발전이 이루어졌다. 또한 이 시기에 하나의 전문직이자 학문 분야로서 근대경제학이 정립되었다(Mitchell, 1998).

1870년대 무렵부터 경제학자들은 **국가**의 정치경제, 즉 한 국가의 부를 모으고 관리하는 측면보다는 **개인**의 경제적 의사결정과 결과의 측면에서 더 많이 생각하기 시작하였다. 이러한 개인적 경제 행위는 국가 경제 전체가 어떻게 하나의 체제로 작동하는지에 대한 분석 모델을 개발하기 위해 함께 통합될 수 있었다. 물리학과 화학이 자연계의 과학적 모델을 개발하고 있었던 것과 동시대에 그러한 생각이 등장한 것은 우연이 아니었다. 경제학자들은 매우 유사한 접근 방법을 채택하였으며, 심지어 물리학에서 차용한 용어도 사용하였다. 새로운 물리학 분야의 근간은 우주의 모든 물질과 과정을 하나로 연결하는 통일적인 힘으로서의 에너지를 이해하는 것이었다. 경제학자들은 '경제적인' 무엇이든 개개인에 대한 가치나 유용성의 측면에서 측정할 수 있는 '효용'의 개념에서 그들의 등가물을 발견하였다. 물리학의 에너지와 마찬가지로, 효용은 모든 경제적 거래에서 하나의 공통 요소를 나타내는 것으로 가정하여 그 거래를 비교 가능하고 계량화할 수 있게 되었다. 경제적 과정에 대한 통일적 이해를 위해 이렇게 가정한 기반을 통해 개별 생산자와 소비자는 원자와 분자의 예측 가능한 행동과 유사한 것으로 볼 수 있으며, 그들이 만든 경제적 과정을 물리학자들이 연구한 힘과 역학에 비유할 수 있었다. 실제로 경제학자들이 경제 행위를 이해하기 위해 사용한 개념은 평형, 안정성, 탄력성, 인플레이션, 마찰과 같은 물리적 과정에서 직접적으로 도출한 것이었다(Mitchell, 1998). 자료 2.2에서 논의한 것처럼, 이러한 종류의 은유는 오늘날 경제학자와 거의 모든 사람들에 의해 여전히 많이 사용되고 있다.

이와 같은 자연과학적 은유가 의미를 갖기 위해서는 인간 경제 행위자의 행동에 대해 상당히 중요한 몇 가지 가정을 할 필요가 있었다. 이 가정은 여전히 경제학에 주로 적용되며, 제5절에 자세히 설명되어 있다. 기본적으로 사람들은 **모든** 상황에서 유사하게 합리적이고 일관된 방식으로 행동한다고 가정해야 했다. 이 합리성은 계량화하고 계산할 수 있는 그들 자신의 경제적 보상(또는 '효용')을 극대화하는 데 기반을 두고 있다. 이러한 가정을 갖추고 19세기 후반의 경제학자들은 다양한 자극이 통계적 용어로 종합할 수 있는 개인의 경제적 행동에 어떤 영향을 미칠 것인지를 예측할 수 있었다. 그들은 경제를 단순히 국부의 관리가 아니라, 정부, 문화, 사회 문제와 전혀 별개로 합리성과 예측 가능성의 영역을 차지하는 투입, 산출, 의사결정의 체제로서의 이해로 발전시키기 시작하였다. 그런 의미에서 앞서 논의한 '이코노크러시'의 씨앗이 뿌려지고 있었다.

아마도 경제에 대한 이 새로운 관점을 가장 생생하게 보여 주는 것은 미국의 저명한 경제학자 어빙 피셔(Irving Fisher)를 통해서였을 것이다. 1892년에 완성된 박사학위 논문에서 피셔는 물탱크, 지렛대, 파이프, 중심축, 마개 등의 복잡한 체계를 활용하여 경제의 기계적 모델을 설계하였다. 이듬해 피셔는 실제로 이 모델을 만들어, 수십 년 동안 예일 대학교에서 강의하면서 이를 활용하였다. 다양한 흐름과 수위를 조정함으로써, 피셔는 소비자 수요의 감소 또는 증가, 자금 흐름의 변화와 같은 시장 상황의 다양한 변화의 효과를 실험하고 예측하는 데 사용할 수 있는 경제의 예측 모델을 개발했다고 주장하였다(Gibson-Graham et al., 2013). 그림 2.4는 피셔가 첫 번째 모델을 대체하기 위해 1925년에 만든 실험실 장치를 보여 준다.

피셔가 경제의 기계적 유추를 계속해서 실험하는 동안, 다른 사람들은 경제를 일관성 있고 논리적인 실체로 연구하기 위해 수학적 모델을 개발하고 있었다. 특히 1930년대에는 경제적 과정을 포착하기 위해 복잡한 수학적 기법을 사용한 연구 분야로서 **계량경제학**이 출현하였다. 이러한 모델은 경제학에 부여된 정교함과 수리과학적 엄격함의 등장뿐만 아니라, 경제학자들이 경제를 기계식 지렛대,

자료 2.2 경제의 은유

은유는 복잡하고 **파악하기** 어려운 것을 개념적으로 다루기 쉬운 **그림으로 축소**해야 할 때마다 필요하다. 앞의 문장에 강조해야 할 3가지 (**굵은 글씨로 표시된**) 은유가 포함되어 있다는 사실은, 우리가 얼마나 빈번히 은유에 의존해야 하는지를 잘 보여 준다. 하지만 이것들은 비교적 경미한 은유이다. 경제학은 경제를 이해하기 쉽게 만들기 위해 훨씬 큰 개념적 은유를 활용한다. 전통적으로 여기에는 경제적 과정을 재현하기 위해 물리학과 생물학의 과학적 언어와 모델을 활용하는 것이 포함되었다.

때때로 이것은 경제적 과정을 물체, 흐름, 힘, 파동의 상호작용으로 개념화하기 위해 뉴턴 물리학의 언어를 활용한다. 몇 가지 일상적인 예가 이 논점을 설명한다. 즉 시장은 구매자와 판매자를 모으고 자원을 분배하기 위한 **메커니즘**을 제공한다. 원료의 입지는 생산자들에게 **중력적** 견인력을 발휘한다. 그리고 거리는 소비자가 멀리 떨어진 곳에서 쇼핑을 하지 못하게 하는 **마찰력**을 제공한다는 것 등이다. 따라서 경제 참여자는 원자가 물리법칙을 따르는 것처럼 경제학의 '법칙'을 따르는 합리적인 경제적 존재로 환원된다. 경제에 대한 좀 더 복잡한 이해는 또한 물리적 은유에 의존할 수도 있는데, 예를 들어 우리가 경제**순환**과 투자 **물결**에 관해 이야기할 경우이다.

한층 **풍성한** 은유의 출처는 생물학적 과정에서 발견된다. 경제의 **건강과 성장**에 대해 이야기하는 것은 유기체나 신체의 측면에서 경제를 재현하는 것이다. 이 은유는 **순환, 재생산, 군거본능**, 경제위기의 **전염**과 같은 아이디어에서도 발견된다. 보다 광범위한 논리는 생물학적 은유를 통해 재현되는데, 시장을 **최적자**와 **최강자**(함축적으로 가장 효율적인)만이 살아남을 수 있는 **자연선택**의 과정을 제공하는 것으로 간주하고, 위기가 가장 비효율적인 생산자를 **제거하는 것**으로 이해할 경우이다. **발전** 역시 본질적으로 인체의 성숙과 마찬가지로 성장과 변화를 자연적 과정으로 이해하기 위한 생물학적 은유이다.

확실히 우리는 은유로부터 떨어질 수 없다. 항상 우리의 사고를 활성화하기 위해 은유가 필요할 것이다. 그러나 우리는 이러한 이미지에 의존하여 경제적 과정을 이해하는 것의 함의를 인식해야 하는데, 이는 이미지가 적용되는 맥락에 필연적으로 부분적으로만 '적합'할 것이기 때문이다. 따라서 어떤 상황에서는 경제 행위자들을 법칙을 따르는 '원자'로 생각하는 것이 유용할 수 있지만, 이것이 경제 세계에서 흥미로운 많은 부분을 배제할 것임을 쉽게 알 수 있다. 좀 더 폭넓게는 '자연법칙'을 사회 세계로 치환함으로써, 우리는 대안적 사고와 대안적인 경제적 합의의 많은 가능성을 차단하고 있다. 경제의 은유와 그 함의에 대한 자세한 내용은 반스(Barnes, 1996)와 켈리(Kelly, 2001)를 참조하라.

물탱크, 도르래의 집합으로서 보는 개념을 넘어설 수 있도록 하였기 때문에 중요하였다. 피셔가 구축한 것과 같은 모델들은 경제에서의 경제적 과정을 한층 복잡하게 묘사할 수 있었지만, 본질적으로는 정태적이었다. 그것들은 경제 전체의 그 어떤 종류의 확장도, 어떤 종류의 외부 변화도 다룰 수 없었다. 만약 피셔의 장치에 있는 물이 증발하거나 새기 시작하였다면, 무슨 일이 발생할 것인가? 아니면 시간이 지남에 따라 물탱크의 크기와 수가 변하였다면? 또는 어떤 종류의 외부 충격이 장치를 방

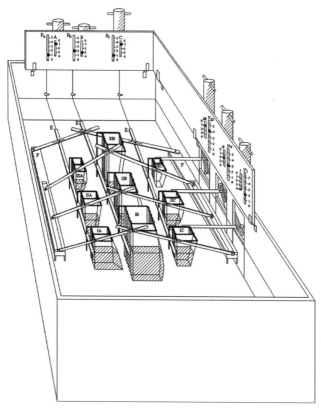

그림 2.4 1925년경 경제를 모의실험하기 위한 어빙 피셔의 강의실 기구
출처: Brainard, W. and Scarf, H.(2005), 그림 5.

해하였다면? 그러한 모델은 이런 종류의 동태적 변화를 수용할 수 없었지만, 1930년대에 개발된 수학적 버전은 이러한 역동성을 분석할 수 있었다. 내부 및 외부의 힘에 의해 주도되는 경제 **전체**의 성장과 변화가 최초로 분석의 대상이 될 수 있었다.

계량경제학이 경제 전체를 연구하기 위한 분석 도구를 제공하는 동안, 국가적인 경제관리라는 개념이 동시에 등장하였다. 영국의 경제학자 존 메이너드 케인스(John Maynard Keynes)는 1936년에 출판한 『고용, 이자 및 화폐의 일반 이론(General Theory of Employment, Interest and Money)』에서 국가 경제가 특정 정책도구를 사용하여 관리될 수 있는 제한적이고 독립적인 실체라는 사고를 확립하였다. 이러한 도구에는 이자율, 가격 수준 , 소비자 수요에 대한 통제 등이 포함되었다. 케인스는 제2차 세계대전 이전 불황과 실업 상황에서 자신의 사고를 발전시켰지만, 이 사고가 실제로 자리 잡고 각 국가의 정부가 그가 주창한 경제관리에 참여하기 시작한 것은 제2차 세계대전 이후였다. 1940년대부터 1970년대 초반까지 거의 30년 동안 케인스주의는 산업화된 비공산주의 세계에서 경제관리의 정설이었다.

따라서 오늘날 우리가 알고 있는 '경제'가 실제로 대중적 개념으로 출현한 것은 1940년대에 이르러서였다. 그 당시의 이 사고는 경제적 과정에 대한 몇 가지 중요한 특성을 함축하였다.

- 첫째, 경제는 우리 삶의 나머지 부분과 별개인 **외부 영역**으로 여겨지게 되었다. 물리적 또는 생물학적 과정에 기반을 둔 은유는 이러한 개념화에 큰 도움을 주었다. 경제를 기계나 유기체로 상상할 때, 경제는 우리를 짓누르는 외부의 힘으로서 한층 쉽게 간주할 수 있다. 이런 방식으로 경제의 영향을 받는 누군가 혹은 어딘가에 대해 생각할 수 있었다. 경제를 기계나 유기체로 이해하면, 경제의 건강성과 견고성에 대해 생각할 수도 있다—다시 말하지만, 이 개념은 한 세기 전에는 상당히 이상해 보였을 것이다. '경제(economy)'라는 단어에 정관사 'the'를 부가한 것은 이 새로운 의미를 나타내는 중요한 변화이다. 이전에는 경제가 활동이나 태도였지만, 이제는 하나의 '사물'이다.
- 둘째, 경제적 영역은 그 자체의 내부 논리에 따라 작동한다는 개념으로 인해, 사회적·정치적·문화적 과정과는 **독립적인 것**으로 여겨지게 되었다. 정치체제, 이데올로기, 정당은 시간과 공간에 따라 다를 수 있으며, 문화와 사회적 관행도 풍부한 지리적 차이를 나타낼 수 있지만, 경제적 영역에 대한 우리의 이해는 경제를 이윤 또는 효용의 극대화와 같은 자체적으로 분리되고 보편적인 논리에 따라 작동하는 것으로서 표현하고 있다.
- 셋째, 1940년대에 등장한 경제는 주로 **국가적** 규모에 초점을 맞춘 개념이었다. 1930년대에 개발된 새로운 기법과 접근 방법을 사용하여 분석하고 모델화한 것은 국가 경제였다. 국내총생산과 같은 국가적인 경제적 풍요의 측정이 처음 개발된 것도 1940년대였다. 국가적 규모로 구성된 경제를 상상함으로써 세계 경제는 국가 **간**의 질서로 조직할 수 있었다. 1940년대에 설립되었으며 제10장에서 자세히 논의할 국제통화기금(IMF)과 세계은행(World Bank) 등의 기관들은 경제를 조정하기 위해 모인 국가 정부들의 명백한 연합이었다.
- 마지막으로, 국가경제를 정부의 개입에 의해 유지 및 **관리**될 수 있는 기계로 보는 사고는 지속적인 경제성장이 가능할 뿐만 아니라 이를 실현하는 것이 국가 정부의 책임이라는 관념을 도입하였다. 전 세계의 정치인들은 이를 인식하고 대개 경제성장을 최우선 순위로 보고 있다. 그들이 실현하지 못할 때, 비판자들은 종종 어떻게 하면 경제성장을 더 잘할 수 있는지에 대해 재빨리 말한다. 그러나 이것은 20세기 후반의 산물인 비교적 새로운 사고이다.

우리는 경제 개념에서 당연히 여기는 것 대부분이 실제로는 상대적으로 최근에 나온 일련의 사고라는 것을 살펴보았다. 유럽의 산업혁명을 통해 많은 부분의 총합을 구성하는 일련의 경제적 관계로서 국가적 (노동)분업이라는 의미가 나타났다. 그러나 조절된 유기체 또는 메커니즘으로서의 경제라는 사고가 등장한 것은 19세기 후반에 이르러서였다. 그리고 이 사고가 널리 채택되어 공공영역에서 정치적 수사와 대중적 이해의 일부가 되기 시작한 것은 최근인 1940년대였다.

이러한 방식으로 경제라는 사고의 역사적 출현을 검토함으로써, 우리는 또한 경제를 이해하고 측정하고 관리하는 방식에 자연적이거나 근본적인 것이 전혀 없다는 중요한 사실을 암묵적으로 지적하였다. 대신에 현재의 사고방식은 특정 장소에서의 특정 역사적 상황의 산물이다. 즉 오늘날 우리 가운데 많은 사람들이 실제로 '이코노크러시'에 살고 있다면, 그것이 어떻게 발생하였는지를 이해하는 것이 중요하다.

2.4 기본적인 경제적 과정

우리는 경제가 '저 바깥'에 있는 하나의 실체로 다루어지는 경향이 있으며, 이러한 관점은 역사적으로 어디에서 유래하는지를 살펴보았다. 이 절에서는 수요와 공급, 기업, 생산, 시장, 가격을 포함한 경제적 과정을 움직인다고 일반적으로 가정하는 메커니즘을 면밀히 검토할 것이다. 우리의 출발점은 서론에서 언급하였듯이 전 세계의 학생들에게 해당 과목을 가르치는 방식에서 널리 퍼져 있는 주류 경제학의 일부 변형에 기반을 두고자 한다.

경제학은 일반적으로 희소 자원의 배분에 관한 연구로 정의된다. 경제 분석의 출발점은 보통 제품이나 서비스에 대한 **수요**의 존재와 해당 수요를 공급에 일치시키는 과정이다. 수요는 의식주에 대한 인간의 기본적인 필요부터 값비싼 휴가, 고급 식사, 미술품 수집 등과 같은 사치품에 대한 욕구까지 다양할 수 있다. 물론 우리 모두는 이러한 사항에 대한 욕구를 가질 수 있다. 하지만 경제적 타당성을 갖기 위해서는 이 욕구가 **유효수요**, 즉 돈을 지불할 수 있는 능력으로 뒷받침되는 개인의 욕구가 되어야 할 것이다. 그러나 수요는 고정되어 있지 않다. 이는 무엇인가를 구매하는 비용과 패션, 취향, 연령, 젠더, 입지와 같은 기타 요인에 따라 달라질 것이다. 예를 들어, 새로운 전자기기에 대한 수요는 광고를 통해 창출될 수 있다. 이는 주로 특정 인구통계학적 집단에 속한 사람들에게서 발생하며, 소득과 이자가 충분한 특정 장소에 집중할 수도 있다. 우리는 또한 제품과 서비스에 대한 수요의 대부분은 개별 최종 사용자로부터 나오는 것이 아니라, 생산체제 내의 다양한 지점에서 나온다는 점을 기억해야 한다. 부산물로 카드뮴을 생산하는 아연광산 회사는 중장비를 구입할 수 있으며, 그 카드뮴은 호텔 로비를 청소하는 모바일 로봇의 전력을 공급하는 배터리를 만드는 데 사용된다. 우리는 최종 소비자로서 호텔에 머물거나 방문할 수 있지만, 광산 기계, 카드뮴 또는 산업용 청소 로봇을 직접적으로 수요할 가능성은 낮다. 그러나 이러한 제품과 다른 많은 제품의 수요를 창출하는 것은 우리가 호텔을 방문하는 것이다.

문제의 다른 측면에서는 수요를 충족시키기 위한 **공급**의 과정이 있어야 한다. 즉 누군가가 제품이나 서비스를 기꺼이 제공해야 한다. 이는 개인 또는 집단이 음식을 요리하고, 이발을 하고, 자동차를 수리하는 비교적 간단한 과정일 수 있다. 아니면 수천 명의 사람들이 컴퓨터와 같은 정교한 기계를 설계 및 제조하거나, 신용카드 결제 시스템과 같은 복잡한 서비스를 제공하는 데 관여하는 매우 복잡한 작업일 수도 있다. 여기에서 **기업**은 상상할 수 있는 거의 모든 제품이나 서비스의 생산을 조정하는 조직 단위로 등장한다. 기업은 가능한 한 많은 이윤을 내야 한다는 명령으로 순수하게 동기 부여를 받는다고 가정하지만, 이 사명은 다양한 방식으로 나타날 수 있다. 즉 일부는 생산된 각 단위에서의 즉각적인 이윤보다는 시장점유율을 확대하기를 원하고, 다른 일부는 낮은 수익성을 희생하면서라도 평판을 쌓거나 유지하려고 할 수 있다. 반면에 또 다른 기업은 장기적인 지평 속의 목표를 달성하기 위해 단기 수익성을 포기할 수도 있다(예를 들어, 가업). 목표는 항상 궁극적으로 수익성이지만, 이 수익성은 한 기업이 행동하는 데 즉각적인 명령이 아닐 수도 있다.

또한 기업이 단일 소유주 회사(단독 웹디자이너)부터 동업(법률 회사), 비상장기업(소유권이 개인 또는 집단에 있는), 주식시장에서 주식 매매가 이루어지는 상장기업(그리고 소유권이 대부분 경영과 분리되어 있는 경우가 많다)에 이르기까지 많은 소유권이나 조직 형태를 가지고 있다는 사실에 주목하는 것도 중요하다. 또한 보건의료, 교육, 치안유지에 이르기까지 많은 소비와 생산이 공공기관, 즉 대개 정부에 의해 수행된다는 것을 기억해야 한다. 비영리 및 자선 단체도 유치원에서부터 세계 최고의 명문 연구중심대학에 이르기까지 사교육을 제공하는 데 중요한 역할을 한다. 따라서 경제활동의 조직자들은 다양하다.

수요의 원천이 무엇이든, 제품이나 서비스의 공급자가 누구든, 전통적인 경제 분석은 이들이 **시장**에서 함께 모일 것이라고 가정한다. 가장 순수한 형태의 시장은 구매자와 판매자를 통합하고 제품이나 서비스의 **가격**을 조정하기 위해 작동한다. 수요와 공급 모두 가격에 민감하다. 어떤 물건의 가격이 높으면 높을수록 그만큼 수요는 줄어들겠지만, 누군가는 어딘가에서 더 많이 공급하려고 할 것이다. 가격이 하락하면 수요는 증가하지만, 기업이 제품이나 서비스를 판매할 인센티브는 줄어들 것이다. 구매자와 판매자의 이러한 경향은 경제학을 공부하는 학생들에게 가장 상징적인 다이어그램인

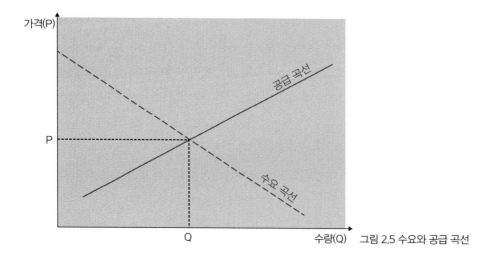

가격(P)

공급 곡선

P

수요 곡선

Q 수량(Q) 그림 2.5 수요와 공급 곡선

수요와 공급 곡선의 만남으로 표현할 수 있다(그림 2.5 참조). 두 선이 교차하는 지점에서 수요와 공급이 **균형**에 도달하고, 이것이 설정될 가격이다.

　경제적 과정의 가장 기본적이고 이상적인 모델은 시장에 모이는 수많은 소비자와 생산자를 포함하고 있다. 모두는 누가 구매자 또는 판매자로서 이용 가능한지에 관한 그들의 선택에 대해 완전한 지식을 갖고 있으므로, 정보에 입각한 의사결정을 내린다. 이것은 완전경쟁으로 알려진 상황이다. 아마도 이 시나리오에 가장 가까운 근사치는 많은 판매자가 과일과 채소를 판매하고 많은 구매자가 사용 가능한 물품을 살펴보는 신선 농산물시장일 것이다(그림 2.6a 참조). 이 시나리오의 구매자는 꽃양배추를 어디에서 구입할지, 당근 대신에 오크라를 구매할지 여부 등 많은 선택권을 가지고 있다. 구매자들은 판매되는 제품의 품질과 요구되는 가격을 명확하게 살펴볼 수 있다. 심지어는 더 낮은 가격으로 흥정할 수도 있다.

　사실 그러한 상황은 거의 존재하지 않는다. 대부분 구매자의 수나 판매자의 수는 제한되어 있으며, 구매자가 많고 판매자도 많은 이상적인 경우는 거의 찾아보기 어렵다. 또한 시장에 많은 공급자가 있더라도 제품이나 서비스를 구매하는 사람들은 거기에 무엇이 있는지에 대한 완전한 정보를 가지고 있지 않다는 점을 기억하는 것도 중요하다. 지난 20년 동안 이베이(eBay)와 알리바바(Alibaba) 같은 온라인 플랫폼의 폭발적인 증가로 인해 시장에 대한 완전한 인식에 가까워졌을 수 있지만(그림 2.6b 참조), 많은 소비자는 여전히 선택 능력이 제한되어 있다. 여기서 지리는 중요한 요소가 된다. 예를 들어, 작은 마을에 하나 있는 식료품점은 소비자가 인터넷을 통해 멀리 떨어진 도시에 있는 상품의 가격과 선별을 찾아볼 수 있더라도, 본질적으로 독점시장이다. 요컨대 시장에서 제품이나 서

(a)

(b)

그림 2.6 (a) 인도 라자스탄주의 주도 조드푸르(Jodhpur), (b) 온라인의 수많은 소비자와 판매자[홍콩에서 들여다본 알리바바(Alibaba.com)]

출처: (a) 저자, (b) Aaron Tam/AFP/Getty Image.

비스에 대한 '공정가격'을 결정하는 것으로 흔히 가정되는 **완전경쟁**의 모델은 실제로 찾기가 매우 어렵다. 케임브리지 대학교 경제학자인 장하준(Ha-Joon Chang, 2010: 1)이 지적하듯이, "자유시장은 존재하지 않는다. 모든 시장에는 선택의 자유를 제한하는 몇 가지 규칙과 경계선이 있다. 시장이

자유로워 보이는 것은 우리가 그 근본적인 제한을 무조건적으로 받아들여, 이를 보지 못하기 때문이다. 시장이 얼마나 '자유로운' 것인지는 객관적으로 정의할 수 없다. 이것은 정치적 정의이다."

특히 한 시장은 특별히 언급할 가치가 있는데, 이는 인간 노동의 수요와 공급에 대한 가장 중요한 시장일 것이기 때문이다. 궁극적으로 모든 제품과 서비스는 집단적인 인간 노동의 산물이며, 그러한 제품과 서비스가 시장에서 팔리는 가격은 상당 부분 그것들을 만든 노동을 어떻게 평가하는지에 따라 결정된다. 경제 분석의 일반적인 가정은 인간 노동의 시장이 다른 시장과 마찬가지로 경쟁 과정이라는 것이다. 또한 사람들은 이 시장에서 생산 과정에 가져오는 교육, 훈련, 기술을 기반으로 평가된다고 가정한다. 이러한 방식으로 그들의 가치를 임금의 형태로 결정하는 것은 제품이나 서비스의 효율적인 전달에 대한 그들의 기여이다. 우리가 노동시장이라고 부르는 것은 매우 복잡한데, 왜냐하면 노동시장은 분업 속에서 함께 결합되는 수많은 연결이 있지만 별개의 전문 분야로 구성되어 있기 때문이다. 우리는 이미 제3절에서 사회적·기술적 분업의 존재를 언급하였지만, 이후의 장에서는 지리, 젠더, 민족과 관련된 분업에 몇 가지 다른 차원이 존재함을 살펴볼 것이다.

모든 종류의 시장에서 가격은 보편적인 가치 척도로서 **화폐**를 사용하여 결정된다. 비록 우리는 시장 교환 체제에서 화폐의 사용을 당연하게 여기는 경향이 있지만, 사실은 놀라운 발명품이다. 화폐는 모든 장소에서 모든 종류의 제품, 서비스, 사람들이 공통적 척도에 맞설 수 있도록 해 준다. 화폐는 또한 그렇지 않으면 내재적 가치가 거의 없는 동전, 지폐, 은행 잔고와 같은 형태로 가치를 저장하고 보호할 수 있다. 돈은 시장의 운영에 필수적일 뿐만 아니라, 돈 자체에도 시장이 있다. 외환시장은 어느 한 통화의 다른 통화에 대한 가격을 결정하는 반면, 신용시장은 이자율에 반영되는 그 가격으로 돈을 빌리는 비용을 결정한다.

시장에 기반을 둔 경제의 기본적인 매개변수를 배치하는 것은 쉽지만, 체제의 실제 운영은 물론 매우 복잡다단하다. 이러한 복잡성은 다음과 같은 여러 가지 방식으로 발생할 수 있다.

- 가격, 제품, 서비스에 대한 정보가 불완전하여 변칙이 발생할 수 있다.
- 어느 한 제품의 시장은 다른 제품의 가격에 영향을 미칠 수 있다. 예를 들어, 오렌지 가격의 상승은 사과의 수요 증가를 초래할 수 있는 반면, 유가의 상승은 다른 많은 제품과 서비스에 영향을 미칠 수 있다. 제품에 대한 정보가 오해의 소지가 있는 경우에도 시장 왜곡이 발생할 수 있다.
- 새로운 생산기술, 새로운 수요나 새로운 규제는 가격 결정 과정에서 예상치 못한 변동을 가져올 수 있으며, 심지어 완전히 새로운 부문으로 이어질 수도 있다. 자동차와 컴퓨터 부문은 역사적인 중요성을 지닌 예기치 않은 새로운 경제 부문의 전형적인 예이다.

- 미래에 대한 불확실성으로 인해 수요와 공급이 현재의 필요와 자원을 반영하지 않는 방식으로 움직일 수 있다.
- 노동시장에서는 동일한 장소와 시간에 필요한 기능과 인력을 그들을 고용하는 생산자와 일치시키는 데 어려움이 있을 수 있다.
- 화폐시장 자체는 화폐를 교환 단위로 사용하는 시장에 영향을 미칠 수 있다. 화폐의 비용 및 공급은 외국 무역업자나 정부 정책과 같은 외부요인의 영향을 받을 수 있다.
- 정부와 다른 기관들은 이기적 합리성에 근거하여 물건을 수요하거나 공급하지 않을 수 있으며, 따라서 '완전'시장을 왜곡할 수 있다. 예를 들어, 대부분의 정부는 특정 시장에서 운영할 수 있는 이동통신 네트워크 공급자의 수를 제한하고 있다.

이러한 모든 복잡성—그리고 분명히 다른 많은 것들도 존재한다—은 가격, 임금, 이자율, 환율, 기타 지표의 움직임 사이의 관계를 검토하기 위해 고도로 정교한 통계 분석 도구를 개발해 온 경제학자의 분석 영역에 일정 정도 포함될 수 있다. 이와 동시에 노동시장의 불균등한 지리와 정부의 정치적 의사결정과 같은 문제를 제기하면서, 우리는 종종 경제 분석에 확실히 포함되지 않는 변수를 소개하고자 한다. 제5절에서는 경제에 대한 **지리학적** 관점의 필요성을 전면에 내세우는 궁극적 목적을 가지고서 현실 세계가 경제학자의 모델이 전제하는 가정이 틀렸음을 입증하는 방식을 추가로 살펴볼 것이다.

2.5 경제학에서 경제지리학으로

이 장에서는 지금까지 경제가 20세기 중반에 어떻게 분리되고 식별 가능한 실체로서 새롭게 재해석되었는지를 살펴보았다. 또한 경제의 기능을 뒷받침하는 핵심 과정이 모든 경제적 거래에 대해 화폐 가치를 설정하는 시장 메커니즘이라는 것을 확인하였다. '경제'의 분석과 관련된 주요 학문 분야인 경제학은 오늘날 매우 정교한 분야이며, 시장의 작동에서 발생하는 모든 종류의 복잡성을 수용하고자 추구한다. 더 폭넓게 살펴보면, 경제학은 지배적 주류가 제안하는 것보다 학문 분야로서 훨씬 다양하다(자료 2.3 참조). 그러나 경제학은 우리가 그 경계선과 가정에 의문을 제기하기 시작하면 여전히 한계를 지니고 있으며, 이어지는 부분에서는 이러한 모든 접근 방법과 특히 대중적이고 학술적 토론을 지배하는 주류 양식에 대해 어느 정도 평균화할 수 있는 3가지의 비판을 전개하고자 한다. 그

자료 2.3 비주류(heterodox) 경제학

우리는 이 장에서 이미 경제와 그 경제가 어떻게 작동하는지에 대한 많은 문제가 있는 가정들을 철저히 옹호하는 특정 주류 경제학 분야의 학문적 관행과 현실 세계에서의 관행 모두에서 차지하고 있는 우세를 언급하였다. 그러나 우리는 지나치게 협소한 경제학의 면모를 구축하지 않고, 현대 경제학이라는 학문이 정확하게는 **신고전주의** 경제학으로 불리는 지배적인 주류에 더해 '경제'에 대한 수많은 비주류적 접근 방법을 포함하는 광범위하고 무질서하게 퍼져 있는 사안임을 인식하는 것이 중요하다. 표 2.1은 신고전주의 정통과 함께 '경제'의 본질, 그 안에서 개인의 역할, 경제학이 무엇에 관한 것인지에 대한 서로 다른 입장을 보여 주는 이들 접근 방법 중 가장 중요한 몇 가지를 소개하고 있다. 예를 들어 고전적, 오스트리아적(Austrian), 슘페터적(Schumpeterian) 또는 행동경제학과 같은 다른 것들도 목록에 추가할 수 있다(더 자세한 내용은 Chang, 2014 참조). 이러한 다양한 관점은 서로 다른 초점과 관심사를 가지고 있으며, 무엇이 중요한지에 대한 서로 다른 가치 입장을 반영하고, 그 결과 서로 다른 연구 의제를 추구한다. 각각 젠더화된 경제적 과정과 자연환경에 대한 관심을 가진 페미니즘 경제학과 생태경제학의 경우, 경제학을 경제지리학자인 우리의 관심사에 더 가깝게 가져올 수도 있다. 하지만 이 모든 것은 우리가 이 책에서 펼치고자 하는 완전한 지리학적 관점에 기여하기에는 여전히 부족하다.

렇게 함으로써 실제 사람과 장소에 보다 민감하고, 따라서 매우 중요한 것을 말할 수 있는 경제지리학적 접근 방법으로 이동하는 것이 목적이다. 따라서 우리의 의도는 결국 제1장에서 다룬 주제와 다시 연결될 수밖에 없다.

경제학적 사고를 넘어서서

첫째, 개인으로부터 더 넓은 사회적 활동 패턴을 살펴보기 위해 규모를 확대할 때, 우리의 분석은 사람들이 왜 그렇게 행동하는지에 대한 협소한 경제학적 해석을 넘어서서 살펴보아야만 한다. 중요한 것은 경제가 '경제적'인 것만큼이나 언제나 불가피하게 사회문화적, 정치적·법률적 구성체라는 점을 이해할 필요가 있다. 대부분의 경제 분석은 일반적으로 사람들이 개별적으로 어떻게 행동하는지에 관해 두 가지를 가정한다. 첫 번째는 사람들이 자기 이익을 위해 행동하므로, 모든 경제적 거래에서 개인적 이익 또는 '효용'을 극대화하려고 한다는 것이다. 다시 말해, 사람들은 타인에 대한 이타심과 동정심에서가 아니라 자기 자신을 위해 행동한다는 것이다. 두 번째 가정은 사람들이 자신의 선호와 이러한 선호를 충족시킬 방법을 위한 완전한 지식과 정보를 가지고 경제적 거래에 참여한다는 것이다. 바꾸어 말해, 사람들은 제품이나 서비스에 대해 기꺼이 지불하거나 청구할 의향이 있는 측면에서 자신의 필요와 욕구를 충분히 평가할 수 있으며, **나아가** 대체 가능성에 대한 정보에 완전히 접근하고 있다는 것이다.

실제로 사람들이 내리는 의사결정은 훨씬 복잡하고 '비합리적'이다. 사실 행동경제학은 작지만 빠르게 성장하고 있는 하위 경제학 분야로, 지난 30년 동안 이러한 복잡성을 연구하기 위해 등장하였다(Thaler, 2015 참조). 예를 들어, 자연환경에 미치는 영향을 고려하여 개인 소비를 줄이기로 선택함으로써, 이기심은 이타적 관심과 혼합될 수 있다. 또한 공정무역 제품에 할증료를 지불하는 경우, 개인적 이익의 극대화는 의심을 받을 수 있다. 심지어 자기 지식도 가정되지 않는다. 시장 메커니즘은 사람들이 제품이나 서비스에 대해 기꺼이 지불할 용의가 있는 임계값을 지니고 있다고 가정하지만, 실제로 그렇게 신중하게 계산하는 경우는 거의 없다. 시장이 제공하는 모든 선택권에 대한 지식은 종종 많은 맥락에서 비현실적이다.

예를 들어, 개인이 이타적이거나 윤리적인 것에서 도출하는 '효용'에 대한 금액을 추론하거나, 개인의 지불의사라기보다는 집단적으로 결정된 가격을 살펴봄으로써, 이 모든 예외는 어떤 방식으로든 기존의 경제 분석에 통합될 수 있다. 그러나 사람들은 자신의 개인적 효용이 어떻게 극대화될 것

표 2.1 경제학의 서로 다른 관점들

관점	인간은 …	인간은 … 속에서 행동한다	경제는 …	경제 분석은 …
신고전주의 경제학	최적화한다.	시장의 맥락	충격과 마찰이 없는 균형 상태에 놓여 있다.	균형 상태에 도달하고 복지 이익이 최대화되도록 자원의 효율적 배분을 보여 주어야 한다.
마르크스 경제학	미리 정해진 본질을 가지고 있지 않다.	계급과 역사적 맥락	변동적이고 착취적이다.	권력관계를 인식해야 한다.
케인스 경제학	경험적 방법을 사용한다.	거시경제적 맥락	자연적으로 변동적이다.	기술적으로 현실적이어야 한다.
제도 경제학	가변적인 행동을 보여 준다.	규칙과 사회규범을 형성하는 제도적 환경	법률적·사회적 구조에 의존한다.	사람과 제도의 관계에 초점을 맞추어야 한다.
진화 경제학	최적은 아니지만, '양식 있게' 행동한다.	진화하는 복잡한 체계	복잡한데, 안정적이고 변동적이다.	복잡성과 상호의존성을 인식해야 한다.
페미니즘 경제학	젠더적 행동을 보여 준다.	사회적 맥락	모호하다.	단지 '경제적'인 것 이상을 인식해야 한다.
생태경제학	모호하다.	사회적·환경적 맥락	환경에 착근되어 있다.	환경적 제약을 인식해야 한다.

출처: Ealie et al.(2017)이 제시한 3.1에서 수정 인용함.

인지에 대한 계산으로 축소될 수 없는 방식으로 행동하기도 한다. 많은 소비와 생산의 의사결정은 제품에 구현된 상징적 또는 문화적 가치에 기반하거나 해당 문화집단의 습관, 규범, 전통, 기대 등에 기반한다. 예를 들어, 다양한 민족집단은 그들의 문화적 배경에 따라 상당히 다른 수요의 프로필을 가질 수 있다. 제7장에서 살펴보겠지만, 매일 또는 매주 정기적인 쇼핑 여행조차도 가족과 더 넓은 사회의 기대에 의해 형성되는 매우 사교적인 행사이다. 공급 측면에서 기업도 순전히 합리적인 경제 계산보다는 기업의 전통이나 문화에 따라 주도되는 생산의 의사결정을 내릴 수 있다(예로 노동조합과의 장기적 관계를 선호하는 독일 기업).

여기서 더 폭넓은 논점은 경제적 합리성의 가정이 종종 믿고 있는 것보다 덜 타당할 수 있다는 것이다. 경제 분석 체계의 대부분은 사람들이 합리적 경제인, 이른바 **호모 이코노미쿠스**(homo eco-nomicus)라고 불리는 사고에 기반하고 있다. 다시 말해, 사람들은 항상 자신의 만족, 부, 즐거움을 극대화하는 방식으로 행동하려 하고 있다는 것이다. 실제로 사람들은 거의 항상 이 이상에 미치지 못하며, 대신에 자신이 하는 선택에서 다양한 합리성을 보여 준다. 그들은 합리적이거나 유행하거나 도덕적으로 수용 가능한 것으로 여겨지는 것을 강력하게 형성하는 보다 폭넓은 사회적 맥락에 착근되어 있다. 예를 들어, 동물의 모피로 만든 옷과 상품을 소비하는 것의 사회적 수용성은 지리적으로 매우 다르다. 따라서 경제체제는 경제적 요인에 대한 협소한 초점을 약화시키는 사회문화적 영향에 뿌리를 두고 있다. 비록 오늘날의 상호 연결된 세계에서는 제1장에서 살펴본 것처럼 이러한 역동성의 네트워크화된 차원도 존재하지만, 그러한 사회문화적 영향이 특정 장소와 연관되는 경향으로 인해 이미 경제의 지리가 가시화되기 시작한다. 예를 들어, 중국과 러시아의 사치품 시장에서 모피 제품의 수요 감소는 북유럽, 북아메리카, 브라질 등 선도적인 모피 생산 지역의 공급업체에 빠르게 영향을 미칠 것이다.

이와 동시에 경제는 정치적·법률적 구성물이기도 하다. 많은 상황에서 국가는 경제생활에서 **가장** 강력한 힘이 될 수 있다. 제9장에서 살펴보겠지만, 경제에서 국가의 역할은 복잡하고 다방면에 걸쳐 있으나, 여기서 우리는 단순히 게임의 규칙에만 초점을 맞출 수 있다. 법률 및 규제의 틀은 모든 형태의 시장을 뒷받침하고 유지한다. 예를 들어, 독점 세력이 특정 산업에서 지배하기 시작하면, 독점금지법을 사용하여 시장 선두주자의 권력을 견제할 수 있다. 반면에 경쟁력이 우세할 때 지식재산권은 기업 자산을 보호하고 투자를 장려하는 효과를 거둘 수 있다. 따라서 이러한 법률과 실제로 다른 많은 종류의 법률은 경제 내 일부 불안정한 경향을 완화하는 데 도움이 되는 '균형자'가 된다(Christo-phers, 2016). 그런데 채택할 법률적 틀의 종류에 대한 국가의 결정은 특정 시장 논리에 기반하기보다는 훨씬 광범위한 정치적 계산과 국가 이익에 기반할 수 있다. 따라서 순전히 시장 메커니즘에만 초점을 맞추는 것은 우리의 경제생활을 형성하고 주도하는 많은 부분을 놓치는 것이다.

다양한 방식으로 경제적인 것, 문화적인 것, 정치적인 것 등을 구분하는 것은 상당히 임의적이다. 경제는 사회문화적, 정치적, 법률적, '경제적' 힘의 복잡한 교차점이며, 때때로 문제가 되는 것은 오

자료 2.4 시장의 위치

시장이 사회의 근본적인 조직 원리여야 한다는 생각은 널리 퍼져 있고 깊이 뿌리박혀 있다. 정치철학자인 프리드리히 폰 하이에크(Friedrich von Hayek)를 시작으로, 시장을 효율적이고 공정한 것으로 보는 경제사상이 존재해 왔다. 이론적으로 시장은 가장 생산적인 사용자에게 자원을 분배하기 때문에 효율적이며, 모든 관계가 전통, 계층, 계급, 젠더, 민족성, 기타 '비시장적' 형태의 차별화에 관심을 두지 않고 그 화폐적 원리에 환원되기 때문에 공정하다는 것이다. 효율성과 공정성의 이러한 신조는 흔히 신자유주의로 불리는 일련의 정치적 신념의 토대를 형성하고, 이는 의료, 복지, 교육, 사회 서비스 등과 같은 삶의 모든 측면으로 시장 관계의 확장을 주장한다. 몇몇 경제지리학자들은 신자유주의가 전 세계 정치생활의 주류로 부상하는 것을 추적해 왔다(Harvey, 2007; Peck, 2011).

또 다른 사고방식은 시장에 대한 다른 관점을 취하며, 종종 정치경제학자 칼 폴라니(Karl Polanyi)에게로 거슬러 올라간다. 폴라니는 시장은 효율성과 공정성을 보장하는 '순수한' 메커니즘을 제공하는 것이 아니라, 오히려 사회에 착근되어 있다고 주장하였다. 자유롭게 작동하는 것처럼 보이는 시장조차도 시장 주도적이지 않은 사회제도에 의해 만들어져야 한다는 것이다. 예를 들어, 국가 및 비국가적 행위자들에 의한 어떠한 형태의 집단적 조정과 공급 없이는 (의심할 여지 없이 시장이 의존하고 있는) 교통 및 교육 체제의 창출은 상상할 수 없을 것이다. 그러나 '시장'이 사회를 지배하도록 허용된다면, 최초에 시장이 존재할 수 있도록 한 바로 그 제도가 약화되기 시작한다. 따라서 많은 사람들은, 예를 들어 교육의 공급에 시장 메커니즘을 도입하는 것이 늘어나면서 교육받은 노동력을 위한 선진 시장경제의 필요성을 약화시킨다고 주장할 것이다. 이는 폴라니가 '반(反)운동'이라고 부르는 것과 연결되고, 여기서 사회의 개인과 집단이 시장의 강요로부터 '사회적 보호'를 추구한다.

경제지리학자들의 최근 연구에서는 교환 체제가 구축되는 것을 통해 **시장화**의 과정을 살펴보았다. 이러한 관점에서 시장은 사람, 사물, 그리고 상품의 소유권이 귀속되면서 가격이 그 상품에 책정되어, 상품이 그 품질과 가치에 대한 공통된 이해를 가진 다양한 행위자들 사이에서 이동할 수 있게 해 주는 '사회기술적 장치'(상품의 품질을 측정하고, 가격 정보의 저장 및 전송을 위한 체계와 기술)의 취약한 구성물이다. 따라서 자동화로부터 멀리 떨어져 있는 하나의 시장을 조합하려면, 농산물의 경우 광범위한 인간 및 비인간 행위자(식물, 토양, 기후, 비료)를 일시적인 정렬로 전환해야 할 수 있는 엄청난 양의 노력이 필요하다. 폴라니의 접근방법은 시장의 사회적 착근성을 통해 지리적 차원을 삽입하는 반면, 국가적 규모에서 시장화의 프레임은 시장과 그 구성에 근거를 둔 '미시적 지리'를 강조하는 경향이 있다. 이러한 일반적인 관점에 대한 자세한 내용은 베른트와 뵈클러(Berndt and Boeckler, 2012)를 참조하는 한편, 오우마(Ouma, 2015)는 서아프리카 열대 과일의 글로벌 시장 구축에 관한 흥미로운 사례를 제공한다.

늘날 사회과학에서 이러한 차원들을 분리하는 것이다. 이는 비공식적 규범과 관행, 법률과 규정의 공식적 체제와 '경제적' 힘이 상호작용함으로써 만들어지는 **제도적** 관점(표 2.1 참조)에서 살펴보아야 한다. 이와 같은 관점에서 경제는 합리적이고 개별적인 의사결정의 집합체로서라기보다는, 다양한 이해집단 간의 투쟁과 논쟁의 장으로서 간주된다. 제3장에서 살펴보듯이, 경제는 필연적으로 자신의 목적에 맞게 경제를 형성하고 관리하려는 강력한 행위자의 특정한 **계급 이해**를 반영한다. 결국 이러한 교차하는 제도와 권력투쟁의 최종 결과는 '경제'가 서로 다른 장소에서 상이한 형태를 취하고, 지리적 변동성이 규범이라는 것이다. 따라서 서로 다른 종류의 상호 연관된 **경제**에 관해 이야기하는 것이 실제로 한층 합리적이다. 결과적으로 시장은 합리적인 경제 행위자 간의 교환을 위한 표준화된 장과 거리가 멀고, 오히려 복잡하고 지리적으로 착근된 현상이다. 자료 2.4에서 설명하듯이, 학자들은 도덕적으로나 분석적으로나 시장의 정당한 위상을 놓고 씨름해 왔기 때문에, 시장을 이해하는 것은 오랜 전통을 가진 지적 연구과제이기도 하다.

실증주의적 사고를 넘어서

앞서 살펴보았듯이, 첫 번째 발걸음은 원초적인 경제적 합리성에 중요하고 원인이 되는 역할을 하는 문화와 정치의 어수선한 현실세계 속에 경제를 착근시키는 것이다. 우리가 해야 할 다음 조치는 '경제'를 연구하려 할 때마다 필연적으로 존재하는 규범적 가정을 밝히는 것이다. 우리가 살펴본 바와 같이, 경제는 현실적 실체인 만큼이나 사고이며, 매우 다양한 해석과 견해에 열려 있다(Christophers, 2017). 규범적 판단은 세계의 상태와 그것이 어떠하거나 어떠해야 하는지를 평가하는 것이다. 주류 경제학은 외견상 사실과 인과관계의 분석을 통해 경제적 현상을 기술하고 설명하는 데 관심을 두는 것으로 보인다. 그것은 가치판단적인 것이 아니며, 단순히 세상을 묘사하는 것에 관한 것이라고 주장한다. 그러나 여기서 우리의 주장은 '경제'에 대한 모든 접근 방법이 비록 명시화되지 않더라도 가치판단과 연관되어 있으며, 정도의 차이는 있을지라도 규범적이라는 것이다. 앞서 국내총생산(GDP) 계산의 경우에서 살펴보았듯이, 명백히 객관적인 측정 과정은 실제로 무엇을 산정하고 혹은 산정하지 않으며, 무엇을 측정하고 무엇을 모델링할 것인지 등에 대한 선택을 반영하고 있다. 규범적 입장을 모호하게 하기보다는 우리의 경제 분석을 뒷받침하는 가정과 세계관을 명백히 하는 것이 더 낫다.

특정 측면을 거론한다면, 경제 분석의 주요 특성은 일반적으로 무엇인가를 셀 수 있는 경우에만 산정한다는 것이다. 경제적 과정과 교환의 매체로서 화폐에 기초한 시장의 역할에 관한 '과학'인 계량경제학의 등장은, 어떤 현상을 경제(학) 모델에 포함하기 위해서는 정량화할 수 있어야만 한다는 사실을 의미하였다. 어떤 활동이 화폐경제의 밖에서 발생하거나, 화폐가치를 활동에 쉽게 부여할 수 없는 경우에는 통상적으로 경제활동으로 정의되지 않는다. 이는 몇 가지 이상한 결론으로 이어질 수 있다. 예를 들어, 여러분이 캠퍼스나 직장으로 자동차를 몰거나 버스를 타고 간다면 경제 행위에 참여한 것이지만, 걷거나 자전거를 타고 간다면 경제 행위에 참여하지 않은 것이다. 전자의 경우에는 연료비, 주차비 또는 대중교통 표값으로 손이 바뀌었지만, 후자의 경우 도보나 자전거를 타는 일은 공식적인 화폐경제 밖에서 이루어졌다. 즉 우리가 받아들인 경제를 이해하는 방식에서는 경제 행위가 일어나지 않았으며, 어떠한 가치도 생성되거나 추가되지 않았다. 따라서 우리가 경제에 두고자 하는 개념적 경계선은 다소 임의적이다. 일반적으로 이해되는 '경제적인 것'은 수행되는 행위의 성격이나 목적과 관련이 있는 것이 아니라, 화폐가 가격 메커니즘이나 시장을 통해 손을 바꾸는지 그렇지 않는지와 관련이 있다. 국내총생산에 대한 논의에서 이미 암시하였듯이, 측정 가능한 경제에서 제외되는 것들은 자주 하나의 패턴을 따르고 있다. 특히 가정에서 여성이 흔히 행하는 무급노동은 일반적으로 이해되듯이, 경제가 처음부터 젠더화된 개념이라는 효과로 (경제에서) 제외된다(이러한 생각에 관해서는 제13장에서 자세히 설명할 것이다).

물론 '경제적' 과정을 주의 깊게 검토해 보면, 상당히 많은 것들이 공식적이고 정량화할 수 있는 경제의 바깥에서 발생한다는 사실을 알 수 있다. 가사노동 외에도 이러한 거래는 자원봉사, 상품 및 서비스의 자선기부, 교환 및 물물교환, 심지어 현금이 손을 바꿀 수 있지만 측정 가능한 경제 안에 있지 않은 지하경제에 기반할 수 있다. 이들 활동은 경제라는 빙산의 수면 아래 잠겨 있는 부분에 비유되어 왔다(그림 2.7 참조). 시장생산, 현금을 사용하는 거래, 민간기업의 임금노동은 사람들이 실제로 일상생활에서 다양한 종류의 자원을 어떻게 생산하고 교환하는지의 한 부분만을 포착할 뿐이다. 가정, 협동조합, 이웃, 기타 여러 환경에서 사람들은 좀처럼 공식적인 경제적 과정으로 인정되지 않는 방식으로 일을 하고 공유하고 교환한다. 이와 같은 무시는 경제를 **오산**할 뿐만 아니라, 일정 사람들의 노동을 **무시**하게 하는 효과를 지니고 있다. 이러한 대안 경제의 중요성과 문제점 및 가능성은 제14장에서 자세히 고찰하게 될 것이다.

경제적 과정에 대한 오산은 우리가 자연계와 관계할 때 특히 중요하다. 제11장에서 살펴보겠지만, 급격한 경제적 원인과 결과를 수반하는 가속화하고 있는 기후변화 과정은 환경적 우려에 대한 이러한 무지의 함의를 분명히 하고 있다. 문제는 자연환경이 제공하는 '서비스'에 정량적인 화폐가치를 부여하는 것이 어려운 경우가 많다는 것이다. 이런 일이 발생하는 곳에서 자연은 일반적으로 경제적 과정의 바깥에 있는 것으로 가정된다. 그러나 자연은 경제생활에서 절대적으로 근본적인 것이다. 예

임금노동
자본주의 기업의 시장을
대상으로 한 생산

in schools on the street
in neighbourhoods
within families unpaid
in church/temple
the retired between friends
gifts self-employment volunteer
barter moonlighting children
informal lending illegal
not for market
not monetized self-provisioning
producer cooperatives
under-the-table
consumer cooperatives noncapitalist firms

그림 2.7 경제적 빙산

출처: Community Economies Collective(2001); Ken
Byrne이 그림.

를 들어, 관광산업은 종종 '손상되지 않은' 자연적 아름다움의 혜택에 의존하지만, 경관 자체는 정량화되지 않고 '경제적인 것'의 바깥에 있다. 다른 종류의 경제활동 역시 폐기물 처리를 위해 자연환경에 직접적으로 의존하지만, 개별 '사용자'를 위한 이 '서비스'의 혜택을 정량화하는 데 어려움이 있다는 것은 이 자연환경이 경제 분석에 거의 감안되지 않음을 의미하였다. 세계 대부분의 지역에서 탄소 거래 및 상쇄 계획을 통해 대기오염과 온실가스에 대한 가격을 책정하려고 시도한 것은 불과 20년이 지나지 않았다.

좀 더 직접적으로 석유, 금, 물, 고무 등과 같은 천연자원은 그 자체로 상품으로 사고팔며, 경제적 과정에 투입물로 사용된다. 사실 어떤 면에서 경제는 자연을 하나의 형태에서 다른 형태로, 고무 농장에서 자동차 타이어로, 매장된 다이아몬드에서 약혼반지로 변형시키는 과정 그 자체이다. 또한 모든 면에서 경제는 투입, 과정, 영향으로서의 환경적 과정이기도 하다. 이 환경적 과정은 자연에 화폐가치를 부여하지만, 일반적으로 지구의 자원과 생명유지 장치를 고갈시키는 장기적 비용을 반영하지 않는 현재의 시장가치를 기반으로 하고 있다.

경제 분석에서 이러한 침묵의 결과로, 우리는 종종 성장이 의심할 여지 없이 좋은 것이라는 규범적 가정을 발견한다. 성장 경제는 '건강한', '탄탄한', '번영하는' 것으로 간주된다. 사실 성장 경제는 새로운 사람, 새로운 자원, 새로운 효율성, 새로운 제품, 새로운 부가 모두 끊임없이 요구된다는 필요성으로 간주된다. 대부분의 국가에서 정치인이 경제가 이미 충분히 '성장'하였다거나 충분히 효율적이라는 생각을 바탕으로 선거운동을 벌인다는 것은 상상도 할 수 없는 일이다. 그러나 '건강한' 경제를 환경적 결과로부터 분리한다는 것은 우리가 성장 경제의 완전한 함의를 고려하지 못하는 경우가 많다는 뜻이다. 더 많은 사람들이 걷기보다 자동차를 이용한다면, 경제는 성장하지만 환경적·건강적·사회적 결과는 결코 긍정적이지 않다. 심지어 더욱 기이하게도 더 많은 사람들이 자동차 사고에 연루되어 수리비, 의료비 등이 발생한다면, 사회적 결과가 완전히 부정적이더라도 경제는 다시 성장을 기록한다.

따라서 경제적 거래의 정량화에 대한 경제 분석의 의존성은 중요한 한계이다. 이러한 관점을 견지한다는 것은 세계의 '현실'을 중립적으로 분석하는 것이 아니라, 오히려 무엇이 현대 경제를 구성하는지에 대한 일련의 가정을 재연하는 것이다. 그러나 우리는 자본주의보다, 경제보다 더 복잡한 세계에 살고 있으므로, 경제의 내재적 다양성을 인정하는 관점을 개발할 필요가 있다. '경제'를 둘러싼 경계를 어디에 정하고, 어떻게 연구할지를 결정함에 있어 우리는 필연적으로 규범적인 판단을 내리게 된다.

보편성을 넘어서서

이제까지 우리는 단순한 경제학적 관점의 제약에서 벗어나 두 가지 큰 발걸음을 내딛었다. 즉 '경제'를 사회문화적·정치적 차원을 가진 제도화된 구성체로 보기 위해 경제적 사고를 넘어서고, '경제적' 과정을 분석하려는 우리의 시도를 불가피하게 뒷받침하는 규범적 가치를 드러내기 위해 명백히 중립적인 틀을 넘어서는 것이었다. 이러한 선행 요소들과 명확하게 교차하고 우리를 제1장의 관심사와 다시 연결시키는 세 번째 주장은, 경제의 근본적인 지리적 변동성을 인식하기 위해 경제학의 명백한 보편성을 넘어서는 것이다. 경제학의 '법칙'은 단순히 모든 장소에서 언제나 동일한 방식으로 작동하지 않는다.

에릭 셰퍼드(Eric Sheppard, 2016)가 설명하듯이, 대부분의 주류 경제 분석에서 지리는 **외생적** 요인으로 여겨지고 있다. 즉 지리는 시장 교환을 기반으로 한 모델의 영역 밖에 존재한다. 그는 이를 설명하기 위해 두 가지 서로 다른 연구물의 사례를 이용한다. 첫째, 컬럼비아 대학교 경제학자 제프리 삭스(Jeffrey Sachs, 2005)의 연구에서, 지리는 '제1의 자연' 또는 기후, 산, 강, 바다의 자연적 세계로 취급된다. 이러한 분석에서 자연지리는 사회와 경제에 완전히 외부적인 배경으로 여겨진다. 해당 환경의 측정값은 독립변수로 간주되기 때문에, 경제의 측정값과 교차될 수 있다. 이렇듯, 예를 들어 연구자는 위도나 해양 접근성이 국내총생산 성장률에 미치는 영향을 조사하려 할 수 있다. 이 접근 방법의 또 다른 변형은 오히려 **정치**지리의 중요성을 강조하는 것인데, 예를 들어 열대 식민지에 비해 온대 식민지가 번영한 것은 정치지리적 맥락에서 설치된 식민지 체제의 서로 다른 성격에 의해 설명된다는 것이다(Acemoglu and Robinson, 2012). 다시 말해, 부와 빈곤의 변이는 경제 자체의 성질을 통해 생산되기보다는 장소의 내재적 특성과 관련이 있다는 것이다. 이 분석은 실제로 불평등을 만들고 강화하는 글로벌 체제보다는 세계시장 진입을 가로막는 장벽에 관한 것이다. 경제학 연구의 또 다른 하위 분야인 지리경제학(geographical economics)은 다시 지리를 외생적 변수로 유지하지만, 이번에는 '제2의 자연'의 관점에서 살펴보고 있다. 이는 운송비의 점진적인 하락으로 인해 가상의 동질적 공간을 가로질러 인구 및 경제활동의 집적을 설명하고자 하는 것이다(Krugman, 1996). 따라서 지리는 '거래비용'을 최소화하는 경제적 교환이 가능하도록 하기 위해 다룰 필요가 있는 거리로서 모델에 포함되고, 이 이상은 아니다.

이미 분명히 밝혀졌듯이, 우리가 이 책에서 옹호하는 경제지리학적 접근 방법은 지리에 대해 훨씬 적극적인 역할을 염두에 두고 있다. 지리는 경제의 외부적인 것이 아니며, 오히려 경제에 완전히 **통합**되어 있다. 경제는 그렇게 지리를 통해서만 장소를 만들고 다시 만들 수 있다. 여기서 우리는 제1장에서 소개한 개념을 불러올 필요가 있다. **공간**을 가로지르는 경제활동의 불균등한 패턴을 살펴보는 것은 일반적으로 분석의 시작에 불과하며, 그 자체로 끝인 경우는 드물다. 앞서 소개한 사회적·문화적·정치적·법률적 차원이 교차하는 것을 생각해 보면, '경제'가 서로 다른 **장소**, 때로는 국지적 근린지역이나 가구 수준에서 매우 다른 특징을 보이는 이유를 쉽게 알 수 있다. 경제적 실체인 국가의 지속적인 중요성은, 경제가 또한 국가가 그 **영역**에 대해 행사하는 통제의 요소로 인해 지방, 국가, 거시 지역적 수준에서 매우 독특한 이유를 뒷받침한다. 그러나 경제학은 그러한 영역적 단위를 제한적이고 동질적인 것처럼 보는 경향이 있는 반면, 경제지리학적 관점은 장소 간의 **네트워크**와 연결성이 인과적 의미에서 어떻게 중요한지를 특히 중시한다. 이러한 상호의존성은 '자유무역'과 같은 경제적 틀이 시사하는 바와 같이 서로 연결되는 장소에 상호 이익이 되는 것이 아니라, 오히려 항상 다른 공간적 **규모**에서 경제활동의 불균등한 지리를 생산하는 권력관계를 반영한다. 제3장에서는 이 불균등한 발전의 패턴이 어떻게 글로벌 자본주의의 본질적인 부분인지에 관해 탐구한다.

2.6 요약

이 장에서는 대중매체나 학술적 분석에서 경제 문제를 논의할 때 가장 중요하게 사용되는 몇 가지 가정들을 비판적으로 검토하였다. '이코노크러시'라는 도발적인 개념에서 시작하여, 우리는 '경제' 가 우리가 처음 가정하는 것처럼 자연스럽고 아무 문제가 없는 개념이 아니라는 사실을 살펴보았다. 무엇보다도 그것은 비교적 최근에 유래한 개념이자, 특정한 역사적·지리적 맥락에서 출현한 개념 이다. 이는 이 장에서 언급한 보다 넓은 논점을 보여 준다. 사회과학의 지식은 세상이 어떻게 작동하 는지에 대한 한층 완전한 이해를 지향하는 것이라기보다는, 그 시대와 장소가 만들어 낸 산물이라는 것이다. 현재 경제에 대해 논의할 때 이해하는 것은 우리가 처한 상황을 반영한다는 것이다. 몇 세대 이전에 경제의 개념은 다른 의미를 지니고 있었으며, 아마도 지금으로부터 몇 세대 후에는 그 의미 하는 바가 또다시 바뀌어 있을 것이다. 우리는 경제를 정의하고 측정하는 측면에서 이슈가 되는 몇 가지 문제를 강조하기 위해 명백하고 간단한 지표인 국내총생산(GDP)의 분석을 사용하였다.

또한 시장, 가격, 수요, 공급 등 경제를 분석하고 이해하는 데 사용하는 몇 가지 기본적인 개념을 검토하였다. 점점 더 정교해짐에 따라 경제학자들은 이러한 과정을 모델링하고 예측할 수 있다고 주 장한다. 그러나 우리가 형식적인 경제적 과정과 정량화할 수 있는 생활의 차원에 우리를 제한한다 면, 우리는 경제 세계가 실제로 어떻게 작동하는지에 관해 매우 부분적인 이해밖에 할 수 없을 것이 다. 따라서 이 장의 마지막 절에서는 경제적 과정에 대한 우리의 이해를 넓히는 데 필요한 몇 가지 방 식을 살펴보았다. 우리의 경제생활은 화폐적 측면에서 정량화할 수 있는 과정들을 넘어선다. 그것들 은 또한 사회적·문화적·정치적 관행과 같은 다른 모든 형태의 인간 활동으로 펴져 나간다. 이러한 다른 영역은 경제에 영향을 미치는 것으로 간주되거나 경제의 영향을 받는 것으로 보일 수 있지만, 또한 그것들이 완전히 분리되어 있다는 생각은 여전히 남아 있다. 경제적 과정은 풍부한 지리적 차 원을 부여하는 다른 형태의 인간과 환경의 상호작용에 착근되어 있다. 우리가 주장한 지리적 차원은 단순한 배경이나 분석의 복잡성만이 아니라, 오히려 경제가 어떻게 만들어지고 다시 만들어지는지 에 필수불가결한 것이다.

주

• NEON et al.(2018)은 심층적인 질적 연구를 통해 '경제'에 대한 대중의 이해를 파악하고, 경제체제 내에서 점진 적인 변화를 가능하게 하기 위해 동원할 수 있는 은유의 종류에 관해 생각하려는 매우 흥미로운 시도를 행하고 있다.

- 가장 일반적으로 사용되는 개발지표로서 국내총생산에 관한 불만 속에서 프랑스 정부가 의뢰한 2009년 보고서는 인류 진보의 측정과 관련된 이슈에 대한 훌륭한 논의를 제공한다. 이 위원회는 노벨상 수상자인 조지프 스티글리츠(Joseph Stiglitz)와 아마르티아 센(Amartya Sen), 프랑스 경제학자인 장폴 피투시(Jean-Paul Fitoussi)가 이끌었다. http://ec.europa.eu/eurostat/documents/118025/118123/Fitoussi+Commission+ report에서 확인할 수 있다.
- 다이앤 코일(Diane Coyle)의 『국내총생산: 짧지만 애틋한 역사(GDP: A Brief but Affectionate History)』라는 제목이 모든 것을 말해 주듯이, 이 책은 흥미롭고 재미있게 읽을 수 있다.
- 비록 오래전에 쓰여졌지만, 개념으로서 경제의 출현을 추적하고 이집트에서 개발 담론의 귀결을 조사한 Timothy Mitchell(1998; 2002)의 훌륭한 연구는 큰 통찰력을 지니고 있다.
- Sheppard(2016)는 경제학에서 통용되는 접근 방법의 한계를 출발점으로 삼아, 지리학적 관점에서 글로벌 경제를 바라볼 필요가 있다고 설득력 있게 주장한다.
- Partha Dasgupta(2007)는 경제학의 사고에 대한 매우 읽기 쉬운 개론을 제공하며, 제4장에서는 특히 시장 메커니즘의 작동을 설명한다. 마찬가지로 Ha-Joon Chang(2010; 2014)은 경제학에 대한 두 가지 매력적인 개론과 그 한계의 일부를 제시한다.
- 이 장의 시작 부분에 소개된 책인 『이코노크러시(The Econocracy)』의 후속 편으로, Fischer et al.(2018)는 지배적인 신고전주의 패러다임을 넘어 경제학의 9개 학파에 대해 접근 가능한 소개를 하기 위해 구상한 짧은 편집본이다.

연습문제

- '경제'의 의미가 시간이 지남에 따라 어떻게, 왜 바뀌었는지를 설명해 보자.
- 우리가 '경제'를 논의할 때, 일반적으로 어떤 생산, 교환, 소비 활동이 포함되거나 배제되는가?
- 인간 사회와 자연환경의 다른 차원을 이해하지 않고서도 경제적 과정을 이해할 수 있는가?
- 경제적 과정에 대한 전통적인 경제학적 접근 방법의 가정을 개괄적으로 설명하고, 지리학적 접근 방법이 어떻게 이에 도전할 수 있는지를 서술해 보자.

심화학습을 위한 자료

- 경제사상사(HET) 웹사이트는 주요 경제사상가와 개념에 대한 훌륭한 자료를 제공한다. http://www.hetwebsite.net/het.
- http://hdr.undp.org/en/content/human-development-index-hdi: 유엔개발계획(United Nations Development Programme)은 국내총생산의 좁은 범위를 넘어서서 진보에 대한 대안적인 측정을 제공하는 인간개발지수(Human Development Index)를 계산한다. 경제협력개발기구(OECD)의 더 나은 삶 지수(Better Life Index)는 보다 폭넓은 복지를 평가하는 측면에서 유사한 목표를 가지고 있다. www.oecdbetterlifeindex.org.
- www.ineteconomics.org: 신경제사상연구소(Institute for New Economic Thinking)는 2009년 금융가

이자 자선가인 조지 소로스(George Soros)로부터 5,000만 달러를 기부받아 설립되었으며, '사회의 가장 시급한 우려를 해결하는 혁신적인 경제 이론과 방법을 철저히 추구하는 데 전력하고 있다'.

- www.visualcapitalist.com: 이 매력적인 사이트는 경제적 주제에 대한 다양한 시각화 및 인포그래픽을 '생성하고 선별하고 있다'.
- www.rethinkeconomics.org: 2008년 글로벌 금융 위기 이후, 특히 2012년 이후 '사회와 강의실에서 더 나은 경제학의 구축'을 목표로 등장한 학생, 학계, 전문가의 네트워크이다. 또한 다음을 참조하라. www.post-crasheconomics.com.

참고문헌

Acemoglu, D. and Robinson, J. (2012). *Why Nations Fail: The Origins of Power, Prosperity and Poverty*. New York: Crown Publishing.

Barnes, T. (1996). *Logics of Dislocation: Models, Metaphors and Meanings of Economic Space*. New York: Guilford.

Berndt, C. and Boeckler, M. (2012). Geographies of marketization. In: *The Wiley-Blackwell Companion to Economic Geography* (eds. T. J. Barnes, J. Peck and E. Sheppard), 199-212. Chichester: Wiley.

Brainard, W. and Scarf, H. (2005). How to compute equilibrium prices in 1891. *The American Journal of Economics and Sociology* 64: 57-83.

Chang, H-J. (2010). *23 Things They Don't Tell You About Capitalism*. London: Penguin.

Chang, H-J. (2014). *Economics: The User's Guide*. London: Penguin.

Christophers, B. (2016). *The Great Leveler: Capitalism and Competition in the Court of Law*. Cambridge, MA: Harvard University Press.

Christophers, B. (2017). Seeing financialization? Stylized facts and the economy multiple. *Geoforum* 85: 259-268.

Community Economies Collective (2001). Imagining and enacting noncapitalist futures. *Socialist Review* 28: 93-135

Coyle, D. (2014). *GDP: A Brief but Affectionate History*. Princeton, NJ: Princeton University Press.

Dasgupta, P. (2007). *Economics: A Very Short Introduction*. Oxford: Oxford University Press.

Earle, J., Moran, C., and Ward-Perkins, Z. (2017). *The Econocracy: The Perils of Leaving Economics to the Experts*. Manchester: Manchester University Press.

Economist, The (2016). Briefing: measuring economies (30 April), pp.21-24.

Fischer, L., Hasell, J., Proctor, J.C. et al. (2018). *Rethinking Economics: An Introduction to Pluralist Economics*. London: Routledge.

Gibson-Graham, J. K., Cameron, J., and Healy, S. (2013). *Take Back the Economy: An Ethical Guide for Transforming Our Communities*. Minneapolis: University of Minnesota Press.

Harvey, D. (2007). *A Brief History of Neoliberalism*. Oxford: Oxford University Press.

Kelly, P. F. (2001). Metaphors of meltdown: political representations of economic space in the Asian financial crisis. *Environment and Planning D: Society and Space* 19: 719-742.

Krugman, P. (1996). *The Self-organizing Economy.* Oxford: Blackwell.

Mitchell, T. (1998). Fixing the economy. *Cultural Studies* 12: 82-101.

Mitchell, T. (2002). *Rule of Experts: Egypt, Techno-Politics, Modernity.* Berkeley: University of California Press.

NEON, NEF, FrameWorks Institute and Public Interest Research Centre (2018). *Framing the Economy: How to Win the Case for a Better System.* http://neweconomics. org/2018/02/framing-the-economy-2 (accessed 28 February 2018).

Ouma, S. (2015). *Assembling Export Markets: The Making and Unmaking of Global Market Connections in West Africa.* Oxford: Wiley-Blackwell.

Peck, J. (2011). *Constructions of Neoliberalism Reason.* Oxford: Oxford University Press.

Raworth, K. (2017). *Doughnut Economics: Seven Ways to Think Like a 21st Century Economist.* London: Random House.

Sachs, J. (2005). *The End of Poverty: Economic Possibilities for Our Time.* New York: Penguin.

Sheppard, E. (2016). *Limits to Globalization: Disruptive Geographies of Capitalist Development.* Oxford: Oxford University Press.

Smith, A. (1976 [originally published 1776]). *An Inquiry into the Nature and Causes of the Wealth of Nations.* University of Chicago Press.

Thaler, R. H. (2015). *Misbehaving: The Making of Behavioural Economics.* London: Penguin.

3

자본주의의 역동성–
경제성장은 왜 불균등한가?

탐구 주제

- 경제체제로서 자본주의의 근본 원칙을 이해한다.
- 자본주의와 그 불균등한 발전 과정에 관해 구조적·체계적으로 사고한다.
- 자본주의에서 공간의 필수불가결한 역할을 탐구한다.
- 자본주의 지리의 서로 다른 규모를 분석한다.

3.1 서론

불과 40년 전만 해도 중국의 주장삼각주(珠江三角洲, Pearl River Delta, PRD)는 기본적으로 농촌 지역이었다. 하지만 그 이후의 변화는 괄목할 만한 정도였다. 주장삼각주는 현재 홍콩과 마카오의 특별행정구 외에도 9개의 주요 중국 본토 도시들을 포함하고 있다(그림 3.1 참조). 그중 두 도시인 광저우와 선전에는 1,000만 명이 넘는 사람들이 거주하고 있다. 세계은행은 인구 측면에서 2017년 기준 총 6,600만 명 이상의 주민이 거주하는 주장삼각주를 프랑스와 영국에 필적하는 세계 최대의 메가시티(megacity)로 지정하였다. 주장삼각주의 1조 2,000억 달러가 넘는 국내총생산(GDP)은 러시아, 오스트레일리아, 스페인과 동등하며, 주장삼각주에 거주하는 인구의 4배인 인도네시아의 국내총생산을 능가한다. 무역 수준의 측면에서 미국과 독일만이 이 지역을 앞서고 있다. 이 지역은 중국으로 유입된 해외직접투자(1980년 이후 총 1조 달러를 상회)의 5분의 1을 유치하고, 국내총생산의 10% 이상과 수출의 25%를 차지하고 있다. 이 모든 것이 중국 국토 면적의 1% 미만과 인구의 5%를 차지하는 지역에서 발생하고 있다(Economist, 2017).

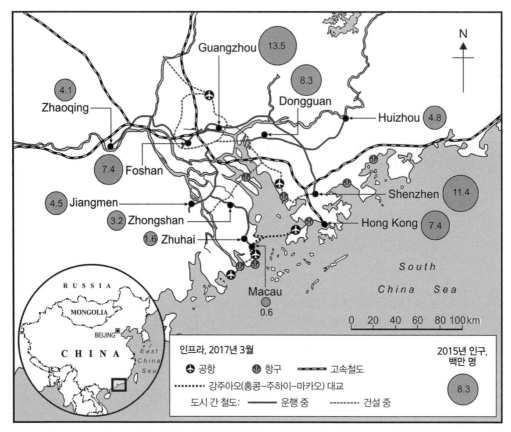

그림 3.1 중국의 주장삼각주 지역

출처: European Commission; Harvard University; InvestHK; CEIC; Wind Info의 데이터에 기초함.

1980년대와 1990년대의 경제개혁 이후 중국 해안 지방의 부상은 잘 기록되어 왔지만, 특히 주장삼각주는 비교할 수 없을 만큼 세계적인 중요성을 지닌 글로벌 제조업 중심지로 부상하였다. 그러나 이 지역으로의 인구 전입률이 둔화하고 노동비가 상승하며, 일부 노동집약적 형태의 활동이 중국의 내륙 지방이나 동남아시아의 저비용 국가(캄보디아와 베트남)로 이전하면서 지역 자체는 도전에 직면하기 시작하였다. 이에 대응하여 주장삼각주는 제조업을 넘어 혁신 허브로 진화를 모색하고 있는데, 일부 성공을 거두었다. 선전은 이미 화웨이(Huawei)와 텐센트(Tencent)와 같은 거대 기술 기업의 본거지이다. 2016년 말 애플은 이 도시에 연구 시설을 설치할 계획을 발표하였으며, 같은 해 선전과 광저우만으로도 중국의 국제특허출원의 절반을 차지하였다.

주장삼각주의 경제적 부상은 반론의 여지가 없지만, 줌아웃하여 중국 전체를 살펴보면 지방 수준의 1인당 부의 측면에서 매우 불균등한 국가의 모습이 나타난다(그림 3.2 참조). 제1장에서 소개한

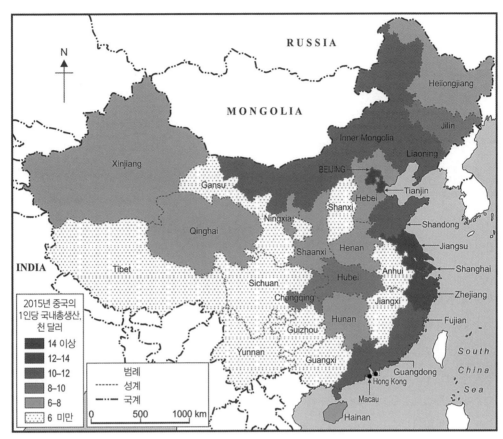

그림 3.2 중국의 불균등한 지역발전

출처: CEIC; World Bank의 데이터에 기초함.

바와 같이, 중국 전역의 경제활동 수준에는 매우 명확한 패턴이 있다. 주장삼각주의 광둥성은 푸젠성과 저장성 같은 다른 해안 지방과 함께 우세하게 나타나는 한편, 상하이는 가장 부유한 지방으로, 인구 규모가 비슷한 가장 가난한 간쑤성의 5배에 달하는 부의 수준을 지니고 있다. 그러나 지도는 단순한 해안/비해안 패턴보다 좀 더 복잡하다. 충칭과 후베이로의 생산 이전이 미치는 영향과, 내몽골과 같은 일부 내륙 지방이 막대한 수준의 정부 투자와 광물자원에 대한 수요로부터 혜택을 받아 왔다는 점이 포착된다. 그러나 성장의 혜택을 확산하려는 정부의 엄청난 노력에도 불구하고, 전반적인 패턴은 매우 명료하고 확고한 것처럼 보인다(Economist, 2016a).

　이 예시에서 3가지의 폭넓은 논점을 취할 수 있다. 첫째, 주장삼각주와 중국 해안 지방의 변화는 더 일반적으로 보아 그 규모와 속도 면에서 전례가 없겠지만, 이 장에서 우리는 글로벌 경제 내에서 새로운 생산 공간의 급속한 출현이 비정상적이고 예외적이라기보다는 실제로 완전히 정상적인 것이며, 적어도 지난 200년 동안 꾸준히 발생해 왔다고 주장하고자 한다. 둘째, 이러한 양상은 역동적이고 연결된 과정으로 이해되어야만 한다. 즉 **역동적**이라는 의미에서, 예를 들어 주장삼각주의 경제는 비용 상승과 투자를 위한 장소 간 경쟁이라는 맥락에서 이미 변화를 추구하고 있다. 그리고 주장삼각주가 축적한 부는, 예를 들어, 중국의 제조업과 경쟁하기 위해 고군분투해 온 북아메리카와 서유럽 전역에 걸쳐 있는 구(舊)산업지역과 같은 다른 곳의 발전과 불가피하게 연계되어 있는 방식으로 **연결된** 것이다. 셋째, 서로 다른 공간 규모에서 이러한 과정에 대해 생각하는 것이 중요하다. 주장삼각주에서 중국으로 줌아웃하면 다른 관점이 나타나는데, 해안 지방의 발전에 수반된 내륙 지방의 저발전을 보여 준다(부분적으로는 생산성 높은 젊은 노동자들이 후자의 내륙 지방에서 전자의 해안 지방으로 이주하였기 때문이다). 우리는 또한 주장삼각주 내의 더 작은 공간 규모를 살펴보기 위해 줌인할 수 있으며, 명백히 급성장하는 대도시 지역에서 의심할 여지 없이 빈곤과 저발전의 특정 지역을 찾아볼 수 있다.

이 장은 경제 경관이 서로 다른 지리적 규모에서 왜 지속적으로 변화하는 것처럼 보이는지를 생각하기 위한 중요한 개념적 토대를 제공한다. 우리는 상식적으로 우리가 살고, 일하고, 즐기고 있는 경제체제가 정적이고 영구적인 것처럼 보이지 않는다는(사실 다른 시간과 장소를 가로질러 오르내리는 기복을 특징으로 한다) 점을 알고 있다. 이 장은 그러한 변화의 역동성이 우리의 경제체제가 조직되는 방식과 밀접히 관련되어 있음을 제시할 것이다. 이는 '자연적' 힘(환경)이나 '보이지 않는' 손(시장)의 결과물이 아니다. 제2장에서는 전통적인 경제학에서 구상된 경제의 몇 가지 공통적인 특성을 언급하였다. 여기서는 흔히 자본주의로 알려진 경제체제를 추가로 검토하고, 부를 축적하려는 시도가 어떻게 공간을 가로지르고 시간을 거쳐 불균등 발전을 동시에 만들어 내는지를 보여 준다.

이 장은 불균등 발전을 자연적(즉 환경적) 부여의 결과로 보거나, 시장의 힘이 시간이 지남에 따라 균등하게 할 것(제2절)이라고 보는 불균등 발전에 대한 관점을 가지고 시작한다. 여러 면에서 이 관점은 왜 어떤 장소가 다른 장소보다 더 부유하고 발전하였는지에 대한 대중적인 인식과 일치한다. 제3절에서는 지리적 정치경제학에서 도출한 개념으로 대안적인 관점을 구성한다. 특히 자본주의 체제—오늘날 쿠바와 북한 같은 일부 공산주의 국가(심지어 이곳에서도 어느 정도 존재한다)를 제외한 모든 국가에서 우세한 부의 생산 및 분배의 체제—에서 불균등 발전을 생산하는 역동성과 메커니즘을 탐구한다. 이러한 근본적인 메커니즘을 확립한 후, 우리는 자본주의적 명령이 어떻게 독특한 지리적 결과를 만들어 내었는지, 그리고 특정 장소와 규모가 자본주의의 변화하는 경관에 반영되는 과정을 살펴본다(제4절). 마지막으로 제5절에서는 특정 장소의 부가 글로벌 자본주의 체제에 어떻게

'접속'되는지, 혹은 '내부에서'의 발전을 추진할 수 있는 역동성을 포함하는지에 따라 그 부가 결정되는 정도를 고려한다.

3.2 불균등 발전—자연스러운 것!

경제발전의 불균등에 대한 일반적인 접근 방법은 이를 자연적 현상으로 보는 것이다—자연이 주는 풍요로움의 불균등한 지리적 분포(예를 들어, 유전은 석유가 매장된 곳에만 있을 수 있다) 또는 성장은 어딘가에서 시작되어야 하고 적절한 조건하에서 자연스럽게 확산될 것이기 때문에 자연적이라는 것이다. 이 두 가지 관점은 경제발전이 왜 공간적·사회적으로 불균등한지에 대한 오늘날의 논쟁에서 매우 분명히 드러난다.

언뜻 보기에 자연이 균등하지 않기 때문에 인간 사회도 불균등하다는 관념은 꽤나 솔깃한 설명이다. 결국 산업혁명은 18세기 후반에 물, 석탄, 철광석, 기타 원료를 적절하게 부존한 잉글랜드 북부의 도시에서 시작되었다. 오늘날 자연은 오스트레일리아, 캐나다, 러시아, 스웨덴, 미국과 같은 국가에 광물, 농업, 산림 자원의 막대한 풍요로움을 부여하였다. 이는 경제발전의 결과를 설명하기 위해 환경요인을 사용하는 사례처럼 보이는데, 이른바 '환경결정론(environmental determinism)'으로 일컬어질 수 있는 사고방식이다.

그러나 사례의 목록을 확대하면, 환경결정론에 대한 이러한 주장은 한계가 나타나기 시작한다. 인도네시아는 놀랍도록 다양한 광업, 농업, 산림 자원을 보유하고 있지만, 2억 5,800만 명의 사람들이 2015년 5,400달러를 약간 넘어서는 1인당 소득(구매력 차이를 고려하여 조정한 후)을 누렸다. 천연자원이 전혀 없는 작은 섬의 도시국가인 이웃 싱가포르의 1인당 소득은 약 7만 8,200달러였다. 또한 일본은 석유, 가스, 광물 자원이 적고 경지가 상대적으로 작지만, 인도네시아 소득을 거의 7배가량 능가하고 있다. 이와 반대로 2016년 나이지리아는 375억 배럴(세계에서 열 번째로 큰 매장량)로 추정되는 확증된 원유 매장량의 맨 위에 자리 잡고 있었지만, 1억 8,200만 명의 사람들은 인도네시아 1인당 소득의 절반에 불과하였으며, 인구의 30%가 극심한 빈곤에 시달렸다(UNDP, 2016). 산업 원료가 풍부한 어느 한 영역은 국가 인구의 경제적 복지를 보장하기에 충분하지 않다. 즉 실제로 세계에서 가장 부유한 국가 목록과 가장 많은 자원을 보유한 국가 목록 간에는 상관관계가 거의 없다. 확실히 우리는 불균등 발전에 대해 다른 설명을 찾아야만 한다.

두 번째 주장은 불균등의 원인이 아니라, 사회와 공간을 가로질러 부를 확산시키는 발전 과정을 통해 시간이 지남에 따라 발전이 균등해질 것이라는 추정으로 시작한다. 이는 제2장에서 소개한 지난 50년 동안 경제발전에 대한 주류적 접근 방법의 핵심 주장이었다. 지적 유행은 변하였지만, 이러한 주장은 본질적으로 동일하게 유지되어 왔다. 즉 모든 경제는 적절한 정책과 전략을 채택하면 발전할 수 있으며, 불균등 발전은 자연스럽게 극복될 일시적인 상태에 불과하다는 것이다. 이와 같은 관점의 가장 초기 표현 중 하나는 근대화론에서였다. 이는 주로 '제3세계'(즉 개발도상국)에서 발전에 대한 문화적·제도적 장애를 고찰한 1950년대와 1960년대에 널리 퍼진 경제학파의 사고이다. 빈곤 경제가 특정 전제 조건을 먼저 확립한다면, 그 경제는 산업생산, 현대 민주사회, 고도 대량소비의 서구 모델을 향해 발전할 수 있다는 것이다. 1960년에 미국의 경제사학자 월트 로스토(Walt Ros-tow)가 개발한 이론의 초기 버전에서는 이들 조건에 높은 저축률과 투자율, 현대 과학과 산업생산에 대한 문화적 저항의 제거 등이 포함되었다. 이러한 모델은 경제발전이 시간이 지남에 따라 차이가 완화되는 균형 패턴을 향하는 경향이 있을 것임을 함축하였다.

이와 같은 유형의 발전에 대한 경제적 사고 중 보다 최근의 전형은 국제통화기금(IMF), 세계은행, 세계무역기구(WTO) 등의 강력한 글로벌 기관이 부의 창출과 발전에 대한 자유시장의 역할을 크게 강조하는 데서 발견된다(이들 기관과 정책에 관한 자세한 논의는 제10장을 참조). 그러나 변하지 않는 것은 저발전이 일탈이라는 관념이다. 즉 저발전은 자본주의 체제가 완전하게 작동할 수 있도록 허용된다면, 자연스럽게 해결될 문제라는 것이다. 이제 우리는 대안적이고 보다 비판적인 관점을 탐구하기 위해 그러한 자본주의 체제의 기반에 관심을 돌린다. 즉 시장균형보다 불균등을 자본주의하의 정상적인 상태로 보고, 불균등을 제거하려는 그 어떤 시도도 자본주의 체제 자체의 변화를 요구한다고 제시하는 관점이다.

3.3 자본주의 체제의 기반

제2절에서 살펴본 경제발전에 대한 전통적인 설명들은 둘 다 한 가지 중요한 측면이 부족하다. 그중 어느 것도 실제로 부가 어떻게 창출되는지를 설명하려 하지 않고, 대신에 지역과 국가 간 부의 상대적 차이(자원 부존의 접근 방법) 또는 이들의 차이가 시간이 지남에 따라 어떻게 균등화될 것인지(근대화론)의 설명에 초점을 맞추고 있다. 한걸음 물러서서 보면, 우리는 오히려 부가 만들어지는 근본적인 과정을 생각할 수 있다. 이를 위해서는 가치의 개념과 그것이 경제적 관계의 체제나 구조 속에서 창출되고 분배되는 방식을 고려할 필요가 있다.

가치 창출과 경제생활의 구조

경제적 관계는 가치의 창출과 분배를 포함하고 있다. 가치는 무엇인가를 소유하거나 소비함으로써 얻을 수 있는 이익('사용가치') 또는 시장경제에서 거래되는 상품과 서비스의 화폐가치('교환가치') 중 하나로 정의된다. 가치 창출은 경제발전 문제의 중심이며, 불균등 발전은 가치를 창출하는 데 필요한 물리적 또는 조직적 자원이 상대적으로 부족함을 반영하거나(제2절에서 한 설명과 같이), 가치를 창출한 개인, 가구, 공동체의 수중에서 그 가치를 보유하거나 유지하는 데 실패한 것을 반영한다. 궁극적으로 가치는 항상 (실제 상품이나 무형의 서비스가 될 수 있는) 하나의 상품을 제조하거나 변환하는 노동 과정에 종사하는 사람, 즉 살아 있는 인간에 의해 창출된다.

그러나 가치 창출의 경제적 관계를 구조화하는 방식은 여러 가지가 있다. 소농 경제는 자급자족 생산과 연관되므로, 가치는 거의 대부분 가구 내에 유지된다. 봉건 경제는 지주에 대한 공납과 연관된다. 협동조합 또는 집단 경제는 집단 내의 생산활동에서 창출된 가치를 공유하는 것과 연관되어 있다. 그리고 오늘날 우리의 세계를 지배하는 경제조직의 체제인 자본주의는 임금노동 과정에서의 가치 창출, 재산 및 자산의 사유권과 연관된다. 이러한 다양한 체제를 식별하는 데서 우리는 경제적 과정을 형성하는 **구조**를 생각한다.

구조적으로 생각하는 것은 꽤나 어려운 일인데, 왜냐하면 이것은 우리가 참여하는 일상 과정의 배후를 조사하고, 우리의 경제적 관계가 어떻게 조직되어 있는지에 관한 기본 논리에 대해 질문하는 것과 연관되기 때문이다. 그러나 우리의 경제체제를 구조화하는 더 깊은 방식을 고려함으로써, 우리는 그 논리와 기본적 특성을 발견할 수 있다. 이는 우리 주위의 모든 경제 현상을 설명하거나 미래의 사건을 예측하는 일종의 거대이론을 가지고 있다는 의미가 아니지만, 우리가 살고 있는 체제를 일반적으로 주도하는 사명들을 이해할 수 있다는 의미이다. 아마도 가장 중요한 것은, 구조적으로 생각하기가 체제에 참여하는 개인 또는 기업의 동기나 경험을 넘어서서 체제 전체를 추동하는 것이 무엇인지를 생각하는 것이라는 점이다.

자본주의 경제의 구조적 특징을 살펴보면, 비교적 소수의 인간 집단이 생산과 가치 창출에 필수적인 유형 또는 무형의 자산을 소유하는 체제임을 알 수 있다. 이러한 '생산수단'의 소유자를 '자본가'라고 하며, 자본가는 생산 과정을 수행하기 위해 노동자로부터 노동력을 구매한다. 생산 과정의 투입과 산출, 그리고 여기에 참여하는 노동력은 시장 메커니즘을 통해 구매되고 판매된다. 자본주의 체제의 이러한 구조적 기반을 확립하였으므로, 우리는 이제 그 작동을 더 자세히 살펴볼 수 있다.

자본주의를 추동하는 것: 이윤, 착취, 창조적 파괴

현대 자본주의를 추동하는 3가지의 근본적 논리가 있다.

- 자본주의는 이윤지향적이다.
- 가치의 성장은 생산 과정에서 노동의 착취에 달려 있다.
- 자본주의는 기술적·조직적 측면에서 필연적으로 역동적이다.

첫째, 전체 자본주의 체제는 경제적 거래로부터 이윤을 얻고자 하는 유인에 기반하고 있다. 이윤을 유지하기 위해서는 체제로서 자본주의가 지속적으로 성장할 필요가 있다. 성장이 없으면, 이윤은 감소한다. 새로운 이윤의 기회가 지속적으로 창출되지 않으면, 기존의 이윤은 경쟁 때문에 감소할 것이다. 우리는 이 논점을 자본주의 체제에서 이윤이 어떻게 창출되고 분배되는지를 정확히 살펴봄으로써 자세히 설명할 수 있다. 자본가는 노동자로부터 잉여가치를 추출하여 이윤을 창출하는데, 이 잉여가치는 노동자가 그들이 받는 임금을 초과하여 생산하는 가치의 양이다. 노동의 가격은 한 노동자가 의식주를 영위하고 자녀(미래의 노동자!)를 양육하는 데 필요한 금액—이 금액은 서로 다른 장소와 역사적 시기에 따라 달라진다—에 해당할 것이다. 물론 노동의 유형과 분야에 따라 차이가 있을 수 있지만, 그것은 체제 전체적으로는 평균 임금을 규정하는, 노동력을 유지하고 재생산하는 데 필요한 소득이 될 것이다.

자본가(고용주)는 생산된 상품을 판매하여 이윤을 얻는다. 그 또는 그녀는 한편으로 노동에 의해 생산된 모든 것의 시장가치와 다른 한편으로 노동임금 간의 차이를 유지할 수 있다. 일상 용어로 전자는 수익을, 후자는 총비용(모든 비용—물질과 비물질—이 이 접근 방법에서 노동의 가치에 포함된다는 것을 염두에 둘 것)을 나타낸다. 이러한 잉여가치 추출 현상은 착취로 알려진, 자본주의의 두 번째 근본적 논리이다. 이 착취는 자본가가 생산수단—기계, 토지, 원료, 지식재산권 등—을 소유하고 있으므로 가능하다. 따라서 사유재산권은 현대 자본주의의 중요한 전제 조건이다. 이렇듯 자본주의의 핵심은 서로 다른 사회계급—생산수단을 소유한 자본가 계급과 자본가에게 '판매하는' 노동력을 소유한 노동자 계급—간의 구조적 관계에 관한 것이다. 부는 잉여가치의 추출을 통해 발생하고, 이러한 부는 노동자를 고용하는 사람들과 함께 축적된다.

물론 이것은 현대 자본주의의 일상생활의 현실을 매우 단순화한 묘사이다. 오늘날 일부 노동자(은행가, 관리자, 회계사, 변호사, 엔지니어, 의사, 소프트웨어 전문가 등)는 예외적으로 높은 급여를 받으며, 우리는 이들을 '착취당하고' 있다고 분류하기가 주저된다. 기업(또는 생산수단)의 소유권은 과거에 그랬던 것보다 오늘날 훨씬 더 복잡하다. 대부분의 대기업은 이제 다양한 주주들이 소유하고 있으며, 파트너십 계약이 많은 전문직종에서 이용되고, 퇴직연금제에 가입한 모든 피고용인은 그들의 연금이 소유한 주식의 혜택을 효과적으로 받고 있다. 따라서 고용주와 피고용인 간 또는 계급 간의 구분은 종종 확립하기 어렵다. 그럼에도 불구하고 우리의 목적이 자본주의 체제의 광범위한 구조적 과정을 확인하는 것이라면(모든 사람을 특정 계급으로 분류하는 것이 아니라), 자본가와 노동자 간의 계급 관계는 중요하고 유용한 출발점이다.

자본주의의 세 번째 근본적 논리는 자본주의가 대단히 역동적이고 창의적이라는 것이다. 점점 더 많은 이윤을 축적할 가능성은, 체제의 폭넓은 유인이 새로운 상품, 새로운 시장, 새로운 원료, 새로운 생산 공정을 조직하는 방법, 새로운 비용 절감 방식 등을 창출하기 위해 존재한다는 것을 의미한다. 이것이 반드시 모든 자본주의 기업이 창의력과 신선한 사고로 부산을 떨고 있다는 것을 뜻하지는 않는다. 하지만 경쟁이 치열한 환경에서 체제가 보상해 주는 것은 기업가와 혁신가인 반면, 혁신에 실패한 사람들은 도태할 것이다. 오직 수익성 있는 기업만이 살아남아, 자본주의 체제에서 성장의 원천을 제공할 것이다. 따라서 자본주의에는 오스트리아의 경제학자 조지프 슘페터(Joseph Schumpeter)가 옛 상품, 옛 과정, 옛 시장의 파괴와 새로운 것의 창조를 통해 새로운 성장을 일으키는 자본주의 과정을 서술하기 위해 만든 유명한 신조어인 '창조적 파괴(creative destruction)'를 향하는 자본주의의 근본적 논리 또는 충동이 있다.

사실 새로운 정보기술에 힘입어 자본주의 혁신의 **속도**는 지난 40여 년 동안 증가해 온 것으로 보인다. 일부 평론가들에게 이러한 변화는 **포디즘(Fordism)**으로 알려진 대량생산체제에서 **포스트포디즘(post-Fordist)** 시대로의 대대적인 전환을 예고하였다. 포디즘은 20세기 초반 동안 미시건주 디트로이트에 있는 미국 자동차 제조업자 헨리 포드(Henry Ford)가 처음으로 시작한 작업장의 혁신과 관련된 다양한 산업 관행에 대한 약어이다. 이는 제품을 제조하기 위해 가장 효율적인 순서로 전략적으로 배열되고 움직이는 컨베이어 벨트(조립라인)로 함께 연결된 기계를 통해 부품과 구성품을 제조하는 고도로 표준화된 체제를 제시한다. 이 생산체제는 비숙련 노동자가 단순하고 반복적인 작업을 수행하고, 숙련된 기술 및 관리 노동자가 연구, 디자인, 재무와 같은 고차 기능을 수행하는 독특한 분업으로 뒷받침된다. 1970년대 이후 포디즘은 새로운 생산양식에 의해 확장되었으며, 그 주요 특징은 생산의 **유연성**이다. 이 향상된 유연성의 중심에는 기계에 정보기술을 사용하는 것과 생산 공정에 대한 더욱 정교한 제어가 있다. 기업은 현재 대량생산에만 관계하는 것이 아니라, 기존의 대량생산에 따른 비용 절감을 훼손하지 않으면서 다른 틈새시장을 위한 다양한 제품을 제조할 수 있다.

또한 이러한 기술은 새로운 범위의 제품에 대한 신속한 개발과 생산을 촉진한다. 따라서 3D 프린팅, 사물인터넷, 스마트 공장과 같은 현재의 발전—때때로 '산업 4.0(Industry 4.0)'이라는 용어에 포함되기도 한다—은 상품과 서비스를 생산하는 보다 효율적이고 수익성 있는 방법을 끊임없이 탐색하는 자본주의의 징후이다.

자본주의 체제의 모순, 위기, 회복

제2절에 설명된 경제적 관계에 대한 접근 방법은 성장과 발전을 외부로 확산하고, 궁극적으로 균형과 균등을 향하는 경향이 있는 것으로 보았다. 그러나 자본주의 체제에 대한 구조적 평가는 상당히 다른 결론으로 이어질 수 있다. 방금 확인한 체제의 근본적 특성을 좀 더 자세히 살펴보면, 우리는 모순을 찾아볼 수 있다. 이러한 모순은 체제의 위기, 불균형, 불균등이 실제로는 예외가 아닌 규범일 수 있음을 의미한다.

자본주의의 첫 번째 근본적 모순은 성장과 이윤에 대한 그 내적 명령에 있다. 성장은 임금이 상승함에 따라 노동의 가격을 높이는 반면, 이윤 추구는 그 노동비용의 최소화를 요구한다. 이는 자본주의에 내재하는 하나의 긴장이다. 이 문제를 해결하는 한 가지 방법은 경쟁하는 자본주의 기업들이 경쟁자보다 비용효율적인 생산을 실현하는 기술적 방법을 찾으려고 노력하는 '기술적 조정'이다. 이러한 이유로 자본가들은 임금을 낮추거나, 노동자를 어디에나 적용할 수 있고 비용효율적인 기계로 대체하기 위해 기계 및 기타 기술 혁신에 투자하려고 할 것이다. 개별 자본가와 기업 경영자에게 이는 합리적인 일이다. 노동력을 절감하는 기계의 결과는 노동력을 드나들게 하고, 항상 임금을 낮게 유지하는 노동 예비군(같은 국가에 있을 필요는 없다)이다. 실업자이고 현직자보다 낮은 임금으로 취업할 사람은 항상 있을 것이다.

그러나 임금이 낮게 유지되고 사람들이 일을 하지 못하게 되면, 제품에 대한 수요는 어디에서 나오는가? 노동자는 항상 자본가를 위해 자신이 버는 것보다 더 많이 생산하므로, 총수요는 증가하는 제품의 공급을 따라잡을 수 없다—이것이 자본주의의 두 번째 모순이다. 요컨대 노동자는 자신이 생산한 상품에 대한 충분한 수요를 제공할 만큼 충분한 돈을 벌지 못한다. 체제 전체에 걸쳐 경제는 이른바 '과잉축적의 위기'에 몰린다. 자본가는 판매할 수 있는 것보다 더 많은 제품을 가지고 있거나 제품에 대한 시장 수요가 충분하지 않기 때문에, 최대 용량으로 사용할 수 없는 유휴 기계를 가지고 있다. 유휴 자본과 유휴 노동은 같은 장소에서 동시에 발견되고, 사회적으로 유용한 목적을 위해 이들을 결합할 확실한 방법은 없다. 부는 축적되지만, 이제 자신이 만드는 모든 제품을 살 여유가 없는 착취당하는 노동자를 기반으로 하고 있다.

이와 같은 구조적 경향 때문에 자본주의 체제는 위기와 불안정성에 취약하다. 이를 방지하는 방법으로는 해외시장에 판매하고, 임금을 낮추거나, 노동 절약형 기계에 추가적으로 투자하는 것 등이 있다. 그러나 위기는 피할 수 있는 것이 아니라 지연될 뿐이다. 즉 그 경향이 단지 순환할 뿐이다. 따라서 자본주의는 그 자체에 반복되는 모순을 내포하고 있다. 부와 잉여가 부족과 필요와 나란히 존재하는 사례를 찾는 것은 어렵지 않다. 실제로 호황과 불황은 주기적으로 발생하는 일반적인 현상처럼 보인다. 20세기에 걸쳐 여러 번의 경기순환에 따라 국가 및 지역 경제의 부가 증가하거나 감소하였다. 자본주의 체제의 논리를 이해하면, 우리는 이러한 위기를 경제학에서 찾을 수 있는 통상적 해석과는 다소 다른 관점에서 고찰할 수 있다. 그것들은 외부에서 경제를 강타하는 가끔의 하락이나 예측할 수 없는 폭풍과 같은 것이 아니라, 실제로 자본주의 체제 자체에 내재해 있다.

그렇다면 자본주의 체제가 어떻게 어떤 경우에는 위기를 극복하고, 어떤 경우에는 그 자체의 붕괴를 초래하지 않는 방식으로 위기를 억제, 흡수, 지연시킬 수 있었던 것인가? 여기서 우리는 위기를 여전히 개별적으로 비참한 파산과 실업으로 이어질 수 있는 특정 자본가나 기업의 수준보다는, 앞서 설명한 구조의 수준에서 생각하고 있다. 자본주의 체제 전체가 수익성의 조건을 회복할 수 있는 4가지 방식에 초점을 맞출 수 있다(Harvey, 1982: 2010).

- **평가절하**: 이 과정은 체제의 가치파괴와 연관되어 있다. 즉 화폐는 인플레이션으로 인해 평가절하되고, 노동은 실업으로 인해 평가절하되며(주요 산업이 어떤 장소를 떠나는 경우), 생산능력은 전쟁이나 군사적 대치로 인해 평가절하되는데, 사실 문자 그대로 파괴된다. 가치를 재창출하면, 체제가 다시 움직이고 자본이 순환하지만 당연히 상당한 정치적·사회적·환경적 비용 없이는 불가능하다.
- **거시경제적 관리**: 이는 과잉축적된 유휴 자본과 유휴 노동을 결합하는 방법을 고안하는 것과 관련이 있다. 예를 들어, 이는 노동조건과 최저임금 수준에 일정한 기준을 설정함으로써 과도한 노동착취를 억제하는 입법을 포함할 수 있다. 이는 경제의 수요가 유지되도록 도움을 주며, 광범위한 '조절' 과정의 일부로 개념화될 수 있다(자료 3.1 참조).
- **자본의 일시적 치환**: 이는 현재가 아닌 미래의 필요를 충족하기 위해 자원을 전환하는 것과 연관이 있다. 예를 들어, 새로운 공공 인프라에 투자하거나(1930년대 미국의 루스벨트 행정부가 채택한 뉴딜 전략과 같이) 과잉축적된 자본을 대출로 사용함으로써 미래 생산을 강화하는 것으로, 그에 따라 위기 추세를 강화하지만 현재의 위기를 회피하는 것이다.

자료 3.1 조절이론과 포디즘

조절이론(regulation theory)은 1970년대와 1980년대에 미셸 아글리에타(Michel Aglietta), 로베르 부아예(Robert Boyer), 알랭 리피에츠(Alain Lipietz)를 포함한 일군의 프랑스 학자들이 처음 개발하였다. 그들은 **조절**이라는 단어를 주로 행위를 지배하는 일련의 규칙이나 절차로 한정되는 영어의 일반적 의미보다 한층 넓은 의미로 사용하였다. 프랑스어의 의미로 조절은 자본주의 **체제**에서 안정기를 제공하기 위해 출현하는 폭넓은 제도, 관행, 규범, 관습을 일컫는다. 이 조절양식(mode of regulation)은 국가 및 민간부문 행위자와 모두 연관되고, 성공적인 경우 지속적인 자본주의 성장과 확장의 시기를 촉진할 수 있다. 본질적으로 **조절양식**은 자본주의 체제에 존재하는 내재적 긴장과 모순에서 타협을 추구함으로써 작동한다. 그러나 **축적체제**(regime of accumulation)로 알려진 역사적 안정기는 결국 위기로 끝나고, 새로운 조절양식이 발견되어야만 한다.

이러한 아이디어를 통해 우리는 단순히 조립라인 기술과 관련된 생산체제로서보다 포디즘을 더 폭넓게 파악할 수 있다. 축적체제로서 포디즘은 제2차 세계대전의 종전부터 1970년대 초반까지 이어지는 기간에 북아메리카와 서유럽에 널리 펴져 있던—따라서 종종 대서양 포디즘으로 알려진—사회 전체의 경제성장 모델을 의미한다. 이는 대량생산과 대규모 수직적으로 통합된 기업의 출현뿐만 아니라, 안정성을 부여하고 그 내재적 한계를 관리하려는 특정 국가의 제도적·정치적 조건과도 관련된 지역에서의 강력한 경제성장의 시기였다. 그 가장 발전된 형태에서 이는 케인스주의 정책과 관련된 거시경제적 관리와 복지국가의 사회적 지원 메커니즘을 구성하였다. 이는 또한 기업과 노동조합이 대량생산 기술을 통해 달성한 생산성 향상과 연간 임금 인상을 연계할 수 있었던, 국가에 의해 중개된 사회계약으로 뒷받침되었으며, 결과적으로 노동자들은 대량소비를 유지할 수 있는 충분한 소득을 얻었다. 이러한 국가적 합의는 비교적 안정적인 글로벌 경제의 구축에 도움을 준 국제통화기금(IMF)과 세계은행 같은 전후 새로운 초국적 기구의 지원을 받았다. 그러나 이윤 수준의 감소, 글로벌 경쟁의 증가, 유가의 상승 등으로 인해 광범위하게 포디즘의 위기로 불린 심대한 경제적 구조조정의 시기가 시작된 1970년대 초반에 체제의 한계가 드러났으며, 그 기간 동안 이전의 기업, 정부, 노동조합 간의 안정적인 관계가 해체되었다. 이것은 **포스트포디즘** 시대의 도래를 예고하였다. 포디즘적 생산체제는 여전히 많은 분야와 장소에 존재하는 한편, 이와 관련된 사회정치적 체제는 1970년대 후반부터 특히 미국과 영국에서 점진적으로 해체되었다. 영국의 상황에서 이러한 전환에 대한 사례 연구는 티켈과 펙(Tickell and Peck, 1995)을 참조할 수 있다.

• **자본의 공간적 치환**: 이는 자본주의적 생산, 새로운 시장 또는 새로운 원료 공급원을 위한 새로운 공간을 개방하는 것과 관련이 있다. 신용이나 대출을 통해 자본주의 체제의 시간적 지평을 확장하기보다 체제의 공간적 지평을 확장한다. 이는 세계의 새로운 산업화 지역에서 완전히 새로운 생산 거점을 개발하거나, 오래된 공간의 재생 또는 재흥을 의미할 수 있다.

특히 이 마지막 형태의 위기 회피는 본질적으로 지리적이며, 불균등 발전에 대한 논의에서 우리가 가장 관심을 갖는 것이다. 이는 자본주의가 기능하기 위해 공간을 필요로 하는 방식과, 체제가 주어진 시점의 구조적 요구에 따라 다른 공간에 가치를 부여하거나 평가절하하는 과정을 보여 준다.

글로벌 자본주의 체제의 통제: 지정학과 지배

이제까지 우리의 설명은 일반적으로 자본주의를 순수한 경제체제로서 제시하였다. 하지만 자본주의는 그렇지 않다. 자본주의는 항상 그리고 불가피하게 정치적 행위자들, 특히 어쨌든 그 경계를 벗어나지 않는 국가의 개입을 통해 발전해 온 **정치경제적** 체제이다. 국가가 방금 설명한 일종의 위기관리 전략을 통해 통제하에 두려 해 온 독립적인 경제체제는 결코 존재하지 않았다. 따라서 자본주의에 대한 우리의 이해를 형성하는 마지막 발걸음은 언제나 자본주의를 뒷받침해 온 지정학적 조건과 지배 및 통제의 관계를 인식하는 것이다.

생산체제로서 자본주의는 중심부 국가/지역과 주변부 간의 불평등한 교환 관계와 가치가 다른 장소가 아닌 일부 장소에 집중되는 방식을 전제로 한 정치경제적 배열을 통해 유지되고 있다. 약 60년 전까지만 해도 '개발도상국'이 자원에 대한 대가를 받는 방식을 결정하는 과정은 식민주의의 불평등한 권력구조에 의해 형성되었다. 유럽, 미국, 일본의 식민주의자들은 군사력을 통해 영역을 점령함으로써 자원을 획득하고 그 대가를 지불할 가격을 책정할 수 있다고 주장하였다. 이러한 방식으로 창출된 가치의 훨씬 큰 요소는 식민 지배를 받는 나라보다 식민 지배를 하는 나라에 자리 잡았다. 예를 들어, 최초의 진정한 글로벌 자본주의 산업인 글로벌 면화산업에 대한 서사적인 설명에서 역사가 스벤 베커트(Sven Beckert, 2015)는 19세기에 국내 성장을 주도하고 세계무역을 지배하기 위해 필요한 노동, 자본, 면화, 섬유, 기계, 시장을 결합하고자 영국과 다른 식민지 열강이 강제로 수립한 이른바 '전쟁 자본주의'의 국가관리 체제에 관해 기술하고 있다. 종종 상업(즉 무역) 자본주의로 묘사되는 시대를 다시 명명함으로써, 그는 글로벌 자본주의 발전의 초기 단계의 군사적·강제적 차원을 폭로하고 있다.

세계 대부분의 지역에서 19세기에 걸쳐 자리 잡은 공식적 식민주의는 소멸하였지만, 현대 글로벌 경제의 권력은 여전히 지배적인 국가들이 휘두르고 있다. 어떤 경제활동이 일어날 것인지, 어디에서 발생할 것인지, 누구의 조건에 의거할 것인지를 결정하는 것은 자본가들만이 아니다. 북아메리카와 유럽의 부유한 국민국가(특히 이른바 G8 국가 그룹)는 재정적으로나 군사적으로 너무 우세하며, 이들 국가는 힘이 약한 국가들이 이들 국가와 경제적으로 관계할 조건을 결정하는 충분한 기회를 얻어 왔다(제10장 참조). 이러한 맥락에서, 그리고 지정학적 권력의 글로벌 재조정에 대한 논의가 이루어지고 있는 가운데, 21세기 초에 중국이 우세한 정치·경제적 세력으로 부상한 것은 대단히 광범위한 관심을 끌어왔다.

이 불균등한 국가권력은 주변부 국가들이 중심부 국가에 기반을 둔 기업의 활동에 그들의 경제를 개방하고, 국내시장을 수입품에 노출시키고, 국외자들이 그들의 금융시장에서 활동할 수 있도록 하고, 고부가가치 상품과 서비스를 수입하도록 강요하는 한편, 그들의 천연자원을 수출하고, 환경파괴를 허용하고, 노동권과 근로조건을 제한하고, 유전물질 및 자연환경과 같은 공유재산자원을 민영화하도록 하는 데 사용될 수 있다. 그러한 장소에서 현지 엘리트들 간의 이기심은 결국 이 과정에서 그들이 협력하고 공모하도록 동기부여할 것이다. 그 결과로 우리는 자본주의 생산 과정의 심화뿐만 아니라 이전에 공동 또는 사회적으로 소유한 영역, 즉 공유재산자원, 시민권, 국유재산으로 자본주의 과정의 지리적 확장을 통해 축적의 위기가 회피되는 것을 지켜보고 있다. 공동 자원(석유와 가스 등)의 소유권은 지역사회에서 그들의 기업 자산을 어느 곳인가에 집중시키고 있는 글로벌 무역업자들에게 이전된다. 집단적 자원이 사적 이익에 의해 전용되는 이 과정은 **강탈에 의한 축적**으로 설명되어 왔다(Harvey, 2003). 이러한 강탈 과정은 자본주의 국가들 간의 불평등 관계로 인해 진전되며, 종종 정부 간의 직접 협상(무역협정 등)이나 다자간 협정[예로 자료 10.2에 설명된 국제통화기금(IMF)이 부과한 구조조정 프로그램]을 통해 진행된다. 이 새로운 형태의 정치적·경제적 지배는 **신제국주의**라고 불려 왔다(Harvey, 2003).

요약하면, 이 절과 위기에 관한 이전의 절은 지리가 자본주의 체제의 성공적인 작동에 단순한 배경이 아니라, 어떻게 근본적이고 내재적인지를 보여 주기 시작하였다. 이제 이 주장을 더 자세히 살펴보고자 한다.

3.4 불균등한 지리적 발전의 공간과 규모

산업혁명이 시작된 이후 자본주의 글로벌 경제는 끊임없이 유동적이었다. 시대마다 자본주의 체제는 주어진 시점에서 그 필요에 알맞은 생산 시설, 인프라, 심지어 경관 전체를 창출해 왔다. 그것이 18세기의 물레방앗간이든, 19세기의 방적공장이든, 20세기 중반의 교외 산업지역 또는 현재의 새로운 사무실지구(그림 3.3의 중국 같은)든 간에, 우리는 자본주의가 그 변화하는 요구에 일치하는 경관을 어떻게 창출하는지를 볼 수 있다.

지리학자인 마이클 스토퍼와 리처드 워커(Michael Storper and Richard Walker, 1989: 141)는 이들 공간을—250년에 걸친 산업화의 산물을 나타내는 다양한 종류의—'영역적 생산복합단지(ter-ritorial production complexes)'라고 부른다. 이들은 역사적으로 출현해 온 그러한 복합단지의 4가지 공간 형태를 파악하였다.

- 미국 북동부의 제조업 벨트, 라인강과 루르강 계곡을 따라 입지한 독일 도시들, 일본 남부의 오사카–나고야–도쿄 지대와 같은 지역적 복합단지.
- 미국 노스캐롤라이나의 섬유산업 지역이나 코네티컷밸리의 금속가공 도시와 같은 도시 클러스터.
- 19세기에 보스턴이나 맨체스터 주변에 흩어져 있던 섬유산업 도시들, 1849년 이후 샌프란시스코를 중심으로 한 광물 주맥(Mother Lode)과 네바다의 광산도시[또는 캐나다의 캘거리와 오늘날 중국의 린펀(臨汾)]와 같은 위성도시 체계.
- 많은 산업과 그 특화지구를 포함하고 있는 그레이터런던이나 볼티모어와 같은 대도시 또는 메트로폴리스.

이 목록은 산업지역에 초점을 맞추고 있지만, 농업지대(북아메리카의 대평원)와 서비스 지향의 경관(오스트레일리아의 골드코스트나 네바다의 라스베이거스)과 같은 다른 종류의 경제 경관이 존재한다는 점을 추가하는 것이 유용하다. 일반적으로 자본주의의 확장을 위한 쉼 없는 충동은 새로운 영역적 복합단지의 생성으로 이어지며, 더 많은 장소가 통합되면서 산업화는 전 지구적 차원으로 널리 펴져 왔다.

그러나 이러한 영역적 생산복합단지는 고정되어 있지 않다. 체제가 계속해서 성장하고 변화함에 따라, 특정 경관은 시대에 뒤처지고 이윤이 떨어지며 쇠퇴한다. 이들 지역은 미래 성장의 걸림돌이 되고, 새로운 라운드의 성장과 개발에 길을 내어주기 위해 평가절하되어야만 한다. 따라서 자본주의의 근본적 특성은 그 과잉축적의 위기에 대한 지리적 해결책을 끊임없이 모색하는 것이다—이는 **공간적 조정(spatial fix)**으로 일컬어질 수 있다(Harvey, 1982). 공간적 조정이라는 개념은 흥미로운 함의를 지니고 있다. 즉 자본주의의 내재적 긴장은 우리가 이미 논의한 자본 순환 및 축적의 과정 이상의 것과 연관되어 있다는 것이다. 자본주의가 어떤 순간에 창출하는 공간, 특히 건조환경(built environments)과 관련된 또 다른 일련의 내적 긴장이 존재한다. 하지만 경관이 창출될 때에만 생산경관은 최신 및 최첨단일 수 있으며, 역동적 체제가 전진함에 따라 경관은 항상 불필요하고 구식이

그림 3.3 중국의 현대 자본주의 경관: 선전의 스카이라인

출처: Qilai Shen/Bloomberg via Getty Images.

될 운명에 처한다. 간단히 말해, 자본주의 체제는 그 자체의 역동성에 뿌리를 둔 모순에 직면하는데, 즉 주어진 시점에 이윤을 보장할 수 있는 경관을 창출하자마자 그 경관을 더 이상 쓸모없는 것으로 만드는 과정이 즉각 시작된다는 것이다.

본질적으로 자본주의의 팽창적인 지리적 과정을 나타내는 좋은 은유는 카드놀이 게임에서 찾아볼 수 있는데, 여기서 서로 다른 플레이어는 자본주의 공간경제에서 상이한 장소나 지역을 표현한다(그림 3.4 참조). 이러한 경제적·지리적 과정은 (노동의) 공간적 분업(Massey, 1995)으로 알려진 개념에서 포착된다. 투자의 각 라운드는 서로 다른 카드의 한 세트를 표현하고 있는데, 상이한 가치의 한 장의 카드로 돌려지는 상이한 장소들을 가지고 있다(공간적 분업에서의 장소의 위치를 반영한다). 어느 한 장소의 특징(카드를 쥐고 있는 손)은 그 장소가 특정한 방식으로 공간적 분업에 삽입되었을 때, 성장 또는 쇠퇴의 과거 라운드의 산물로 여겨질 수 있다. 이 은유는 또한 어느 한 장소가 시간이 지남에 따라 그 중요성이 어떻게 상승하거나 하락할 수 있는지를 분명히 보여 준다. 그러나 카드놀이 게임이 포착할 수 없는 것은, 이미 손에 든 카드가 돌려질 새로운 카드에 영향을 미칠 수 있는 방식이며, 이는 물론 우리가 설명해 온 자본주의 체제의 중요한 특성이다.

특정 장소가 자본주의 체제의 지속적인 역동성에서 새로운 라운드의 성장과 투자를 위한 '영역적

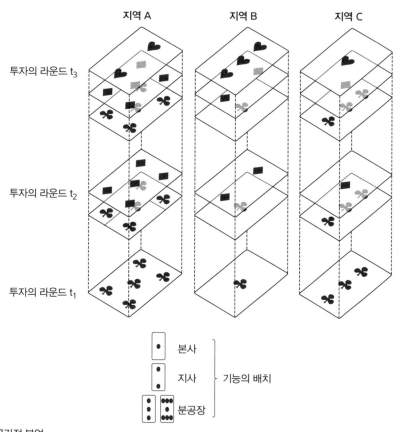

그림 3.4 공간적 분업

출처: Gregory(1989), 그림 1.4.2에서 수정 인용함.

생산복합단지'가 될 때, 그 장소는 그 시대에 적절한 새로운 교통 인프라, 기술, 제도, 주택, 작업장을 개발하는 것만이 아니다. 이는 진화하는 일련의 사회관계의 출현에도 기여한다. 예를 들어, 영국의 셰필드, 미국의 피츠버그, 캐나다의 해밀턴, 일본의 기타큐슈와 같은 철강도시들은 육체노동을 높이 평가하고 노동조합이라는 조직을 통해 집단적 노동계급의 정체성을 소중히 여기는 노동계급 문화를 발전시켰으며, 노동자 클럽이나 프로스포츠 팀 등 남성 중심의 문화제도에 기반을 두었다. 적어도 과거에는 젠더 관계가 각 가정에서 남성 생계부양자와 가사노동 및 부수입을 얻는 것에 기반한 여성의 역할이라는 상정에 바탕을 두었다. 그리고 특정 산업 부문과 관련하여 출현한 일련의 독특한 사회관계, 즉 공공기관, 젠더 관계, 남성적·여성적 정체성, 계급정치가 존재하였다. 제분도시, 광산도시, 수출가공지대, 첨단산업지구, 도심 및 교외 지역에 대해서도 마찬가지일 것이다. 그들의 경제적·사회문화적 관계는 서로를 결정짓지는 않지만, 불가분 상호 연결되어 있다.

특정 산업과 관련된 사회관계의 출현이 지닌 또 다른 의미는 미래의 투자 결정이 이러한 관계에 기초하여 내려질 수 있다는 점이다. 예를 들어, 일본 자동차 제조업체들은 1980년대에 북아메리카에 생산 시설을 입지시키기 시작하였을 때, 일본의 고용주들이 선호하는 특정한 형태의 작업 조직에 유연하고 개방적인 노동력을 찾았다. 이는 대도시에서 오랜 산업 유산을 이어받아 고도로 노동조합이 결성된 노동력에 빠지지 않은 사람들을 찾고 있다는 것을 의미하였다. 하나의 선택은 작은 농촌 마을—고속도로와 항공 수송 인프라에 가깝지만 그 어떤 산업발전의 역사적 유산이 없는, 따라서 노동조합이 결성되지 않은 장소—에 생산 시설을 입지시키는 것이었다. 하지만 또 다른 경우에는 쇠퇴기가 노동조합 운동을 '파괴'하였거나, 노동력의 집단적 요구 능력이 크게 감소할 정도로 평가절하된 산업도시들이 선호되기도 하였다(제6장 참조). 따라서 잉글랜드 북동부의 옛 광산 및 조선 도시였던 선덜랜드 인근의 닛산(Nissan) 제조 공장은 완전히 새로운 노동 관행을 확립하였지만, 새로운 투자와 일자리에 필사적인 도시에 그렇게 행하였다. 마찬가지로 미국 사우스캐롤라이나주 그린빌의 옛 섬유도시는 1994년에 인접한 스파턴버그에 거대한 BMW 공장이 개설된 이후 활기를 되찾았다.

이처럼 특정 장소나 지역의 시간 경과에 따른 발전을 이해하기 위해서는 경제의 현재적 특성뿐만 아니라 그 역사적·지리적 배경—투자 라운드의 이전 층위—도 이해할 필요가 있다. 특정 장소에 살고 있는 사람들의 사회적·문화적 삶을 분석에 추가하면, 자본주의하의 불균등 발전의 체계적 논리뿐만 아니라 시간이 지남에 따라 생활양식이 창조되고 해체되는 인간적인 귀결도 살필 수 있다. 자본주의가 물리적 형태를 창조해야 하는 것처럼, 또한 성장하고 변화함에 따라 사회구성체에서 벗어나기 위해 창조적 파괴의 과정에도 관여해야만 한다. 새로운 성장은 낡은 사회규범이 붕괴할 때까지 도래하지 않는 경우가 많다. 노동계급의 전통이 강한 구(舊)산업지역은 노동조합과 기타 착근된 제도 및 관행의 힘이 파괴된 상당한 쇠퇴의 기간이 지나기 전까지는 새로운 성장을 보지 못할 것이다. 이는 자본주의의 핵심적인 지리적 과정이 어떤 장소는 빠른 투자와 성장의 장이 되는 반면, 다른 장소는 쇠퇴하는 불균등 발전의 이른바 '시소(see-saw)' 형태를 취할 수 있음을 시사한다(Smith, 1984). 어느 한 지역(중국의 산업화) 또는 지구(실리콘밸리)의 발전은 동시에 다른 지역에서의 저개발(구제조업지역들의 쇠퇴) 없이는 불가능하다. 하지만 시간이 지남에 따라 시소는 되돌아갈 수 있으므로, 옛 공간은 새로운 투자의 장으로 재창조된다. 이러한 자본주의적 구조조정의 과정은 우리가 세계적 규모에서 지역적 규모까지 다양한 지리적 규모에서 경제활동의 지속적인 변동을 찾아야 하는 이유를 이해하는 데 도움을 준다.

글로벌 규모에서 보면, 최근 몇 년 동안 한 대륙에서 다른 대륙으로의 발전의 변동은 극적이었다. 이러한 글로벌 변동 중 가장 두드러진 것은, 제조업에 대한 상당한 투자로 인해 급속한 성장을 보여 주는 거시 지역으로서 동아시아와 동남아시아가 대두한 것이었다. 첫 번째 발전의 물결은 동아시아의 홍콩, 싱가포르, 한국, 대만에서 발생하였으며, 약간 뒤늦게 두 번째 물결이 말레이시아와 태국 등의 국가에서 발생하였다. 이는 노동집약적 제조업 활동이 선진국에서 이처럼 급속히 산업화되는 경제로 점차 이동하였기 때문에, 1970년대에 **신국제분업**(New International Division of Labour)으로 알려지게 되었다(자료 5.4 참조). 비록 중국 해안 지방의 노동비 상승은 일부 노동집약적 형태의 제조업이 캄보디아와 베트남과 같은 국가로 이전되고 있음을 의미하지만, 지난 20여 년 동안 주목을 받은 것은 산업 강국으로서의 중국의 부상이었다(그림 3.5 참조). 중요하게도 이러한 글로벌 변동은 생산능력뿐만 아니라 구매력과 관련해서도 살펴볼 수 있다. 확실히 글로벌 경제 지리에서 가장 중요하고 현재 진행 중인 단 한 가지 변동은 아시아 중산층의 급속한 소비 확대와 관련이 있다(자료 3.2 참조). 아시아 공장이 글로벌 규모에서 대량소비의 전환에 토대를 마련한 것으로 보인다(제4장에서 이러한 과정을 뒷받침하는 기업의 조직 형태를 고찰할 것이다).

한 국가의 여러 지역에서 새로운 영역적 생산복합단지가 출현함에 따라, 동일한 패턴의 경제지리적 구조조정이 국가 하위 수준의 지역적 규모에서도 발생하고 있다. 서유럽과 북아메리카의 구산업지역이 (특히 아시아의) 신흥공업국(Newly Industrialized Economies, NIES)과의 경쟁에서 굴복하면서 미국의 러스트벨트(Rust Belt)*, 잉글랜드 북부, 독일의 루르 지역(Ruhr Valley)과 같은 곳이 쇠퇴하였다. 이 지역들의 공장, 인프라, 도시는 노동력과 마찬가지로 시대착오적인 과거의 유물로 여겨졌다. 한편, 미국 남부, 런던 서부 및 잉글랜드 남동부, 프랑스 파리, 미국 캘리포니아, 독일 바덴뷔르템베르크 등지에서 새로운 성장 지역이 발전하였다. 그림 3.6은 미국에서의 이 과정을 그래픽으로 보여 준다. 1970년대의 경제위기 동안 북동부 주(州)들에서는 제조업 고용이 급격히 감소한 반면, 남부와 서부에서는 동시에 성장하였다(Peet, 1983). 좀 더 현대적 관점으로 옮기면(그림 3.7 참조), 이 구조조정 과정의 결과로 발생한 미국 내 부의 차이는 매우 심대한데, 뉴욕 대도시권이 홀로 전국 생산량의 10%를 차지하고 상위 20개 도시들은 50% 이상을 차지하고 있다. 이 장의 서론에서 언급하였듯이, 이러한 변동은 최근에 중국과 같은 신흥공업국에서도 나타나고 있다. 중국에서는 해안 지방의 노동비용 상승으로 인해 상당한 생산 수준이 우한(후베이성)과 충칭 등의 내륙 도시로 이동해 왔다.

도시적 규모로 옮겨 가면, 근린 지구와 건물들은 경제성장의 선봉으로서 세워질 수 있다. 19세기에 잉글랜드의 산업도시들은 멀리 떨어진 식민지에서 배로 운송해 온 면화, 차, 고무 같은 천연자원

---

* 역자주: 미국의 중서부와 북동부의 쇠퇴한 중공업지대를 일컫는다.

그림 3.5 동아시아, 동남아시아, 남아시아의 산업화 물결, 1950년~현재

출처: 저자.

의 가공을 중심으로 성장하였다. 20세기 초반과 중반에 걸쳐 의류, 가공식품, 소비재(자동차나 전기

장치)의 대규모 제조업이 서유럽과 북아메리카에서 도시경제의 중심을 형성하였다. 특정 장소에서

이러한 시대를 반영한 것은 산업 경관만이 아니었다. 직장과 비교적 가까운 곳에 공장 노동자들이

거주하는 오래된 산업도시의 벽돌로 지은 소형 연립주택들은 주거 경관에 나타난 특정 자본주의 성

장기의 표상이었다. 1950년대까지 교외 산업단지는 자가용 차량의 사용 증가를 반영하여 노동자에

게 거처를 제공하기 위해 건설되었다. 산업화한 경제에서 어느 현대 대도시의 주택 재고 변화를 살

펴보는 것은 실제로 경제 고고학에서 흥미로운 연습이 되는데, 이는 특정 경제성장기에 필요로 한

건축 형태를 보여 주기 때문이다. 즉 이전 세기에 건설된, 말과 수레 한 대가 다닐 수 있을 정도의 폭

을 가진 런던 중심부의 중세 골목길에서부터 로스앤젤레스와 토론토의 자동차로 꽉 막힌 20세기의

자료 3.2 아시아의 증가하는 중산층

부와 소비력의 심대한 변동에 따라 아시아가 글로벌 체제에서 소비의 주요 무대로 부상하면서, 소비의 글로벌 지리가 변화하고 있다. 글로벌 중산층은 역사적으로 유럽, 북아메리카, 일본의 삼각축에 의해 두드러졌지만, 1970년대와 1980년대에는 한국, 브라질, 멕시코, 아르헨티나 등의 신흥공업국에서 상당한 중산층이 출현하였다. 그러나 1990년대 이후 중국, 인도, 기타 아시아 신흥공업국에서 중산층이 대폭 확대되었으며, 그 증가율이 높아지고 있다. 그 주요 동인은 경제성장과 그에 따른 소득 수준의 변동이다. 만약 중산층을 1일 11~110달러의 소득(연간 소득 범위로 4,015~40,150달러)이 있는 사람들로 넓게 정의하고 이를 기준으로 2030년까지 예상해 보면, 글로벌 중산층의 중심지는 결정적으로 아시아를 향해 계속 이동할 것이다(표 3.1 참조). 처음에 이러한 방식으로 측정된 글로벌 중산층은 2009년에 18억 명이었으며, 2015~2030년 사이에 글로벌 중산층은 30억 명에서 54억 명으로 확대되고, 아시아가 이 증가의 89%를 차지할 것으로 추정된다. 동시에 북아메리카와 유럽의 중산층 소비자의 점유율은 2015년 세계 전체의 35%에서 2030년 21%로 감소하는 반면, 아시아·태평양 지역의 점유율은 46%에서 65%로 확대될 것으로 예측된다. 실제 소비력 측면에서 북아메리카와 유럽은 세계 전체의 49%에서 30%로 감소하고, 아시아·태평양 지역은 36%에서 57%로 증가할 것으로 추정된다. 이러한 변동 속에서 두 국가가 두드러지는데, 중국과 인도는 2030년까지 글로벌 중산층의 거의 39%를 차지할 것으로 예상된다(Kharas, 2017). 또 다른 추정에 따르면, 중국의 중산층 가구수가 2000~2020년 사이에 500만에서 2억 7,500만 가구로 확대될 것이라고 한다(Economist, 2016b). 이러한 증가율은 놀랍고, 인류 역사상 유례가 없는 것이다.

표 3.1 아시아의 급증하는 중산층?

지역	2015		2030	
북아메리카	335	11%	354	7%
유럽	724	24%	733	14%
중앙·남아메리카	285	9%	335	6%
아시아·태평양	1,380	46%	3,492	63%
사하라이남 아프리카	114	4%	212	4%
중동 및 북아프리카	192	6%	285	5%
세계	3,030	100%	5,412	100%

출처: Kharas(2017), 표 2. Brooking Institution에서 수정 인용함. 단위 수치는 백만.

따라서 소비자 수요의 지리는 아시아를 향해 거침없이 이동하고 있다. 이러한 글로벌 시장의 변동에는 두 가지 중요한 함의가 있다. 첫째, 신흥공업국 간의 무역, 투자, 원조의 흐름이 심화되면서, 이른바 '남남(South-South)' 간 무역이 꾸준히 성장해 왔다. 이 역동성의 일환으로 주요 신흥공업국 기업들은 수출과 반대로 국내시장으로 관심을 돌리고 있다. 둘째, 북아메리카, 서유럽, 일본 등 성숙한 경제국의 초국적기업들은 선도적인 아시아 시장을 더 이상 노동력의 원천과 수출 생산의 기지로 보는 것이 아니라, 광범위한 소비재를 구매할 수 있는 인구로 보고 있다. 예를 들어, 2011년까지 중국은 이미 TV, 휴대폰, 개인용 컴퓨터, 자동차 분야에서 세계 최대의 단일시장이 되었다.

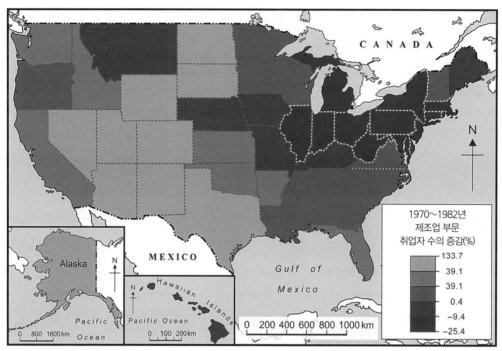

그림 3.6 1970년대 미국의 산업 구조조정
출처: Peet(1983), 그림 9에서 수정 인용함.

고속도로에 이르기까지 그러하였다.

시간이 지남에 따라 자본주의 성장의 명령이 변화하면서, 이러한 경관은 대부분 쓸모없게 되었으며(그림 3.8), 아마도 철저히 평가절될되어 전혀 다른 목적을 제외하고는 나중에 다시 활용될 수 있을 때 재발견될 것이다. 예를 들어, 유럽과 북아메리카의 일부 산업도시에서는 1960년대와 1970년대에 생산이 해외로 이전되면서 유휴 상태가 되어 버렸던 의류 공장이 현재는 개조되고 있다. 이들 공장은 그래픽디자인, 컴퓨터 애니메이션, 인터넷 컨설팅 등 성장산업의 젊은 전문가들에 의해 스튜디오, 사무실, 심지어 주거 공간으로 높이 평가되고 있다. 이전의 빈곤하고 침체되었던 근린 지구들이 부유한 전문직 종사자들의 거처가 될 수 있다―이는 일반적으로 **젠트리피케이션**(gentrification)으로 알려진 도시재생 과정이다. 이와 같은 방식으로 산업자본주의의 평가절하된 공간은 탈산업자본주의의 새로운 시대에 재평가되었다.

잉글랜드 북서부의 리버풀이 그 한 예이다. 19세기에 리버풀은 항해 중심지이자 전 세계 화물의 환적지로서의 중요성 때문에 성장하였다. 리버풀의 부두는 세계무역의 약 40%를 처리하고, 리버풀을 선도적 세계도시로 만들었다. 그 번영은 자본주의 성장의 특정 시대에 대한 그 적절성을 반영한

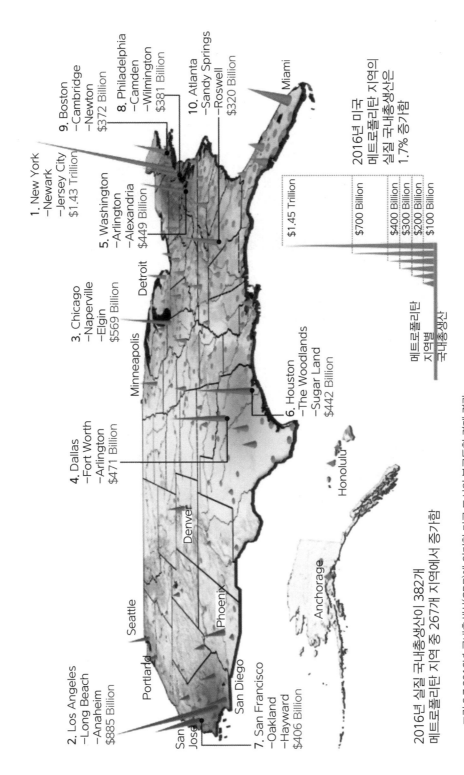

1. New York
–Newark
–Jersey City
$1.43 Trillion

9. Boston
–Cambridge
–Newton
$372 Billion

8. Philadelphia
–Camden
–Wilmington
$381 Billion

10. Atlanta
–Sandy Springs
–Roswell
$320 Billion

Miami

5. Washington
–Arlington
–Alexandria
$449 Billion

Detroit

3. Chicago
–Naperville
–Elgin
$569 Billion

Minneapolis

4. Dallas
–Fort Worth
–Arlington
$471 Billion

6. Houston
–The Woodlands
–Sugar Land
$442 Billion

Seattle

Portland

Denver

Phoenix

San Diego

San Jose

San Francisco
–Oakland
–Hayward
$406 Billion

2. Los Angeles
–Long Beach
–Anaheim
$885 Billion

Anchorage

Honolulu

2016년 미국
메트로폴리탄 지역의
실질 국내총생산은
1.7% 증가함

$1.45 Trillion

$700 Billion

$400 Billion
$300 Billion
$200 Billion
$100 Billion

메트로폴리탄
지역별
국내총생산

2016년 실질 국내총생산이 382개
메트로폴리탄 지역 중 267개 지역에서 증가함

그림 3.7 2016년 국내총생산(GDP)에 의거한 미국 도시의 불균등한 경제 경관

출처: https://howmuch.net/articles/gdp-by-metro-2017(2018년 3월 2일 접속).

그림 3.8 미국 디트로이트의 방치된 주거 건물

출처: Charles Ommanney/Getty Images and Mira Oberman/AFP/Getty Images.

것이었다. 기계식 면방적은 인근 맨체스터에서 발달하였고, 증기선 기술로 도시는 세계와 연결되었다. 그러나 1960년대부터 컨테이너 선박의 크기가 대폭 커지면서 더 크고 깊은 항구가 필요하게 되었다. 항공 여행이 비슷한 시기에 원양 정기선을 대신하였으며, 랭커셔와 리버풀 주변 지역의 섬유 산업 제품은 해외, 특히 홍콩과 동남아시아 국가로부터 온 수입품으로 대체되었다. 특정 시점에 자본주의에 봉사하도록 설계된 건조환경으로서 리버풀은 시대착오적인 것이 되었다. 이 도시는 산업 생산 및 운송의 새로운 기술과 관련해서만 구식인 것이 아니었다. 즉 모든 '구조'가 변화하는 글로벌 경제에서 그 성장잠재력을 활용하는 데 장애물이었다. 20세기 후반 대부분의 시기 동안 리버풀은

그림 3.9 리버풀 수변 지역의 탈산업적 재개발

출처: 저자.

경제적으로 쇠퇴한 도시였다. 그러나 평가절하를 겪은 뒤, 과거의 인프라가 또 다른 시대에 재평가될 수 있다. 따라서 리버풀의 버려진 항만 구역은 새로운 미술관, 관광 명소 및 아파트를 수용하기 위해 개조되었다(그림 3.9 참조). 오늘날 잉글랜드 북부의 몇몇 다른 오래된 도시들과 마찬가지로, 리버풀은 새롭게 재생된 비즈니스와 문화 중심지로 자부하고 있다.

3.5 장소와 지역은 그 자신의 미래를 그릴 수 있는가?

따라서 불균등 발전은 자본주의적 역동성의 내재적이고 현재 진행 중인 일부이며, 다양한 공간적 규모에서 끊임없이 발생하고 있다. 많은 사회과학 분야가 **국가적** 규모에서 그러한 역동성을 연구하기 위해 지속적인 관심을 두고 있지만, 경제지리학은—더 일반적으로 인문지리학과 마찬가지로—한 세기 넘게 국가 하위의 **지역** 수준에서 그 패턴을 탐구해 왔다. 하지만 그러한 지역의 등락을 거듭하는 부를 설명하는 데 있어, 이 장에서 우리가 설명한 구조적 사고에 한계가 있는가? 간략히 말해, 순수하게 구조적 관점에서 지역의 경제적 궤적은 지역이 '아웃사이드 인(outside-in)' 관점이라고 일컬어질 수 있는, 국가 또는 세계처럼 더 넓은 공간적 규모에서 조직된 자본주의 과정에 어떻게 연결되는지에 따라 결정된다. 앞서 설명하였듯이, 지역의 물리적·사회적 자산은 지역을 특정 시점에 특정 형태의 생산에 적합하도록 만들지만, 장기간에 걸쳐서는 지역의 생존 가능성이 퇴색하고, 자본은 새로운 공간적 조정을 찾아 이동할 것이다.

이는 의심할 여지 없이 강력한 분석 방향이지만, 이것이 논의의 전부는 아니다. 이는 포디즘 생산방식이 우세하였을 때, 대규모 다(多)공장 기업의 본사와 연구 기능을 수용하는 '중심부' 지역을 분(分)공장 기능을 가진 '주변부' 지역과 대조할 수 있었던 당시에는 설득력 있는 논의였다[메시(Massey, 1995)가 영국을 사례로 설명한 것처럼]. 그러나 1990년대 이후로 포스트포디즘적 작업 방식의 출현으로 경제지리학자들은, 지역이 그 자신의 발전 경로를 도식화하기로 함에 따라 **장소 기반 역동성**을 동원할 수 있는 지역의 잠재력에 더욱 관심을 기울이게 되었다. 더 넓은 구조적 맥락이 여전히 중요하지만, '인사이드 아웃(inside-out)' 관점의 일부로서 지역 요인에 한층 중점을 두어야 할 것이다. 예를 들어, 이러한 지역적 역동성은 지식과 노동자의 지역적 교환을 통해 사업 비용을 줄이고 혁신을 추진할 수 있는 유사 기업 그룹과 관련될 것이다. 또한 이들 지역적 역동성은 지역의 법적 프레임워크뿐만 아니라 마찬가지로 중요한 장소 기반 규범 및 관습과 관련한 독특한 제도적 조건(또는 '사업 방식')의 출현으로 뒷받침될 수 있다(자세한 내용은 제12장 참조). 이와 같은 관점은 두 가지 중요한 측면에서 더 구조적인 설명과 구별된다. 첫째, 제도와 지식의 역동성에 초점을 맞춤으로써 자본주의 발전의 보다 사회문화적인 측면이 이 장에서 지배적인 경향을 보인 정치적·경제적 측면과 함께 강조되고 있다. 둘째, 자본주의적 경쟁의 관념은 경제 행위자 간의 협력에 강조점을 둠으로써 균형을 이룬다.

최근 몇 년 동안 경제지리학자들을 사로잡아 온 밀접하게 관련된 일련의 질문은 성장과 쇠퇴의 지역적 궤적을 설명하는 것에 관한 것이다(그림 3.10 참조). 특히 **진화**경제지리학(evolutionary economic geography, EEG)이라는 한 분야가 이러한 이슈들을 해결하기 위해 발전하였다(자세한 내용은 자료 3.3 참조). 이 작업에서 얻을 수 있는 3가지 유용한 개념이 있다. 첫째, 지역적 궤적을 결정할 때 '역사가 중요하다'라는 단순한 생각은 **경로의존성**(path dependence)의 개념으로 요약되며, 이것은 미래 경로가 어떻게 과거 경로에 의해 항상 그리고 불가피하게 영향을 받는지를 설명한다(Martin and Sunley, 2006). 예를 들어, 앞서 우리는 조직화된 노동조합 활동의 수준이 높은 지역이 어떻게 후속 투자 라운드에서 제외될 수 있는지를 논의하였다. 경로의존성은 종종 '잠금(lock-in)'의 개념과 밀접하게 연관되는데, 이는 어떻게 지역이 시간이 지남에 따라 유연성을 상실하고 특정 산업, 기술, 작업 방식에 의존하게 되는지를 설명하고, 지역이 새로운 기회와 기술변동에 적응할 수 없다는 것을 의미한다. 한 지역 내에서 구축되고 지역의 발전을 도모할 수 있는 강력한 경제적·사회적 유대 관계는 시간이 지남에 따라 장애물로 변하고 그 발전을 제한하기 시작할 수 있다. 잘 알려진 분석에서, 그래버(Grabher, 1993)는 중공업에 기반을 둔 경제로서 수십 년이 지난 후인 1970년대와

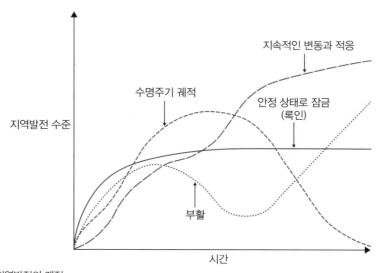

그림 3.10 지역발전의 궤적

출처: Martin(2010), 그림 2에서 수정 인용함.

자료 3.3 진화경제지리학(EEG)

경제지리학에서 진화론적 용어를 사용하는 것은 결코 새로운 것이 아니다. 예를 들어, 누적적 인과관계 및 제품수명주기와 같은 개념은 수십 년 동안 사용되어 왔다. 그러나 독특한 진화경제지리학의 접근 방법이 지난 15년 동안 진화경제학 개념과의 지속적인 관계를 통해 실제로 등장하기 시작하였다. 진화경제학은 주류 경제학의 특정 측면, 특히 경제체제가 안정적 균형을 향하는 경향이 있다는 주장에 도전하려고 한다. 자료 2.2에서 논의한 생물학적 은유를 넘어, 여기서는 생물학이 다양성, 선택, 유전, 유지, 적응 등의 다원적 개념을 적용함으로써 경제 변동과 시장의 작동을 이해하기 위한 분석적 기반을 제공하는 데 사용되고 있다. 다음으로, 경제지리학자들은 보편적인 경제 논리보다는 지리적으로 특정한 과정의 산물로 간주되는 불균등 발전의 변화하는 패턴을 설명하는 데 이들 개념의 잠재력을 인식해 왔다. 진화경제지리학은 특히 국지 및 지역 경제의 궤적을 설명하기 위해 경로의존성(현재의 사건은 과거의 의사결정에 따라 형성된다)과 잠금(특정 선택은 되돌리기 어렵다)과 같은 진화경제학의 주요 개념을 적용하려고 추구하였다. 중심적 초점은 기업이 운영하는 조직적 관행 또는 **루틴(routine)**에 맞추어지고 있다. 이러한 루틴은 고도의 장소 특수적 방식으로 발전하고, 그 높은 지식의 내용 때문에 공간을 가로질러 쉽게 이전될 수 없다. 이 같은 통찰력을 동원하여 진화경제지리학 연구는 여러 분야에서 중요하게 기여해 왔다. 즉 클러스터가 형성되고 진화하는 과정을 설명하고, 근접성의 본질과 지식을 다양한 종류의 네트워크를 통해 공간을 가로질러 선택적으로 전달할 수 있는 방법을 탐구하며, 루틴을 서로 공유할 수 있는 별개지만 관련 산업에 속한 기업의 상호작용에 의해 지역 성장이 주도되는 정도를 탐색하였다. 우리는 이들 개념을 제12장에서 더 상세히 살펴볼 것이다. 진화경제지리학에 관한 더 자세한 것은 보슈마와 프렌켄(Boschma and Frenken, 2018)을 참조하라.

1980년대에 독일 루르 지역의 쇠퇴를 해석하기 위해 이러한 개념들을 사용하였다.

둘째, 다음으로 지역적 **경로창출(path creation)**에 관해 생각해 볼 수 있다. 바꾸어 말해, 지역이 어떻게 경로의존성과 잠금이라는 '구속'에서 벗어나 그 발전 궤적을 갱신하거나 변경할 수 있는지 하는 것이다(그림 3.10 참조). 미국의 러스트벨트와 잉글랜드 북부의 일부 지역처럼 과거 산업화된 몇몇 지역들이 후속 투자 물결에 뒤처진 것처럼 보여 온 반면, 스스로 재창조하고 다른 성장주기의 정점에 올라설 수 있었던 타지역의 예도 많이 있다. 남부 캘리포니아가 그러한 사례의 하나이며, 자료 3.4에 설명되어 있다. 다양한 시나리오가 잠금에서 벗어나 성장을 지속하는 이러한 역량을 뒷받침할 수 있다(Martin, 2010). 앞서 언급한 바와 같이, 이는 새로운 기술과 지식의 형태가 지역 내에서 창출되어 '인사이드 아웃'의 방식으로 성장을 주도할 수 있다. 어느 한 지역은 다른 곳으로부터 새로운 기술을 '포획'하고 이를 사용하여 성장을 주도할 수도 있다. 마찬가지로 쇠퇴하는 산업으로부터 특정 핵심 기술을 이전 받아 이를 사용하여 새로운 성장 부문을 개시하는 데 능숙할 수도 있다. 또는 어느

사례 연구

자료 3.4 역동적인 캘리포니아

왜 일부 지역은 경제를 지속적으로 갱신할 수 있는 것처럼 보이는 반면, 다른 지역은 한번 쇠퇴하면 다시 회복하기가 어려운 것인가? 여기서 우리는 캘리포니아의 고도의 역동적인 경제의 예를 사용하여 두 가지 서로 연결된 답변을 진전시킬 것이다. 즉 (i) 일부 지역은 사람, 기술, 자본, 천연자원의 '부존자원'으로 인해 새로운 성장 기회를 창출하는 데 다른 지역보다 양호하다. (ii) 결과적으로 이러한 속성은, 지역이 새로운 성장 기회를 유도할 수 있는 지역 외(국가적 또는 세계적)의 이주, 투자, 기술 네트워크에 잘 착근되어 있다면 가장 효과적이다. 보다 넓은 지정학적 조건도 중요한 역할을 한다. 캘리포니아는 원래 농업 지역으로부터 현재의 첨단기술 분야에 이르기까지 각 시대의 새로운 성장 물결을 활용할 수 있도록 양호하게 자리 잡아 왔다.

1848년 캘리포니아 북부에서 금이 발견되면서 이전에는 인구가 희박하였던 영역에서 경제활동의 광풍이 일어났는데, 금 탐사자와 상인들이 대거 유입되고 샌프란시스코를 중심으로 늘어나는 인구를 먹여 살리기 위해 농업 활동이 확대되었다. 1869년에 대륙횡단철도가 완성됨에 따라, 캘리포니아 농민들은 점점 더 많은 식량 작물을 동부의 주와 세계의 여러 곳으로 수출할 수 있었다. 서부로의 이주 흐름과 새로운 농경지의 개간, 성장하는 도시 중심부(샌프란시스코와 로스앤젤레스)의 개발, 철도로 만들어진 연계는 19세기 말과 20세기 초의 미국 자본주의에 새로운 공간을 생성할 수 있도록 하였다. 그러나 캘리포니아가 호황을 맞이한 것처럼, 평가절하도 진행되었다. 캘리포니아의 농작물을 심고 수확하고 가공하는 노동자들은 종종 이주 노동자들이었다. 그중 상당수는 1930년대에 오클라호마, 텍사스, 아칸소의 황진지대(Dust Bowl)에 속한 주에서, 다른 이들은 중국이나 필리핀에서 왔는데, 이들은 캘리포니아의 농민과 농식품 기업들이 지배하는 경제 속에서 간신히 생계를 이어 갈 수 있었다.

따라서 새로운 공간적 조정이 필요하였으며, 더 넓은 지정학적 조건이 이를 제공하였다. 1920년대와

1930년대에 항공우주산업이 새로운 산업으로 부상하였으며, 캘리포니아는 항공기 제작과 시험의 주요 중심지가 되었다. 제2차 세계대전은 이 산업부문에 대한 연방정부의 막대한 지출을 촉발시켰으며, 1940년대 초에 주의 제조업 생산량은 3배로 증가하였다. 주로 1940~1980년대까지의 냉전으로 인해 주도된 새로운 국방 관련 투자의 라운드가 도래하였을 때, 캘리포니아의 기존 항공우주 기업들은 미사일과 위성 생산으로 옮겨 갈 태세를 취하였다. 아마도 미국의 다른 어느 곳보다 캘리포니아는 지정학적 우려가 지배적이던 시대에 전쟁의 파괴적인 평가절하에 뒤따르는 경제성장의 (불균등하게 분포된) 잠재력을 목격하였을 것이다.

한편, 캘리포니아의 자본주의적 성장은 전쟁의 지정학에 의존하였을 뿐만 아니라, 문화와 기술의 세계화에서 주의 우세한 역할로부터 엄청난 혜택을 받았다. 영화산업은 1920년대에 이르러 영화 제작에서 뉴욕을 제치고 로스앤젤레스의 주요 경제 부문으로 부상하였다. 오늘날 로스앤젤레스는 문화산업의 혁신과 밀접하게 관련되어 있으며, 할리우드는 전 세계 관객을 위한 블록버스터 영화 제작의 대명사이다. 1960년대 이래로 캘리포니아는 항공우주와 기타 국방 관련 지출이 혁신적인 전자 및 컴퓨터 산업의 기반을 마련함에 따라 기술의 세계화에서 세계를 선도해 왔다. 샌프란시스코 남쪽의 실리콘밸리(Silicon Valley)는 현대의 첨단 자본주의의 상징적인 영역적 생산복합단지로 부상하였다(자세한 내용은 제12장 참조). 최근 수십 년간 개인용 컴퓨터와 정보기술 혁명의 원동력인 인텔, 애플, 구글, 페이스북 등의 강력한 기업들을 품고 있는 실리콘밸리는 여전히 첨단기술산업의 글로벌 진원지이다. 캘리포니아에 관한 자세한 내용은 워커(Walker, 2010), 워커와 로다(Walker and Lodha, 2013), 스토퍼 등(Storper et al., 2015)을 참조하라.

한 지역이 성장을 유지하기 위해 그 핵심 산업을 지속적으로 재창조하고 조정할 수도 있다(독일의 자동차 제조 지역).

셋째, 지역 **회복탄력성**(resilience) 측면에서 생각해 보는 것도 유용하다. 2008년에 시작된 글로벌 경제위기 이후, 도전적인 더 광범위한 경제 상황이나 특정 경제적 '충격'을 가장 잘 견뎌 온 지역들에 대한 관심이 높아졌다(Martin and Sunley, 2015). 회복탄력성은 이러한 지역의 특성을 포착하기 위한 약칭으로 사용되어 왔다. 이 회복탄력성은 다양한 방식으로 생각될 수 있다. 그것은 지역의 충격 전 경로로 '되돌아가는' 능력을 포착할 수 있다. 회복탄력성은 초기 경로로부터 완전히 탈선하지 않고 특정 충격을 '흡수'하는 지역 경제의 능력과 관련될 수 있다. 또는 그것은 충격을 예측하거나 새로운 충격 이후 조건에 발전 궤적을 적응시키는 지역의 능력에 관한 것일 수도 있다. 산업구조, 재정 상태, 노동시장 요인, 거버넌스를 둘러싼 고려 사항 등과 관련된 회복탄력성의 많은 지역적 요소들이 있을 수 있다. 예를 들어, 이러한 개념들은 1960년대 이후 영국의 케임브리지와 스완지와 같은 도시의 서로 다른 발전 궤적을 설명하는 데 사용될 수 있다. 케임브리지가 첨단기술 혁신의 성장 모델을 유지하기 위해 자체의 내부 기업가적 자원을 활용할 수 있었던 반면, 스완지는 외국 전자 기업으로부터 유입 투자를 유치하는 데 초점을 맞춘 한층 취약한 발전 방식에 의존해야만 하였다(Simmie and Martin, 2010).

3.6 요약

우리는 자본주의 발전의 불균등과 관련된 생생한 사례로 이 장을 시작하였다. 그 출발점에서부터 가치와 그 창출 및 분배에 초점을 맞춤으로써, 자본주의 경제의 기초가 되는 근본적인 구조적 과정 —즉 가치가 어떻게 창출되고, 어떻게 순환되며, 이러한 체제에 존재하는 모순은 무엇인지—에 대해 고려하고자 하였다. 그 결과 불균등은 천연자원 부존의 우연한 부산물이 아니며, 시간이 지남에 따라 우리의 경제체제가 자동으로 균등화하는 그 무엇도 아니라는 점을 이해하였다. 오히려 공간적 불균등은 자본주의 체제의 작동에 상당히 근본적인 것이며, 우리가 계속해서 예상해야 할 그 무엇이다. 따라서 제1장에서 소개한 경제활동의 다양한 패턴이 규범이다. 만약 불균등성이 존재하지 않았다면, 우리는 자본주의 발전의 시소 양상이 불균등을 만들어 낼 것이라고 예상할 수 있다. 즉 불균등 발전은 자본주의 성장의 원인이자 결과이기도 하다.

제4절과 제5절에서는 그 체제적 경향에서 발생하는 자본주의의 다양한 지리를 고찰하였다. 여기서 우리는 자본주의의 끊임없는 이윤추구와 축적 위기의 회피 속에서 나타나는 공간적 조정의 다양한 형태와 규모를 보여 주었다. 새로운 영역적 생산복합단지가 지속적으로 개발되고 있으며, 오래된 지역과 도시들은 극적인 구조조정과 전환을 겪고 있다. 이러한 자본주의적 명령과 변동은 한 시대의 사회적 구성이 다음 시대에 불필요해짐에 따라 세계적 차원에서 지역, 심지어 가정에 이르기까지 서로 다른 공간적 규모에서 발생하고 있다. 우리는 또한 경제적 부가 등락함에 따라 지역 경제가 시간이 지나면서 취하는 서로 다른 궤적을 어떻게 묘사하고 설명해야 하는지도 생각하기 시작하였다. 다음 제4장에서 우리는 어떻게 지역과 영역의 이러한 궤적들이 독립적으로 진화하는 것이 아니라 오히려 통제와 의존 관계, 즉 글로벌 규모에서 점점 더 조직화되는 관계를 통해 상호 연결되고 있는지를 고찰하는 것으로 옮겨 간다. 요컨대 우리는 이제 글로벌 경제의 핵심적 조직 인프라를 제공하는 **생산 네트워크(production networks)**를 고찰하고자 한다.

주

• 자본주의 구조를 연구하기 위한 지리학적 접근 방법의 발전에서 가장 중요한 인물은 의심할 여지 없이 David Harvey(1982; 2006; 2010; 2015)였다. 그의 기념비적 저술에 대한 소개와 회고에 관해서는 Castree and

Gregory(2006)를 참조할 수 있다. Neil Smith(1984)의 「불균등 발전(Uneven Development)」과 Doreen Massey(1995)의 「공간적 분업(Spatial Divisions of Labor)」은 두 가지의 또 다른 시대를 초월하는 고전이다.

- 지리학에서 마르크스주의 이론에 관심이 최고조에 달했던 부분에 관한 최근 고찰에 관해서는 Peet and Thrift(1989)가 편집한 책에서 피트와 스리프트, 스미스(Smith), 러버링(Lovering)이 쓴 장을 참조할 수 있다. 이러한 지리학적 정치경제학에 관한 보다 최근의 논평에 대해서는 Sheppard(2016)와 Barnes et al.(2012)에 있는 만(Mann), 글래스먼(Glassman), 스미스, 영(Yeung)이 쓴 장을 참조할 수 있다.
- 지역 경제 구조조정의 사례 연구에 관해서는 영국에 대한 Coe and Jones(2010), McCann(2016), Martin et al. (2016)을, 중부 및 동부 유럽에 대한 Pickles et al.(2016)을, 미국에 대한 Storper et al.(2015)을, 카리브해 지역에 대한 Werner(2016)를, 중국 내 생산 이전에 대한 Gao et al.(2017), Yang(2017), Zhu and Pickles(2014)를 참조할 수 있다.
- 국제개발과 관련된 이론의 지리학적 논평에 관해서는 Peet and Hartwick(2015)을 참조할 수 있다.

연습문제

- 불균등 발전에 대한 기존 설명과 지리학적 정치경제학의 접근 방법 간의 핵심적인 차이점을 설명하라.
- 왜 공간은 하나의 경제체제로서 자본주의의 생존에 필수적인가?
- 지리적 규모는 불균등 발전 과정을 해석하는 데 우리에게 어떻게 도움을 주는가?
- 구체적 사례를 활용하여, 자본주의적 생산의 특정 시기가 특정 장소의 경관과 사회적 특성에 반영된 방식을 설명하라.

심화학습을 위한 자료

- 몇몇 마르크스주의 학자들은 해당 분야에 대한 훌륭한 소개와 함께 광범위하고 유익한 웹사이트를 유지하고 있다. 예를 들어, 데이비드 하비(David Harvey)의 웹사이트(davidharvey.org), 위스콘신 대학교의 에릭 올린 라이트(Erik Olin Wright)의 웹사이트(https://ssc.wisc.edu/~wright), 뉴욕 대학교의 버텔 올맨(Bertell Ollman)의 사이트(www.nyu.edu/projects/ollman/index.php.)를 참조할 수 있다.
- 유엔과 세계은행 등의 국제기구에는 개발도상국에 관한 연구를 포함한 광범위한 웹사이트가 있다. 예를 들어, UN Millennium Project: www.millennium-project.org 및 세계은행의 open data page: data. worldhank.org를 참조할 수 있다.
- www.dannydorling.org: 대니 돌링(Danny Dorling)은 인문지리학을 선도하는 대중 지식인 중 한 사람이며, 자본주의하에서 사회 및 공간 불평등과 그것이 왜 중요한지에 관해 많은 저술을 하는 작가이다. 불평등에 관한 또 다른 좋은 출처에 관해서는 inequality.org 및 inequality.stanford.edu를 참조할 수 있다.
- 위트레흐트 대학교의 웹사이트는 진화경제지리학의 기치 아래 10년 이상의 연구 성과를 보여 준다. http://econ.geo.uu.nl/peeg/peeg.html.

참고문헌

Barnes, T. J., Peck, J., and Sheppard, E. (eds.) (2012). *The New Companion to Economic Geography*. Oxford: Wiley-Blackwell.

Beckert, S. (2015). *Empire of Cotton: A Global History*. New York: Vintage.

Boschma, R. and Frenken, K. (2018). Evolutionary economic geography. In: *The New Oxford Handbook of Economic Geography* (eds. G. L. Clark, M. P. Feldman, M. S. Gertler and D. Wójcik), 213-229. Oxford: Oxford University Press.

Castree, N. and Gregory, D. (2006). *David Harvey: A Critical Reader*. Oxford: Blackwell.

Coe, N. M. and Jones, A. (eds.) (2010). *The Economic Geography of the UK*. London: Sage.

Economist, The (2016a). *Rich province, poor province* (1 October), pp.31-32.

Economist, The (2016b). The new class war (special report on Chinese society) (9 July), p.4.

Economist, The (2017). Jewel in the crown (special report on the Pearl River Delta) (8 April), pp.1-12.

Gao, B., Dunford, M., Norcliffe, G., and Liu, Z. (2017). Capturing gains by relocating global production networks: the rise of Chongqing's notebook computer industry, 2008-2014. *Eurasian Geography and Economics* 58: 231-257.

Grabher, G. (1993). The weakness of strong ties: the lock-in of regional development in the Ruhr area. In: *The Embedded Firm: On the Socioeconomics of Interfirm Relations* (ed. G. Grabher), 255-278. London: Routledge.

Gregory, D. (1989). Areal differentiation and post-modern human geography. In: *Horizons in Human Geography* (eds. D. Gregory and R. Walford), 67-96. Totowa, NJ: Barnes & Noble Books.

Harvey, D. (1982). *Limits to Capital*. Oxford: Blackwell.

Harvey, D. (2003). *The New Imperialism*. Oxford: Oxford University Press.

Harvey, D. (2006). *Spaces of Global Capitalism: Towards a Theory of Uneven Geographical Development*. London: Verso.

Harvey, D. (2010). *The Enigma of Capital and the Crises of Capitalism*. London: Profile Books.

Harvey, D. (2015). *Seventeen Contradictions and the End of Capitalism*. Oxford: Oxford University Press.

Kharas, H. (2017). *The Unprecedented Expansion of the Global Middle Class: An Update, Global Economy and Development Working Paper 100*. Washington, DC: Brookings Institution.

Martin, R. (2010). Rethinking regional path dependence: beyond lock-in to evolution. *Economic Geography* 86: 1-27.

Martin, R., Pike, A., Tyler, P., and Gardiner, B. (2016). Spatially rebalancing the UK economy: towards a new policy model? *Regional Studies* 50: 342-357.

Martin, R. and Sunley, P. (2006). Path dependence and regional economic evolution. *Journal of Economic Geography* 6: 395-437.

Martin, R. and Sunley, P. (2015). On the notion of regional economic resilience: conceptualization and explanation. *Journal of Economic Geography* 15: 1-42.

Massey, D. (1995). *Spatial Divisions of Labour*, 2e. London: Macmillan.

McCann, P. (2016). *The UK Regional-National Economic Problem: Geography, Globalisation and Governance.*

Abingdon: Routledge.

Peet, R. (1983). Relations of production and the relocation of United States manufacturing industry since 1960. *Economic Geography* 59: 112-143.

Peet, R. and Hartwick, E. (2015). *Theories of Development: Arguments, Contentions, Alternatives*, 3e. New York: Guilford Press.

Peet, R. and Thrift, N. (eds.) (1989). *New Models in Geography*, 2 volumes. London: Unwin Hyman.

Pickles, J., Smith, A., Begg, R. et al. (2016). *Articulations of Capital: Global Production Networks and Regional Transformations*. Oxford: Wiley-Blackwell.

Sheppard, E. (2016). *Limits to Globalization: Disruptive Geographies of Capitalist Development*. Oxford: Oxford University Press.

Simmie, J. and Martin, R. (2010). The economic resilience of regions: towards an evolutionary approach. *Cambridge Journal of Regions, Economy and Society* 3: 27-43.

Smith, N. (1984). *Uneven Development*. Oxford: Blackwell.

Storper, M., Kemeny, T., Makarem, N., and Osman, T. (2015). *The Rise and Decline of Urban Economies: Lessons from Los Angeles and San Francisco*. Stanford: Stanford University Press.

Storper, M. and Walker, R. (1989). *The Capitalist Imperative: Territory, Technology and Industrial Growth*. Oxford: Blackwell.

Tickell, A. and Peck, J. (1995). Social regulation after Fordism: regulation theory, neoliberalism and the global-local nexus. *Economy and Society* 24: 357-386.

UNDP (United Nations Development Programme) (2016). *Human Development Report 2016*. New York: UNDP.

Walker, R. (2010). The Golden State adrift. *New Left Review* 66: 5-30.

Walker, R. and Lodha, S.K. (2013). *The Atlas of California: Mapping the Challenge of a New Era*. Berkeley: University of California Press.

Werner, M. (2016). *Global Displacements: The Making of Uneven Development in the Caribbean*. Oxford: Wiley-Blackwell.

Yang, C. (2017). The rise of strategic partner firms and reconfiguration of personal computer production networks in China: insights from the emerging laptop cluster in Chongqing. *Geoforum* 84: 21-31.

Zhu, S. and Pickles, J. (2014). Bring in, go up, go west, go out: upgrading, regionalisation and delocalisation in China's apparel production networks. *Journal of Contemporary Asia* 44: 36-63.

04

네트워크–
세계경제는 어떻게 연결되어 있는가?

탐구 주제

- 일반적으로 사용되는 상품이 생산자, 중개자, 서비스 제공자의 상호 연결된 체제를 통해 전달되는 방식을 보여 준다.
- 이러한 체제의 작동을 설명하기 위한 핵심 개념으로 생산 네트워크와 기본 구성 요소를 소개한다.
- 서로 다른 장소와 경제를 연결하는 데 있어 이 같은 네트워크의 역할을 이해한다.
- 이러한 네트워크를 구성하는 다양한 방법의 가능성을 인식한다.

4.1 서론

2017년 8월 1일을 기준으로 어디에서나 흔히 볼 수 있는 아이폰(iPhone)은 2007년 6월 29일 처음 출시된 후 10년 만에 전 세계적으로 12억 대 이상 판매되었다. 애플사(Apple Inc.)의 최고경영자는 스마트폰을 '역사상' 가장 '중요하고 세계를 변화시키고 있는 성공적인 제품' 중 하나로 홍보하기까지 하였다. 아이폰은 미국에서만 2억 명 이상의 가입자를 보유한 스마트폰 시장에서 44%의 점유율을 차지하고, (미국 스마트폰 시장은) 단일 최대의 아이폰 시장이 되었다. 이러한 스마트폰을 통해 미국과 전 세계 수천만 명의 사용자는 통신, 네트워크 형성, 소비 기능을 거의 즉시 수행할 수 있다.

그러나 수많은 아이폰 소비자들은 갈수록 중요해지고 있는 이들 기기의 실제 생산의 대부분이 미국에서 멀리 떨어진 곳에 입지하고 있으며, 많은 부류의 사람(기업의 임원부터 이주 노동자까지), 기업(애플의 경쟁업체부터 공급업체와 유통업체까지), 기관(통신 규제기관부터 산업협회까지)을 연관시키는 과정을 통해 조직된다는 사실을 충분히 인식하지 못할 것이다. 캘리포니아에 있는 쿠퍼티노

(Cupertino) 본사에서 애플이 디자인한 아이폰은 여러 아시아 국가의 다양한 생산자가 제조한 수백 개의 부품과 부속품으로 구성되어 있으며, 최종적으로 중국 선전과 정저우에 있는 초대형 공장에서 대만의 폭스콘(Foxconn)에 의해 한 대의 아이폰으로 조립된다. 전반적으로 모든 브랜드의 스마트폰이 전 세계적으로 판매되고 수십억 명의 사용자가 이를 사용함으로써 연결되지만, 그 제조 생산은 주로 동아시아와 동남아시아에 자리 잡고 있다.

아이폰에 관한 이러한 이야기는 지난 10년 동안 알려져 온 기술변화 때문만이 아니라, 전 세계적인 생산 및 소비에 구현된 **네트워크와 상호연결성**의 3가지 독특한 공간적 패턴 때문에도 더욱 중요하다. 첫째, 스마트폰 생산의 지리는 대단히 복잡할 수 있다. 스마트폰 뒷면에 표시된 최종 조립 국가를 살펴보면, 중국이나 베트남을 발견할 공산이 클 것이다. 이들 저비용 국가에 스마트폰 생산의 최종 조립을 입지시키는 데에는 분명한 지리적 이점이 있는 반면, 이러한 스마트폰의 값비싼 부품과 부속품(칩과 디스플레이 패널)의 대부분은 종종 중국이나 베트남 이외의 지역에서 제조되고 최종 조립을 위해 이들 국가로 수입된다. 간단히 말해, 여러분의 스마트폰 뒷면에 있는 '메이드 인 차이나(Made in China)'나 '메이드 인 베트남(Made in Vietnam)'이라는 라벨을 살펴보는 것으로, 스마트폰 생산에 연관된 다양한 노동자들과 지역에 의해 창출되고 받는 실제 경제적 가치에 관해 거의 알 수 없다. 더욱이 물건이 만들어지는 곳과 소비되는 곳을 지리적으로 쉽게 일치시킬 수 없다. 오늘날 다른 많은 소비재와 마찬가지로 스마트폰도 생산 과정에서 다양한 장소를 거치고, 전혀 다른 지역과 국가에서 소비되기도 한다.

둘째, 정교한 생산 방법(예를 들어, 서로 다른 모델에서 공통 또는 공유 부품을 사용)의 출현과 소비자 행동의 다양성(가격, 미적 특질, 기능성에 대한 선호 등)으로 인해 이들 스마트폰의 글로벌 생산과 소비에 연관된 장소 간의 상호의존성은 매우 높다. 이들 장치의 '부속품'은 한 공장에서 다른 공장으로 이동하고, 최종 제품이 결국 다양한 소비자에게 사용되도록 전달되므로, 각 스마트폰은 말 그대로—실리콘밸리의 연구원과 마케팅 전문가, 대만과 싱가포르의 주요 부품 제조업자, 중국과 베트남의 공장 관리자와 노동자, 스마트폰 소매점의 현지 배송 기사와 판매원에 이르기까지—전 세계의 다양한 사람, 장소, 경제의 자산을 연결한다. 이러한 다양한 장소들은 국지적 소비에서 지역적 유통 경로, 국가적 통신 규제, 글로벌 생산조직에 이르기까지 다양한 공간적 규모의 활동으로 구성되는 다중 규모(multi-scalar) 체계에 엮여 있다.

셋째, 스마트폰의 생산, 유통, 소비에는 매우 다양한 종류의 네트워크가 연관되어 있다. 스마트폰의 생산자는 그 공급자와 거래함으로써 **기업 네트워크**에 참여한다. 이들 업체의 경영자들은 생산 시설을 관리하고, 신제품을 개발하며 다양한 최종 시장에서 제품 판매를 극대화하기 위해 전 세계를 돌아다닌다. 하지만 이러한 **인적 네트워크**에는 경영자들만이 연관되는 것은 아니다. 이 네트워크는 수많은 공장과 소매점에서 일하는 대규모의 노동자들을 포함하고 있다. 중국이나 베트남과 같은 국가에서는 이들 공장 노동자 중 상당수가 같은 국가의 다른 지역에서 온 이주자들이다. 부품과 부속품이 한 공장에서 다른 공장으로 이동함에 따라, 관련 거래는 종종 세계의 주요 금융 중심지에 입지한 정교한 **금융 네트워크**를 기반으로 한 막대한 자본을 통해 자금을 조달받는다. 생산자는 전 세계 여러 지역에서의 생산에 자금을 대기 위해 자본을 모으거나 은행에서 자금을 차입할 필요가 있다. 이러한 스마트폰이 소비자인 여러분에게 도달하도록 하려면, 생산자들은 제품 안전과 통신 표준을 보장하기 위해 서로 다른 **제도적 네트워크**에 의해 설정된 규제적 요구사항도 충족해야 한다.

이 장에서 우리는 **네트워크**의 개념을 사용하여 글로벌 규모에서의 복잡한 상호 연결망과 유사한 생산, 유통, 소비의 진화하는 공간적 패턴을 설명하고자 한다. 이전 장에서 세계경제를 불균등 발전의 일반화된 자본주의적 논리에 의해 주도되는 것으로 보는 구조적 관점을 보완하여, 여기서는 이러한, 네트워크를 구성하는 **행위자**와 **활동**을 파악하고 그들(즉 서로 다른 장소의 노동자, 소비자, 기업, 제도) 사이의 상호 연결이 어떻게 생산되는지를 보여 줄 것이다. 실제로 이러한 상호 연결은 혼란스럽고 파악하거나 설명하기 어려울 수 있다. 그러나 이 내재적 혼란과 복잡성이 이러한 네트워크가 중요하지 않다는 의미는 아니다. 오히려 그와는 정반대로 우리는 생산자, 제도, 소비자의 네트워크가 우리가 살고 있는 경제 세계를 뒷받침하는 중요한 연결고리를 구성한다고 주장한다. 생산 네트워크를 이를 구성하는 기업, 사람, 금융, 제도적 행위자로 분류함으로써, 우리는 세계경제 내에서 이러한 연결의 근본적인 지리와 권력관계를 밝힐 수 있다.

이 장에는 4개의 주요 절이 있다. 첫째, 하나의 체제로서 자본주의가 특정 사물이나 상품에 내재된 연결 또는 권력관계를 어떻게 숨기고, 이 은폐의 함의를 어떻게 드러내는지를 고찰한다(제2절). 둘째, 커피를 실행 사례로 삼아 상품생산의 기반이 되는 네트워크의 본질을 자세히 살펴보고, 네트워크가 그 구조, 지리, 조정, 제도적 맥락의 측면에서 어떻게 다양한지를 밝힌다(제3절). 셋째, 이와 같은 네트워크의 원활한 운영과 최종 소비자에 대한 상품과 서비스의 유통을 보장하는 데 있어 물류의 역할을 살펴본다(제4절). 넷째, 우리는 서로 다른 생산 네트워크 간의 잠재적 상호 연결, 특히 폐기물이 어떻게 새로운 생산 네트워크의 시작점으로 활용될 수 있는지를 탐구한다(제5절). 개별 생산 네트워크가 어디에서 시작하고 끝나는지는 아마도 처음 나타나는 것만큼 명확하지 않을 수 있다.

4.2 생산자와 소비자 간의 누락된 관계?

우리가 소비하는 물건이나 상품(예로 스마트폰)에 종종 숨겨져 있거나 모호하기 때문에 직접 관찰하거나 알지 못하는 생산의 사회적 관계를 확인하는 것으로 논의를 시작할 수 있다. 제2, 3장에서 설명하였듯이, 자본주의는 하나의 **상품**교환 체제로 생각할 수 있다. 하나의 상품은 단순히 시장에 진입하는 유용한 그 무엇이며, 어떤 가격에 구매할 수 있는 것이다. 그러나 상품이란 책, 음식 또는 스마트폰과 같이 단순한 물질적인 것 이상이다. 현대세계에서 일상생활의 점점 더 많은 영역이 **상품화** 과정에 포섭되어 왔다. 문화(예를 들어, 음악, 박물관, 갤러리 등), 종교(유명한 설교자), 지식(경영학석사와 지적재산권), 환경(탄소배출권), 전쟁(사병과 탄약), 인체(인체 장기 또는 유전물질 거래)와 같은 다양한 영역이 상품화되어 시장 메커니즘의 변동에 영향을 받고 있다.

상품은 자본주의 체제의 핵심이지만, 동시에 상품이 어떻게 생산되고 우리에게 전달되는지에 대한 중요한 차원들을 숨기는 역할을 할 수 있다. 상품의 **교환가치**—즉 가격—는 상품이 어떻게 만들어졌는지를 나타내는 경우가 많은데, 곧 상품의 생산에 투입된 인간 노동력과 기술/지식의 비용, 필요로 한 기계, 건물, 전기, 트럭, 기타 등등의 비용, 그리고 그 과정의 다양한 지점에서 추출된 이윤 등을 나타낸다. 그러나 단순한 가격표 자체는 상품이 겪어 온 생산 과정과, 이 생산을 상품의 최종 고객이나 사용자와 연결하는 데 필요한 사회적 관계를 전혀 드러내지 않는다. 결과적으로 자본주의 체제에서 소비자들은 자신이 소비하는 상품의 지리적 기원과 역사에 대해 대체로 무지하다.

화폐 관계를 통해 표준화된 상품의 구매는 일반적으로 생산자와 소비자를 **단절**하는 역할을 하여, 상품이 만들어진 조건에 대한 소비자 측의 책임을 포기하도록 조장한다. 소비자는 단순히 자신이 구매한 모든 것의 **사용가치**—즉 개인에 대한 특정 상품의 유용성—로부터 이익을 얻을 수 있다. 이는 소비하는 상품의 역사(및 지리적 기원)를 적극적으로 알고 싶어 하는 양심적인 소비자와 세계경제 내의 상호 연결과 상호의존성을 이해하려는 경제지리학자 둘 다에게 심대한 도전을 제기한다. 실제로 맥도날드사의 아침식사(Big Breakfast)를 구입하거나 스타벅스 카페에서 라떼 한 잔을 마시는 것만으로도 소비자들은 자신도 모르게 전 세계의 복잡한 연결망에 연루된다(자료 4.1 참조).

물론 우리가 소비하는 상품 중 부둣가에서 생선을 사거나 지역 농산물 시장에서 과일을 사거나 개인 미용실에서 이발하는 것처럼 훨씬 지역적인 **일부** 상품들이 존재한다. 이러한 방식으로 상품생산과의 우리의 분리가 최소화되고, 생산자와의 관계가 한층 직접적이고 서로 연결된다. 그럼에도 불구하고 대부분의 물건과 서비스의 경우 생산자와 우리의 관계는 다양한 장소와 규모에 걸쳐 훨씬 먼 거리로 뻗어 있다.

자료 4.1 커피, 카페 그리고 연결

1971년 워싱턴주 시애틀의 유명한 파이크 플레이스 마켓(Pike Place Market)에서 설립된 스타벅스(Star-bucks)는 전 세계에서 가장 큰 커피숍 체인이 되었다. 2016년 10월 현재 스타벅스는 미국 내 7,880개 매장과 70여 개국에서 4,831개의 매장을 직접 운영하고 있다. 이들 국가에 걸쳐 1만 2,374개의 매장에 라이선스를 부여하고, 전 세계적으로 25만 4,000명의 직원을 고용하였으며, 매일 수백만 명의 고객들에게 서비스를 제공하고 있다(https://www.starbucks.com, 2017년 9월 14일 접속). 이 회사는 30가지 이상의 커피와 차 외에도 추가로 다양한 스낵과 음료를 제공한다. 스타벅스는 마케팅과 매장 정보 전략을 통해 스타벅스 카페에서 커피를 마시는 '식견 있는' 문화를 만들기 위해 노력하고 있다. 예를 들어, 기업 웹사이트에는 광위범한 커피 교육이라는 공간이 있으며, 그 여러 페이지에서 라틴아메리카, 아프리카, 동남아시아산(産) 커피를 설명하고 대조하며('당신에게 꼭 맞는 커피를 찾으세요'라는 제목 아래), '지리는 풍미다(Geography Is a Flavor)'라는 모토로 커피를 마케팅하곤 하였다(그림 4.1). 웹사이트의 다른 곳에서는 각각의 원두커피가 그열대 원산지(예로 케냐, 동티모르, 에티오피아, 베트남)에 대한 명확한 언급과 함께 설명되어 있으며, 다채로운 지도와 재배지를 연상시키는 설명으로 가득 차 있다. 예를 들어, 베트남 달랏은 "진귀한 제안—베트남에서 온 유일한 두 번째 스타벅스 리저브(Starbucks Reserve®) 커피 … 커피가 나온 지역만큼이나 독특한 커피입니다."라고 묘사되어 있다. 이 전략은 커피 마시는 것을 일상적 활동에서 특별한 역사와 지리를 지닌 상품으로서의 커피에 대한 특정 종류의 지식을 포함하는 더 의미 있는 소비 과정으로 바꾸는 것이 분명하다.

그러나 이 정교한 마케팅 전략에 대해 좀 더 비판적인 해석을 제시할 수 있다. 스타벅스가 제공하는 정보

그림 4.1 스타벅스의 '지리는 풍미다'
출처: Clive Agnew.

는 커피와 커피의 공간적으로 분산된 생산 과정에 관한 매우 부분적인 해석을 나타낸다. 상품으로서 커피는 덜 입맛에 맞는 이야기도 많이 가지고 있다. 예를 들어, 오늘날 글로벌 커피산업에 내재된 지배와 착취 구조—그리고 실제로 그들의 식민지 기원—는 전적으로 간과되고 있다. 지난 20년 동안 글로벌 커피산업의 이야기는 생산량 증가와 가격 하락 중 하나였고, 그 결과 빈곤한 열대 국가의 수백만 명의 농부와 농장 노동자의 노동 및 생활 조건은 점점 더 한계에 이르렀는데, 이들 국가의 대부분은 커피 수출에 크게 의존하고 있다(커피는 에티오피아 전체 수출의 50% 이상을 차지한다). 같은 기간 동안 글로벌 산업을 지배하는 주요 커피 로스터 회사(JAB과 네슬레 등)와 소매업체[스타벅스와 맥카페(McCafé) 등]는 그들의 커피 제품에 상당한 이윤을 유지할 수 있었다. 요약하면, 스타벅스는 각종 문학작품 및 매장 진열을 통해 글로벌 커피산업에 대한 매우 선택적이고 낭만적인 해석을 제공하고 있다. 우리는 이 장의 뒷부분에서 이러한 개념으로 돌아갈 것이다.

더군다나 우리가 일상생활에서 상품에 관해 받는 **이미지**는 이들 상품의 기원과 사회적 관계를 더욱 은폐하거나 왜곡하는 데 적극적인 역할을 할 수 있다. 그 자체로 중요한 경제부문인 광고는 여기서 극히 중요하고 영향력이 있다. 광고주들은 다양한 이미지의 생성을 통해 특정 상품과 서비스에 대한 시간 및 장소 특수의 의미를 확립하고자 하는데, 이는 그 생산 현실과는 전혀 다를 수 있다. 예를 들어, 선진국 시장의 금 장신구에 대한 광고를 생각해 보자. 이들 광고는 사진과 문구를 능숙하게 조합하여 사랑, 열정, 로맨스, 헌신 등 제품과 연관되는 특정 개인에 맞춘 가치와 감정을 강조하는 경향이 있다(광고와 그 중심 메시지를 와해시키고 뒤엎으려는 시도를 살펴보려면, www.adbusters. org 참조).

흥미롭게도 어떤 경우에는 원산지가 제품을 더욱 매력적이고 긍정적으로 만들기 위해 일정한 방식으로 구성된다(Pike, 2015). 많은 상류층 소비자들은 스위스산 시계, 이탈리아산 의류, 프랑스산 와인, 벨기에산 초콜릿, 독일산 자동차, 일본산 디지털카메라처럼 고품질 상품과 연관되는 것으로 잘 알려진 장소에서 만들어진 상품에 기꺼이 더 많은 비용을 지불하려고 한다. 상품 포장에는 원산지에 대한 과장된 시각을 제공하는 이미지와 라벨이 표시되기도 한다. 예를 들어, 커피 원두는 '이국적인' 열대 원산지[스타벅스의 에티오피아 비타(Bitta) 농장 또는 동티모르의 타타마일라우(Tata-mailau) 상표]를 강조하기 위해 정기적으로 라벨을 붙이고 포장하며, 해당 국가명의 소유권을 두고 주요 커피 브랜드와 맞서 싸우려는 저개발국가들의 극심한 빈곤 수준을 드러나지 않게 한다. 마찬가지로 이탈리아 의류 제조업체는 '메이드 인 이탈리아'의 패션 제품을 대량생산하기 위해 중국에서 온갖 싼 임시 노동자들에 점점 더 의존하고 있다(Lan, 2015). 따라서 광고와 브랜드명은 생산자와 소비자의 단절을 더욱 두드러지게 하는 강력한 힘으로 작용한다.

이제 세계경제를 연결하는 데 있어 상품의 의의와 그 생산의 사회적 관계가 더욱 명확해져야 한다. 이는 가장 평범하고 일상적인 소비 행위조차도 우리를 이러한 상품들에 투입된 노동력인 '멀리 떨어진 이방인'과 연결망으로 묶어 준다는 사실을 암시한다. 따라서 상품들은 단지 즉각적인 시장과 사용가치 그 이상으로 여겨질 필요가 있다. 오히려 모든 상품은 생산의 사회적 관계의 묶음으로, 달리 말해 소비자가 구매할 수 있도록 해 주는 다양한 집단의 사람들 간의 연결 체계 전체를 대표하는 것으로 간주되어야 한다. 이러한 방식으로 상품생산의 기저를 이루는—일정 소비자에게는 용납될 수 없는—노동조건과 젠더 관계가 밝혀지고, 도전받고, 궁극적으로 개선될 수 있다(제14장 참조). 현 시대에 이는 갈수록 **글로벌** 규모로 생산과 소비의 상호의존성을 드러내는 것에 관한 것이며, 상대적으로 부패하기 쉬운 식품부터 스마트폰과 자동차와 같은 첨단기술 제품에 이르기까지 다양한 상품을 포함한다.

4.3 생산 네트워크: 멀리 떨어진 장소와 경제를 연결하는 것

그렇다면 한 잔의 커피, 티셔츠, 스마트폰 같은 일상적 상품의 글로벌 생산에서 기저를 이루는 모든 다양한 행위자와 활동들을 어떻게 하나로 모을 수 있을까? 우리는 우선 **상품사슬**(commodity chain)로서 다양한 생산 단계에 대한 간단한 개념화와 함께 논의를 시작하며, 나중에 이 개념을 서로 다른 장소와 경제에 입지한 다양한 행위자로 구성되어 있는 **생산 네트워크**(production network)로 확장하고자 한다. 그림 4.2는 아침 식사로 먹는 시리얼의 매우 단순화된 상품사슬을 간략하게 나타내는데, 이는 초기 원료에서 소비재 식품의 형태인 최종산출물로 전환되는 것을 보여 주고 있다. 이러한 산출물은 물류 및 소매와 같은 서비스를 통해 우리에게 제공된다. 보다 복잡한 방식으로 이 전환에는 핵심 활동(생산, 마케팅, 배송, 서비스)과 지원 활동(관촉, 기술, 재무, 인적 자원 및 전반적인 인프라)이 포함된다. 따라서 상품사슬은 단순히 제조 과정에 관한 것이 아니다. 즉 사슬에 대한 많은 투입물과 생산되는 최종상품의 대부분은 무형적 서비스의 형태를 취할 것이다.

유형적 상품(스마트폰과 같은)이나 서비스(학자금대출 또는 신용카드)를 생산하는 데 있어 우리는 이러한 상품사슬에 **행위자와 그 활동들**을 넣고 **누가** 실제로 그 생산에 관여하고 있는지를 질문할 필요가 있다. 때때로 상품사슬의 서로 다른 각 단계에 연관된 다양한 기업활동을 관리하는 여러 기업들이 있다. 이들 기업 간의 관계는, 각 단계가 해당 상품과 서비스의 생산 과정에 가치를 더하는 순차적 사슬이라기보다 상호작용의 복잡한 망 또는 **네트워크** 속에 함께 연결되어 있다. 경제지리학에서 글로벌 생산 네트워크(Global production networks, GPN)의 관점(자료 4.2 참조)은 운동화 한 켤레나 스마트폰과 같은 소비자 제품의 글로벌 생산을 조직하는 것이 어떻게 단순한 프로세스와 거리가 먼 것인지를 설명한다. 조직적으로 분리되고 공간적으로 분산된 생산 네트워크는 복잡한 글로벌 경제와 불균등한 발전의 결과를 점점 더 주도하는 새로운 형태의 경제 구조를 구성하고 있다(Coe and Yeung, 2015).

자료 4.2 글로벌 상품사슬 및 글로벌 가치사슬에서 글로벌 생산 네트워크로

1990년대 중반 글로벌 상품사슬(global commodity chains, GCC)은 현대 세계경제에서 생산과 소비의 변화하는 공간 조직을 이해하기 위한 새로운 개념 범주로 출현하였다. 각 글로벌 상품사슬은 투입-산출 구조(무엇이 들어오고 나가는지), 지리(어디에서 발생하는지), 거버넌스(누가 사슬의 어느 부분을 통제하는지), 제도적 맥락(정부, 노동단체 등의 역할)의 4가지 상호 관련된 차원을 갖는 것으로 간주되었다. 2000년대 초반부터 글로벌 상품사슬의 접근 방법은 이러한 사슬에서 기업 간 권력관계가 다양한 기술적 표준과 제품의 복잡성에 의해 어떻게 주도될 수 있는지에 초점을 맞추는 글로벌 가치사슬(global value chains, GVC)의 관점으로 진화하였다. 경제사회학, 개발연구, 산업연구 분야의 학자들을 한데 모은 글로벌 상품사슬 및 글로벌 가치사슬의 틀은 경제지리학에서 글로벌 생산 네트워크의 틀을 개발하는 데 중요한 출발점이 되었다. 글로벌 생산 네트워크의 틀은 **어떤** 행위자들이 생산 네트워크를 조직하는 책임을 맡는지, 그들이 서로 다른 산업과 지역에서 **어떻게** 활용하는지, 무엇이 경제적 가치가 창출되고 포착되는 **곳**에 영향을 갖는지와 같은 주요 질문과 명시적으로 연계되어 있다. 기업과 비기업 기관과 같은 행위자들을 공통의 분석틀로 끌어들임으로써, 글로벌 생산 네트워크의 분석은 다중적 공간 규모에서 글로벌 생산과 불균등 발전을 분석하기 위한 보다 역동적인 개념적 틀을 제공하고자 한다.

　그렇다면 글로벌 생산 네트워크란 무엇인가? 그것은 어떻게 조직되고, 어떻게 출현하는가? 매우 간략한 요약이 여기서 유용하다. 1960년대 이후 선진국 기업들은 국경을 넘어선 생산 활동, 즉 저비용 국가에 해외 공장을 설립해 왔다. 이러한 국제화 과정을 통해 그들은 초국적기업(TNCs, 자세한 내용은 제5장 참조)이 되었다. 시간이 지남에 따라 이들 초국적기업은 비용이 상승하거나 다른 기업이 특정 상품과 서비스를 더 잘 생산할 수 있기 때문에, 모든 것을 스스로 계속해서 만들고 싶어 하지 않는다. 결과적으로 기업들은 더 많은 부품과 서비스를 공급하기 위해 다른 기업에 의존하고 있다. 이러한 초국적기업들은 노동 및 금융 조직, 산업협회와 같은 다른 행위자와 기관과도 협력한다. 초국적기업의 운영 규모와 범위가 훨씬 글로벌화함에 따라 그들의 네트워크도 본질적으로 더욱 글로벌화하여, 글로벌 생산 네트워크의 출현으로 이어지고 있다. 따라서 글로벌 생산 네트워크는 글로벌 선도 기업이 조정하고 통제하는 네트워크 체계로 정의되는데, 글로벌 선도 기업은 해외 계열사, 전략적 파트너, 주요 고객, 비기업 기관으로 구성된 방대한 네트워크를 포함하고 있다. 이러한 선도 기업은 글로벌 경제의 핵심적 조형자이며, 이들 기업은 브랜드명, 기술, 제품/서비스, 마케팅 역량 등의 측면에서 시장의 선도자들이다. 최신의 글로벌 생산 네트워크의 접근 방법(GPN 2.0이라고 한다)에 관해서는 코와 영(Coe and Yeung, 2015), 영(Yeung, 2018)을 참조하라.

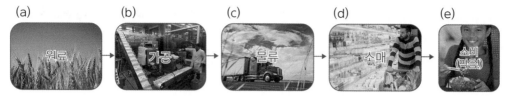

그림 4.2 우리가 먹는 아침 식사의 기본적인 상품사슬

출처: 왼쪽에서 오른쪽으로, ©ZoneCreative/iStockphoto; ©IP Galanternik D.U./iStockphoto; ©Doug Berry/iStockphoto; ©645974116/Shutterstock; ©Monkey Business Images/Shutterstock.

이 장에서 반복되는 상품인 **커피**의 글로벌 생산과 소비는 스타벅스와 같은 글로벌 브랜드명을 가진 소매업체와 수많은 다른 행위자들로 구성된 생산 네트워크의 좋은 예이다. 자료 4.1에 설명한 커피 원두의 지리에 더해, 표 4.1은 인스턴트 커피 한 봉지의 시장가치(거래 가격)가 어떻게 결정되고, 다양한 생산자(예를 들어, 커피 재배 농부)와 중개인(거래자)이 맞닥뜨리는 비용과 이익을 보여 준다. 이 생산 네트워크에서 나온 가치에서의 실질적인 차이는 원두(생콩) 1kg당 0.42달러($)로 거래자에게 판매하는 원두 재배 농부(생산자)와 분쇄 커피의 1kg당 각각 32달러와 171달러로 최종 소비자에게 판매하는 소매업자나 커피숍 간에 존재하는 것이 명백하다. 좀 더 구체적으로 말하면, 로스터(커피 볶는 사람), 소매업자, 커피숍은 커피 생산 네트워크에서 총 부가가치 또는 이익의 막대한 부분을 차지한다. 우리는 이러한 커피 생산 네트워크 내의 가치 창출과 점유에서의 엄청난 차이를 어떻게 이해할 수 있는가? 누가 이 네트워크에서 가장 많은 권한을 가지며, 그것은 어떻게 지배되고 있는가?

독특한 **투입─산출 구조**를 특징으로 하는 특정 커피 생산 네트워크에 연관된 행위자들의 광범위한 역할과 범위를 이해하는 것은 상품과 그 생산 과정을 제대로 이해하고 발전시키기 위한 첫 번째 단계

표 4.1 커피 생산 네트워크: 2011년 우간다에서 누가 가장 많은 이익을 얻고 있는가?

행위자	농부	생콩 거래자	반가공 원두 거래자	수출업자(등급이 매겨진 커피콩)	로스터	분쇄 커피의 소매업자	커피숍 (브루어)
kg당 수입	0.42	0.64	1.07	2.14	10.70	32.09	171.16
kg당 전체 작업 비용	0.37	0.53	0.75	1.23	6.42	19.26	86.01
kg당 총 부가가치액	0.05	0.11	0.32	0.91	4.28	12.83	85.15

주: 우간다실링(UGX)으로 표시된 원래 통화는 2011년 2,337우간다실링에 1달러의 환율로 미국 달러로 변환함.
출처: UNDP(2013), 표 3.1: 18에서 수정 인용함.

일 뿐이다. 그러나 이제 우리가 차례로 고려할 모든 생산 네트워크에는 보다 중요한 3가지 차원이 있다. 즉 생산 네트워크의 **지리**, 생산 네트워크를 조정하고 통제하는 방식인 그 **거버넌스**, 그리고 지역적, 국가적, 국제적 조건과 정책이 네트워크의 다양한 행위자를 형성하는 방식인 그 **제도적 틀**이다.

지리적 구조

아주 간단히 말해, 생산 네트워크의 지리는 특정 장소에 **집중**하는 것(고급 치즈나 샴페인)부터 광범위한 지역에 폭넓게 **분산**하는 것(스마트폰이나 컴퓨터)에 이르기까지 다양할 수 있다. 스마트폰과 커피에 관한 앞선 논의가 생생하게 보여 주듯이, 현대 글로벌 경제에서 비록 한두 개의 투입물의 조달이나 최종 상품 및 서비스의 제한된 수출 시장에서 보이더라도 적어도 어느 정도는 국제적이지 않은 생산 네트워크를 확인하는 것은 어렵다. 많은 것들이 폭넓은 범위의 국제적 연계에 통합된다. 이러한 지리적 영향력의 범위는 세계경제 전반에 걸쳐 어떤 행위자들이 함께 연결되는지를 정확히 결정할 뿐만 아니라, 네트워크에 포함되는 서로 다른 장소와 영역 간에 경제적 가치와 이와 관련된 경제적 개발이익의 불균등한 지리적 분포를 드러내어 주기 때문에 중요하다. 앞서 제3장에서 살펴본 것처럼, 주요 도시에서 고부가가치 활동(연구, 디자인, 마케팅 등)의 입지는 이러한 생산 네트워크를 통해 발생하는 공간적 불평등에서 특히 중요하다.

우리는 생산 네트워크의 지리적 구조에 관해 5가지의 추가적인 논점을 지적할 수 있다. 첫째, 일반적으로 생산 네트워크의 **지리적 복잡성**은 운송, 통신, 공정 기술의 폭넓은 발전으로 인해 증가하고 있다. 우리는 이제 이전의 경우보다 훨씬 넓은 범위의 지리적 기원지로부터 일상용품을 구매할 수 있다. 둘째, 생산 네트워크의 지리적 구성은 **더욱 역동적**이 되고 있으며 급격하게 변화하기 쉽다. 이러한 유연성은 일정한 공간축소 기술(예로 운송 및 통신 체계의 대대적인 개선)의 활용과 생산능력의 신속한 공간적 전환을 가능하게 하는 새로운 조직 형태로부터 비롯된다. 특히 이 유연성은 기업이 생산 자체를 이동하는 비용을 초래하지 않고 다른 기업 및 장소 간에 계약을 전환할 수 있도록 하는 **외부** 아웃소싱(outsourcing), 하청, 전략적 제휴 관계의 활용이 증가함에 따라 발생한다(자세한 내용은 제5장 참조). 셋째, 이와 관련하여 생산 네트워크의 지리를 이해하는 것은 특정 장소 또는 국가에서 각 생산활동을 입지시키는 것만큼 간단하지 않다. 서로 다른 장소와 지역의 행위자를 연결하는 역할 덕분에, 생산 네트워크는 또한 **장소 간 경쟁**의 역동성을 드러낸다(Phelps, 2017). 다른 지역에 있는 기업들은 서로 다른 진입 지점에서 시장점유율을 두고 경쟁하거나 생산 네트워크에 '접속(plug-in)'하려고 할 수 있다. 다시 말해, 생산 네트워크에 관련된 서로 다른 지역들이 시장점유율과 수익성을 보호하기 위해 경쟁적인 업그레이드(upgrading) 전략에 참여할 수 있다(자료 4.3 참조). 브라질, 중국, 인도와 같은 개발도상국은 업그레이드 전략을 성공적으로 추구하는 기업의 본거지인 지역이 종종 급속한 경제성장과 긍정적인 개발 결과를 경험한다.

핵심 개념

자료 4.3 업그레이드 전략: 생산 네트워크에의 참여를 통해 더 잘할 수 있는 방법

서로 다른 지역의 기업과 행위자(예를 들어, 고용인과 투자자)가 더 오래 지속되는 일자리나 높은 경제적 수익을 제공하는 생산 네트워크의 어느 부분에 참여한다면, 그들은 시간이 지남에 따라 더 나은 성과를 거둘 수 있다. 그러나 이러한 위치에 오르기 위해서는 이들 기업과 행위자는 업그레이드로 알려진 역동적인 과정을 통해 그들의 역량과 효율성을 향상시켜야만 한다. 업그레이드는 기업 또는 기업 집단이 네트워크 전체에서 상대적인 위치를 개선하는 것을 의미한다. 업그레이드의 4가지 다른 유형을 구분하는 것이 유용하다 (Humphrey and Schmitz, 2004).

- **공정 업그레이드**: 생산 공정을 재조직하거나 우수한 기술을 도입함으로써 생산의 효율성을 향상시키는 것이다. 예를 들어, 자동차나 전자 제조업체는 조립라인의 속도를 높이기 위해 로봇 기술을 도입할 수 있다.
- **제품 업그레이드**: 보다 세련된 제품이나 서비스를 만드는 방향으로 움직이는 것이다. 예를 들어, 기초 식품 가공 기업은 냉동 조리식품을 만들기 시작하거나 금융 회사는 새로운 종류의 보험 상품을 출시할 수 있다.
- **기능 업그레이드**: 수행하는 활동의 전반적인 기술 내용과 '부가가치'의 수준을 증진시키기 위해 네트워크에서 새로운 역할을 획득하는 것(그리고 기존의 기능을 포기하는 것)이다. 예를 들어, 전자 제조업체는 주문자상표부착생산(original equipment manufacturer, OEM)에 의해 하청받은 단순 조립에서 제조업자개발생산(original design manufacturing, ODM) 또는 자체상표생산(original brand manufacturing, OBM)으로 옮겨 갈 수 있다(자세한 내용은 제5장 참조).
- **부문 간 업그레이드**: 다른 부문으로 옮겨 가기 위해 특정 부문의 생산 네트워크에 참여하여 얻은 지식을 활용하는 것이다. 예를 들어, 어느 기업은 의류 제작(제조) 경험을 활용하여 패션 소매업(서비스)에 진입함으로써 생산에서 더 많은 가치를 획득할 수 있다.

개별 기업 차원에서 성공적인 업그레이드 전략은 그 소유자와 노동자의 부를 바꾸어 놓을 수 있다. 특정 장소와 지역 경제에서 이러한 성공 사례가 충분히 많이 발생할 때, 대규모 산업 전환이 일어날 수 있다. 실제로 글로벌 생산 네트워크에 '접속'함으로써 성공적인 업그레이드를 이룬 이 형태는 1970년대 이후 동아시아의 신흥공업국의 등장 배경이 되고 있다(제9장 참조). 예를 들어, 한국과 대만의 전자산업은 외국 소유의 전자제품 조립을 위한 하청 기지에서, 글로벌 경제에서의 새로운 컴퓨터와 정보통신기술(ICT)을 설계하고 생산하는 세계의 선도적인 중심지의 하나로 발전하기 위해 4가지 유형의 업그레이드 과정으로부터 혜택을 받았다(Yeung, 2016). 다른 많은 개발도상국의 경우, 국내 기업의 클러스터를 위해 글로벌 생산 네트워크의 성과를 더 많이 확보하고자 하기 때문에 광범위한 부문에서 업그레이드를 촉진하는 것이 주요 정책적 관심사로 남아 있다.

넷째, 생산 네트워크는 농업 및 제조업 부문의 특성일 뿐만 아니라, 많은 **서비스 부문**에서도 중심적이라는 점을 다시 강조하는 것이 중요하다. 예를 들어, 많은 서비스 기업은 현재 상대적으로 노동비가 저렴한 해외 각지—대표적으로 인도, 필리핀, 모리셔스, 자메이카, 트리니다드 토바고 등—에 입지한 다른 기업들에 일상적 데이터처리 작업과 소프트웨어 프로그래밍 기능을 아웃소싱하기 유리한 곳을 모색하고 있다. 다섯째, 우리는 마지막으로 생산 네트워크의 지리적 확장성과 복잡성에 대한 이러한 사고를 경제활동의 지리적 **클러스터화**에 관한 논의와 연계해야 한다(자세한 내용은 제12장 참조). 예를 들어, 거래의 강도나 해당 활동에 대한 장소 특수적 지식의 중요성 때문에 생산 네트워크 내의 몇 가지 종류의 상호작용이 동일한 장소 내에서 발생할 것이다. 경제 경관의 더 큰 모자이크에서 이들 '결절(node)'의 경우, 생산 네트워크는 주로 이러한 클러스터에 있는 기업, 노동자, 기타 경제주체를 세계경제의 다른 곳에 있는 그 상대들과 연결하는 조직 형태가 된다. 이러한 클러스터 간 연결은 지역 생산 및 혁신 역량의 업그레이드와 추가적인 발전에 중요할 수 있다[캘리포니아의 실리콘밸리와 대만의 신주(新竹) 과학기반산업단지라는 두 클러스터 간의 인력, 자본, 지식의 집약적인 흐름].

생산 네트워크의 투입과 산출 및 지리적 구조를 이해하는 것은 의심의 여지 없이 중요하지만, 통제와 권력관계에 관한 질문은 답변되지 않은 채 여전히 남아 있다. 맥도날드나 월마트, 애플이나 삼성을 생각해 보자. **누가** 글로벌 생산 네트워크(GPN)의 조직구조와 본질을 통제하고 있는가? **누가** 투입물을 어디에서 구매하며, 최종 상품 및 서비스를 어디에서 판매할 것인지를 결정하는가? 이는 우리를 거버넌스라는 중요한 이슈로 데려다준다.

거버넌스 과정

생산 네트워크의 거버넌스를 더욱 잘 이해하기 위해서는 자본주의의 핵심 경제주체인 기업에 초점을 맞추어야 한다. 지금까지 우리는 생산 네트워크가 어떻게 서로 다른 행위자의 혼합과 연계, 근거리 및 원거리 연결의 조합 등에 의해 구성되는지를 살펴보았다. 그러나 대부분의 경우 네트워크에는 체제 전체를 운영하는 주된 조정자 또는 선도 기업이 있다. 생산 네트워크에서 그 역할과 기능을 기초로 기업을 구분하는 이 초기 단계를 수행할 때, 우리는 표 4.2에서 다양한 기업, 즉 선도 기업, 전략적 협력업체, (산업 특수적 또는 다중/교차 산업의) 전문 공급업체, 일반 공급업체 등을 확인할 수 있다. 각 생산 네트워크는 반드시 하나의 중요한 **선도 기업**의 중심적 역할과 충분한 수의 자체 자회사(기업 내 네트워크의 연결), 전략적 협력업체와 공급업체(기업 간 네트워크), 다른 정부 및 비정부 기관(기업 외 네트워크) 등의 그 조직적 조정과 통제 및 지리적 배치를 수반한다. 한 선도 기업의 산업적 위치는 그 시장지배력(예를 들어, 수익 또는 시장점유율) 혹은 제품 규정력(브랜드화, 기술, 노하우)의 측면에서 측정될 수 있다. 여러 산업에 관련된 기업은 한 산업의 선도 기업[예를 들어, 반도체에서 인텔(Intel)]과 다른 산업에서의 공급업체(노트북 컴퓨터에서의 인텔)가 수행하는 것과 전혀 다른 기능적 역할을 할 수 있다.

글로벌 선도 기업은 대부분의 제조, 서비스, 자원 산업에 존재한다. 제조업부문에서 그리고 서로 다른 입지에 있는 **기업 내 자회사**를 통해 글로벌 선도 기업은 주로 연구개발(R&D)의 업스트림(upstream) 활동과 브랜드화, 마케팅, 판매 후 서비스의 다운스트림(downstream) 활동을 전문적으로 다룬다. 이들 선도 기업은 보통 주문자상표부착생산(OEM)과 자체상표생산(OBM)에 관여하고 있다. 글로벌 선도 기업은 고부가가치 제조 활동 및 서비스(브랜드화와 마케팅)를 계속하고 있지만, 그 제품 범주의 상당 부분을 일부 또는 완전한 제조 솔루션(manufacturing solution)을 제공하는 공급업체나 다른 기업에 아웃소싱해야 하는 상황에 점점 더 직면하고 있다. 이는 수평적 또는 **기업 간 생**

표 4.2 글로벌 생산 네트워크의 행위자로서의 기업들

글로벌 생산 네트워크의 행위자	역할	부가가치 활동	제조업의 사례	서비스산업의 사례
선도 기업	조정과 통제	제품과 시장 정의	애플과 삼성 (정보통신기술); 도요타(자동차)	HSBC(홍콩상하이은행)(은행업); 싱가포르항공(운송)
전략적 협력업체	선도 기업에 대한 부분적 혹은 완전한 솔루션	제조업이나 고차 서비스업에서 공동 설계 및 개발	홍하이(Hon Hai) 또는 플렉스트로닉스(Flextronics) (정보통신기술); 찬라트파브리크(ZF)와 콘티넨탈(Continental)(자동차)	IBM 뱅킹(은행업); 보잉(Boeing) 또는 에어버스(Airbus)(운송업)
전문 공급업체 (특정 업종)	선도 기업과 해당 협력업체를 지원하기 위한 전용 공급	고부가가치 모듈, 부품 또는 제품	인텔(정보통신기술); 델포이(Delphi)와 덴소(Denso)(자동차)	마이크로소프트(정보통신기술); 피델리티(Fidelity) 또는 슈로더스(Schroders)(은행업); 아마데우스(Amadeus)(운송업)
전문 공급업체 (다중 산업)	선도 기업이나 협력업체에 중점적 공급	산업 간의 중간재나 서비스	DHL(정보통신기술); 파나소닉 오토모티브(Panasonic Automotive)(자동차)	DHL(은행업); 파나소닉 애비오닉스(Panasonic Avionics)(운송업)
일반 공급업체	독립적인 공급업체	표준화되고 저부가가치 제품 또는 서비스	정보통신기술 및 자동차 제조업의 플라스틱 제조	은행과 운송 서비스의 청소업

출처: Yeung and Coe(2015), 표 3에서 수정 인용함.

산 네트워크의 확산을 가져왔다. 예를 들어, 정보통신기술, 의류, 완구, 신발 등 대부분의 글로벌 산업에서는 대형 계약 제조업체가 그들의 선도 기업 고객에게 기술적 솔루션과 막대한 규모 및 범위의 경제를 제공하기 위해 등장하였다. 많은 경우, 이러한 독립 제조업체는 초기의 저비용 주문자상품생산 공급업체의 역할에서 벗어나 점차 제조업자개발생산(ODM)에 관여하게 되는데, 주문자상품생산의 선도 기업에 부분적 또는 완전한 설계와 제조 서비스를 제공한다.

자동차와 전자 산업에서 선도 기업은 전문 공급업체(예를 들어, 모듈 및 핵심 부품)와 일반 공급업체(플라스틱 부품)로부터 투입 재료를 통합하여 완제품이나 중간재(반도체)를 생산할 수 있다. 도요타(Toyota)와 폴크스바겐(Volkswagen)과 같은 선도적인 생산업체나 조립업체는 말 그대로 전 세계에 흩어져 있는 수천 개의 자회사와 다양한 계층의 하청업체뿐만 아니라 광범위한 글로벌 유통업체 및 중개인을 연관시킨 생산체제를 조정한다. 기술적·전략적 우려 때문에, 이들 선도 기업은 고객에 대한 제품의 품질과 전달을 더욱 잘 통제하기 위해 생산 과정의 필수적인 부분을 직접 수행하는 것을 선호한다. 이러한 배송과 유통에는 물류 및 소매 서비스 제공업체와 같은 다른 회사가 연관될 수 있다. 이들 제품의 제조업체로서 선도 기업들은 정부 및 비정부 행위자들로부터 강도 높은 로비와 기타 개입의 대상이 되고 있다(제9장과 제10장 참조).

서비스산업에서는 예를 들어 주요 은행들이 기업 고객과 개인 소비자에게 금융 상품과 서비스를 제공하기 위해 전문 공급업체(컴퓨터 하드웨어와 정보 체계)의 물적·무형적 투입을 활용하는 선도 기업이다. 이 거버넌스 모델에서 우리는 일차적으로 선도 기업과 전문 공급업체 및 주요 고객과의 전방 및 후방 연계에 초점을 맞추는 경향이 있다. 그러나 도매 및 소매업 부문에서는 전 세계적으로 자체 생산 네트워크를 운영하는 선도 기업으로서 매우 크고 강력한 글로벌 구매자들을 확인할 수 있다. 이들 글로벌 구매자는 대형 소매업체(월마트, 테스코, 까르푸, 이케아와 같은)와 브랜드명 판매업체들(아디다스, 나이키, 갭과 같은)이 보통 수출지향적인 개발도상국들에 입지하면서 글로벌 생산 네트워크를 확립하고 통제하는 데 중심적 역할을 하는 산업들에서 발견되는 경향이 있다. 이러한 소매업체와 브랜드명 판매업체들은 전 세계의 전문 공급업체(제조생산업체)로부터 공산품을 공급받거나 구매하기 때문에 전체적으로 선도적 **구매자** 기업으로 알려져 있다.

따라서 생산 네트워크의 구매자는 최종 소비자가 **아니라** 이들 상품을 최종 소비자에게 제공해 주는 소매업체, 판매업체, 도매업체라는 점에 유의하는 것이 중요하다. 이와 같은 형태의 구매자 주도 생산 네트워크는 의류, 신발, 완구, 수공예품과 같은 노동집약적 소비재부문에서 일반적이다. 생산은 대개 강력한 선도 구매자 기업의 사양에 따라 최종 재화를 만드는 하청업체와 공급업체의 다층적 구조를 통해 수행되고 있다. 이러한 네트워크의 이익은 디자인, 판매, 마케팅, 금융 전문 지식을 결합하여, 소매업체와 판매업체들이 해외 공장을 주요 소비자 시장과 연결할 수 있음으로써 발생한다. 따라서 통제는 대형 선도 구매자 기업이 강력한 브랜드명으로 대량소비 패턴을 형성하고, 이러한 수요를 공급업체/생산업체의 글로벌 소싱(global sourcing) 전략으로 충족시킬 능력을 통해 이루어진다(자료 4.1의 커피 생산 네트워크와 스타벅스의 사례를 참조). 이러한 생산 네트워크는 생산 조건은 물론이고 그 공급업체/생산업체의 표준까지 지시할 수 있는 권한과 역량을 가진 선도 구매자 기업에 의해 특징지어진다.

이 같은 보다 노동집약적인 산업에서 선도 구매자 기업의 행동은 다양한 국가와 영역에 입지한 수많은 공급업체의 생산 관행(또는 과실)과 작업 조건을 이해하는 데 결정적인 영향을 미친다. 수백만 명의 소비자에게 직접 접근할 수 있는 월마트와 나이키 같은 대규모 선도 구매자 기업은 개발도상국에서 제조된 의류에 대한 글로벌 소싱에서 막대한 규모의 경제를 달성할 수 있다. 이 산업의 하단부에서의 가격경쟁은 상대적으로 자본과 기술 요구사항이 낮고 진입장벽이 낮기 때문에 특히 치열하다. 저비용 공급업체 간의 '바닥치기 경쟁'을 향한 이러한 경향은 일반적으로 **노동착취공장(sweat-shop)**으로 알려진 수용할 수 없을 정도로 어렵거나 위험한 노동조건을 조성하는 환경을 만들고 있다. 노동착취공장의 역사는 19세기의 산업혁명으로 거슬러 올라갈 수 있지만, 오늘날 그 세계적인 시현은 선도 구매자 기업에 의해 주도되는 이러한 생산 네트워크 출현의 결과이다. 예를 들어, 월마트, 갭, 나이키는 노동착취공장의 조건을 찾을 수 있는 아프리카와 동아시아 및 동남아시아의 해외 공급업체들과의 연결로 인해 활동가와 주류 언론으로부터 여러 차례 격렬한 비판을 받았다. 이와 같은 글로벌 생산 네크워크(GPN)의 지리적·조직적 역동성을 이해하는 것은 선도 기업-공급업체 간의 관계와, 그들의 최종 소비자를 위한 가격과 선택뿐만 아니라 글로벌 소매 대기업의 진열대에 오른 상품을 저렴해지도록 만드는 노동을 제공하는 '먼 이방인'에 대한 영향을 더 잘 인식할 수 있게 한다. 대부분의 노동착취공장은 젊은 여성 노동자를 고용하는 경향이 있고 개발도상국에 입지하기 때문에, 의류의 글로벌 생산 네트워크는 젊고 부유한 여성 소비자를 대상으로 하는 디자이너 의류부터 수만 명의 여성 노동자를 고용하는 대량생산에 이르기까지 전체 네트워크에서 젠더 관계를 이해할 수 있는 지극히 소중한 창을 제공한다(자세한 내용은 제6장 참조).

제도적 맥락

생산 네트워크의 거버넌스는 매우 역동적인 사안이다. 그 본질은 해당 부문이나 산업에 의존할 뿐만 아니라, 이러한 네트워크로 함께 연결되는 장소와 영역의 정확한 배열에 달려 있다. 이는 네트워크의 모든 결절이 그것이 자리 잡고 있거나 착근된 **제도적 맥락**에 연결되고, 제도적 맥락에 의해 형성되기 때문이다. 실제로 생산 네트워크와 그 제도적 맥락 간의 교차점은 많고 다양하다. 이 제도적 맥락은 국제적인 규칙과 협정, 수용국 정부의 규제와 선호, 산업 전반의 표준화 및 요구사항, 심지어 제3자의 모니터링 활동 등과 관련될 수 있다.

우리는 이 복잡성을 이해하기 위해 두 가지 방법으로 서로 다른 제도적 맥락을 구별할 필요가 있다. 첫째, **공식적인** 제도적 틀과 **비공식적인** 제도적 틀을 구별할 수 있다. 전자는 경제활동이 특정 장소에서 어떻게 행해지는지를 결정하는 규칙과 규제(예를 들어, 무역정책, 조세정책, 장려책, 보건 및 안전/환경 규제 등)와 관련된 반면, 후자는 특정 장소의 기업가적·정치적 문화와 관련된 덜 유형적이고 장소 특수적인 **사업 방식**을 말한다. 둘째, 서로 다른 **공간 규모**에서 제도적 맥락이 어떻게 중요한지를 생각하는 것은 유용하다. 하위 국가적 규모에서 지방정부는 지역 내 특정 유형의 경제발전을 추진하고 촉진하기 위해 다양한 정책을 실행할 수 있다(더 많은 연구개발을 수행하는 기업을 위한 면세 기간, 지역 노동자를 보호하기 위한 최저임금 입법과 같은). 국가적 규모로 볼 때, 국가는 국경 내에서의 경제성장을 시도하고 촉진하고 조종하기 위한 광범위한 정책 수단을 여전히 행사하고 있다(자세한 내용은 제9장 참조).

거시 지역적 규모에서는 다양한 지역 블록이 해당 관할권이 미치는 범위 내에서 무역 및 투자 흐름에 상당한 영향력을 행사한다(제10장 참조). 그리고 세계적 규모에서는 세계무역기구(WTO)와 국제통화기금(IMF)과 같은 기관들이 글로벌 무역 및 금융 관계에 대한 게임의 규칙을 만든다. 따라서 심지어 식품이나 의류에 대한 비교적 단순한 생산 네트워크도, 기업과 경제 행위자뿐만 아니라 네트워크의 규제, 조정, 통제를 담당하는 다른 비기업 행위자도 연관시키기 때문에 광범위한 다중 규모의 제도적 맥락을 교차시키고 연결한다. 예를 들어, 에콰도르와 프랑스를 연결하는 바나나 생산 네트워크는 프랑스와 미국 바나나 수입업체의 기업 전략, 에콰도르와 프랑스의 경제정책, 안데스공동시장(Andean Common Market)과 유럽연합(EU)의 규칙과 규제, 세계무역기구의 규칙과 규제, 이에 더해 두 국가 내에서 더 국지화된 특정 정책 이니셔티브(initiative) 등으로부터 영향을 받을 수 있다. 인구 약 16만 5,000명의 카리브해의 작은 도서국가인 세인트루시아(St. Lucia)에서는 전통적인 수출시장인 영국이 2005년 8월 세인트루시아와의 특혜무역협정을 폐지해야만 하였을 때, 1만 명의 바나나 농부 중 3분의 2가 수익을 잃었다. 이는 치키타(Chiquita)와 같은 미국이 통제하는 바나나 회사들이 영국의 과거 식민지에 대한 무역 특혜를 세계무역기구에 제소하였고, 세계무역기구가 치키타에 유리한 판결을 내렸기 때문에 발생하였다. 그 이후로 세인트루시아의 바나나산업은 라틴아메리카의 다른 저비용 바나나 생산업체와의 치열한 경쟁으로 인해 손쓸 수 없는 쇠퇴를 겪었다. 영국의 종래 바나나 시장에서의 점유율은 1990년대 초반 40%에서 2010년대 중반 10% 미만으로 감소하였다(https://www.theguardian.com, 2017년 9월 16일 접속).

　우리는 커피산업의 사례로 돌아감으로써 변화하는 제도적 맥락이 생산 네트워크에 미칠 수 있는 심대한 영향을 좀 더 설명할 수 있을 것이다. 커피는 2016년 전 세계 생산량의 70%를 차지하는 브라질(34%), 베트남(19%), 콜롬비아(9%), 인도네시아(8%) 단 4국의 열대 개발도상국에서 압도적으로 재배되고 있다. 이 상품은 전 세계적으로 약 2,500만 명에 달하는 커피 농가에 생계를 제공한다. 그러나 그 커피의 대부분(매년 소매 판매액이 1,000억 달러 이상의 가치가 있다)은 역사적으로 미국과 유럽연합이 선도하는 선진국에서 소비되었다(그림 4.3 참조. 여기서 또한 아시아와 기타 국가의 신흥 중산층 사이에서 커피 소비의 증가 추세를 발견할 수 있다). 커피 생산 네트워크에 대한 제도적 맥락의 변화는 세계적 그리고 국가적 규모 모두에서 고려될 수 있다. **세계적** 규모에서 1962년 이래 커피의 국제무역은 7차에 걸친 일련의 국제커피협정(International Coffee Agreements, ICAs)에 의해 통제되어 왔으며, 그중 가장 최근의 협정은 2007년 9월에 체결되었다(2011년 2월에 발효). 이들 협정은 국제커피기구(International Coffee Organization, ICO)에 의해 관리되는데, 이 기구는 1963년 유엔(UN)의 후원으로 런던에 설립되고 주요 정부간 기구로 약 43개 커피 수출국과 7개 수입국의 대표로 구성되었다(http://www.ico.org, 2017년 9월 14일 접속).

　국가적 규모에서 많은 수출국은 역사적으로 커피 마케팅위원회(coffee marketing baard)를 설립하였다. 이 위원회는 생산국 내에서 시장을 통제하고 품질을 조사하며, 수출업체와 국제무역업체에 대한 연결 또는 중개자로서 역할을 하는 정부 기관이었다(그림 4.4). 수백만 명의 개별 농부와 재배자들에게 이 위원회는 그들과 국제시장 사이에 중요한 완충자 역할을 하였다. 그러나 1989년 7월 4일에 1983년의 국제커피협정에 들어 있는 쿼터 및 통제 조항이 생산량 증가와 비회원 수출국, 특히 베트남(2001년에야 국제커피기구에 가입)의 저가 경쟁에 직면하여 유예되었다. 따라서 커피 가격은 1990~1992년 동안 사상 최저치를 기록하였다. 예를 들어, 베트남 중부 고지대에서 재배된 로부스타(Robusta) 커피의 수출이 1990년대에 급격히 증가하여—1990년 단 10만 톤에서 2005년 100만 톤, 2016년 170만 톤으로 증가—글로벌 시장에 공급과잉을 야기하고 가격 하락에 심각한 압력을 가하였다.

　국제커피협정 쿼터제도의 종결은 오늘날 자유화된 시장 기반의 커피 무역 체제가 커피 가격을 낮추고 변동성을 높임으로써 커피 생산 네트워크의 힘의 균형을 극적으로 변화시켰다(2011년 4월 1파운드당 2.31달러에서 2017년 8월 1파운드당 1.28달러로 하락). 1990년대 초반부터 협상력은 소비국 기업들, 특히 소수 그룹의 브랜드명 로스터업체와 인스턴트커피 제조업체의 손에 집중되어 왔

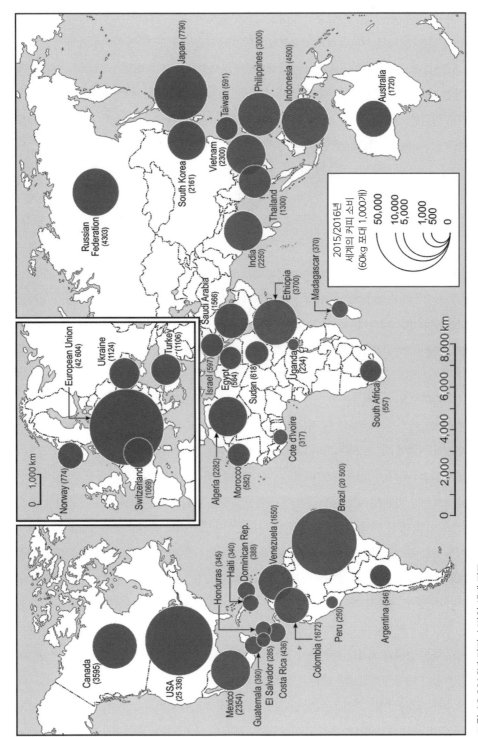

그림 4.3 2016년 커피 소비의 세계 지도

출처: www.ico.org, 2017년 9월 14일 접속.

다. 이들 행위자의 우세는 대부분 집중된 시장지배력과 규모의 경제에 대한 간단한 이야기이다. 즉 2015~2016년에는 전 세계 커피의 80%가 2,500만 명 이상의 소규모 농장 소유주에 의해 생산된 반면, 커피 거래의 60%와 커피 제품의 40%는 각각 8개의 무역업체와 10개의 로스터업체에 의해 통제되었다. 한편, 대형 커피 로스터업체와 음료 제조 기업은 그 생산 네트워크에서 농부들에게까지 영향을 미치는 엄격한 품질 표준을 점점 더 적용하고 있다. 커피 네트워크의 소득 가운데 선진국 시장이 보유하고 있는 비율은 상승한 반면, 재배 농가에 귀속되는 소득의 비율은 하락한 것으로 추정되었다(표 4.1 참조).

이와 동시에 수출국의 국가 커피 마케팅위원회는 해체되거나 제한적인 감독의 역할로 후퇴하여 커피 생산 네트워크 내에서 소외되었다(그림 4.4). 구매자-재배자의 관계는 오늘날 본질적으로 '독립적인' 시장의 연결이며, 가격은 뉴욕의 대륙간거래소(Intercontinental Exchage, ICE), 런던국제금융선물옵션거래소(London International Financial Futures and Options Exchange, LIFFE), 싱가포르상품거래소(Singapore Commodity Exchange, SICOM)(로부스타), 브라질의 상파울루 상품선물거래소(Commodiyies & Futures Exchange, BM&F), 도쿄곡물거래소(Tokyo Grain Exchange, TGE)(아라비카 및 로부스타)와 같은 국제상품시장에 의해 설정된다. 상호 연결된 국제적·국가적인 제도적 맥락에 대한 이러한 변화의 결과로, 전 세계 수백만 명의 커피 소자작농과 농부들은 글로벌 커피시장과 가격변동에 전면적으로 노출되어 있다. 최악의 경우, 이는 농부들이 실제로 작물을 생산하는 데 드는 비용보다 더 적은 가격을 받는 상황으로 이어질 수 있다. 커피의 예는 제도적 틀의 변화가 어떻게 생산 네트워크의 다른 3가지의 기본적 차원, 즉 투입-산출 구조(수출국의 커피 마케팅위원회의 우회), 지리적 구조(베트남 같은 새로운 생산국에서의 급속한 생산 증가), 거버넌스(선진국의 로스팅/가공 업체의 권력 집적)에 중대한 영향을 미칠 수 있는지를 잘 보여 준다.

전체적으로 이 장의 본 절에서는 생산 네트워크가 특정 제도적 맥락 속에서 세계경제 전반에 걸쳐 멀리 떨어져 있는 생산자와 소비자를 함께 연결하는 조직적 플랫폼이라는 것을 보여 주었다. 개별 생산 네트워크가 취하는 정확한 형태는—경제의 서로 다른 부문 내뿐만 아니라 부문 간에서—그 구조와 지리, 거버넌스, 제도적 맥락이라는 측면에서 매우 다양하다. 이러한 가변성과 복잡성을 이해하는 것은 우리에게 최소한 두 가지 방법으로 힘을 실어 주고 있다. 첫째, 그것은 상호 연결된 세계경제에서 서로 다른 **승자**와 **패자**를 확인하기 위한 중요한 걸음이다. 이러한 이해는 단지 생산 네트워크가 선도 기업과 대형 구매업체와 같은 기업의 실체에 관한 것이기 때문에 중요한 것이 아니다. 더욱 중요한 것은 그것이 이들 기업을 위해 일하는 사람들과 그들이 일하는 조건에 관한 것이기도 하다. 둘째, 글로벌 생산 네트워크를 완전히 이해함으로써 우리는 이러한 네트워크가 어떻게 작동하는

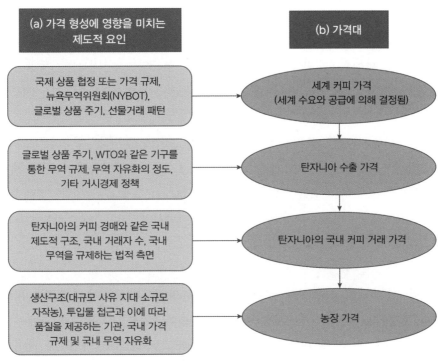

그림 4.4 커피 생산 네트워크: 탄자니아의 변화하는 제도적 틀

출처: Bargawi and Newman(2017), 그림 1에서 수정 인용함.

지, 어떻게 규제·관리되는지를 **변화**시킬 수 있다. 예를 들어, 제14장에서 윤리적 소비 운동을 살펴볼 것이다.

4.4 상품을 통합하는 것: 물류 혁명

세계경제가 다양한 부문에서 방대한 상품들을 생성하는 생산 네트워크를 통해 더욱더 상호 연결됨에 따라, 물질적 투입과 상품이 **어떻게** 네트워크를 따라 한 장소에서 다른 장소로, 그리고 어느 한 조직 단위(공장)에서 다른 단위(소매판매점)로 이동하는지에 관해 좀 더 학습하는 것은 필수적이다. 여기서 중요한 것은 세계적 규모에서 경제활동의 재편을 촉진하는 데 있어 물류의 역할이다. 운송 및 통신 기술의 강력한 조합으로 전 세계적으로 분산된 생산 네트워크의 요소들을 함께 연결하는 것은 생산자와 소비자 모두에게 전략적으로 중요하게 되었다. **물류**는 원산지에서 소비지까지 원료, 부품,

완제품의 이동과 보관을 계획, 실행, 관리하는 과정을 말한다. 이는 배송, 계획, 창고 보관, 재고 관리, 수출 문서화, 통관 등 광범위한 작업을 포괄한다. 결정적으로 이는 순전히 상품의 이동에 관한 것만이 아니라 유통 체계에 대한 지식의 수집과 처리도 포함한다. 일부 논평자들은 전체 생산 네트워크에 걸쳐 이러한 서비스의 통합 및 관리 수준이 높아지는 것을 **물류 혁명**을 예고하는 것으로 설명하고 있다.

이 혁명은 새로운 교통 및 통신 기술과 물류 제공의 속도, 유연성, 신뢰성을 향상시키는 새로운 공정 기술을 결합하는 것과 연관되었다. 부품 및 제품의 대량 비축과 드문 배송에 기반을 둔 체계에서 소량 상품의 유연한 배송에 기반을 둔 **린 유통**(lean distribution) 체계로의 광범위한 변화가 발생하였다. 컨테이너 운송의 부상과 함께 상호 관련된 4가지 영역에서의 기술 발전은 이러한 린 유통 체계를 뒷받침한다.

- **운송 터미널**: 상당한 기술변화로 인해 매우 높은 수준의 거래량에서 작동할 수 있는 새로운 터미널이 건설되었다. 취급 시설이 개선됨에 따라 처리량이 현저히 향상되었으며, 항만 시설도 대용량의 고속도로로 연결된 내륙 터미널[예로 파키스탄 라호르(Lahore)의 프렘나가르드라이포트(Prem Nagar Dry Port)]에 의해 더 많은 지원을 받고 있다.
- **물류센터**(distribution centres, DCs): 현대의 물류센터는 재고를 오래 보관하지 않으며, 상품의 매우 빠른 회전율을 특징으로 한다. 이는 처리량을 위해 설계되었으며, 특수 적재 및 하역 구역과 분류 장비를 갖추고 있다. 예를 들어, 크로스도킹(cross docking)*을 적극적으로 활용하면, 재고가 있는 경우 제한된 재고 시간에 상품을 반입, 선별, 재포장하여 매장으로 발송할 수 있다. 물류센터의 주요 구성 기술 중 일부는 고급 경로설정(routing) 및 경로선택(switching) 기능, 안정적이고 정확한 레이저 스캐닝, 강력한 소프트웨어/정보통신(IT) 체계 등을 갖춘 고속 컨베이어이다.
- **전자데이터교환**(electronic data interchange, EDI): 공급 네트워크 전반에 걸친 통합 정보통신 체계와 공통 소프트웨어 플랫폼은 판매, 제품 사양, 주문, 송장, 배송 추적 등과 관련된 대량의 데이터를 즉각적이고 안전하게 전송할 수 있다. 그러나 인터넷은 점점 더 이러한 정보가 교환되는 표준화된 플랫폼이 되었다. 생산 네트워크 전체에서 재료를 추적할 수 있는 바코드 및 무선주파수인식장치(RFID)의 태그를 사용하여 엄격한 제어가 유지된다.

---

* 역자주: 물류센터로 입고되는 상품을 물류센터에 보관하는 것이 아니라, 분류 또는 재포장의 과정을 거쳐 곧바로 다시 배송하는 물류 체계를 말한다.

- **전자상거래(e-commerce)**: 인터넷의 출현은 전자상거래로의 광범위한 전환의 일환으로 물류에 변화를 가져왔다. 아마존(Amazon), 이베이(eBay), 알리바바(Alibaba)와 같은 새로운 종류의 전자시장과 중개업체의 등장으로 기업 간(B2B) 및 기업과 소비자 간(B2C)의 관계가 재정비되어 왔다. 그러나 결과적으로 물리적 물류 인프라의 중요성이 낮아지지는 않았다. 대신에 전자상거래 주문을 이행하기 위한 다양한 접근 방법이 개발되었다. 특히 도전적인 것은 고객의 가정에 소량의 매우 빈번한 배송을 적시에 이행하는 것이다. 한 예로, 일부 식료품 소매업체는 물류센터와 창고에서 온라인 주문을 직접 처리하는 반면, 다른 업체들은 상품을 배송하기 전에 매장 진열대에서 제품을 수집하는 것을 선호한다(자세한 내용은 제7장 참조).

전반적으로 이 다양한 기술을 살펴보면, 효과적인 물류 공급을 위해 **실제** 공간과 **가상**공간 모두에 대한 숙달이 필요하다는 것을 알 수 있다.

현대 물류 요구사항의 복잡성—특히 항공과 지상의 수용력을 모두 사용하여 안정적이고 작고 빠르며 빈번한 배송의 필요성—을 감안할 때, 대부분의 대기업은 이러한 활동을 전담 서비스 제공업체에 아웃소싱한다(Coe, 2014; Gregson et al., 2017). 또한 기업들은 많은 국가에 걸쳐 원활하고 통합적인 서비스를 요청하는 경우가 많다. 물류 공급업체는 생산 운영, 정보 및 재고 관리, 적시(just-in-time) 배송과 같은 전체 생산 네트워크의 주요 활동을 포괄하는 효율적이고 신속하며 유연한 서비스를 제공함으로써, 이러한 선도 기업을 전략적 협력사, 글로벌 공급업체, 최종 소비자와 연결한다. 이 같은 물류 서비스는 단순한 공급사슬 관리를 넘어서는 것이 분명한데, 이는 물류 공급업체가 선도 기업의 생산 운영 및 제조 설비를 설치 또는 이전하는 것을 지원함으로써 이른바 '후방(backward)' 통합으로 알려진 활동에 점점 더 많이 관여하기 때문이다. 한편, 일부 물류 공급업체는 글로벌 선도 기업과 전략적 협력업체를 대신하여 최종 소비자에게 다가서기 위해 '전방(forward)으로' 통합해 간다. 이들 공급업체는 고품질의 효율적인 물류 서비스에 대한 선도 기업의 요구와 그 전략적 협력업체의 고속 및 대량 생산 계약 사이에서 중개 역할을 한다. 따라서 물류 공급업체는 글로벌 선도 기업이 주도하는 전체 생산 네트워크에 더욱 깊이 관여하고 있으며, 이들 선도 기업과 그 전략적 협력업체, 그리고 다양한 장소와 영역의 글로벌 공급업체를 연결하는 장기적인 협력관계를 발전시키고 있다.

생산 네트워크의 두 부문별 사례는 고효율 및 통합 물류 체계의 중요성을 보여 주고 있다. 첫째, 빠르고 효율적인 항공화물 서비스는 동아시아와 동남아시아의 복잡한 전자제품 생산 네트워크를 통해 부품, 부분 조립 제품, 완제품을 이동시키는 데 절대적으로 중요하다. 이러한 서비스는 공항 간

상품의 운송뿐만 아니라, 공항으로 가고 공항에서 오는 제품의 운송과 적시의 효율적인 항공 운송을 유지하기 위한 공항에 인접한 창고 관리 등 다양한 육상 기반 운영을 포함한다. 예를 들어, 퀄컴(Qualcomm)은 스마트폰용 모바일 통신 칩과 프로세서의 세계적인 선도 공급업체로, 2016년에 150억 달러 이상의 가치가 있는 8억 1,800만 개를 상회하는 칩셋(chipset)을 무선 장치 제조업체에 출하하였다(https://www.qualcomm.com, 2017년 9월 13일 접속). 비록 이 칩셋은 전형적으로 대만의 전문 반도체 공급업체에서 제조되지만, 퀄컴은 칩셋의 비축과 유통을 위한 글로벌 센터를 개설하고자 싱가포르 창이공항 물류 허브를 선택하였다. 10억 달러 이상의 가치가 있는 칩셋 재고를 보유한 퀄컴의 창이공항센터는 오랜 물류 서비스 공급업체인 DB 셍커(DB Schenker)와 긴밀히 협력하며 MSM 칩셋과 스냅드래곤(Snapdragon) 프로세서를 중국이나 기타 아시아 목적지(예를 들어, 베트남)에 있는 삼성, 애플, 화웨이(Huawei), 레노보(Lenovo), 샤오미(Xiaomi) 등 주요 고객의 제조 입지로 항공 운송한다.

둘째, 온도제어 물류 운영은 신선 과일, 채소, 꽃이꽃(切花)과 같은 다양한 원예부문의 국제무역에 매우 중요하다. 이러한 통합 저온유통(cool chain)은 냉장 창고와 트럭을 활용하여 국제 품질 및 안전 표준에 따라 수천 마일에 걸쳐 부패하기 쉬운 상품을 운송할 수 있다. 예를 들어, 스위스 물류 그룹인 퀴네앤드나겔(Kuehne+Nagel)은 나이로비 공항의 냉장 트럭, 무선주파수인식장치(RFID) 기술 및 냉장 창고를 이용하여 꽃이꽃을 케냐에서 암스테르담과 기타 유럽의 목적지까지 수확한 지 24시간 내에 완벽한 상태로 배송하고 있다.

그 결과 오늘날의 선도적인 물류 기업들은 기본적인 도로 운송과 항공/해상 화물 운송 사업에서 출발하여 복잡한 포괄 서비스(full-service)의 초국적기업(TNC)으로 오랫동안 발전해 왔다. 기업들이 글로벌 고객에게 서비스를 제공하는 데 필요한 규모와 범위를 달성하기 위해 추구함에 따라, 산업계 내에서 진행 중인 인수합병(M&A)의 과정을 통해 대형 글로벌 운영 회사가 등장하였다. 표 4.3에는 세계 3대 물류 기업이 소개되어 있다. 기업의 규모는 명백하다. 즉 수십만 명의 직원, 200개 국가 이상에 있는 기지, 수천 개의 운영 시설, 수백억 달러에 달하는 매출액 등 여러 가지 척도에서 이들 기업은 세계에서 가장 큰 기업 중 하나이다. 또한 주목할 만한 것은 그들의 광범위한 수송 함대이다. 예를 들어, 페덱스(FedEx)는 2008년 매일 750만 개의 패키지를 운반하는데 654대의 항공기와 8만 대 이상의 육상 차량을 운용하였다. 2016년까지 페덱스는 약간 더 많은 항공기를 운용하였지만, 육상 차량은 16만 대로 두 배를 늘렸으며, 매일 패키지의 수는 거의 두 배(1,300만 개)로 증가시켰다. 세 기업 모두 패키지, 화물 운송, 공급망 관리 서비스의 핵심 사업 영역을 반영하는 서로 다른 부서를 가지고 있다. 아웃소싱의 추세가 계속됨에 따라, 일부 물류 공급업체는 포장, 라벨링, 재고 관리 등의

표 4.3 세계 최고의 물류 공급업체: 2016년 주요 사실과 수치

	DHL	FedEx	UPS
본사	독일, 본	미국 테네시주, 멤피스	미국 조지아주, 애틀랜타
수입(10억 달러)	68.5	60.3	60.9
직원수	508,036	400,000	434,000
항공기수	>250	657	657
차량	자료 없음	160,000	114,000
평균 일일 배송(백만)	자료없음	13	19.1
분류/취급 시설(백만 제곱피트)	248	40	35
국가	220+	200+	200+
시설물(사무실, 차고 등)	4,500+	4,000+	2,000+
주요 부서	DHL 익스프레스 DHL 글로벌포워딩 화물 DHL 공급망	FedEx 익스프레스 FedEx 그라운드 FedEx 화물 FedEx 서비스	UPS(패키지) UPS 화물 UPS 공급망 솔루션

출처: 기업 웹사이트와 연차보고서.

제조 관련 업무를 인수하고 있으며, 일부 업체는 가전산업에서와 같은 대규모 고객을 대상으로 간단한 조립 작업도 수행하기 시작하였다.

다른 물류 및 공급망 서비스 공급업체들도 생산 네트워크의 글로벌 영향력의 범위를 촉진하는 데 점차 중요한 역할을 하고 있다. 한 가지 좋은 예는 홍콩에 본사를 둔 리앤풍그룹(Li & Fung Group)으로, 소비자 제품의 고객들에게 중개와 물류 서비스의 강력한 조합을 제공한다. 1906년 중국 광저우에서 무역 회사로 설립된 이 회사는 제품 설계 및 개발, 원료 조달, 공장 선정, 생산 조절 및 품질관리, 국내 물류, 글로벌 화물 관리, 전자물류(e-logistics) 등을 포괄하는 주요 브랜드와 소매업체에 엔드투엔드(end-to-end) 공급망 솔루션을 제공하는 업체이다. 2016년에 리앤풍그룹은 2만 1,000명을 상회하는 직원을 고용하고 1만 5,000개 이상의 공급업체로 구성된 조달 네트워크를 조정하는 40개 국가에 입지한 250개 사무소와 물류센터에서의 활동을 통해 168억 달러의 수익을 창출하였다(www.lifung.com, 2017년 9월 14일 접속). 리앤풍그룹이 광범위하게 기반을 둔 무역, 유통, 소매 그룹인 반면, 활동의 가장 큰 비중을 차지하는 것은 리앤풍 유한회사(Li & Fung Limited)이다. 이 회사는 글로벌 브랜드(디즈니, 리바이 스트라우스, 리복 등)와 소매업체(월마트)의 전체 공급망을 관리하고 있으며, 특히 신발과 의류 분야에서 전문성을 가지고 있다. 브랜드명 의류업체들이 자체 제조 시설을 포기하고, 대신에 대형 공급업체로부터 조달하면서, 공급업체의 역량에 대한 요구는 훨씬 더 커지고 복잡해졌다. 따라서 이들 기업은 리앤풍의 중개 및 물류 서비스가 필요하다. 그러나 2010

년대 이후 미국과 유럽의 소매 부문은 긴 주기적 침체를 겪었다. 아마존과 같은 인터넷 소매업체의 부활과 자라(Zara) 등 패스트패션(fast-fashion) 소매업체의 부상으로 리앤풍의 고객 중 많은 수가 중국과 아시아의 여타 지역의 공장들과 직접 작업하기를 선호하기 때문에, 이러한 중개업체의 필요성이 줄어들고 있다.

4.5 생산 네트워크는 어디에서 끝나는가? 폐기물에서 다시 상품으로

지금까지의 논의에서는 이들 네트워크의 투입, 재료, 행위자, 제도가 명확하게 확인되고 조절될 수 있는 생산 네트워크의 깔끔한 구조를 가정하였다. 그러나 생산 네트워크에 대한 이러한 이해에 의문을 제기하는 것은 중요하다. 상품의 구매와 일차적인 사용은 종종 생산 네트워크의 종점으로 간주되고 있다. 이 가정은 분석에 유용한 경계를 제공하지만, 실제로는 많은 생산 네트워크가 상호 연결되어 있다—어느 한 생산 네트워크의 종점은 다른 생산 네트워크의 시작이 될 수도 있다. 다양한 생산 네트워크의 이 순환성과 상호연결성은 우리가 폐기물이나 재료의 재활용(예를 들어, 전자 폐기물로서 스마트폰, 비료로서 커피 찌꺼기)을 살펴볼 때 훨씬 더 명백해진다. 일반적으로 폐기물 처리 및 재활용의 과정은 학문 연구와 대중매체에서 거의 주목받지 못하였으며, 선형적이고 순차적인 상품

그림 4.5 방글라데시 치타공에서의 선박 해체

출처: 저자의 지도; Majority World/UIG via Getty Images.

생산 사슬의 최종 단계로 가정되고 있다. 그러나 경제지리학자들의 보다 최근 연구는 재료가 사용과 재사용의 복잡한 회로를 통해 이동함에 따라 폐기 및 재활용 과정이 어떻게 새로운 생산 네트워크의 출발점에서 작용할 수 있는지를 보여 주었다.

여기서는 두 가지의 사례를 활용할 것인데, 둘 다 전 세계 상선의 4분의 3이 해체되어 산업생산의 원료로 재활용되는 남아시아의 방글라데시와 관련이 있다. 매년 전 세계 선주들은 800척 이상의 대형 선박을 해체 및 재활용하기 위해 현금 매수자에게 100만~400만 달러에 판매한다. 2010년대 중반에는 이러한 재활용 활동을 위해 연간 약 15억 달러 상당의 선박들이 방글라데시로 수입되었다. 방글라데시 치타공 바로 북쪽에 20km로 뻗어 있는 해안선인 시타쿤다(Sitakunda) 해변은 세계에서 가장 큰 선박 해체 센터이다(그림 4.5 참조). 30곳이 넘는 선박 해체소에서 일하는 수천 명의 사람들은 말 그대로 대형 선박을 조각조각 분해한다. 이 해안선을 따라 20~25척의 선박이 한번에 해체될 수 있다. 비품, 부속품, 가구가 완전히 제거된 다음 배 자체가 해체되며, 그 결과 판재와 금속 막대는 인근의 압연 공장으로 옮겨진다. 2016년 치타공은 230척의 선박을 재활용하였는데, 이는 전 세계에서 폐기된 총 860척 중 25% 이상을 차지하였다. 이 생산 네트워크는 1,000만 톤의 철강을 생산하였으며, 방글라데시에서 사용되는 모든 철강의 60%를 제공하였다(https://www.theguardian.com, 2018년 1월 3일 접속).

그러나 이는 이야기의 끝이 아니라, 다른 이야기의 시작이다. 예를 들어, 철강은 전국의 건설 현장에 쏟아지는 콘크리트의 철근으로 사용되고, 모터와 보일러 및 압축기는 수리되어 수출 의류 부문에 사용된다. 선박용 가구는 약 1만 명의 노동자를 고용하고 있는 산업에서 다카-치타공 고속도로변의 바티아리(Bhatiary) 마을에 있는 70개가 넘는 가구점에 의해 수선, 수리, 개조된다. 그런 다음 이 가구는 치타공과 다른 방글라데시 도시의 신흥 중산층에게 호감 가는 상품으로서 새로운 삶을 시작하는데, 이 나라에서 판매되는 모든 수리된 가사용품의 최대 40%를 차지한다. 선박의 해체는 사실상 시타쿤다 해변에서 바깥으로 흘러나오는 수많은 새로운 생산 네트워크의 출발점으로 기능한다. 이는 또한 방글라데시에서 철강, 가구, 페인트, 전기 장비, 윤활유 등과 같은 상품의 충분한 국내 생산의 부족량을 보완한다.

전자 폐기물에 대해서도 비슷한 이야기를 할 수 있는데, 다카시의 약 12만 명으로 추정되는 도시 빈곤층이 버려진 전자제품에서 가치를 포착하고 창출하는 일에 관계하고 있다. 재활용은 컴퓨터에서 유용한 재료의 95%와 컴퓨터 모니터에 있는 재료의 45%를 회수할 수 있다. 금전은 재판매, 재정비, 재제조, 수리, 해체를 포함한 다양한 과정을 통해 창출된다. 예를 들어, 재제조 측면에서 오래된 컴퓨터 모니터는 저가 TV 세트와 비디오 게임 모니터로 전환될 수 있다. 단순히 오래된 컴퓨터 모니터를 해체하고 구성 부품을 판매하는 것만으로도 20~100%의 수익을 창출할 수 있다. 또다시 전자 폐기물의 재활용은 상품 이야기와 여정의 새로운 라운드를 시작하는 것을 나타낸다. 이 두 사례가 보여 주는 것은 생산 네트워크의 종점이라는 개념을 단순히 '폐기물'로 간주하는 것이 아니라, 우리 가 소비하는 다양한 제품을 뒷받침하는 서로 중복되는 생산 네트워크에서 재료의 지속적인 변환에 대해 좀 더 정교한 방식으로 생각해야 한다는 것이다.

4.6 요약

경제체제로서 자본주의는 그 전 세계적 작동을 뒷받침하는 멀리 떨어져 있는 생산자와 소비자 간의 강렬한 연결을 숨기는 역할을 한다. 라벨은 특정 제품의 원산지를 나타낼 수 있지만, 해당 제품이 생 산된 노동조건에 대해서는 거의 말해 주지 않는다. 이 장에서 우리는 상품이 초기 원료와 아이디어 에서 완제품과 서비스로 변환되어 멀리 떨어져 있는 생산자와 소비자를 연결하는 역할을 함에 따라, 생산 네트워크의 개념이 상품이 취하는 지리적 여정을 어떻게 도식화하는지를 살펴보았다. 취하는 여정의 정확한 성격은 상품마다 상당히 다를 것이다. 각각의 모든 상품과 그 생산 네트워크는 상호 관련된 부가가치 활동, 특정한 공간 패턴, 서로 다른 거버넌스 방식의 조합, 다양한 제도적 맥락에 의 해 설명된다. 따라서 생산 네트워크는 중요한—그리고 본질적으로 지리적인—현대 세계경제의 **조 직적 특징**이다. 생산 네트워크는 서로 다른 장소와 영역을 연결하고 자본주의가 그 글로벌 영향력의 범위를 확장할 수 있도록 하는 숨겨진 사회적 관계이다. 개념적으로 글로벌 생산 네트워크(GPN)는 이 책의 제2부와 제3부에서 깊이 있게 고려할 수많은 행위자들—초국적기업(TNC), 노동자, 소비자, 자본가, 국가, 환경 등—간의 상호 연결을 밝힐 수 있는 중요한 통합적 개념이다.

 주의 깊은 분석은 이러한 생산 네트워크의 본질과 작용을 이해할 가능성을 열어 준다. 이 장에서 는 이 같은 네트워크를 구성하는 주요 행위자와 활동, 그 독특한 지리적 구조, 거버넌스 과정, 제도적 맥락 등을 검토하였다. 선도 기업은 대부분의 글로벌 생산 네트워크를 주도하는 핵심 행위자이지만, 우리는 또한 다양한 장소와 시장에서 생산자와 그들의 멀리 떨어져 있는 소비자를 통합하는 데 있어 비기업 기관과 무역 회사 및 물류 서비스 공급업체와 같은 네트워크 중개자의 중요성을 인식하였다. 마지막으로는 생산 네트워크가 정확히 언제 어디서 끝을 맺는지를 설명하는 것의 어려움을 탐색하 였다. 한 특정 네트워크에서 비롯되는 폐기물을 고려할 때, 우리는 그것들이 새로운 생산 네트워크 에 어떻게 투입 재료를 제공하는지를 밝힐 수 있다.

전반적으로 이 장은 특정 장소의 등락하는 부가 종종 다른 먼 곳에서의 통제할 수 없는 사건과 어떻게 밀접히 연결되는지를 인식하기 위해 생산 네트워크의 조직을 이해하는 것이 얼마나 중요한지를 말해 준다. 요컨대 이러한 네트워크 이해는 우리가 세계경제 내에서 공간적 흐름과 연결을 더 잘 살펴볼 수 있도록 도움을 준다. 제5장에서는 초국적기업과 같은 글로벌 선도 기업이 네트워크를 어떻게 조직하고, 이에 따라 현대 자본주의 생산체제의 지리와 작용을 형성하는 과정을 좀 더 자세히 고찰할 것이다.

주

- Gereffi(1994)와 Gereffi et al.(2005)은 글로벌 상품/가치 사슬의 관점에 대한 두 가지 중요한 진술이다. 지리학적 비판에 관해서는 Coe and Yeung(2015), 글로벌 가치사슬(GVC)과 글로벌 생산 네트워크(GPN)에 대한 학문적인 통합적 논의에 관해서는 Neilson et al.(2015)을 참조하라.
- Coe and Yeung(2015)은 글로벌 생산 네트워크의 포괄적인 이론을 제공하고, Yeung(2016)은 이 이론이 동아시아의 산업 변동을 어떻게 설명할 수 있는지를 경험적으로 서술한다. 경제지리학 연구에서 생산 네트워크의 폭넓은 중요성에 관해서는 Coe(2012)와 Yeung(2018)의 최근 논평을 참조하라.
- 글로벌 아웃소싱에 대한 논쟁에 관해서는 Dicken(2015)과 Peck(2017)을 참조하라. Phelps(2017)는 글로벌 생산 네크워크의 행위자들을 통해 '장소 간'의 생성에서 중재의 역할에 대한 흥미로운 해석을 제시한다.
- 산업 업그레이드에 대한 최근 연구에 관해서는 Barrientos et al.(2016), Liu(2017), Pipkin and Fuentes(2017)를 참조하라.
- 다양한 산업의 생산 네트워크에 대한 더 자세한 내용에 관해서는 석유 및 가스와 관련한 Bridge and Bradshaw(2017), 농식품과 관련한 Ouma(2015), Bargawi and Newman(2017), Havice and Campling(2017), 의류와 관련해서는 Pickles et al.(2016)과 Werner(2016), 자동차와 제약, 전자제품과 관련해서는 Horner and Murphy(2018), Pavlínek and Žížalová(2016), Yang(2017)을 참조하라.
- 경제지리학에서 재활용에 대한 최근 연구에 관해서는 Gregson and Crang(2015), Lepawsky et al.(2017), Inverardi-Ferri(2018), Lepawsky(2018)를 참조하라.

연습문제

- 생산 네트워크의 접근 방법은 상호의존적인 세계경제에서 멀리 떨어져 있는 생산자와 소비자를 어떻게 (다시) 연결할 수 있게 하는가?
- 생산 네트워크는 어떻게 그리고 왜 서로 다른 방식으로 관리되는가?
- 생산 네트워크의 제도적 맥락이 그 구조와 작용에 어떤 방식으로 영향을 미칠 수 있는가?
- 물류가 생산 네트워크의 특성과 작용에 어떤 차이를 만드는가?
- 생산 네트워크는 언제 어디서 끝을 맺는가?

심화학습을 위한 자료

- http://www.globalvaluechains.org: 이 사이트에는 글로벌 가치사슬(GVC)에 대한 다양한 개념적·경험적 자료가 포함되어 있다.
- http://gpn.nus.edu.sg: 싱가포르 국립대학교 글로벌 생산 네트워크 센터의 공식 웹사이트.
- https://www.sourcemap.com: 문자 그대로 사용자가 다양한 제품에 대한 공급망과 생산 네트워크를 그릴 수 있도록 해 주는 오픈소스 사이트이다.
- https://www.oecd.org/dev/global-value-chains.htm: 경제협력개발기구(OECD) 웹사이트에는 다양한 산업과 국가에서의 글로벌 가치사슬(GVC)과 글로벌 생산 네트워크(GPN) 연구를 위한 좋은 자료와 데이터가 포함되어 있다.
- http://www.unido.org: 유엔산업개발기구(United Nations Industrial Development Organization, UNIDO) 웹사이트는 다양한 생산 네트워크와 지역별 경제발전에 제공하는 잠재력에 대한 광범위한 데이터와 보고서를 제시한다.
- http://www.ico.org: 국제커피기구(International Coffee Organization, ICO)의 웹사이트는 글로벌 커피 산업과 특히 진화하는 그 조절 구조에 대한 다양한 정보와 통계를 제공한다.
- http://www.shipbreakingplatform.org: 선박 해체 시 위험한 오염과 안전하지 않은 작업 조건을 모니터링하는 19개의 환경, 인권 및 노동 권리단체의 비정부 연합 웹사이트.
- http://followthethings.com: 이 웹사이트는 커피, 티셔츠, 휴대폰, 기타 수많은 상품에 숨겨진 이야기들을 보여 주는 다양한 뉴스 기사, 다큐멘터리 영화, 예술작품의 좋은 컬렉션을 제공한다.

참고문헌

Bargawi, H. K. and Newman, S. A. (2017). From futures markets to the farm gate: a study of price formation along Tanzania's coffee commodity chain. *Economic Geography* 93: 162-184.

Barrientos, S., Gereffi, G., and Pickles, J. (2016). New dynamics of upgrading in global value chains: Shifting terrain for suppliers and workers in the global south. *Environment and Planning* A 48: 1214-1219.

Bridge, G. and Bradshaw, M. (2017). Making a global gas market: territoriality and production networks in liquefied natural gas. *Economic Geography* 93: 215-240.

Coe, N. M. (2012). Geographies of production II: a global production network A-Z. *Progress in Human Geography* 36: 389-402.

Coe, N. M. (2014). Missing links: logistics, governance and upgrading in a shifting global economy. *Review of International Political Economy* 21: 224-256.

Coe, N. M. and Yeung, H. W. C. (2015). *Global Production Networks: Theorizing Economic Development in an Interconnected World*. Oxford: Oxford University Press.

Dicken, P. (2015). *Global Shift: Mapping the Changing Contours of the World Economy*, 7e. London: Sage.

Gereffi, G. (1994). The organization of buyer-driven global commodity chains: how U.S. retailers shape overseas production networks. In: *Commodity Chains and Global Development* (eds. G. Gereffi and M. Korzeniewicz), 95-122. Westport, Conn: Praeger.

Gereffi, G., Humphrey, J., and Sturgeon, T. (2005). The governance of global value chains. *Review of International Political Economy* 12: 78-104.

Gregson, N. and Crang, M. (2015). From waste to resource: the trade in wastes and global recycling economies. *Annual Review of Environment and Resources* 40: 151-176.

Gregson, N., Crang, M., and Antonopoulos, C.N. (2017). Holding together logistical worlds: Friction, seams and circulation in the emerging 'global warehouse'. *Environment and Planning D: Society and Space* 35: 381-398.

Havice, E. and Campling, L. (2017). Where chain governance and environmental governance meet: interfirm strategies in the canned tuna global value chain. *Economic Geography* 93: 292-313.

Horner, R. and Murphy, J. T. (2018). South-North and South-South production networks: diverging socio-spatial practices of Indian pharmaceutical firms. Global Networks 18 (2): 326-351.

Humphrey, J. and Schmitz, H. (2004). Chain governance and upgrading: taking stock. In: *Local Enterprises in the Global Economy* (ed. H. Schmitz), 349-377. Cheltenham: Edward Elgar.

Inverardi-Ferri, C. (2018). The enclosure of 'waste land': rethinking informality and dispossession. *Transactions of the Institute of British Geographers* 43 (2): 230-244.

Lan, T. (2015). Industrial district and the multiplication of labour: the Chinese apparel industry in Prato, Italy. *Antipode* 47: 158-178.

Lepawsky, J. (2018). Reassembling Rubbish: Worlding Electronic Waste. Cambridge, MA: MIT Press.

Lepawsky, J., Araujo, E., Davis, J. M., and Kahhat, R. (2017). Best of two worlds? Towards ethical electronics repair, reuse, repurposing and recycling. *Geoforum* 81: 87-99.

Liu, Y. (2017). The dynamics of local upgrading in globalising latecomer regions: a geographical investigation. *Regional Studies* 51: 880-893.

Neilson, J., Pritchard, B., and Yeung, H. W. C. (2015). *Global Value Chains and Global Production Networks: Changes in the International Political Economy*. London: Routledge.

Ouma, S. (2015). *Assembling Export Markets. The Making and Unmaking of Global Market Connections in West Africa*. Oxford: Wiley-Blackwell.

Pavlínek, P. and Žížalová, P. (2016). Linkages and spillovers in global production networks: firm-level analysis of the Czech automotive industry. *Journal of Economic Geography* 16: 331-363.

Peck, J. (2017). *Offshore: Exploring the Worlds of Global Outsourcing*. Oxford: Oxford University Press.

Phelps, N. A. (2017). *Interplaces: An Economic Geography of the Inter-Urban and International Economies*. Oxford: Oxford University Press.

Pickles, J., Smith, A., Begg, R. et al. (2016). *Articulations of Capital: Global Production Networks and Regional Transformations*. Oxford: Wiley-Blackwell.

Pike, A. (2015). *Origination: The Geographies of Brands and Branding*. Oxford: Wiley-Blackwell.

Pipkin, S. and Fuentes, A. (2017). Spurred to upgrade: a review of triggers and consequences of industrial upgrading in the global value chain. *World Development* 98: 536-554.

UNDP (2013). *The Market and Nature of Coffee Value Chains in Uganda*. Kampala, Uganda: United Nations

Development Program.

Werner, M. (2016). *Global Displacements: The Making of Uneven Development in the Caribbean*. Oxford: Wiley-Blackwell.

Yang, C. (2017). The rise of strategic partner firms and reconfiguration of personal computer production networks in China: Insights from the emerging laptop cluster in Chongqing. *Geoforum* 84: 21-31.

Yeung, H. W. C. (2016). *Strategic Coupling: East Asian Industrial Transformation in the New Global Economy*. Ithaca, NY: Cornell University Press.

Yeung, H. W. C. (2018). The logic of production networks. In: *The New Oxford Handbook of Economic Geography* (eds. G. L. Clark, M. P. Feldman, M.S. Gertler and D. Wójcik), 382-406. Oxford: Oxford University Press.

Yeung, H. W. C. and Coe, N.M. (2015). Toward a dynamic theory of global production networks. *Economic Geography* 91: 29-58.

2부

주요 경제 행위자들

5

초국적기업-
초국적기업은 어떻게 그 모든 것을 함께 유지하는가?

탐구 주제

- 초국적기업이 그 전 세계 사업체를 쉽게 통제하고 관리할 수 있다는 주장에 의문을 제기한다.
- 이들 기업이 세계경제 전반에 걸쳐 복잡한 경제활동을 어떻게 조직하는지를 이해한다.
- 초국적기업이 사용하는 다양한 조직 형태를 탐구한다.
- 이들 대기업의 글로벌 영향력의 범위에 내재된 다양한 위험을 인식한다.

5.1 서론

1937년 5월 28일 독일 베를린에서 설립된 폴크스바겐은 아돌프 히틀러의 지원을 받아 그가 '국민차'(또는 독일어로 **Volkswagens**)라고 부르는 것을 제조하였다. 현재 상징적인 폴크스바겐 비틀(Beetle)은 원래 페르디난트 포르셰(Ferdiand Porsche)가 디자인하였으며, 그의 가족회사인 포르셰 자동차는 오늘날 폴크스바겐의 최대 주주이다. '국민차'를 만들던 소박한 태생에서 출발한 폴크스바겐은 2016년 매출액으로 일본의 도요타를 제치고 세계 최대의 자동차 기업이 된, 여러 가지 브랜드를 가진 초국적기업(TNC)으로 성장하였다. 폴크스바겐의 12개 브랜드의 범위는 아우디, 벤틀리, 부가티, 람보르기니 그리고 물론 포르셰 등 많은 유명한 자동차 이름을 포함하고 있다. 폴크스바겐은 2016년 전 세계 매출액 2,170억 유로, 총 자산 4,100억 유로, 고용인 62만 6,715명을 보유하고 현재 유럽 20개국과 추가로 북아메리카, 아시아, 아프리카의 11개국에 걸쳐 120개의 생산 시설을 운영하고 있다(https://www.volkswagenag.com, 2018년 1월 8일 접속). 그러나 선도적인 자동차 초국적기업으로서 폴크스바겐에 관한 이러한 인상적인 사실과 수치는 고도로 세계화된 운영의 일상적인 관리에 내재된 엄청난 복잡성과 잠재적 위험을 감추고 있다.

　매출액을 기준으로 세계 최대의 자동차 기업이 된 같은 해(2016년)에 폴크스바겐은 스스로 만든 전례 없는 위기를 맞았다. 흔히 '디젤 사기(disel dupe)' 스캔들이라고 불리며 2015년 말부터 2017년까지 진행된 이 사건에서, 폴크스바겐은 2016년 1월 4일 미국 환경보호청(EPA)을 대신한 미국 법무부에 의해 대기청정법(Clean Air Act) 위반 혐의로 소송을 당하였다. 2016년 6월 28일 폴크스바겐은 미국에서 위기 이전 가격에 소비자로부터 자동차를 되사들이는 100억 달러 프로그램을 포함한 147억 달러의 부분 정산합의에 도달하였다. 이 위기는, 환경보호청이 미국에서 보다 엄격하게 시행된 배출가스 규제법을 통과하기 위해 '배기가스 임의조작 장치(defeat device)'로 작동하였던 소프트웨어를 많은 폴크스바겐 자동차의 디젤엔진에서 찾아내면서 시작되었다. 환경보호청은 이미 2014년 5월부터 폴크스바겐에 대한 조사를 개시하였지만, 폴크스바겐은 2015년 11월에야 소프트웨어 비리를 인정하였다. 이 스캔들로 인해 미국에서만 약 50만 대를 포함하여 전 세계적으로 1,000만 대 이상의 디젤 자동차가 리콜되는 결과를 낳았다. 2017년 1월 11일 미국 법무부는 적어도 2007년 이후 배기가스 은폐에 관여한 혐의로 폴크스바겐 임원 6명을 기소하였다. 이들은 엔진 개발, 후처리, 품질 및 안전 감독의 전직 책임자 또는 고위 간부였다. 폴크스바겐은 유죄를 인정하고, 여러 미국 연방기관과 합의하기 위해 43억 달러를 추가로 지불하였다.

　폴크스바겐의 '디젤 사기' 스캔들은 오늘날의 초국적기업들이 국제적으로 사업을 확장하고 운영할 때 직면하는 엄청난 조직적 복잡성과 운영 위험을 생생하게 보여 주는 사례이다. 독일의 디젤엔진 개발과 품질 검사 담당 임원에 대한 충분한 관리감독과 통제 체제의 부재가 이 모든 위기의 가장 근본적인 실수였다. 이들 임원이 고의로 디젤엔진에 '배기가스 임의조작 장치' 소프트웨어를 설치하였지만, 미국 연방기관의 조사와 폴크스바겐의 내부 조사에서는 최고경영진 차원의 그 어떤 위법행위도 확인되지 않았다. 폴크스바겐 그룹이 2010년대 들어 급속히 성장하면서 최고경영진이 내부 운영 프로세스, 보고 및 통제 체제, 배기가스 검사 관행을 간과하기 시작한 것은 분명하다. 이 스캔들의 기원은 폴크스바겐의 모국인 독일에 있었지만, 타국인 미국의 연방기관이 다양한 범죄행위를 폭로하고 성공적으로 기소하였다. 따라서 여기서 우리가 알 수 있는 것은, 글로벌 기업이 다양한 대륙과 지역에서 그 구성 요소(일부는 직접 소유하지 않은 것도 있다)들을 충분히 통제하고 조정하는 것이 점점 어려워지고 잠재적으로 재앙적인 결과를 초래할 수 있다는 것이다. 그러나 더욱 광범위하게는 많은 기업들이 수십만 명의 직원을 거느리고 작은 국가의 경제 규모와 맞먹는 매출액을 가지고서 복잡한 전 세계적인 운용을 성공적으로 조정하고 있다. 초국적기업들은 이를 어떻게 행하는가? 대부분의 초국적기업들은 어떻게 그 모든 것을 함께 유지하는가?

이 장에서는 이들 초국적기업과 그 전 세계적인 활동의 공간적 조직을 기술하고 설명하기 위해 경제지리학적 관점을 채택한다. 초국적기업은 단순히 하나의 국가 이상에서 자기 기업 및 다른 기업의 활동을 통제하고 조정하는 비즈니스 기업을 말한다. 이와 같은 통제와 조정은 초국적기업이 해외에 자회사를 소유하거나 공급업체 역할을 하는 외국 기업의 생산물을 대량으로 구매하기 때문에 가능하다. 제1장에서 논의된 이러한 관점을 통해, 우리는 초국적기업 활동의 **공간 패턴**을 검토한다. 초국적기업은 본질적으로 국경을 넘어 운영된다. 제4장에서 언급한 바와 같이, 그들의 초국적 활동은 서로 다른 **장소와 영역**을 포괄하고 연결하는 **생산 네트워크**를 중심으로 조직되는 경향이 있다. 초국적기업에 대해 우리의 초점을 맞춘 것은 그 거대한 기업 역량, 한 곳에서 다른 곳으로 활동을 전환하는 능력, 광범위한 글로벌 영향력의 범위 때문에 깊이 생각한 것이다.

이 장은 5개의 주요 절로 구성되어 있다. 제2절에서는 글로벌 기업이 실제로 그 영향권에서 글로벌하다는 그릇된 주장에 문제를 제기한다. 우리는 초국적기업이 경쟁자보다 앞서기 위해 서로 다른 장소와 영역에서 생산을 조직하는 새로운 방법을 끊임없이 찾고 있다는 점에서 깊은 지역적인 실체인 경우가 많다고 주장한다. 제3절에서는 초국적기업을 조직하는 다양한 형태와 관련하여 생산 네트워크의 특성을 간략히 살펴본다. 이 절은 제4장에서 소개한 생산 네트워크의 다양한 구조와 조직에 대한 이해를 강화하는 것이다. 서로 다른 제조 및 서비스 산업의 경험적 사례로 설명하는 제4절과 제5절에서는 초국적기업이 크게 관여하는 노동의 내부와 외부 분업을 설명하고자 한다. 제6절에서는 초국적기업이 그 활동을 세계화할 때 직면하는 다양한 위험과 취약성을 고찰한다.

5.2 어디에나 쉽게 존재한다는 신화

2011년 중반 글로벌 웹사이트에서 홍콩상하이은행(Hongkong and Shanghai Banking Corporation, HSBC)은 자기 은행이 '세계의 로컬은행(the world's local bank)'(www.hsbc.com, 2011년 7월 29일 접속)이었다고 단정적으로 주장하였다. 그림 5.1에서 볼 수 있듯이, 어디에나 현지에 존재하는 글로벌 은행이라는 HSBC의 모토는 2002년 초에 시작되어 오늘날까지도 현대적 마케팅의 위대한 성공 사례로 남아 있는 브랜드 이미지 개선 운동의 핵심이었다. HSBC 브랜드는 해당 업계에 의해 지속적으로 최고의 금융 서비스 브랜드로 선정되었다. 런던에 본사를 둔 HSBC는 당시 세계 5대 은행 및 금융 서비스 그룹 중 하나였으며, 그 가운데에서도 가장 글로벌화된 그룹이었다. 1865년 중국과 유럽 간의 증가하는 무역에 자금을 조달하기 위해 홍콩과 상하이에 설립된 영국 은행으로서의 시작에도 불구하고, HSBC는 글로벌 경제의 거의 모든 곳에서 운영되는 글로벌 기업으로 발전하였다. 그러나 HSBC의 글로벌 영향력의 범위는 지리적 입지의 문제만이 아니다. 더욱 중요한 것은 그것이 어디에서나 동일한 방식으로 운영되는 **글로벌 기업**의 신화에 본질을 부여한다는 점이다. 이 신화에서 하나의 초국적기업이 서로 다른 장소와 지리적 맥락에서 그 조직 구성이나 기업행동이 달라야 하는 설득력 있는 이유는 없다. 결국 초국적기업은 글로벌 시장의 경쟁적 신호와 비용 변화에만 대응하는 것으로 상정된다. 이들 초국적기업은 일반적으로 하나의 중심적 기업 본사에서 그 전 세계적인 운영을 쉽게 통제하고 명령할 수 있는 관리와 조직 권한을 가진 것으로 알려져 있다.

이 신화의 많은 주창자에게 초국적기업은 어디에서나 동일하게 운영된다. 지난 30년 동안 잘 알려진 사업 전문가와 컨설턴트들은 특정 장소가 초국적기업의 형성과 행동에 미칠 수 있는 영향을 비판해 왔다. 예를 들어, '글로벌 전략가'인 파라그 카나(Parag Khanna)는 2016년에 출판된 『커넥토그래피: 글로벌 문명의 미래 그리기(Connectography: Mapping the Future of Global Civilization)』에서 자신이 '메타국가(metanationals)'—이는 사실상 한 국가에 법적 본사를 두고, 다른 국가에서 기업 경영을 행하며, 세 번째 국가에 재무 자산을 모아 놓고 더 많은 국가들에 관리 직원을 분산하여 두고 있는 국적 없는 기업을 말한다—라고 부르는 것에 추동된 '국경 없는 세계'를 묘사하고 있다. 그는 "국가 경계가 있는 세계에서 흐름 마찰의 세계로 옮겨 가는 것보다 더 큰 이해관계는 없다. 우리는 한층 더 국경 없는 세계가 필요하다. … 국경은 위험과 불확실성에 대한 해결책이 아니다. 더 많은

그림 5.1 HSBC—'세계의 로컬은행'
출처: REUTERS/Bobby Yip.

연결이 필요하다. 하지만 국경 없는 세계의 혜택을 누리고 싶다면, 우리는 그것을 먼저 만들어야만 한다. 우리의 운명은 균형에 달려 있다."(Khanna, 2016: 391)라고 주장하면서 그의 논쟁적인 책을 마무리하고 있다.

한편, 언론은 종종 기업 관행의 글로벌 수렴을 자연스러운 현상으로 찬양하고 있다. 이 대중적 신화의 중심 원리는 상당히 단순하다. 즉 **글로벌** 경쟁은 **글로벌** 기업이 **글로벌** 비즈니스 관행과 기업 조직에서 점점 더 비슷해지도록 추동한다는 것이다. 또한 이러한 발상은 관리자들이 때때로 교육을 받는 선도적인 경영대학원[와튼, 스탠퍼드, 인시아드(INSEAD) 등]과 경영진이 전략적 기획과 의사 결정을 위해 자주 사용하는 최고경영 컨설턴트[매킨지(Mckinsey), 보스턴컨설팅, 베인(Bain) 등]를 통해 유포되고 있다. 서로 다른 지역과 국가로부터 유래한 초국적기업에 대해 세계화의 흐름을 막을 방법은 없다고 여겨지고 있으며, 그 어떤 불규칙적이거나 독특한 사업 및 조직의 관행은 시장의 압력에 의해 없어질 것이다. 간략히 말해, 오직 표준화된 효율적인 형태의 사업 조직만이 글로벌 경쟁에서 살아남을 수 있다는 것이다. 이러한 세계주의자적 관점에서 보면, HSBC는 씨티은행(Citibank)과 다를 바 없는 것으로 기대되고, 나이키는 아디다스와 비슷해야만 하며, 삼성은 애플과 마찬가지로 운영되어야 하고, 도요타는 포드를 닮아야 하며, 아마존은 알리바바와 같고, 화웨이는 에릭슨을 모방하고 있다는 것 등이다.

초국적기업에 대한 이 해석은 논리적이지 않은데, 왜냐하면 그것은 초국적기업이 하는 일과 세계적인 기반에서 그들의 사업 운영을 어떻게 구성하는지에 대한 온갖 오해의 소지가 있는 개념화로 이어지기 때문이다. 종종 이 글로벌 기업에 대한 신화는 일견 막대한 금융자본, 거대한 생산능력, 엄청난 고용 수준, 기술과 지식에 대한 특권적 접근이라는 잘못된 인상에 기반을 두고 있다. 실제로 대부분의 초국적기업은 그들의 국제적 확장에 자금을 댈 수 있는 필수적 자본을 보유한 상당한 기업들이다. 그 거대한 재정력으로 초국적기업들은 현지 국가 정부 및 글로벌 공급업체와 강하게 협상하고, 현지 시장에서 전부는 아니더라도 대부분의 지역 경쟁자를 능가할 수 있다. 예를 들어, 애플사는 2012년 1,120억 달러에서 2017년 7월 기록적인 2,615억 달러의 현금을 비축한 것으로 유명하다(http://investor.apple.com, 2017년 9월 19일 접속)—따라서 많은 적정 규모의 국가 정부보다 한층 용이하게 현금을 사용할 수 있었다. 경제를 산업화할 방법을 필사적으로 모색하고 있는 개발도상국에서 일자리 창출을 위해 초국적기업에 의존하는 것은, 초국적기업이 이러한 개발도상국, 특히 약소국이나 파탄국가로 특징지어지는 개발도상국들과 교섭하고 협상할 수 있는 상당한 기업 권력을 가지고 있다는 사실을 의미한다(제9장 참조). 초국적기업은 세계화를 통해 경험을 쌓으면서, 다른 현지 국가에서 상대적으로 더 정교한 마케팅 및 유통 노하우와 기술 활동을 발전시킨다.

그러나 좀 더 면밀히 살펴볼 때, 초국적기업이 손쉽게 영향력을 행사할 수 있는 글로벌 범위의 개념은 실제로 자세한 검토를 견딜 수 없다. 전 세계적으로 입지한다고 해서 반드시 세계적으로 조직하는 것이 쉽거나 어디에서나 동일하다는 의미는 아니다. 이와 반대로 초국적기업이 더욱 세계화되면서, 폴크스바겐의 사례가 적절히 보여 주듯이 초국적기업은 단일 기업체 내에 모든 것을 하나로 묶는 데 한층 큰 어려움에 직면한다. 초국적기업은 서로 다른 지역 경제와 장소에 적응하기 위해 그 기능과 역할을 신중하게 구성할 필요가 있는데, 이는 '기업의 장소화(placing firm)'(Dicken, 2000)로 알려진 사고이며, HSBC의 '세계의 로컬은행'이라는 브랜드화에서 잘 나타나고 있다. 이뿐만 아니라 오히려 다양한 현지 시장에 진입하기 위해서는, 이 장의 뒷부분에서 살펴볼 수 있듯이 다양한 조직 형태와 과정의 설계, 구현, 지속적인 관리가 필요하다. 2008~2009년 글로벌 금융 위기 동안 주요 손실을 만회하기 위해, HSBC조차 몇몇 국가의 지점들을 폐쇄하고 일부 주요 신흥공업국에서 철수함으로써 그 글로벌 운영의 규모를 축소해야만 하였다. 2011년 말에 이 은행은 또 다른 대규모 브랜드 개편을 하고, 이러한 폐쇄와 철수로 인해 더 이상 '세계의 로컬은행'임을 정당하게 주장할 수 없었기 때문에 그 상징적인 모토를 단계적으로 폐지하였다. 2016년 7월 브라데스코은행(Banco Bradesco)에 브라질 사업을 매각할 때까지 HSBC는 전 세계 70개국에 약 4,400개의 사무소'만'을 두었다—이는 5년 전 87개국의 7,500개 사무소에서 크게 감소한 수치이다. HSBC의 전임 글로벌 마케팅 책임자는 자사의 예전 브랜딩이 "우리 사업의 본질에 대해 진실한 방식으로 우리를 포지셔닝하지 않은 것이 되었다. 우리는 '세계의 로컬은행'이 아니었다. 태국 같은 곳에는 더 이상 지점이 없으며, 따라서 그렇다고 주장하는 것은 약간 솔직하지 못하다."라고 인정하였다(https://www.cnbc.com, 2017년 9월 19일 접속).

HSBC의 변화하는 운명은 엄청난 불확실성과 변동성을 특징으로 하는 세계경제에서 어디든 쉽게 존재하는 글로벌 기업의 신화를 잘 보여 준다. 초국적기업과 그 운영의 다양성을 이해하고 논쟁적인 '국경 없는 세계'라는 담론의 희생양이 되는 것을 피하기 위해, 우리는 매우 중요하지만 상호 관련된 다음과 같은 3가지의 질문에 답을 찾아야만 한다.

- 초국적기업은 세계 각지에서 그 다양한 활동을 어떻게 조직하는가? 이는 그들의 활동의 공간 패턴과 영역적 차원, 그리고 세계경제의 서로 다른 장소를 연결하는 이러한 활동의 역할을 이해하는 데 도움을 준다.
- 초국적기업은 국제적으로 사업을 운영할 때 어떻게 다른 기업들과 협력하고 상호작용하는가? 이는 다양한 행위자와 경제를 연결하는 네트워크 형성자로서 초국적기업의 역할에 대해 알려

준다.

• 다양한 위험과 취약성에 직면하여, 초국적기업은 어떻게 모든 것을 함께 유지하는가? 이는 우리를 초국적기업에 심각한 영향을 미칠 수 있는 장소 특수적 중단 및 다중 규모적 사건의 지리적 관심사로 이끌어 준다.

5.3 초국적기업의 조직 변화

우선 시간의 흐름에 따른 초국적기업의 출현을 간략하게 이해하는 것이 유용하다. 우리가 정의하는 대로 초국적기업은 제2차 세계대전 이전이나 유럽 제국의 시대(예를 들어, 영국과 네덜란드 동인도 회사) 훨씬 이전에도 존재하였지만, 1960년대 이후 일반적으로 '국제화(internationalization)'로 알려진 것의 시작으로 그 세계적 중요성과 지리적 영향력의 범위가 현저히 증가해 왔다. 오늘날 대부분의 초국적기업은 특정 기원지에 본사를 둔 국내 기업(예를 들어, 오리건주 비버턴의 나이키, 중국 항저우의 알리바바, 오스트레일리아 브로큰힐의 BHP빌리턴)에서 시작하였다. 그들의 사업과 운영은 시장 지향과 지리적 입지 측면에서 전적으로 국내 또는 모국에 기반하곤 하였다. 그들의 사업이 시간이 지남에 따라 성장하고 국제시장으로의 수출을 통해 경험을 쌓으면서, 이들 기업은 새로운 시장(소비자나 다른 기업), 낮은 생산비용(노동력이나 토지) 혹은 전략적 자산이나 자원(기술, 노하우, 투입 원료)을 찾기 위해 모국 밖에서 사업체를 설립하기 시작하였다. 이 중 일부는 특정 제품이나 서비스를 공급하기 위해 해외 기업들과도 관계를 맺었다. 이들 국내 기업은 자체 자회사나 해외 공급업체를 통해 해외에서 운영하면서, **초국적**기업이 되었다.

현시대에 일부 국내 기업은 전자상거래와 인터넷 기반 거래와 같은 기술 매개 플랫폼을 통해 전 세계에 제품을 판매할 때 거의 하룻밤 사이에 초국적기업이 될 수 있다. 우리는 이들 기업을 '태생적 글로벌' 기업(이베이, 아마존, 알리바바, 에어비앤비 등)으로 생각할 수 있다. 어느 쪽이든, 오늘날의 세계경제는 다수의 초국적기업이 존재하는 것을 특징으로 한다. 실제로 유엔무역개발회의(UNC-TAD)가 발간하는 연례 『세계투자보고서(World Investment Report)』는 오늘날 세계무역의 절반 이상이 이들 초국적기업의 계열사와 자회사 사이에서 이루어지는 것으로 정기적으로 추정하고 있다. 실제로 세계무역의 80% 이상이, 제4장에서 글로벌 선도 기업으로 알려진 이러한 초국적기업과 이들의 방대한 협력업체, 공급업체, 고객 등에 의해 조정되는 글로벌 생산 네트워크(GPN)를 통해 일어나고 있다(http://unctad.org, 2018년 1월 8일 접속). 그러나 글로벌 생산 네트워크에 관련된 모든 기업이 초국적기업인 것은 아니다. 일반 공급업체나 현지 고객과 같은 일부 기업은 동일한 모국에 있는 자회사나 협력업체에 제품과 서비스를 공급하거나 그로부터 구매함으로써 글로벌 선도 기업에 서비스를 제공하는 국내 기업으로 남아 있다―요컨대, 이들 국내 기업은 초국적 실체로서 국경을 넘어 운영되지 않는다. 글로벌 생산 네트워크를 통제하고 조정하는 역할 때문에 모든 글로벌 선도 기업은 필연적으로 초국적기업이다. 그러나 모든 초국적기업이 글로벌 생산 네트워크에 참여해야 하는 것은 아니다. 그중 일부는 시장이나 자원을 찾아 모국 밖에서만 활동한다(Coe and Yeung, 2015; Dicken, 2015).

더욱 중요한 것은 오늘날의 초국적기업이 되기 위한 국내 기업의 세계화가 국내 기업이 국제적 생산에 참여하는 새로운 방법을 개발할 수 있도록 하는 **조직 관행의 변화**를 통해 촉진된다는 것이다. 앞서 살펴본 바와 같이, 글로벌 기업에 대한 언론매체의 대중적 논쟁은 일반적으로 모든 부가가치적 경제활동이 **동일한** 초국적기업과 그 전 세계의 자회사들에 의해 수행된다고 가정해 왔다. 그러나 제4장에서 자세히 설명하였듯이, 글로벌 생산 네트워크에는 많은 종류의 기업과 비기업 행위자가 있다(표 4.2 참조)―일부는 초국적기업(예를 들어, 선도 기업과 전략적 협력업체)이고, 다른 일부는 국내 기업(일반 공급업체와 현지 고객)일 수 있다. 한마디로 글로벌 선도 기업(TNC)이 그 생산 네트워크를 조직할 수 있는 다양한 방법이 있다. 이러한 조직 관행은 특정 초국적기업과 그 초국적 운영의 지리를 이해하는 데 큰 영향을 미칠 수 있다.

예를 들어, 초국적기업이 **기업 내** 활동을 통해 생산 네트워크의 일부에만 직접 관여하고, 더 넓은 경제체제의 일부로서 다른 기업과의 **기업 간** 계약 관계를 발전시킨다면 어떠한가? 따라서 전형적인 생산 네트워크에서는 적어도 두 가지 유형의 거래를 구별해야 한다.

- **내부거래**: 이는 특정 초국적기업의 법적·조직적 경계 범위 내에서 발생하는 부가가치 활동이다. 우리는 이러한 초국적기업의 **내부**거래를 묘사하기 위해 '계층'이라는 용어를 사용하는데, 이 거래는 초국적기업의 내부 거버넌스 체제의 적용을 받고 있기 때문이다. 예를 들어, 삼성전자의 이동통신사업부가 삼성전자 소유 반도체사업부에서 디스플레이 패널, 마이크로프로세서, 메모리칩 등을 '구매'하는 경우, 이는 삼성전자 내의 내부거래로 반드시 가격경쟁이라는 공개시장 메커니즘의 적용을 받지 않는다. 이러한 내부거래 역시 기업 본사가 내리는 의사결정에 영향을 받을 가능성이 크다.
- **외부거래**: 이는 독립 기업 간에 존재하는 사업 관계로, 그 독립 기업의 일부는 초국적기업일 수 있다. 우리는 이러한 **기업 간** 관계를 '시장'으로 설명하는데, 이 관계는 가격경쟁과 특정 기업의

통제 체제를 넘어서는 기타 요인의 압력을 받고 있기 때문이다. 예를 들어, 애플이 중국의 공급업체(ATL) 또는 한국의 공급업체(LG화학)로부터 아이폰에 사용할 리튬 배터리를 구매하는 경우 이 거래는 시장 기반이며, 애플-ATL과 애플-LG화학 모두 기업 간 거래에 관계한 것으로 고려된다.

이 논점에서는 서로 경쟁하지만 매우 다른 두 초국적기업—애플사와 삼성전자—의 더 완전한 사례와 아이폰과 갤럭시 스마트폰으로 고도로 얽힌 글로벌 생산 네트워크의 지리를 제시하는 것이 유용할 수 있다. 우선 애플은 아이폰 생산 네트워크를 구성함에 있어 삼성과는 전혀 다른 접근 방법을 취하고 있다(자세한 내용은 Yeung, 2016, 제4, 5장 참조). 애플은 의심할 여지 없이 거대한 초국적기업이지만, 연구개발(R&D), 마케팅, 소매 요소를 특화하고 있으며, 그 자체로 초국적기업인 전략적 협력업체와 주요 공급업체에 모든 제조 활동을 맡기기도 한다. 그림 5.2에서 우리는 많은 중요 부품을 공급하는 삼성과 중국 선전 및 정저우에 있는 초대형 공장에서 대부분의 아이폰을 조립하는 대만의 폭스콘을 포함하는, 이러한 주요 공급업체들을 열거할 수 있다. 따라서 아이폰의 글로벌 생산 네트워크의 전체 제조 부분은 선도 기업인 애플과 미국, 유럽, 동아시아의 주요 글로벌 공급업체 간의 **기업 간** 거래를 통해 발생하는 것으로 설명할 수 있다.

이와 반대로 삼성은 사내 연구개발, 마케팅, 소매는 물론 갤럭시 스마트폰 제조의 대부분에까지 깊이 관여하고 있다. 삼성전자 내에는 2016년 반도체사업부가 만든 모든 디스플레이 패널, 프로세서, 메모리칩의 무려 51% 또는 720억 달러 상당의 가치가 자체 휴대폰 및 소비자 가전 제조사업부에 돌아갔다. 삼성 SDI, 삼성 SDS, 삼성전기 등의 계열사는 배터리부터 케이스, 기계 부품까지 갤럭시 스마트폰마다 들어가는 다양한 핵심 부품을 공급한다. 삼성은 이 부품들을 베트남과 중국에 있는 자체 초대형 공장에서 조립한다. 따라서 삼성 갤럭시 스마트폰 제조의 대부분은 **기업 내** 거래를 통해 이루어지는 것으로 간주할 수 있다.

요약하면, 특정 제품이나 서비스의 생산 네트워크를 조직하는 방법은 여러 가지가 있다. 각 초국적기업은 글로벌 생산 네트워크의 틀을 통해 분석할 수 있는 많은 제품과 서비스에 관계할 수 있다(제4장 참조). 제4절과 제5절에서는 초국적기업 내부와 외부의 이러한 다양한 종류의 네트워크 관계를 차례로 살펴보고자 한다.

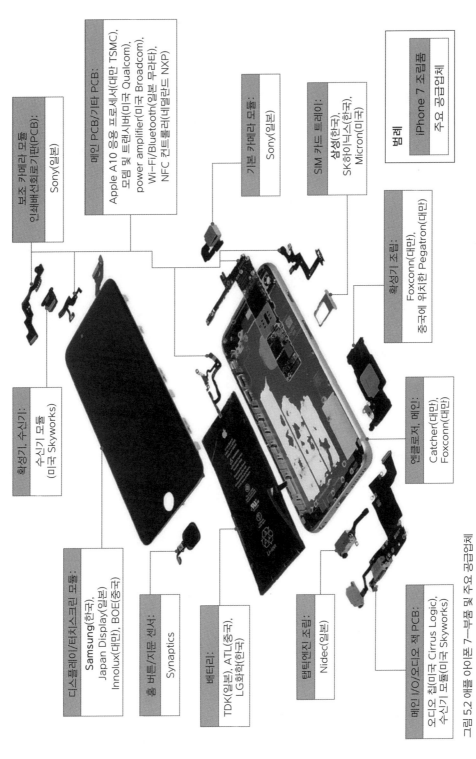

보조 카메라 모듈
인쇄배선회로기판(PCB):
Sony(일본)

메인 PCB/기타 PCB:
Apple A10 응용 프로세서(대만 TSMC),
모뎀 및 트랜시버(미국 Qualcom),
power amplifier(미국 Broadcom),
Wi-Fi/Bluetooth(일본 무라타),
NFC 컨트롤러(네덜란드 NXP)

기본 카메라 모듈:
Sony(일본)

SIM 카드 트레이:
삼성(한국),
SK하이닉스(한국),
Micron(미국)

범례
iPhone 7 조립품
주요 공급업체

촉성기, 수신기:
수신기 모듈
(미국 Skyworks)

완성기 조립:
Foxconn(대만),
중국에 위치한 Pegatron(대만)

디스플레이/터치스크린 모듈:
Samsung(한국),
Japan Display(일본),
Innolux(대만), BOE(중국)

홈 버튼/지문 센서:
Synaptics

배터리:
TDK(일본), ATL(중국),
LG화학(한국)

엔클로저, 메인:
Catcher(대만),
Foxconn(대만)

탭틱엔진 조립:
Nidec(일본)

메인 I/O/오디오 책 PCB:
오디오 칩(미국 Cirrus Logic),
수신기 모듈(미국 Skyworks)

그림 5.2 애플 아이폰 7 부품 및 주요 공급업체

출처: 2016년 10월 GPN@NUS에 대한 www.ifixit.com 및 IHS 사용자자정연구의 분해 데이터에 기초함.

5.4 초국적 경제활동 조직 1-기업 내 관계

세계경제에서 서로 다른 장소와 지역을 연결하는 개념적 구성 요소로서 생산 네트워크의 개념을 기반으로(제4장), 이제 초국적기업이 **실제로** 그 경제적 기능과 분업을 내부적으로 어떻게 조직하는지를 탐구할 것이다(Dicken, 2015, 제5장에 있는 개념들을 광범위하게 활용). 우리는 초국적기업의 내부 조직 구조가 추구하는 다양한 기업 전략과 그들의 고유한 기업문화에 따라 종종 달라진다고 주장한다(자료 5.1 참조). 이 주장을 뒷받침하기 위해 제조와 서비스 부문에서 다른 사례를 도출하고, 다양한 조직 형태를 형성하는 데 지리의 역할에 특별한 주의를 기울이고자 한다.

초국적기업 네트워크 내 노동의 정확한 내부 분업은 조직적·기술적 작용 요인과 입지 특수적 요인이 결합된 결과인 경우가 많다. 초국적기업 내 각기 다른 부분은 상이한 입지적 요구를 가질 수 있으며, 그 지리적 결과는 사례별로 검토되어야 한다. 일반적으로 초국적기업의 조직 단위는 크게 3가지로 구분될 수 있다.

- **기업 본사와 지역 본사**: 이는 중요한 전략이 수립되고 의사결정이 이루어지는 초국적기업의 신경 중추이다. 이러한 의사결정은 재무 및 투자 결정, 시장 연구개발, 제품 선택과 시장 특화, 인적자원 개발 등의 광범위한 기업 기능에 적용된다.
- **연구개발(R&D) 시설**: 이러한 활동은 제조업과 서비스업의 초국적기업에서 모두 발견된다. 연구개발 시설은 제품이나 서비스 개발, 새로운 공정 노하우와 기술, 기업 운영 연구 등의 활동을 포함한다. 이들 연구개발 활동은 글로벌 시장에서 초국적기업의 경쟁력을 유지하기 위해 중요한 지식과 전문 기술을 제공한다.
- **초국적 운영 단위**: 이러한 단위는 제조 공장과 시설부터 판매 및 마케팅 사무실, 고객만족센터와 애프터서비스센터에 이르기까지 광범위한 활동을 포괄한다.

우리는 세계적인 선도 자동차 초국적기업인 BMW의 사례로 초국적기업 내부 네트워크의 복잡한 공간 조직을 설명할 수 있다(그림 5.3 참조). 첫째, **기업 본사**는 초국적기업 내에서 경영과 재무 통제의 정점이며 시장과 생산 정보의 가공자이자 전달자로서 매우 중요한 역할을 수행한다. 따라서 이 같은 기업 기능은 고품질 외부 서비스(예를 들어, 경영 컨설팅이나 광고)에 대한 접근과 숙련 노동력의 존재, 우수한 인프라 시설과 통신 지원 등을 제공하는 주요 도시에서의 전략적 입지를 필요로 한다. BMW는 1916년 3월 설립 이후 독일에서 세 번째로 큰 도시이자 주요 비즈니스와 금융 중심지인

자료 5.1 기업문화

기원지 국가가 동일하더라도 초국적기업 간의 중요한 차이점 중 하나는 **기업문화**로 폭넓게 개념화할 수 있는 독특한 기업 특유의 관행과 행동 규범이다. 주류 경제학과 언론매체에서 흔히 발견되는 초국적기업의 '블랙박스(black box)' 또는 동질화 관념을 넘어서려면(제2절 참조), 두 가지 방식으로 기업문화를 이해할 필요가 있다. 첫째, 초국적기업이 기업문화로 인해 어떻게 서로 다른지를 고려해 볼 수 있다. 예를 들어, 미국의 월마트와 코스트코(Costco)처럼 대부분의 소비자가 유사한 대형 소매업체로 간주하는 업체들 중에도 그들의 직원과 고객을 대하는 방식에는 상당한 차이가 있다(Ungar, 2013). 둘째, 우리는 초국적기업을 내부적으로 이질적이고 다양한 기업 내의 이해집단이 경쟁하는 조직으로 봄으로써 이를 분석할 수 있다. 이들 집단과 행위자는 다양한 수준의 권한과 자원에 대한 접근을 누리며, 초국적기업 내에서 다양한 하위문화(subculture)를 보여 준다. 초국적기업이 문화적·하위문화적 관행의 측면에서 자신들을 이해하는 데 더욱 관심을 기울이고 있다는 사실은 주목할 가치가 있다. 사실 국경을 넘어 관리하는 데 있어 자기이해가 점점 더 중요해짐에 따라, 우리는 오늘날의 초국적기업에서 기업문화와 하위문화가 학습과 경쟁적 성과에 어떻게 영향을 미치는지를 이해하는 데 훨씬 큰 중요성을 둘 것을 예상할 수 있다. 우리는 4가지의 방식으로 운영되는 기업문화를 볼 수 있다(Schoenberger, 1997; Fuller and Phelps, 2018 참조).

- **사고방식**: 특정 회사에서의 사고가 지시, 집중, 제약을 받는 방식을 말한다.
- **구체적 관행**: 사고방식이 행동으로 전환될 때, 기업문화는 일상적인 업무 관행에 나타난다. 요컨대 이는 기업이 무엇을 해야 하는지, 그리고 어떻게 해야 하는지와 관련이 있다.
- **사회적 관계**: 사고방식과 구체적 관행에 내재된 것은 기업 내 다양한 직원 간에 존재하는 관계이다. 이러한 관계는 기업을 하나로 묶고 복잡한 분업이 성공적으로 작동하도록 하는 사회적 유대를 형성한다.
- **권력관계**: 기업문화의 마지막 차원은 기업 내에서 권력이 분배되고 사용되는 방식에 관한 것이다. 분명히 그 어떤 기업, 심지어 소수의 직원만이 있는 가장 작은 기업일지라도 의사결정을 내리는 사람과 대부분 지시나 규정된 업무 패턴을 따르는 사람들로 구성된 계층구조가 있다. 대기업에서 이러한 권력관계는 복잡하고 긴 명령 계통을 구성할 수 있다. 그러나 권력을 할당하고 행사하는 방식은 기업마다 다를 것이다.

뮌헨에 본사를 두었다(https://www.bmwgroup.com, 2018년 1월 8일 접속). 그림 5.4의 '4기통 실린더(four cylinder)' 형상의 BMW 그룹의 본사 건물은 1973년 5월 18일에 처음 문을 열었으며, 그 후로 뮌헨의 상징적 랜드마크가 되었다.

둘째, 신제품과 서비스의 지속적인 개발의 중요성 때문에 **연구개발(R&D) 시설**의 입지는 초국적기업의 성공에 매우 중요할 수 있다. 그러나 수십 년 동안 연구개발 활동의 부분적인 국제화에도 불구하고, 글로벌 선도 기업의 가장 중요한 연구개발 활동은 그들의 모국에 남아 있는 경향이 있다[예를 들어, 캘리포니아 쿠퍼티노(Cupertino)에 있는 애플과 한국 수원에 있는 삼성]. 그러나 다양한 유

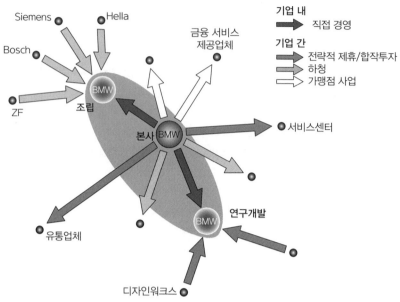

기업 내
직접 경영

기업 간
전략적 제휴/합작투자
하청
가맹점 사업

Siemens
Hella
Bosch
ZF
조립
BMW

금융 서비스
제공업체

본사 BMW

서비스센터

유통업체

연구개발
BMW

디자인워크스

그림 5.3 초국적 운영을 조직하는 다양한 형태

출처: 저자.

형의 연구개발 활동에는 입지 요구사항이 상당히 다르다. 일반적으로 연구개발 활동에는 3가지 주요 유형이 있다.

- **국제적으로 통합된 연구개발 연구소**: 이 센터는 보통 전 세계적인 초국적기업 운영 전반에 대한 핵심 기술과 지식을 제공한다. 이는 경쟁 우위와 사업 성공을 유지하는 초국적기업의 혁신적인 제품과 서비스 이면에 존재하는 두뇌이다.
- **지역적으로 통합된 연구개발 연구소**: 이 연구소는 국제적으로 통합된 연구개발 연구소에서 개발된 기초적인 기술과 지식을 적용하여, 연구소가 입지한 현지 시장에 맞는 혁신적인 신제품을 개발한다. 이러한 연구소는 다른 시장에서는 찾아볼 수 없는 지역 시장과 규제 요건을 지향한다 (중국과 인도에 있는 초국적기업의 많은 연구개발 연구소).
- **지원 연구소**: 이는 가장 낮은 수준의 연구개발 시설이며, 주로 지역 시장에 모기업의 기술을 적용하고 현지 제조 활동에 기술적 백업을 제공한다.

BMW의 경우 그룹의 혁신, 기술, 자동차 정보통신(IT) 연구를 위한 가장 중요한 연구개발 센터는 뮌헨의 기업 본사나 그 인근에 계속해서 입지하고 있다. 또한 캘리포니아와 상하이에 디자인워크스

그림 5.4 독일 뮌헨에 있는 BMW 그룹 본사 타워

(DesignWorks) 스튜디오와 같은 다른 연구개발 연구소를 설립하여 창의적인 작업과 자문 서비스에 참여하고 있다. 도쿄 연구소는 일본 자동차 선도 기업의 기술적·혁신적 환경을 활용하여 그룹의 연구개발 노력을 지원하고, 일본에 특수적인 제품과 특징을 개발한다. 2012년 4월 BMW는 그룹 제품에 대해 가장 빠르게 성장하고 영향력 있는 시장으로서 아시아의 역할을 기대하면서 상하이의 한 지붕 아래—디자인워크스 스튜디오와 커넥티드 드라이브(Connected Drive) 연구소—두 개의 혁신센터를 개설하였다. BMW의 경우 분명한 것은 서로 다른 시장 지향에 따라 연구개발 입지 패턴이 다르다는 점이다. 이 기업의 뮌헨에 기반을 둔 연구개발 활동은 글로벌 시장에 대응하는 반면, 캘리포니아와 상하이, 도쿄의 센터는 더 특수적인 지역 시장과 규제 지향성을 가지고 있다.

셋째, 초국적기업의 글로벌 생산 네트워크에서 공간적으로 가장 이동성이 높은 부분은 (유형 제품이나 서비스와 관련하여) **생산 운영**인 경우가 많다. 디킨(Dicken, 2015, 제5장)의 그림 5.5를 참조하여, 우리는 초국적기업들 간의 초국적 생산 단위를 조직하는 4가지 주요 방식을 강조한다. 그림의 각 셀은 국가와 같은 지리적 단위를 나타낸다. 그림 5.5a의 **글로벌하게 집중된 생산** 방식은 일부 자원추출 산업 및 제조업에 적용된다. 서비스는 수출하는 것이 훨씬 어렵기 때문에, 서비스산업에서는 일반적으로 잘 작동하지 않는다. 예외적인 사례를 들자면, 전 세계 고객에게 서비스를 제공하기 위해 기업 본사에서 파견된 전문가를 통해 수출할 수 있는 고차 생산자 서비스(예를 들어, 경영 자문 또는 법률 사무)가 있다. 이 방식에서 초국적기업은 자회사에 엄격하게 통제권을 행사할 수 있으며, 지리적 집중 또는 클러스터(군집화)의 공간 패턴을 따르는 경향이 있다(제12장 참조). 대부분의 초국적기업은 초기 단계에서 모든 생산을 모국에 입지시키고 세계 각지로 수출하려고 할 때, 이 전략으로 시작한다. 예를 들어, 오늘날에도 렉서스(Lexus)의 고급 모델은 일본의 주부(中部)와 규슈(九州) 지역에서 전부 제조되고, 페라리(Ferrari)의 스포츠카는 이탈리아의 마라넬로(Maranello)에서 제조되며, 그곳에서 전 세계 지역으로 수출된다. 또한 각각 프랑스와 캘리포니아의 본고장에 입지해 있는 보르도(Bordeaux)와 내파(Napa) 와인의 생산도 생각해 볼 수 있다.

그림 5.5b의 **현지 시장 생산** 구조는 현지 국가의 무역장벽이 상당한 곳에서 선호되며, 이는 수출이 현지 시장에 도달하기 위한 가장 효과적인 방법이 아닐 수도 있음을 의미한다. 서비스산업에서 지역에의 입지 및 규제 요건에 대한 요구는, 전문 서비스(법률과 회계 등)부터 소비자 서비스(소매업과 호텔업 등)에 이르기까지 초국적 서비스 기업이 왜 각 현지 시장에 사업체를 설치하는지를 설명해 준다. 이 경우에 각 국가 단위나 심지어 지역 단위에 상당한 자율성을 부여할 필요가 있으므로, 현지 자회사와 사업체에 대한 중앙집중식 기업통제는 다소 어려울 수 있다(아시아에 있는 HSBC 대 미국에 있는 HSBC). 이는 현지 국가의 각 사업체가 대부분 현지 사업 지향적이며 현지 수요에 매우 민감하기 때문이다. 제품과 서비스가 현지 시장의 취향과 선호도에 맞게 고도로 맞춤화되어 있으므로, 국경을 넘어서는 판매는 발생하지 않는다. 식음료산업에서도 이러한 현지 시장 지향적 생산 방식이 널리 펴져 있는 경향이 있다. 예를 들어, 코카콜라는 17개국에 자체 병입 사업체와 여타 250개 병입 프랜차이즈와 협력업체를 포함하여 2017년 전 세계적으로 900개 이상의 병입 및 제조 시설로 구성된 글로벌 체제를 운영하고 있다(http://www.coca-colacompany.com, 2018년 1월 8일 접속).

그림 5.5c의 **글로벌 또는 지역 시장을 위한 제품 특화** 방식은 제조업—예를 들어 전자, 자동차, 기계, 석유화학 산업—에 적용되는 경향이 있다. 제품 (생산) 권한은 '거시 지역'(유럽, 아메리카, 동아시아)으로 알려진 대규모 지역 내의 생산 단위로 부여되기 때문에, 글로벌 또는 거시 지역 시장에 공급하는 이러한 사업체에 상당한 자율성이 부여된다. 예를 들어, 싱가포르에 있는 휼렛패커드(Hewlett-Packard)의 지역 본사는 모든 휼렛패커드(HP) 프린터에 대한 글로벌 생산 권한을 조정한다. 싱가포르에 기반을 둔 디자인 및 엔지니어링 팀은 업계를 선도하는 영상처리와 인쇄 제품을 설계하고 개발하는 데 탁월한 오랜 역사를 가지고 있다. 휼렛패커드엔터프라이즈(HP Enterprise)는 2015년 휼렛패커드사에서 분리된 후, 2017년 말에 싱가포르의 지역 사업체를 업그레이드하여 새

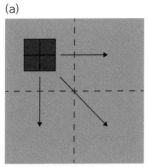

(a)

모든 생산은 하나의 입지에서 이루어진다. 생산 제품은 세계시장으로 수출된다.

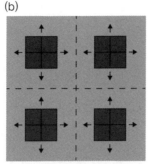

(b)

각 생산 단위는 다양한 제품을 생산하고, 생산 단위가 입지한 국내시장을 서비스한다. 국경을 넘어선 판매는 존재하지 않는다. 개별 공장의 규모는 국내시장의 규모에 의해 제한된다.

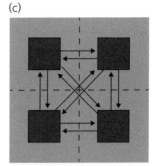

(c)

각 생산 단위는 여러 국가로 구성된 지역 시장에 대한 판매를 위해 하나의 제품만을 생산한다. 개별 공장의 규모는 거대한 지역 시장에 의해 제공되는 규모의 경제로 인해 매우 크다.

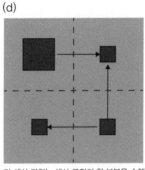

(d)

각 생산 단위는 생산 공정의 한 부분을 수행한다. 생산 단위들은 국경을 넘어 '사슬과 같이' 차례로 연결되어 있는데, 한 공장의 산출물은 다음 공장의 투입물이 된다.

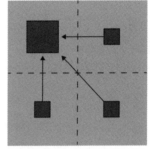

각 생산 단위는 생산 공정상 분리된 작업을 수행하고, 그 산출물을 다른 국가에 입지한 최종 조립 공장으로 운송한다.

그림 5.5 초국적 생산 단위의 공간 조직. (a) 글로벌하게 집중된 생산, (b) 현지 시장 생산, (c) 글로벌 또는 지역 시장을 위한 제품 특화, (d) 초국적 수직 통합

출처: Dicken(2015), 그림 5.17.

로운 아시아·태평양과 일본의 본사가 되었다. 이 기업은 파트너십과 협력을 용이하게 하고자—연구개발, 공급망과 물류, 마케팅과 영업 사무소, 혁신센터, 1만 677제곱피트의 고객체험센터와 같은—싱가포르에 있는 시설을 하나의 입지로 통합하기 위해 2017~2022년까지 1억 4,000만 달러를 투자하고자 계획하였다(http://www.businesstimes.com.sg, 2017년 9월 24일 접속).

마지막으로 그림 5.5d의 **초국적인 수직적 통합** 모델은 가장 발전되고 조정된 조직 구조이지만, 이는 생산 책임이 초국적기업의 글로벌 사업 운영에 걸쳐 잘 지정되고 조정되도록 하기 위해 경영 전문기술과 통제의 측면에서 요구되는 것이 매우 많다. 예를 들어, 일본의 소니(Sony)와 샤프(Sharp)는 일본(핵심 부품), 중국(조립과 테스트), 여러 동남아시아 국가들(모듈식 부품과 반조립. Edgington and Hayter, 2013 참조)에 걸쳐 발광 다이오드(LED) 및 유기발광 다이오드(OLED) TV를 위한 광범위한 생산 네트워크를 발전시켜 왔다. 이 초국적 생산 방식의 주요 장점 중 하나는 생산비의 공간적 차이를 활용하는 것이다. 초국적기업은 일부 보다 노동집약적인 제조 작업을 위해 해외 생산을 구축할 수 있다. 예를 들어, 전기, 전자, 자동차, 섬유, 의류 산업에 종사하는 많은 미국 초국적기업은 조립 작업을 멕시코의 **마킬라도라(Maquiladora)**에 설치하였는데(자료 5.2 참조), 이는 낮은 생산비와 북미자유무역협정(NAFTA, 제10장 참조)에 따른 면세 혜택을 활용할 수 있기 때문이다. 조립 작업은 생산 네트워크에서 가장 노동집약적이고 기술적으로 가장 덜 정교한 부분을 대표하므로, 저비

사례 연구

자료 5.2 멕시코 북부 마킬라도라의 초국적 생산

마킬라도라라는 용어는 미국 시장을 위해 수출품을 제조하는 멕시코 북부의 조립 공장을 지칭한다. 이 조립 공장은, 멕시코 정부가 멕시코–미국 국경을 따라 위치한 도시들의 심각한 경제적·사회적 문제를 해결하기 위해 수립한 1961년의 국경산업화 프로그램을 시작한 후, 1964년 멕시코 정부에 의해 생겨났다. 주로 미국의 이해관계에 따라 추진되고 1994년에 발효된 북미자유무역협정(NAFTA)의 후원하에 **마킬라도라**에서 제조하는 미국 기업들은 멕시코의 훨씬 저렴한 인건비, 실질적으로 거의 없는 세금 및 관세, 덜 엄격한 환경규제 등의 혜택을 받을 수 있다. 따라서 **마킬라도라**는 미국 시장에 판매하는 미국 기업과 다른 국가(일본, 서유럽, 나중에는 한국, 대만 등)의 초국적기업을 위해 해외 공장 부지를 제공해 왔다. 예를 들어, 2017년 1월 멕시코는 일본의 1,000번째 멕시코 투자 프로젝트로 자동차 부문용 아연도금 철강 공급업체인 일본의 JFE-Steel을 환대하였다.

북미자유무역협정의 협상은 멕시코의 저임금 노동자보다 미국 소비자와 기업에 훨씬 많은 혜택을 주었다. **마킬라도라**는 미국 도시인 샌디에이고(캘리포니아), 엘패소(텍사스), 브라운스빌(텍사스)에서 국경 바로 너머에 위치한 티후아나, 시우다드후아레스, 마타모로스 등의 멕시코 도시에 집중되어 있다. **마킬라도라**의 공장은 주로 전자 기기, 자동차 부품, 의류, 플라스틱, 가구, 가전제품 등을 생산한다. 2017년 멕시코 전역에서 이 **마킬라도라**의 고용은 270만 명에 근접하였다. 티후아나에서만 약 600개의 공장에 20만 6,000명 이상이 고용되었다. 시우다드후아레스에서는 2017년 2월 **마킬라도라**의 수가 327개로 증가하였고, 2016년에는 약 3만 명으로 추정되는 노동력 부족 사태까지 발생하였다. 노동집약적인 조립 작업은 여전히 **마킬라도라**에서 고용의 초석으로 남아 있다. 일부 **마킬라도라**는 젊은 여성을 시간당 50센트, 하루 최대 10시간, 주 6일 고용하는 노동착취공장으로 간주될 수 있다. 이들 여성의 다수는 공장 도시 인근의 전기와 물이 부족한 판자촌에서 생활해야 한다. **마킬라도라**의 미래는 아직 불분명하지만, 미국 시장의 힘과 북미자유무역협정이라는 틀의 진화하는 성격과 밀접하게 연결되어 있다. 2018년 도널드 트럼프 미국 대통령 행정부가 출범하면서 자동차 국내 생산을 장려하기 위한 조치를 포함하는 'NAFTA 2.0' 버전으로 불린 미국–멕시코–캐나다 협정이 협상되었다(http://www.sandiegouniontribune.com 및 https://www.washingtonpost.com, 2017년 9월 21일 접속).

용의 입지로 쉽게 이전될 수 있다. 그러나 이러한 해외 자회사의 조립 작업은 신제품 개발이나 시장 전략에 대한 자율성이 거의 없는 경우가 많다. 오히려 기업 본사가 설정한 생산 계획을 엄격하게 따라야만 하는 경향이 있다.

사실 우리는 이 4가지의 조직 구조가 이상적인 초국적 생산 방식이라는 점에 주목해야 한다. 동일한 초국적기업은 글로벌 사업을 구성하는 하나 이상의 방식을 사용할 수 있다(BMW의 경우, 자료 5.3 참조). 전반적으로 자동차산업은 그 자체로 대형 초국적기업일 수 있는 다수의 독립적인 구성품과 부품 공급업체(예로 표 4.2의 보슈, 콘티넨털, 델피, 덴소, 리어, 찬라트파브리크)에 의존하고 있지만, 주요 자동차 제조업체는 글로벌 선도 기업이자 모기업인 초국적기업이 글로벌 생산 네트워크 내에서 대부분의 사업 운영을 직접 소유하고 통제하는 데 있어 기업 내 활동의 상당한 **수직적 통합**을 바탕으로 초국적 생산 네트워크를 계속 조직해 나간다. 전자제품과 소비자제품(의류와 신발 등)과 같은 다른 현대 산업과 비교할 때, 긴밀하게 조정되고 통제되는 기업 내 네트워크가 자동차산업 내에서는 일반적이다. 이는 제5절의 주제인 기업 **간** 관계를 통해 주요 자동차 제조업체가 독립적인 공급업체를 광범위하게 활용함에도 불구하고 발생하고 있다.

사례 연구

자료 5.3 BMW의 초국적 생산의 다중 구조

BMW는 초창기 뮌헨에 기반을 둔 수직적 통합 생산 네트워크에서 크게 벗어나 왔다. BMW는 현재 아메리카, 유럽연합, 동아시아와 동남아시아의 다양한 지역에 걸쳐 14개국에 31개의 생산 및 조립 시설로 구성된 매우 정교한 글로벌 생산 네트워크를 발전시켰다(그림 5.6 참조). 독일 연방 바이에른주(딩골핑과 뮌헨)와 작센주(라이프치히)에 있는 BMW 공장은 전체 유럽연합 시장과 이를 넘어선 시장을 위해 BMW의 전 차종을 계속 제조하는 반면(그림 5.5c), BMW는 우측 핸들 차량 시장을 서비스하고(그림 5.5b), 모든 롤스로이스(Rolls-Royce) 모델을 세계 시장에 생산하기 위해(그림 5.5a) 영국에 완전 생산 공장을 보유하고 있다. 또한 BMW는 아메리카와 아프리카의 두 대륙에 서비스를 제공하기 위해 미국(스파턴버그)과 남아프리카(로슬린)에 대규모 현지 생산 공장을 설립하였다. BMW의 주요 부품과 구성품 제조는 독일 바이에른 동부의 바커스도르프에 있는 공급업체와 혁신단지에서 이루어지고 있다.

좀 더 구체적으로 동아시아와 동남아시아에서 BMW의 조립 작업은 그림 5.5d의 초국적인 수직적 통합 방식과 유사하다. 이러한 초국적 생산 방식에서 핵심 부품과 구성품은 독일에서 생산되어 아시아의 공장으로 수송되고, 이곳에서는 현지 기업이나 BMW를 따라 해외 조립 입지로 이전한 외국 공급업체가 공급하는 일부 현지 부품 및 구성품과 함께 조립된다. 2000년에 첫 조립 생산을 시작한 태국의 라용(Rayong) 공장은 2016년에 동남아시아 시장을 위해—BMW, 미니(Mini), BMW Motorrad(오토바이)—3개의 브랜드를 모두 조립하는 전 세계 최초이자 유일한 BMW 공장이 되었다. 중국에서 BMW는 급성장하는 중국 시장에 서비스

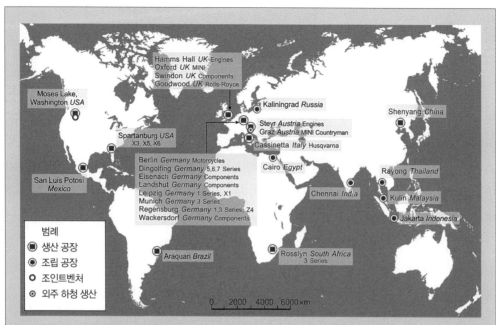

그림 5.6 BMW의 글로벌 생산 네트워크

출처: BMW 제공.

를 제공하기 위해 2004년 5월부터 합작벤처 협력업체(Brilliance China Automotive Holdings)와 함께 선양시 다둥(大東)에 조립 공장을 가동하고 있다. 중국에서의 경험은 초국적인 수직적 통합 방식(그림 5.5d)에서 현지 시장 생산 모델(그림 5.5b)로의 점진적인 전환을 나타낸다(http://www.bmwgroup-plants.com, 2018년 1월 8일 접속).

5.5 초국적 경제활동 조직 2-기업 간 관계

제품과 서비스의 디자인, 생산, 마케팅, 판매가 점점 더 정교해짐에 따라, 오늘날 스스로 모든 것을 수행할 수 있는 초국적기업은 거의 없다. BMW 세단 승용차는 적어도 2만 개의 부품으로 구성되어 있고, HP 노트북 컴퓨터는 수천 개의 부품으로 분해될 수 있으며, 그림 5.2에 표시된 아이폰이나 갤럭시 스마트폰은 수백 개의 부품으로 구성되고, 심지어 일반적인 나이키 운동화도 최소 10~20개의 부품으로 이루어져 있다. 서비스 부문에서 광고 프로젝트에는 창조적 인재, 금융 컨설턴트, 기술자, 홍보 전문가, 사무직 종사자 등이 필요하다. 호텔을 경영하는 것도 자산 소유자, 국제적 호텔경영 회사(메리어트와 힐튼 등), 독립적인 식음료업체, 서비스 공급업체 등을 함께 엮는 작업일 것이다. 간단히 말해, 대부분의 초국적기업은 독립적인 계약업체, 공급업체, 비즈니스 협력업체, 전략적 제휴업체 등으로 구성된 기업 간 네트워크라는 긴밀한 망을 관리하는 동시에 해외 지사와 계열사로 이루어진 자체의 기업 내 네트워크를 통제하고 있다. 이러한 기업 내 네트워크가 서로 다른 지리적 맥락에서 기업 간 네트워크와 겹칠 때, 우리는 각 초국적기업을 조직적 관계의 복잡한 **네트워크**의 일부라고 생각할 수 있다(그림 5.3 참조).

이 절에서는 시장(독립적인 기업으로부터 상품과 서비스를 구매하는 것)과 계층(기업 내 관계) 사이의 어딘가에 자리 잡고 있는 기업 간 관계의 3가지 주요 양식에 초점을 맞춘다.

- 하청과 아웃소싱(외부조달)
- 전략적 제휴와 조인트벤처(joint venture, 합작투자)
- 프랜차이징과 협력 협정

이 3가지 형태에 초점을 맞추는 것은 초국적기업의 활동을 조직하고 국제무역과 투자 패턴에 기여하는 데 그 중요성을 반영한다. 여기서 우리는 초국적기업이 이러한 기업 간 관계에 참여하는 다양한 전략과 거버넌스 메커니즘에 관심이 있다. 우리의 논의는 주로 이와 같은 관계의 국제적 차원에 초점을 맞춘다. 제4절에서와 같이 논의를 설명하기 위해 다양한 경험적 사례들을 활용할 것이다.

국제 하청

하청(아웃소싱으로도 알려져 있다)은 특별히 주(원청) 기업을 위한 상품이나 서비스를 생산하기 위해 독립 기업을 참여시키는 것과 연관된다. 이러한 하청 활동이 해외에 있는 공급업체에 주어지는 경우, 이는 **국제 하청** 또는 '**해외 업무위탁(offshoring)**'으로 알려져 있다. 국제 하청에는 상업적 및 공업적 하청이라는 두 가지 주요 유형이 있다. **상업적** 하청은 주 기업(구매업체)이 다른 국가의 타기업(공급업체)에 대부분의 생산, 아마도 전부를 하청 줄 때 발생한다. 초기에 구매자가 주문자상표부착생산(OEM) 협약이라고 불리는 제품사양을 제공함으로써 최종 생산물은 마치 구매업체(즉 주문자상표부착생산자)가 제품을 생산한 것과 정확히 동일하다. 시간이 지남에 따라 공급업체는 새로운 기술과 전문지식을 배우고 개발하여 고객을 위해 제조자설계생산(ODM)에 참여함으로써 부가가치 활동을 개선할 수 있다. 이러한 후자의 상업적 하청 방식에서는 공급업체가 OEM 구매업체와 제품사양에 대해 논의하고, 이들 기술적·마케팅적 요구사항을 충족시키기 위해 해당 제품을 디자인하고 제조한다. 전체 생산을 하청을 주는 OEM 구매업체의 경우 연구개발(R&D), 브랜드 관리, 그들의 브랜드명(애플과 갭 등)이 새겨진 제품의 마케팅과 소매에 특화할 것이다.

이러한 국제 상업적 하청의 방식은 오늘날의 전자산업, 특히 브랜드명이 제품에 등장하는, 표 4.2에 언급된 글로벌 선도 기업이 대개 더 이상 제조하지 않는 개인용 컴퓨터, 소비자 전자 및 가전 제품의 제조업에서 가장 일반적이다. 대신에 독립적인 계약 제조업체 또는 전자제품 제조 서비스(electronics manufacturing service, EMS) 제공업체들로 구성된 대형 그룹이 이 브랜드명을 가진 초국적기업을 위해 디자인하고 제조하며, 때때로 유통하기도 한다. 이들 독립적 하청업체는 대부분 동아시아의 신흥공업국과 신흥 개발도상국들에 기반을 두고 있는 반면, 브랜드명의 초국적기업은 여전히 대부분 선진 산업국들에서 유래하고 있다.

노트북이나 랩톱 개인용 컴퓨터를 사례로 들어 보자. 표 5.1은 2015년 7대 글로벌 브랜드명을 가진 초국적기업들이 콴타(Quanta), 컴팰(Compal), 위스트론(Wistron)과 같은 대만의 선도 ODM 제조업체와 아웃소싱 계약을 통해 노트북 제품 생산의 상당 부분을 하청 생산하고 있음을 보여 준다. 이 3개의 대만 ODM 제조업체가 이들 7대 브랜드명의 초국적기업에 의해 출하된 전 세계 노트북 1억 4,700만 대 중 약 64%를 차지하였다. 이 노트북 수치에는 중국 청두(델, 레노버), 충칭(휼렛패커드, 아수스), 쿤산(휼렛패커드, 레노버), 상하이(애플), 샤먼(델), 우한(델)에 있는 대만 ODM 제조업체가 소유한 생산 시설에서 제조된 노트북이 포함되었다. 2016년 이들 상위 3개 ODM 제조업체의 매출

표 5.1 2015년 세계 최고 노트북 브랜드명을 가진 기업들의 대만 3대 제조자설계생산(ODM) 기업에 대한 하청

노트북 PC 글로벌 선도 기업	레노버 (Lenovo)	휼렛패커드 (Hewlett-Packard)	델 (Dell)	애플 (Apple)	아수스 (ASUS)	에이서 (Acer)	도시바 (Toshiba)	상위 7대 기업 총계
2015년 출하량 (백만 대)	36.3	35.0	21.9	17.9	15.4	13.7	6.8	147.0
시장점유율(%)	20.4	19.6	12.3	10.1	8.7	7.7	3.8	82.5
내부생산(%)	53.1	2.1	0.0	0.0	0.0	0.0	6.9	13.9
ODM1(%)-콴타	14.3	27.5	17.3	74.9	18.1	30.2	17.7	27.3
ODM2(%)-컴팰	15.2	9.5	59.0	0.0	26.0	34.2	2.8	20.9
ODM3(%)-위스트론	11.7	26.7	19.1	0.0	12.1	26.6	0.0	15.8
상위 3대 기업 점유율(%)	41.2	63.6	95.4	74.9	56.2	91.0	20.5	64.0

출처: 2016년 10월 GPN@NUS에 대한 IHS 사용자지정연구의 데이터.

액은 각각 296억 달러(콴타), 253억 달러(컴팰), 204억 달러(위스트론)였다. 대만이 세계의 선도적 전자제품 제조업 중심지로 급부상하면서, 태블릿 컴퓨터, 컴퓨터 모니터, 플랫패널 및 LED TV, 휴대전화 단말기, 사물인터넷(IoT) 기기 등의 전자제품에서도 대만 업체들에 하청을 주는 동일한 현상이 발생하고 있다.

이러한 국제 상업적 하청 계약이 어떻게 작동하는지를 설명하기 위해 고객 맞춤형 애플 노트북 컴퓨터의 예를 살펴볼 수 있다(Yeung, 2016: 99~101; HP nc6230의 사례 연구에 관해서는 Dedrick et al., 2010 참조). 미국이나 프랑스의 고객은 애플의 웹사이트나 소매 유통채널(예를 들어, 지역 유통업체)을 통해 애플의 맥북이나 맥북프로의 최신 모델을 주문할 수 있다. 이 주문은 대만의 시스템 제조업체나 ODM 공급업체[콴타, 페가트론(Pegatron), 혼하이 정밀(Hon Hai Precision)]에 노트북 생산을 하청해 온 브랜드명 선도 기업인 애플사에서 접수할 것이다. 애플과 기타 브랜드명을 보유한 고객사로부터 매일 주문을 받아 대만의 콴타는 정기적으로 부품과 구성품에 대한 주문을 인텔(중앙처리장치), AMD(그래픽처리장치), 퀄컴이나 브로드컴(WLAN 통신칩), 시게이트나 삼성[하드디스크 또는 SSD(반도체 기억소자를 사용한 저장장치)], 마이크론이나 SK하이닉스(메모리칩), 델타(전원장치), 엘지(LG)나 삼성(디스플레이 패널), 캐처(유니바디 금속제 케이스) 등의 공급업체들에 한다.

이러한 핵심 부품과 구성품의 대부분은 중국 이외의 지역에서 제조되며, 이들 초국적기업 공급업체(미국 또는 아일랜드의 인텔, 미국 또는 싱가포르의 마이크론, 한국의 LG·삼성·SK하이닉스, 태국의 델타)나 반도체 제조 전담업체[독일과 싱가포르 또는 미국의 AMD를 위해 글로벌파운드리(Globalfoundries), 대만과 싱가포르의 퀄컴 또는 브로드컴을 위한 TSMC와 UMC]가 소유하고 운영하는 공장에서 제조된다. 콴타는 이미 모든 노트북 제조 시설을 중국 내 쿤산, 상하이, 충칭과 다른 지역으로 이전하였기 때문에, 주요 공급업체에 부품과 구성품을 쿤산과 상하이의 창고와 조립 공장으로 직접 배송하도록 요청할 것이다(충칭의 노트북 제조의 사례에 관해서는 Gao et al., 2017 및 Yang, 2017 참조). 맞춤형 맥북이나 맥북프로가 중국에서 조립되면, 이는 미국, 프랑스, 기타 지역의 고객에게 특급 서비스를 통해 발송된다. 일반적으로 이 과정—소비자의 최초 주문부터 완제품을 수령할 때까지—은 아시아·태평양 지역 내에서는 7일, 전 세계적으로는 14일 이상이 소요되지 않는다. 이 제조 체계는 그림 5.5d에 표시된 고도로 통합된 생산의 한 형태이다. 간단히 말해, 애플의 맥북/맥북프로는 세계경제에서 수많은 서로 다른 지역에 걸쳐 있는 부품과 구성품의 글로벌 생산 및 기업 간 거래의 복잡한 지리를 구현하고 있다.

상업적 하청과 달리, **공업적** 하청은 공급업체가 그 주요 고객을 대신하여 주문자상표부착생산

(OEM), 즉 제조만을 수행할 때 발생한다. 공업적 하청업체는 고객을 대신하여 ODM과 기타 부가가치 서비스(물류와 유통)에 관계하지 않는다. 신발산업에서 이러한 초국적기업의 아웃소싱 활동 방식은 매우 일반적이다. 나이키의 공업적 하청 활동은 그 훌륭한 사례이다. 미국 오리건주 비버턴에 본사를 둔 이 회사는 스포츠 제품의 디자인, 연구개발, 마케팅, 소매에 초점을 맞추고 있다. 나이키는 2016~2017년까지 344억 달러의 매출을 올린 세계 최대 규모의 선도적인 스포츠 브랜드이다. 오리건주 비버턴과 미주리주 세인트찰스에 있는 전액 출자로 완전 소유한 두 공장에서 에어솔(Air-sole) 쿠션 소재와 구성품을 제조하는 것을 제외하고, 나이키는 수천 가지에 달하는 제품의 모든 생산을 전 세계의 계약 공장에 하청을 주고 있다. 즉 2017년 8월 기준으로 나이키는 100만 명의 노동자들을 고용한, 42개국의 565개 공장들과 계약을 체결하였다(http://manufacturingmap.nikeinc.com, 2017년 9월 22일 접속).

나이키의 세계적인 성공과 독특한 국제적 아웃소싱 모델은 지난 20년 동안 노동착취공장과 아동 노동에 대해 우려하는 언론매체와 시민사회운동가들의 지속적인 감시를 받아 왔다. 비정부기구(NGO)와 기타 운동가들은 특히 공급업체 공장 노동자들의 열악한 노동조건, 높은 수익성과 이에 따른 개선 사항을 이행할 수 있는 명백한 비용부담 가능성, 업계 선도자로서의 '전시효과(demonstration effect)'라는 3가지 이유에서의 불만과 폭로를 강조하며 나이키를 겨냥하였다. 그 결과 2005년 나이키는 미국과 전 세계에 있는 계약 공장의 목록을 공개한 관련 업계 최초의 초국적기업이 되었다. 특히 아시아 공장들이 관심의 초점이었다(Lund-Thomsen and Coe, 2013). 2017년 8월까지 나이키의 공업적 하청에서 베트남이 차지하는 비중은 크게 확대되었으며, 나이키의 전 세계 노동력의 38%를 고용하고 있는 78개의 나이키 공급업체 공장이 베트남에 입지하였다. 이는 인도네시아(39개 공장, 19만 2,387명)와 중국(142개 공장, 18만 5,572명)의 두 번째 및 세 번째로 큰 현지 국가의 점유율과 비교된다.

위에 보인 두 가지 형태의 국제 하청이 갖는 **지리적 합의**는 시간이 지남에 따라 매우 다양하고 역동적이다. 첫째, 국제 하청은 선진국에서 고도로 국지화된 제조업 클러스터의 발달로 이어질 수 있다(전체 논의는 제12장 참조). 둘째, 국제 하청은 개발도상국에서 수출지향적 생산의 고립지역(enclave)의 발달로 이어져 왔다—자료 5.4에서 신국제분업(NIDL)으로 설명된 지리적 현상이다. 이러한 수출 고립지역이나 위성과 같은 종속적 생산 클러스터는 대다수 초국적기업의 글로벌 생산 네트워크의 중요한 부분을 구성하는 노동집약적 제조업 활동을 수행하고 있다(Phelps, 2017). 셋째, 초국적기업의 생산 네트워크가 동일한 지역 내의 서로 다른 국가에 걸쳐 있지만, 강력한 기업 간 관계가 해당 지역 내의 서로 다른 장소들을 연결하는 실의 역할을 한다면, 광범위한 거시 지역적 통합이

자료 5.4 초국적기업과 신국제분업

19세기 동안 세계경제는 개발도상국에서 추출한 원료를 기반으로 상품을 제조하는 것에 특화된 서유럽과 미국의 선진공업국들이 지배하였다. 제국주의와 식민주의적 관계로 뒷받침된 이 '전통적' 또는 '오래된' 형태의 국제분업은 적어도 1960년대까지 만연하였다. 1960년대부터 생산의 국제화가 시작되면서 특정 개발도상국들이 초국적기업의 투자 전략을 통해 세계경제 속에서 새로운 역할을 맡는 데서, 이른바 신국제분업(NIDL)이 등장하였다. 신국제분업 이론은 유럽, 북아메리카, 일본의 초국적기업이 이른바 신흥공업국(NIES)에서 노동집약적 수출 플랫폼을 구축하는 것에 기반을 둔 글로벌 생산 네트워크 체제의 구축을 설명하였다. 의류 제조업에 대한 독창적 연구에서 프뢰벨 등(Fröbel et al., 1980)이 가장 명시적으로 제안한 신국제분업 이론은, 중심부 국가에서 제조업 생산의 수익률 하락은 시장 성장이 생산성 증가를 따라가지 못하면서 시장 포화 및 과소소비와 연결되고 있다고 주장하였다. 이에 대응하여 초국적기업은 생산을 산업 중심부에서 신흥공업국의 저비용 생산지로 이전하기 위해 글로벌 영향력을 활용하였다. 공산품은 결국 해외의 분(分)공장에서 중심부 시장으로 역으로 수출되었다. 결정적으로 이 체제는 생산을 여러 부분으로 분할하고, 이 때문에 주변부에서 젊고 여성인 반(半)숙련 혹은 미숙련 노동자들을 종종 활용할 수 있도록 한 새로운 정보통신기술(ICT)과 공정기술에 의존하였다. 생산 공정의 한층 자본집약적인 부분은 계속해서 선진공업국에 입지하는 반면, 남아메리카, 동유럽, 아프리카, 아시아에 걸친 신흥공업국들은 노동집약적인 제조 단계의 기지가 되었다. 1960년대부터 때때로 다양한 세금 혜택을 제공하는 지정 수출가공지구(export processing zone, EPZ)의 등장은 새로 출현하는 신국제분업의 가장 명백한 물리적 표현이었다. 그러나 오늘날 세계경제의 현실은 중첩적인 노동분업을 반영하고 있는데, 그중 일부는 다른 것보다 훨씬 새로운 것이다. 이러한 분업의 지리는 신국제분업 이론의 기초가 되는 단순한 중심부–주변부 모델보다 필연적으로 한층 복잡하다. 예를 들면, 아시아의 초국적기업에 의해 주도되거나 크게 형성된 글로벌 생산 네트워크의 증가는 이러한 단순한 해석에 이의를 제기한다. 자세한 내용은 스타로스타(Starosta, 2016) 및 하벌리와 보위치크(Haberly and Wójcik, 2017)를 참조하라.

일어날 수 있다. 이러한 거시 지역적 경제통합의 지리적 과정은 북아메리카, 유럽연합, 동남아시아에서 초국적기업의 생산 네트워크의 존재와 관련하여 작동한다(자세한 내용은 제10장 참조). 마지막으로, 글로벌 생산 네트워크에서 아웃소싱의 역동성은 시간이 지남에 따라 변화할 수 있다. 최근 생산기술(예를 들어, 로봇과 인공지능의 활용 확대), 에너지 생산(전기 비용 절감), 물류 지원(이전을 위한 글로벌 운송과 화물 비용의 감소)의 발전으로 인해 리쇼어링(reshoring)—**일부** 제조업 활동을 해외 공급업체나 자회사로부터 본국으로 이전하는 것—이라고 하는 것이 가능하게 되었다.

전략적 제휴와 조인트벤처

하청과는 별개로 초국적기업이 다른 기업과 전략적 제휴(strategic alliance)와 조인트벤처(joint venture)에 참여할 때, 기업 간 네트워크가 형성될 수 있다. 이 두 가지 조직 형태는 인수합병(M&A)과는 다르다. 전략적 제휴나 조인트벤처에 참여하는 기업은 소유권 변동을 겪지 않으므로, 제휴 또는 조인트벤처 파트너와 독립적 상태를 유지한다. 이에 반해 인수합병 기업은 반드시 소유권 변동을 겪는다. 일부 잘 알려진 합병 초국적기업은 로열더치셸(Royal Dutch Shell, 석유), BHP(BHP Billiton의 이전 기업, 광업), 피아트 크라이슬러(Fiat-Chrysler, 자동차), 글락소스미스클라인(GlaxoSmithKline, 제약), 유니레버(Unilever, 소비재), 타임워너(Time Warner, 미디어와 엔터테인먼트), 프라이스워터하우스쿠퍼스(PricewaterhouseCoopers, 회계), KPMG(회계) 등이다.

일부 경쟁이 치열한 산업에서 기업들은 매우 특정한 유형의 기업 간 협업, 즉 **전략적 제휴**에 참여하는 경향이 있다. 일부 비즈니스 활동만이 이러한 기능 특수적인 전략적 제휴에 관여하고, 어떤 새로운 자기자본도 포함하지 않는다. 경쟁에 대한 이 같은 협력적 접근 방법은 '협력적 경쟁(coopetition)', 즉 협력과 경쟁의 혼합으로 생각될 수 있다. 예를 들어, 반도체 및 제약 산업에서는 치열한 경쟁, 높은 연구개발과 신제품 개발 비용, 빠른 기술변화 속도 때문에 전략적 제휴가 일반적이다. 이러한 압력은 이 두 산업에서 개별 초국적기업의 재정적 수단을 넘어 투자 지분을 증대시킨다. 예를 들어, 새로운 반도체 웨이퍼나 칩 제조 공장, 신약 개발에는 2017년 기준으로 20억 달러가 넘는 비용이 쉽게 들 수 있다. 전략적 제휴를 통한 협력은 글로벌 경쟁을 위한 가장 효과적인 수단이 된다. 전략적 제휴에 참여하는 다수의 초국적기업은 일부 제품 부문에서 상호 경쟁자이고, 다른 부문에서는 동맹자이다. 반도체 분야에서는 몇몇 주요 반도체 기업들이 자율주행자동차 기술을 개발하기 위해 선도적 자동차 기업들과 전략적 제휴를 맺었다(예를 들어, 2016년 테슬라-엔비디아 제휴, 2017년 BMW-인텔-모빌아이 제휴).

서비스산업에서도 기능특수적인 전략적 제휴가 일반적이다. 예를 들어, 대부분의 주요 항공사는 스타얼라이언스(Star Alliance), 원월드(Oneworld), 스카이팀(SkyTeam)과 같은 전략적 제휴 중 하나에 참여하는 경향이 있다. 이러한 제휴를 통해 참여하는 항공사들은, 예를 들어 승객의 교차 탑승을 허용하고 개별 항공사의 초과 용량을 줄이는 컴퓨터 예약 시스템에서 코드 공유를 십분 활용할 수 있다. 1997년에 설립된 스타얼라이언스 네트워크는 가장 많은 회원 항공사, 일일 항공편, 목적지 및 비행 국가를 보유한 세계 최고의 항공동맹이다(www.staralliance.com, 2018년 1월 8일 접속). 스타얼라이언스의 기본 발상은 운행, 연결, 글로벌 도달 범위에서의 상호보완성이다. 코드와 고객

탑승을 공유함으로써 스타얼라이언스의 28개 회원사들은 6억 9,000만 명의 승객들에게 글로벌 연결의 편의와 가능성, 원활한 여행 경험, 그리고 약 191개국에 있는 1,300개 이상의 공항에 대한 접근성을 제공할 수 있다. 2016년 11월 회원 항공사의 총수입은 1,740억 달러에 달하였다. 이 전략적 제휴의 또 다른 이점은 독점금지 규제가 적용되는 시장에서 회원 항공사에 반독점 면제를 제공한다는 것이다(예를 들어, 미국의 유나이티드항공). 연구에 따르면, 예약 편의성 외에도 스타얼라이언스의 회원 항공사 간 협력은 항공사 간 항공권 발권 요금을 최대 27%까지 절감할 수 있었다.

소매업에서는 이미 세계 최대의 소매업체이자 중국에 자체 구매대리점(buying office)을 두고 있는 월마트(Wal-Mart)는 2010년 1월 28일 홍콩에 본사를 둔 리앤풍(Li & Fung, 제4장 제4절 참조)과 전략적 제휴를 맺기로 하였는데, 이는 리앤풍의 글로벌 소싱의 전문지식을 활용하여 비용을 절감하고 품질을 개선하며 자체적인 글로벌 노출을 확산시키기 위한 것이었다. 월마트는 글로벌 소싱 강화의 일환으로, 리앤풍이 설립하고 월마트의 글로벌 소싱 서비스를 전담하는 DSG(Direct Sourcing Group)라는 새로운 소싱 부처를 통해 첫해에 약 20억 달러 상당의 상품을 구매하였다. 리앤풍은 월마트에 도매업체로서 상품을 공급해 왔지만, 이것은 글로벌 거대 기업에 대한 첫 직접적인 조달 거래였다. 글로벌 거대 기업과 세계 최대 공급망 관리업체 간의 이러한 전략적 제휴에서 양사는 글로벌 소싱 및 기업 특수적 전문지식의 규모의 경제로부터 혜택을 얻는다. 즉 월마트는 소매업에서(제7장 참조), 리앤풍은 소싱과 물류에서(제4장 제4절) 이익을 얻고 있다. 2016년 6월 월마트는 매출 기준으로 중국 최대 전자상거래업체인 제이디닷컴(JD.com)과 또 다른 전략적 제휴를 체결하였는데, 이는 제이디닷컴의 전자상거래와 월마트의 소매 역량을 강력하게 결합하여 중국 소비자에게 더 나은 서비스를 제공하기 위한 것이었다. 2017년 8월 월마트는 전 세계 소비자의 구매 경험을 재정립하고 개선하며, 전자상거래 시장에서 아마존(Amazon)의 막대한 지배력에 도전하기 위해 구글(Google)과의 전략적 제휴를 발표하였다(http://news.walmart.com, http://www.reuters.com, https://www.nytimes.com, 2017년 9월 22일 접속).

둘 이상의 기업들이 특정 목적을 위해 별도의 법인을 설립하기로 결정할 때, 지분 **조인트벤처**는 종종 조직적 결과물이 된다. 여기서 협력업체들은 조인트벤처에 새로운 자기자본을 투자할 필요가 있다. 때때로 협력업체가 자본투자를 대체하기 위해 다른 자산(예를 들어, 토지나 영업권)을 사용할 수 있으며, 이는 협력적 조인트벤처로 알려져 있다. 조인트벤처는 협력업체들이 재정적 위험을 분담하고, 기업 간 시너지로부터 이익을 얻으며, 새로운 제품이나 시장을 개발하기 위해 형성되므로, 대부분의 산업에서 찾아볼 수 있는 인기 있는 기업 간 관계의 일반적 형태이다. 그러나 일부 개발도상국에서는 현지 국가의 시민이나 기업이 최소한의 지분 보유를 요구하는 정부 규정으로 인해, 지분 또는 협력적 조인트벤처는 해외 초국적기업이 해당 국가의 시장진입을 위해 선호하는 방식으로서 더욱 조장되고 있다. 분명히 많은 자동차 초국적기업들이 서로 간에 조인트벤처에 참여하고 있다. 자료 5.3에서 언급하였듯이, 중국 선양에 있는 BMW의 제조 사업체는 BMW 그룹과 브릴리언스 차이나 오토모티브 홀딩스(Brilliance China Automotive Holdings Ltd.) 간의 조인트벤처로, 중국 시장 전용 차량을 생산한다. 남아메리카, 아프리카, 동유럽, 동남아시아에서도 지분 조인트벤처는 새로운 시장을 개척하려는 외국 자동차 제조업체들 사이에서 대단히 흔한 일이다.

국제 하청과 마찬가지로 국제적인 전략적 제휴와 조인트벤처의 지리적 함의는 여러 가지이다. 우리는 전략적 제휴가 발생하는 많은 산업에서 프로젝트 기반 팀워크, 즉 협동작업의 증가를 목격하고 있다. 이러한 프로젝트 팀 내에서의 대면 상호작용은 서로 다른 국가에 입지한 도시와 과학 중심지 간에 발생하는 경향이 있으므로, 특정 유형의 **장소**는 다른 장소를 배제하고 세계경제에서 더욱 강력하게 상호 연결된다. 예를 들어, 반도체산업에서는 대만의 신주와 캘리포니아의 실리콘밸리 사이에 강도 높은 초국적 흐름과 상호작용이 존재한다(Yeung, 2016, 제5장의 사례 연구 참조). 이러한 제휴와 벤처 활동의 대부분이 고부가가치 프로젝트에 관한 것이므로, 이들 활동을 수용하는 장소는 더욱 더 번영하고 경쟁력을 갖게 된다(유럽과 북아메리카의 연구개발 클러스터 등). 공간적인 불균등 발전은 종종 심화된다.

프랜차이징과 협력적 협약

프랜차이징(franchising)은 등록상표 또는 지식재산권의 초국적기업 소유자가, 프랜차이즈 가맹자(종종 본국 밖에 있는)가 초국적기업이 설정한 지침과 요건을 따를 경우, 프랜차이즈 가맹자가 해당 상표 또는 권리를 사용하는 데 동의하는 조직 형태를 말한다. 따라서 프랜차이저(초국적기업)와 프랜차이지(현지 기업이나 다른 초국적기업) 사이에 성립된 기업 간 관계가 존재한다. 프랜차이징은 특히 최종 소비자를 지향하는 서비스산업에서 일반적이다. 잘 알려진 사례로는 버거킹, KFC, 맥도날드 패스트푸드 레스토랑(그림 5.7 참조), 서브웨이 샌드위치와 스타벅스 커피 매장, 세븐일레븐 및 서클케이 편의점, 애니타임 피트니스 아울렛, GNC 비타민과 보충제 판매점, 인터콘티넨털, 크라운 플라자, 홀리데이인 호텔 등이 있다. 이들 초국적기업이 프랜차이징을 선호하는 국제화의 방법으로 사용해 온 정도 때문에, 우리는 이러한 등록상표들이 전 세계적으로 존재한다는 사실을 잘 알고 있다. 많은 국가에 있는 이들 매장은 반드시 이 초국적기업들이 소유하는 것이 **아니라**, 오히려 현지 프랜차이지가 운영하는 경우가 많다.

그림 5.7 카리브해 지역에 있는 패스트
푸드 프랜차이즈 체인
출처: 저자.

 이와 같은 형태의 기업 간 네트워크는 두 가지 핵심적인 이유로 소비자 서비스 부문에서 특히 인기
가 있다. 첫째, 대부분의 서비스 초국적기업은 자본이 충분하지 않거나 동시에 여러 시장으로 확장
하는 데 필요한 상당한 비용을 부담하고 싶지 않을 수 있다. 이는 흔히 소매업과 패스트푸드 업계에
서 발생한다. 둘째, 일부 서비스 초국적기업은 지역 문화, 사회적 관계, 지역 소비자의 관행 등에 대
한 생소함에서 발생하는 위험에 노출되기를 원하지 않을 수 있다. 프랜차이징은 서비스 초국적기업
이 현지 국가 시장에 익숙한 지역 기업가가 될 만한 프랜차이지를 통해 현지에 진출할 수 있는 편리
하고 비용이 낮은 대안을 제공한다.

그 밖에 협력적 협약은 라이선스 협약부터 비자본(non-equity) 형태의 협력에 이르는 광범위한 기업 간 관계를 포괄한다. 이러한 협약은 제조업과 서비스업 모두에서 찾아볼 수 있다. 제조업 부문에서 초국적기업은 로열티 지불의 대가로 특허 기술의 사용 허가를 결정할 수 있다. 예를 들어, 디지털 비디오디스크(DVD) 포맷 특허를 소지함으로써 필립스(네덜란드), 소니(일본), 파이오니아(일본), LG(한국)는 자신들의 라이선스 소지자(라이선시)가 제조한 모든 DVD 플레이어에 대한 로열티를 받을 것이다(http://www.ip.philips.com, 2017년 9월 22일 접속). 서비스산업, 예를 들어 호텔 부문에서 두 기업이 협력하여 교육훈련(연수) 활동을 위한 협력적 협약을 맺을 수 있으며, 교육훈련 팀을 통합하여 그들의 연합된 직원들에게 인적자원개발 프로그램을 제공할 수 있다. 각 호텔은 두 호텔의 통합 인적자원 관행의 이점을 얻을 수 있다.

프랜차이징과 협력적 협약을 통해 초국적기업은 시장 진출을 빠르게 국제화하고, 현지 시장에서의 제품과 서비스의 소비를 촉진할 수 있다(소비에 대한 자세한 내용은 제7장 참조). 소매 및 레스토랑 사업에서 특정 레스토랑 매장(예를 들어, 맥도날드와 KFC 등)과 소비재(코카콜라)의 전 세계적인 존재는 '맥도날드화(McDonaldization)' 또는 '코카콜로니제이션(Coca-Colonization)'으로도 다양하게 알려진 경제활동의 세계화에 대한 직접적인 증거로 받아들여져 왔다. 초국적기업 활동의 전 세계적인 존재는 우리에게 분명한 질문을 던진다. 이러한 거대 기업의 공간적 도달 범위를 제한할 수 있는 그 어떤 위험이 존재하는가?

5.6 전 세계적인 존재의 위험

글로벌 자본주의의 경쟁적 역동성에 의해 주도되는 선도 기업과 그 공급업체들은 급속한 기술변화, 대량생산의 분절화와 국제적 아웃소싱, 새로운 시장과 경쟁업체의 부상 등으로 특징지어지는 세계경제에서 한층 큰 불확실성과 예측 불가능성에 직면해 있다. 생산 네트워크가 더욱 많은 지역과 경제를 이러한 경쟁적 역동성에 통합함에 따라, 제3장에서 논의한 일종의 자본주의적 '시소(see-saw)'는 이 생산 네트워크를 통해 작동하고, 따라서 매우 불균등하고 때로는 예측할 수 없는 방식일지라도 모든 지역과 영역에 영향을 미친다. 이와 같은 도전적 과제를 관리하려면, 글로벌 상호연결성과 초국적기업의 전 세계적인 존재와 관련된 위험 상황 변화에 대한 완전한 이해가 필요하다. 여기서 우리는 이러한 불확실성과 예측 불가능성의 특정 요소가 초국적기업과 글로벌 생산 네트워크가 직면하는 다양한 형태의 위험에서 어떻게 나타나는지를 검토한다. 위험은 본질적으로 예측, 계산됨으로써 완화 전략을 통해 관리될 수 있는 불확실한 조건이다. 기업이 알 수 없는 조건(불확실성)을 미리 알 수 없는 것은 분명하지만 일부 조건에는 일정한 발생 가능성(위험)이 있으며, 기업은 이에 대해 조치를 취함으로써 완화할 수 있다. 그러나 이러한 위험이 다른 행위자에 미치는 영향은 다양하며, 이 영향의 지리도 특정 글로벌 생산 네트워크에 '연결(plugged into)'되는 서로 다른 입지와 지역에 걸쳐 매우 다양하다.

우리는 표 5.2에서 초국적기업의 글로벌 도달 범위에 심각한 영향을 미칠 수 있는 5가지 형태의 위험, 즉 경제, 제품, 규제, 노동, 환경을 확인한다. 상호 연결된 세계경제에서 위험은 일반적으로 개별 행위자(예를 들어, 기업)에 의해서만 발생되지 않으며, 따라서 다수의 행위자, 지역 그리고 경제에 영향을 미치는 집합적 행위이다. 어느 한 장소의 위험한 조건은 이러한 네트워크를 통해 전달될 수 있으며, 그 영향은 훨씬 넓은 지리적 범위(영향을 받는 더 많은 장소)와 더 긴 시간적 차원(지속적 효과)을 지닐 수 있다. 지리적으로 이러한 위험은 특정 생산 네트워크와 관련된 행위자들의 지리적으로 분산된 전체 범위를 가로질러 확산될 수 있다. **경제적 위험**은 아마도 이 상호의존적인 세계경제에서 가장 잘 드러날 것이다. 주요 기술변화와 금융 위기는 기존 생산 네트워크와 이에 연관된 지역에 심대한 영향을 미칠 수 있다. 예를 들어, 스마트폰 부문에서 RIM(Research in Motion)의 블랙베리(BlackBerry)와 노키아(Nokia)의 흥망은 캐나다와 핀란드의 각 지역과 지방의 고용과 정부에 큰 영향을 미쳤다. 그러한 시장 쇠퇴는 고용 감소, 연구개발(R&D) 시설과 공장 폐쇄, 본사 지역의 세수 손실 등으로 이어졌다. 이와 같은 영향은 전 세계에 걸쳐 그들의 생산 네트워크로 확산되기도 한다.

제품 위험은 상품의 낮은 품질이나 안전기준과 관련될 수 있으며, 전 세계 생산자와 소비자에게 장기간 동안 영향을 미칠 수 있다. 점점 더 많은 식품이 국제적으로 조달됨에 따라, 주요 제품의 위험은 심각한 소비자 공황이나 수많은 지역과 영역에서의 부족 사태를 초래하며, 이는 결국 이들 제품에 특화된 초국적기업들의 매출과 수익성에 심각한 영향을 미칠 수 있다. 더욱이 **규제 위험**은 동일한 산업의 모든 행위자에게 영향을 미치기도 하지만, 규제의 영향을 받는 영역에서 멀리 떨어진 지역의 행위자들에게도 매우 파괴적일 수 있다. 가장 일반적인 규제 위험은 특정 재료의 투입(화학품 등)이나 관행(아동 노동 등)의 금지 또는 보호무역정책과 같이 생산 네트워크에 직접적으로 영향을 미치는 국가 및 국제 기관이 발표한 지침들이다. 이러한 것들은 초국적기업과 그 공급업체 모두에 영향을 미치는 기존 생산 네트워크 배열의 실질적인 재구조화나 종결로 이어지기도 한다.

마지막으로, **노동 및 환경 위험**은 언론매체와 시민사회단체의 지대한 관심 때문에 더 잘 이해되고 있다(제6장과 제11장 참조). 이러한 위험은 일반적으로 노동집약적 산업(의류와 완구 등)과 자원추출산업(채광, 석유, 가스)에서 각각 더 강력하고 큰 피해를 준다. 그러나 긴밀하게 통합된 적시(just-

표 5.2 초국적기업과 그 글로벌 생산 네트워크와 연관된 다양한 형태의 위험

형태	특징	초국적기업에 미치는 영향	최근 사례
경제적 위험	시장에 전체적으로 영향을 주는 변화—신기술과 혁신, 수요 변화, 재정 혼란, 환율 변동 등	비용과 시장 리더십에서 경쟁적 지위의 상실; 재정수입과 수익성의 감소; 저소득과 지역 및 지방에 대한 구조적 변동성	2013년 스마트폰 기기 부문에서 캐나다의 RIM(블랙베리)과 핀란드 노키아의 쇠퇴
제품 위험	품질, 안전, 브랜드화, 효율성 관련 고려사항	소비자와 고객의 상품이나 서비스에 대한 부정적 견해; 기업의 사회적 책임에 대한 요구 증가	2008년 이후 자동차 에어백 결함으로 인한 2017년 6월 다카타(Takata)의 파산
규제 위험	정치적, 공사(公私) 거버넌스, 표준 및 규범의 변화	글로벌 생산, 기존 산업 관행, 조직 배치의 중단 또는 종료	2003년 이후 유럽연합의 유전자변형생물체(GMO)에 대한 엄격한 규제와 유전자변형 농작물 재배자에 대한 영향(예를 들어, 몬산토의 MON810 옥수수)
노동 위험	노동조건과 고용 관행에 대한 투쟁	피고용인의 저항과 쟁의; 글로벌 생산과 고용 전망에 대한 혼란; 잠재적으로 한층 큰 평판 위험	2012~2013년 더 나은 근무 및 노동 조건을 요구하는 노동자들로 인한 애플 아이폰 제조업체인 중국 폭스콘(Foxconn) 공장에서의 파업
환경 위험	자연재해 또는 인위적 재해	위의 4가지 형태의 위험과 그 인과 효과를 강조	2017년 8~9월 허리케인 하비(Harvey)와 마리아(Maria)가 미국 농부와 식품의 글로벌 공급망에 미친 파괴적인 영향

출처: Yeung and Coe(2015), 표 2에서 수정 인용함.

in-time) 생산 네트워크(예를 들어, 자동차)가 특징적인 산업에서는 노동운동이나 예기치 않은 자연재해와 관련된 위험이 초국적기업과 그 종속적인 공급업체에 훨씬 더 클 수 있다.

5.7 요약

이 장에서는 전통적으로 주류 경제학에서 '블랙박스'로 여겨지고, 매우 중요하면서도 과소평가된 방식으로 우리 일상생활을 형성하는 경제 행위자의 한 형태인 초국적기업을 체계적으로 검토하였다. 우리는 초국적기업을 내부(기업 내) 및 외부(기업 간) 생산 네트워크의 체제로 유용하게 이해할 수 있다. 이러한 방식으로 초국적기업을 해석하는 것은 몇 가지 장점이 있다. 첫째, 선도적 초국적기업에 의해 조율되는 글로벌 생산 네트워크 조직의 커다란 다양성을 이해할 수 있다. 우리의 분석은 이

들 기업 내 및 기업 간 네트워크를 조직할 수 있는 다양한 방법을 보여 주었다. 이는 기업 내 네트워크의 완전 자회사와 계열사로부터 기업 간 네트워크를 통한 국제 하청, 조인트벤처, 전략적 제휴에 이르기까지 다양하다. 둘째, 서로 다른 장소와 영역이 서로 다른 국가적, 거시 지역적 구성에 걸쳐 작동하는 전 세계적으로 광범위한 생산 네트워크를 통해 어떻게 연결되어 있는지를 보여 준다.

조직 형태, 초국적 생산의 지리, 적극적인 이해관계자 등의 이러한 커다란 다양성을 갖고서 초국적기업은 실제로 모든 것을 함께 유지할 수 있는가? 이 장에서는 개시의 사례였던 폴크스바겐이 잘 보여 주는 것처럼, 실질적인 세계화가 초국적기업에 쉽지 않고 심지어 자연스럽지도 않다고 주장하였다. 광범위한 전 세계적 운영을 구축하려면, 초국적기업은 도전적인 환경에서 조직적 통제를 유지하고, 정치적·경제적·사회문화적 영역에 존재하는 지리적 차이를 심각하게 고려해야 한다. 초국적기업이 세계경제의 서로 다른 거시 지역으로 세계화함에 따라, 이러한 지리적 차이는, 더 큰 조직적 도전과제와 합법성 유지의 문제, 다시 말해 '외국인 책임(liability of foreignness)'(즉, 외국 기업은 현지 국가에서 더 많은 문제에 직면한다)을 발생시키기에 한층 더 강조된다. 이는 결국 쟁의 행위, 사보타주, 소비자 불매운동, 징벌적 규제, 재무 위험 노출, 제품 실패, 물류 병목 현상 등의 광범위한 잠재적 위험에 대한 초국적기업의 취약성을 증가시킨다. 이와 같은 위험의 많은 부분은 글로벌 도달 범위와 함께 증가하고 있을 뿐만 아니라, 개별 초국적기업의 통제를 벗어나고 있다. 제6장에서는 노동과 그 글로벌 이동성이 주요 초국적기업이 지배하는 세계경제를 어떻게 재구성할 수 있는지를 논의할 것이다.

주

- Dicken(2015)은 경제지리학적 관점에서 글로벌 경제의 형성자이자 추동자로서 초국적기업에 대한 가장 권위 있는 설명을 제공한다. Beugelsdijk et al.(2010), Iammarino and McCann(2013), Yeung(2018)은 경제지리학과 국제경영학 연구자들이 초국적기업을 서로 다른 관점에서 어떻게 보고 있는지를 비교하고 있다. Haberly and Wójcik(2017)와 Fuller and Phelps(2018)는 글로벌 생산 네트워크에서 초국적기업의 작용에 대한 최근 두 가지의 재해석을 제공한다.
- 제조업과 서비스 분야의 글로벌 아웃소싱과 입지 컨설팅 기업의 역할에 관한 논의는 Peck(2017), Phelps(2017), Phelps and Wood(2018a; 2018b)를 참조하라. 서로 얽혀 있는 애플과 삼성의 글로벌 생산 네트워크에 대한 더욱 자세한 설명에 관해서는 Yeung(2016)을 참조하고, 미국과 영국으로 돌아가는, 글로벌 생산 네트워크의 최근 제조업 리쇼어링(reshoring)에 관해서는 Vanchan et al.(2018)을 참조하라.
- 1890년에서 1927년 사이에 미국의 초국적기업, 특히 싱어매뉴팩처링컴퍼니(Singer Manufacturing Company)의 초기 세계화 이니셔티브에 대한 훌륭한 역사지리학적 연구에 관해서는 Domosh(2010)를 참조하라. 초국적기업에 대한 최근의 일부 지리학적 연구와 관련해 중국 초국적기업에 관해서는 Wójcik and Camilleri(2015) 및

Karreman et al.(2017)의 연구를, 일본 초국적기업에 관해서는 Edgington and Hayter(2013)의 연구를, 유럽 초국적기업에 관해서는 Ascani et al.(2016)과 Slangen(2016)의 연구를 참조하라.

연습문제

- 초국적기업은 왜 초국적 활동을 다양한 산업과 현지 지역에 걸쳐 서로 달리 조직하는가?
- 초국적기업 생산 네트워크의 글로벌 구성에서 지리의 고유한 역할은 무엇인가?
- 기업 간 관계에 참여하기로 한 초국적기업의 의사결정 배경에는 어떤 요인이 있을 수 있는가?
- 글로벌 생산 네트워크는 무엇이며, 그러한 글로벌 생산 네트워크를 조정하는 데 초국적기업은 어떤 역할을 하는가?
- 초국적기업의 글로벌 도달 범위를 제한할 수 있는 위험은 무엇인가?

심화학습을 위한 자료

- http://unctad.org: 세계투자보고서(World Investment Report)의 웹사이트는 초국적기업의 글로벌 도달 범위에 대한 가장 정확한 데이터와 포괄적인 분석을 포함하고 있다.
- http://www.globaljustice.org.uk: 영국에 기반을 둔 비정부기구(NGO)인 글로벌저스티스나우(Global Justice Now)의 웹사이트는 세계 100대 경제기업 중 글로벌 기업의 힘에 대한 정기적인 분석을 제공한다.
- http://www.pcic.merage.uci.edu: 캘리포니아 대학교 어바인(Irvine) 캠퍼스의 퍼스널컴퓨터산업센터(Personal Computing Industry Center)는 세계화된 정보통신기술(ICT)산업의 많은 선도 기업과 그 초국적 활동에 대한 자세한 사례 연구와 더불어 몇몇 최고의 연구를 수행하고 있다.
- http://www.csr-asia.com: 이 웹사이트는 아시아의 초국적기업과 그 기업의 사회적 책임 문제에 대한 훌륭한 통찰을 제공한다.
- https://globalexchange.org: 이 웹사이트는 인적 세계화의 진전에 대한 상향식 관점을 제공한다. 이는 글로벌 경제 정의와 공정무역, 착취받지 않는 노동(sweat free)을 포함하는 '레거시캠페인(Legacy Campaigns)'에 관한 매우 흥미로운 항목을 가지고 있다.

참고문헌

Ascani, A., Crescenzi, R., and Iammarino, S. (2016). Economic institutions and the location strategies of European multinationals in their geographic neighborhood. *Economic Geography* 92: 401-429.

Beugelsdijk, S., McCann, P., and Mudambi, R. (eds.) (2010). Special issue on place, space and organization — economic geography and the multinational enterprise. *Journal of Economic Geography* 10: 485-618.

Coe, N. M. and Yeung, H. W. C. (2015). *Global Production Networks: Theorizing Economic Development in an Interconnected World*. Oxford: Oxford University Press.

Dedrick, J., Kraemer, K. L., and Linden, G. (2010). Who profits from innovation in global value chains? A study of the iPod and notebook PCs. *Industrial and Corporate Change* 19: 81-116.

Dicken, P. (2000). Places and flows: situating international investment. In: *The Oxford Handbook of Economic Geography* (eds. G. L. Clark, M. A. Feldman and M. S. Gertler), 275-291. Oxford: Oxford University Press.

Dicken, P. (2015). *Global Shift: Mapping the Changing Contours of the World Economy*, 7e. London: Sage.

Domosh, M. (2010). The world was never flat: early global encounters and the messiness of empire. *Progress in Human Geography* 34: 419-435.

Edgington, D. W. and Hayter, R. (2013). 'Glocalization' and regional headquarters: Japanese electronics firms in the ASEAN region. *Annals of the Association of American Geographers* 103: 647-668.

Fröbel, F., Heinrichs, J., and Kreye, O. (1980). *The New International Division of Labour*. Cambridge: Cambridge University Press.

Fuller, C. and Phelps, N. A. (2018). Revisiting the multinational enterprise in global production networks. *Journal of Economic Geography* 18: 139-161.

Gao, B., Dunford, M., Norcliffe, G., and Liu, Z. (2017). Capturing gains by relocating global production networks: the rise of Chongqing's notebook computer industry, 2008-2014. *Eurasian Geography and Economics* 58: 231-257.

Haberly, D. and Wójcik, D. (2017). Earth incorporated: centralization and variegation in the global company network. *Economic Geography* 93: 241-266.

Iammarino, S. and McCann, P. (2013). *Multinationals and Economic Geography: Location, Technology and Innovation*. Cheltenham: Edward Elgar.

Karreman, B., Burger, M. J., and van Oort, F. G. (2017). Location choices of Chinese multinationals in Europe: the role of overseas communities. *Economic Geography* 93: 131-161.

Khanna, P. (2016). *Connectography: Mapping the Future of Global Civilization*. New York: Random House.

Lund-Thomsen, P. and Coe, N. M. (2013). Corporate social responsibility and labour agency: the case of Nike in Pakistan. *Journal of Economic Geography* 15: 275-296.

Peck, J. (2017). *Offshore: Exploring the Worlds of Global Outsourcing*. Oxford: Oxford University Press.

Phelps, N. A. (2017). *Interplaces: An Economic Geography of the Inter-Urban and International Economies*. Oxford: Oxford University Press.

Phelps, N .A. and Wood, A. (2018a). The business of location: site selection consultants and the mobilisation of knowledge in the location decision. *Journal of Economic Geography* 18: 1023-1044.

Phelps, N. A. and Wood, A. (2018b). Promoting the global economy: the uneven development of the location consulting industry. *Environment and Planning* A 50: 1336-1354.

Schoenberger, E. (1997). *The Cultural Crisis of the Firm*. Oxford: Blackwell.

Slangen, A. H. L. (2016). The comparative effect of subnational and nationwide cultural variation on subsidiary ownership choices: the role of spatial coordination challenges and Penrosean growth constraints. *Economic Geography* 92: 145-171.

Starosta, G. (2016). Revisiting the new international division of labour thesis. In: *The New International Division of Labour* (eds. G. Charnock and G. Starosta), 79-102. London: Palgrave Macmillan.

Ungar, R. (2013). Walmart pays workers poorly and sinks while Costco pays workers well and sails-proof that you get what you pay for. *Forbes* (17 April 2013). https://www.forbes.com accessed 21 September 2017.

Vanchan, V., Mulhall, R., and Bryson, J. (2018). Repatriation or reshoring of manufacturing to the US and UK: dynamics and global production networks or from here to there and back again. *Growth and Change* 49: 97-121.

Wójcik, D. and Camilleri, J. (2015). 'Capitalist tools in socialist hands'? China Mobile in global financial networks. *Transactions of the Institute of British Geographers* 40: 464-478.

Yang, C. (2017). The rise of strategic partner firms and reconfiguration of personal computer production networks in China: Insights from the emerging laptop cluster in Chongqing. *Geoforum* 84: 21-31.

Yeung, H. W. C. (2016). *Strategic Coupling: East Asian Industrial Transformation in the New Global Economy.* Ithaca, NY: Cornell University Press.

Yeung, H. W. C. (2018). Economic geography and international business. In: *The Routledge Companion to the Geography of International Business* (eds. J. Beaverstock, G. Cook, J. Johns, et al.), 177-189. London: Routledge.

Yeung, H. W. C. and Coe, N.M. (2015). Toward a dynamic theory of global production networks. *Economic Geography* 91: 29-58.

6

노동―
이주 노동자는 뉴노멀인가?

탐구 주제

• 이주 노동이 노동과 노동시장의 본질에서 보다 폭넓은 변화의 일부임을 이해한다.

• 이주 경험을 형성하는 데 영역 국가와 '이주산업'의 역할을 탐색한다.

• 이주 노동의 증가가 전통적인 형태의 노동조직에 어떤 도전적 과제를 제시해 왔는지를 고찰한다.

• 이주 노동자가 그들이 일하는 장소와 출신지에 미치는 영향을 검토한다.

6.1 서론

햇볕이 내리쬐는 두바이의 마천루는 현대 글로벌 경제의 부와 급속한 발전의 상징적 이미지이다. 이 도시는 사막 경관을 배경으로 빽빽한 고층 스카이라인의 장관을 특징으로 한다. 인접한 페르시아만의 따뜻한 바다에서도 도시의 부동산 붐에 참여할 만큼 부유한 사람들을 위한 개발을 수용하기 위해 새로운 섬이 인위적으로 만들어졌다. 에미리트(emirate, 토후국)가 가진 부의 원래 기반이었던 석유와 가스는 오늘날 경제의 매우 작은 부분을 차지하고 있다. 대신에 세계적으로 중요한 항구와 공항, 걸프 지역에 서비스를 제공하는 금융 및 정보기술(IT) 부문 외에도, 이 도시는 그 경제 기반을 위해 고급 관광업과 소매업에 의존하고 있다. 도시의 쇼핑몰, 콘도, 호텔, 리조트 등은 고급 시장에 부응한다. 두바이는 부와 호화로움의 대명사가 된 듯하다.

그러나 화려한 경관 뒤에는 두바이의 인구가 더욱 흥미로운 이야기를 전한다. 2017년 기준으로 이 도시의 주민수는 300만 명에 조금 못 미친다―이는 아랍에미리트연방(UAE) 전체 인구의 약 3분의 1에 해당하며, 두바이는 7개 에미리트 중 하나이다. 하지만 해당 수치에서 드러나지 않는 것은 두바이 인구의 10% 미만이 실제로 아랍에미리트연방 국민이라는 사실이다. 두바이에는 약 25만 명의 국민이 있지만, 추가로 270만 명의 사람들이 임시로 거주하고 있다. 아랍에미리트연방 국민들은 정부 기관에서 일하는 경향이 있는 반면, 거의 모든 민간 부문의 일자리는 이주자들이 차지하고 있다. 이들 이주자 중 소수는 두바이에 재산이나 사업에 관심이 있는 부자와 유명인(할리우드 스타, 비즈니스 거물 등)이다. 훨씬 많은 수의 이주자는 제조업, 운송, 은행, 기타 부문에서 일하는 관리자와 전문가들이다. 그러나 대다수의 이주자는 건설, 가사 서비스, 소매업, 그리고 저임금 고용이 가능한 기타 부문에서 일하고 있다. 따라서 두바이는 호화로운 경관으로 유명해졌지만, 이는 거대한 이주 노동력에 의해 건설되고 유지되며, 그들이 직원으로 일해 온 경관이다(Buckley, 2013). 그림 6.1이 보여 주듯이, 이러한 이주 노동자의 가장 큰 출신 국가는 인도이지만, 많은 수가 남아시아의 어느 국가나 동남아시아(필리핀과 인도네시아)와 걸프 지역, 중동이나 아프리카로부터 유입되고 있다.

두바이는 이주 노동에 대한 의존도가 높다는 점에서 이례적이지만, 이는 널리 퍼져 있는 글로벌

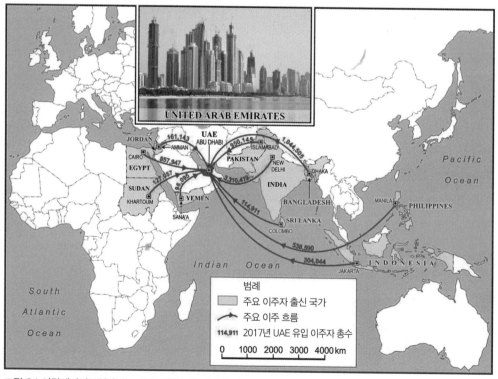

그림 6.1 아랍에미리트연방과 그 주요 이주 노동자의 출신 국가
출처: 저자.

패턴의 한 부분이다. 갈수록 이주 노동은 경제를 작동시키는 '정상적인(normal)' 부분이 되어 가고 있다. 런던과 같은 세계도시에서 이러한 양상은 놀라운 일이 아닐 것이다(Wills et al., 2010). 런던은 아프리카, 카리브해 지역, 남아시아와 연결된 오랜 식민지 역사를 가지고 있다. 더 최근에 유럽연합(EU) 내의 노동이동성은 새로운 이주자 흐름에 추가되었다. 글로벌 금융, 무역, 엔터테인먼트, 교육 중심지로서 런던의 지위는 전 세계로부터 새로운 유입자들을 불러왔다. 그 결과 그레이터 런던(Greater London) 노동력의 약 38%가 영국(연합왕국) 바깥에서 태어났다(PWC and London First, 2017). 비슷한 이야기를 다른 수많은 도시에 대해서도 할 수 있다. 싱가포르, 시드니, 로스앤젤레스, 토론토, 파리는 모두 노동시장에서 이주자의 비율이 비슷하다. 이주 노동에 대한 의존이 반드시 대도시에만 국한되는 것도 아니다. 많은 국가의 소도시들로 들어오는 이주 노동자의 수가 증가하고 있다. 농업 또한 이주 노동에 의존하기도 한다. 예를 들어, 영국 원예의 경우 2017년 전국농민연합(NFU)이 실시한 설문조사에 따르면, 고용 기관을 통해 채용된 계절노동자의 99%가 유럽연합 출신(이 중 3분의 2는 루마니아와 불가리아 단 두 국가 출신)이었다는 사실이 밝혀졌다(ONS, 2018).

이주 노동의 활용이 항상 인기 있는 것은 아니며, 특히 지역 주민들이 새로운 유입자들로 인해 생계를 위협받고 있다고 느끼는 곳에서는 더욱 그러하다. 우리는 제2절에서 최근 몇 년 동안 더욱 널리 퍼진 이러한 견해를 살펴봄으로써, 이 장을 시작하려고 한다. 또한 이주 노동의 활용이 노동 세계에서 부정적 변화의 원인이 아니라, 실제로 악화되는 노동조건의 징후라는 것을 요점으로 지적한다. 이주 노동에 대한 대중적인 견해의 하나는, 이주 노동이 국가에 의한 영역적 통제의 상실을 의미한다는 것이다. 제3절에서는 국가가 전 세계적으로 다양한 범주의 이주 노동자들의 이동과 권리를 얼마나 긴밀하게 통제하고 있는지를 언급함으로써 이러한 견해를 반박한다. 여기서 또한 대규모 이주 패턴이 소득과 발전 수준에서의 불균등에 명백히 기반하고 있으며, 전 세계적으로 독특한 지리적 패턴을 보여 준다는 사실을 강조한다. 그런 다음 제4절에서는 특정 장소에서의 이주 노동의 경제적 역할과 영향을 살펴본다. 특히 이주자들이 목적지에서 행할 수 있는 경제활동의 종류와 노동시장에 미치는 영향, 노동 통제 및 규율 과정에 대한 이주 노동자의 영향력 등을 고찰할 것이다. 그다음 제5절은 이주자의 출신지에 미치는 영향을 고려할 것인데, 어떤 경우에는 이주자들이 본국의 집으로 보내는 돈에 의해 깊은 영향을 받는다. 수많은 이주자가 불이익을 겪을 수 있지만 그들은 무력한 피해자가 아니며, 제6절에서는 이주 노동자의 권리가 집단적으로 주장되어 온 방식을 살펴볼 것이다. 마지막으로 제7절에서는 노동 이주가 단순히 개인적 의사결정의 산물이 아니라는 방식을 설명한다. 오히려 노동 이주는 사람들의 이동을 촉진하는(이 이동으로부터 이익을 얻는) 공공 및 민간 조직의 작용에 착근되어 있다. 이 장 전체에 걸쳐 이주 노동에 초점을 맞추고 있지만, 동시에 이 장은 노동 세계가 보다 일반적으로 변화하고 있는 방식—이용 가능한 일자리의 질부터 노동운동의 형태, 노동시장의 조직에 이르기까지—에 관한 창을 제공한다. 각각의 사례에서 노동 이주자와 그들의 경험은 현재 진행 중인 더욱 폭넓은 변화의 징후이다.

6.2 이주자는 문제인가?

모든 종류의 경제 문제에 대해 이주자들을 비난하는 대중적 수사를 찾는 것은 어렵지 않다. 전 세계 여러 곳에서 몇 가지의 주제가 되풀이되고 있다. 하나는 이주자들의 '자유로운' 흐름으로 인해 정부가 그 국경에 대한 통제력을 상실하고 있다는 생각에 관한 것이다. 이러한 견해에서는 국가가 자신의 영역과 자신의 규제하는 능력이 약화되고 있다는 것이다(제9장에서 좀 더 논의한 문제). 이는 브렉시트(Brexit, 영국의 유럽연합 탈퇴) 지지자들에게서 두드러진 논지였다. 그 전형적인 예를 그림 6.2에서 볼 수 있는데, 이는 '국경이 없으면 통제도 없다(No border, no control)'는 슬로건을 내건 2014년 영국독립당이 사용한 포스터를 보여 준다. 도버(Dover)의 화이트 클리프(White Cliff)를 오

그림 6.2 2014년 유럽 선거에서 영국독립당(UKIP)의 선거 포스터

출처: In Pictures Ltd/Corbis via Getty Images.

르는 에스컬레이터는 특히 유럽에서 온 이주자들에게 영국으로의 입국이 쉽다는 것을 의미한다. 그러나 제3절에서 살펴보듯이, 이주자의 국경 통과는 여전히 국가에 의해 엄격한 통제와 규제를 받고 있으며, 국가는 대부분의 이주자가 이동할 수 있는 환경을 조성하고 있다.

이주자를 둘러싼 대중적 서사의 두 번째 주제는, 이주자들이 사회복지 체제, 실업수당, 의료 서비스에 대한 요구 때문에 현지 수용국의 경제적 자원을 고갈시킨다는 것이다. 이는 주어진 장소의 사회복지 및 서비스 체제에 따라 일정한 장소 특수적 분석이 필요한 문제이다. 예를 들어, 스웨덴에서는 노동 금지와 함께 관대한 복지 조항으로 인해 특히 난민들이 국가의 자원을 상당히 활용하고 있다. 그러나 다수의 이주 노동자들이 국민으로서 얻는 복지 혜택에 접근할 수 없는 싱가포르와 같은 상황에서는, 이주자들이 국가 지출에 미치는 영향은 거의 없다. 그런데 이는 시간(이주자 자녀들의 경제적 영향을 포함하여)과 다양한 지리적 규모에 걸친 영향을 고려해야 하는 복잡한 문제이다. 예를 들어, 미국의 국립 과학·공학·의학 아카데미의 종합보고서는 1세대 이주자들이 납부한 세금과 사용한 서비스의 혼합이 연방과 주 차원에서 서로 다르다는 것을 발견하였다(NASEM, 2017). 연방 정부 차원에서 이주자 인구는 세수에 긍정적으로 기여하지만, 지역적으로는 젊은 이주자 가족이 지역에서 자금을 지원하는 공립학교를 많이 이용하기 때문에 그들의 영향은 약간 부정적이다. 이들은 또한 많이 벌지 못하기 때문에 세금을 덜 내는 경향이 있다. 제4절에서 볼 수 있듯이, 임시 노동자든 영구 이주자든 간에 이주 노동에 대한 저임금은 전 세계적으로 되풀이되는 주제이다.

이주에 반대하는 세 번째 주장은, 이주자들이 특정 지역에 거주하는 지역 주민들에게서 일자리를 빼앗을 것이라는 생각에 기반을 두고 있다. 다시 말하지만, 이 견해는 특히 유럽과 북아메리카에서 반(反)이주 정치운동에 의해 표현되어 온 것이다. 특히 2007~2008년의 경제위기와 그에 따른 정부의 긴축 프로그램 이후, 이러한 종류의 수사는 많은 국가에서 더욱 심화되었다. 그러나 이주자들이 지역 주민들에게서 일자리를 빼앗는지는 어려운 문제인데, 왜냐하면 이주자들이 일자리를 취할 의사가 없었더라면 그 일자리가 존재하였을지, 그리고 이주자들이 없었더라면 지역 주민들이 기꺼이 일자리를 취하였을지를 알아야 하기 때문이다. 다시 말해, 이 질문에 대한 답변은 장소에 따라 다르다. 앞서 언급한 미국에 관한 광범위한 연구에서는 이주자들이 지역 출신 인구의 고용에 거의 영향을 미치지 않는다는 결론이 나왔다(NASEM, 2017). 발견된 유일한 영향은 지역 청소년의 노동시간과 이전 이주자들의 고용률이었다. 즉 이주자들은 노동시장의 매우 특정한 부분(또는 부문)과 경쟁하고 있을 뿐이다. 그럼에도 불구하고 이주자들이 경제 문제에 책임이 있다는 관념은, 특히 변화하는 노동시장에서 일자리, 상향 이동성 또는 경제적 안정 없이 남겨진 사람들에게 매력적인 것이었다.

이주자에 대한 마지막 대중적인 생각은, 그들이 더 적은 돈을 위해서도 기꺼이 일하려고 하기 때문에 지역 임금과 노동조건을 낮춘다는 것이다. 이런 일이 실제로 발생한다는 몇 가지 증거는 있지만 매우 특정한 방식으로만 발생하고, 다시 한 번 지리적 규모에 대한 세심한 주의가 필요하다. 미국에서 이주 노동자가 임금에 미치는 영향은, 이주자들이 노동을 위해 경쟁하는 노동시장의 일부문에 놓여 있는 특정 저숙련 일자리에 미치는 경향이 있다. 농업, 소매업, 접객 서비스업, 건설업, 돌봄 관련업 등 어떤 분야에서든 이주 노동자들은 임금을 낮추지만, 더 넓은 노동시장에서는 수익에 거의 영향을 미치지 않는다(NASEM, 2017). 다른 많은 국가에서도 이와 마찬가지인데, 특히 임시 이주 노동자가 비자에 명시된 직업에서만 일할 수 있는 국가에서 더욱 그러하다. 그러나 전체 경제의 규모로 옮겨 가면, 이주자들의 영향은 거의 항상 긍정적이다. 왜냐하면 그들은 노동력에 필수적인 역할을 수행하고 고용주를 위한 수익성과 경쟁력을 창출하도록 특별히 선택되기 때문이다. 더욱이 그들의 교육과 직업훈련 비용은 다른 곳에서 부담하였기 때문에, 현지 사회가 양육하고, 교육하고, 훈련할 필요가 없는 완전히 준비된 노동자로서 도착한다. 아마도 가장 중요한 점은 외부인으로 이주자들이 노동자로서 자신의 권리를 주장하거나 더 나은 노동조건을 요구하기 위해 적극적으로 나서기 어려운 경향이 있다는 것이다. 이러한 방식으로 그들은 고용주에게 고분고분하고 협조적인 노동력을 제공하며, 고용주들은 지역 출신 고용인들보다 한층 관리하기 쉽다고 생각할 수 있다. 제4절에서 살펴보듯이, 선택적으로 이주자들을 고용하는 것은 작업장에서 노동에 대한 통제를 행사하는 중요한 방법의 하나를 나타낸다.

이주자들이 일하는 장소와 노동시장에 실제로 어떤 영향을 미치는지를 분석하는 것은, 이 절에서 제기된 질문인 '이주자들은 문제인가?'에 답하는 하나의 방법이다. 그러나 이주자를 비난하는 수사에 대한 또 다른 대응은, 이주자가 노동조건 악화의 원인이 아니라 징후라는 점을 지적하는 것이다. 이주 고용인의 사용이 특히 저임금노동에서 증가하는 것은 노동시장이 변화해 온 훨씬 광범위한 추세의 일부이다. 여기서 우리는 몇 가지 주요 변화를 다음과 같이 언급할 수 있다.

- **불안정한 고용**: 20세기 후반 지구 북부(선진국)에서는 '표준 고용관계'가 출현하였다. 이러한 고용에는 비교적 양호한 임금, 영구적 정규직 노동, 노동시간과 교대 근무와 관련한 예측 가능성, 직장에서의 건강과 안전에 대한 주의, 공공건강관리 또는 민간의료보험, 연금 및 기타 혜택, 노동조합의 대표성과 보호 등이 포함되었다. 확실히 많은 사람들이 이 고용 형태에서 제외되었지만(여성, 이민자, 지구 북부 바깥의 대부분의 사람들을 포함하여), 그럼에도 불구하고 그것은 열망하는 표준이었다. 이는 이제 점차 희소해진 표준이다. 안정성과 안전성이 떨어지고 혜택도 적

은 불안정한 고용이 더욱더 널리 퍼지게 되었다.

- **하청 및 파견 노동**: 두 번째 추세는 고용주와 고용인 간의 관계에 관한 것이다. 공공 및 민간 부문의 고용주들은 점점 더 다른 회사들과 노동 계약을 하고 있다. 예를 들어, 관공서의 청소부는 한때 공무원이었지만, 이제는 그러한 서비스를 제공하기로 계약된 민간기업을 통해 고용될 가능성이 훨씬 크다. 한 '고용인'이 실제로 임시 직업소개소를 통해 단기적으로 공급될 수 있는 민간 부문 사업장에서도 마찬가지이다. 이러한 종류의 가장 극단적인 형태의 고용은 '일용직 노동자(일공)'를 주차장이나 길모퉁이에서 태우고, 아무런 관계나 계약 없이 작업장으로 데려가는 것을 포함할 수 있다.

- **불평등의 심화**: 우리는 '모래시계' 노동시장을 갈수록 더 목격하고 있다—모래시계 노동시장이라 불리는 것은, 상부와 하부는 확장되었지만 중간이 쪼그라들고 있기 때문이다. 안정적인 고용이 감소하면서, 이제 더 많은 노동자들이 노동시장의 하부에서 저임금으로 때로는 여러 가지 일을 하며 살아가고 있다. 이와 동시에 노동시장의 최상부는 가장 높은 지위를 차지하는 사람들에게 풍성한 보상을 가져다주었다. 그 결과 전 세계적으로 사회적 불평등이 심화되어 왔다.

- **자동화와 기계화**: 노동시장의 중간 부분이 사라지는 이유 중 하나는 자동화, 기계화, (어떤 경우에는) 인공지능이 한때 공장, 사무실, 농장, 기타 일터를 지배하였던 숙련 노동을 대체하고 있기 때문이다. 인간과의 접촉이 규범이었던 서비스 부문에서도 우리는 이미 공항의 셀프 체크인, 상점의 셀프 체크아웃, 온라인 뱅킹 등을 관찰하고 있다. 무인 택시는 가까운 미래에 현실이 될 수 있다. 이러한 모든 발전으로 인해 컴퓨터 소프트웨어와 하드웨어 분야에서 고임금 일자리가 창출되었지만, 안정적인 중산층 일자리는 많이 사라졌다.

- **돌봄 일자리의 확대**: (손쉽게) 자동화될 수 없는 직업의 한 가지는 어린이와 노인을 위한 돌봄 일자리이다. 맞벌이가 필수가 되어(부모가 모두 일을 할 가능성이 높아졌다), 대규모 보육 인력이 필요하다. 많은 사회가 고령화됨에 따라 노인 돌봄 인력도 요구되고 있다. 그 결과 유급 가사 노동자와 간병인이 늘어나고 있으며, 이들 중 상당수는 이주 여성들이다. 이 일의 대부분은 고용주의 집에서 이루어지며, 일반적으로 작업장 규칙과 규정에서 면제된다.

- **생산의 세계화**: 기술 발달로 인해 기업들은 더 낮은 비용과 더 유연한 노동력을 제공하는 장소에 기업 운영의 일부를 입지시킬 (또는 하청을 줄) 수 있게 되었다. 제3장에서 언급하였듯이, 의류와 전자제품 및 기타 품목을 다른 곳에서 생산하여 시장으로 운송할 수 있기 때문에, 공장의 일자리가 가장 먼저 이동하였다. 지난 20년 동안 정보 및 통신 기술의 혁명으로 이제 보다 넓은 범위의 생산 공정에서 이러한 이동이 발생할 수 있다. 그 결과 소프트웨어 개발과 그래픽 디자

인에서부터 의료 기록과 콜센터에 이르기까지 모든 서비스를 멀리 떨어진 입지로 이전할 수 있는 한편, 여전히 (특히) 북아메리카와 유럽의 고객에게 서비스를 제공할 수 있다. 이 경우 일자리가 사라지는 것은 아니지만, 확실히 이전하고 있다.

이와 같은 모든 노동시장의 동향은 글로벌 공간에 걸쳐 불균등하게 나타나는 것으로 이해할 필요가 있다. 미니애폴리스나 맨체스터에서는 이러한 동향을 인지할 수 있지만, 뭄바이나 마닐라에서는 상황이 상당히 다르다. 지구 북부의 구산업지역에서는 일자리가 사라져 왔으며, 불안정성이 증가하고 불평등이 심화하였다. 세계의 다른 지역, 특히 지구 남부의 경우 사람들은 새로운 형태의 고용에 접근할 수는 있었지만, 한때 표준 고용관계의 특징이었던 그 어떤 혜택이나 안전성도 얻지 못하고 있다.

어디에서 이주자들은 이 그림에 들어 맞는가? 이러한 동향이 양질의 일자리를 훼손하는 것이라면, 이주자가 되는 것은 노동자로서의 권리박탈의 또 다른 형태이다. 사실 그것은 정확히 이주자들은 이러한 새로운 노동조건을 견뎌야 하는 사람들이라 권리와 기대가 적기 때문이다. 런던에서 이주노동을 연구하는 지리학자 팀은 다음과 같이 말하고 있다. "하청이 오늘날 전 세계적으로 전형적인 고용 형태라면, 이주자는 세계의 전형적인 노동자이다"(Wills et al., 2010: 6). 그러나 이주자들은 모두 동일하지 않으며, 그들의 상황에서 광범위한 차이를 인식하는 것이 중요하다. 따라서 우리는 이제 이주 경험이 국가의 영역적 권력에 의해 구성되는 차별적 방식에 대해 알아볼 차례이다.

6.3 영역적 권력과 이주 유형

국가의 영역적 권력은 노동 이주자들이 매우 다양하게 유입되고 있다는 것을 의미한다. 서로 다른 이주 프로그램을 통해 국가는 주어진 영역 내에서 누가 합법적으로 소속하는지(그렇지 않은지)를 규정할 수 있다. 또한 소속 정도가 다른 사람들에게 상이한 권리를 부여할 수 있다. 이러한 권리에는 노동권, 체류권, 가족 동반권, 보건 및 교육과 같은 다양한 유형의 집합적 서비스의 혜택을 받을 수 있는 권리 등이 포함된다. 이 절에서는 가장 많은 특권을 지닌 사람부터 시작해 권리가 거의 없는 사람들을 향해 나아가면서 일련의 이주 노동의 유형을 확인한다.

엘리트 이주자

이동성은 소득분배의 최상부와 국제적 기업의 최고경영자 수준에 있는 사람들에게 가장 쉽게 찾아온다. 엘리트 노동 이주는 세계화의 광범위한 역동성의 일부로 지난 수십 년 동안 극적으로 확장되어 왔다. 소수의 매우 부유한 개인들은 여러 국가에서 주택이나 사업과 같은 자산을 보유할 수 있고, 특정 장소에서 더 높은 세율을 피하기 위해 그들의 생활을 조직할 수 있다. 그러한 개인의 글로벌 이동성은 매우 쉬우며, 이들은 여러 관할 부문의 정부 정책에 상당한 영향력을 행사할 수 있다. 예를 들어, 영국에서 비자, 세금 구조, 금융 부문의 규제는 매우 부유하고 이동성이 높은 개인들이 런던에 계속 기반을 두기를 희망하면서 이들의 요구를 충족시키기 위해 신중하게 구성되어 왔다(Beaverstock and Hall, 2012). 그러나 보다 일반적으로 엘리트 이주는 초국적기업 내에서 조직된 해외 업무 배정이나 글로벌 인재풀로부터 직접적인 채용의 결과이다. 금융 및 기술과 같은 성장 부문은 국제적 인재를 쉽게 채용할 수 있는 정부 규정으로부터 혜택을 받는 경향이 있었다. 예를 들어, 미국의 고용 비자인 H-1B 비자는 높은 기술 수준을 수반하는 '전문직'을 위해 설계하였다. 매년 최대 8만 5,000건의 H-1B 비자가 발급되고, 대부분의 사람들은 기술 기업과 IT 서비스 기업으로 간다. 이러한 종류의 비자 소지자들은 미국이든 다른 곳이든 가족을 동반할 권리가 있고, 종종 영구 정착의 통로를 가진 더 많은 특권이 있는 노동 이주자이기도 하다.

경제적 이주 프로그램

또 다른 국제 이주자 그룹은 현지 노동시장의 필요에 따라 자격증과 기술을 기반으로 선택된다. 일부 국가들은 이러한 방식으로 이주자를 선택하는 적극적이고 장기적인 프로그램을 운영하고 있다. 1960년대 후반부터 캐나다와 미국은 잠재적인 이주자의 경제적 기여에 대한 평가를 기반으로 하여 이주 제도를 시행하였다. 이 제도는 수년에 걸쳐 변경되었지만, 일반적으로 지원자의 교육 수준, 전문 자격증, 업무 경험, 언어의 유창성, 연령, 목적지와의 가족 연계 등에 '점수'를 부여하였다. 이들 프로그램은 가족 재결합과 난민 정착을 허용하는 다른 제도들과 함께 진행되지만, 이주가 국가의 인구통계학적 및 노동 요구에 크게 맞추어지도록 보장한다. 이러한 방향은 최근 몇 년 동안 오스트레일리아와 뉴질랜드에서의 '의향표명서(expression of interest, EOI)' 모델(나중에 캐나다에서도 채택)로 더욱 분명해졌다. 이 모델은 이주 신청자의 풀을 사전 승인한 다음, 고용주가 해당 풀에서 특정 개인을 선발할 수 있도록 한다. 그 결과로 단순히 경제의 장기적인 노동시장 요구뿐만 아니라 고용주의 구체적이고 즉각적인 요구사항에도 초점을 맞춘 이민 프로그램이 만들어졌다. 이 선발 제도에 따라 이주자들은 그들을 수용하는 영역의 완전한 영주권자로서 도착하며, 현지에서 태어난 사람들과 거의 동일한 권리를 가진다. 그러나 제4절에서 볼 수 있듯이, 전문 라이선스 기관에서 이러한 자격증을 인정하지 않으면 그 자격을 완전히 활용하기가 어렵다는 것을 알 수 있다. 그들은 또한 언어적·문화적 유창성, 구직에 도움을 주는 제한된 소셜 네트워크, 광범위한 차별 때문에 장벽에 직면할 수 있다(제13장 참조). 이는 영구적 이주자들이 상대적으로 특권이 있고 결국 수용국의 현지 사회에서 온전한 시민권을 보유할 것이지만, 여전히 완전한 경제적 참여에 대한 장벽에 직면한다는 것을 의미한다.

숙련자들의 귀환 이주

상대적으로 특권이 있는 또 다른 이주 노동자 범주에는 해외에서 공부하고 일하고 살다가, '고국'으로 돌아가는 사람들이 포함된다. 오늘날 많은 정부는 해외 디아스포라(diaspora) 인구와 교류하고 중요한 기술이나 투자 자본을 가진 사람들이 귀국하도록 장려하는 목적의 기관을 설립하였다. 예를 들어, 자메이카의 인구는 280만 명이 조금 넘지만, 추가로 100만 명의 자메이카인들이 주로 미국, 캐나다, 영국 등 해외에 거주하고 있다(World Bank, 2018a). 자메이카 정부는 그들의 디아스포라가 기술과 자본의 귀중한 원천이 될 수 있다고 결정한 후, 1990년대부터 귀환 이주를 촉진하기 위한 다양한 계획을 개발해 왔다(Mullings, 2011). 귀환 거주자 촉진부서[현재의 자메이카 해외부(Jamaicans Overseas Department)]가 만들어졌고, 장기 귀환 거주자를 위한 헌장이 제정되었다. 헌장은 해외 자메이카인들에게 소지품의 면세 수입, 여행 보조금, 장기 체류(원래 시민권이 취소된 경우에도)를 포함한 다양한 특권을 제공하였다. 자메이카 프로그램의 성공은 제한적이었지만, 다른 맥락에서 특히 중국, 대만, 인도의 귀환 이주자들은 경제발전, 더욱이 기술 분야에서 중요한 역할을 하였다(Kenney et al., 2013). 자메이카처럼 특정 기관이 없더라도, 정부는 이중 국적, 세제 혜택, 이주 보조금 등을 포함한 특권 대우를 통해 이러한 이주자들을 유치하기 위해 노력해 왔다.

내부 이주자

지금까지 우리는 국제 이주에 초점을 맞추었지만, 이주자의 권리와 특권에 대한 영역적 통제는 다른 공간 규모에서도 작동할 수 있다. 중국에는 주로 내륙 농촌 지역에서 남부와 동부 해안의 도시들로 이동한 약 2억 명의 내부(국내) 이주자들이 있다. 그러나 이들 노동자 중 상대적으로 적은 수만이 그들이 일하는 도시의 완전한 거주자로 공식적으로 인정받았다. 1960년대 이래로 중국은 주어진 장소에서 합법적인 거주를 결정하는 **후커우(戶口)**라고 불리는 거주 허가 제도를 운용하였다. **후커우를** 소유하면 공공 의료보험, 국가연금, 주택 보조금, 국영기업 취업, 공립학교 입학 등의 다양한 정부 서비스에 접근할 수 있다. 1990년대 이후 베이징의 중앙정부가 아니라 지방정부가 **후커우에** 대한 접근을 통제해 왔는데, 이는 어떤 의미에서 도시가 자체적인 내부 '이주' 프로그램을 운영할 수 있다는 것을 의미한다. 상하이와 같은 도시에서 **후커우를** 얻는 것은 어렵지만, 많은 이주 노동자들은 더 적은 권리를 제공하고 정해진 기간 후에 갱신해야 하는 임시 거주허가증을 발급받고 있다(Johnson, 2017). 이는 도시 공공 서비스에 대한 압력을 제한하는 역할을 하며, 그곳에 도착하는 사람들이 대부분 경제적 역할을 수행하기 위해 필요한 노동자로 국한되도록 보장한다. 이 특정 사례에서 우리는 '국경'을 만들기 위한 영영적 권력의 사용이 어떻게 국가적 규모뿐만 아니라 도시적 규모에서도 운영될 수 있는지를 알 수 있다.

국가적 규모를 넘어 유럽연합(EU)의 노동이동성은 우리를 거시 지역적 규모로 데려간다. 유럽 통합의 한 핵심 요소는 유럽연합 회원국 간 노동자의 이동이었다. 유럽 전역의 노동이동은 서유럽의 일부 국가들 사이에서 1960년대 후반으로 거슬러 올라가는 오랜 역사를 가지고 있다. 그러나 수십 년 동안 이주자의 수는 비교적 적었다—소득의 차이는 대규모 이동에 동기를 부여하기에 충분하지 않았으며, 문화와 언어 환경이 다른 곳에서 일하는 어려움 때문에 다른 유럽 국가에서 일할 권리를 행사하기로 선택한 사람은 거의 없었다. 독일, 프랑스, 영국과 같은 주요 경제국들에는 상당한 수의 이주 노동자가 있지만, 이들은 초청 노동자 프로그램에 따라 들어온 사람들이었다. 이 프로그램은 2004년에 유럽연합이 추가로 10개 국가를 포함하도록 회원국을 확대하면서 변화하기 시작하였는데, 이들 국가의 대부분은 동유럽 공산권의 일부였다(체코공화국, 에스토니아, 키프로스, 라트비아, 리투아니아, 헝가리, 몰타, 폴란드, 슬로베니아, 슬로바키아). 2007년에는 불가리아와 루마니아가, 2013년에는 크로아티아가 추가되었다. 이러한 새로운 추가는 경제적으로 어려움을 겪는 국가들을 포함하였으며, 따라서 많은 수의 노동자들이 유럽의 고소득 지역에서 일자리를 구하였다. 예를 들어, 루마니아와 불가리아 전체 인구의 4% 이상이 2007년 유럽연합에 가입한 후 다른 유럽 국가로 이주한 것으로 추정된다(Fic et al., 2011).

모든 유럽연합 국가가 새로운 유럽연합 회원국이 노동시장에 즉각 접근할 수 있도록 한 것은 아니었다. 영국은 2004년 이후 이동권을 전면 허용해 노동자들이 대거 유입되었다. 예를 들어, 영국에 있는 폴란드 시민의 수는 폴란드가 유럽연합에 가입하기 전인 2004년의 약 4만 명에서 2008년까지 50

만 명 이상으로 증가하였다. 다른 국가들, 특히 독일은 새로운 유럽연합 회원국에 대한 완전한 접근을 지연시켰으며, 이는 이주자의 영역적 접근성에 있어 유럽 전역에 걸친 불균등한 패턴을 초래하였다. 그러나 2011년까지 2004년 가입국의 모든 시민들을 위해 유럽연합 전역에서 노동이동성이 존재하였다. 과도기 동안 수용국들은 각종 혜택과 공공 서비스에 대한 접근을 제한할 수 있었지만, 이제 유럽연합 시민들은 일을 하거나 일자리를 찾고 있다면 모든 서비스에 접근할 수 있다. 따라서 유럽 통합의 과정은 복잡하였지만, 분명히 현재 이주에 대한 거시 지역적 규모의 영역적 통제가 이루어졌으며, 국경을 만들고 관리하는 과정은 더 이상 단순히 국가적 문제가 아니다.

임시 외국인 노동자

임시 외국인 노동자(계약 노동자 또는 초청 노동자라고도 한다)는 영구거주권이 없는 국가에서 일할 수 있도록 허용된 개인들이다. 이들 노동자는 그들이 일하는 국가의 시민보다 훨씬 적은 권리를 가지고 있다. 그 불안정한 시민권 지위가 그들의 고용과 삶에 어떤 의미를 갖는지를 주의 깊게 생각해 볼 가치가 있다. 그들은 고용주가 동의하지 않는 활동에 종사할 경우, 추방, 갱신 불가 또는 향후 계약에서 블랙리스트에 오르는 것 등의 위협에 직면할 수 있다. 그들의 비자는 보통 상당히 제한적이며, 특정 직업에서 특정 고용주를 위해서만 일할 수 있다. 이러한 방식으로 고용주에게는 이주자가 급여, 노동조건, 대우가 만족스럽지 않아도 다른 직장으로 옮겨갈 수 없는 신뢰할 만한 노동력이 공급된다. 대부분은 가족을 데려오는 것이 허용되지 않는다. 그들이 농장, 광산, 플랜테이션, 심지어 집과 같은 장소에서 일한다면, 개인적 이동성은 제한될 수 있다. 그들은 수년간 봉사한 후에도 자신이 일하는 사회에서 영주권을 얻을 길은 거의 없다. 이 모든 조건들로 인해 노동자는 완전한 거주권과 시민권을 가진 노동자와는 전혀 다른 고용주와의 관계를 갖게 된다. 그러나 아마도 그들의 불안정한 지위의 가장 중요한 차원은, 그들이 더 이상 필요하지 않게 되면 고국으로 보내질 수 있다는 것이다. 이는 고용주가 수요에 따라 확장 및 축소할 수 있는 수적으로 유연한 인력을 유지할 수 있다는 것을 의미한다. 장기적으로 임시 외국인 노동자가 매우 아프거나 일하기에 너무 늙었을 경우에도 고국으로 보내질 수 있다. 그들의 양육과 교육이 그들이 일하고 있는 수용 사회에 부담이 되지 않았듯이, 경제적으로 생산적이지 않게 되면 그들의 노년에도 부담이 되지 않을 것이다.

현재 많은 국가에서 임시 외국인 노동자를 허용하고 규제하는 특정 프로그램을 가지고 있으며, 이들 프로그램은 최근 들어 크게 확장되었다. 예를 들어, 싱가포르에서는 비거주 노동력이 1990년 전체 노동력의 6분의 1 미만에서 2017년까지 3분의 1 이상으로 확대되었다(그림 6.3 참조). 2017년

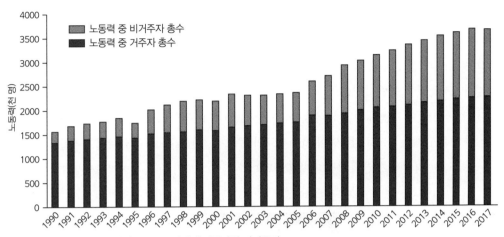

그림 6.3 1990~2017년 싱가포르 노동력에서 거주자와 비거주자

출처: http://www.tablebuilder.singstat.gov.sg/publicfacing/mainMenu.action, 2018년 5월 19일 접속.

140만 명의 외국인 노동자 중 거의 40만 명이 '취업증(Employment Pass)'이나 '에스패스(S pass)'를 소지하고 있었는데, 이는 그들이 더 특권적인 범주에 속한다는 것을 의미한다(앞서 설명한 '엘리트' 이주자에 가깝다). 가사노동자 24만 7,000명과 건설노동자 28만 5,000명을 포함하여 약 100만 명이 임시 노동자였다(Singapore Ministry of Manpower, 2018). 대부분의 외국인 노동자는 인접한 인도네시아나 말레이시아 또는 아시아의 다른 국가, 특히 방글라데시, 필리핀, 스리랑카, 중국 등에서 왔다(Ye, 2016).

미등록 이주자

모든 이주 노동자 중에서 가장 소외된 사람은 법적 지위 없이 생활하고 일하는 사람들이다. 그러한 사람들이 반드시 불법적으로 국경을 넘은 것은 아니다(언론매체에서는 종종 그렇게 묘사되지만). 많은 사람들이 비자가 갱신되지 않았거나, 이주자가 실직한 특정 직업에 따라 비자가 조건부로 지정되거나, 망명 신청이 거부되거나, 교육 프로그램이 끝났지만 학생은 계속 머물러 있음으로 인해 불법이 된다. 그들의 불법적 신분의 원인이 무엇이든 간에, 이 노동자들은 지속적인 추방의 위협 아래 살아가기 때문에 극도로 취약하다. 고용주들은 건강과 안전, 임금, 복리후생에 관한 기본적인 작업장 규정조차 무시할 수 있다. 그러한 노동자들은 지방 당국과 마주칠 위험을 감수할 수 없기 때문에 사실상 다른 어떤 유형의 노동자들보다 적은 권리를 가지고 있다. 그러나 그들은 종종 노동력에 필수적이고 중요한 참여자들이다. 미국에서는 2015년 전체 노동력의 5%에 해당하는 약 800만 명의 노동자가 불법 이주자로 추정되었다(Krogstad et al., 2017). 이 중 3분의 2는 10년 이상 미국에 거주하였으며, 농업과 건설, 접객 서비스와 같은 분야에서 경제에 대한 필수적인 역할과 장기적인 기여를 분명히 시사하였다. 절반 이상이 멕시코에서 왔지만, 상당수는 중앙아메리카와 아시아에서도 왔다.

다양한 국가들이 그들의 영역에 대한 불균등한 접근과 이주자들에게 차별적 권리를 허용하는 등 복잡한 이주 규제의 지도로 말미암아 이주 경로와 '주요 지점(hot spot)'의 글로벌 지리를 만들어 왔다. 그림 6.4는 특정 국가 간에 가장 많이 활용된 이주 경로를 보여 준다. 데이터에서 몇 가지 중요한

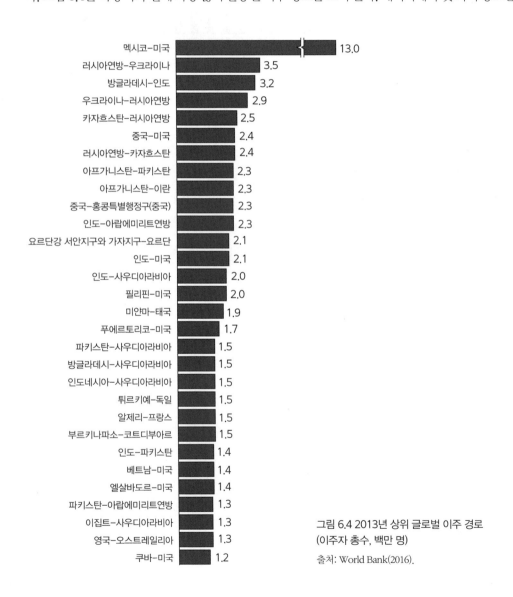

그림 6.4 2013년 상위 글로벌 이주 경로
(이주자 총수, 백만 명)

출처: World Bank(2016).

패턴을 볼 수 있다. 지금까지 가장 큰 국제 이주 흐름은 멕시코에서 미국으로의 흐름이다. 다른 흐름은 인접 국가 간의 흐름(러시아와 우크라이나, 아프가니스탄과 파키스탄), 느린 경제성장과 급속한 팽창 지역 간의 흐름(인도에서 아랍에미리트로), 저소득 국가와 고소득 국가 간의 흐름(인도에서 미국으로), 또는 분쟁 지역으로부터의 흐름(베트남에서 미국으로, 최근에는 시리아에서 주변 국가들로)이다. 특정 경로는 식민지 및 지정학적 역사를 반영하기도 한다(알제리에서 프랑스로). 그러나 많은 이주는 남반구에서 북반구로 가는 것이 아니라, 남반구 내에서 이루어진다(미얀마에서 태국으로). 마지막으로, 인도는 이주자의 최고 원천이자 최고의 목적지라는 점에서 주목할 가치가 있다. 앞서 설명한 이주자의 범주 중 몇 가지를 포함할 수 있는 이주 과정의 계층 구조가 진행 중임을 상기시켜 준다.

6.4 이주 노동자와 정착지

우리는 영역적 통제가 개인의 국경을 가로질러 삶을 영위하는 능력에 미칠 수 있는 영향을 살펴보았다. 이제는 이 절과 다음 절에서 이주 노동이 정착지와 출신지에 어떤 영향을 미치는지를 묻고자 한다. 그 수가 훨씬 많다는 점을 감안하여 여기서는 노동시장의 최상부에 있는 이주 노동자보다 저임금 이주 노동자의 영향에 초점을 맞출 것이다.

이주 노동자가 광범위하게 고용되는 곳에서는 다양한 방식으로 경제활동에 중대한 영향을 미칠 수 있다. 여기서는 특정 경제활동을 가능하게 하는 데 이주 노동의 역할, 이주 노동력의 수적 유연성, 여성의 임금 노동력에의 참여를 촉진하는 가사노동자의 역할, 이주자의 임금에 미치는 영향 등 4가지 문제에 초점을 맞출 것이다. 이러한 각각의 방식으로 이주 노동자들은 그들이 고용된 장소를 변화시킨다.

이주 노동의 첫 번째 영향은, 일부 지역에서 이주 노동의 이용 가능성으로 인해 다른 방법으로는 발생할 수 없는 특정 유형의 생산이나 경제활동이 가능하다는 것이다. 이는 대개 이주자들이 고용주에게 제공하는 저비용과 수적 유연성 때문이다. 이주 노동자는 필요한 기간 동안 고용되었다가, 더 이상 필요하지 않을 때 고국으로 보내질 수 있다. 두바이의 경우, 앞서 언급하였듯이 대부분의 건설노동자들은 남아시아, 특히 인도와 방글라데시 출신이다. 2004년부터 2008년까지 건설 붐 속에서 이주 건설노동자의 수는 80만 명 남짓에서 거의 200만 명으로 증가하였다(de Bel-Air, 2018). 2008년 금융 위기 이후 약 60만 명의 노동자들이 본국으로 돌아갔으나, 2016년까지 그 숫자는 약 160만 명으로 다시 회복되었다. 하나의 장소로서 두바이의 경제는 이주 노동에 의해 건설되었다고 해도 과언이 아니다.

농업 분야에서도 저비용 이주 노동자를 이용할 수 있기 때문에, 생산이 정확히 가능한 사례가 많다. 태국 북부의 버마인 이주 노동자의 사례가 그 좋은 예이다(Latt and Roth, 2015). 태국 치앙마이 주변 지역에는 여러 개의 왕립개발 프로젝트가 있다—1970년대와 1980년대에 태국 정부와 여러 국제개발기구의 지원을 받아 시작된 농업 프로젝트들이다. 이들 프로젝트는 원래 태국 정부가 영역적 통제를 주장하는 방법(민족적으로 구별되는 '고산족들'이 차지한 지역에서)이면서 아편 재배에 대한 대안을 제공하는 수단으로 고안되었다. 이들 프로젝트는 다양한 과일과 꽃뿐만 아니라 양배추, 당근, 상추, 시금치, 브로콜리 등을 포함한 상업적으로 가치 있는 채소 작물을 장려하였다. 모두 합쳐 140종 이상의 채소를 300개 마을에서 약 8만 명의 사람들이 재배하고 있다. 1990년대 중반부터 태국 정부는 매년 더 많은 농작물을 심고 지속적인 제초 작업을 하면서, 이들 프로젝트의 생산 강화를 권장하기 위해 노력해 왔다. 태국 북부의 많은 농촌 청년들이 공장이나 사무직 취업을 위해 도시로 향하고 있는 상황에서 버마(미얀마)에서 (불법으로) 국경을 넘어온 소수민족인 샨족(Shan)의 대규모 현지 이주 인구가 없었다면, 이렇게 증가한 농업 노동의 요구사항을 충족시킬 수 없었을 것이다 (그림 6.5 참조). 1990년대 중반 이후 약 30만 명의 샨족이 고향 마을에서 폭력을 피해 태국으로 월경한 것으로 추정된다(Latt and Roth, 2015). 태국의 국가적 규모로 볼 때, 샨족은 불법적인 경제 이주 자이자 사회적 골칫거리로 분류된다. 이는 그들이 정기적으로 경찰에게 괴롭힘을 당하고 지속적인 추방의 위협 아래 살아간다는 것을 의미한다. 따라서 그들은 불평 없이 열심히 일하는 것 외에는 선택의 여지가 거의 없다. 지역적 규모로 볼 때, 샨족을 고용하는 농부들은 '그들이 협력적이고 근면하며 숙련된 농업가'라고 보는 상당히 다른 견해를 가지고 있다. 샨족이 없었다면 강화된 농업생산 경관은 불가능하였을 것이다. 세부 사항은 다양하겠지만, 전 세계의 많은 농업 지역에서도 비슷한 이야기가 있을 것이다—집약적인 환금작물 생산을 가능하게 하고 수익성 있게 만드는 것은 취약한 이주 노동력이라는 것이다.

이주 노동자의 두 번째 영향은 가내 재생산 노동의 영역(요리, 청소, 육아 등)에서이다. 가사 및 돌봄 노동은 오랫동안 여성 이주의 이유였다. 다른 형태의 노동 이주와 마찬가지로, 이동 패턴은 일반적으로 소득과 고용기회의 글로벌 불평등을 따르고 있다. 가장 중요한 흐름 중 일부는 멕시코, 라틴 아메리카, 카리브해 지역에서 미국으로, 남아시아(인도, 방글라데시, 스리랑카)와 동남아시아(필리핀, 인도네시아, 버마/미얀마)에서 석유가 풍부한 걸프 국가들이나 아시아 다른 지역의 도시적 부가 집중된 곳(싱가포르, 홍콩 등)으로의 흐름이다. 국제노동기구(ILO)는 전 세계에 6,700만 명의 가사

그림 6.5 태국 북부 치앙마이 인근 농장에서 농약을 치고 있는 산족 이주 노동자

출처: Sai Latt.

노동자가 있으며, 이들 중 80%가 여성인 것으로 추산하고 있다. 이는 전 세계 여성 노동자 25명 중 1명이 가사노동자라는 뜻이다. 게다가 국제노동기구는 가사노동자 5명 중 1명(1,300만 명 이상)이 국제 이주자로 추정한다. 이주 가사노동이 갈수록 성행하는 것은 여성들이 더 많은 유급 노동력에 참여하고 있다는 사실을 반영한다(제13장에서 살펴볼 것이다). 동시에 세계 여러 지역의 정부는 사회적 필요에 비례하여 보육 및 노인 돌봄 서비스를 확대하지 않았다. 이로 인해 가사노동자들이 한때 주로 무급 여성(아내, 어머니, 딸로서)에 의해 수행된 가정 기반 역할을 충족시켜야 하는 수요가 발생해 왔다. 이 과정은 아동/노인 돌봄 노동자, 오페어(au pair, 입주도우미) 또는 가사도우미에게 특별히 취업 비자를 제공하는 공식적인 임시 이주 프로그램이 만들어지면서 촉진되었다. 한편, 글로벌 규모에서 불균등 발전의 역동성은 일이 필요한 원천 국가 출신 여성의 부족을 초래하지 않았다. 한때 여성의 노동 이주를 금지하였던 문화적 규범이 빠르게 변화하였다. 오늘날 여성의 노동 이주는 받아들일 수 있는 것일 뿐만 아니라 종종 필수적인 것으로 여겨진다. 이러한 방식으로 이주 간병인은 전 세계의 멀리 떨어진 지역에 있는 전문직 여성의 노동력 참여를 가능하게 한다.

이주 노동자의 세 번째 특징은 수용국 경제에서 불안정한 지위 때문에 통제되고 규율을 받을 수 있는 정도이다. 노동 통제는 고용주에게 영구적인 문제이다. 이상적으로 고용주들은 가능한 한 적게 요구하고, 기술과 강도를 가지고 일하며, 그들이 필요로 하는 만큼 오랫동안 직장에 머무르는 노동자를 희망할 것이다. 이 '이상적인' 노동자는 물론 찾기가 어려우며, 따라서 다양한 메커니즘이 노동자가 규정을 준수하도록 규율하기 위해 작동한다. 이러한 메커니즘은 상당히 직접적(예를 들어, 무노동 무임금)일 수 있지만, 꽤 간접적(젊은이들이 직업이 자신의 정체성을 규정한다고 믿도록 양육될 때)일 수도 있다. 특정 장소에 모이면, 그러한 메커니즘은 지역적 노동 통제 체제를 형성한다(자료 6.1 참조).

이주 노동자의 사용은 노동력에 대한 통제를 달성하기 위한 통상적인 전략이다. 이주 노동자를 통제하기가 더 쉬운 데에는 다양한 이유가 있다. 앞서 설명한 태국의 샨족 농장 노동자와 같은 불법 이주자의 경우, 현지 당국에 민원을 제기하면 언제나 추방당하기 쉽기 때문이다. 그러나 공식적인 임시 외국인 노동자 프로그램의 경우에도 이주 노동자의 삶의 여러 측면으로 인해, 그들을 매우 순응적이고 통제 가능하게 만든다. 우리는 이것을 설명하기 위해 캐나다의 계절 농업노동자 프로그램(Seasonal Agricultural Workers Program, SAWP)의 예를 들 수 있다.

핵심 개념

자료 6.1 지역 노동 통제 체제와 무자유 노동

노동을 연구하는 학자들은 직장에 존재하는 노동 통제의 메커니즘에 초점을 맞추어 왔다. 우리는 직장에서 3가지로 구별되는 통제의 형태를 확인할 수 있다. '단순 통제'는 대면 감시와 강압의 형태로 직접적 권력을 사용하거나, 미준수 시 벌점을 부과하는 할당제와 목표제를 사용하는 것을 말한다. '기술적 통제'는 기술이 작업 과정의 강도를 좌우하는 곳에서 사용된다. 예를 들어, 기계화된 공장 생산 라인이나 밭에서 식재 기계의 속도는 노동자가 작업을 수행해야 하는 속도를 결정한다. 마지막으로 '관료적 통제'에는 예를 들어 임금 인상, 보너스, 승진 전망을 통해 규정 준수에 대한 인센티브를 만드는 직장을 관리하는 일련의 규칙을 포함한다.

1990년대 이후 지리학자들은 공간이 노동 통제 과정에 관여하는 방식에 훨씬 많은 관심을 기울여 왔다. 앤드루 조너스(Andrew Jonas, 1996)는 고전적 표현으로 '지역적 노동 통제 체제'라는 용어를 사용하여 노동이 사회화되고, 규제되고, 규율되는 다양한 장소 기반 (다중 규모의) 메커니즘을 설명하였다. 중요한 것은 이 개념이 직장을 넘어 주거, 여가 활동, 가족관계(젠더 정체성을 포함하여), 교육, 직업훈련, 건강관리 및 복지와 같은 문제를 통합하는 데까지 확장된다는 것이다. 여기에는 노동조합, 협상, 계약의 규제를 다루는 노동 통제의 국가체제도 포함된다. 이 모든 것을 종합하면, 지역적 노동 통제 체제는 노동자를 생산체제에 통합하고 그들의 협력과 규정 준수를 보장하는 고유한 장소 특수적 관계를 형성하기 위해 노동자, 가정, 기업, 시민사회, 국가기관을 포함한다.

최근 들어 노동지리학자들은 노동시장이 노동의 구매자와 판매자의 중립적 만남과는 거리가 먼 상황이 있음을 인식하기 위해 '무자유(unfree)' 노동이라는 개념을 사용하였다(자본주의 체제하에서 종종 가정되는 경우처럼). 오히려 노동은 강압, 폭력, 인신매매, 이주 체제에 따라 다양한 형태와 정도의 부자유의 영향을 받을 수 있다(McGrath, 2013; Strauss and McGrath, 2017).

계절 농업노동자 프로그램(SAWP)은 1966년 국제 이주 노동자들을 파종, 경작, 수확 시기(연간 최대 8개월까지) 동안 캐나다로 데려온 다음, 남은 몇 달 동안 본국으로 돌려보내기 위해 처음 만들어졌다. 이 프로그램은 특히 노동자들이 담배, 과일, 채소, 인삼, 기타 원예작물을 재배하는 온타리오주의 남부 농업지대에서 사용되었다. 매년 도착하는 농장 노동자의 수는 2007년 3만 명 미만에서 2017년 약 5만 명까지 지난 10년 동안 증가하였다. 이 프로그램은 캐나다 연방정부가 관리하고, 노동자들은 멕시코, 자메이카, 기타 카리브해 국가들과의 양자(즉 정부 대 정부) 협정에 따라 모집되었다. 계절 농업노동자 프로그램에는 잘 규율되고 열심히 일하는 노동력을 창출하는 데 도움이 되는 몇 가지 측면이 있다. 계절 농업노동자 프로그램 비자로 캐나다에 도착하는 노동자들은 특정 유형의 노동에 대해 특정 고용주와 계약을 맺는다. 외국인 노동자는 내국인과 달리 자신의 조건이나 처우에 만족하지 못하면, 새로운 고용주를 찾기가 매우 어렵다. 또한 농장 노동자들은 온타리오주에서 노동조합을 결성하는 것도 허용되지 않는다. 따라서 이주자들은 학대, 과로, 열악한 생활이나 노동조건에 직면하면, 다른 선택의 여지가 거의 없다. 더욱이 이주자들은 근로기준법이나 보건안전 규정에 따라 일정한 권리를 가질 수 있으나, 실질적인 측면에서 그들의 권리를 주장하기는 매우 어렵다. 이는 언어장벽, 규칙과 제도, 절차에 대한 생소함, 추방될 위험성이 있다는 인식 때문일 수 있다. 아마도 가장 중요한 것은, 이주자들은 1년 중 8개월 동안 캐나다에 오기 때문에 고용주가 다음 해의 채용 명단에 '지명'하는 것에 의존한다는 것이다(Bridi, 2013). 고용주의 눈 밖에 나는 것은 블랙리스트에 오르는 확실한 방법이다. 계절농업노동자 프로그램 노동자들은 고향에 부양가족이 있는지를 확인하기 위해 특별히 선발된다. 이는 이주자들이 부양가족을 위해 열심히 일하고 그들의 고용을 위태롭게 하지 않도록 주의할 것이라는 점에서, 그 자체로 징계 메커니즘이다. 일하는 동안 그들은 보통 가장 가까운 마을이나 대중교통 서비스로부터 꽤 멀리 떨어진 농장 부지의 기숙사나 합숙소에서 지낸다. 그 결과 노동자들은 어떤 식으로든 현지 수용 사회와 상호작용하고 조직하거나 통합할 기회가 거의 없다(Reid-Musson, 2017).

이와 같은 메커니즘은 캐나다의 특정 농업노동자 집단에 관해 설명하고 있지만, 이러한 주제의 변형은 세계 어디에서나—공장 노동자, 가사도우미, 플랜테이션 노동자, 기타 많은 사람들에게—적용될 수 있다. 요컨대 이주 노동자들은 지역 주민들과는 다른 다양한 징계 메커니즘에 직면하고 있다. 영역적 경계를 넘나들며 일할 수 있는 조건부 권리부터 일터에서의 친밀한 관계, 공간을 가로질러 부양가족 구성원들과의 연결에 이르기까지 일자리에 연관한 지리가 핵심이다. 이러한 모든 이유로 이주자의 사용은 지역적 노동 통제 체제의 일부가 된다.

6.5 이주 노동과 출신지

지금까지 우리는 이주자가 일하는 장소에 미치는 영향의 측면에서 노동 이주를 논의하였다. 그러나 노동 이주는 이주자의 출신지에 중요한 영향을 미친다는 점을 주목하는 것도 중요하다. 지리학적 접근 방법은 공간을 가로질러 형성되는 관계와 장소가 다른 장소와의 연결에 의해 형성되는 방식에 세심한 주의를 기울일 것을 요구한다. 의심할 여지 없이 가장 관련성이 높은 경제적 차원은 송금으로 알려진, 이주 노동자들이 가족구성원에게 돌려보내는 금전이다. 최근 몇 년 동안 전 세계적으로 송금 흐름의 규모가 경이로울 정도로 증가하였다. 2000년 모든 국가로의 글로벌 송금 유입액은 미화로 1,160억 달러에 달하였다. 2017년까지 이 금액이 6,130억 달러로 증가하였다. 가장 최근의 수치로는 4,570억 달러가 저소득 및 중간소득 국가들로 흘러가고 있다(World Bank, 2018b). 개발도상국으로의 이러한 자본 흐름은 국가 경제에 대단히 실질적인 투입이 되어 왔다. 그림 6.6이 보여 주듯이, 개발도상국에 대한 총 글로벌 송금액은 공적개발원조(ODA)의 3배 수준이었고, 부채 및 포트폴리오 투자 흐름보다 높고 안정적이었으며, 해외 운용 기업의 해외직접투자와 거의 비슷하였다.

그림 6.7에서는 가장 높은 수준의 송금을 받는 국가는 일반적으로 저소득 및 중간소득 국가들이

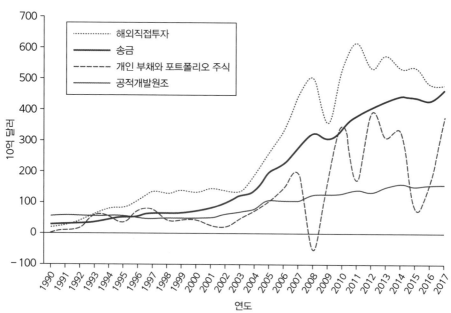

그림 6.6 다른 글로벌 자본 흐름과 비교한 저소득 및 중간소득 국가로의 송금 흐름

출처: World Bank(2018b).

며, 인도, 중국, 필리핀, 멕시코가 상위를 차지하고 있음을 보여 준다. 이들 국가 중 필리핀은 국내총생산(GDP)의 약 10%를 차지하는 송금에 가장 의존하고 있다. 그런데 소규모 경제국에서는 그림 6.7이 보여 주고 있듯이 의존도가 훨씬 더 높을 수 있다. 예를 들어, 네팔의 경우에는 송금이 경제의 4분의 1 이상을 차지한다. 2017년에 송금된 69억 달러의 대부분은 인도와 걸프 국가들에서 일하는 네팔인들로부터 왔다. 사우디아라비아와 카타르가 합쳐 총 송금액의 절반 이상을 차지하였다. 반면에 경제의 약 3분의 1이 송금에 기초하고 있는 아이티의 경우, 2017년 본국으로 송금된 25억 달러의 60%가 미국으로부터 왔다(World Bank, 2018a).

송금액의 증가와 규모에 관해서는 이견이 거의 없는 반면, 송금 흐름이 이주자 출신 지역에 주는 혜택에 대해서는 다양한 견해가 있다. 낙관적 견해는 가치 있는 개발 잠재력을 보고, 세계은행과 같은 국제기구에 의해 장려되어 왔다. 송금으로 보내진 자금은 다양한 긍정적인 영향을 미칠 수 있다. 국가적 규모에서 송금은 일상적 소비를 촉진하고, 새로운 사업에 자금을 조달하거나 기존 사업을 확장하는데 자본을 제공할 수 있으며, 한 국가의 통화가치를 뒷받침할 수 있다(따라서 수입품 가격을 낮춘다). 가계 규모에서 가족에 대한 직접적인 지원으로서 송금은 부패한 관행이나 정치적 의제에 의해 영향을 받지 않는 것으로 간주된다. 다시 말해, 송금은 필요로 하는 사람들에게 직접 전달된다. 송금은 또한 예측할 수 없는 경기순환과 경제위기로부터 어느 정도의 면제를 제공하는데, 특히 한 국가의 이주 노동자와 이주자의 디아스포라가 전 세계의 여러 경제 부문과 지역에 위치하고 있을 때 그러하다. 그림 6.6을 자세히 살펴보면, 2008년 글로벌 금융 위기 동안 개발도상국으로 유입되는 위치하고 다양한 형태의 자본이 가파르게 감소하였지만, 송금은 훨씬 더 안정적이었다. 연구에 따르면, 송금의 수령 국가 내에서는 유아 사망률, 기대수명, 보건 서비스 접근성 등의 지표를 포함하여 송금받는 가구의 삶의 질이 직접적으로 개선된 것으로 나타났다. 따라서 송금은 가족을 취약성에서 벗어나게 할 수 있을 뿐만 아니라, 자연재해나 전염병으로 인한 갑작스러운 고난에 대비한 안전망도 제공할 수 있다. 예를 들어, 2013년 세계에서 가장 강력한 태풍 하이옌(Haiyan)이 필리핀을 강타하였을 때, 이후 3개월 동안 전 세계 필리핀인들의 송금액은 전년도 같은 달에 비해 6억 달러나 증가하였다(Su and Mangada, 2018). 이 모든 이유로, 해외 노동 이주자들이 본국으로 보내는 송금의 발전적 역할에 대한 큰 낙관론이 있었다. 따라서 세계은행과 같은 기구에서의 정책 논의는 이주자들이 더 많이 송금하도록 장려하기 위해 송금 거래비용을 줄이는 데 초점을 맞추는 경향이 있었다.

더 비관적인 또 다른 견해는 송금에 기반한 발전 전략에서 발생하는 문제점들을 설명한다. 첫째, 송금이 장기적인 생계를 유지하는 생산활동을 유발하는지, 아니면 단지 단기 소비에 자금을 조달하는 것인지에 대한 논쟁이 있다. 생산활동에 대한 투자보다는 소비에 돈이 쓰이는 경우, 이주자가 돌

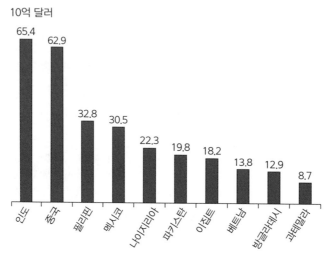

10억 달러

국내총생산(GDP)에 대한 비율(%)

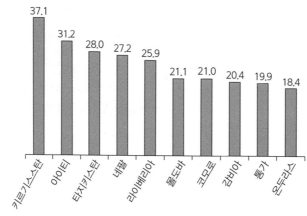

그림 6.7 2017년 주요 송금 수령 국가와 해외 송금 의존도가 가장 높은 국가
출처: World Bank(2018b).

아온 후에도 가족의 경제적 상황이 장기적으로 개선되지 않을 수 있다. 둘째, 많은 사람들이 국내 경제에 사용될 수 있었으나 해외에서는 충분히 활용되지 않는 인재의 손실('두뇌 유출')에 대해 우려를 표명하였다. 예를 들어, 간호사의 많은 수가 해외에서 일하고 싶은 유혹을 느낀다면, 공공 서비스 또한 어려움을 겪을 수 있다. 가족구성원으로부터 송금을 받는 비이주자가 더 이상 노동시장에 참여할 필요가 없다고 결정하는 경우, 생산적인 노동자를 상실할 수도 있다. 셋째, 대부분의 맥락에서 이주 기회가 매우 불균등하게 분포하고 있다는 것은 명백하다. 이는 이주 흐름이 성별이나 연령에 따라 선택적이기 때문일 수도 있지만, 사회의 최빈층(또는 한 국가의 가장 빈곤한 지역)이 일반적으로,

특히 항공권, 모집인 수수료, 기타 비용이 발생하는 곳에서 이주할 자원이 없기 때문일 수도 있다. 그 결과 송금은 실제로 이주자를 보내는 지역사회의 소득불평등을 증가시킬 수 있다. 넷째, 송금은 이주자를 보내는 지역의 토지, 주택, 학교 교육, 기타 일상 지출 비용에 대해 인플레이션 영향을 미칠 수 있다. 가격은 이주자와 그 가족의 구매력을 반영하기 시작하며, 비이주 가족이 필수적인 품목들을 손에 넣을 수 없게 만든다. 마지막으로, 해외 이주 노동은 가족이 분리되고 자녀들이 부모 없이 성장함에 따라 매우 인간적인 일련의 비용을 발생시킨다—이러한 비용은 발전 전략으로서 이주를 어떤 경제 회계에도 포함하기 어려운 것이다.

따라서 이주가 정착지에 미치는 영향은 이주자가 일하는 장소에 미치는 영향만큼이나 복잡한 문제이다. 그러나 분명한 것은 장소가 이러한 영향에 의해 변화하고, 이 같은 비용과 편익이 불균등하게 느껴지며, 특정 장소에 매우 특화되어 있다는 것이다.

6.6 이주 노동의 조직

지금까지 우리는 더 큰 경제체제—재화나 서비스 생산에 대한 투입물로서—에 의해 사용되는 개인으로서 노동 이주자들에 초점을 맞추었다. 이제는 노동자들이 자신이 일하는 경제체제 내에서 집단적으로 스스로를 조직하고 때로는 저항하는 방식을 고찰해 볼 수 있다. 스스로를 대신하여 행동할 수 있는 노동의 집단적 능력—'단체'를 과시할 수 있는—은 1990년대에 처음 등장한 노동지리학의 근본적 관심사였다(자료 6.2 참조).

노동조직의 전통적인 얼굴은 노동조합이었다. 19세기 이래로 노동조합은 관리자와 소유주와의 협상에 집단적 목소리를 갖기 위해 직장, 회사, 심지어 전체 경제 부문 내에서 노동자를 하나로 묶으려고 노력해 왔다. 최근 몇 년 동안은 많은 국가에서 노동조합 가입률이 감소하였다. 표 6.1은 전 세계에서 선별된 국가의 노동조합 조직률(노동조합원인 모든 고용인의 비율)을 보여 주고 있다. 두 가지 패턴이 분명하게 나타난다. 그 하나는 노동 이력, 정부 정책, 경제 구조를 반영하는 서로 다른 국가별로 노동조합 가입 수준이 매우 불균등하다는 것이다. 캐나다와 미국처럼 긴밀하게 통합된 경제국에서도 그 차이는 극명하다(대부분 캐나다의 높은 수준의 공공 부문 노동조합 조직률에 기인한다). 둘째로, 불과 14~15년 만에 많은 국가에서 노동조합원 수가 급격히 감소하였으며, 특히 아르헨티나, 오스트레일리아, 독일에서 가파르게 감소하였다.

노동조합 가입률이 감소한 이유는 여러 가지가 있으나, 이 장의 앞부분에 열거된 노동시장 변화가

자료 6.2 노동지리학

노동지리학은 1990년대에 노동의 집단행동이 자본주의의 지리를 결정하는 데 중대하고도 강력한 역할을 할 수 있다고 주장하면서 한 연구 분야로 부상하였다. 주요 제안자 중 한 명인 앤드루 헤롯(Andrew Herod)은 미국 제조업과 항만산업의 노동조합이 어떻게 경제 경관을 적극적으로 형성하였는지를 보여 주었다(Herod, 2001). 노동조합과 그 전략에 대해 초점을 맞춘 것은 노동지리학 분야의 여러 후속 연구 가닥 중 하나였다. 특히 노동조합이 고용주가 운영하는 공간적 규모에 맞추기 위해 공간을 가로질러 조직하는 방식과 '규모의 도약(jump scales)'이 특히 두드러진 주제였다. 두 번째 연구 가닥은 다양한 기관이 어떻게 지역 노동시장을 만들고 유지하는지에 관한 연구였다. 이러한 사고방식은 노동시장이 (대부분의 다른 시장과 마찬가지로) 구매자와 판매자의 자유롭고 규제 없는 만남과는 거리가 멀다고 주장한다. 대신에 그것은 시장이 어떻게 작동하고, 누가 승자와 패자가 될 것인지를 결정하는 다양한 종류의 사회제도(정부, 노동조합, 시민사회, 가족, 문화 등)에 깊이 착근되어 있다. 자료 6.1에서 논의된 지역 노동 통제 체제는 노동지리학 내 이러한 연구 가닥의 한 요소이다. 노동지리학의 세 번째 주제는 연구자들이 글로벌 생산 네트워크에서 노동의 역할을 검토하면서 보다 최근에 나타났다. 여기서 그 초점은 생산 네트워크의 거버넌스와 규제가 노동자의 권리와 그들의 생산 가치의 몫에 어떻게 영향을 미칠 수 있는지에 있다(예로 Coe, 2013). 마지막으로, 노동지리학자들이 언급한 네 번째 문제는 작업장에서의 노동 과정이 노동자 자신의 젠더적·인종적 정체성에 의해 근본적으로 형성되는 방식이었다(제13장 참조). 이 경우에 노동자는 단순한 노동 단위 이상으로 인식된다—대신에 노동자들은 자신의 정체성의 다른 측면과 연결된 경험을 가진 인간으로 구현된다. 노동지리학의 이 분야에서는 린다 맥도웰(Linda McDowell, 예로 2009)의 연구가 특히 큰 영향력이 있다.

중요한 역할을 하였다. 하청, 생산의 세계화, 재택근무 등의 추세는 모두 전통적으로 노동조합에 가입된 일자리의 수를 줄이거나 노동조합을 조직하기 더욱더 어렵게 만들었다. 노동조합의 조직 능력을 약화시키는 신자유주의 정책도 한몫을 하였다. 예를 들어, 미국에서는 현재 모든 주의 절반 이상이 노동조합 조직화를 금지하는 이른바 '노동권(Right to Work)' 법률을 가지고 있다(Peck, 2016).

이러한 맥락에서 급속히 증가하는 이주 노동의 사용은 노동자의 집단 조직화에 대한 추가적인 도전 과제를 제시한다. 많은 경우 임시 이주 노동자가 노동조합에 가입하는 것은 단순히 불법이다. 그러나 노동조합의 조직화는 민족적·언어적 차이와 이주자들이 고용되어 있는 분산된 작업장(농장과 집 등)에 의해 방해를 받을 수 있다. 이에 대응하여 새로운 노동조직 전략이 개발되어 왔다. 여기서는 이들 전략 중 3가지, 즉 지역사회 동맹 구축, 사회운동적 노동조합주의, 노동자 센터를 확인할 것이다.

첫 번째 전략은 노동조합이 노동자들을 조직하고 협상을 벌이기 위해 다른 지역사회 집단과 접촉

표 6.1 2000/2001~2014/2015년 선별한 국가들의 노동조합 조직률(%)

국가	2000/2001	2014/2015
아르헨티나	42.0	27.7
오스트레일리아	24.7	15.0
캐나다	30.1	28.6
프랑스	8.0	7.9
독일	24.6	17.6
이탈리아	34.4	35.7
일본	21.5	17.3
한국	11.4	10.1
영국	29.8	24.7
미국	12.9	10.6

출처: OECD(2018), ILO(2018)에서 편집함.

하는 것이다. 이 전략의 전형적인 예는 미국의 '청소부에게 정의를 돌려달라(Justice For Janitors, JFJ)'라는 캠페인이다. 건축 서비스 부문에서 일하는 청소부, 경비원, 기타 노동자들의 조직화는 언제나 노동조합의 도전적 과제였다. 전 세계에서 이주해 온 이들 노동자는 야간에 혼자 일하는 경우가 많고, 언어장벽이 있을 수 있으며, 서로 공통점이 거의 없다고 느낄 수 있다. 또한 그들은 교대 근무를 마친 후에 가야 할 다른 직업을 가진 시간제나 임시 고용인일 수도 있다.

'청소부에게 정의를 돌려달라(JFJ)' 캠페인은 1980년대 국제서비스고용인노동조합(Service Employees International Union, SEIU)에 의해 덴버와 로스앤젤레스에서 시작되었다. 로스앤젤레스의 사무실 청소부와 보건의료 종사자들 사이에서 조합원 수가 감소함에 따라, 노동조합은 노동조합 조직원 중에 잘 대표되지 않는 이주자 공동체(특히 청소 업무를 주로 하던 라틴아메리카인)와 접촉하였다. 교회, 지역 정치인, 학교, 대학 등의 다른 지역사회 단체도 참여하였다. JFJ는 이러한 협력을 창조적인 미디어 캠페인과 결합하여 청소부가 수행하는 힘들고 필수적인 작업과 그들이 겪어야 하는 낮은 임금과 열악한 노동조건에 대한 인식을 높였다. 지역 연합을 결성하여 노동조합은 모든 도심의 사무실 건물에 걸쳐 노동자들을 조직할 수 있었기 때문에, 다양한 청소 회사들이 임금을 삭감하여 지역 계약을 두고 서로 경쟁할 수 없었다. 로스앤젤레스에서의 결과는 인상적이었다. 1980년대 중반과 1990년대 중반 사이에 로스앤젤레스 시내 사무실 청소부 노동조합 조직률은 약 10%에서 약 90%로 증가하였다(Savage, 2006). SEIU의 다음 조치는 모든 지역 청소부 노동조합을 주 전체에 걸친 노동조합 지부로 조직하여, 청소부를 고용하는 더 큰 회사들과 협상할 수 있는 강력한 힘을 만드는 것이었다. JFJ 모델은 훨씬 큰 규모로 확장하여 전 세계적으로 확산하였다(Aguiar and Ryan, 2009). 이 예는 현대 노동조직의 두 가지 주요 지리적 요소를 강조한다. 첫 번째는 작업장에서 고용주가 운영하고 있는 더 큰 규모로 상향 이동시킬 필요성이다. 두 번째는 노동조합이 구축한 장소 기반의 지역 동맹—종종 지역사회 노동조합주의라고 불린다—이 중요하므로, 저임금 청소부의 투쟁이 단순히 그들만의 투쟁이 아니라는 점이다.

조직화를 위한 두 번째 새로운 모델은 모든 노동자에게 적용되는 임금과 노동조건의 보다 일반적인 개선을 위한 캠페인을 구축하는 것과 관련이 있다. 이러한 방식으로 접근하기 어렵거나 조직화하기 어려운 이주자나 기타 노동자들은 자신의 직장이 노동조합에 가입하지 않은 경우에도 혜택을 받을 수 있다. 예를 들어, 최저임금은 보통 국가나 지방정부에 의해 설정된다. 미국과 캐나다에서는 노동조합(SEIU 포함), 지역사회 단체, 반인종주의 그룹, 종교단체 등이 망라된 동맹이 시간당 15달러의 임금을 의미하는 '15달러를 위한 투쟁(Fight for $15)'을 통해 최저임금 인상을 옹호하기 위해 모였다(Tapia et al., 2017). 15달러를 위한 투쟁은 2012년 뉴욕의 패스트푸드 노동자들 사이에서 시작되었지만 빠르게 확산되어, 최저임금 15달러가 미국 전역의 수많은 주, 도시 그리고 고용주들에게 채택되었다.

유사하지만 훨씬 더 야심찬 캠페인은 '생활임금(living wage)'에 대한 요구와 관련이 있다. 생활임금의 개념은 1990년대 볼티모어에서 시작되었지만, 2001년 이후로는 런던에서 특히 활발하게 추진되었다(Wills and Linneker, 2014). 이 캠페인은 식품, 의류, 주택, 교통, 육아 등을 포함한 재화와 서비스에 대한 생계비를 지불하는 데 필요한 소득을 반영하여, 신중하게 계산한 지역적으로 적절한 임금 수준을 확립하기 위해 노력하였다. 런던에서는 이 운동이 이스트런던 지역사회조직(East London Communities Organization, TELCO)과 함께 시작되어 런던시민회(London Citizens)의 산하에서 런던의 다른 지역으로 확산되었다. 이 광범위한 연합에는 지역사회 조직과 서비스 제공자, 자선단체, 이주자 옹호단체, 노동조합, 종교단체, 공공 및 민간 부문 고용주, 교육기관 등이 포함되었다. 런던퀸메리 대학교의 지리학자들은 이 활동에 밀접히 관여하였다(Chakraborty, 2018). 초기 목표는 지방정부와 계약을 맺은 기업에 고용된 노동자들이 생활임금을 지급받을 수 있도록 하는 것이었지만, 이는 다른 많은 민간 부문 고용주에게도 적용하는 것으로 확대되었다. 여기서 특히 흥미로운 것은 더 나은 노동조건을 위한 이러한 투쟁이 노동자 집단과 특정 고용주 간의 협상에 기반을 두고 있지 않다는 것이다. 오히려 이는 특정 장소에 있는 모든 노동자들을 동원하는 더 넓은 사회운동의 일부이다.

세 번째 모델은, 특히 임시 또는 미등록 이주자나 최근 이민자라는 신분으로 인해 취약한 저임금 및 불안정 고용인들을 위한 서비스를 제공하는 노동자 센터를 만드는 것이다. 이들 센터는 부분적으로 노동조합의 자금이나 지원을 받는 경우도 있지만, 전통적인 노동조합 모델에서는 운영되지 않는다. 대신에 센터에서는 직장 문제를 뛰어넘어 다양한 자문과 서비스, 변호를 제공한다. 노동자 센터는 전 세계의 다양한 배경에서 존재한다. 한 가지 예는 미국에서 일하거나 거주할 법적 권한이 없는 이주자들이 특히 취약한 집단을 대표하는 시카고에서 발견된다. 최근 추정에 따르면, 시카고와 그 주변 카운티의 미등록 인구수는 30만 명을 약간 넘으며, 이 중 80% 이상이 라틴아메리카 출신인 것으로 나타났다(Chicago Tribune, 2017). 과달루페센터(Guadalupe Center)는 1980년대 중반에 멕시코 출신 여성 집단이 설립하였으며, 연간 약 1만 2,000명에게 서비스를 제공한다(Martin, 2014). 이 센터는 비공식적 보육(예측할 수 없는 일정의 노동자들에게 중요), 의료 교육, 번역, 가족 상담, 의류 교환, 문맹 퇴치 프로그램, 식품 저장실 등과 같은 서비스를 제공한다. 이 목록에서 놀라운 것은 이러한 서비스가 직장 문제와 직접 관련이 있는 것이 아니라, 노동자와 그 가족의 일상적 생존(또는 '사회적 재생산')과 관련이 있다는 것이다. 이 예에서 우리는 노동조직화의 권한이 노동조합에 소속되지 않은 노동자와 직장을 훨씬 넘어서는 문제로 확장되는 것을 볼 수 있다. 다른 맥락에서 이 권한에는 주거권과 감당할 수 있는 주택, 건강과 교육에의 접근성, 유해한 환경, 이주 및 시민권 경로, 경찰의 괴롭힘 등에 대한 변호가 포함되었다. 따라서 그들의 관심은 도시 공간에서의 생활이라는 더 광범위한 문제와 관련이 있다.

JFJ의 지역사회 노동조합주의, 장소 기반 생활임금 투쟁, 노동자 센터의 출현은 모두 노동조직을 위한 새로운 방향을 보여 준다. 비조합원 이주 노동자의 사용이 증가함에 따라 전통적인 노동조합은 이러한 새로운 전략을 향해 나아가게 되었으며, 이 전략들은 모두 작업장의 규모보다는 도시적 장소에 바탕을 두고 있다.

6.7 이주산업

이주자들이 개인의 의사결정과 동기에 따라 움직인다고 가정하기 쉽다. 그러나 실제로 그들의 이동은 다양한 조언, 모집, 규제, 교육훈련, 운송, 고용주와의 연결을 제공하는 일련의 기관에 의해 형성되고 안내된다. 이러한 기능은 필연적으로 국가의 규제 역할을 수반하지만, 민간 기업가, 개인적 소셜 네트워크, 기타 행위자들과 연관이 있다. 이들 기관의 망은 '이주산업' 또는 '이주 인프라'를 형성한다(Xiang and Lindquist, 2014). 여기서 우리는 이주산업의 두 가지 광범위한 요소인 국가와 민간 부문에 초점을 맞출 것이다.

분명히 국가는 다양한 방식으로 이주에 밀접히 관련되어 있다. 제3절에서 살펴본 바와 같이, 합법적으로 이주하고 정착하고 노동할 권리는 영역 국가에 의해 통제된다. 그러나 어떤 경우에는 국가가 더 나아가 인력의 수출을 촉진하고 장려하고자 한다. 필리핀 정부는 세계에서 가장 고도로 발달한 노동력 수출 인프라를 갖춘 국가 중 하나이다(Rodriguez, 2010). 필리핀의 정책과 제도는 1970년대에 높은 실업률을 해결하기 위해 노동력 수출이 임시 정책조치로 처음 제시되었을 때 시작하였다. 당시 필리핀 해외고용청, 해외노동자복지청, 필리핀 해외이주위원회 등을 포함한 주요 정부 기관이 설립되어 해외 업무를 촉진하고 규제하기 위한 광범위한 인프라로 발전하였다. 해외 인력 파견에서 정부의 역할은 다양한 기능을 포함한다. 전략적 차원에서 정부는 시장조사를 수행하고, 필리핀 노동자들을 전 세계의 고용주와 수용국 정부에 홍보한다. 여기에는 고용주 및 다른 국가 정부와의 양자 채용 협정을 체결하는 것이 포함된다. 보다 실질적으로 국가는 출국 전 오리엔테이션을 통해 이주자들의 해외 노동을 준비하도록 하고, 이는 열심히 일하고 성실하게 본국으로 돈을 보낼 '우수한' 이주자를 주입시키는 역할도 할 수 있다(Polanco, 2017). 국가는 또한 이주 노동 배치의 실용성을 다루는 광범위한 민간 모집 및 교육훈련 산업을 규제하고 허용한다. 덜 명백하지만 필리핀 정부는 이주 노동자의 역할을 **바공 바야니**(bagong bayani) 혹은 '새로운 영웅'으로 미화하는 담론을 홍보한다. 필리핀 정부는 이 모든 방식으로 노동력 수출을 촉진하는 데 깊이 관여하고 있다. 적어도 부분적으로 가사노동, 간호, 운송, 접객, 건설 등의 부문에서 필리핀 노동자의 세계적 명성은 이주를 위한 이 광범위한 국가 인프라로 설명된다.

앞서 언급한 바와 같이, 노동 이주의 실질적 측면은 대부분 정부가 아니라 노동자의 교육훈련, 운송, 처리, 배치, 그리고 광범위한 기타 서비스 판매에 관여하는 조밀한 민간기업 네트워크에 의해 관리된다. 노동자의 해외 파견을 준비하기 위해서는 교육훈련 기관(예를 들어, 간호학교, 어학원, 선원학원 등)이 필요하다. 해당 기관들은 정부에 의해 규제될 수 있지만, 전 세계 대부분의 상황에서는 개인적으로 소유되고 운영된다. 노동자들은 교육훈련을 받은 후, 채용 담당자나 중개인이 이들을 해외 고용주와 연결시킬 것이다. 예를 들어, 라트비아는 2004년 유럽연합(EU)에 가입한 8개국 중 하나로, 영국과 기타 국가로 이주 노동자들의 대규모 이동을 개시하였다. 2011년까지 라트비아에는 85개의 등록 직업소개소가 운용되었으며, 더 많은 비공식적 '악덕 고용주(gangmaster)'와 채용 담당자들이 더불어 존재하였다(Findlay et al., 2013). 그들은 함께 영국 농장과 다른 고용주들에게 노동력을 효과적으로 공급하는 '인프라'를 형성하였다. 또한 이주자들을 보내거나 받는 모든 상황에는 필요한 서류와 허가를 확보하는 데 도움을 주고, 이주자들이 법적 문제에 직면할 경우 요청할 수 있는 변호사, 법률고문, 컨설턴트 등을 대거 배치하고 있다.

　그림 6.8은 이주산업이 얼마나 광범위할 수 있는지를 보여 준다. 토론토의 필리핀인 거주 지역에 있는 한 건물 내에서 업소들은 법률 서비스, 이주 상담, 송금 이체, 현금 대출, 직업훈련, 직업소개, 항공권 예약, 필리핀 부동산 투자 기회 등을 제공한다. 이러한 서비스 제공업소들은 합법적이고 규제받는 산업에서 운영되지만, 다른 많은 상황에서 노동 중개인들은 비공식적으로 일하며 불법 이주나 인신매매를 조장할 수 있다. 더욱이 이러한 예는 일반적으로 저임금 노동자를 가리키지만, 전문적·기술적·관리적 유형의 노동에 속하는 이주 노동력을 모으는 데 중개인들이 그에 못지않게 중요할 것이다. 예를 들어, 임원검색회사(executive search firm) 또는 '헤드헌터(headhunter)'는 노동시장의 최상위에서 이주 노동의 글로벌 흐름을 촉진하는 데 핵심적 역할을 한다(Faulconbridge et al., 2015).

　금융 및 해운 회사도 국가 간 송금, 선물, 소지품의 이전을 용이하게 하기 때문에 이주 인프라의 핵심 부분이다. 이 부문에서 웨스턴유니언(The Western Union Company)은 세계 최대의 국제 송금

그림 6.8 캐나다 토론토의 이주산업

출처: 저자.

서비스 제공업체이다. 이 회사는 전 세계에 50만 명 이상의 에이전트를 보유하고 있으며, 2017년에는 3,000억 달러 이상의 송금액을 통해 55억 달러의 수익을 올렸다고 보고하였다.

이주를 촉진하는 제도에 집중함으로써, 우리는 두 가지 최종 논점을 제시할 수 있다. 첫 번째, 이러한 제도에 대해 생각해 보면, 비이주 노동자가 노동시장으로 인도되는 방식을 고려할 수도 있다. 지역 노동자가 지역 일자리를 얻는 데에는 그러한 광범위한 중개인 사슬이 필요하지 않을 수 있지만, 중개인은 마찬가지로 중요할 수 있다. 임시 직업소개소의 사례는 이주자와 비이주자 모두에게 노동시장이 어떻게 제도화되는지를 보여 주는 좋은 예이다(자료 6.3 참조).

두 번째로 핵심적인 점은 노동시장과 이것이 어떻게 작동하는지에 관한 광범위한 논쟁이다. 노동시장은 단순히 노동력의 개별 구매자와 판매자 행동의 합이라고 가정하기 쉽다. 우리는 이러한 경우가 거의 없음을 살펴보았다. 대신에 노동시장은 그것을 형성하고 작동하게 하는 일련의 행위자와 제

사례 연구

자료 6.3 임시 인력 파견 산업

임시 인력 파견 대행사는 고객 회사에 비상근 노동자를 공급하는 노동시장 기관을 대표한다. 기본적으로 그들은 노동자의 노동력을 고객 회사에 판매하고 노동자 임금의 일부를 취함으로써 이익을 얻는다. 이는 많은 고용주에게 매력적인 장치일 수 있다. 이를 통해 고용주에게 다음과 같은 것을 허용할 수 있다. 즉 노동력의 규모를 신속하게 변화시킬 수 있고, 고용 비용을 절감할 수 있으며, 연금, 수당, 휴가 등의 근로기준 관계의 책임과 위험을 피할 수 있다. 또한 어떤 경우에는 임시 파견업체에 수수료를 지불한 후에도 임금 비용을 절감할 수 있다. 1970년대 이후 임시 인력 파견은 많은 국가 노동시장의 중요한 구성 요소로 발전하였다. 2006년에는 전 세계적으로 6만 7,500개의 고용 대행사가 890만 명의 노동자를 파견한 것으로 추정된다. 2016년까지 5,600만 명이 대행사에 의해 배치되고(10년 만에 6배가 증가), 인력 파견 산업에서 약 5,500억 달러의 수익이 창출되었다(WEC, 2018). 최근 몇 년 동안 주요 임시 인력 파견 기업들은 전 세계적으로 확장되었다. 가장 큰 글로벌 기업은 스위스에 본사를 둔 아데코(Adecco)이다. 2017년에 아데코는 260억 달러 이상의 글로벌 매출을 올렸으며, 그중 88%는 회사의 임시 인력 파견 사업에서 발생하였다(Adecco, 2018). 비록 임시 파견 노동자의 수가 전체 노동력의 작은 부분(영국 노동력의 4.1%, 오스트레일리아의 3.6%, 미국의 2.1%, 일본의 2%, 브라질의 0.8%, 캐나다의 0.7%)에 불과할 수 있지만, 이러한 고용 관계의 존재는 전체 노동시장의 기준을 약화시키는 요인이 될 수 있다. 특히 고용자의 복리후생제도와 더불어 영구적, 정규직 노동을 포함하는 표준 고용계약은 시간제, 계약직, 아웃소싱, 기간제, 재택근무 등의 불안정한 노동에 점점 더 많이 자리를 내주고 있다. 따라서 임시 인력 파견 산업은 고용주와 고용인 간의 중개자 역할을 하는 노동시장 제도의 한 예이지만, 중요한 방식으로 전체 노동시장을 형성하기도 한다. 노동시장에서의 그 존재는 노동관계에서 '정상적' 관행, 권리와 책임의 변화하는 표준을 반영하고 강화한다. 현대 인력 파견 산업에 대한 개요에 관해서는 퍼지와 스트라우스(Fudge and Strauss, 2014)를 참조하라.

도에 의해 밀접하게 뒷받침되고 있다. 이러한 제도는 훈련 및 교육 기관부터 인력 파견 제도, 국가가 부과하는 법과 규정에 이르기까지 다양하다. 여기에는 노동이 고용되는 사회문화적 맥락, 가족생활을 형성하는 젠더 규범, 노동조직화의 기반을 형성하는 노동자계급 문화, 친구들이 서로 일자리를 찾도록 돕는 소셜 네트워크 등을 포함할 수 있다. 이러한 제도들(그리고 기타 많은 과정)은 노동시장이 사회적으로 착근되는 방식을 구축한다—상당히 지역적인 사회구조를 의미하든, 전 세계 공간을 가로질러 노동자와 고용주를 한데 모으는 제도를 의미하든 간에. 우리가 제2장에서 살펴보았듯이 모든 곳의 시장은 기존의 '경제'로 간주되는 것에서 벗어나게 하는 더 넓은 사회적 과정에 뿌리를 두고 있으며, 노동시장도 예외는 아니다.

6.8 요약

이 장은 '이주 노동자는 뉴노멀인가?'라는 질문으로 시작하였다. 필연적으로 이 질문에 대한 직접적인 답은 불균등한 글로벌 경제의 어디에서 답이 나오는지에 달려 있다. 확실히 이주 노동자(임시적, 영구적, 미등록)의 고용이 표준적인 곳(싱가포르, 두바이, 토론토, 시카고, 런던, 시드니)이 있다. 또한 내부 이주자들이 노동력의 중요한 부분을 차지하는 곳(델리, 상하이, 광저우)도 있다. 해외로 일하러 가는 것이 정상화되어 온 이주자 송출지(필리핀, 방글라데시, 멕시코, 자메이카)의 관점에서도 질문에 답할 수 있다.

그러나 증가하고 있는 이주 노동의 확산은 더 미묘한 방식으로 새로운 규범의 징후이기도 하다. 이주자의 고용은 종종 노동시장의 최하부에 속하는 사람들에게 돌아가는 자원의 몫을 줄이는 여러 방법 중 하나이다. 이주자들은 대개 더 순종적이고 열심히 일하지만—이는 거주 지위가 불안정하고 그들에게 의존하는 멀리 떨어져 있는 가족구성원이 있기 때문이다—그들은 기업 소유주의 이익을 극대화하는 것을 보장하는 여러 전략 중 하나일 뿐이다. 노동조합 결성권의 박탈, 임시 인력 파견과 일용직의 사용, 보건과 연금 혜택에 접근할 수 있는 정규직 고용자의 감축, 생산의 해외 이전 등은 모두 비용을 절감하고 유연성을 극대화하기 위한 동일한 체제적 충동의 징후이다. 그러한 전략의 비용은 가족과 떨어져 있는 이주자, 예측할 수 없는 노동 일정과 소득을 가진 불안정한 노동자, 작업장에서의 열악한 안전기준과 같이 계산하기 어려운 방식으로 부담이 되기도 한다. 이러한 방식으로 이주 노동자는 글로벌 경제의 보다 폭넓은 추세를 상징한다.

우리는 또한 이주 노동자의 조직화가 노동조직 전반에서 몇 가지 중요한 경향을 드러낸다는 사실에 주목하였다. 조직화 캠페인은 작업장 밖의 공간에 점점 더 초점을 맞추고 있다. 도시 근린 지역과 지역사회의 도시 공간은 공장, 광산, 대중교통 체계, 병원 등의 노동조합주의의 전통적인 공간을 대체하고 있다. 이곳으로부터 노동조직은 고용주가 운영하는 규모에 맞추기 위해 다른 규모로 이동하였다. 이는 노동정치에 관여하는 행위자들의 다양화로 이어졌다—노동조합을 넘어 종교단체부터 이민자 옹호단체, 근린 협회에 이르기까지 광범위한 시민조직을 포함하며 다양화되었다. 이러한 캠페인에서 다루는 문제들도 바뀌었다. 노동조합이 협상하는 단체협약의 관심사였던 작업장 조건과 임금을 넘어 캠페인은 이제 소득불평등, 교육 및 기타 공공 서비스에 대한 접근성, 감당할 수 있는 주택 매입 가능성, 불안정한 시민권 지위 등에 대한 문제를 다룰 가능성이 높다.

그러나 이주자들은 단순히 그들 자신의 투쟁과 여정에 따라 나타나지 않는다(또는 적어도 그런 방식으로 많이 나타나지는 않는다). 오히려 이주 노동자들을 이용할 수 있도록 하기 위해서는 일련의 중개자와 촉진자가 필요하다. 우리가 잉글랜드 동부의 식품가공 공장에서 일하는 폴란드 출신 노동자들에 관해 이야기하든, 금융 부문의 최고경영자에 관해 이야기하든 간에 이것은 사실이다. 각각의 경우 네트워크는 노동시장의 요구에 맞게 해당 노동자를 형성하여 잠재적인 고용주에게 인도하였다. 이 점을 통해 우리는 노동시장에 대해 보다 폭넓게 관찰할 수 있다—즉 노동시장은 다른 제도와 사회적 관계에 깊숙이 착근되어 있다는 것이다. 이주 노동자나 비이주 노동자에 관해 논의하든 간에 노동시장은 두텁게 제도화된 과정이며, 장소에 깊게 착근되어 있고 네트워크를 통해 광범위하게 연결되어 있는 것이다.

주

- Taylor and Rioux(2018)와 Herod(2017)은 노동지리학 분야에 대한 포괄적이고 학생 친화적인 개관을 제시한다. 이 분야에 대한 다른 최근 논평으로는 Peck(2018)과 Strauss(2018)가 있다.
- 두바이의 이주 노동 사례는 Buckley(2012; 2013)를 포함한 여러 최근 연구의 주제였다. 인근 카타르와 아부다비에 관해서는 Mohammad and Sidaway(2012; 2016)를 참조하라.
- 발전 전략으로서 이주자 송금에 관한 논의의 자세한 내용은 Gamlen(2014)과 Kelly(2017)를 참조하라.

연습문제

- 노동 세계는 어떻게 변하고 있으며, 이러한 변화에서 이주 노동은 어떻게 나타나고 있는가?
- 영역 국가는 노동 이주자들에게 어떻게 불균등한 권리를 만들어 내는가?
- 이주자 송출 국가와 관련하여 이주와 송금에 바탕으로 한 발전 전략의 장단점을 설명하라.
- 고용주들은 왜 지역 고용인보다 노동 이주자를 선호하는가?

- 이주 노동의 증가는 노동계급 투쟁을 조직하는 방식을 어떻게 바꾸어 왔는가?

심화학습을 위한 자료

- 국제기구들은 변화하는 노동 세계와 이주 노동 현상을 더욱 탐구하기 위한 풍부한 대화형 데이터베이스를 제공한다. 국제노동기구(www.ilo.org), 세계은행(https://datacatalog.worldbank.org/), 경제협력개발기구(https://data.oecd.org/)의 웹사이트가 유용하다. 특히 세계은행은 이주, 송금, 발전 간의 연결에 초점을 맞춘 특정 연구 부서를 보유하고 있다(https://www.knomad.org/).
- 이주 노동자의 경험은 많은 다큐멘터리 영화에서 묘사된다. 예를 들어, 이민숙과 리사 발렌시아-스벤슨(Min Sook Lee and Lisa Valencia-Svensson, 2016)의 영화인 **이주자의 꿈(Migrant Dreams)**은 이 장의 제5절에서 논의된 계절농업 노동자를 다루고 있다. 여러 많은 노동조합에서도 동영상 자료를 사용할 수 있다. 예를 들어, 청소부에게 정의를 돌려달라(JFJ)와 15달러를 위한 투쟁(Fight for $15)을 지지한 국제서비스고용인노동조합(SEIU)은 인기 있는 유튜브 채널(https://www.youtube.com/user/SEIU)을 보유하고 있다.
- 많은 노동조합, 이민자 옹호단체, 특정 캠페인에는 자신들의 투쟁을 심층적으로 탐색할 수 있는 광범위한 웹사이트가 있다. 예를 들어, 레이버스타트(LabourStart)(www.labourstart.org)는 전 세계 노동운동에 대한 다국어 뉴스 서비스를 제공한다.

참고문헌

Adecco (2018). *Adecco annual report.* https://www.adeccogroup.com/wp-content/themes/ado-group/downloads/AnnualReport2017.pdf (accessed 29 June 2018).

Aguiar, L. and Ryan, S. (2009). The geographies of the Justice for Janitors. *Geoforum* 40: 949-958.

Beaverstock, J. and Hall, S. (2012). Competing for talent: global mobility, immigration and the City of London's labour market. *Cambridge Journal of Regions, Economy and Society* 5: 271-288.

de Bel-Air, F. (2018). Demography, Migration, and the Labour Market in the UAE. Explanatory Note No. 1/2018, GLMM. http://gulfmigration.eu (accessed 21 June 2019).

Bridi, R. M. (2013). Labour control in the tobacco agro-spaces: migrant agricultural workers in South-Western Ontario. *Antipode* 45: 1070-1089.

Buckley, M. (2012). From Kerala to Dubai and back again: construction migrants and the global economic crisis. *Geoforum* 43: 250-259.

Buckley, M. (2013). Locating neoliberalism in Dubai: migrant workers and class struggle in the autocratic city. *Antipode* 45: 256-274.

Chakraborty, A. (2018). *The cleaners who won fair wages and a way to belong.* The Guardian (18 July 2018).

Chicago Tribune (2017). Data: estimating the Chicago area's undocumented immigrant population. *Chicago Tribune* (2 January 2017).

Coe, N. M. (2013). Geographies of production III: making space for labour. *Progress in Human Geography* 37:

271-284.

Faulconbridge, J. R., Beaverstock, J. V., and Hall, S. (2015). *The Globalization of Executive Search: Professional Services Strategy and Dynamics In The Contemporary World*. London: Routledge.

Fic, T., Holland, D., Paluchowski, P., Rincon-Aznar, A., and Stokes, L. (2011). Labour mobility within the EU — The impact of enlargement and transitional arrangements. National Institute of Economic and Social Research, London. *NIESR Discussion Paper* No. 379.

Findlay, A., McCollum, D., Shubin, S. et al. (2013). The role of recruitment agencies in imagining and producing the 'good' migrant. *Social & Cultural Geography* 14: 145-167.

Fudge, J. and Strauss, K. (eds.) (2014). *Temporary Work, Agencies and Unfree Labour: Insecurity in the New World of Work*. New York: Routledge.

Gamlen, A. (2014). The new migration-and-development pessimism. *Progress in Human Geography* 38: 581-597.

Herod, A. (2001). *Labor Geographies*. New York: Guilford.

Herod, A. (2017). *Labor*. Cambridge, UK: Polity.

ILO (International Labour Organization) (2018). ILOSTAT online database. http://www.ilo.org/ilostat/ (accessed 29 June 2018).

Johnson, L. (2017). Bordering Shanghai: China's hukou system and processes of urban bordering. *Geoforum* 80: 93-102.

Jonas, A. E. G. (1996). Local labour control regimes: uneven development and the social regulation of production. *Regional Studies* 30: 323-338.

Kelly, P. F. (2017). Migration, remittances and development. In: *Handbook of Southeast Asian Development* (eds. A. McGregor, L. Law and F. Miller), 198-210. London: Routledge.

Kenney, M., Breznitz, D., and Murphree, M. (2013). Coming back home after the sun rises: returnee entrepreneurs and growth of high tech industries. *Research Policy* 42: 391-407.

Krogstad, J. M., Passel, J. S., & Cohn, D. (2017). 5 facts about illegal immigration in the U.S. http://www.pewresearch.org/fact-tank/2017/04/27/5-facts-about-illegal-immigration-in-the-u-s/ (accessed 5 July 2018).

Latt, S. and Roth, R. (2015). Agrarian change and ethnic politics: restructuring of Hmong and Shan Labour and agricultural production in Northern Thailand. *Journal of Agrarian Change* 15: 220-238.

Min Sook Lee and Lisa Valencia-Svensson (2016). Migrant Dreams. Canada. www.migrantdreams.ca.

Martin, N. (2014). Spaces of hidden labor: migrant women and work in nonprofit organizations. *Gender, Place & Culture* 21: 17-34.

McDowell, L. (2009). *Working Bodies: Interactive Service Employment and Workplace Identities*. Chichester, UK: Wiley-Blackwell.

McGrath, S. (2013). Many chains to break: the multi-dimensional concept of slave labour in Brazil. *Antipode* 45: 1005-1028.

Mohammad, R. and Sidaway, J. D. (2012). spectacular urbanization amidst variegated geographies of globalization: learning from Abu Dhabi's trajectory through the lives of South Asian Men. *International Journal of Urban and Regional Research* 36: 606-627.

Mohammad, R. and Sidaway, J. D. (2016). Shards and stages: migrant lives, power, and space viewed from Doha, Qatar. *Annals of the American Association of Geographers* 106: 1397-1417.

Mullings, B. (2011). Diaspora strategies, skilled migrants and human capital enhancement in Jamaica. *Global Networks* 11: 24-42.

NASEM (National Academies of Sciences, Engineering, and Medicine) (2017). *The Economic and Fiscal Consequences of Immigration*. Washington, DC: The National Academies Press.

OECD (Organization for Economic Cooperation and Development) (2018). Online statistical database. https://stats.oecd.org (accessed 29 June 2018).

ONS (Office of National Statistics) (2018). Labour in the Agriculture Industry, UK. https://www.ons.gov.uk (accessed 27 June 2018).

Peck, J. (2016). The right to work, and the right at work. *Economic Geography* 92: 4-30.

Peck, J. (2018). Pluralizing labour geography. In: *The New Oxford Handbook of Economic Geography* (eds. G. L. Clark, M. P. Feldman, M.S. Gertler and D. Wójcik), 465-484. Oxford: Oxford University Press.

Polanco, G. (2017). Culturally tailored workers for specialized destinations: producing Filipino migrant subjects for export. *Identities* 24: 62-81.

PWC and London First (2017). Facing facts: the impact of migrants on London, its workforce and economy. https://www.pwc.co.uk (accessed 5 June 2018).

Reid-Musson, E. (2017). Grown close to home (TM): migrant farmworker (im)mobilities and unfreedom on Canadian Family Farms. *Annals of the American Association of Geographers* 107: 716-730.

Rodriguez, R. M. (2010). *Migrants for Export: How the Philippine State Brokers Labor to the World*. Minneapolis: University of Minnesota Press.

Savage, L. (2006). Justice for janitors: scales of organizing and representing workers. *Antipode* 38: 645-666.

Singapore Ministry of Manpower (2018). Foreign Workforce Numbers. http://www.mom.gov.sg (accessed 23 June 2018).

Strauss, K. (2018). Labour geography 1: towards a geography of precarity? *Progress in Human Geography* 42: 622-630.

Strauss, K. and McGrath, S. (2017). Temporary migration, precarious employment and unfree labour relations: exploring the 'continuum of exploitation' in Canada's Temporary Foreign Worker Program. *Geoforum* 78: 199-208.

Su, Y. and Mangada, L. L. (2018). A tide that does not lift all boats: the surge of remittances in post-disaster recovery in Tacloban City, Philippines. *Critical Asian Studies* 50: 67-85.

Tapia, M., Lee, T. L., and Filipovitch, M. (2017). Supra-union and intersectional organizing: an examination of two prominent cases in the low-wage US restaurant industry. *Journal of Industrial Relations* 59: 487-509.

Taylor, M. and Rioux, S. (2018). *Global Labour Studies*. Cambridge, UK: Polity.

WEC (World Employment Confederation) (2018). WEC Economic Report. http://www.wecglobal.org (accessed 27 June 2018).

Wills, J., Datta, K., Evans, Y. et al. (2010). *Global Cities at Work: New Migrant Divisions of Labour*. England: Pluto Press.

Wills, J. and Linneker, B. (2014). In-work poverty and the living wage in the United Kingdom: a geographical perspective. *Transactions of the Institute of British Geographers* 39: 182-194.

World Bank (2016). *Migration and Remittances Factbook 2016*, 3e. Washington, DC: World Bank.

World Bank (2018a). World Bank Database. https://datacatalog.worldbank.org (accessed 4 July 2018).

World Bank (2018b). *Migration and Remittances: Recent Developments and Outlook. Migration and Development Brief.* Washington: World Bank.

Xiang, B. and Lindquist, J. (2014). Migration infrastructure. *International Migration Review* 48: 122-148.

Ye, J. (2016). *Class Inequality in the Global City: Migrants, Workers and Cosmopolitanism in Singapore.* London: Palgrave Macmillan.

7

소비자–
누가 우리가 구매하는 것을 결정하는가?

탐구 주제

- 경제활동으로서 소비의 본질과 중요성을 이해한다.
- 소비 역동성의 틀을 구성하기 위한 사회문화적 관점을 발전시킨다.
- 소매업의 변화하는 공간 패턴, 네트워크, 영역을 인식한다.
- 소비가 보다 일반적으로 어떻게 공간적으로 불균등하고 장소 특수적인지를 숙고한다.
- 관광객이 어떻게 다양한 방식으로 장소를 소비하고 체험하는지를 탐구한다.

7.1 서론

소비자로서 우리는 어떤 재화와 서비스를 구매하고 싶은지를 어떻게 알 수 있는가? 이러한 구매 결정은 때때로 단순히 충동에 기초하지만, 일반적으로 재화와 서비스의 생산자, 미디어, 동료, 친구, 가족구성원 등의 다양한 출처에서 나올 수 있는 정보의 흐름에 의존한다. 그런데 특히 광고는 상품에 대한 지식을 구성하고 보급하는 데 중요한 역할을 한다. 광고는 연간 약 6,000억 달러로 추정되는 거대한 글로벌 사업으로, 세계 최대의 광고 그룹인 WPP는 연간 150억 달러의 수익을 창출하고 전 세계적으로 20만 명의 직원을 고용하고 있다. 전 세계적으로 광고에 대한 선도적인 지출자는 소비재, 기술, 자동차 기업들이다. 예를 들어, 2016년에 가장 큰 지출자는 프록터 앤드 갬블(Proctor & Gamble, 105억 달러)과 삼성전자(99억 달러)였다. 이러한 막대한 투자는 관련 상품의 특정 품질과 우리의 자아의식, 소비자로서 열망하는 생활방식을 연결함으로써 제품에 대한 수요를 창출하고 유지하기 위해 고안된다. 따라서 광고주들은 소비자인 우리가 구매하는 것—일상적인 음식과 음료 구매부터 의류, 도서, 음악에 대한 정기적 수요, 자동차와 TV 및 가구처럼 드물지만 대규모의 구입에 이르기까지—에 대해 내리는 수많은 의사결정에 영향을 미치려고 한다.

그러나 최근 들어 광고의 본질은 현대적인 소비와 기술적 역동성을 매우 잘 드러내는 방식으로 변화해 왔다. 2017년에 처음으로 전 세계 인터넷 광고의 지출(전체 지출의 37.6%)이 TV 광고 지출(34%)을 초과하였다. 모바일 인터넷(19.8%)은 빠르게 증가하여 데스크톱 인터넷 광고(17.8%) 지출액을 추월하는 한편, 현재까지 가장 빠르게 성장하고 있는 디지털 광고 매체는 페이스북(Facebook)과 중국의 텐센트(Tencent)가 개발한 위챗(WeChat)과 같은 소셜 미디어였다. 놀랍게도 같은 해 온라인 광고에 지출된 약 2,200억 달러의 3분의 2가 페이스북, 구글, 마이크로소프트(Microsoft), 알리바바(Alibaba), 바이두(Baidu), 텐센트 등 미국 3개 기업과 중국 3개 기업에 지불되었다. 상위 두 기업이 글로벌 온라인 광고 수익의 절반을 벌었는데, 즉 구글이 3분의 1(738억 달러)을 차지하고, 페이스북이 16%(363억 달러)를 거두어들였다(www.zenithme dia.com, 2018년 5월 7일 접속). 이들 기업 중 일부는 페이스북(소셜 미디어)이나 바이두(검색엔진)처럼 주로 하나의 기능을 가지고 있지만, 중국의 거대 기업인 알리바바와 텐센트의 활동은 전자상거래, 온라인 결제 시스템, 소셜 미디어 등에 걸쳐 있다.

이러한 데이터는 소셜 미디어, 광고, 소매업의 서로 중첩되는 온라인 세계에서 발생하고 있는 지속적이고 심대한 변동의 한 장면을 제시한다. 우리는 점점 더 일상적인 온라인 활동의 일부로서 디지털 플랫폼을 통해 새로운 재화와 서비스에 대한 알림을 받고, 그 품질을 조사하고 토론하며, 그것을 구매한다. 그런데 좀 더 깊이 관찰해 보면, 어디에나 있는 것(ubiquitous)처럼 보이는 이러한 발전에는 몇 가지 중요한 지리적 차원이 있다. 첫째, 전 세계적으로 네트워크가 형성된 대규모 인터넷 기업들의 중요성이 커지고 있는 것은 명백하지만, 이들 기업은 소비 패턴을 불균등한 방식으로 재구성하고 있다. 예를 들어, 아마존과 구글이 미국을 비롯한 다른 여러 시장에서 지배적인 위상을 가지고 있는 반면, 규제와 소비자 선호도를 이유로 중국에서의 확실한 시장 선도자는 알리바바, 텐센트, 바이두이다. 아마존은 서유럽으로 가장 효과적으로 국제적 확장을 해 온 반면, 알리바바는 동남아시아에 초점을 맞추어 왔다. 동시에 이러한 온라인 세계는 단순히 이전에 있었던 것을 지우는 것이 아니라, '오래된' 기술과 공존하며 상호작용하고 있다. 예를 들어, 앞서 언급한 바와 같이 인터넷 광고가 2017년까지 급속도로 확장해 왔지만, 광고 수익의 60% 이상은 여전히 TV, 신문 및 잡지, 라디오, 영화, 광고판과 같은 전통적인 수단에서 파생하였다. 이와 유사하게 이 장에서 살펴보듯이, 점포 기반 소매 방식과 온라인 소매 방식이 함께 발전하고 있으며 앞으로도 계속 그렇게 될 것이다.

둘째, 우리는 세계의 모든 사람들이 이처럼 다양한 온라인 포럼을 원활하게 활용할 수 있다고 가정해서는 안 된다―불균등한 인터넷 접근은 현대 세계의 주목할 만한 특징으로 남아 있다. 2017년 말 글로벌 인터넷 보급률은 54%였으며, 아프리카 35% 그리고 아시아 48%의 수준으로 결코 모든 사람들이 온라인 소비 세계에 접근하지 못하고 있다는 중요한 사실을 상기시켜 준다. 셋째, 이러한 불균등한 접근의 광범위한 공간 패턴 내에는 장소 특수적 역동성이 작용한다. 소셜 미디어, 광고, 소매업의 결합을 통해 생산자와 광고주는 개별 소비자를 대상으로 더욱 정교하고 정확하게 재화와 서비스를 타기팅(targeting)할 수 있다. 20여 년 전 슈퍼마켓의 고객우대카드를 통해 소비자 데이터를 수집하면서 시작된 것이 고도로 세분화된 소비 세계에서 지배적인 광고 형태로 발전하였다. 중요한 것은 기업이 소비 역동성의 장소 특수적 본질을 반영하기 위해 그들의 타기팅을 조정하기 때문에, 이 타기팅은 사회적인 동시에 공간적이라는 점이다. 소비는 또한 개인적 관행이 아니라 사회적 관계와 동료 평가 및 의견을 통해 정보를 얻는 방식으로 지역적 특성이 부여된다. 소비자로서 우리가 재화와 서비스를 구매할 때 호텔 및 여행 경비와 관련해 트립어드바이저(TripAdvisor)와 같은 활용할 수 있는 다양한 온라인 포럼을 사용하여 구매 전 조사를 행할 것이지만, 가족과 친구 채팅 그룹 내에서 이에 대해 논의할 가능성도 더욱 커지고 있다.

이와 같은 초기 통찰을 바탕으로 이 장은 4개의 절로 진행된다. 첫째, 우리는 누가 소비 역동성을 통제하는지에 대한 다양한 해석을 고찰하고, 기업과 소비자 모두의 역할을 신중하게 고려하는 관점을 주장한다(제2절). 우리가 강조하는 사회문화적 관점은 이 장의 핵심 초점인 다양한 불균등한 소비의 지리에 잘 부합한다. 둘째, 온라인 소매업의 부상과 소매업의 비공식적 공간의 확산을 고려하기 전에, 세계화 과정과 도시 규모에서 변화를 소개하면서 현대 소매업의 변화하는 공간 패턴을 살펴보고자 한다(제3절). 셋째, 소매업의 범위를 넓혀 소비 관행이 두 가지 주요 측면, 즉 다양한 유형의 소비자의 공간적 분포와 소비자가 구매한 상품을 정체성 형성의 장소 특수적 과정의 일부로 사용하는 방식에서 어떻게 언제나 불가피하게 지리적으로 불균등한지를 고려하고자 한다(제4절). 넷째, 소비가 그것이 발생하는 상호 연결된 장소에 의해 어떻게 크게 형성되는지를 탐구할 뿐만 아니라, 일정한 종류의 장소 자체가 관광을 통해 적극적으로 소비된다는 사실에 주목한다(제5절). 전반적으로 이 장의 목적은 제4장과 제5장에서 확인된 생산 과정만큼이나 소비가 어떻게 지리적으로 다양하고 복잡한지를 밝히는 것이다.

7.2 소비를 사회문화적 과정으로 바라보기

누가 소비 과정을 통제하는가? 자본주의 체제 내에서 생산과 소비의 관계를 어떻게 보는지에 따라, 이 문제에 대한 서로 다른 관점이 존재한다. 제4장에서 살펴본 바와 같이, 우리는 생산 네트워크의 개념을 통해 소비가 어떻게 일련의 물질적 변환과 부가가치 활동의 마지막 단계인지를 알 수 있다. 제1절의 논의는 소비자가 아닌 다양한 종류의 대기업이 그러한 네트워크 내에서 소비의 지배적 형성자라는 첫인상을 줄 수 있다. 이는 전체 경제체제에서 생산의 우위를 강조하는 **바보로서의 소비자** (consumer-as-dupes) 관점으로 알려진 것을 연상시킨다. 이 관점에서 소비는 생산 과정의 본질에 있어서의 변화의 결과로 해석되며, 따라서 자본주의 기업에 의해 주도된다. 소비는 즐거움을 추구하지만 궁극적으로 퇴행적 활동으로, 수동적인 소비자들이 자기 돈을 지출하도록 유인되어 생산자에게 이윤을 제공하고, 제3장에서 설명한 기본적인 자본주의 체제에 연료를 공급한다는 것이다. 곧 살펴보겠지만, 지난 수십 년 동안 소매 자본의 증가로 인해 소비가 제조 기업보다 **소매** 기업에 의해 더 많이 형성되고 있다는 점에서 상황은 복잡해졌다. 그러나 가장 중요하게도 **바보로서의 소비자** 관점은 소비자가 아니라 자본주의 기업이 소비 과정을 통제하고 있다고 보는 것이다. 이 해석에 강력한 진실의 요소가 있지만, 이 장에서는 개인과 소비자 집단이 다양한 소비 관행을 통해 그들의 주체성을 행사하는 정도가 어떻게 과소평가되는지를 보여 줄 것이다.

이는 개인 소비자의 자유의지를 특히 중시하는 **소비자주권**(consumer sovereignty)의 관점과 비교될 수 있다. 신고전주의 경제학에서 파생된 소비는 여기서 개인의 선호와 가격 기반 의사결정에 의존하는 경제적 거래로서 간주된다. 제2장에서 소개된 합리적 소비자인 **호모 이코노미쿠스**(Homo economicus, 경제인)는 다양한 제품과 가격에 대한 완전한 정보를 바탕으로 자신의 선호에 따라 행동하는데, 구매할 제품에 대해 정보에 입각한 의사결정을 내릴 것이다. 결과적으로 이러한 행동은 어떤 제품이 인기 있는지에 관한 시장 정보가 소매업체를 통해 제조업체로 피드백되기 때문에 제품 생산 과정에 영향을 미칠 것이다. 요컨대 소비자는 제공되는 제품을 구매할지의 여부를 선택할 수 있고, 따라서 그들은 경제체제 전반에 대한 상당한 주권 또는 통제력을 가지고 있다. 다시 말해, 바보로서의 소비자 관점과 마찬가지로 이 접근 방법이 전적으로 이점이 없는 것은 아니다. 자본주의 기업들—제조업체든 소매업체든, 기타 서비스 공급업체든 간에—은 실제로 고객과 시장을 면밀히 모니터링하고, 그들이 생산하는 상품의 인기(또는 인기 없는 것)에 대한 신호에 신속하게 대응한다. 그러나 소비자주권의 관점에 내재된 소비자에 대한 원자론적이고 합리적인 관점은 특히 소비 결정을 더 넓은 사회와 그 다양한 규범 및 기대에 영향을 받지 않는 자율적인 소비자가 내린 것으로 표현하는 방식에서 분명한 한계를 지니고 있다.

이와는 대조적으로 **사회문화적** 관점은 소비자가 소비 관행을 통해 자신의 정체성을 능동적으로 구성하는 방식을 강조한다. 이러한 접근 방법은—계급, 젠더, 민족성, 연령, 섹슈얼리티(제13장 참조)와 같은—정체성의 교차하는 다른 측면에 주목하고, 소비자가 어떻게 의식적으로 특정 상품을 구매하고 정체성 형성의 능동적 과정의 일부로서 특정한 방식으로 그것을 사용하는지를 살펴본다. 결국 이러한 정체성 구축의 과정은 소비자주권의 관점에서처럼 개인화되지 않고, 오히려 사회 속의 더 큰 사회적 힘과 경향(예로 10대 패션이나 윤리적 구매)의 일부이다. 소비자는 단순히 합리적 경제 행위자(homo economicus)가 아니라, 미적 판단(homo aestheticus)도 행사하며, 필연적으로 사회적 존재(homo sociologicus)이다(Warde, 2017). 이러한 관점에서 소비자와 생산자 간의 상호작용은 복잡하고 양방향적인 것으로 간주된다. 소비 과정은 제조 및 소매 기업과 그들이 제공하는 상품에 의해 분명히 영향을 받지만, 소비자는 그러한 상품을 선별적이고 의식적으로 구매한다. 결과적으로 기업들은 사회 내에서 새롭게 등장하는 소비의 역동성에 대응할 것이다.

이 장의 나머지 부분을 뒷받침하는 이 접근 방법은 소비의 3가지 중요한 측면을 통합한다. 첫째, 특정 상품을 구매하기로 한 초기 의사결정을 넘어 소비를 상품의 판매, 구매, 후속적인 사용을 포함하는 하나의 **과정**으로 생각한다. 즉 이는 판매를 위해 제품/서비스를 제공하는 사람과 어떤 제품/서비스를 구매할지를 결정하는 사람 간의 접점(interface)에 관한 것일 뿐만 아니라, 사람들이 상품을 구매한 후에 무엇을 할 것인지에 관한 것이다. 따라서 소비는 판매 시점에서의 단순한 경제적 거래 그 이상이다. 오히려 하나의 과정으로서 소비는 구매, 쇼핑, 사용, 폐기, 재활용, 재사용, 착용, 세탁, 식사, 여가, 관광, 주택 공급과 개조 등의 광범위한 활동을 포괄하는 상품과 그 사용의 여러 사회문화적 측면을 포함한다. 소매업 외에도 소비는 상점, 식당, 호텔 등 다양한 매장과 수리, 서비스, 청소, 재활용 작업 등에서 이루어지고 있으며, 그중 다수는 그 자체로 점점 더 중요한 경제부문이 되고 있다. 여기서 중요한 의미는 소비자일 뿐만 아니라 많은 사람들이 일과 생계를 위해 소비와 관련된 고용에 의존한다는 것이다(자료 7.1 참조).

둘째, 자본주의 내에서 소비의 본질은 변화하지 않는 것이 아니라, 시간이 지남에 따라 **진화**하는 것으로 보아야 한다. 제3장의 포스트포디즘에 대한 논의에 따라, 지난 수십 년 동안 나타난 포스트포디즘적 소비 경향을 살펴볼 수 있다(표 7.1 참조). 일반적으로 포디즘 시대는 비교적 한정된 범위의 표준화된 상품들(가장 유명한 것은 헨리 포드가 '어떤 색이든 검은색이면'이라고 선언한 모델 T 자동차에서 유래한 것)을 대규모 대량소비하는 것이 특징이었다. 이 체제는 규모의 경제와 낮은 가격에 의해 추동되어, 특정 범위의 가정용품과 개인용품의 광범위한 소비를 가능하게 하였다. 이에 비해

자료 7.1 소비 일자리

선진경제국에서는 소매업, 식당, 관광, 엔터테인먼트 등의 서비스 분야에 고용되는 노동력의 비율이 증가하고 있다. 동시에 이러한 종류의 일자리가 급성장함에 따라 그 일자리의 질, 보장, 만족도 등에 대한 의구심이 제기되어 왔다. 이와 같은 의심으로 경제지리학자(및 기타 사회과학자)들은 작업장 안을 들여다보고 소비부문에서의 일자리의 본질을 탐구하게 되었다. 이 연구에 따라 소비와 관련된 일자리는 다음과 같은 특징 중 일부 또는 전부와 연관되는 경향이 있다는 사실이 밝혀졌다.

- 사회적으로 낮은 지위의 일자리('웨이트리스', '항공기 승무원', '체크아웃 도우미' 등)로 구성되며, 상대적으로 낮은 임금을 받는다.
- 집단 대표성과 노동조합 구성 수준이 낮거나 실질적으로 전무하다.
- 정규직보다는 시간제와 임시 계약직의 비율이 높다. 경우에 따라(관광, 크리스마스 기간 쇼핑) 취업 가능성에 뚜렷한 계절성이 있을 수 있다.
- 노동자를 모니터링(전화판매 통화 청취, 패스트푸드 직원의 생산성 측정)하고 효율적으로 배치(슈퍼마켓의 적절한 계산대 직원수 측정)하기 위해 기술에 기초하여 노동력에 대한 감시가 이루어진다.
- 기술로 쉽게 대체할 수 없는 노동집약적이고 반복적인 작업(식사 시중이나 헤어 커팅)에 기초한다.
- 노동자가 특정 역할이나 특성을 갖도록 하는 '수행적' 요소가 있다. 이는 대면 상황(패스트푸드점 노동자에게 제공되는 대본)과 기술적으로 매개된 상황(고객 응대 시 대본 중 일부로 영어 이름을 사용하는 인도 콜센터 노동자) 모두에서 발생할 수 있다. 이러한 역할 수행은 노동자의 진정한 정체성에 도전을 제기하고 상당한 스트레스를 초래한다.
- 이러한 일자리 중 상당수가 근본적으로 '여성직'(항공기 승무원) 또는 청년직(패스트푸드점 종사자, 바 및 나이트클럽 종업원)으로서의 사회적 구성이 채용 관행을 통해 강화되었다.
- 소비자 응대를 위해 요구되는 사항을 충족시키기 위한 다양한 기타 개인적 특성—민족성, 외모, 체중, 신체위생, 복장과 스타일, 사교술—을 기반하여 선택적으로 채용된다.

보다 자세한 내용은 맥도웰(McDowell, 2009)을 참조하라.

포스트포디즘 시대는 고도로 차별화된 많은 제품이 훨씬 폭넓은 소비자 집단이나 **틈새시장**(niche)에 제공되는 더욱 분절화된 소비 패턴을 발생시킨 것으로 보인다. 이와 같은 소비 방식은 상품의 가격과 기능성보다는 소비자에게 가져다주는 미적·상징적 가치에 의해 주도된다. 이는 구매하고자 하는 상품에 대한 지식이 풍부한 최종 소비자가 내리는 전략적 의사결정에 의해 형성된다. 이러한 주장은 설득력이 있기는 하지만, 포스트포디즘적 소비 과정의 유행이 여러 장소와 부문에 걸쳐 매우 불균등하다는 점을 인식하는 것이 중요하다. 우리는 이 논점으로 돌아갈 것이다.

셋째, 이 장의 나머지 부분에서 살펴보겠지만, 사회문화적 관점은 또한 소비의 **불균등한 지리**를

표 7.1 대량소비와 포스트포디즘 소비의 비교

대량소비의 특성	포스트포디즘적 소비의 특성
집합적 소비	시장 세분화 증가
소비자의 친숙성에 대한 요구	소비자 선호도의 변동성 확대
차별화되지 않은 제품과 서비스	고도로 차별화된 제품과 서비스
대규모 표준화된 생산	비대량생산 상품에 대한 선호도 증가
낮은 가격	가격은 품질, 디자인, 참신함 등 여러 많은 구매 고려사항 중 하나임
수명이 긴 안정적인 제품	수명이 단축된 신제품의 빠른 교체
많은 수의 소비자	다수의 소규모 틈새시장
'기능적인' 소비	'기능적인' 소비를 줄이고, 미학에 대한 관심이 더 높음
	소비자운동, 대안, 윤리적 소비의 성장

드러낼 수 있다. 공간 패턴의 측면에서 많은 소비 과정의 '일상적' 본질은, 이들 소비 과정이 다른 경제활동보다 한층 더 광범위하고 이질적인 지리를 갖고 있다는 것이다. 간단히 말해, 모든 도시나 지역에 주요 제조 공장이 있는 것은 아니지만, 슈퍼마켓, 영화관, 주유소, 식당, 도서관, 재활용 공장 등은 있을 것이다. 사실 어떤 지역에서는 전체 경제가 주로 이러한 활동들에 기반을 둘 수 있다—예를 들어, 라스베이거스나 몰디브와 같은 레저 및 관광 목적지를 생각해 보라. 그러나 마찬가지로 우리는, 대부분 소비에 장소 특수적 성격을 부여하는 사회문화적 차원으로 인해, 소비의 **본질**이 지리적으로 다양하게 변화하는 방식을 이해해야 한다. 실제로 소비를 이해하려면, 때때로 신체나 집과 같은 더 작은 공간 규모를 고려할 필요가 있다. 예를 들어, 우리가 구매하는 대부분의 상품은 결국 집에 있게 되지만, 가정용 가구(예를 들어, 가구, 커튼, 침대 시트, 페인트, 바닥재 등)는 집 안의 특정 환경과 공간을 만들기 위해 명시적으로 배치된다. 이러한 장식과 유지의 물질적 과정은, 집이 창의성과 개인적인 표현의 미시 공간이 되기 때문에, 정체성 형성에 기여한다.

7.3 소매업의 변화하는 공간 패턴

이 절에서 우리는 소매업의 변화하는 공간 패턴을 탐색한다. 소매업은 넓은 소비 과정의 핵심 요소이며, 그 자체로 하나의 거대한 경제 부문이다. 예를 들어, 2017년 영국에서 30만 개의 사업체에 걸쳐—전체 노동력의 약 10%인—290만 명을 고용한 반면, 미국에서는 100만 개 이상의 소매점에서 1,580만 명을 고용하였다. 따라서 소매업의 변화하는 지리는 현대 경제 경관의 중요한 구성 요소이다. 우리는 이러한 변화하는 지리를 4단계로 나누어 고찰한다. 첫째, 현재 진행 중인 소매 활동의 세계화와 그 광범위한 영향을 소개할 것이다. 둘째, 소매업의 변화하는 국가 내 지리, 특히 도시적 규모에서의 역동성을 탐구한다. 셋째, 물리적 소매 형태를 넘어 온라인 소매업의 증가하는 중요성을 고려하고, 넷째 임시 및 준영구적인 비공식 소매 공간의 확산을 살펴볼 것이다.

소매업의 세계화

소매업자의 영향력이 커진 가장 중요한 지리적 결과는 아마도 지난 30년 동안 소매업이 광범위하게 세계화되었다는 사실일 것인데, 소매업자는 자국 시장에서 확보한 이익을 투자할 새로운 시장기회를 모색해 왔기 때문이다. 이 기간 동안 일련의 소매업체 그룹이 초국적기업(제5장에서 설명)으로 등장하였는데, 후속적인 급속한 유기적 성장에 힘입어 공격적인 인수합병(M&A) 활동을 통해 다양한 국가에서 지배적인 시장지위를 차지하였다. 소매업의 세계화는 새로운 과정이 아니며, 1800년대 후반까지 거슬러 올라간다. 해외 확장은 1960년대에 나타나기 시작하였으며, 처음에는 북아메리카, 서유럽, 일본 등 선도적 경제국 간의 투자로 주도되었다. 그러나 1990년대 중반 이후 보다 공격적인 확장은 완전히 새로운 지리적 구성을 띠게 되었다. 예를 들어, 그림 7.1은 2018년 초 세계 최대 소매업체인 월마트(Wal-Mart)의 전세계 매장 분포를 보여 준다. 월마트는 미국 전역에 걸친 광범위한 영업에 더해 중국, 인도, 일본, 영국, 사하라이남 아프리카의 13개국에 영업소를 두고 있다. 일반적으로 선도적인 소매 초국적기업의 투자는 이제 이른바 **신흥** 경제 지역, 특히 중남미, 동아시아와 동남아시아, 동유럽의 국가들을 대상으로 하고 있다.

표 7.2에는 해외 매출을 기준으로 순위를 매긴 선도 초국적 소매업체가 자세히 열거되어 있다. 이 자료에서 여러 가지 중요한 관찰을 할 수 있다. 첫째, 이는 2016년 해외 시장에서 180억~1,200억 달러의 매출을 올린 소매업체를 통해 국제 소매업의 **규모**를 보여 준다. 둘째, 20~30개국에서 매장을 운영하고 있는 여러 선도 업체를 통해 국제 소매업의 **범위**를 보여 주는데, 이는 많은 제조업 부문과 비교할 만한 국제적 확장 수준을 말한다. 셋째, 이는 선도적인 소매 초국적기업의 대부분이―월마트와 같은 일부 예외를 제외하고―서유럽에서 기원하고 있다는 사실을 나타낸다. 세계 최대 규모의 소매업체 중 상당수가 미국[예로 홈디포(Home Depot), 크로거(Kroger), 로우스(Lowe's), 타깃(Target)]에서 탄생한 한편, 이들 업체는 모국 국경을 멀리 벗어나지 않고서도 그 규모를 달성할 수 있다. 넷째, 이는 선도 초국적 소매업체는 전문 공급업체(예를 들어, 장난감이나 전자제품 판매 등)보다 식품 소매업체나 일반 판매업체인 경향이 있음을 보여 준다.

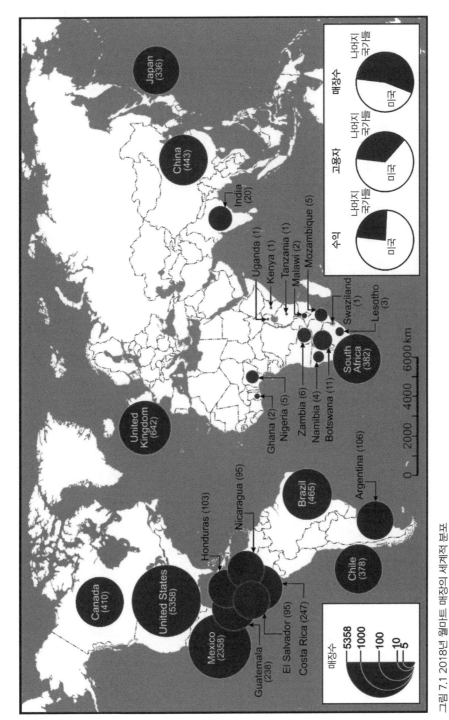

그림 7.1 2018년 월마트 매장의 세계적 분포

출처: 기업연차보고서의 데이터.

7. 소비자—누가 우리가 구매하는 것을 결정하는가?　**229**

표 7.2 2016년 해외 시장의 매출로 순위를 매긴 선도 초국적 소매업체

순위	회사명	기원국	소매업체 유형	국제적 수익 (백만 달러)	국제적 수익 (전체의 %)	매장 운영 국가수
1	월마트	미국	식품 및 잡화	118,089	24.3	29
2	슈바르츠그룹	독일	식품 및 잡화	61,241	61.7	27
3	알디그룹	독일	식품 및 잡화	56,898	67.0	17
4	아홀드 델하이즈	네덜란드	식품 및 잡화	51,893	79.1	11
5	까르푸	프랑스	식품 및 잡화	44,216	53.3	34
6	메트로	독일	식품 및 잡화	40,029	61.0	30
7	이케아	스웨덴	가구	36,083	95.0	48
8	오샹	프랑스	식품 및 잡화	36,071	64.9	14
9	루이비통모에헤네시 (LVMH)	프랑스	명품	35,624	90.0	80
10	아마존	미국	잡화	34,837	36.8	14
11	코스트코	미국	식품 및 잡화	32,173	27.1	10
12	애플	미국	전자제품	27,200	51.3	22
13	헤네스 앤드 모리츠 (H&M)	스웨덴	의류	22,755	96.0	64
14	인디텍스	스페인	의류	18,762	78.9	93
15	카지노	프랑스	식품 및 잡화	17,984	47.4	27

출처: Deloitte(2018), Euromonitor(GMID Passport Database), 연차보고서 및 기타 공개 자료원.

표 7.3 2017년 폴란드의 상위 식료품 소매업체

회사	소유권	시장점유율(%)	매장수	2017년 매출(백만 달러)
비에드론카	포르투갈	20.7	2,823	12,316
슈바르츠그룹	독일	10.9	702	6,402
유로캐시	폴란드	8.2	14,000	4,963
레비아탄	폴란드	5.0	2,800	2,910
테스코	영국	4.5	440	2,683
오샹	프랑스	4.4	109	2,614
나스즈 스클레프	폴란드	3.8	5,716	2,239
까르푸	프랑스	3.3	900	1,930
자브카 폴스카	폴란드	3.1	4,700	1,829
ITM 그룹	프랑스	2.1	360	1,775

출처: Euromonitor 및 기업 웹사이트.

3가지의 추가적인 특징이 소매 세계화의 이러한 최근 단계를 구별한다. 첫째, 해외 확장의 가파른 **속도**가 두드러진다. 예를 들어, 1990년에 까르푸는 프랑스 외 5개국에 진출할 예정이었고, 월마트는 국내시장에만 존재하였다. 2016년까지 까르푸는 34개국의 시장에, 월마트는 29개국의 시장에 진출하였다. 둘째, 현재 진행되고 있는 투자의 **규모**는 전례가 없다. 표 7.2와 그림 7.1과 같은 정적인 '스냅숏'은 현상의 크기를 제대로 보여 주지 못할 수 있다. 예를 들어, 2018년까지 월마트는 6,360개의 해외 매장을 보유하고 총 80만 명의 노동자를 고용하였다. 이러한 확장 과정은 전례 없는 크기의 해외 사업을 운영하는 거대 소매업체를 만들고 있다. 셋째, 이러한 확장이 현지 수용국의 소매 구조에 미치는 **영향**은 상당하였다. 표 7.3은 2017년 폴란드의 소매 구조를 묘사하고 있으며, 상위 10개 식료품 소매업체 중 6개가 외국, 특히 서유럽 기업의 소유임을 보여 준다. 이들 6개의 초국적 소매업체는 전체 식료품 소매시장의 45%를 차지하고, 폴란드에 5,000개 이상의 매장을 보유하고 있다. 이들 기업은 특히 대형 매장의 측면에서 우세하고, 폴란드 기업은 편의점의 측면에서 더 우세하다(따라서 매장수가 더 많다). 동유럽, 라틴아메리카, 동아시아의 많은 선도적 경제국에서도 비슷한 이야기를 할 수 있다. 현지 수용국의 경제에 미치는 영향은 국내 소매업 부문에 대한 경쟁적 영향을 훨씬 뛰어넘는다. 또한 초국적 소매업체는 소비 패턴(예를 들어, 지역 시장과 소규모 상점에서 슈퍼마켓과 하이퍼마켓으로 전환하는 소비자)과 공급망 동태(대량 구매, 중개업체 제거, 고품질 표준의 요구, 새로운 물류기술의 구현 등)의 측면에서 중요한 변화를 주도한다. 또한 이들 업체는 종종 계획법을 통해 소매 초국적기업의 확장을 다양한 방식으로 관리하려고 시도해 온 국가 규제기관의 다양한 대응을 촉발시켰다.

　이에 따라 선도적인 초국적 소매업체들은 점점 더 광범위한 매장 네트워크를 글로벌 규모에서 조정하고 있다. 그러나 이러한 추세로부터 소매 공간의 성격이 전 세계적으로 동일해지고 있다고 추론하는 것에는 신중할 필요가 있다. 예를 들어, 매장 유형과 간판의 요소가 모든 시장에서 공통으로 나타나는 등 분명히 그런 방향으로 가는 경향이 있다. 영국 쇼핑객은 프라하(체코공화국)나 방콕(태국)에 있는 영국의 선도적 소매업체인 테스코(Tesco) 매장에 들어서면, 본국의 매장과 매우 유사한 매장 디자인의 모습을 금방 볼 수 있을 것이다. 그러나 마찬가지로 같은 쇼핑객은 제공되는 제품 범위, 소비자에 대한 상품 진열, 매장의 물리적 구조 측면에서 상당한 차이를 알아차릴 것이다. 예를 들어, 프라하의 테스코는 여러 층에 걸쳐 있는 도심 백화점을 가지고 있다. 태국의 테스코 하이퍼마켓에는 종종 다양한 음식, 레저, 지역사회 서비스가 포함되는 반면, 농촌 지역의 소규모 테스코 매장은 지역 상인들에게 외부 시장 공간을 제공한다(그림 7.2 참조). 이 모든 매장은 영국에서 지배적인 독립형 단층 슈퍼마켓과는 상당히 다르다.

그림 7.2 태국의 테스코 로터스
출처: 저자.

　마찬가지로 우리는 국제적인 소매 확장이 간단한 과정이라는 생각에 안도해서는 안 된다. 그와 반대로, 서로 다른 국가의 소비자 시장의 요구를 충족시키는 것은 도전적인 사업이며, 소매 세계화의 최근 역사는 선도적인 소매 초국적기업 전반에 걸쳐 세간의 이목을 끄는 성공과 실패의 사례로 가득 차 있다. 예를 들어, 월마트는 그림 7.1이 보여 주듯이 많은 시장에서 성공적이었지만, 독일(1998~ 2006년), 홍콩(1994~1996년), 인도네시아(1996~1998년), 한국(1998~2006년) 시장에서 자체적으 로 설립에 실패하였고, 이후 철수하였다. 때때로 국내시장에서의 문제가 시장 철수 결정으로 이어질 수 있다. 즉, 1990년대 초반에 동남아시아로 진출한 최초의 소매업체 중 하나인 까르푸는 2010년 말 유럽에서 발생한 심각한 손실로 인해 이 지역에서 철수한다고 발표하였으며, 태국과 말레이시아, 싱가포르의 그 하이퍼마켓이 매물로 나왔다. 초국적 소매업체는 특정 영역의 요구를 충족시키기 위해 매장의 **전략적 현지화(strategic localization)**와 소싱(sourcing, 대외 구매) 활동을 통해 현지 수용국 시장 내에서 정당성을 달성하기 위해 열심히 노력한다—이 정당성을 달성할 수 있는 정도는 그들의 성공 또는 실패에 큰 영향을 미친다. 예를 들어, 월마트가 독일에서 실패한 원인으로는 미국에서 개발된 '린 소매 방식(lean retailing)'의 사업 모델과 독일 시장의 요구 사이의 불일치를 들 수 있다. 특히 월마트는 그 공급업체와 노동관계를 독일의 집단적 거버넌스 규범에 맞게 조정할 수 없었으며, 그 결과 재정적으로 어려움을 겪었다. 현지 수용국 시장의 요구에 사업 모델을 충분히 적응시킬 수 없는 무능력도 월마트가 한국에서 철수하는 근거가 되었다. 그러나 어떤 기업은 해외 진출에 '성공'하고 어떤 기업은 '실패'하였다고 결론짓는 것은 너무 단순하다. 현실은 서로 다른 국가에서 유래한 소매업체들이 광범위하게 변화하는 현지 수용국의 경제 상황에 적응하려고 노력하면서 성공과 실패라는 복잡한 면모가 나타난다.

도심에서 교외로, 그리고 다시 반대로?

소매 세계화 과정의 현대적 중요성을 확인하였으므로, 우리는 이제 도시적 규모에서의 소매업의 변화하는 지리를 고찰할 수 있다. 특히 우리는 시내와 도심에서 교외 주변 지역으로 그리고 다시 도심으로 돌아오는 소매업 투자의 변화하는 패턴을 개관하고, 이를 통해 소매 자본이 도시 건조환경(built environment)의 지속적인 개조에 어떻게 중심적 역할을 하는지를 보여 주고자 한다(제3장에서 소개한 역동적인 자본주의 과정).

1950년대까지 소매업은 본질적으로 **중심적인** 도시 활동이었다. 제2차 세계대전 이후 소매 자본의 교외화와 이와 관련한 도심 소매업의 쇠퇴는 미국에서 거의 틀림없이 선구적이라 할 수 있었다—그리고 실제로 가장 뚜렷하게 나타났다(시카고의 전형적 사례에 관해서는 자료 7.2 참조). 종종 부동산 개발업자, 소매업자, 금융업자의 강력한 동맹관계에 의해 주도되는 이러한 역동성은 미국과 캐나다 전역의 수백 개 도시에서 반복되어 왔다. 이와 유사한 소매 시설의 교외화가 다른 많은 국가, 특히 서유럽 국가들에서 발생하였다. 이 같은 추세는 일련의 중첩되는 역동성에 따라 촉진되었다. 즉 소비자의 이동성 증가와 높은 자동차 보유 수준, 대량의 가처분소득을 가진 인구 집단의 출현, 도시에서 교외 지역으로의 인구 분산, 보다 빠르고 효율적인 쇼핑 수단[예를 들어, '원스톱숍(one-stop-shop)']에 대한 수요를 이끄는 여성들의 노동력 참여 증가, 더 크고 접근성이 좋은 매장을 통해 규모의 경제를 향상시키려는 소매업체의 성장 전략 등이다. 앞서 설명한 북아메리카의 추세가 다른 곳에

자료 7.2 제2차 세계대전 후 시카고의 소매 분산화

이러한 역동성의 규모와 중요성은 1950년부터 1970년대 중반까지 일리노이주 시카고와 그 주변의 발전을 간략히 살펴봄으로써 설명할 수 있다(Wrigley and Lowe, 2002). 1950년대 말까지 백화점이 빠르게 확장하는 중산층 교외 지역으로 영업의 초점을 옮기는 것이 중요하다고 깨닫기 시작하면서, 충분한 주차 시설을 갖춘 4개의 대규모 야외 쇼핑센터가 시카고의 주변부에 출현하였다(그림 7.3 참조). 1960년대에는 도시 고속도로망의 확장에 따라 부분적으로 촉진된 시카고 주변의 순환도로에 일련의 울타리로 둘러싸인 쇼핑센터나 **쇼핑몰**이 세워졌다. 1960년대 말까지 총 11개의 교외 쇼핑센터는 시카고 중심부와 맞먹는 통합 소매 매출액을 올렸다. 1974년까지 총 15개의 쇼핑센터가 생겨났고, 시카고 주변에 두 번째의 '순환도로'가 등장하기 시작하였다. 이 새로운 교외 센터의 주요 임차인 중 일부는 한때 도심 쇼핑지구를 지배하였던 바로 그 백화점들—시어스로벅(Sears Roebuck)과 제이시페니(J. C. Penney)와 같은—이었다. 동시에 도심과 시내 소매점 수백 개가 문을 닫았다. 63번가와 홀스테드(Halsted)로 알려진 시카고의 선도 도심 쇼핑지구는 심각한 타격을 입고, 1970년대 초반까지 소득 수준이 하락하면서 쇠퇴하는 지역의 한가운데에 위치하고 있음을 알게 되었다. 불과 25년 만에 시카고의 소매 제공의 지리는 심대한 변화를 겪었다.

서 재현된 **정도**는 여러 국가에서의 계획 규제의 강도에 따라 결정되었다. 예를 들어, 대부분의 유럽 국가들은 미국과는 달리 교외 녹지개발에 더 크게 저항해 왔다. 더욱이 방콕, 홍콩, 서울, 상하이처럼 빠르게 성장하고 있는 아시아 도시에서는 소매업의 강력한 중앙집중화가 여전히 도시 소매 경관의 지배적 특징으로 남아 있다. 규제 조건은 또한 분산화 과정의 시기에 결정적으로 영향을 미친다. 예를 들어, 영국에서는 교외 지역에서의 건설계획 지침이 선호된 1980년대와 1990년대 초에 도시 밖 식품 슈퍼마켓의 개발이 호황을 누렸다. 이러한 규제의 영향은 일반적인 패턴이 그들이 활동하는 다양한 영역과 장소의 특성과 함께 어떻게 각인되는지를 명확히 보여 준다.

그러나 대부분의 국가에서 교외 소매 단지는 오늘날 소매 경관의 확고하게 자리 잡은 일부이다. 영국에서 식품 슈퍼마켓의 초기 물결에는 도시 밖 개발의 3가지 후속 단계가 합류하였다. 첫째, 접근 가능한 입지에 적합한 부피가 큰 제품을 취급하는 주택관리, 카펫, 가구, 전기 상점을 포함하는 소매 단지의 물결이 있었다. 둘째, 미국에서 볼 수 있었던 도심 소매업의 대규모 분산화와 달리, 계획상의 제약으로 인해 이러한 이전(방금 언급한 식품 슈퍼마켓과 소매 단지를 넘어)은 인접한 도시 배후지 이상으로 서비스 제공을 목표로 하는 작은 그룹의 대규모 지역 쇼핑센터에 제한되었다. 그림 7.4에 나타난 바와 같이, 이들 쇼핑센터는 전국에 상당히 고르게 분포하고 있으며, 브렌트 크로스(Brent Cross)와 메트로센터(MetroCentre)와 같은 선구적인 시설물은 대부분 1990년대에 건설되었다. 예

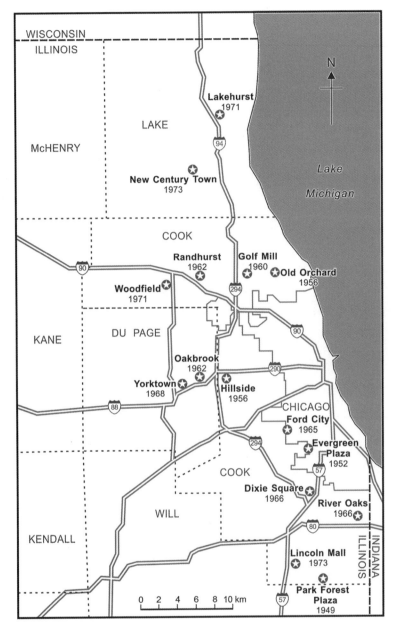

그림 7.3 1949~1974년 시카고 교외 쇼핑센터의 개발

출처: Berry et al.(1976)에서 수정 인용함.

를 들어, 맨체스터 서부 외곽에 있는 1998년 트래퍼드센터(Trafford Centre)는 280개의 상점을 포함하고 연간 3,000만 명의 방문객을 끌어들이고 있는 약 18만m²의 소매점, 요식 조달업(catering),

그림 7.4 영국에서 가장 큰 쇼핑센터들

출처: *The Guardian*(2011)에서 수정 인용함.

레저 공간을 보유하고 있다. 흥미로운 일련의 연구에서는 이러한 쇼핑센터가 소비자들이 돈을 쓰도록 유도하는 방식으로 세심하게 설계하는 방식을 탐구하였다(자료 7.3 참조).

자료 7.3 '몰(mall)의 마법'

쇼핑몰은 소비를 유도하기 위해 특별히 설계된 특정한 종류의 소매 공간이다. 더 개방적인 거리의 경관과 달리 몰은 개인 소유의 **영역**으로 둘러싸여 있다. 따라서 이를 이해하기 위해서는 '몰의 마법'(Goss, 1993의 그림)의 표면 너머를 볼 필요가 있다. 다시 말해 쇼핑몰의 형태, 기능, 의미를 탐색함으로써 개발자, 소매업체, 설계자가 어떻게 재화와 서비스의 구매를 적극적으로 장려하는지를 더 잘 이해할 수 있다. 소비자 지출을 촉진하고자 하는 몰 설계에는 다음과 같은 평범해 보이는 다양한 속성이 있다.

• 매력적인 중앙 기능을 사용하여 쇼핑객을 특정 방향으로 유인한 다음, 추가 구매 옵션으로 안내한다.
• 소비자가 가능한 한 많은 매장 앞을 지나갈 수 있도록 에스컬레이터를 구성하고, 화장실 시설과 출구의 전략적인 위치를 설정한다.
• 소비자가 얼마나 많이 걷고 있는지를 알 수 없도록 긴 직선 구간을 제한한다.
• 쇼핑객이 계속 걷도록 유도하기 위해 표지판과 디스플레이를 사용한다.
• 지친 소비자를 위한 휴식처와 좌석을 제공한다.
• 시간 감각을 멈추게 하는 데 도움을 주는 부드러운 조명을 사용하고 자연광은 들어오지 않도록 한다.
• 거울과 반사 유리를 사용하여 공간의 환상을 만든다.
• 지출을 유도하기 위해 '진정 효과가 있는' 배경 음악을 사용한다.
• 환경의 안전을 강화하기 위해 눈에 잘 띄는 보안 직원을 배치한다.
• 환경의 청결을 강화하기 위해 지속적이고 정기적인 청소를 실시한다.

이와 동시에 제4장에서 제시한 주장과 다시 연결하여, 판매 중인 상품을 그 실세계의 생산체제에서 분리하고, 그것들을 다른 시간과 장소를 환기시키는 건축, 인테리어 디자인, 테마를 통해 즐거움과 환상, 마법의 세계로 옮겨 놓기 위해 치열한 노력이 이루어지고 있다. 요약하여 처음에는 다소 단조로운 쇼핑몰로 보일 수 있는 것이 실제로는 그 소유자, 설계자, 세입자의 힘을 반영하는 고도로 설계된 전략적 **영역**인 것이다. 공공장소라는 인상을 주지만, 실제로는 개인의 소유이며 이윤을 창출하기 위한 것이다. 아르헨티나 부에노스아이레스의 한 쇼핑몰에 대한 최근 연구와 관련해서는 밀러(Miller, 2014)를 참조하라.

세 번째이자 가장 최근의 영국 교외 소매업의 물결은 의류 제조업체들의 초과 재고품을 할인 가격에 제공하는 아웃렛 쇼핑몰의 형태이다. 아웃렛몰은 미국에서 유래하였으며, 가장 유명한 곳 중 하나는 뉴욕시에서 자동차로 단 1시간 거리에 있는 약 7만 9,000m² 규모의 우드버리커먼(Woodbury Common)으로, 220개의 서로 다른 매장이 입주해 있다. 영국 최대의 아울렛몰인 잉글랜드 북서부의 체셔오크스(Cheshire Oaks)는 140개 이상의 매장을 보유하였으며, 다양한 디자이너 브랜드를 판매하고 있다(그림 7.5 참조). 전반적으로 소매업의 교외화는 오늘날 다양한 종류와 형태의 소매업을 구성하고 있으며, 그 정도는 국가에 따라 상당히 다르다는 점을 인식하는 것이 중요하다.

그림 7.5 체셔오크스 아웃렛몰
출처: 저자.

교외화가 소매업의 공간 패턴에 지대하고 지속적인 영향을 미쳤지만, 최근에는 반대 방향으로 작용하는 주목할 만한 추세도 있다. 이 추세의 성격과 정도는 상황에 따라 다시 다를 것이지만, 여기서 발생하고 있는 역동성의 종류를 보여 주기 위해 3가지의 간단한 설명을 제시할 수 있다. 첫째, 미국에서는 소매업의 분산화 수준이 최고조에 달했던 1970년대 중반 이후, 미국 도시들의 도심 지구를 재생하기 위해 상당한 노력을 기울여 왔다. 이러한 주도적 노력의 중심에는 1976년 보스턴에 문을 연 퍼네일홀 마켓플레이스(Faneuil Hall Marketplace)*의 성공에 자극받은 이른바 축제 시장(festival marketplaces)이 있었다. 이곳의 중심적 발상은 사람들을 특화시장, 상점, 식당으로 끌어들이기 위해 건축, 문화 전시, 콘서트, 민족 축제 등의 조합을 활용하는 것이다. 이와는 다르지만 밀접히 관련된 개발의 형태는 사무실, 호텔, 레저 시설, 컨벤션센터로 구성된 다목적 복합단지의 일부로서 도심 소매업의 활성화에서 찾아볼 수 있었다[예를 들어, 싱가포르의 마리나베이샌즈(Marina Bay Sands) 통합 리조트, 그림 7.6 참조]. 이후 소매업 분산화가 덜 두드러진 도시를 포함하여 전 세계의 많은 도시에서 유사한 계획이 시도되었다.

둘째, 선진국의 많은 후기 산업도시(뉴욕, 토론토, 맨체스터 등)에서 도심 소매업은 도심 지역의 신축 아파트나 개조된 아파트에 젊은 중산층 전문직 종사자들이 회귀하는 것을 보여 주는 젠트리피케이션(gentrification) 과정에 의해 활성화되어 왔다. 이 젠트리피케이션으로 인해 상점, 식당, 나이트클럽 등에 매력적인 고소득 지역이 생겨났다. 이들 과정은 또한 상하이처럼 급속도로 발전하는 아시아의 도시에서도 뚜렷이 나타나고 있다. 셋째, 방금 언급한 젠트리피케이션 추세에 부분적으로 영향을 받아 대형 소매업체들이 도심에 재투자하기 시작하였다. 영국에서는 테스코와 세인스버리(Sainsburys)가 이들 성장하고 있는 도시 시장을 공략하기 위해 새로운 소형 슈퍼마켓과 편의점 업태를 구축하였다. 이러한 과정은 부분적으로 대형 매장에 대한 계획상의 규제에 소매업체의 경쟁적

그림 7.6 싱가포르 마리나베이샌즈 통합 리조트
출처: 저자.

---

* 역자주: 미국 매사추세츠주 보스턴 시내 중심가에 있는 역사적인 건물이다. 새뮤얼 애덤스와 제임스 오티스 등 독립파의 유력자가 연설을 한 곳이기도 하며, 현재 인접한 퀸시 마켓(Quincy Market)과 함께 쇼핑센터의 일부로 되어 있고 프리덤 트레일(Freedom Trail)의 일부이다.

대응에 의해 주도되었으며, 이는 신흥 시장에서도 찾아볼 수 있다(예를 들어, 태국 테스코의 소형 익스프레스 업태의 급속한 성장).

소매업의 온라인 공간

많은 형태의 소매업이 여전히 상점과 같은 전용 물리적 공간 내에서 판매자와 구매자의 공존에 의존하고 있는 것은 분명하다. 그러나 1990년대 후반 이후 다양한 형태의 기업과 소비자 간 전자상거래(business-to-consumer e-commerce)가 등장하면서, 전통적인 소매업자들에게 도전적 과제를 던지고 있다. 초기 몇 년간 안정적인 신장 후, 지난 몇 년 동안 이들 온라인 소매업은 폭발적으로 성장하였다. 이는 중국에서의 발전으로 인해 글로벌 규모로 견인되었다. 온라인 소매업의 추정치는 상당히 다양하지만, 2017년 중국의 온라인 매출이 처음으로 1조 달러를 넘어섰으며(다음 최대 시장인 미국의 두 배 이상이고, 2010년의 1,000억 달러 미만에서 증가), 이는 중국 전체 소매 매출액의 약 20%를 차지한다는 점에는 많은 관찰자들이 동의하고 있다. 당시 온라인 소매업 보급률의 측면에서 또 다른 선도 시장은 영국(총매출의 18%), 미국(15%), 독일(15%), 한국(14%), 프랑스(10%), 일본(9%)이었다.

온라인 소매업의 활용에 있어서의 지리적 불균등은 중요한 부문별 차이를 수반해 왔다. 예를 들어, 2017년 미국에서는 도서, 영화, 음악 판매의 60% 이상, 컴퓨터와 장난감 판매의 40% 이상이 온라인으로 이루어진 데 비해, 식품과 자동차의 경우에는 그 수치가 전체 판매의 약 5%에 머물렀다. 따라서 특정 부문의 경우, 온라인 소매업은 이미 변혁적이었다. 도서와 디지털비디오디스크(DVD) 등—운반하기 쉽고 부패하지 않는 표준화된 제품—의 온라인 판매가 빠르게 확장되어 많은 상점 기반 소매업체를 파산시켰으며, 음악과 같은 특정 상품의 유통은 결정적으로 인터넷[예를 들어, 아이튠즈(iTunes)]으로 이동하였다. 온라인 소매업은 또한 장거리로 서로 떨어져 있는 구매자와 판매자를 연결하여 유효 시장의 크기를 증대시키는 인터넷의 능력으로 인해, 다양한 틈새시장과 특화 상품(취미 등과 관련된)에 매우 효과적인 것으로 입증되었다. 서비스 측면에서는 인터넷이 여행과 보험을 포함한 여러 분야에서 매우 효율적인 수단임이 입증되었다. 이러한 변화는 소매업의 본질에 대한 두 가지 중요한 측면을 보여 준다. 첫째, 온라인 소매업체는 매장이 필요하지 않아 비용을 절감할 수 있지만, 여전히 인터넷을 통해 주문받은 상품을 선별하고 배송하는 데 여전히 상당한 비용이 소요된다는 것이 분명해졌다. 특히 빈도가 높고 가치가 낮은 지역 배송과 관련된 물류 문제가 심각하다. 둘째, 다양한 형태의 쇼핑에 내재된 촉감과 사회성의 요소가 존재하는데, 이는 구매 전에 소비자들이 상품을 보고 '느끼고', 가족 및 친구와 논의하고 소매 직원의 전문지식을 활용하기를 선호함을 의미한다. 이러한 관심은 저차 상품(예를 들어, 고품질, 신선 식품 선택)과 고차 상품(고가의 의류나 대형 전자제품 구매)을 모두 포함할 수 있다. 이 같은 방식으로 많은 소비자는 이제 소매업의 온라인과 물리적 공간 사이를 원활하게 이동하며, 때로는 동일 제품에 대해서도 상품의 매장 내 평가와 온라인 가격 비교 및 동료 평가의 힘을 결합한다.

따라서 온라인 소매업의 성장은 '온라인 전용' 소매업체뿐만 아니라, 사업의 일부를 온라인으로 전환하여 다중채널 '브릭앤드클릭'(brick-and-click)* 운영업체로 개조한 매장 기반 소매업체들이 주도하였다. 주요 매장 기반 소매업체는 기존 창고 및 공급망 인프라, 고객지원센터, 제품 반품 네트워크 등과 관련하여 상당한 경쟁우위를 확보하고 있는 것으로 입증되었다. 이들은 전자상거래 운영을 기존 사업에 접목함으로써 이러한 자원과 규모의 경제—예로 대외 구매(소싱) 측면에서—를 활용할 수 있었다. 표 7.2와 같은 많은 선도적 소매업체는 광범위한 매장과 온라인 사업을 동시에 운영하는 혼성체(hybrid)가 되었다. 점점 더 효율적인 물류가 이러한 복합적 운영에 중요해지고 있다. 처음에는 온라인 주문 이행을 위한 두 가지 기본 모델이 있었는데, 전용 유통 시설에서 직접 주문하거나 매장 진열대에서 제품을 '고르는' 방식이었다. 그러나 이제는 창고의 다양한 지리적 구성과 독립 물류 기업의 다양한 참여 수준을 포함하는 중국 시장에서의 혁신에 의해 다시 주도되고 있는 다양한 온라인 주문처리 모델이 넘쳐나고 있다(Wang and Xiao, 2015). 심지어 가장 평범한 상품이라도 사전 규정된 시간대에 당일 배송하는 것이 중국과 기타 상황에서 표준이 되었으며, 중국의 경우 120만 명 이상의 택배 기사들로 구성된 부대가 승합차와 오토바이를 타고 도시를 끊임없이 오가는 것으로 이를 뒷받침하고 있다.

이 시점까지 온라인 소매 공간은 결코 물리적 공간을 대체한 것이 아니라, 매장 기반 소매업의 변화하는 지리와 중첩되고 상호작용하고 있다. 그러나 아마존, 알리바바[타오바오(Taobao)와 티몰(Tmall)], 제이디닷컴(JD.com)과 같은 글로벌 선도자 기업들이 전례 없는 규모에 도달하고 더욱 체계적인 변화를 주도함에 따라, 앞으로 온라인 전용 소매업이 대세일 수 있다는 징후가 있다. 예를 들어, 중국에서 알리바바의 타오바오가 급부상하면서 시골 소도시와 촌락에 매우 다양한 영향을 미치고 있다. 많은 곳에서 소규모 상점이 온라인 경쟁으로 인해 폐업하고 있다. 그러나 현재 1,500개가 넘는 것으로 추정되는 이른바 '타오바오 마을(Taobao village)'의 경우, 국내시장(타오바오를 통해 접근)을 위한 특정 상품(문화상품 및 가구 등)의 특화 생산이 경제성장을 주도하고 있으며, 어떤 경

---

* 역자주: 오프라인 상점 판매(brick)와 온라인 판매(click)가 혼합된 기업 비즈니스 전략을 말한다.

우에는 특정 지역의 빈곤 수준을 극적으로 감소시키고 있다.

아마존의 혜성 같은 부상은 여기서도 매우 유익하다(그림 7.7 참조). 이 회사는 1994년 설립되어 2001년까지 수익을 올리지 못하였지만, 2010년 이후 기하급수적으로 성장하였다. 서점으로 시작하여 연매출이 2,000억 달러에 달하는 광범위한 소매업체가 되었으며, 이 중 약 3분의 1은 제삼자 판매업체를 위한 플랫폼 역할을 하고 인터넷 '클라우드' 서비스 및 구독을 판매하는 데서 나오고 있다[특히 2017년에 아마존이 45억 달러를 지출한 원본 영화와 TV 콘텐츠에 접근할 수 있는 '프라임(Prime)' 서비스]. 아마존의 전자상거래 웹사이트는 미국 전체 소매 지출의 5%를 차지하고, 이 회사는 2014년 15만 명에서 2018년 전 세계적으로 50만 명 이상을 고용한, 미국에서 월마트에 이어 두 번째로 큰 고용주였다. 이 회사의 경쟁력은 물류와 데이터 관리의 결합된 역량에서 비롯된다(Hesse, 2018).

아마존의 데이터센터가 방대한 소비자 데이터를 수집하고 관리하는 동안, 아마존의 주문처리센

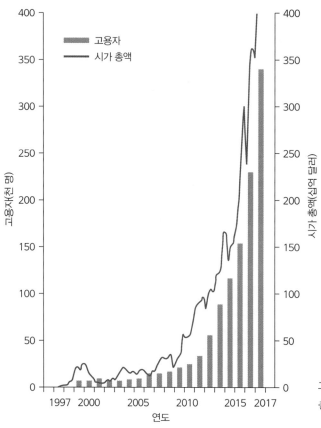

그림 7.7 아마존의 성장 궤적

출처: Bloomsberg; Thomson Reuters의
데이터에 기초함.

터는 고객에게 상품이 효율적으로 전달될 수 있도록 관리하고, 경우에 따라 데이터처리를 활용하여 실제로 웹사이트에서의 구매를 통해 실현되기 전에 소비자 수요를 예측한다. 따라서 아마존의 운영은 유럽의 경우 그림 7.8에서 볼 수 있듯이, 다양한 종류의 센터로 구성된 광범위한 네트워크를 통해 뒷받침되고 있다. 여기에는 명확한 공간 패턴이 존재한다. 즉 주문처리센터는 대도시 지역에 인접한 곳에 분산되어 있고, 고객서비스센터는 보다 주변 지역에 입지하며, 본사/데이터센터 운영은 선도적인 도시에 입지하고 있다. 흥미롭게도 시간에 민감한 배송에 대한 수요 증가와 신선식품 소매에 관한 관심 증가에 대처하기 위해, 아마존은 현재 선도 시장에 소규모 '분류센터' 계층을 추가하여 지역 물류센터와 도시의 최종 시장을 연결하고 있다. 전반적으로 온라인 소매의 지리적, 부문별 시장 진출의 불균등에 대한 우리의 주장은 여전히 유효하지만, 그 중요성과 폭넓은 영향에 관련해 특정 선도 시장(중국, 미국, 영국)에서 정점에 도달하였다는 증거가 늘어나고 있다.

비공식적 소매업

지금까지 우리는 자본주의 사회에서 가장 널리 퍼져 있고 중요한 소비 장소로서—상점과 기반 물류 인프라 측면 모두에서—공식적 소매업체에 초점을 맞추는 경향이 있었다. 그러나 소매업의 공식적 공간을 넘어 다양한 비공식적 거래 및 교환 관행이 있다는 사실을 인식하는 것이 중요하다. 이는 몇 가지 중요한 방식에서 공식적 소매업과 다르다. 첫째, 일부는 건조환경의 상대적으로 영구적인 특징(자선 가게 등)이 있지만, 대부분은 본질적으로 일시적이고 임시적이다(예를 들어, 이동식 노점상, 길거리 시장). 둘째, 일부는 전적으로 합법적인 운영이지만, 다른 일부는 법의 한계 내에서 또는 심지어 불법적(불법 거래 및 판매업자)으로 운영될 수 있다. 셋째, 가격은 고정되어 있는 것이 아니라 협상과 흥정을 통해 합의되는 경우가 많다. 이러한 의미에서 소매업자가 구성하는 표준적인 쇼핑 경험에서보다 소비자 참여가 더 많을 수 있다. 이와 관련하여 넷째, 비공식적 소매 공간에서 쇼핑은, 참가자들이 어떤 상품을 이용할 수 있을지 모르기 때문에 예측하기 어려운 경험이 될 수 있다. 오히려 쇼핑 경험은 흥미롭고 매우 촉감적인(즉 직접 체험할 수 있는) 특가 상품을 찾는 것으로 전개된다.

비공식적 소매 활동은 모든 국가에 있지만 개발도상국에서 훨씬 많이 존재한다. 이는, 예를 들어 선진국 시장에서 중고물품 매매(car boot/yard sale)의 유행과 인기, 도심 지역의 자선 가게와 중고품 가게의 수에 의해 입증된다. 또한 유럽의 도시와 촌락 마을에 걸쳐 수백 년 동안 존재해 온 주간 신선 농산물시장에서 볼 수 있듯이, 비정기 시장은 소매업 경관의 지속적인 특징이기도 하다. 그러나 비공식적 소매 공간은 선진국의 시장 상황에서 번성할 수 있지만, 주류인 공식적 소매부문의 가

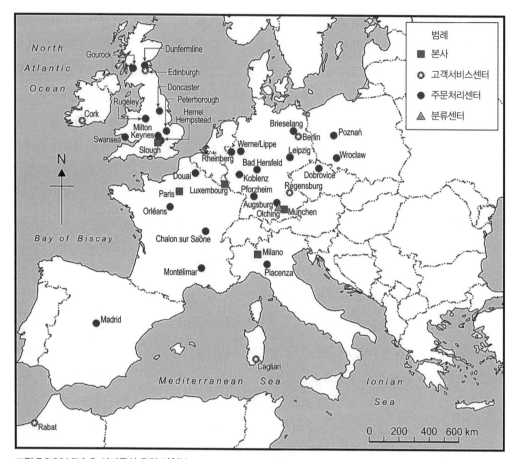

그림 7.8 2016년 초 아마존의 유럽 사업부

출처: Hesse(2018), 그림 33.1에서 수정 인용함.

장자리를 중심으로 운영되는 경향이 있다. 비공식적 소매 공간은 개발도상국 도시의 맥락에서 훨씬 큰 의미를 지니며, 이곳에서는 그러한 교환이 공식적 소매 장소보다 더욱더 중요할 수 있다. 방콕과 하노이 등 많은 아시아 도시의 거리에서 작은 임시 노점들이 갓 준비한 간식과 식사, 기타 식료품을 포함해 매우 다양한 상품을 판매하는 것에서 그 예를 찾아볼 수 있다(그림 7.9a 참조). 이러한 맥락에서 비공식적 소매업은 많은 가족과 가구의 생계 전략의 핵심이 된다. 추정에 따르면, 개발도상국에서는 고소득 국가의 15%에 대비되는 고용의 약 60%가 비공식적 경제활동(라틴아메리카의 38%로부터 아프리카의 76%까지)에 의해 제공되고 있다(ILO, 2018). 이 일자리의 일부는 소규모 제조업 활동을 통해 이루어지지만, 상당 부분은 비공식적 소매 활동에서 파생하고 있다. 예를 들어, 토고의 로메(Lomé)시에서 비농업 분야의 비공식적 고용의 약 45%가 비공식적 거래에 의해 제공되며, 그중 절반은 노점상과 관련이 있다. 로메시의 비공식적 경제에서 여성 3명 중 1명은 노점상이다(Roever and Skinner, 2016).

무점포 소매업이 국가 비공식적 경제의 절반을 차지하고, 약 90만~120만 명의 고용을 제공하는 남아프리카공화국은 비공식적 소매업에 대한 주목하지 않을 수 없는 사례 연구를 제공한다. 남아프리카공화국에는 두 가지 종류의 주요 비공식적 소매업이 있다. 그 하나는 임시 시장이나 거리의 고정된 장소에서 식료품, 수공예품, 전통 약초 등의 상품을 판매하는 노점상이다. 그리고 다른 하나는 조리된 음식, 케이크, 사탕과 과자, 의류, 과일과 채소, 보석, 가구, 생닭, 공예품, 파라핀유, 화장품 등을 포함하여 다양한 상품을 판매하는 가정 기반 기업으로, 이는 남아프리카공화국 맥락에서 작은 가게 **스파자**(spazas) 또는 매점으로 알려져 있다(그림 7.9b 참조). 이 두 종류의 비공식적 소매상들의 상대적 중요성은 장소에 따라 서로 다르다. 예를 들어, 요하네스버그와 더반의 도심에서는 노점상이 지배적이지만, 흑인 거주 지역인 타운십(township)에서는 **스파자**가 가장 일반적인 영업 형태이다. 비공식적 소매업이 지속적으로 확산됨에 따라 남아프리카공화국 전역에서 다양한 형태의 규제

(a)

(b)

그림 7.9 비공식적 소매업: (a) 베트남 하노이의 노점상, (b) 남아프리카공화국 케이프타운의 스파자 상점

출처: 저자.

가 시행되어 왔다. 요하네스버그에서는 도시 지도자들이 2030년까지 세계도시를 만들겠다는 목표를 설정하면서 8,000~1만 명으로 추산되는 노점상들이 불안해하고 있다. 특정 구역에 상인들을 모아놓기 위해 시장이 만들어졌지만, 이 정책은 시장으로 선택된 외딴 입지 때문에 대체로 성공하지 못하였다.

케이프타운에서는 **스파자**를 보다 효율적이고 지속가능한 소기업으로 만들기 위한 노력으로 사업 지원의 대상이 될 수 있도록 한 한층 진보적인 접근 방법을 채택하였다. 또한 규제의 접근 방법도 시간이 지남에 따라 변화하고 있다. 예를 들어, 2000년 이후 더반은 노점상과 연계하고 지원을 제공하는 비공식적 경제정책을 시행해 왔지만, 최근 들어 무면허 상인에 대한 경찰의 엄격한 단속을 시행하였으며, 이는 많은 개발도상국 도시에서 흔히 볼 수 있는 과정이었다(Eidse et al., 2016). 또한 공식적 소매업과 비공식적 소매업은 서로 단절된 것이 아니라, 복잡하고 공간적으로 가변적인 방식으로 공존하고 경쟁한다는 점에 유의하는 것도 중요하다. 예를 들어, 남아프리카공화국 소매업의 지속적인 공식화와 체인점의 타운십 지역으로의 이동은 특정 지구의 자원이 빈약한 **스파자**에 대한 압력을 가중시키고 있다.

이 절의 논점을 요약하면, 소매업의 지리는 쉼 없이 지속적으로 변화하고 있다는 것이다. 이러한 변화는 소매업체의 크기와 힘의 증가, 도시 쇠퇴/재생 패턴, 고소득층 인구의 이동과 같은 더 넓은 사회적 역동성을 모두 반영한다. 계획 및 규제 조건에 대한 소매업의 극심한 민감성 때문에, 변화의 시기, 성격, 정도는 영역과 장소마다 크게 다르다. 더군다나 상점의 유형적 지리와 모든 형태의 소매업이 의존하는 물류와 유통 체계는 점점 더 다양한 온라인 소매 공간과 공존하고 교차한다. 결과적으로 다양한 비공식적 소매 활동과 장소는 이들 공식적 소매 운영과 함께 존재한다. 결국 그러한 비공식적 소매 활동의 중요성은 지리적으로 다양하다. 어떤 맥락에서는 비공식적 소매 활동들이 상대적으로 중요하지 않게 여겨지며, 주로 공식적 소매 부문의 특정한 시장 틈새를 메울 수 있는 반면, 다른 맥락에서는 수백만 명의 가난한 도시 주민들이 생계를 유지할 수 있는 유일한 방법을 제공하는 도시경제의 주축을 형성하고 있다.

7.4 불균등한 소비의 지리

이제 우리는 소비자로서 앞서 설명한 변화하는 소매업의 지리와 어떻게 상호작용하는지를 살펴보고자 한다. 이러한 것들이 분명히 우리의 소비 선택을 제한하고 구조화하는 역할을 하지만, 제2절에서 설명한 사회문화적 관점으로 돌아가면, 우리는 소비자를 자신의 고유한 정체성이나 자존감을 구축하기 위해 어떤 상품을 구매할지에 관해 지속적으로 정보에 입각한 의사결정을 내리는 적극적인 행위자로 유용하게 생각할 수 있다는 사실을 상기하게 된다. 이는 특히 의류, 보석, 자동차처럼 사회 내에서 특정한 지위나 위상을 나타내는 것으로 여겨지는 특정 종류의 눈에 잘 띄는 상징적 상품에 해당한다. 식당, 바, 휴가지의 선택을 포함하여 다른 소비 활동도 동일한 과정의 일부일 수 있다. 마찬가지로 구매는 사회 주류의 외부나 주변부로 향한 지위를 나타내기 위해 차이의 표지로 사용될 수 있다(식물성 기름으로 달리는 차를 구입하거나 독특한 디자인의 옷을 입는 것). 의류, 보석, 화장품 등과 관련하여 신체 자체는 개별 정체성의 핵심 요소들이 전달되는 각인의 장소가 된다(자료 7.4 참조).

그런데 다음 두 절에서 살펴보듯이, 이러한 역동성은 매우 불균등한 지리를 나타낸다. 첫째, 우리는 상징적 소비에 참여할 수 있는 능력이 전 세계 어디에나 있는 것과는 거리가 멀다는 점을 살펴본다. 둘째, 소비 과정이 어떻게 필연적으로 장소 특수적이며, 결과적으로 그러한 장소가 어떻게 다른 유형의 초국적 연결에 의해 영향을 받는지를 탐구한다.

핵심 개념

자료 7.4 부르디외의 문화자본

프랑스 사회학자 피에르 부르디외(Pierre Bourdieu)는 오늘날 그의 유명한 1984년 저서 『구별짓기: 취향 판단에 대한 사회적 비판(Distinction: A Social Critique of the Judgement of Taste)』을 통해 문화자본 이론의 개요를 설명하였다. 그의 분석은 상품의 상징적 가치와 상품 소비를 통해 사회적 차이가 어떻게 생성되는지에 초점을 맞추고 있다. 1960년대 프랑스 사회의 계급 기반 구분에 대한 연구를 바탕으로, 그는 사회에서 개인의 지위가 예술, 교육, 요리, 패션과 관련된 특정 형태의 소비 관행 및 자기인식 과정과 연결되어 있다고 주장하였다. 이러한 관점에서 사회적 차이 또는 '구별'은 부 자체보다는 상징적 상품에 대한 투자를 통해 부를 **과시**하는 여러 집단의 능력에 기반을 두고 있다. 따라서 사회의 지배적인 분파들은 문화 또는 상징적 자본의 소유권을 통해 자신의 지위와 명성을 얻었다. 결과적으로 문화자본은 상품 소비와 관련하여 판단이나 취향을 구현하는 능력을 통해 부여되었다(예를 들어, 유행하는 것, 고품질 와인 한 병을 구성하는 것). 부르디외에게 교육은 문화자본의 획득과 서로 다른 사회집단 사이의 구별에 매우 중요하였다. 이러한 구별짓기는 부르디외가 '아비투스(habitus)'라고 명명한 일상적이고 종종 무의식적인 사회적 관습을 통해 재현되는 것으로 보였다. 전반적으로 그의 연구는 집단과 개인의 사회적 지위를 그들이 소비하는 다양한 상품의 상징적 의미와 연결시킴으로써 소비 연구에 중요한 기여를 하였다. 더군다나 부르디외가 지역 사회적 맥락의 중요성을 강조함으로써 그의 연구는 특히 지리학자에게 매력적이었다.

소비의 분절적 공간 패턴

상징적 형태의 소비에 참여하는 소비자의 능력은 사회적으로나 공간적으로 매우 다양하다는 점을 인식하는 것이 중요하다. 사회적으로 상징적 소비에 참여하기로 선택하는 것은 인구 내 특정 집단, 특히 필요한 가처분소득이 있는 중산층과 상류층 소비자일 수 있다. 공간적으로 그러한 소비는 단순히 기본 수요의 요구사항(물, 음식, 주거지 등)을 충족시키는 것이 유일한 우선순위일 수 있는 가난한 국가보다 부유한 국가에서 훨씬 널리 퍼져 있을 것이다. 심지어 부유한 국가 내에서도 소득 수준이 낮고 지역 소매 공급이 제한적이며 교통 접근성이 떨어지는 가난한 도시나 농촌 거주자들은 상징적 상품의 소비에서 실질적으로 배제될 수 있다. 이러한 요인들이 교차하여 소비자 유형의 분절적 공간 패턴을 생성한다.

단순화의 위험을 무릅쓰고, 글로벌 경제 전반에 걸쳐 불균등하게 분포되어 있는 3가지 폭넓은 소비자 집단을 생각해 보는 것은 유용할 것이다. 첫째, 우리는 전 세계적으로 약 3억 3,000만 명의 소비자와 2014년에 1조 1,000억 달러의 가치가 있는 최고급 사치품 부문을 살펴볼 수 있다(Economist, 2014a). 고급 자동차(4,400억 달러) 다음으로 가장 큰 부문은 액세서리, 의류, 보석, 시계, 향수 등의 개인 사치품(2,800억 달러)이었다. 이들 상품의 구매는 LVMH(루이비통모에헤네시, 루이비통과 불가리 등의 브랜드 소유주), 리치몬트(Richemont, 카르티에와 피아제), 케링(Kering, 구찌와 이브생로랑)과 같은 유럽 명품업체들의 급속한 성장을 견인하고 있다. 예를 들어, LVMH는 2017년에 500억 달러의 수익을 창출한 한편, 유럽은 전체적으로 4,000억 달러 상당의 개인 사치품을 수출하여 전체 상품 수출의 17%를 차지하였다. 미국—이러한 상품의 단연코 가장 큰 시장—다음으로 아시아, 즉 중국, 일본, 한국이 이들 상품의 가장 빠르게 확장되는 국가적 시장의 본거지이다. 2014년 중국의 190억 달러 구매 중 3분의 2는 중국 소비자들이 저렴한 가격, 넓은 선택권, 비위조 상품에 대한 보장 등을 추구하였기 때문에 실제로 해외에서 이루어졌으며, 국경 간 전자상거래 흐름의 확대로 혜택을 얻을 수 있었다. 글로벌 차원에서 '문화자본' 상품의 소비가 확대되고, 그 지리도 변화하고 있다.

둘째, 우리가 자료 3.2에서 소개한 신흥 중산층은 이질적인 집단이다. 이 범위의 고소득층으로 갈수록, 이는 방금 설명한 사치품 소비와 분명히 겹친다. 그러나 대부분은 서로 다른 소비자 선호도를 나타낼 수 있는데, 가격이 압도적인 고려사항이 되고 상품의 차이는 덜 중요하기 때문이다. 따라서 수백만 명이 넓은 중산층의 지위에 도달하고 있지만, 그들은 아직 선진경제국의 중산층과 동등한 소득 수준을 가지고 있지 않으며, 가격 민감도는 여전히 가장 중요한 것으로 남아 있다. 이러한 맥락에서 선진국 시장(표 7.1 참조)에서 나타나는 포스트포디즘적 소비의 제품 차별화(즉 다양성과 품질에 기반한 고가 상품) 특성은 포디즘 양식의 제품 상품화(즉 대량생산에 기반한 표준화된 저가 상품)로 대체된다. 새롭게 부상하는 소비자 계층의 소비자 권력을 활용할 수 있는 잠재력은 '피라미드 바닥의 부(fortune at the bottom of the pyramid)'라는 개념을 통해 대중화되었다(자료 7.5 참조). 가격을 낮추기 위한 기존 제품의 상품화와 표준화는 종종 개발도상국 기업들이 주도한다. 예를 들어, 인도의 가전제품 기업인 비디오콘(Videocon)은 인도 소비자의 요구에 맞춘 저가 세탁기 모델을 개척하였다. 이 세탁기 모델은 정전된 후 세탁 주기를 자동으로 완료하고, 인도 기후에서는 필요하지 않기 때문에 건조 옵션이 없다. 저렴한 넷북(netbook) 컴퓨터는 또 다른 신흥 시장의 혁신이다. 이들 시장상황은 이러한 시장의 특정 요구를 충족시키기 위해 상품과 서비스를 재구성하는 방법을 터득해야만 하는 외국의 초국적기업에는 어려울 수 있다. 그러나 이러한 시장은 거대 소비재 기업인 프록터앤드갬블(Proctor & Gamble)과 유니레버(Unilever)의 글로벌 확장 계획의 핵심이다.

셋째, 그리고 매우 중요한 것은 일상적으로 기본수요를 충족시키는 소비 관행이 지배적인 저소득 소비자에 대해 생각할 수 있다는 것이다. 지난 20년 동안 빈곤 수준이 글로벌 규모에서 크게 감소하

핵심 개념

자료 7.5 피라미드 바닥 시장

피라미드의 바닥(또는 기저)(bottom of the pyramid, BoP)에 있는 시장이라는 개념은 1990년대 후반에 경영학자인 프라할라드(C. K. Prahalad)와 스튜어트 하트(Stuart L. Hart)에 의해 처음 제시되었으며, 2000년대 초중반에 대중화되었다. 초기 공식화에서 그들은 40억 명의 사람들이 글로벌 시장 체제 밖에서 살고 있으며(오늘날 이 수치는 의심할 여지 없이 훨씬 낮다), 글로벌 비즈니스에 거대한 미개발 시장 잠재력을 제공한다는 단순하지만 강력한 관찰을 하였다. 이 같은 시장의 특정 요구사항에 대한 투자는 초국적기업에 다양한 기회를 제공한다는 주장이 제기되었다. 즉 일부 피라미드 바닥(BoP) 시장은 그 자체로 거대하고(예로 인도), 지역 혁신은 다른 피라미드 바닥 시장으로 이전될 수 있으며, 일부 피라미드 바닥의 혁신은 선진국 시장으로 이전될 수 있다. 그리고 기업 전체에 도움이 되는 경영 교훈이 있을 수 있다. 프라할라드(2005)는 성공의 열쇠는 단순히 글로벌 상품과 서비스를 '조정'하는 것이 아니라, 저소득층 소비자의 요구를 진정으로 이해하는 데 있다고 주장하였다. 자주 인용되는 한 가지 예는 힌두스탄 유니레버 유한회사(Hindustan Unilever Limited, 유니레버의 인도 자회사)가 물 가용성이 낮은 인도 시장에 적합한 친환경 세탁세제[휠(Wheel)이라고 한다]를 개발하기 위해 현지 경쟁업체인 니르마(Nirma)에 어떻게 대응하였는지 하는 것이다. 중요한 것은 이 과정에는 제품 자체를 개작하는 것뿐만 아니라, 한층 분산되고 노동집약적인 생산 및 유통 체제를 채택하는 것도 포함된다는 것이다. 결과적으로 인도에서 얻은 교훈은—브라질의 '알라(Ala)' 세제의 판매와 같이— 다른 시장으로 이전되었다. 이 이론은 비즈니스 전략 영역에서 시작되었지만, 이후 저소득과 빈곤 상황에서 사람을 구제하기 위해 시장 메커니즘을 사용할 수 있는 정도에 대한 광범위한 논쟁의 일부가 되었다.

였지만, 추정에 따르면 세계 인구의 약 3분의 2가 하루에 10달러 미만을 벌기 때문에 '저소득'으로 간주되고, 반면에 10%는 국제 빈곤선인 하루 1.90달러보다 적은 수입을 얻고 있다(이 후자의 범주 중 절반은 사하라이남 아프리카에 거주한다). 간단히 말해, 세계 소비자의 대다수는 어느 정도 많은 소비 관행에서 배제되어 있지만, 이들이 연구의 초점이 되는 경우는 많지 않다. 경제지리학자인 에릭 셰퍼드(Eric Sheppard, 2016: 57-58)가 강력하게 언급한 것처럼, 많은 사람들에게 "소비는 … 정체성과 선택만큼이나 필요성과 절망의 정치에 의해 지배된다. 이러한 측면에 대한 우리의 이해는 여전히 빈약하다". 전반적으로 우리는 정체성 형성과 관련하여 소비자 주체성의 정도에서 심대한 사회적·공간적 차이를 분명히 인식할 필요가 있다.

장소 안팎에서 소비

이와 같은 소비자 분절의 지리적 패턴 외에도, 소비와 정체성 간 관계의 본질은 장소마다 다르게 작용한다—다시 말해 **장소 특수적**이다. 바꾸어 말하면, 앞서 확인한 동일한 유형의 소비자 내에서도 소비 관행에는 장소에 따른 커다란 차이가 있을 것이다(예를 들어, 중국 대 이탈리아 사치품 소비자, 인도 대 나이지리아 피라미드 바닥 소비자). 이는 쇼핑과 식사와 같은 소비 관행의 사회적·문화적 특수성 때문이다. 이러한 변화는 소비자의 고유한 개성, 사회 내 특정 집단의 구성원(청소년문화 또는 민족문화), 특정 지역이나 국가 문화 내에서의 지위 등의 교차를 반영한다.

따라서 소비자 선호는 항상 특정한 지리적 맥락에서 나타나며, 대인관계 네트워크와 사회규범에 의해 크게 좌우된다. 예를 들어, 립스틱—이 시장은 매년 약 80억 달러의 가치가 있다—과 같은 기초 화장품 제품을 생각해 보자. 립스틱을 사용하는 것이 의미하는 바는 특정 젠더와 연령의 기준과 분명히 연관되어 있지만, 다양한 형태의 '젊은 여성성'이 서로 다른 사회적 맥락에서 생성됨에 따라 지리적으로도 다양하다. 서구에서 립스틱은 거대하고 수익성 높은 화장품산업을 지속시키는 미디어와 광고 회로를 통해 전파되는 잘 확립된 '미(美)의 신화'와 맞닿아 있다. 중부 및 동부 유럽에서 립스틱은 국가사회주의 붕괴 이후 '자본주의' 노동시장에 여성이 참여하는 다양한 형태를 나타낼 수 있다. 중동에서는 립스틱을 바르는 것이 지배적인 사회규범에 대한 반항의 표시일 수 있다. 중국 전역의 도시에서 립스틱은 폭넓은 과시적 소비 관행과 관련된 세계화된 형태의 도시 현대화에 참여하는 것을 의미할 수 있다. 필리핀과 같은 맥락에서 립스틱은 '백인성(whiteness)'의 특정 속성을 달성하려는 탈식민주의적 욕망으로 추론할 수 있다. 이러한 예들이 시사하는 것은 립스틱이 같은 화장품 기업에서 생산되더라도 신체적 표식으로서 사용하는 것이 "젊은 여성들은 전 세계적으로 마케팅된 여성성의 버전을 전유하고 적응시키고 전복한다."(Kehily and Nayak, 2008: 339)는 다양한 사회적 맥락에 걸쳐 높은 가변적 의미를 가지고 있다.

소비에 대한 사회문화적 관점을 좀 더 동원하면, 이제 소매업의 초기 논의에서 암묵적으로 필수적인 부분이었던 외견상 틀에 박힌 일상적 활동인 쇼핑을 재해석할 수 있다. 쇼핑은 분명히 소매업자와 쇼핑몰 설계자가 제공하는 자극에 대한 기계적 반응 그 이상이다. 오히려 문화적으로나 사회적으로 특정한 관행의 집합으로 생각할 수 있다. 쇼핑은 단순한 상품교환일 뿐만 아니라 사회활동으로서, 상점 직원과의 상호작용, 구매 행위 전후에 제품의 상대적 장점에 관한 친구들과의 토론 등을 수반한다. 가족 집단의 다른 구성원을 위해 많은 구매가 이루어지기 때문에, 가족 내 사회적 관계는 특히 중요하다. 소비자는 더 넓은 사회적 힘의 맥락에서 의사결정을 내릴 수도 있다. 예를 들어, 일본에서는 외국 브랜드에 대한 매우 강력하고 오랜 선호도가 있다. 그러나 중국에서는 외국 브랜드가 외부에서 도입된 부문(추잉껌과 초콜릿 등), 유산적 매력이 있는 부문(고급 자동차와 사치품 등), 현지 브랜드가 신뢰받지 못하는 부문(분유 등)에서는 양호한 성과를 거두지만, 많은 다른 제품의 경우에는 현지 브랜드가 강력한 경쟁자이다. 브랜드 충성도는 변동성이 상당히 크고, 소비자들은 빈번히 '브랜드 호핑(brand-hopping)'*에 참여한다(Economist, 2014b, 브랜드의 지리에 대한 자세한 내용은 자료 7.6 참조). 소비자는 또한 무엇이 '윤리적' 또는 '환경적으로 책임 있는' 소비를 구성할 수 있는지에 관한 논쟁의 영향을 받을 수 있다(이 주제는 제14장에서 다시 설명한다). 이 같은 다양한 요소들을 종합해 보면, 우리는 모든 소비자가 쉽게 '몰의 마법'(자료 7.3)과 기타 소매 공간에 굴복하지는 않을 것임을 알 수 있다. 대신에 소비자는 지리적으로 매우 특정한 방식으로 지속적인 소비 관행을 수행하기 위해 전략적이고 의도적으로 그것을 사용할 것이다.

이와 동시에 정체성 구축의 과정은 주로 지역 소비문화 내에서 발생하지만, 우리는 그 문화를 정태적 용어로 읽는 함정에 빠져서는 안 된다. 장소들은 초국적 연결을 통해 전달되는 영향에 점점 더 개방되고 있다. 예를 들어, TV, 영화, 뉴미디어 기술은 소비 규범과 열망에 대한 광범위한 이미지를 순환시키는 글로벌 문화 회로의 일부를 형성한다. 그러나 소비 과정은 이주와 디아스포라적 연결을 통해 구축된 고리에 의해 형성되기도 한다. 런던과 뭄바이는 사람, 정보, 이미지, 상품, 자본의 집중적 교환으로 구성되고, 식민지적 및 탈식민지적 관계의 오랜 역사에 의해 형성되는 초국적 영국-아시아 패션 영역의 일부이다(Jackson et al., 2007 참조). 이러한 상호 연결은 다양한 **혼종적(하이브리드)** 형태의 의류가 등장함에 따라 진정한 '영국' 또는 '인도' 패션으로 이해되는 것을 흐리게 하는

---

* 역자주: 단일 브랜드나 제품을 지속적으로 이용하기보다는 빠르게 브랜드를 바꾸며 다양한 브랜드를 구매하는 것을 즐기는 것을 말한다.

자료 7.6 브랜딩의 지리

브랜딩은 품질, 스타일, 신뢰성, 정교함, 디자인과 관련된 브랜드 이름에 긍정적인 연상을 연결하여 해당 브랜드에 대한 고객 충성도를 배양함으로써 상품과 서비스에 가치를 더하고자 한다. 브랜딩은 상품과 서비스를 경쟁업체의 상품 및 서비스와 차별화하고 소비자에게 더욱 의미 있게 만들어 기업이 프리미엄(할증금)을 부여할 수 있도록 하는 광범위한 생산 과정의 비물질적이고 창의적인 요소이다. 브랜딩은 종종 로고와 같은 상징—예를 들어 애플의 상징 로고, 코카콜라의 소용돌이치는 글씨체, 나이키의 '스우시(swoosh)' 등—또는 리오넬 메시(축구)나 로저 페더러(테니스)와 같은 사람의 사용을 통해 작동한다. 그러나 최근 연구에서는 브랜딩 과정이 어떻게 본질적으로 항상 지리적인지를 보여 주었다.

가장 중요한 것은 브랜딩이 해당 상품과 서비스의 지리적 기원, 즉 원산지로 널리 알려진 과정과 밀접한 관련이 있다는 것이다. 이것은 명시적(싱가포르항공이나 일본제철) 또는 암묵적(BMW와 메르세데스벤츠와 같은 브랜드에 내재된 '독일'의 품질과 효율성)일 수 있는 원산지와의 연결 측면에서 가장 많이 볼 수 있다. 그러나 마찬가지로 브랜딩의 지리적 구성 요소는 지역(스코틀랜드 위스키와 캘리포니아 와인) 또는 국지(뉴캐슬 브라운 에일, **파르메산 치즈**, 비피터 진)와 같은 다른 공간적 규모에서도 작동할 수 있다. 제품의 지리적 기원과 이와 관련한 품질을 강조하는 것은 브랜드 구축 과정의 필수적인 부분이 된다. 생성된 부착물은 경제적(일본 디자인과 혁신—소니), 사회적(스칸디나비아 디자인—이케아), 정치적(스위스 중립성과 재량권—크레디트스위스), 문화적(이탈리아 스타일과 디자인—프라다), 생태적(작은 마을의 가치 및 환경적 헌신—벤앤드제리스의 아이스크림) 등의 '본국' 환경의 다양한 요소를 포함할 수 있다. 브랜딩 과정은 사회적·공간적 측면에서 불균등하게 구현된다는 점에서도 고도로 지리적이다. 브랜드는 다양한 소비자 문화에 어느 정도 적응해야 하며, 때때로 브랜드는 브랜드가 전달하는 지리적 연상을 약화시키려고 노력할 것이다(맥도날드와 건강에 해로운 미국 패스트푸드 문화와의 연결). 또한 세계도시 내의 부유한 지역에 명품 브랜드를 홍보하는 것처럼 서로 다른 장소의 차별화된 소비자 집단을 대상으로 브랜드를 공간적으로 타기팅함으로써, 브랜딩 과정은 실제로 불균등한 경제발전 패턴을 강화하는 역할을 한다고 주장할 수도 있다. 브랜딩의 다양한 지리에 대한 자세한 내용은 파이크(Pike, 2011; 2015)를 참조하라.

역할을 한다. 이 같은 혼종적 패션은 런던과 뭄바이에서 모두 지역적으로 해석되며, 이러한 해석은 다양한 연령, 젠더, 직업, 교육수준의 소비자에 따라 다르다. 따라서 초국적 영역은 '아시아' 복장의 서구화나 서구 '근대성'의 부과에 관한 단순한 개념으로 읽혀서는 안 된다. 대신 변화의 과정은 런던과 뭄바이에서 모두 공간적·사회적으로 불균등하다. 뭄바이의 인도 소비자들은 '서양' 근대성과 '동양' 전통 간의 일반적으로 가정된 대조에 저항하거나 심지어 뒤집을 수 있으며, 뭄바이는 광범위한 글로벌 영향에 개방적이고 폭넓은 소비자 선택권을 가진 빠르게 진행되는 소비의 무대로 인식된다. 뭄바이의 대학생들은 뭄바이 패션계의 변화 속도 때문에 옷차림 면에서 해외의 사촌들이 '뒤처져 있다'고 느낄 수 있다. 마찬가지로 영국에 거주하는 아시아계 영국 학생들은, 예를 들어 그 자체가 점점 더 세계적인 문화 형태인 볼리우드(Bollywood) 영화산업을 통해 뭄바이에서 설정되고 있는 추세에 자신이 뒤처지고 있다고 인식할 수 있다. 전반적으로 소비문화의 지속적인 '지역성'은 장소들과 그에 관련된 지역문화가 갈수록 초국적으로 상호 연결되는 방식을 모호하게 해서는 안 된다.

7.5 장소 소비하기: 여행과 관광

제4절에서는 소비 과정이 발생하는 상호 연결된 장소에 따라 고유한 '특성'이 부여되는 방식을 살펴보았다. 그러나 여기서 우리가 취할 수 있는 또 다른 관점이 있는데, 즉 소비 활동의 상당 부분이 실제로 장소 자체의 소비와 관련이 있다는 사실을 인식하는 것이다. 관광은 주로 다양한 종류의 즐겁고 기억에 남는 장소에서의 경험을 생성하는 데 중점을 두는 것이다. 관광 경험은 유형적 요소(호텔과 비행)와 무형의 경험적 요소(일몰과 분위기)의 조합에 관한 경우가 많다. 세계 수출의 7%, 국내총생산의 10%, 일자리의 10분의 1을 차지하는 관광은 거대한 산업이며, 그 범위가 점점 더 세계화하고 있다. 국제 관광객 수는 최근 수십 년 동안 크게 증가하였는데, 1990년 4억 3,500만 명에서 2000년 6억 7,500만 명, 2010년 9억 5,000만 명, 2016년 12억 3,500만 명으로 늘어났다(이 수치에는 출장 여행자 포함). 표 7.4는 수익 측면에서 국제 관광객의 상위 10개 목적지 및 출발지 국가를 도표화하고 있다. 미국, 스페인, 태국이 국제 관광 지출의 최대 수혜 국가이며, 중국, 미국, 독일은 최대 출발지 국가이다. 중국 관광객 지출의 증가는 특히 두드러졌다. 즉 2010년 중국 관광객의 해외 지출은 549억 달러로 전 세계 총액의 6%를 차지하였지만, 2016년에는 2,611억 달러로 급증하여 전체의 21%에 달하였다(UNWTO, 2017).

그런데 관광과 이와 관련된 장소의 종류는 시간이 지남에 따라 어떻게 발전해 왔는가? 대규모 관광은 19세기 후반으로 거슬러 올라가는데, 처음에는 중산층이었고, 그다음에는 영국과 같은 국가의 노동계급이 사회변동과 교통 개선을 이용하여 휴식과 휴양을 위해 블랙풀(Blackpool)과 사우스엔드(Southend) 등의 해안 휴양지로 여행하였다. 1950년대 이후 국제 관광은 선진국의 가처분소득과 여가 시간의 증가, 항공 여행의 증가, 호텔과 여행사 등의 분야로 초국적기업의 산업 진출로 인해 번성하였으며, 따라서 여행, 숙박, 기타 관광 서비스를 결합한 이른바 '패키지' 휴가의 이용 가능성과 가격 적정성이 증가하였다. 1960년대와 1970년대는 특히 유럽에서 많은 수의 소비자가 표준화된 상품을 구매하는 국제적 대중관광의 황금기였다. 이 강력한 성장의 시기는 지중해 연안뿐만 아니라 흑해와 알프스산맥을 따라 표준화된 관광 휴양지의 개발과 관련이 있었다.

표 7.4 2016년 국제 관광 수입과 지출: 상위 10개국

순위	목적지 국가	2016년 수입(10억 달러)	출발지 국가	2016년 지출(10억 달러)
1	미국	205.9	중국	261.1
2	스페인	60.3	미국	123.6
3	태국	49.9	독일	79.8
4	중국	44.4	영국	63.6
5	프랑스	42.5	프랑스	40.5
6	이탈리아	40.2	캐나다	29.1
7	영국	39.6	한국	26.6
8	독일	37.4	이탈리아	25.0
9	홍콩	32.9	오스트레일리아	24.9
10	오스트레일리아	32.4	홍콩	24.2

출처: UNWTO(2017)에서 수정 인용함.

더 일반적인 소비 경향과 마찬가지로(표 7.1 참조), 관광산업은 최근 수십 년 동안 크게 변화하였으며, 본질적으로 더욱 '포스트포디즘적'이 되었다. 많은 다른 소비자 지향 산업에서와 마찬가지로 한층 개인화된 소비 패턴이 뚜렷해졌다. 가장 중요한 것은 아래와 같은 여러 분야의 성장을 주도하면서, 더 다양한 관광 경험을 추구하는 중산층 소비자들의 대중관광에 대한 거부감과 같은 것이 존재하였다는 것이다.

- **도시 및 문화유산 관광**: 종종 짧은 여행으로 행해지는 도시 관광은 빠르게 성장하였다. 그 결과 관광은 특히 '문화가 주도하는' 개발로서 생각할 수 있는 것을 통해, 많은 도시와 대도시의 경제 개발 전략의 중심이 되었다. 여기에는 박물관, 갤러리, 극장, 예술, 미디어, 건축, 디자인을 포괄하는 관광, 문화, 창조 부문의 중첩된 복합체가 성장의 핵심 동력으로 여겨진다. 이러한 편의 시설과 식당, 클럽, 바 등의 관련 서비스는 주민과 방문객이 똑같이 이용한다는 점에서 관광과 레저의 구분을 모호하게 한다. 특히 북아메리카와 서유럽의 후기 산업도시들은 1970년대와 1980년대에 잃어버린 제조업 일자리를 대체하기 위해 이러한 성장 모델로 눈을 돌렸다. 제3장에서 언급한 바와 같이, 도시 내의 구산업지역은 소비 기반 경제가 산업지역의 잔재를 바탕으로 형성됨에 따라 쇼핑몰, 문화유산 지역, 회의와 전시 센터, 유흥 지구, 예술과 문화 구역으로 재개발되었다(그림 7.10a, 7.10b 참조).
- **메가 이벤트 관광**: 이러한 도시재생 과정은 세계 엑스포(Expo, 예로 2015년 밀라노)나 올림픽

그림 7.10 도시 및 문화유산 관광: (a) 문화 주도 재개발—스페인 빌바오의 수변 공간, (b) 산업유산 재생—독일 뒤스부르크의 레고랜드

출처: 저자.

대회(2016년 리우데자네이루)처럼 상당수의 방문객을 유치하는 대규모 일회성 이벤트를 개최하는 도시에 의해 촉진될 수 있다. 1992년 바르셀로나 올림픽과 그에 따른 건조환경의 활성화는, 바르셀로나가 유럽의 선도적 관광도시가 되는 데 중심적 역할을 한 것으로 널리 알려져 있다. 올림픽은 계획가와 정치인들에게 대규모 공공사업을 수행할 기회를 제공하였는데, 예를 들어 도시의 수변 공간을 소비 공간으로 개방하는 것이었다.

- **테마파크 관광**: 이곳의 방문객들은 건축물과 그 상징성에 특히 중점을 두고 완전히 테마화된 복합단지에 대한 입장료를 지불한다. 테마파크 모델의 핵심에는 시뮬레이션 환경(자연, 문화, 역사, 기술 등), 실시간 해석, 공연, 해설을 통한 이들 환경의 인간화(역사적 사건의 재연), 최첨단 기술적 장비(영화, 놀이기구, 게임), 테마별 전시와 식사 장소 등을 결합할 수 있는 다중 감각경험의 소비가 있다. 개발업자들이 여러 아시아 시장에서 빠르게 성장하는 중산층으로부터 이익을 추구함에 따라 글로벌 테마파크 산업의 초점은 점차 아시아로 향하고 있다.
- **생태 관광**: 이는 국제생태관광협회(International Ecotourism Society)가 "환경을 보존하고 지역 주민들의 복지를 개선하는 자연지역으로의 책임 있는 여행"으로 정의하였다. 생태 관광은 트레킹, 동물/조류 관찰 등 충격이 적고 지속가능한 활동을 통해 자연환경을 즐기는 것과 관련된다. 이는 상대적으로 부유한 특정 유형의 관광객과 코스타리카, 아이슬란드, 뉴질랜드처럼 자연적 편의 시설이 풍부한 특정 목적지와 관련이 있다.

전반적으로 대중관광은 여전히 산업의 중요한 구성 요소이지만, 이제는 더 독특하고 개별화된 경험을 제공하는 다양한 전문 틈새시장에 의해 보완되고 있다. 한 가지 결과는 레저, 레크리에이션, 쇼핑, 오락, 교육, 스포츠 등 다른 활동과 관광의 경계가 상당히 모호해졌다는 것이다. 예를 들어, 중국 관광객들은 여행과 브랜드 상품의 대규모 구매를 결합하는 것으로 유명하다. 또 다른 하나는 이제 정도의 차이는 있으나 관광 겸 레저의 수익에 의존하는 장소와 지역 경제의 확산이었다.

이에 따라 관광 홍보 및 판매에 관련된 국가기관과 기업들은 장소 마케팅 캠페인을 통해 지역의 특색 있는 이미지를 형성하고자 노력해 왔다. 이러한 캠페인에서는 문화유산과 자연환경을 포함하여 이들 장소의 다양한 측면을 소비하고자 하는 특정 유형의 관광객들을 매료시키기 위한 장소가 제시된다. 이들 장소 마케팅 캠페인은 개성 있는 거리[예로 시카고의 '매그니피션트 마일(Magnificent Mile)' 상점가], 구역[시드니의 '더록스(The Rocks)' 구역], 도시['맨체스터 방문(Visit Manchester)'], 지역(뉴질랜드 남부의 반지의 제왕 '3부작 코스') 또는 국가 경제 등을 포함하는 다양한 공간 규모에서 운영될 수 있다. 맨 후자인 국가 경제의 예는 케냐의 의심할 여지 없는 명소를 국제 관광객에게 홍보하기 위해 고안된 장기간에 걸친 '마법의 케냐(Magical Kenya)' 캠페인이다(그림 7.11 참조). 이 시리즈의 각 포스터에는 '잠보(jambo)! 마법의 케냐에 오신 것을 환영합니다'(잠보는 스와힐리어로 안녕을 의미)라는 문구가 새겨져 있다. 로고는 케냐 국기의 색상을 사용하고, 중앙의 아치는 케냐의 가장 유명한 부족 집단 중 하나인 마사이족의 목걸이를 나타낸다. 이 시리즈의 다른 이미지들은 열대 해변, 엄청난 어획물을 흔들고 있는 어부, 아름다운 경관 위를 지나는 풍선 등을 보여 준다. 그러나

그림 7.11 마법의 케냐

출처: magicalkenya.com.

모든 장소 마케팅 캠페인과 마찬가지로, 더 넓은 세계에 제시되는 것은 케냐의 특정 이미지의 집합이다. 이는 거대한 경관, 깨끗한 해변, 야생동물, 멋진 경치, 전통적 부족민들로 이루어진 케냐이다. 가난이나 나이로비의 널브러진 키베라(Kibera) 빈민가에 대한 언급은 당연히 없다. 여기서 더 넓은 요점은 장소의 이미지를 만들고 전파하는 것이 관광과 레크리에이션 부문에 활력을 불어넣기 위해 방문객을 유치해야 하는 지역 경제발전 전략의 중요한 구성 요소라는 것이다.

7.6 요약

이 장에서는 소매업과 소비 지리의 다양한 측면을 살펴보았다. 우리는 소비 선택권과 선택을 구조화하는 데 자본주의 기업의 힘을 인식하는 한편, 소비자가 상품을 구매하고 그 후속 사용을 통해 자신의 정체성을 구성할 때 상당한 정도의 주체성을 제공하는 소비 역동성에 대한 사회문화적 관점을 옹호하는 것으로 시작하였다. 뒤이은 분석에서는 3가지 주장이 전개되었다. 첫째, 우리는 많은 소비 과정의 출발점인 소매업이 어디에서 발생하는지에 대한 변화하는 패턴을 분석하였다. 글로벌 규모에서 매장 및 소싱(대외 구매) 네트워크는 점점 더 대형 소매 초국적기업의 핵심 그룹에 의해 편성되고 있다. 국가적 규모로 볼 때, 교외 지역은 현대 사회에서 소매업의 탁월한 장소로 도심에 도전하기 위해 부상하였지만, 이러한 일반적인 경향은 영역에 따라 달라지는 복잡한 분산화와 재집중화의 패턴을 숨기고 있다. 소매업의 물리적 공간은 온라인 소매 공간과 더욱더 공존하는 반면, 근린 지역 수준에서의 비공식적 소매업은 전 세계 많은 인구의 일상적 소비 관행의 핵심 구성 요소로 남아 있다.

둘째, 우리는 소비 과정이 본질적으로 지리적인 다양한 방식을 살펴보았다. 한편, 상징적 소비와 정체성 구축에 관여하는 소비자의 능력은 사회적·공간적으로 글로벌 경제 전반에 걸쳐 매우 불균등하게 분포하고 있다. 소비자 분절의 이러한 매우 중요한 공간 패턴은 경제지리학자가 추가로 조사할 가치가 있다. 다른 한편으로 소비자 분절이 발생하는 곳에서 정체성 형성의 과정은 종종 장소 특수적인데, 상품은 서로 다른 사회문화적 맥락에서 상이한 의미를 가정한다. 소비자들은 소매업체가 제공하는 제품을 수동적으로만 사용하기보다, 지리적으로 다양한 방식으로 상품의 의도된 의미를 재해석하고 심지어는 전복하려고 한다. 그러나 소비의 무대로서 장소들은 독립적인 것으로 간주되어서는 안 되며, 여러 종류의 글로벌 네트워크를 통해 순환하는 다양한 문화적 영향에 개방되어야 한다. 셋째, 우리는 소비의 장소 특수성을 넘어 여가와 관광 활동을 통해 장소 자체가 어떻게 소비되는지를 생각해 보았다. 관광산업이 계속 발전함에 따라 점점 더 다양한 장소가 그러한 활동에 참여하게 되고, 장소 마케팅은 많은 도시, 지역, 국가의 경제발전 전략의 필수적인 부분이 되었다.

주

- Wrigley and Lowe(2002), Mansvelt(2005; 2012), Wrigley(2009), Miles(2010), Crewe(2011), Cook and Crang(2016)은 소매업과 소비에 관한 최고의 지리학적 저술에 학생 친화적인 논평을 제공한다. Coe and Wrigley(2007; 2018)는 경제지리학적 관점에서 소매업의 세계화에 대한 개요를 제공한다. 월마트의 독일 퇴출에 대한 고전적 연구에 관해서는 Christopherson(2007)을 참조하라.
- Trentmann(2016)과 Warde(2017)는 둘 다 지리학자가 아니지만 각각 경험적 관점과 이론적 관점에서 소비의 본질에 대한 인상적인 최근의 개요를 제공한다. 지구 남부에서의 진화하는 소비 특징에 대해서는 Kaplinsky and Farooki(2010)를 참조하라.
- Williams(2009)와 Hall and Page(2014)는 변화하고 있는 관광 및 레저 장소의 특징에 대한 포괄적인 설명을 제공한다.

연습문제

- 소비가 왜 지리적으로 가변적인 과정인가?
- 소매 세계화의 패턴은 어떻게 진화하고 있는가?
- 도시적 규모에서 소매업의 재집중화 경향이 증가하는 이유는 무엇인가?

- 개인이 장소 기반 정체성을 발전시키기 위해 소비를 어떻게 사용하는가?
- '소비자'를 일반적인 범주로서 이야기하는 것의 한계는 무엇인가?
- 여행과 관광을 통해 장소 자체를 어떤 방식으로 소비할 수 있는가?

심화학습에 관한 자료

- 딜로이트(Deloitte)의 「글로벌 소매력(Global Powers of Retailing)」 연차보고서는 세계의 가장 큰 250개 소매업체에 대한 자세한 개요를 제공한다(http://www.deloitte.com/view/en_US/us/Industries/Retail-Distribution/index.htm).
- 월마트(www.walmartstores.com), 까르푸(www.carrefour.com), 이케아(www.ikea.com) 등 선도적 글로벌 소매업체의 웹사이트는 글로벌 매장 운영에 대한 다양한 정보를 제공한다.
- 마찬가지로 맨체스터의 트래퍼드센터(Trafford Center)(https://intu.co.uk/traffordcentre)와 미니애폴리스의 아메리카몰(Mall of America)(www.mallofamerica.com)과 같은 지역 또는 '메가' 쇼핑몰의 웹사이트는 그러한 쇼핑 명소에서 무엇이 제공되는지를 어느 정도 알려 준다.
- www.unwto.org: 세계관광기구의 웹사이트에는 글로벌 관광산업에 대한 방대한 자료를 보유하고 있다. 또한 세계여행관광협의회(World Travel and Tourism Council, WTTC): www.wttc.org를 참조하라.

참고문헌

Berry, B. J. L., Cutler, I., Draine, E. H. et al. (1976). *Chicago: Transformations of an Urban System*. Cambridge, MA: Ballinger.

Bourdieu, P. (1984). *Distinction: A Social Critique of the Judgment of Taste*. Cambridge, MA: Harvard University Press.

Christopherson, S. (2007). Barriers to 'US style' lean retailing: the case of Wal-Mart's failure in Germany. *Journal of Economic Geography* 7: 451-469.

Coe, N. M. and Wrigley, N. (2007). Host economy impacts of retail TNCs: the research agenda. *Journal of Economic Geography* 7: 341-371.

Coe, N. M. and Wrigley, N. (2018). Towards new economic geographies of retail globalization. In: *The New Oxford Handbook of Economic Geography* (eds. G. L. Clark, M. P. Feldman, M. S. Gertler and D. Wójcik), 427-447. Oxford: OUP.

Cook, I. and Crang, P. (2016). Consumption and its geographies. In: *An Introduction to Human Geography*, 5e (eds. P. Daniels, M. Bradshaw, D. Shaw, et al.), 379-396. Harlow: Pearson Education.

Crewe, L. (2011). Geographies of retailing and consumption: the shopping list compendium. In: *The Sage Handbook of Economic Geography* (eds. A. Leyshon, R. Lee, L. McDowell and P. Sunley), 305-321. London: Sage.

Deloitte (2018). 2018 *Global Powers of Retailing*. www2.deloitte.com (accessed 8 May 2018).

Economist, The (2014a). Special report: luxury (13 December).

Economist, The (2014b). Briefing: Chinese consumers - doing it their way (25 January).

Eidse, N., Turner, S., and Oswin, N. (2016). Contesting street spaces in a socialist city: itinerant vending-scapes and the everyday politics of mobility in Hanoi, Vietnam. *Annals of the American Association of Geographers* 106: 340-349.

Goss, J. (1993). The 'magic of the mall': an analysis of the form, function, and meaning in the contemporary retail built environments. *Annals of the Association of American Geographers* 83: 18-47.

Guardian, The (2011). UK shopping mall supremo scents victory in battle over Trafford Centre (12 January), p.26.

Hall, C. M. and Page, S.J. (2014). *The Geography of Tourism and Recreation: Environment, Place and Space*, 4e. London: Routledge.

Hesse, M. (2018). The logics and politics of circulation: exploring the urban and non-urban spaces of Amazon. com. In: *The Routledge Handbook on Spaces of Urban Politics* (eds. K. Ward, A. Jonas, B. Miller and D. Wilson), 404-415. London: Routledge.

ILO (International Labour Organization) (2018). *Women and Men in the Informal Economy: A Statistical Picture*, 3e. Geneva: ILO.

Jackson, P., Thomas, N., and Dwyer, C. (2007). Consuming transnational fashion in London and Mumbai. *Geoforum* 38: 908-924.

Kaplinsky, R. and Farooki, M. (2010). Global value chains, the crisis, and the shift of markets from North to South. In: *Global Value Chains in a Postcrisis World* (eds. O. Cattaneo G Gereffi and C Staritz) 125-153 Washington DC: World Bank

Kehily, M. J. and Nayak, A. (2008). Global femininities: consumption, culture and the significance of place. *Discourse: Studies in the Cultural Politics of Education* 29: 325-342.

Mansvelt, J. (2005). *Geographies of Consumption*. London: Sage.

Mansvelt, J. (2012). Making consumers and consumption. In: *The Wiley-Blackwell Companion to Economic Geography* (eds. T. Barnes, J. Peck and E. Sheppard), 444-457. Oxford: Wiley-Blackwell.

McDowell, L. (2009). *Working Bodies: Interactive Service Employment and Workplace Identities*. Chichester: Wiley-Blackwell.

Miles, S. (2010). Spaces for Consumption. London: Sage.

Miller, J. C. (2014). Malls without stores (MwS): the affectual spaces of a Buenos Aires shopping mall. *Transactions of the Institute of British Geographers* 39: 14-25.

Pike, A. J. (ed.) (2011). *Brands and Branding Geographies*. Cheltenham: Edward Elgar.

Pike, A. J. (2015). *Origination: The Geographies of Brands and Branding*. Chichester: Wiley-Blackwell.

Prahalad, C. K. (2005). *The Fortune at the Bottom of the Pyramid: Eradicating Poverty Through Profits*. Upper Saddle River, NJ: Pearson.

Roever, S. and Skinner, C. (2016). Street vendors and cities. *Environment and Urbanization* 28: 359-374.

Sheppard, E. (2016). *Limits to Globalization: Disruptive Geographies of Capitalist Development*. Oxford: Oxford University Press.

Trentmann, F. (2016). *Empire of Things: How We Became a World of Consumers, from the Fifteenth Century to the Twenty-First*. London: Allen Lane.

UNWTO (World Tourism Organization) (2017). *UNWTO Tourism Highlights: 2017 Edition*. www2.unwto.org (accessed 15 June 2019).

Wang, J. J. and Xiao, Z. (2015). Co-evolution between e-tailing and parcel express industry and its geographical imprints: the case of China. *Journal of Transport Geography* 46: 20-34.

Warde, A. (2017). *Consumption: A Sociological Analysis*. London: Palgrave Macmillan.

Williams, S. (2009). *Tourism Geography: A New Synthesis*, 2e. London: Routledge.

Wrigley, N. (2009). Retail geographies. In: *The International Encyclopaedia of Human Geography*, vol. 9 (eds. R. Kitchin and N. Thrift), 398-405. Oxford: Elsevier.

Wrigley, N. and Lowe, M. (2002). *Reading Retail: A Geographical Perspective on Retailing and Consumption Spaces*. London: Arnold.

8

금융-
자본은 얼마나 강력해졌는가?

탐구 주제

- 세계경제에서 금융의 역할 변화를 이해한다.
- 글로벌 금융 시대의 규제 완화와 그 역할을 이해한다.
- 글로벌 금융시장에서 장소의 중요성을 규명한다.
- 금융자본이 금융화 과정을 통해 일상생활에 침투하는 과정을 이해한다.
- 대안적 금융 시스템에 관해 탐구한다.

8.1 서론

영국의 『가디언』지 2017년 6월 15일자에서는 그해 3월 말 대학·대학원생의 누적 학자금 부채가 역사상 처음으로 390만 명에 이르며, 1,000억 파운드를 넘어섰다고 보도하였다. 경제학자들은 이 부채가 2023년에는 두 배인 2,000억 파운드에 이를 것으로 전망하였다. 미국은 2017년 3월 기준 우수 대학·대학원생의 학자금 부채가 영국보다 10배나 많은 1조 3,400억 달러(1조 500억 파운드)에 달했다. 학자금 부채가 이처럼 급증하자 영국 정부는 비영리 학자금대출공사(SLC)를 통해 120억 파운드의 학자금 부채를 글로벌 금융시장에 금융 '자산'으로 판매하였다. 영국 교육부 장관은 2017년 2월 6일 의회에 보낸 서한에서, "정부는 영국 납세자들이 납득할 수 있는 가치(가격)에 자산을 매각하려고 합니다. 이 매각은 학자금 부채가 있는 학생에게는 영향을 주지 않을 것이며, 납세자가 낸 돈의 가치에 만족스러운 수준으로 진행하겠습니다."라고 언급하였다. 미국에서도 유사하게 최대 은행인 JP모건체이스(JPMorgan Chase)가 학자금 부채 포트폴리오 69억 달러를 나스닥 등재 기업이며 미국 최대의 학자금 대출 서비스 기업인 나비엔트사(Navient Corp.)에 2017년 2사분기에 연방정부가 보증하는 학자금 부채 포트폴리오를 매각하였다. 2014년 초반에는 샐리메이(Sallie Mae, 학자금 대출 조합)에서 분사한 나비엔트사가 연방정부가 보증한 학자금 대출 포트폴리오 85억 달러를 미국에서 세 번째로 큰 은행인 웰스파고(Wells Fargo)로부터 매입하였다(https://www.theguardian.com, https://www.usatoday.com, 2018년 1월 9일 접속).

만약 당신이 영국의 SLC, 미국의 샐리메이, 혹은 당신의 국가 정부가 보증하는 기관으로부터 학자금 대출을 받았다면, 학자금 대출이 실제로 **어떻게** 조달되고, 그 돈은 어디에서 오는 것인지 궁금할 것이다. 영국 SLC와 미국 JP모건의 최근 대출 자산의 매각을 보면 힌트를 얻을 수 있다. 당신은 아마도 납세자의 재정지원을 받은 공공기관(SLC), 정부 보증기관(샐리메이)이나 상업은행(JP모건)으로부터 학자금 대출을 받았을 것이다. 하지만 당신의 부채는 궁극적으로 글로벌 시장의 금융기관을 통해 매매될 수 있는 금융상품이나 '자산'으로 패키지화될 것이다. 이러한 과정을 **금융증권화**(securitization)라고 한다(자료 8.1 참조).

이러한 금융기관을 통해 현대 글로벌 경제 시대의 개인 및 기타 투자자들은 다양한 유형의 **증권**, 즉 글로벌 시장에서 거래되는 금융상품을 매매함으로써 이윤을 획득할 수 있다. 일부 금융증권은 학자금 대출의 납입 원금과 미래 상환 이자 등의 기본 자산의 가치에 기초하여 구성되어 있다. 따라서 학자금 대출은 더 이상 학생과 국가, 연방 기관(SLC, 샐리메이) 간의 단순한 장기 계약관계가 아니다. 당신의 학자금 대출은 글로벌 자본시장에서 금융증권화와 금융거래를 통해 자산유동화증권(ABS)으로 변환되어 누군가의 **투자** 기회가 된다. 학자금 대출을 상업은행에서 직접 융자받은 사람의 경우, 본인이나 부모가 은행 서류에 서명하는 순간 금융증권화 과정이 시작된다. 누적액 수십억 달러의 학자금 대출은, 다양한 유형의 기업부채, 가계부채와 함께 거대한 글로벌 금융 시스템에 유입되어 관리 가능한 글로벌 자산으로, 2016년 현재 총 69조 1,000억 달러에 달한다(https://www.bcg.com, 2017년 9월 28일 접속).

선진국의 엄청난 학자금 부채에 관한 이야기의 교훈은 윤리적 차원과 금융적 차원으로 나누어 볼 수 있다. 이 장에서는 저축/투자와 여신/부채 등의 과정을 통해 문자 그대로 우리의 모든 재산을 연결하는 금융 흐름의 지리학에 관해 초점을 둔다. 예를 들어, 화폐가 어떻게 글로벌 상품이 되었고, 이러한 유형의 **금융자본**─원래 저축 및 투자 펀드는 건축 인프라, 공장 건설, 상품과 서비스 생산 등 생산적 목적에 투자하는 것을 의미하였다─이 어떻게 그 자체로 '생산적인' 힘이 될 수 있을까? 글로벌 금융의 부상을 설명하는 가장 핵심적인 요소는 무엇일까? 글로벌 금융 비즈니스가 운영되는 장소의 특성은 무엇일까? 이 장에서는 글로벌 금융 시스템의 역사적·지리적 진화 과정을 규명하여, 광범위한 구조적 과정과 '금융자본'이라고 알려진 글로벌 금융이 일상생활의 지리에 미치는 영향에 초점을 둔다. 자본의 전 세계적 확장과 구조적 전환 과정을 추적하여, 학자금 대출, 투자은행, 예금주, 연금 생활자, 규제 기관, 국가 정부 등을 연계하는 글로벌 금융 부문의 복잡한 네트워킹에 대해 완전하게 이해한다.

이 장은 5개의 절로 나누어져 있다. 제2절에서는 투자로서의 금융, 즉 경제적 과정과 '실물'경제에의 투입으로서의 금융을, 상품과 서비스의 생산, 분배, 소비의 과정에 직접 기여하는 경제활동으로 정의하고 그 과정을 이해한다. 복잡한 지리적 연계와 현대 글로벌 금융 시스템에 내재된 자본의 변동성에 대해 대중들이 과소평가하였던 점을 살펴본다. 제3절에서는 비교적 최근에 나타난 글로벌 산업으로서 금융 부문의 등장에 대해 논의한다. 금융업은 자체적으로 증권, 연기금, 단위형 투자신탁, 파생상품 등의 금융상품을 생산하는 글로벌 산업이다. 제4절에서는 금융 부문이 입지한 독점적인 장소, 즉 세계도시와 역외금융센터에 초점을 둔다. 제5절에서는 글로벌 경제가 계속 '금융화'되면서 금융자본의 순환이 실물경제에 사용되는 범위를 넘어 생산적으로 활용되면서 나타나는 글로벌 금융의 심각한 문제들을 살펴본다. 마지막으로 제6절에서는 런던과 뉴욕에 중심을 둔 기존의 글로벌 금융 거버넌스의 대안으로서 이슬람 금융을 살펴본다.

8.2 실물경제는 어떻게 금융화될까?

우리는 일상생활에서 소비하는 상품과 서비스를 생산하는 실물경제 속에 살고 있다. 하지만 수없이 많은 개별 행위주체자(기업, 기관, 노동자, 소비자 등)가 상품과 서비스의 생산, 분배, 소비의 전 과정에 참여할 수 있도록 하는 기제는 무엇일까? 바로 **금융자본**이다. 금융은 경제적 과정에서 생산적 투입 요소로 작동한다. 특히 현대 은행 시스템을 통해 예금주(채권자)와 투자자(채무자) 간의 금융적 매개 역할을 한다. 일반적으로 은행은 우리의 돈/예금을 총합하여 자본으로 모으고, 이 자본을 1차 상품생산(농업, 광업 등), 상품 제조(전자, 의류 등), 서비스 제공(교육, 통신 등) 등 실물경제에서 부가가치를 창출하는 활동에 투여한다. 이러한 화폐 및 금융 거버넌스는 글로벌 금융이 등장하고 글로벌 자본시장, 금융증권화, 사모펀드, 헤지펀드 등이 부상하기 전까지는 성공적으로 작동하였다(자료 8.1 참조). 여기에는 소유와 책임(accountability)이라는 두 가지 중요한 이슈가 제기된다. 즉 누가 돈을 소유하고 그 돈은 어떻게 다른 사람의 투자 자본이 되며, 이러한 예금/투자의 과정에 무엇이 개입되어 있는가? 이 같은 질문은 금융자본의 **대행기관**(agency)에 대한 이슈를 제기한다. 이 두 가지

자료 8.1: 일상적 금융 용어

글로벌 금융 서비스는 경제의 모든 부분에서 자본순환을 촉진하지만, 금융 자체도 상품이자 서비스이다. 글로벌 금융시장에서 일상적인 금융상품과 제도에 대해 살펴보자.

- **자산유동화증권(Asset-Backed Securities, ABS):** 기초자산(부동산이나 자본재)의 가치와 부채의 상환가치(부동산담보대출이나 학자금 대출)에 기반한 증권화된 부채. 특수한 유형의 자산유동화증권은, 부동산담보대출로부터의 수입 흐름의 가치와 비교하여 투자자에게 발행하는 투자상품인 부동산담보증권(MBS)이다. 같은 논리를 학자금 대출과 기업여신에서 파생한 자산유동화증권에 적용할 수 있다.
- **자본시장(capital markets):** 지분증권(주식시장)이나 부채증권(채권시장)을 사고파는 시장.
- **부채담보부증권(Collateralized Debt Obligation, CDO):** 다양한 유형의 부채와 대출채권을 함께 묶어 세계시장에서 거래 가능하도록 구조화된 금융상품으로 만든 특수한 형태의 증권. 부채담보부증권의 구매자는 기반 부채의 유형과 그에 수반되는 위험을 충분히 인식하지 못하는 경향이 있다.
- **신용부도스와프(Credit Default Swap, CDS):** 채무자의 채무불이행위험(자산 보호)을 관리하기 위한 보험계약. 채무불이행위험은 금융증권화되어 금융기관과 투자자에게 신용부도스와프로 거래된다.
- **파생상품(derivatives):** 원자재(커피, 금), 자산(토지, 건물), 이율(이자율, 환율), 부채(채권), 지수(다우존스, FTSE 지수), 경제의 합(GDP, 인플레이션), 나아가 극단적으로 확률(폭설, 테러 공격) 등 '대상'의 기반 가치로부터 파생된 가치의 복합적 금융증권.
- **헤지펀드(hedge fund):** 광범위한 금융상품에 투자하는 사모펀드로, i) 이미 보유하고 있는 주식 지분, 채권, 원자재, ii) 제삼자에게 상호 협의한 날짜에 동일한 증권으로 변제할 책임이 있는, 위험도가 높은 증권과 파생상품 등을 빌려 위험을 방어한다.
- **보험기금(insurance fund):** 예측할 수 없는 미래의 상황에 보험가입자를 보호하기 위해 생명보험사에 제공하는 집합적 투자의 한 유형.
- **뮤추얼펀드(mutual fund):** 이해관계자들이 집합적으로나 '공통적으로' 소유한 증권의 포트폴리오를 공동으로 소유하는 투자 방식.
- **연기금(pension fund):** 고용주(와) 고용인이 정기적인 기여를 총합하여 은행 계좌, 주식, 펀드, 사모펀드 등 다양한 금융상품에 투자하는 퇴직기금.
- **사모펀드(private equity):** 사적으로 모집한 기금과 투자자 등의 이해관계자들이 자본을 모아 결성한 사기업이 주식시장에서 공개 거래가 아닌 방식으로 하는 주식 투자. 사모펀드는 헤지펀드, 뮤추얼펀드 등 다양한 방식의 투자이다.
- **증권(securities):** 매수자와 매도자 간의 협상 가능한 금융상품. 주식(증권, 지분증권), 부채(채권) 등의 가치는 기업, 비기업기관(대학), 국가기관 등이 참여한 시장 기제에 의해 결정된다.
- **금융증권화(securitization):** 부채와 대출 등을 패키지화하여, 기본적 위험(채무불이행)과 수익(부채와 여신에 대한 지급금)에 의해 결정되는 가격에 금융증권을 판매하는 과정.
- **단위형 투자신탁(unit trust):** 개별 단위 소유자에게 직접 제공되는 이윤을 제외한, 뮤추얼펀드의 구조와 유사한 신탁기금.

이슈에 대한 이해를 위해서는 먼저 금융이 실제로 어떠한 일을 하는지 파악하기 위해 현대 금융 시스템을 깊이 들여다보아야 한다.

현대사회에서 대다수는 금융이란 '은행이 하는 일'이라고 생각한다. 그러면 실제 질문은 그 하는 '일'이 무엇인가이다. 이론적으로 보면, 은행 시스템은 금융자산을 모아 잉여 자산(예금)을 다른 경제 부문의 생산적인 활동에 투자하기 위해 자금(대출)이 필요한 사람에게 빌려주는 것이다. 이러한 금융 1차 시장(primary market)의 핵심 주체인 은행은 자신이 보유한 현금보다 훨씬 많은 금액을 대출해 주는데, 이를 지급준비율(reserve ratio)이라고 한다. 이와 같은 예금−투자의 관계에서 예금주는 자신이 저축한 은행에서 그에 대한 보상으로 이자를 받는다. 반면에 대출자는 많은 예금주가 은행에 저축한 자금을 사용한 대가를 지불한다. 일반적으로 대출자가 지급하는 이자는 예금주가 받는 이자보다 훨씬 높다. 매개기관, 즉 '중간 대행기관'인 은행은 금융적 매개 서비스를 제공하고 대출의 위험부담에 대한 보상으로 이 예대차익을 취한다. 이러한 자금 교환 시스템에서는 예금주, 은행, 대출자 등 3주체가 전반적인 자본주의 체제에 대한 투입의 기여도에 따라 보상받는다. 이 3주체가 교환을 위해 같은 장소나 지역에 있을 필요는 없다. 이처럼 독특한 금융의 지리는 자본주의가 금융 시스템의 공간적 범역 확장과 함께 지구상의 다양한 지역과 국가에서 성장하도록 지원한다. 요약하면, 현대 금융 시스템은 자본주의의 바퀴에 기름칠하면서 구조적 변화에 영향을 미쳐 왔다(제3장 참조).

금융 시스템을 통한 대출과 채권 펀드의 교환 가능성은 소비자금융과 기업금융이라는 두 가지 유형의 금융을 가능하게 한다. **소비자금융**은 개인이 실재하는 자산(부동산담보대출 등)이나 서비스(교육 대출) 등을 획득할 수 있도록 신용을 확장하는 것이며, **기업금융**은 기존이나 신규 생산적 활동이 장소에서 영위할 수 있도록 투자하는 것으로 실물경제의 성장에 기여한다. 기업금융은, 다양한 장소에서 혁신적인 아이디어를 가진 사업가가 자신의 지역에서는 사회적 연계가 크지 않아 충분한 자본을 마련할 수 없는 경우라도 아이디어를 실제 상품이나 서비스로 구현할 수 있도록 해 준다. 기업가는 미래에 대출액과 이자상환액을 상회하는 충분한 이익을 낼 수 있다는 희망을 가지고 은행에서 운전자본(working capital)을 빌려 생산적 활동에 투입한다. 생산적 활동은 농업(농토 및 농기계 구입), 제조업(공장 건설, 장비와 원자재 구입)에서 서비스업(IT 연구개발, 도소매업, 비투기용 토지 개발)까지 다양하다.

요약하면, 자본가는 자신의 이윤추구적인 생산활동을 위해 자본을 빌릴 수 있다. 은행 시스템은 최대의 수익률을 추구하는 경제적 노력에 자본을 배분하여 한정된 금융자본을 최대한 효율적으로 활용한다. 또한 한 부문의 금융자본을 다른 부문으로 '전환', 즉 이전하여 다양한 지역과 국가에서 새롭게 부상하는 경제 부문을 진흥시킨다. 자본 교환 시스템과 연관된 금융 매개 기제의 효율성이 커질수록, 실물경제에서 경제활동 주체들에 의해 (적어도 이론적으로는) 잉여 자본이 합리적으로 사용되어 경제 전반의 생산성이 향상된다. 이처럼 실물경제의 예금과 대출의 연계 구조가 명확한 것처럼 보이지만, 제1절에서 다룬 것처럼 금융의 접근성은 갈수록 글로벌화되는 반면에(학자금 대출과 소비자 대출), 2016년 총 글로벌 운영 금액 69조 1,000억 달러에 달하는 자금이 실물경제의 생산 부문에 투여되지 않았다는 명백한 모순을 어떻게 설명할 수 있을까? 사실상 현대의 대규모 금융기관은 사용 가능한 자본의 15% 이하를 생산적인 신산업에 투자하는 것이 일반적이다. 나머지는 금융기관 간의 '폐쇄적인 거래의 순환'에서만 머물고 있다. 현대 자본주의에서 생산적인 자본의 원천으로서의 화폐와 금융에 무슨 일이 일어났는가? 20세기 후반 이후 화폐가 일상적인 도구에서 글로벌 금융의 도구로 전환되면서 어떠한 변화가 있었는가? 이러한 변동을 이해하기 위해 이른바 '2차' 금융시장 활동의 부상을 살펴보고, 금융자본의 시대에 자본이 어떻게 이처럼 강력하게 되었는지를 이해한다.

8.3 규제완화와 글로벌 금융의 부상

글로벌 금융 시스템은 시공간상에서 진화하여 은행과 타 금융기관이 실물경제의 생산 부문과 관련된 부가가치 창출 활동에 투자하기보다는, 지속적으로 금융 시스템 내에서 금융 자원을 보유하는 방식을 취한다. 이러한 과당매매(churning)의 과정은, 신용창조가 기본적으로 생산적인 활동의 투자 수요에 주도되기보다는, 자료 8.1에서 설명한 다양한 유형의 금융기법을 통한 투자나 투기로부터의 이익 창출(혹은 기대)에 의해 주도된다. 다시 말하면, 은행은 이제 **금융투자기관**으로 전환하여, 즉 예금과 대출을 담당하던 전통적인 비즈니스는 점점 저물고 새로운 유형의 부가가치 서비스에 집중한다. 1970년대 이후로 은행의 주요 관심사는 생산 부문('실물'경제라고 부르는 부문)의 금융 수요를 훨씬 넘어 신용확장으로 이어지고 있다. 은행은 2차 금융시장에서 다양한 금융상품을 거래한다. 모든 유형의 투자자(투기 포함)에게 대출함으로써 이전보다 더 많은 이윤을 창출하고 있다. 특히 대출자에게 직접 대출을 시행하기보다는, 자산가치를 기반으로 금융증권 발행을 하는 금융증권화에 적극적으로 참여하고 있다. 또한 수많은 상업은행도 자본시장에서 조달 가능한 금융증권과 파생상품 거래 등 급등하는 이윤 창출의 가능성에 투자하는 것이 목적인 투자은행을 따라가고 있다. 그 결과 은행은 이제 단순한 금융 매개기관만이 아니라 그 자체로 적극적인 투자 주체가 되었다.

글로벌 금융 서비스산업은 그 영역을 점차 넓혀 단순한 은행 업무만이 아니라, 은행 관련 비즈니스에도 참여하게 되었다. 이제 금융기관은 광범위한 **비은행기관**, 즉 증권과 원자재 거래기관, 펀드와 자산 운용 회사, 헤지펀드 회사 등의 기능을 제공하는 기관이 되었다는 점이 가장 중요하다. 이러한 비은행기관은 막대한 금융자본을 모아 연기금, 생명보험, 뮤추얼펀드, 단위형 투자신탁, 사모펀드 등의 형태로 구성하여, 기관 고객의 투자는 물론 개별 고객의 투자를 유치한다(자료 8.1 참조). 이러한 비은행 투자는 건축물처럼 실재하는 전통적인 자산과 비즈니스 등에 투입될 수 있다. 하지만 기관투자자는 주식, 지분, 통화, 원자재 등으로 발행한 금융증권과 스와프(swap), 옵션, 선물, 부채담보부증권 등의 파생상품에 투자한다. 1980년대 후반 이후 정보통신기술의 발전으로 인해 금융 서비스와 투자상품은 전 세계로 빠르게 확산되었고, **글로벌 금융**이 등장하였다. 오늘날 개인이나 기관투자자는 주식이나 관련 금융상품만이 아니라 글로벌 금융 시스템과 연결되어, 지역의 실재하는 자산, 비가시적인 자산 등 어떠한 자산에도 투자할 수 있게 되었다.

글로벌 금융증권화와 금융거래 현상으로 인해 이제는 금융의 지리적 범위가 지역에 국한되지 않게 되었다. 금융이 세계적 규모와 범위로 확장됨에 따라 두 가지 결과를 초래하였다. 첫째, 지역의 금융거래와 자산이 글로벌 금융시장에 연계되면서, 이전과는 달리 지역의 금융 상황이 다른 지역의 행위자나 기관의 행태와 의사결정에 훨씬 많이 의존하게 되었다. 둘째, 글로벌 금융시장의 이벤트가 의도적이든 비의도적이든 특정 장소의 지역 금융 시스템의 여건과 구조에 큰 영향을 준다. 2008년 글로벌 금융 위기와 이후의 전 세계적 충격(제5절)이 있었을 때, 지역의 주택과 부동산담보대출의 거품은 글로벌 금융시장에 깊이 연계되어 불안정화되고, 지역 주민과 지역사회에 심각한 결과를 초래하였다.

지난 30년 동안 지역의 실물경제에 뿌리내린 생산적 활동을 위한 금융자본이 글로벌 금융으로 전환하였다. 특히 글로벌 금융의 등장은 지난 30년간의 글로벌 자본 흐름이 급속히 증대되었기 때문이다. 1960년대 이전에는 진정한 의미의 글로벌 금융 시스템은 존재하지 않았고, 국가별로 국가 금융 시스템이 긴밀한 규제를 통해 자족적 시스템을 유지하였다(제5장의 HSBC는 예외적인 사례이다). 국가 정부는 금융정책의 자율성을 유지하고(화폐 발행, 금리 결정), 환율을 통제하였으며, 외국인 투자와 국내 은행의 외국인 소유를 제한하였다. 따라서 금융자본은 자유롭게 국경을 넘지 못했고, 실질적인 글로벌 금융 시스템도 존재하지 않았다. 물론 당시에도 국가 간 교역을 위한 국제 시스템이 있었으나, 금융 시스템은 기본적으로 국내에 한정되었고, 국가 간 관계는 초국가적 기구인 국제결제은행(BIS)과 국제통화기금(IMF) 등이 담당하였다(제10장 참조). 이러한 국제기구는 세계 각국 중앙은행의 마지막 수단인 대출자 역할을 담당하였다. 국내 은행과 금융 시스템의 최종 보증자 역할이었다. 금융 국제화 초기의 제한적인 형태는, 1960년대 이후 국내 은행이 전 세계적인 생산활동을 하는 초국적기업에 서비스를 제공하기 위해 해외 활동을 확장할 때 이루어졌다. 다시 말하면, 금융자본은 제5장에서 설명하듯이 생산의 국제화를 따라서 이루어졌으며, 국가 정부의 강한 규제 속에 있었다.

국제결제은행과 국제통화기금 등의 국제기구에 대한 국가 정부의 금융 규제는 1970년 초반, 금융 중심지 간의 치열한 경쟁과 규제 제도의 약화로 무너지기 시작하였다. 표 8.1에서 보듯이, 지난 150여 년간 국제금융 시스템의 규제 제도는 여러 단계를 거치면서 진화해 왔다. 제1, 2차 세계대전 이후 국가 기반의 금융 규제 시스템에 대한 첫 번째 중요한 도전은 유러달러(Eurodollar) 시장을 통한 '국경 없는 돈'의 발전이었다. 유러달러 시장은 미국 밖에서 유통되는 미국 달러로서, 미국의 규제와 통제권 밖에 있었다. 1950년대에서 1960년대 초기의 유러달러 시장은 특히 소비에트연방과 중국에 매력적이었다. 이 두 사회주의 강대국은 냉전으로 인해 미국과의 교역이 없어 미국 달러를 구할 수 없었다. 두 국가는 유러달러 시장을 통해 미국 달러를 구해 국제시장에서 미국 달러로 거래되는 상품과 서비스를 구매할 수 있었다.

런던은 1970년대 영국 정부가 유러달러 예금과 비즈니스를 운영하는 외국 은행에 대한 규제를 강화할 때까지는 유러달러 시장의 최대 중심지였다. 외국 은행들은 유러달러 운영 장소를 홍콩, 싱가

표 8.1 세계경제에서 금융 규제 제도의 변화

기간	규제 제도	특징
1870~1920년대	국제 금본위제도	• 국가의 통화가치가 중앙은행이 보유한 금의 양에 의해 보증되는 제도.
1945~1973	브레턴우즈 체제	• 미국 외 국가의 중앙은행이 미국 달러와 자국 화폐 간의 환율에 고정환율제도를 유지함. 이는 1944년 7월 미국 뉴햄프셔주 브레턴우즈에서 미국 주도로 체결된 최초의 국제통화 질서.
1970년대 중반 ~1980년대 중반	지속적인 국제 규제완화	• 브레턴우즈 체제가 붕괴하고, 신기술, 금융혁신, 위기관리 금융 기제의 필요에 따라 새로운 환경 형성. 1975년 뉴욕증권거래소의 규제완화, 이후 1978년 영국 정부도 규제완화 시행.
1980년대 후반 ~2000년대 후반	새로운 재규제, 통화 통합	• 바젤금융협약(Basel Banking Accord) 체결: 국제금융 시스템에서 은행의 유동성과 안정성 확보를 위한 최소 자본 소요량을 규정. 파생상품에의 노출과 연관 상품의 위험 등 시스템 위기, 1997년 아시아 금융 위기 등이 세계적인 재규제의 요구를 초래. • 유럽연합의 유로로 단일통화 완성과 국가 간 단일한 금융정책의 시행(유럽중앙은행).
2008~현재	글로벌 금융 질서의 재정립	• 엄청난 시스템 위기로 인해 부채담보부증권(CDO), 복잡한 파생상품, 다양한 금융 기제의 붕괴. 미국, 영국, 독일 등 선진국에서 대형 은행의 국유화. 세계적인 부채와 국채 소유의 불균형으로 인해 화폐 전쟁과 국가부도 위기 초래. • 새로운 글로벌 금융 질서에서는 미국의 영향력 약화, 세계적인 화폐와 금융 협력의 새로운 제도 등장(2016년 1월 아시아인프라투자은행 설립).

출처: 1870~1980년대 중반까지는 Budd(1999), 표 1: 119에서 수정 인용함.

포르, 바하마, 케이맨 제도 등 규제가 적은 조세회피지로 이전하였다. 이러한 역외 통화시장의 등장은 근본적으로 국가 간 금융 시스템이 아닌, 글로벌 금융 시스템의 부상을 의미하였다. 1970년대에는 석유 가격의 급등으로 산유국들이 엄청난 부를 축적하였으며, 소위 오일달러(petrodollars)의 세계적인 재순환이 유러달러 시장이 있는 유럽 은행을 통해 대부분 이루어졌다. 자본은 다시 국가의 장벽을 넘어 세계경제의 중요한 부분이 되었고, 미국 달러 기반의 국제금융이 심각한 도전을 받았다(표 8.1 참조). 유러달러 시장의 존재는 국제금융 시스템에서 이미 실질적인 규제완화가 이루어졌음을 의미하였다.

표 8.1에서는 1970년대 중반 이후 규제기관의 통제권을 넘어서는 국제적인 현상으로 인해 결국 규제완화가 이루어지는 과정을 보여 준다. 국제적으로 경쟁적인 규제완화가 지배적인 추세로 이어지면서, 금융 중심지와 규제기관은 금융 부문의 활동에 대한 제한과 통제를 완화하였다. 특히 미국에 입지한 외국 은행의 활동에 대한 큰 폭의 규제완화가 이루어지면서 미국 은행이 세계적으로 확장하도록 촉진하는 계기가 되었다. 1986년 영국에서도 '빅뱅'이 일어나 영국 은행도 예전에 다른 기관들이 시행하였던 업무(증권거래, 투자은행 업무 등)에 참여하고, 영국에서 외국 은행의 활동도 허용하였다. 서유럽과 동아시아 국가에서도 런던과 뉴욕 등의 경쟁하는 금융 중심지에 국내 금융 부문의 경쟁력이 약화될 것을 우려하여 영국과 유사한 변화가 나타났다. 이러한 금융 규제완화의 경향은 1980년대 이후 급속하게 가속화되었다.

요약하면, 글로벌 자본에 대한 규제완화에는 국가의 역할이 중요하였다. 미국과 영국은 복지국가 체제에서 신자유주의 시장 체제로의 이념적 변화를 겪고 있었다(제9장 참조). 1980년대의 소위 레이거노믹스(Reaganomics)와 대처리즘(Thatcherism)은 철도, 통신, 유틸리티(utilities) 등 공공재의 대규모 민영화를 가져왔다. 유틸리티와 공공서비스의 자유화와 시장화는, 공공기관과 공기업의 소유였던 공공자산의 대규모 금융증권화로 이어졌다. 이 증권은 다시 연기금, 사모펀드, 기타 기관투자자 등 금융기관에 판매되었다. 시민의 부와 자산이 여러 갈래로 변환되어 금융시장의 상품이 된 것이다. 다음 단계는 금융시장의 규제완화를 통한 경제 거버넌스의 신자유주의 시장 체제로의 변환이다. 금융이 국가의 경계를 벗어나 자유화되면, 이러한 글로벌 확장이 기존 금융 중심지의 중요성을 감소시킬까? 다음 제4절에서는 글로벌 금융의 시대에도 금융 중심지가 여전히 중요하다는 내용을 논의하고, 금융의 글로벌화 시대에 중요한 역할을 담당하기 위해 **중심지 간 경쟁**이 심화되는 현상을 설명한다.

8.4 글로벌 금융의 제자리 찾기

1980년대 후반 이후 금융의 글로벌 확장과 미래의 금융시장에 관한 대중 서적에서는 장밋빛 예측으로 가득하였다. 완전한 글로벌 금융통합과 다양한 국가를 횡단하는 글로벌 자본의 거침없는 흐름을 예측하였다(제5장 제2절에서 논의한 '국경 없는 세계' 담론과 유사하다). 이 시기는 '비합리적인 패기[irrational exuberance, 이 용어는 전 미국 연방준비제도이사회 의장인 앨런 그린스펀(Alan Greenspan)이 1996년 12월 사용하였다]'의 징후가 지배하였다. 글로벌 금융통합은 2008년 금융 위기 시기까지 이어졌으며, 지리적 제약을 기술혁신과 사회적 변화로 극복하였다. 전문가들은 금융 기업들이 전 세계의 엄청나게 다양한 지역에 입지하기 위해서는 컴퓨터 기술에만 투자하면 되었다고 주장하였다. 마찬가지로 주식거래도 특정 도시에만 국한되지 않아서 소비자는 넘쳐나는 금융 상품과 서비스를 경험할 수 있었다. 요약하면, 금융은 갈수록 **무장소성**(placelessness)이 증대한다. 이러한 현상은 금융의 초이동성 개념을 보면 전혀 놀라운 것이 아니다.

글로벌 금융산업의 지리가 지금까지 전반적으로 변화에 저항하고 있는 점은 흥미롭다. 오늘날 대부분의 막대한 금융자산은 본국에 투자하고 있으며, 본국의 기관에 남아 있다. 다시 말하면, 글로벌 금융에서도 '자국 편향(home bias)' 효과가 매우 강하다. 금융의 접근성이 글로벌화될수록 특정 장소의 금융 중심지 편향은 더욱 공고해지고 강화된다. 현대의 지배적인 국제금융 중심지는 대부분 세계도시이다. 전 세계적인 규제완화에도 불구하고 금융은 더욱 세계도시—글로벌 금융의/을 위한 **장소**—에 집중하고 있다. 금융 중심지에는 특징적인 주체(금융가와 자본가), 기관(자본시장), 고차 생산자 서비스(회계, 법무, 컨설팅, 금융 리서치 회사)가 함께 있어 글로벌 금융의 선봉 역할을 담당하고 있다. 세계도시는 글로벌 금융의 중추신경망이다. 세계도시는 금융과 투자 유치를 위해 서로 격렬하게 경쟁한다. 이때 금융이란 주거, 입지, 자본축적, 예금과 투자의 의사결정 장소를 '국지적'으로 하는 공간적 정향이 있는 수많은 개인과 기관을 의미한다. 사실상 금융 서비스는 모든 경제활동 중에서 가장 공간적 집중성이 높은 업종이다. 앞서 설명한 금융산업의 진화로 인해 대출자, 고객, 소비자와의 물리적 근접성은 중요하지 않지만, 금융 부문의 상호의존성 때문에 타 금융기관과 비즈니스 서비스기관과의 근접 입지는 전략적으로 더욱 중요해졌다(Taylor et al., 2014; Hall, 2018).

그림 8.1은 글로벌 금융의 **전략적 장소**인 세계도시를 보여 준다. 이 도시들은 고차 비즈니스 서비스의 강한 집적으로 인해 '전략적 네트워크'를 형성하고 있는 세계도시 간 글로벌 네트워크 연결성을 보여 준다. 소수의 지배적인 세계도시들—뉴욕, 런던, 홍콩, 싱가포르, 상하이, 도쿄, 시카고, 취리히, 샌프란시스코—은 세계경제 환경에서 국제 금융거래의 대부분을 차지하고 있다. 2017년 9월 글로

자료 8.2: 세계도시

지난 25년 동안 전 세계적인 도시 계층의 핵심 특성과 세계경제의 변화하는 지리와의 상호작용을 파악하기 위한 시도가 많았다. 선도 학자인 사스키아 사센(Saskia Sassen, 1991)은 뉴욕, 런던, 도쿄 등 소위 세계도시에 관한 상세한 연구를 진행하였다. 사센은, 세계화로 인해 조정과 조직 기능이 있는 대도시의 새로운 전략적 역할이 중요하다고 주장한다. 사센의 기본 논지는, i) 도시는 세계경제의 핵심 조정 장소이다, ii) 이는 선진 경제에서 주도적 부문인 금융과 비즈니스 서비스에 대한 수요를 창출한다, iii) 도시는 금융과 비즈니스 서비스 부문의 생산과 혁신에 핵심 장소로 작동한다, iv) 따라서 도시는 금융과 비즈니스 서비스의 주요 시장이 된다. 이러한 관점은 뉴욕, 런던, 도쿄 등 세계도시에는 제5장 제3절에서 서술한 기업 본사만이 아니라, 완전한 글로벌 서비스센터로서 법무, 금융, 보험, 회계, 컨설팅, 광고, 홍보, 소프트웨어 등 혁신적인 서비스 활동이 다양하게 입지한다. 세계도시 계층의 측정에는 여러 지표가 있지만(예로 포춘 500대 기업의 본사, 금융 부문의 규모 등), 많은 연구에서는 뉴욕, 런던, 도쿄, 파리, 취리히, 프랑크푸르트가 선도 도시로서 세계경제의 통제와 조정에 불균형적으로 막강한 역할을 한다는 점에 동의한다. 이러한 방식의 접근에는 다음 3가지의 주의할 점이 있다. 첫째, 최상위 등급 도시를 제외하고는 지표에 따라 도시의 순위가 완전히 바뀔 가능성이 크다. 둘째, 도시 순위 지표는 반드시 역동적이어야 한다. 예를 들어, 최근 베이징, 홍콩, 상하이, 싱가포르 등의 부상으로 기존의 세계도시 계층의 패턴이 상당히 바뀌었다. 셋째, 경제지리학자의 책무는 세계도시 계층의 정적인 지표 속성이 아니라, 핵심 도시 간의 연계의 본질을 파악하는 것이다. 오늘날 상호 연결된 세계 경제 구조에서 계층의 개념은 상당히 낡은 것이라 할 수 있다(Derudder and Taylor, 2018).

벌 금융 중심지 지수(GFCI 22)에서는 런던, 뉴욕, 홍콩, 싱가포르, 도쿄를 Top 5 글로벌 금융 중심지로 지목하였다. 상하이와 베이징은 각각 6위, 10위로 상승하였다.

1995~2016년 기간 동안 런던과 뉴욕은 Top 2 도시를 놓치지 않았다. 두 도시는 글로벌 외환거래와 금리 파생상품(interest rate derivatives) 거래에서 각각 45~55%와 43~79%를 차지하였다(표 8.2). 두 도시의 거래량은 지난 20여 년간 상당히 증가하여 외환과 금리 파생상품 거래의 가장 지배적인 장소로 부각되었다. 외환거래에서 도쿄의 입지도 중요하지만, 그 비중은 지속해서 감소하고 있다. 홍콩과 싱가포르는 글로벌 외환거래에서 비중이 약간 증가하였다. 2016년 도쿄, 홍콩, 싱가포르 등 아시아의 세 도시는 전 세계 외환거래액 6조 5,000억 달러 중 20.7%를 차지하였다. 런던은 선도적인 글로벌 금융 중심지로 2016년 200개 이상의 외국 은행이 입지하고 있으며, 전 세계 외환거래액의 37%를 차지하였다. 나아가 런던에는 2015년 기준 영국 전체 금융산업과 연관 전문 서비스업 종사자 220만 명의 34%, 해당 산업의 총 부가가치의 46%, 영국 경제 총 거래 이익의 49%를 차지하였다(https://www.thecityuk.com, 2018년 1월 9일 접속). 결론적으로 지배적인 세계도시로의 조정

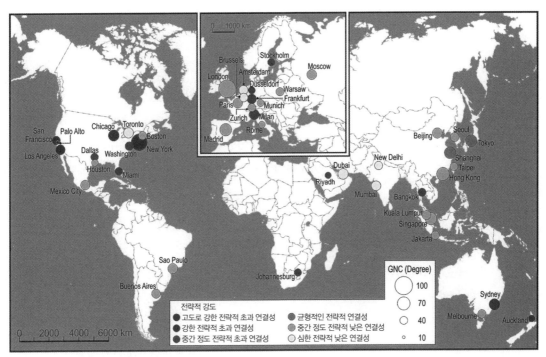

그림 8.1 주요 금융 중심지의 글로벌 네트워크 연결성

출처: Taylor et al.(2014), 그림 1: 282.

표 8.2 외환과 파생상품 거래의 글로벌 금융시장으로서 선도 세계도시, 2001~2016년

	2001		2010		2016	
	10억 달러	%	10억 달러	%	10억 달러	%
외환거래						
런던	542	31.8	1,854	36.7	2,406	36.9
뉴욕	273	16.0	904	17.9	1,272	19.5
싱가포르	104	6.1	266	5.3	517	7.9
홍콩	68	4.0	238	4.7	437	6.7
도쿄	153	9.0	312	6.2	399	6.1
합계	1,705		5,045		6,514	
금리 파생상품						
뉴욕	116	17.1	642	24.2	1,241	40.8
런던	238	35.2	1,235	46.6	1,180	38.8
싱가포르	3	0.5	35	1.3	58	1.9
홍콩	3	0.4	18	0.7	110	3.6
도쿄	16	2.3	90	3.4	56	1.8
합계	676		2,649		3,039	

출처: 국제결제은행, http://www.bis.org, 2017년 9월 28일 접속.

및 통제 기능의 집중은 증가하고 있으며, 정보통신기술(ICT)의 활용도 빠르게 증가하고 있다.

뉴욕에서는 글로벌 금융시장에 대한 월스트리트의 지배적인 역할이 집중되었다. 월스트리트는 로어맨해튼의 중심부이며, 미국의 대표적인 금융지구이다. 월스트리트와 브로드스트리트에는 세계에서 가장 강력한 금융기관들이 집적해 있다. 뉴욕증권거래소(NYSE)와 나스닥(NASDAQ)에서 미국 최대의 금융 그룹들, Top 5 미국 은행 중 4개(JP모건체이스, BOA, 시티그룹, 골드만삭스)와 미국 Top 4 사모펀드 회사 중 3개(아폴로 글로벌, 블랙스톤, KKR)의 본사가 입지해 있다. 뉴욕증권거래소는 2007년에 브뤼셀, 파리, 암스테르담의 통합 거래소 플랫폼인 유로넥스트(Euronext) NV를 합병하면서 더욱 강력해지고 세계 최고의 주식거래 그룹이 되었다. 이 두 거래소는, 미국 기반의 글로벌 주식거래와 어음교환소인 인터콘티넨털익스체인지(Intercontinental Exchange)의 지사로 소속되어 있다. 매일 1만 2,000건의 계약과 520만 달러의 선물거래를 담당한다. 뉴욕증권거래소의 주식시장 지수인 다우존스 산업평균지수는 전 세계 수많은 거래소에 글로벌 가격변동을 알려 준다. 2017년 뉴욕증권거래소에 상장된 회사의 자본 총액은 25조 8,000억 달러이고, 일간 평균 거래액은 1,230억 달러에 달한다. 뉴욕증권거래소에 상장된 2,400개의 회사는 다우존스 산업평균지수의 87%를 차지하며, S&P500 지수의 77%, 포춘 100의 80%를 차지한다. 기술 기업에서 소비자 지향 기업까지 대형 회사들이 가장 선호하는 거래소인 나스닥에는 2017년 포춘의 '세계에서 가장 존경받는 브랜드' Top 5 중 4개가 있으며, 포춘의 '가장 빠르게 성장하는 기술 기업' Top 7 중 5개가 등재되어 있다. 나스닥도 세계적으로 확장하여 35개국 3,700개 회사의 시가총액 10조 달러가 등재되어 있다(https://www.nyse.com, http://business.nasdaq.com, 2018년 1월 9일 접속).

월스트리트는 글로벌 금융 시스템의 핵심 거점이며, 1990년대 이후로 글로벌 금융경제를 선도하게 되었다. 월스트리트의 금융기관들은 세계적 규모로 작동하는 금융의 순환구조에 최적으로 연계되어 있다. 뉴욕의 미국 도시 계층구조에서의 역할 확장과 냉전 이후 금융 세계화 시대에 미국의 힘과 글로벌 금융이 부상하면서 뉴욕의 세계적 지배력이 확장되었다(표 8.1 참조). 마찬가지로 인력, 자본, 지식의 흐름이 뉴욕에 집중됨에 따라 글로벌 금융 시스템에서 뉴욕의 역할이 지속해서 강화되었다. 따라서 새천년에 월스트리트의 지나친 힘과 탐욕에 대한 아래로부터의 저항운동인 '월스트리트를 점령하라(Occupy Wall Street)'가 2011년 9월 17일 맨해튼의 리버티스퀘어에서 시작된 것은 놀랄 일이 아니다(그림 8.2). 뉴욕과 런던은 초국적 부유층에게는 '안전 금고'의 역할을 한다(Fernandez et al., 2016). 저항운동은 미국 100여 개 도시, 전 세계 1,500개 도시로 확산되었다(http://occupywallst.org, 2017년 9월 28일 접속).

그러나 제3절에서 설명하였듯이, 국제금융 시스템의 규제완화와 재규제가 진행되면서, 최근에는

그림 8.2 뉴욕의 '월스트리트를 점령하라' 시위

출처: B Christopher/Alamy Stock Photo.

새로운 유형의 국제금융 중심지가 아시아에서 등장하였다(그림 8.1, 표 8.2 참조). 홍콩, 싱가포르, 도쿄 등은 2000년대 중반까지는 Top 20 국제금융 중심지에 포함된, 몇 안 되는 아시아의 도시였다. 2017년에는 국제금융 중심지 Top 6에 아시아의 도시가 4곳이 포함되었다. 중국의 세계도시 상하이 (GFCI 22에서 6위)는 뉴욕과 비교하면 비교적 최근에 세계 금융시장에 등장하였다. 상하이는 2000년대 중반에는 순위가 낮았으나, 2017년 9월 기준 기존의 세계도시인 도쿄(5위)에 근접하는 순위까지 올랐다. 또한 케이맨 제도와 영국령 버진아일랜드 등의 역외금융센터들도 등장하였다. 이는 금융기관의 국내 및 국제적인 규제와 제한을 회피하고 싶은 욕망과 부유층들의 투기적/불법적 금융거래에 참여하고자 하는 성향 때문이다. 이 지역들은 1970년대 후반에 갑자기 조세회피지에서 역외금융센터로 전환하였다(자료 8.3 참조). 최근의 지리학적 연구를 보면, 역외금융센터와 기존 세계도시의 강하고 지배적인 연계는 식민지 시대의 유산을 보여 준다. 두 역외금융센터의 금융활동은 런던이라는 역내금융센터에 입지한 금융기관에 의해 원격으로 조정을 받는다(Haberly and Wójcik, 2015: 93).

자료 8.3: 역외금융센터(OFC), 케이맨 제도

영국령 케이맨 제도는 글로벌 금융에서 장소선택성과 경쟁력으로 널리 알려진 사례이다. 1960년대 이후 금융기관의 역외 이동이 시작되었고, 케이맨 제도는 당시 영국 외무부의 수많은 법령에 따라 비과세 정책을 취하고 있어 금융기관의 이전 장소로 선호도가 무척 높았다. 1972년 기준 3,000개 이상의 등록 기업과 300개 이상의 신탁회사가 입지해 있었다. 2016년에 이르자 케이맨 제도에는 10만 개 이상의 기업이 입지하였으며, 유명한 영국 브랜드인 테스코, 세인즈버리스, BP, 맨체스터 유나이티드 등과 영국의 전력 회사인 내셔널 그리드도 입지해 있다. 케이맨 제도에 등록한 영국 기업이 회피한 세금을 총합해 보면 200억 파운드로 추산된다. 2016년 『가디언』지는 케이맨 제도를, "지구상에서 가장 악명 높은 조세회피지"라고 명명하였다(Peretti, 2016). 케이맨 제도의 발전은 상당히 독특한 경제적·정치적 맥락의 조합으로 추동된다. 경제적 관점에서 보면, 케이맨 제도의 외국 은행 유치는 초국적기업의 활동과 명백히 연계되어 있으며, 초국적기업들은 금융 부서를 케이맨 제도에 두고 세금 최소화와 이전가격(대기업 내에서의 거래를 통해 이익 창출)을 통해 이윤을 창출하는 센터로서의 역할을 담당하게 한다. 이러한 방식으로 케이맨 제도에 유입된 외국 은행은 초국적기업에 금융 서비스의 수요를 담당한다. 외국 은행은 또한 개별 수요에 맞춘 서비스 패키지(고객의 '글로벌 수탁업'이나 금융 포트폴리오의 처리 등)를 제공하며, 케이맨 제도에 등록한 고객의 사적인 국제금융 서비스도 제공한다. 정치적 관점에서 보면, 케이맨 제도는 버뮤다, 바하마, 파나마 등 인접한 역외금융센터들과 치열한 경쟁을 벌이고 있음을 알 수 있다. 각 역외금융센터는 글로벌 시장에서 특별한 틈새시장을 점유하고 있으며, 한 국가에만 금융자산을 보유하고 싶지 않은 은행 고객의 위험 분산을 위한 시장에서 시장점유 경쟁을 벌이고 있다. 케이맨 제도는 1960년대에 국가 발전 전략을 두고 정치적 논쟁이 있었으며, 물리적으로 실체가 있는, 손쉬운 성장 전략으로 역외금융센터의 길을 선택하였다. 다시 말하면, 역외금융센터의 확장은 국제경제 환경의 변화와 국내에 제한된 경제발전 전략에 의해 추동되었다(Clark et al., 2015 및 Aalbers, 2018 참조).

8.5 금융화: 글로벌 자본의 순환

이제까지 금융의 생산적인 역할이 최근에 와서 실물경제와는 멀어진 금융투자의 순환으로 전환되는 현상을 살펴보았다. 예전에는 국가 정부의 총아로 경제발전에 자본공급을 했던 금융은, 이제는 글로벌 금융으로 전환하여 국가정책과 모든 경제주체의 활동에 가장 중요한 동력이 되었다. 이제는 어느 한 국가나 기관이 규제하거나 통제하는 것이 불가능해졌다. 1970년대 이후 40여 년 동안 끊임없는 성장과 변환을 지속해 온 글로벌 금융은 이제 그 자체가 세계경제를 형성하는 주체가 되었다.

이 절에서는 이러한 상황을 낳게 한 과정을 탐구한다. 앞서 **금융화**(financialization)라는 복합적이고 모든 분야에 영향을 주는 과정을 설명하였다. 이 과정을 통해 모든 유형의 자산과 사물이 금융

상품으로 전환되어 글로벌 자본시장에서 개인과 기업이 거래할 수 있게 된다(자료 8.1 참조). 이러한 복잡한 금융상품의 구매자는 자신이 투자한 상품의 기본 자산에 연결되어 있지도 않고, 또한 관심도 없다. 금융화를 통한 자산과 투자의 분리가 증가하면서 다양한 자본시장을 통한 이윤 창출과 전용의 기회가 엄청나게 증가하였다. 결국 금융화는 금융자본의 국내적 순환과 국제적 순환 간의 밀접한 연계를 강화시켜, 금융시장, 금융상품, 금융 엘리트의 힘과 영향력을 세계적인 규모에서 더욱 증대시킨다.

소비자의 소비 행태 또한 금융화의 과정에 깊게 뿌리내리고 있다. 소비자는 학자금 대출, 개인 대출, 신용카드, 할부 구매, 캐시백 구매 등을 통해 안전이 보장되지 않은 신용에 노출이 많아진다. 소비자의 부채는 통합되어 금융증권화된 부채상품과 파생상품으로 만들어져 글로벌 자본시장에서 거래된다. 이러한 개인 채무의 금융화 과정은 신용카드 회사, 소매 은행, 저축은행 등 신용-확장 기관들이 선진국, 특히 미국과 영국에서 가계부채를 극적으로 확장할 수 있도록 자금 지원을 하는 유인책이 된다. 1980년대 이후로 신용카드 회사는 카드 소지자의 부채를 금융증권화한 부채로 전환하여 글로벌 자본시장에서 투자자에게 판매하는 선봉장이 되고 있다. 금융화는 부채담보부증권(CDO)과 기타 복잡한 금융 파생상품의 급속한 등장을 이끌었으며, 결과적으로 2008년 글로벌 금융시장의 붕괴를 초래하였다(자료 8.4 참조). 하지만 제3절에서 논의한 바와 같이, 금융화는 금융 회사의 활동만이 아니라, 규제완화를 주도하는 정부 정책에 의해서도 추동된다는 점은 중요하다.

이 절에서는 먼저 금융화가 도시 전반과 도시의 건조환경에 어떻게 작용하는지를 살펴보고, 막대한 자본으로 금융화 과정에 중요한 연료를 공급하는 새로운 기관투자자 계급에 대해 분석한다.

금융화, 위기, 도시의 전환

세계적인 금융화의 가장 큰 영향은, 주로 부동산과 주택 시장의 기제를 통한 도시와 도시 건조환경의 변화이다. 부동산과 주택은 이미 엄청나게 금융증권화되어 수많은 금융상품으로 전환되었고, 이는 글로벌 금융의 핵심 자본의 위치를 형성한다(Martin, 2011: 593-594). 1980년대 이전에는 대부분의 부동산담보대출이 지역이나 국가 단위로 진행되었고, 사업이나 거주 목적으로 부동산을 구입하는 사람들은 금융기관에서 부동산담보대출을 받았다. 미국과 영국에서는 이러한 부동산담보대출을 지역 기반의 부동산담보대출 전문기관이 담당하였다. 미국의 저축대부조합(savings and loan), 영국의 주택금융조합(mutual building societies)이 그 예이다. 이 기관들은 오래 유지되어 온 시장과 지리적 범위에서 운영되었으며, 주로 지역 예금주가 저축한 한도 내에서 부동산담보대출을 시행

자료 8.4: 서브프라임과 글로벌 금융의 위기

서브프라임(subprime) 금융은 특히 미국과 영국에서의 2008/2009년 글로벌 금융 위기와 깊게 관련되어 있다. 당시에는 이전에 자격이 되지 않던 대출자에게까지 모든 대출이 확대되었다. 이러한 '서브프라임' 대출자는 소득이 낮고, 불규칙하고, 소득을 입증하기 어려워 대출 기록과 신용 점수가 낮은 사람들이었다. 하지만 연방정부 금융위원회의 관리 대상이 아닌 신용 회사, 중개 회사, 리모델링 회사 등이 광범위하게 위험한 대출을 일으켜 유혹하였다. 이러한 대출 행위는 공격적인 방법으로 대출자를 조종하여 판매하거나, 대출 용어에 대해 이해도가 낮은 대출자를 부당하게 속여 판매하는 속임수나 사기라고 할 수 있다.

은행은 서브프라임 모기지를 금융증권화하여, 자본시장에서 이 자산유동화증권(ABS)을 거래한다. 이 과정을 통해 자산의 증가에 대비한 매칭펀드(대비 자금, 의무적으로 준비해야 한다) 자금을 효과적으로 절약함으로써, 자신들의 위험한 대출 비즈니스(신용카드, 부동산담보대출)의 부담을 덜어 낼 수 있었다. 채권자는 글로벌 규모의 금융증권화 과정을 통해 채무자가 비록 한 달 이내라는 짧은 기간에 파산하더라도 '지역의' 서브프라임 대출로부터 이윤을 획득할 수 있었다. 왜냐하면 이러한 대출이 일단 자산유동화증권으로 패키지화되어 글로벌 자본시장에서 판매되면, 채권자는 이미 대출액과 이자를 회수하고, 미래의 위험과 책임을 자산유동화증권을 구입한 다른 곳의 투자자에게 전가한다. 2007년 후반에서 2008년까지 중대한 신용 위기가 서브프라임 시장을 덮쳤다. 위기는 주택 과잉 공급과 이로 인한 부동산 가격의 폭락이 서브프라임 대출자의 부동산담보대출 상환능력을 감소시켜 발생하였다. 수많은 서브프라임 모기지 대출자가 주요 상업은행, 투자은행 등의 후순위 채권자들에게 채무상환을 하지 못할 때, 문자 그대로 가치가 없어진 서브프라임 모기지의 파생상품을 구매한 주요 은행과 고객은 문제에 봉착하였다. 따라서 부채담보부증권(CDO) 시장은 붕괴되고, 이 부채담보부증권의 구조화에 깊이 관여하여 6,000억 달러의 부채를 지게 된 리먼브라더스(Lehman Brothers)를 포함한 글로벌 시장 전체가 위기에 처했다.

하였다. 이것이 제3절에서 설명한 것처럼 부동산담보대출의 '지역 기반, 지역 소유' 모델이다. 자금은 해당 지역이나 다른 인접 지역에서 창출되었고, 이를 다시 갚았기 때문에 부동산담보대출 위기가 와도 국가 내에 한정되었고, 국가 내에서 해결되었다.

하지만 글로벌 금융이 등장하자 이러한 '지역 기반, 지역 소유' 모델이 극도로 금융증권화되어 '지역 기반, 글로벌 배분' 모델로 전환되었다(그림 8.3 참조). 지역의 부동산과 주택 시장이 직접적으로 글로벌 자본시장과 연계되어 모든 위험성과 불안정성에 노출되었다. 이러한 과정이 주는 시사점은 다음과 같다. 첫째, 부동산담보대출자는 이제 다른 국가의 금융기관 등 비지역적 대출 옵션을 가지게 되었다. 둘째, 1990~2000년대에 엄청나게 다양하고 많은 부동산담보대출 기관이 금융 이익을 얻기 위해 부동산과 주택 시장에 뛰어들었다. 셋째, 부동산담보대출/부채의 금융증권화는 미국, 영국, 네덜란드 등 선진국의 부동산과 주택 시장에서 새로운 규범이 되었다. 사실상 부동산담보대출

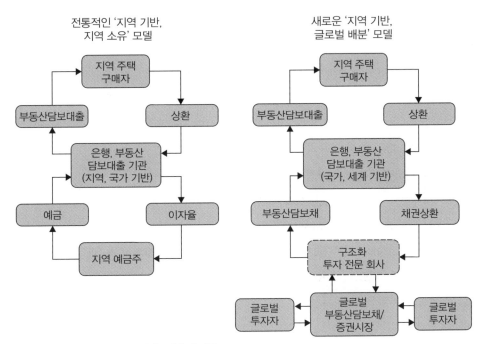

전통적인 '지역 기반,
지역 소유' 모델

새로운 '지역 기반,
글로벌 배분' 모델

그림 8.3 글로벌 금융과 지역 부동산담보대출의 이동

출처: Martin(2011), 그림 2를 수정 인용함.

기관은 자신들이 시행한 대출의 위험을 상쇄하기 위해 금융증권화를 시행한다. 즉 특별한 투자수단을 만들고 그 지분 판매를 통해 위험에 대비한다. 이러한 과정이 2008/2009년 금융 위기라는 끔찍한 결과를 초래하였다(자료 8.4 참조). 이와 유사한 금융상품이 부동산과 주택 시장의 공급 부문에서도 등장하는 것은 흥미로운 점이다. 예를 들어, 부동산투자신탁(Real Estate Investment Trust, REIT)은 40개국 이상에서 구매할 수 있는 뮤추얼펀드이다. 이는 부동산투자 회사가 업무용 빌딩이나 쇼핑몰 등 부동산을 등록하고 주요 증권거래소에서 일반 주식처럼 거래된다. 요약하면, 금융화는 주택과 부동산 시장의 본질에 근본적인 변화를 초래하였다.

이러한 도시의 금융화는 도시의 건조환경에 어떠한 영향을 줄까? 여기에서는 도시 거버넌스와 근린 쇠퇴라는 두 가지의 중요한 지리적 영향에 대해 고찰한다. 첫째, 금융화는 지방정부가 성장을 추구하고 도시재생을 추진하는 과정에서 도시 거버넌스에 커다란 영향을 주었다. 전 세계의 도시들은 1990~2000년대에 도시 자산을 개발하거나 변형하는 대규모 프로젝트를 시작하였다. 수많은 도시정부는 기존의 지방세와 중앙정부의 교부금에 의존하였던 재정투자의 중요한 대안으로 글로벌 금융의 약속에 매료되었다. 도시정부는 글로벌 자본시장의 **채권금융**(debt financing)으로 관심을 돌려 지방채(municipal bond), 자산유동화증권(ABS), 심지어 사모펀드 등의 '혁신적인' 금융상품을 구매하고, 도시의 공공 인프라, 어메니티, 임대 주택 등의 공공 프로젝트를 금융화로 전환하였다. 지방정부는 이러한 채권금융을 시행하기 위해 미래의 부동산세, 도시 자산에 대한 사용료에서 창출될 것으로 예상되는 이익 등에 기반하여 정책을 시행하였다. 미국의 경우 지방채시장에서 채무 잔고의 가치가, 2012년의 경우 4만 4,000건의 주정부와 지방도시의 채권발행에 3조 7,000억 달러에 달했다 (Peck and Whiteside, 2016: 244).

미국 역사상 가장 규모가 큰 지방정부의 파산 사례인 디트로이트시의 최근 연구(Peck and Whiteside, 2016)에서는, 금융화가 도시 거버넌스에서 주요 금융기관(gatekeeper)과 채권자 영향력의 급부상을 이끌었다고 주장한다. 2013년 7월 18일 디트로이트시가 미국 헌법 제9장 파산 항목에 등재되었을 때, 디트로이트 시정부는 대기업 채권의 소유, 발행 회사[뱅크오브아메리카(BoA), UBS, 신코라 개런티, 금융보증보험회사(FGIG)], 디트로이트 연기금 펀드, 일반 상업은행 등의 채권자에게 180억 달러의 채무가 있었다. 디트로이트시의 상하수도국의 부채만 해도 이 막대한 장기부채의 3분의 1에 달했다. 나머지 3분의 2는 비적립 은퇴자 건강보험부채(32%), 비적립 연금부채(19%), 정부 부채(16%) 등이다. 디트로이트시는 1980년대 이후로 지방세수가 감소하고 탈산업화에 직면하자, 1990년대에 신성장 부문을 발굴하고 도시 인프라 재생을 시작하였다. 이러한 도시 기업가주의 정책의 초기에는 도시정부와 성장연합 주체들이 거버넌스의 힘을 가지고 있었다.

하지만 2000년대 이후 도시 금융화의 진전으로 인해 채권자의 특권이 강화되는 방향으로 권력의 이동이 이루어졌다. 리버워크(Riverwalk), 캠퍼스 모리셔스(Campus Mauritius) 프로젝트, 우드워드 애비뉴(Woodward Avenue) M1 철도 프로젝트, 윈저-디트로이트 대교 등 민관 파트너십 프로젝트들이 민간 주도 자금에 의존함에 따라 채권기관과 민간 자본이 도시 거버넌스에서 영향력이 커졌다. 2013년 7월 디트로이트시가 파산함에 따라 채권자들은 도시정부에 공공자산의 매각을 압박하였고, 공공지출을 감축할 것을 요구하였다(도시 교외 지역에 대한 도시 서비스의 감축 등). 도시가 파산하는 것이 흔한 일은 아니지만, 디트로이트의 경험은 이 도시만이 유일하고 앞으로 도시 파산은 없을 것이라는 보장이 없다는 점을 보여 준다. 따라서 금융화는 세계도시의 금융 엘리트를 통해서만이 아니라, 채권금융을 통한 도시 발전 시대에 보통 도시에서 도시정부가 무엇을 할 수 있고, 무엇을 할 수 없는가를 재형성하는 등 도시 과정의 전환에 영향을 준다.

둘째, 도시 금융화는 **근린** 규모에서 교외 지역의 변화에 중요한 지리적 시사점을 제공한다. 2008년 글로벌 금융 위기 이전에는, 많은 국가에서 은행 지점의 지리적으로 불균등한 폐쇄로 인해 저소득 가구와 소수민족 가구가 많은 동네가 금융 시스템으로부터 배제되는 문제가 있었다. 이 동네들이 서브프라임 모기지와 같은 악성 부동산담보대출과 연관된 금융상품의 대상이 되었다. 금융 배제와 주택시장에서의 서브프라임 모기지 등 두 가지 현상이 미국에서 만연하고, 영국의 도시에서도 마찬 가지였다. 하지만 2008년 글로벌 금융 위기와 그 이후의 경기 침체와 긴축정책 등이 미국과 유럽의 도시(아이슬란드, 아일랜드, 영국 등)에 2010년대까지 영향을 주어, 특정 지역에 불균등한 부동산담 보 압류, 실업률 증가, 빈곤의 증가 등을 초래하였다. 금융 위기와 경기 침체의 영향은 국가와 지역의 특정 요소(취약한 경제, 불량주택 재고, 정부의 무관심 등)와 결합하여 근린의 쇠퇴가 재앙적 수준으 로 이어졌다.

2008년 금융 위기 시기에 근린의 쇠퇴를 가져온 4가지 방법은 다음과 같다(Zwiers et al., 2016).

• 정부의 긴축재정과 예산 감축으로 취약계층 집단의 사회안전망이 약화하고, 공공임대주택 시장 이 제한됨에 따라 저소득층의 공간적 집중이 심화하였다.
• 금융 위기의 영향은 부동산담보대출 비율을 높이는 방향으로 진행된 도시에서 훨씬 심각하게 나타났다. 인종, 민족적 소수자, 중·저소득층 가구, 생애 최초 주택 구매자 등 취약계층은 위기 에 영향을 훨씬 크게 받았다. 소수자 집단이 과대대표되어 있는 동네는 훨씬 급속한 쇠퇴를 경 험하였다.
• 중·저소득층 가구와 생애 최초 주택 구매자는 2008년 이후 부동산담보대출 시장에서의 배제가 늘어났다. 이러한 새로운 금융 배제로 인해 임대주택 수요가 많이 증가하였고, 특정 지역에서 주택 소유자와 임대인의 격차가 증가하였다.
• 금융 위기는 민간 임대시장에 기업의 투자 증대를 가져왔다. 특히 오스트레일리아. 일본, 영국, 미국 등에서는 많은 토지 자산이 임대 부동산으로 전환되어, 주거 불안정성이 증가하고 주변 부 동산 가치가 떨어졌다. 경기 침체의 영향을 크게 받은 지역은 이러한 현상이 더욱 심각해서 부 정적 확산효과가 주변 지역까지 이어졌다.

이상의 논의를 요약하면, 1990년대 이후의 금융화는 명백하게 모든 것을 '자산계급'으로 전환하였 다. 부동산과 주택도 결코 예외가 아니었다. 금융의 글로벌 확장의 영향은 이처럼 공간적으로 고정 된 자산의 경우에 훨씬 더 실제적이기 때문이다. 그렇다면 이 글로벌 투자자는 누구이며 어디에서 왔는가를 상세하게 살펴볼 필요가 있다. 대형 은행과 대규모 민간 투자자 이외에 엄청난 부를 가진 '투자자계급'이 있다. 이들은 국가의 자산을 투자한 국부펀드(sovereign wealth fund, SWF)이다.

국부펀드의 등장

최근 국가의 자산, 즉 국부펀드를 통해 주요 글로벌 투자자가 된 국가들이 있다. 이들은 글로벌 금융 지형에서 중요한 역할을 담당하고 있다. 2017년 9월 전 세계 국부펀드의 총자산은 7조 4,000억 달러 (7조 4,170억 달러)이며, 이는 현재 운영 중인 글로벌 자산의 11%를 차지한다. Top 12 국부펀드는 총 5조 9,000억 달러이며, 전체 국부펀드의 80%에 달한다(http://www.swfinstitute.org, 2017년 9월 30일 접속). 세계 Top 3 공공 연기금펀드는 미국의 사회보장신탁기금(2조 9,000억 달러), 일본의 후생연금펀드(1조 3,000억 달러), 한국의 국민연금(5,000억 달러) 등이다. 컨설팅 회사 PwC는 국부펀드와 국가의 연기금펀드의 총자산이 2015년 11조 3,000억 달러에서 2020년 15조 3,000억 달러로 증가할 것으로 예측하였다(PwC, 2016: 7). 2016년 12월 현재 세계 Top 3 민간 자산관리 회사는 블랙록(BlackRock, 5조 8,000억 달러), 뱅가드(Vanguard, 4조 4,000억 달러), 스테이트 스트리트 글로벌(State Street Global, 2조 8,000억 달러) 등이다. 국부/공공 펀드와 민간 펀드의 가장 큰 차이점은, 국부/공공 펀드는 투자 의사결정이 국가의 부를 축적하고 다음 세대까지 지분을 안정적으로 확보(다음 세대를 위한 부의 보존)한다는 기준으로 **국가의** 통제나 영향을 받는다는 점이다. 국부펀드는 다음과 같은 수단을 통해 자본축적을 한다.

- **국가의 막대한 자원 보유**: 노르웨이와 사우디아라비아의 유전과 러시아와 오스트레일리아의 광물자원처럼 대규모 자원 채굴이나 자원의 상품화를 통한 수출에서 국부펀드의 잉여 축적이 이루어진다.
- **수출을 통한 막대한 무역 불균형**: 외환 잉여를 글로벌 투자를 위한 국부펀드로 전환한다(중국, 홍콩, 싱가포르).
- **장기적으로 보수적인 재정 관리**: 정부 예산의 엄청난 잉여를 국부펀드의 형태로 장시간 축적한다(싱가포르).
- **연기금펀드 사회보장기금의 축적**: 국가가 보증하여 연금펀드의 할당과 축적을 지원한다(중국, 뉴질랜드).

표 8.3은 노르웨이의 정부연기금(9,540억 달러)에서 싱가포르의 테마섹홀딩스(1,970억 달러)까지 2017년 9월 현재 세계 Top 12 국부펀드를 정리한 것이다. '국부펀드 자본주의'에는 4가지 특징적인 현상이 있다(Clark et al., 2013). 첫째, 노르웨이, 홍콩, 싱가포르, 한국, 오스트레일리아를 제외하

표 8.3 2007, 2017년 세계 12대 국부펀드(십억 달러)

국가	펀드 명칭	개설일	자산(2007. 12.)	자산(2017. 9.)
노르웨이	정부연기금	1990	322.0	954.1
아랍에미리트(아부다비)	아부다비투자청(ADIA)	1976	875.0	828.0
중국	중국투자유한책임공사(CIC)	2007	200.0	813.8
쿠웨이트	쿠웨이트투자청	1953	250.0	524.0
사우디아라비아	사우디아라비아 국부펀드	1952	–	514.0
홍콩, 중국	홍콩금융관리국 투자 포트폴리오	1993	–	456.6
중국	세이프(SAFE)투자공사	1997	–	441.0
싱가포르	싱가포르투자청(GIC)	1981	330.0	359.0
카타르	카타르투자청	2005	–	320.0
중국	국가사회보장펀드	2000	–	295.0
아랍에미리트(두바이)	두바이투자공사	2006	–	209.5
싱가포르	테마섹홀딩스	1974	108.0	197.0

출처: 2007년 12월 데이터는 Yeung(2011), 표 1, 2017년 9월 데이터는 http://www.swfinstitute.org, 2018년 1월 9일 접속.

면, 국부펀드는 경제성장을 통해 펀드의 축적을 하는 급성장 개발도상국이 주도하고 있다. 선진국의 국부펀드는 상대적으로 규모가 작아 500억 달러 이하가 대부분이다(미국의 알래스카 영구기금, 텍사스 영구 교육기금, 뉴질랜드 퇴직기금). 둘째, 중국과 러시아를 제외하면, 대부분의 국가가 소국이다. 소국에서 국부펀드가 등장하는 것은 미래 세대까지 지속가능성을 유지하기 위해 국가의 부에서 최대한의 이익을 창출하려는 의도 때문이다. 소국의 거대 국부펀드가 자원 기반(노르웨이, 사우디아라비아)이나 자원 부족 국가(홍콩, 싱가포르)에서 시작된 것은 현대 세계경제의 특이한 현상이며, 선진경제국에도 금융적으로 중요한 의미가 있다. 예를 들어, 2010년 독일 50대 제조 기업의 35%가 '핵심 투자자(anchor investor)'인 석유가 풍부한 중동 국가 국부펀드의 투자를 받고 있다(Haberly, 2014). 이러한 '걸프만의 백기사'는 적대적 인수합병, 파산, 심지어는 2009년 다임러(Daimler)의 크라이슬러(Chrysler) 분리와 같이 구조조정 등의 중대한 금융 위기에 안전판의 역할을 담당한다.

셋째, 국부펀드는 오랜 역사를 가지고 있다. 하지만 21세기에 들어 전 세계의 국가는 정책 목표 달성을 위해 각국의 '자본주의 다양성'과 상관없이, 마치 집단적으로 이러한 특수목적 투자수단이 가장 중요하다고 결정하였다(Clark et al., 2010: 2272). 사실상 표 8.3에 있는 Top 12 국부펀드 중 4개가 2000년 이후에 조성되었다. 넷째, 대부분의 국부펀드가 국가기관에 의해 전문적으로 운영되지만, 현재 집권하고 있는 왕조나 정권에 밀접히 연관된 점은 국제사회의 중요한 관심 사항이다. 비판론자들은 국부펀드의 투자 목적이 순수한 금융적 고려를 넘어 국가의 의도와 연결되어 있어, 지정학적 관심과 경제외교의 목적이 포함되어 있다고 주장한다. 사실상 국부펀드는 경제적 목적과는 반대되는 전략적 추구와 연계되거나, 목적의 투명성에서 상당히 벗어나 있다. 이처럼 금융적 목적과 정치적 추구의 혼합으로 인해 세계경제에서 국가의 활동은 갈수록 불안정하고 논란의 여지를 남긴다(제9장 참조).

요약하면, 국제금융 시스템에서 국가의 기관투자자로서 역할 증대는 1990년대 이후 금융의 선진화와 함께 이어지는 추세이다. 다양한 국가 통제 수단을 활용하여 국가의 부를 증대시키려는 노력과 함께 국부펀드는 금융 목적과 투자 가능성을 국내에만 제한하지 않는다. 국부펀드는 전통적으로 위험회피적인 경향이 있었고, 현금, 고정이율 저축, 미국의 국채나 회사채, 주요국의 화폐 등 비교적 '안전한' 자산에 투자하는 경향이 있었다. 사실상 대부분의 국부펀드는 자산관리를 세계적인 **민간** 자산관리 회사(블랙록, 뱅가드 등)에 아웃소싱해 왔다. 예를 들어, 아부다비투자청(ADIA)은 65%의 자산을 민간기업에 위탁하였다고 이미 알려져 있다(http://www.adia.ae, 2017년 9월 30일 접속). 금융화로 인해 이러한 자산에 더 많은 이익을 생성할 수 있는 수많은 **새로운** 길이 열리고 있다. 일부 국부펀드는 투자수단, 위험부담, 새로운 자산의 편입 등에 매우 공격적인 선택을 하기도 한다. 심지어 학자금 대출 기반의 증권에 투자하기도 한다!

이러한 새로운 자산은 헤지펀드, 부동산, 사모펀드, 글로벌 인프라 등으로 확장된다. 글로벌 인프라 부문은 금융화를 통해 국부펀드와 공적 연기금 등 다양한 투자자의 참여를 가능하게 하였다. 교통 시스템, 유틸리티 네트워크, 학교, 병원 등 인프라 자산의 민간 소유의 확대라는 전반적인 전환이 일어났고, 국부펀드와 기관의 펀드는 금융증권화된 인프라에 대한 투자를 증대시켰다. 아시아의 경우, 세계은행은 2015~2025년 동안 인프라 투자가 8조 달러에 이를 것으로 추산하였다. 이는 2025년 전 세계 인프라 투자의 60% 정도를 차지한다. 2009~2014년 사이에 국부펀드의 인프라 직접 획득액이 국부펀드 전체의 10%에 달했다(PwC, 2016: 22, 30). 예를 들어, 세계에서 가장 바쁜 런던의 히스로공항은 중국, 카타르, 싱가포르의 국부펀드 등 7개 기관투자자를 유치하였으며, 오스트레일리아의 주요 항구 2곳은 아부다비 국부펀드가 소유하고 있다.

8.6 대안 금융?

금융화가 실물경제에서 지배적인 영향력을 가지게 됨에 따라, 글로벌 금융에 순수 경제논리를 지나치게 강조하지 않는 것이 중요해졌다. 글로벌 금융은 주로 미국과 영국에 기반을 두고 있고, 이는 앵

글로아메리칸 금융자본주의라고 알려져 있다(제2장 참조). 이제까지 현대 자본주의에서 학자금 대출이 금융화되는 방식과 글로벌 금융이 세계경제의 거의 모든 영역에 침투하는 방식을 살펴보았다. 하지만 아직은 세계가 다양한 사회와 민족국가로 이루어져 있고, 일부 국가는 앵글로아메리칸 자본주의 양식과는 다른 독특한 문화와 종교를 가지고 있다는 점을 상기할 필요가 있다. 오늘날 금융이 얼마나 강력한지를 이해한다면, 금융도 다른 경제생활의 유형과 마찬가지로 사회와 국가의 규범과 관습에 깊게 뿌리내리고 있는 **사회제도적** 현상이라는 점을 인식해야 한다.

현대의 좋은 사례는 무슬림 사회, 특히 아시아와 중동의 이슬람 국가에서 발견되는 **이슬람 은행과 금융**의 관행에서 찾을 수 있다. 퓨리서치센터(Pew Research Center)에 따르면, 2015년 무슬림 인구는 18억 명으로 세계 인구의 25%를 차지하고 있으며, 적어도 50개 국가에서는 무슬림 인구가 다수를 차지한다. 인구 추계에 따르면, 이 수치는 2060년까지 두 배로 증가할 것으로 예상된다(http://www.pewresearch.org, 2017년 10월 1일 접속). 요약하면, 이슬람식 금융은 규모가 작거나 고립된 현상이 아니라, 앵글로아메리칸 금융과는 동떨어졌지만 상당히 큰 부분을 차지하는 경제 관행이다. 1990년대 이후 글로벌 금융에서 중요하게 성장하는 추세로서 식민지 지배, 착취와 억압, 빈곤, 부의 불균등한 분포 등으로부터의 탈피와 자유이며, 이는 이슬람 신앙의 핵심 교리와도 상당 부분 일치한다.

- **돈**: 돈은 생산 과정 이외에는 부를 추가로 창출하는 데에 사용할 수 없다. 돈 자체는 고유한 가치가 없으며, 다른 것(상품이나 서비스)의 가치를 정의하는 데 의미가 있다. 이는 현대 글로벌 금융의 '정신'과는 완전히 다르다. 글로벌 금융에서 이윤은 투기, 조작, 사기의 의도 등과 상관없이 모든 종류의 금융수단의 투자에 대한 수익을 기반으로 '생성되는 것'으로 여긴다.
- **이자(리바 riba)**: 이슬람 율법 **샤리아**(Shari'a)에서는 예금, 대출에 이자를 부가하는 것을 허용하지 않는다. 대출과 부동산담보대출은 **샤리아**를 준수하는 은행의 금융상품에는 없다. **샤리아** 준수 은행에서는 생산적인 자산을 획득하는 데에만 예금과 펀드를 사용한다. 이 자산에서 발생하는 이윤은 예금주와 나눈다. **수쿠크**(sukuk)로 알려진 **샤리아** 준수 채권은 채권자에게 주로 고정 이윤(배당금)만을 제공한다.
- **투자**: 샤리아에서는 제조업, 서비스 활동, 이슬람 교리를 준수하는 교역에만 투자를 허용하고, 도박, 주류, 돼지고기 관련 상품 등 바람직하지 않은 활동에는 투자를 허용하지 않는다.
- **위험(가라르 gharar)**: 은행은 투자의 위험을 예금주와 공유하며, 모든 위험과 관련 정보는 반드시 예금주에게 제공해야 한다. 즉 고위험 투자는 허용하지 않는다는 의미이다. 또한 **샤리아** 준

수 투자는 생산적인 자산의 미래 이용 불가능성을 피하기 위해 소유 기반으로 진행해야 한다. 파생상품과 부채담보부증권(CDO)은 앵글로아메리칸 금융의 보편적인 투자수단이지만, 이슬람 금융에서는 거의 볼 수 없다.

이상의 내용을 종합하면, 이슬람의 종교적·문화적 신념 체계는 앵글로아메리칸 자본주의에서 전통적인 은행과 금융기관이 보편적으로 행하는 이윤극대화와 위험부담 요구에서 벗어난 투자 행태를 요구한다. 이는 실물경제에서 지분과 투자를 강조하는 은행과 금융 시스템에 대한 대안 시스템의 급속한 발전을 촉진하였다. 2014년 **샤리아** 준수 자산은 2조 달러에 달했으며, 2020년에는 6조 5,000억 달러로 3배가 될 것으로 예측되었다. 2017년 현재 전 세계에는 300여 개의 이슬람 은행이 있으며, 2000~2016년 기간 동안 자본이 2,000억 달러에서 3조 달러로 엄청나게 증가하였다. 2020년에는 이 수치가 4조 달러가 될 것으로 예측된다. 이슬람 상업은행을 보면, 2015년 가장 많은 자산을 가진 무슬림 국가는 이란(3,290억 달러), 사우디아라비아(3,000억 달러), 말레이시아(1,740억 달러), 아랍에미리트(1,280억 달러) 등이다(http://www.ifsb.org, 2017년 10월 1일 접속).

중동 지역의 이슬람 산유국의 부와 국부펀드(쿠웨이트, 사우디아라비아, 아랍에미리트)를 고려해 보면, 이슬람 금융의 관행이 기존의 세계도시 네트워크와는 다른 지리적 구조를 가진 중요한 금융 중심지의 대안적 순환을 창출하고 있음을 알 수 있다. 폴러드와 세이머스는, '대안적'이라는 아이디어는 앵글로아메리칸 금융에 대한 이슬람 금융의 '이별'의 문제라는 점이 중요하다고 주장한다(Pollard and Samers, 2007: 320). 무슬림이 다수인 국가에서 이슬람 금융은 은행과 금융의 지배적인 유형이다! 뉴욕, 런던, 프랑크푸르트, 도쿄, 홍콩 등 세계도시(자료 8.2) 사이에는 막대한 글로벌 자본의 이동이 있지만, 이슬람 금융은 비교적 규모가 작고 세계화가 덜 된 중심지를 기반으로 자본이 순환한다. 이러한 중심지는 '모두가 인정하는 메카'인 바레인의 마나마와 말레이시아의 쿠알라룸푸르이다. 이 밖에도 두바이, 테헤란, 카라치(파키스탄), 런던이 있다. 그림 8.4는 이슬람 금융 중심지를 표시한 것이다. 런던을 제외하면, 이슬람 금융은 앵글로아메리칸 금융자본주의의 지배적인 형태에서 벗어난 **네트워크**와 **장소**에서 운영되는 현상이 뚜렷하다. 사실상 최근 이슬람 금융의 발전은, 미국과 영국에서 무슬림 간의 비이자 기반 금융 관행을 수용하기 위한 규제 전환의 움직임을 촉발시켰다. 런던과 뉴욕에서 거래되는 **수쿠크**, 즉 이슬람 채권은 영국의 보통법을 따르고는 있지만, **수쿠크의 샤리아** 준수, 즉 '이슬람다움'의 의사결정은 여전히 미국과 영국에 있는 여러 **샤리아** 감사위원회 위원이면서 무슬림 다수 국가에 살고 있으며, 크게 존경받는 뛰어난 **샤리아** 학자들에 의해 결정된다.

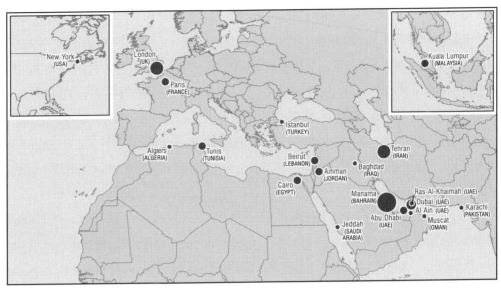

그림 8.4 이슬람 금융 시스템의 글로벌 금융 중심지의 순환

출처: Bassens et al.(2010)을 수정 보완함.

8.7 요약

이 장에서는 화폐와 금융이 시공간을 통해 다양하게 전환되는 과정과 오늘날 글로벌 금융이 탄생하는 과정을 살펴보았다. 이 장의 시작은 영국과 미국에서 막대한 학자금 대출과 이의 금융증권화를 분석하면서 글로벌 금융의 미래와 위험성을 지적하였다. 금융자본은 산업자본주의의 등장 이후 오랜 투자의 역사가 있다. 투자란 생산적인 투입과 자산 획득을 통한 부가가치 활동, 즉 전환 과정을 통해 일상생활에 소비되는 최종 상품과 서비스를 창출하는 것이다. 현대 자본주의의 발전 단계에서 금융과 은행의 범위는 대부분 국가라는 영토적 경계 내에 한정되었다. 하지만 오늘날 글로벌 금융에는 이러한 제약이 없다. 1970년대 이후 금융 부문의 경쟁적인 규제완화와 신기술을 통해 자본은 그 자체가 경제적인 힘이 되었고, 실물경제로부터 계속 이탈하였다.

이 장에서는 화폐와 금융의 경제지리적 이해를 확장하기 위해 금융이 글로벌화되는 과정을 탐구하였다. 1980년대 이후 선진국의 대형 은행들은 국내 활동을 강화하기 시작하고, 전통적인 매개 역할에서 벗어나 투자은행 사업을 시작하였다. 선진국의 비은행 금융기관들도 빠르게 성장하여 글로벌 자본시장에서 새로운 금융수단을 개발하였다. 1990년대 이후 금융자본의 새로운 기회를 신흥시장과 개발도상국에서 찾았다. 이러한 금융 부문의 글로벌 확장과 경제에서 역할의 변화로 인해 21세기에 들어서면서 글로벌 금융이 부상하였다. 대중적인 담론에서 미래의 글로벌 금융은, '무장소적 자본'으로 전 세계 어디에나 확장 가능하다고 예측되었다. 하지만 **실제로 존재하는** 금융의 지리를 보면서, 명백하게 지배적인 금융 중심지의 중요성을 고려하면 이러한 예측의 문제가 나타난다. 글로벌 금융이 '제자리 찾기'를 위해서는 지리학적 문제 제기가 중요하다. 이 장에서는 뉴욕, 런던, 케이맨 제도 등은 국토 면적이나 인구가 기준이 아니라, 글로벌 금융의 조정에 중요한 금융 중심지, 즉 장소라는 점을 강조하였다. 요약하면, 금융은 엄청난 글로벌 금융의 흐름을 매개하는 지배적인 장소의 존재로 인해 글로벌화된다.

1990년대 이후 글로벌 금융 중심지를 통한 자본의 흐름은 계속 이어졌고, 글로벌 금융이 세계경제를 지속적으로 지배하였다. 금융화가 갈수록 강력해지면서 개인과 기업의 예금과 대출 행태가 근본적으로 재편되어, 유형이든 무형이든 거의 모든 것이 거래 가능한 금융수단이 되었다. 이제 금융경제는 거대한 시스템으로 성장하여 실물경제의 중요성을 압도하면서, 화폐와 금융을 투자 이익과 경제성장의 가장 중요한 원천으로 인식하게 되었다. 물론 이러한 금융화로 인해 글로벌 금융의 장밋빛 미래(민주화)는 2008년 글로벌 금융 위기를 낳고, 2010년대에 전 세계적으로 처참한 결과를 초래하였다. 가치와 부의 격심한 파괴, 엄청나게 늘어나는 부채, 전대미문의 주택시장 압류 등은 현대 세계경제 금융 시스템의 집중성의 문제를 성찰하게 하였다. 이 장에서는 또한 도시 거버넌스와 근린 쇠퇴에 미치는 금융화와 금융자본/위기의 심각한 영향을 상세하게 살펴보았다. 마지막으로 국가 기반 금융(국부펀드)과 글로벌 금융의 궤도 밖(이슬람 금융) 등 두 가지 독특한 금융의 유형을 고찰하였다. 현재 지배적인 앵글로아메리칸 금융 모델에 대한 '대안' 모델이 있다는 것은, 실제 경제를 운영하는 데 **국가**와 **국제기구**의 역할과 중요성을 강조한다.

주

- 현대의 금융 주도 자본주의에 대한 예리한 비판은 Harvey(2011), Langley(2014), Tridico(2017) 등을 참조할 것.
- Christophers et al.(2017) 및 Martin and Pollard(2017)는 화폐와 금융에 대해 새로운 지리학적 시각을 제공한다.
- 글로벌 금융의 부상에 대한 저작은 Clark and Wójcik(2007), Hall(2018) 등을 참조할 것.
- 글로벌 금융 중심지와 세계도시에 대한 최근 지리학적 연구는 Taylor et al.(2014), Bassens and van Meeteren (2015), Derudder and Taylor(2018); Coe et al.(2014), Dörry(2015); Wójcik(2013), Clark et al.(2015), Haberly and Wójcik(2015), Aalbers(2018) 등을 참조할 것.

- Pike and Pollard(2010), Lai(2016, 2017), Teresa(2016) 등은 일상생활 금융화의 지리적 영향에 대해 유용한 자료를 제공한다. Aalbers(2016), Christophers(2017), O'Neill(2017), van Loon and Aalbers(2017) 등은 도시와 건조환경이 금융화되는 과정을 연구하였다.
- 최근 개발도상국의 금융시장 발전과 사회제도적 맥락은 다음을 참조할 것. 중국에 대해서는 Weójcik and Camilleri(2015), Pan et al.(2017), Yeung et al.(2017); 이슬람 금융은 Pollard and Samers(2013), Pollard et al.(2016), Ewers et al.(2018), Lai and Samers(2017), Poon et al.(2017); 국부펀드는 Clark et al.(2010, 2013), Yeung(2011), Haberly(2014)를 참조할 것.

연습문제

- 금융자본은 왜 본질적으로 운영이 세계화되는가?
- 글로벌 금융 시대에 왜 특정 국제금융 중심지는 강력하고 영향력이 증대하는가?
- 금융화는 우리의 일상 사회생활에 어떻게 영향을 미치는가?
- 금융 위기는 왜, 어떻게 도시의 건조환경에 영향을 주는가?
- 이슬람의 금융제도와 다른 사례를 이용하여 대안적 금융 시스템의 구축 가능성을 논의해 보자.

심화학습을 위한 자료

- http://www.worldbank.org/en/publication/gfdr/data/global-financialdevelopment-database: 세계은행의 글로벌 금융 데이터베이스. 글로벌 금융 시스템에 대한 가장 포괄적인 데이터를 제공한다.
- http://fas.imf.org: IMF의 금융 접근성 조사 자료. 신용과 금융 서비스에 대한 접근성 자료 제공. 유럽 데이터는 https://ec.europa.eu/info/policies/banking-and-financial-services_en에서 제공한다.
- http://www.longfinance.net: 글로벌 금융 중심지 지수(GFCI) 등 글로벌 금융 중심지에 대한 포괄적인 분석을 제공한다.
- http://www.taxjustice.net: 조세정의 네트워크는 금융비밀지수 등을 통해 조세회피, 조세정의에 대해 통찰을 제공한다. 옥스팸도 세계 최악의 조세회피지 명단을 제공한다. https://www.oxfam.org/en/research/tax-battles-dangerous-global-race-bottomcorporate-tax.
- https://www.swfinstitute.org: 국부펀드연구소는 세계에서 규모가 가장 큰 투자자인 국부펀드와 연기금, 가족유산, 자산관리 회사 등 타 기관투자자에 대한 데이터와 분석 보고서를 제공한다.
- http://www.ifsb.org: 이슬람 금융서비스위원회는 세계 최대의 대안 금융인 이슬람 금융에 대한 정보를 제공한다.

참고문헌

Aalbers, M. B. (2016). *The Financialization of Housing: A Political Economy Approach*. London: Routledge.
Aalbers, M. B. (2018). Financial geography I: geographies of tax. *Progress in Human Geography* 42: 916-927.

Bassens, D., Derudder, B., and Witlox, F. (2010). Searching for the Mecca of finance: Islamic financial services and the world city network. *Area* 42: 35-46.

Bassens, D. and van Meeteren, M. (2015). World cities under conditions of financialized globalization: towards an augmented world city hypothesis. *Progress in Human Geography* 39: 752-775.

Budd, L. (1999). Globalisation and the crisis of territorial embeddedness of international financial markets. In: *Money and the Space Economy* (ed. R. Martin), 115-137. Chichester, UK: John Wiley.

Christophers, B. (2017). The state and financialization of public land in the United Kingdom. *Antipode* 49: 62-85.

Christophers, B., Leyshon, A., and Mann, G. (2017). *Money and Finance After the Crisis: Critical Thinking for Uncertain Times.* Chichester: Wiley.

Clark, G. L., Dixon, A. D., and Monk, A. H. B. (2013). *Sovereign Wealth Funds: Legitimacy, Governance, and Global Power.* Princeton, NJ: Princeton University Press.

Clark, G. L., Lai, K. P. Y., and Wójcik, D. (2015). Editorial introduction to the special section: deconstructing offshore finance. *Economic Geography* 91: 237-249.

Clark, G. L., Monk, A., Dixon, A. et al. (2010). Symposium: sovereign fund capitalism. *Environment and Planning A* 42: 2271-2291.

Clark, G. L. and Wójcik, D. (2007). *The Geography of Finance: Corporate Governance in a Global Marketplace.* Oxford: Oxford University Press.

Coe, N. M., Lai, K., and Wójcik, D. (2014). Integrating finance into global production networks. *Regional Studies* 48: 761-777.

Derudder, B. and Taylor, P. J. (2018). Central flow theory: comparative connectivities in the world-city network. *Regional Studies* 52: 1029-1040.

Dörry, S. (2015). Strategic nodes in investment fund global production networks: the example of the financial centre Luxembourg. *Journal of Economic Geography* 15: 797-814.

Ewers, M. C., Dicce, R., Poon, J. P. H. et al. (2018). Creating and sustaining Islamic financial centers: Bahrain in the wake of financial and political crises. *Urban Geography* 39: 3-25.

Fernandez, R., Hofman, A., and Aalbers, M. B. (2016). London and New York as a safe deposit box for the transnational wealth elite. *Environment and Planning A* 48: 2443-2461.

Haberly, D. (2014). White Knights from the Gulf: sovereign wealth fund investment and the evolution of German industrial finance. *Economic Geography* 90: 293-320.

Haberly, D. and Wójcik, D. (2015). Tax havens and the production of offshore FDI: an empirical analysis. *Journal of Economic Geography* 15: 75-101.

Hall, S. (2018). *Global Finance: Places, Spaces and People.* London: Sage.

Harvey, D. (2011). Roepke lecture in economic geography - Crises, geographic disruptions and the uneven development of political responses. *Economic Geography* 87: 1-22.

Lai, K. P. Y. (2016). Financial advisors, financial ecologies and the variegated financialisation of everyday investors. *Transactions of the Institute of British Geographers* 41: 27-40.

Lai, K. P. Y. (2017). Unpacking financial subjectivities: intimacies, governance and socioeconomic practices in financialisation. *Environment and Planning D: Society and Space* 35: 913-932.

Lai, K. P. Y . and Samers, M. (2017). Conceptualizing Islamic banking and finance: a comparison of its development and governance in Malaysia and Singapore. *The Pacific Review* 30: 405-424.

Langley, P. (2014). *Liquidity Lost: The Governance of the Global Financial Crisis.* Oxford: Oxford University Press.

van Loon, J. and Aalbers, M. B. (2017). How real estate became 'just another asset class': the financialization of the investment strategies of Dutch institutional investors. *European Planning Studies* 25: 221-240.

Martin, R. (2011). The local geographies of the financial crisis: from the housing bubble to economic recession and beyond. *Journal of Economic Geography* 11: 587-618.

Martin, R. and Pollard, J. (2017). *Handbook on the Geographies of Money and Finance.* Cheltenham: Edward Elgar.

O'Neill, P. (2017). Managing the private financing of urban infrastructure. *Urban Policy and Research* 35: 32-43.

Pan, F., Zhang, F., Zhu, S., and Wójcik, D. (2017). Developing by borrowing? Inter-jurisdictional competition, land finance and local debt accumulation in China. *Urban Studies* 54: 897-916.

Peck, J. and Whiteside, H. (2016). Financializing Detroit. *Economic Geography* 92: 235-268.

Peretti, J. (2016). The Cayman Islands - home to 100,000 companies and the £8.50 packet of fish fingers. *The Guardian* (18 January 2016). https://www.theguardian.com accessed 28 September 2017.

Pike, A. and Pollard, J. (2010). Economic geographies of financialization. *Economic Geography* 86: 29-51.

Pollard, J., Datta, K., James, A., and Akli, Q. (2016). Islamic charitable infrastructure and giving in East London: everyday economic-development geographies in practice. *Journal of Economic Geography* 16: 871-896.

Pollard, J. and Samers, M. (2007). Islamic banking and finance: postcolonial political economy and the decentring of economic geography. *Transactions of the Institute of British Geographers* 32: 313-330.

Pollard, J. and Samers, M. (2013). Governing Islamic finance: territory, agency, and the making of cosmopolitan financial geographies. *Annals of the Association of American Geographers* 103: 710-726.

Poon, J. P. H., Pollard, J., Chow, Y. W., and Ewers, M. (2017). The rise of Kuala Lumpur as an Islamic financial frontier. *Regional Studies* 51: 1443-1453.

PwC (2016). Sovereign Investors 2020: A Growing Force. http://www.pwc.com/sovereignwealthfunds (accessed 30 September 2017).

Sassen, S. (1991). *The Global City: New York, London, Tokyo.* Princeton, NJ: Princeton University Press.

Taylor, P. J., Derudder, B., Faulconbridge, J. et al. (2014). Advanced producer service firms as strategic networks, global cities as strategic places. *Economic Geography* 90: 267-291.

Teresa, B. F. (2016). Managing fictitious capital: The legal geography of investment and political struggle in rental housing in New York City. *Environment and Planning A* 48: 465-484.

Tridico, P. (2017). *Inequality in Financial Capitalism.* London: Routledge.

Wojcik, D. (2013). Where governance fails advanced business services and the offshore world. *Progress in Human Geography* 37: 330-347.

Wojcik, D. and Camilleri, J. (2015). 'Capitalist tools in socialist hands'? China Mobile in global financial networks. *Transactions of the Institute of British Geographers* 40: 464-478.

Yeung, G., He, C. F., and Zhang, P. (2017). Rural banking in China: geographically accessible but still financially excluded? *Regional Studies* 51: 297-312.

Yeung, H. W. C. (2011). From national development to economic diplomacy? Governing Singapore's sovereign wealth funds. *The Pacific Review* 24: 625-652.

Zwiers, M., Bolt, G., Van Ham, M., and Van Kempen, R. (2016). The global financial crisis and neighborhood decline. *Urban Geography* 37: 664-684.

3부

경제의 거버넌스

9

국가- 누가 경제를 운영하는가?

탐구 주제

- 국가가 영토 내에서 경제의 전 과정을 복합적으로 운영하는 방식을 이해한다.
- 세계화 시대에 국가의 역할 변화를 이해한다.
- 세계경제에서 다양한 국가의 유형을 파악한다.
- 영토 내에서 국가의 통제와 권위의 지리적 변이를 파악한다.

9.1 서론

2008년 미국 연방정부는 국가 총지출의 57%를 기초연구개발비로 책정하였다. 이 중에서 민간기업은 18%밖에 지원받지 못했고, 대학과 비영리기관이 나머지 연구비를 지원받았다. 2016년에도 이 비율은 크게 바뀌지 않았고, 연방정부는 여전히 기초연구의 최대 지원자이다. 사실상 연방정부는 비군사적 연구개발 지출을 2008년 670억 달러에서 2016년에는 700억 달러로 증대시켰으며, 이 중에서 335억 달러는 기초연구개발비로 지출되었다(https://www.aaas.org, 2018년 1월 10일 접속). 연구개발비는 국방부, 에너지부, NASA, 국립보건원, 국립과학재단 등의 연방기구를 통해 지출되었다. 연방정부가 혁신을 위해 기업에 엄청난 지원을 하는 미국을 '미국주식회사'라고 부르기에 충분하며, 미국은 국가안보를 위해 민간 부문과 밀접한 협력을 하는 **국방국가**로 볼 수 있다(Weiss, 2014: 4).

미국의 국가 주도형 기초연구개발에 대한 지원은 명백히 범용기술(GPT)의 엄청난 혁신을 주도하였으며, 상당수가 상업화되어 일상생활에서 신상품과 새로운 서비스의 형태로 이용되고 있다. 1994년 국립과학재단은 범용기술의 하나인 다중 디지털도서관 계획을 지원하기로 하였다. 이 연구의 목적은 인터넷 사용 초기의 자료수집 인터페이스의 접근성 향상이었다. 스탠퍼드 대학교 교수 두 명이 6개 주제의 연구과제로 450만 달러를 연구비로 사용하였다. 디지털도서관 계획에 참여한 대학원생 래리 페이지(Larry Page)는 웹을 '수집'의 관점에서 파악하였고, 웹페이지 간의 단절고리를 발견하는 데 주력하였다. 그는 웹페이지 간에 수백만 개의 단절고리를 파악하였고, 검색 결과의 자연적인 선택을 위해 핵심적인 적용 방법을 고안하였다. 래리 페이지는 동료 대학원생인 세르게이 브린(Sergey Brin)과 함께 서로 다른 웹페이지들을 링크의 순서에 따라 배치하는 기술을 사용할 수 있는 프로토타입을 발명하였다. 그들은 곧 웹링크를 가계도처럼 나열하는 것은 너무 방대하다고 생각하였다. 따라서 웹페이지를 분류할 수 있는 페이지 순위 제공 방법을 고안하였다. 이는 다른 페이지와 연결되는 빈도를 기반으로 한 것으로, 그들은 2,400만 페이지의 세트를 성공적으로 테스트하였다.

1998년 페이지와 브린은 자신들의 페이지 순위 기법, 즉 '알고리듬'을 산업화하여 구글을 창업하였다(Hart, 2004). 창업 초기에 미국 정부의 지원을 받은 기업이 구글만은 아니다(Mazzucato, 2013). 마이크로프로세서와 셀룰러 기술에서 애플 아이팟, 아이폰, 맥의 신기종에 사용되는 멀티터치 스크린까지 그 기술의 기원은 미국이라는 안보국가의 국방부와 관련 기관들이다. 심지어 애플의 시리도 2010년 비영리단체인 스탠퍼드연구소에서 가져온 것이며, 연구비는 미국 국방고등연구계획청(DARPA)이 시리의 초기 개발을 위해 지원한 것이다(https://www.sri.com, 2017년 10월 24일 접속).

애플과 구글의 세계를 바꾸는 혁신들은 현대 세계체제에서 **국가**의 역할이 중요함을 다음의 두 가지 측면에서 보여 준다(국가에 대한 기본 용어와 개념은 자료 9.1 참조). 첫째, 국가는 영토 내에서 정치와 안보만이 아니라 훨씬 많은 역할을 담당한다. 정부는 국가 발전을 촉진하고 경제를 운영하는 데 중요한 역할을 한다. 둘째, 미국 행정부는 이념적 측면에서 보면 넓은 의미로 시장친화적이라고 추정할 수 있으므로, 국가와 민간 부문은 깊은 상호의존적 관계로 볼 수 있다. 국가는 필연적으로 경제와 정치 기관이므로, 국가의 특성을 정의하기 위해서는 이 두 부문의 접점을 파악해야 한다. 국가의 유형은 국가 형성과 진화 과정의 역사 및 지리에 따라 매우 다양하다. 따라서 정치·경제 체제가 다른 국가들은 역할과 기능의 변이가 아주 크다고 예측할 수 있다.

이 장은 크게 4개의 부분으로 구성된다. 제2절 '신자유주의 세계화와 국가의 종말?'은 신자유주의 세계화 시대 국가의 역할 축소에 대한 논쟁을 소개하고 질문을 던진다. 제3절 '국가 경제의 조성자로서 국가의 역할'은 영토와 국경을 넘어 진행되는 경제활동에 대한 국가의 다양한 방식의 영향력을 설명하고, 궁극적인 보증자, 규제자, 관리자, 소유자, 기본서비스 제공자, 투자자로서의 국가의 복합적인 역할을 토의한다. 이러한 국가의 개입은 국가가 세계경제에 접속하는 방식과 영토 내의 경제활

자료 9.1: 국가의 해부

국가라는 용어는 상당히 혼란스러워 개념의 명확화가 필요하다. 영토적 의미의 국가(state)는 한정된 영토 내의 사람들이 일정한 유형의 권위 구조에 의해 운영되는 조직을 의미한다. 반면에 사회적 의미의 국가(nation)는 문화와 역사 유산을 공유한 사람들의 집단을 의미한다. 이 두 개념은 중복되기도 하면서 정치적·문화적 차원이 일치하는 국민국가(nation-state)를 형성한다. 많은 국가는 내부적인 갈등과 전쟁(예로 미국, 중국, (구)유고슬라비아, 아프리카 국가들)을 경험하면서 국가의 특성을 형성하는 과정에서 상처 많은 여정을 걸어왔다. 일부 국가들은 **주권**을 유지하기 위해 투쟁하기도 한다(중국에 대한 대만의 관점). 또한 분리독립을 위해 지속적으로 압력을 주고 있는 '영토 없는 국가'도 있다(스페인과 프랑스의 바스크인, 이스라엘과 그 주변의 팔레스타인, 이란, 이라크, 튀르키예의 쿠르드족). 이 책의 주된 관심은 경제에 영향을 주는 주권의 행사에 초점을 두고 있으므로, 영토적 의미의 '국가(state)'라는 용어를 사용하기로 한다. 제1장에서 논의한 것과 같이 국가는 필연적으로 **영토적** 조직이다.

또한 지리적 **스케일**이라는 용어에 대해 명확히 해야 한다. 국가는 기본적으로 국가-단위의 구조로만 보이지만 다양한 층위의 정부를 통해 기능하는, 실제로 **다중 스케일** 조직이다(모나코나 싱가포르 같은 도시국가는 예외). 대부분의 대형 국가에는 국가적 스케일, 지역적 스케일, 도시적 스케일 등 3개 층위의 지방정부가 있다. 예를 들어, 중국은 공식적으로 국가, 성급(省), 지급(地), 현급(縣) 등 4개 층위의 행정단위를 운영하고 있으며, 현 아래에 지방 3급 행정단위인 향(鄕)과 진(鎭)을 운영하고 있다. 지방 행정단위는 약간 혼란을 줄 수 있다. 인도와 미국은 주(state), 캐나다와 중국은 주(州)나 성(省), 일본은 현(縣: prefecture), 오스트레일리아, 캐나다, 인도는 준주(準州: territory), 영국과 프랑스는 지역(region)이라는 용어를 사용한다. 지방정부의 통제 권한은 각 국가의 상황에 따라 다르다. 미국, 오스트레일리아, 캐나다, 독일, 인도 같은 연방제 국가에서의 주정부(캘리포니아, 퀸즐랜드, 온타리오, 바이에른, 안드라프라데시 등)는 상당히 높은 자율권을 가지고 있다. 영국, 프랑스, 노르웨이처럼 중앙집권적 요소가 강한 국가에서 지방정부는 한정된 자원과 제한적인 의사결정 권한을 가지고 있다.

동의 분포에 따라 불균등한 공간분포를 초래한다, 제4절 '자본주의와 국가의 다양성'은 국가의 다양한 역할에 대한 접근 방법을 논의한다. 오늘날 세계경제 환경 속에서 국가는 정치적 이념에 따라 엄청나게 다양한 역할을 한다. 이 장에서는 신자유주의 국가, 복지국가, 발전국가, 권위주의 국가 등 국가의 유형을 4개로 분류하여 조직의 특성과 다양성을 살펴본다. 이를 통해 국가와 경제의 관계가 변함에 따라 자본주의의 유형이 다양하게 나타난다는 것을 지적한다. 마지막으로 제5절 '주권의 등급화와 국가'에서는 국가 통제의 기제와 효과가 사회적·공간적으로 불균등하게 나타나고, 특정 공간이 세계경제와 연계되어 막대한 자율성을 누리는 현상을 설명한다.

9.2 신자유주의 세계화와 국가의 종말?

1990년대 초반 이후 국가는 현대 세계경제의 자유시장 기제와는 관련이 없어진다는 주장이 있다. 이러한 주장을 **신자유주의 세계화** 관점이라고 하며, 주로 산업계, 언론계, 시장주의 학자들이 지지하고 있다. 신자유주의 주창자들은 전형적으로 애덤 스미스나 프리드리히 하이에크 등 고전경제학자들의 논의를 도입하여 고도로 상호연계된 세계경제 체제에서 자유무역과 시장 기제를 옹호한다. 이러한 관점에서 보면 세계화는 '국경 없는' 세계에서 자본, 기술, 사람을 통합시켜 주는 경쟁력 있는 힘이다(제5장 제2절 참조). 국가는 시장친화적 규제완화와 자유화라는 외부 압력에 굴복하고 말았다고 주장한다. 이러한 담론 중에 가장 강력하고 지배적인 표현이 현대의 정치·경제적 이념인 **신자유주의**의 등장이라고 할 수 있다(자료 9.2 참조). 신자유주의 세계화 과정에서 개별 국가가 통제할 수 없는 단일한 세계시장을 창출한다. 이러한 **새로운** 세계체제에서 신자유주의 전문가들은 정치·경제적 거버넌스의 제도로서 국가의 종말을 시사하는 강력하고 대중적인 담론을 만들어 낸다. 이러한 담론은 강력한 외부적인 세계화의 힘으로 국가의 기능이 재편되는 현상을 말하는 것으로, '세계화의 변명'이라고도 한다. 신자유주의 세계화는 국가에서 어떠한 일이 일어나더라도 굳이 설명할 필요가 없어지는 편리한 설명, 즉 희생양이 되었다.

이러한 신자유주의 주장에 따르면, 권력은 이미 국가에서 기업과 국제금융기관으로 이전되었다. 이들은 세계시장에서 국경을 넘어선 자본과 기술의 복잡한 흐름을 조정하고 있다. 국가는 영토 내의 경제 문제와 기업의 활동을 통제할 힘을 잃고 있으며, 글로벌 기업들이 정치적 지원, 재정적 인센티브, 환경규제의 완화, 시장접근 등에서 이익을 얻기 위해 국가보다도 우위에서 투자 장소에 대한 의사결정을 하고 있다. 선진국과 개발도상국에서 기업들이 성공적인 결과를 얻을 때, 투자 대상국은 국가 경제를 효율적으로 통제할 수 없게 된다. 이러한 대기업들의 성공적인 세계적 확장은 국가 경제의 규제에서 국가의 역할을 감소시킨다. 요약하면, 제5장과 제8장에서 살펴보았듯이, 기업의 힘과 국제금융의 성장은 국가의 종말을 설명해 준다.

수많은 기업의 리더, 정치인, 미디어 해설가들은 '세계화로 인해 우리는 …을 할 수밖에 없다'라는 주장을 함으로써 신자유주의 세계화의 함정에 빠진다. 심지어 사회주의 국가인 중국의 시진핑 주석조차도 세계화 찬성 담론을 지지하였다. 2017년 1월 세계경제포럼의 기조연설에서 시진핑 주석은 세계화와 자유무역을 굳건히 주장하였다.

우리가 좋아하든 좋아하지 않든 간에 세계경제는 벗어날 수 없는 거대한 대양이다. 국가 간의 자본,

자료 9.2: 신자유주의

신자유주의는 개인의 자유, 시장, 민간기업에 대한 강한 신념의 기반 위에 구성된 정치·경제적 이념이다. 케인스주의(영국의 경제학자 존 메이너드 케인스) 복지국가 정부의 중앙집중적인 경제 운영과 대비되는 신자유주의적 관점은 재산권 강화, 자유시장과 자유무역을 강화하기 위해 경제에서 국가의 역할을 제한하고 최소화해야 한다는 입장이다. 이러한 신념은 다음과 같은 일련의 정책 처방을 주로 시행한다.

- 재정 규율 강화와 정부 적자예산의 최소화
- 공공지출을 복지와 재분배에서 경제의 경쟁력 강화로 전환
- 세제 완화와 경제성장을 위한 인센티브 강화
- 이자율과 자본 흐름의 시장 기제를 허용하는 금융자유화
- 무역자유화와 관세 및 비관세 장벽의 축소
- 해외직접투자(FDI)의 장벽 제거
- 국영기업의 민영화와 공공서비스 부문에 민간 부문 참여의 증대
- 광범위한 규제완화와 경쟁의 장벽 제거

신자유주의의 발전은 다음의 3단계로 볼 수 있다(Peck and Tickell, 2002). 1970년대 세계 경제위기 기간에 정치인과 학자들이 시행하였던 정책을 **신자유주의의 원형**이라고 한다. 칠레는 피노체트 정권이 1973년 쿠데타 이후 신자유주의 개혁 프로그램을 시범적으로 시행한 최초의 국가라고 할 수 있다. 1979년 영국의 마거릿 대처와 1980년 미국 로널드 레이건의 당선은 **규제 철폐 신자유주의(rollback neo-liberalism)**의 시작을 알리는 것으로 신자유주의의 두 번째 단계이다. 이 시기에는 민영화, 규제완화, 시장경제로의 이전 등의 과정이 동시에 이루어지면서 국가의 경제개입 축소가 진행되었다. 1990년대는 신자유주의가 정책 수립에 '상식'으로 정착하는 **신자유주의 본격화 시기(roll-out neo-liberalism)**였다. 이 시기에는 사회 전반에 걸쳐 신자유주의 원칙이 서서히 확산되었고, 영향력이 큰 정책 네트워크를 통해 세계적으로 전파되었다. 소위 '워싱턴 컨센서스[Washington Consensus, 워싱턴 D.C.에 본부를 둔 미국 재무부, 세계은행, 국제통화기금(IMF)의 3개 기관이 신자유주의 원칙을 합의]'는 1990년대와 2000년대를 통해 신자유주의 사상이 전 세계로 확산된 가장 강력한 원동력이 되었다(제10장의 제도 참조). 이러한 신자유주의 프로젝트의 3가지 측면을 분석한 경제지리학자들의 통찰은 상당히 중요하다. 첫째, 지리학자들은 **신자유주의 사고**의 기원과 국가적·도시적 스케일에서 다양한 유형의 신자유주의 정책의 세계적인 전파 과정을 연구한다. 둘째, 지리학적 연구를 통해 신자유주의도 세계화와 마찬가지로 부분적으로는 효과적이나 고도로 불균등한 공간구조를 창출하고, 늘 강력한 저항에 직면하고 있는 등 복잡한 과정을 겪고 있다는 점을 지적한다. 마지막으로 핵심적인 신자유주의 사고는 명확하지만 전 세계에서 진행되는 신자유주의 정책들은 (실제 존재하는 신자유주의) 개별 국가의 역사와 국가 형성의 특성에 따라 무척 다양하고 장소 특수적이다. 더 자세한 내용은 펙(Peck, 2010) 및 펙과 시어도어(Peck and Theodore, 2015) 참조.

기술, 상품, 산업, 사람의 흐름을 제어하려는 어떠한 시도와, 대양의 물을 고립된 호수와 계곡으로 돌리려는 시도는 불가능하다(Xi Jinping, 17 January 2017, https://america.cgtn.com, 2017년 10월 25일 접속).

하지만 우리는 이러한 주장에 대해 국가가 정말 사라질까에 대한 의문을 가져야 한다. 이 장에서는 현대 세계경제의 상황에서 대안적이고 더 차별화되는, 경제지리학적 국가의 역할을 논의한다. 구체적으로 보면, 현대 경제를 규율하는 국가의 역할은 다음의 3가지가 있다. 첫째, 국가를 기업, 금융활동으로부터 분리하는 신자유주의적 입장에 대안적 국가의 역할을 주장한다. 기업과 시장은 국가와 상호의존적인 관계, 즉 '배태적'인 관계에 있다. 기업은 국가의 기능을 요구하고, 국가가 영토 내의 기업과 시장의 활동을 통해 경제발전을 이루지 못한다면 국가의 정치적 정당성은 도전받는다. 따라서 현대에는 국가가 영토 내에서 경제 규율을 하는 것이 가장 중요하다.

둘째, 신자유주의적 설명은 모든 국가가 동일하다는 인상을 준다. 하지만 도널드 트럼프의 미국과 시진핑의 중국을 비교한다면, 이는 무리하게 지나친 단순화라는 것을 알 수 있다. 국가가 영토 내에서 통제하고 권위를 유지하는 역량에 따라 다양한 **변이**가 있다는 사실을 인식해야 한다. 세계적인 힘에 굴복하는 국가도 있지만, 대부분의 국가는 세계경제의 '게임의 규칙'을 형성하는 데 영향을 준다. 20세기 후반기 세계자본주의의 본질은 미국과 서유럽의 경제 지배라고 할 수 있다(제10장 참조). 21세기에는 세계경제가 중국, 브라질, 러시아, 인도(소위 BRIC 국가)와 같은 새로운 성장과 이익의 중심지의 힘을 어느 정도 반영하는지에 대한 논의가 이어지고 있다. 셋째, 가장 중요한 점은, 국가는 변화하는 경제 상황에 대응하여 항상 스스로 재편된다는 지리적 및 정치·경제적 관점이다. 국가는 정적인 제도가 아니라, 경제성장을 추구하고 민주주의적 관점에서 보면 선거를 통해 평가를 받아 항상 혁신해야 하는 역동적인 총체이다. 요약하면, 이 장의 핵심 주장은 국가의 영토적 힘은 필연적으로 소멸하는 것이 아니라, 세계화의 과정에 의해 **변모**하고 있다는 점이다.

9.3 국가 경제의 조성자로서 국가의 역할

국가의 정치와 경제의 상호작용을 분석하기 위해서는 국가가 기업, 시장과 상호작용하는 방식을 이해하는 것이 필요하다. 이 절에서는 현대 국가가 수행하는 경제적 기능을 소개하고, 지역에 따라 차별적으로 작동 방식이 변모하는 양상을 설명한다. 국가가 경제에 직접적으로 영향을 주는 6가지 역할—궁극적인 보증자, 규제자, 경제 관리자, 기업 소유자, 공공서비스 제공자, 국제적 투자자—에 대해 살펴보자.

궁극적인 보증자로서의 국가

시장은 자율적인 조직처럼 보이지만, 금융 위기(제8장 참조)와 자연재해 같은 대형 사태에서는 실패할 수밖에 없다. 이러한 위기상황에서는 주로 국가가 개입하여 치명적인 경제 상황의 최후의 보루이자 궁극적인 보증자로서 제도적 역할을 담당한다. 이것이 국가의 집합적 행위주체자로서 기본적인 역할이다. 여기에는 4가지 중요한 요소가 있다.

- **금융 위기에 대처**: 2007~2009년 기간(그리고 1930년대의 대공황 시기)에 대형 금융기관의 실제적·잠재적 파산으로 인한 심각한 금융 위기가 있었다. 어떤 경우에는 국가가 제도의 실패를 막기 위해 노력할 것이다. 예를 들어, 2008년 후반 리먼브라더스 투자은행의 파산에서 보듯이, 대부분의 경우 세계경제의 금융 흐름의 중심성으로 인해 국가의 개입은 시스템 전체의 안정성을 보증해 주는 역할을 한다. 2008~2009년 동안 미국과 영국 등의 국가들이 금융 시스템의 신뢰를 찾고 경제 전반의 안정을 위해 취하였던 정책을 보자. 미국 정부는 2008년 10월 부실자산 구제 프로그램(TARP) 4,750억 달러를 통해 씨티그룹과 뱅크오브아메리카(BoA)에 각각 450억 달러를 지급함으로써 위기에서 구했다. 영국 정부도 이와 비슷하게 스코틀랜드 로열은행과 핼리팩스은행에 1,850억 달러 구제금융을 시행하였고, 노던록은행을 국유화하였다.
- **국가 경제제도의 보증**: 국가의 국제적 경제신용은 부분적으로는 통화와 국채의 가치를 유지하는 능력에 좌우된다. 예를 들어, 미국 국채는 국제금융권에서 높은 신뢰를 받고 있다. 국부펀드, 연기금, 보험회사와 같은 기관투자자들은 매력적인 이자율과 기간이 만료되었을 때 상환의 안정성 때문에 미국 국채를 구매한다(제8장 참조). 이에 비해 규모가 작거나 불안한 국가의 국채는 안정성의 문제가 있을 가능성이 커서 잠재적 투자자들에게 그리 매력적이지 않다. 국가는 자국의 통화를 국제표준, 즉 법화(legal tender)*로서 보증하여 영토 내에서 통용되게 하며, 상대적인 가치를 유지하기 위한 노력을 한다. 1990년대 초중반 아르헨티나와 멕시코 등 라틴아메리카 국가의 경험과 1990년대 후반 인도네시아, 태국, 한국 등 아시아 국가의 경험은 국가가 이러한 역

---

* 역자주: 통화의 원활한 유통을 기하기 위해 법률에 따라 강제통용력을 부여한 화폐.

할을 다하지 못했을 때 어떠한 일이 발생하는지를 보여 준다. 국가 정부가 충분한 외환이나 금 보유를 통해 자국 통화를 보증해 주지 못하면, 투자자들이 이 통화보유액을 급히 판매해 버리기 때문에 심각한 가치하락과 금융 위기가 발생한다.

- **국제 경제조약의 보증**: 국가는 국제무역과 투자협약에 대해 협상하고 체결할 수 있는 정치적 정 당성을 가진 유일한 제도이다. 국가는 공동의 경제번영을 위해 자유무역협정(FTA)을 체결한다 (제10장 참조). 국가는 또한 외국에서 자국 기업의 상업적 이익을 보호하기 위해 투자보증조약 을 맺기도 한다. 싱가포르와 같은 중소국가는 세계경제에서 자국의 네트워크 확장을 위해 이러 한 자유무역협정을 효율적으로 활용한다.
- **재산권과 법치주의**: 국가는 정리된 법률 체계를 통해 사유재산권의 설정과 유지, 법치주의의 구 현을 담당하는 주체이다. 재산권은 개인이나 기업이 자산(토지, 빌딩, 기계, 아이디어, 디자인 등)을 소유하고 이 자산으로부터 소득을 취할 수 있는 권리를 말한다. 이러한 관점은 현대 자본 주의의 특징을 대변한다(제3장 참조). 효율적인 재산권이 없다면, 자본가(개인이나 기업)는 이 윤이나 지대를 취할 수 없기 때문이다. 국가의 많은 부서는 부동산등기, 특허, 상표권, 사업체 등 록 등의 재산권 관련 업무를 담당하고, 재산권을 보호하기 위한 법률을 제정하여 시행하고 있다.

규제자로서의 국가

국가는 기본적으로 국가의 경계 내외에서 발생하는 경제활동의 규제자이다. 시장친화주의적 관점 에서 보면, 국가는 단순히 시장 주도 활동을 열어 주고 보호해 주면 된다. 동시에 국가 정당성의 원천 은 시장과 기업활동의 잠재적 악영향으로부터 시민을 보호함으로써 이루어진다. 국가는 경제활동 에 대해 경제적·환경적·윤리적 고려를 통해 다음과 같이 다양한 유형의 규제를 시행한다.

- **시장규제**: 국가는 시장 기제의 '공정성'을 유지하기 위해 노력한다. 국가가 적극적으로 규제하는 시장 행태는 국가 경제의 변이만큼 다양하다. 예를 들어 미국은 개방형 시장경쟁과 독점금지의 경향을 강하게 선호한다고 알려져 있다. 20세기에 미국의 대기업들은 거대 기업의 과도한 시장 지배력을 경계하는 정부 정책에 맞추어 작은 단위로 분할되었다. 예를 들어, 1911년 록펠러의 스 탠더드오일(Standard Oil)이 분할되어 엑손모빌(ExxonMobil)과 셰브론(Chevron)이 탄생하 였고, 1984년 AT&T는 여러 개의 지역별 벨 운용 회사인 일명 '베이비 벨(baby Bell)'로 분할되 었다. 여러 국가는 공정거래위원회와 독점 규제기관을 설치하여 다양한 산업 부문에서 시장경

그림 9.1 미국-멕시코 국경

출처: Dimitros Manis/SOPA Images/LightRocket via Getty Images.

쟁을 유지하고 있다. 이러한 시장경제 규제를 위한 독점규제정책은 개발도상국에서 보이는 국가 독점 기업을 유지하는 정책과는 대비된다.

- **경제 흐름에 대한 규제:** 현대 국가는 국경에 대한 규제에 중요한 역할을 한다. 특히 엄청난 자본, 상품, 사람, 지식 등의 국가 간 이동의 흐름이 있는 세계화 시대에는 더욱 중요하다. 국가에 따라서는 자본 흐름에 대한 규제를 위해 금융자본이 국내로 들어오고 나가는 데 강한 규제를 가하거나 높은 세금을 부과하기도 한다. 노동력의 이동과 관련해 국경통제를 하는 점은 특히 중요하다 (그림 9.1 참조). 세계화가 진전되면서 다양한 유형의 국제 이주가 많아졌다(제6장 참조). 이주의 주요 목적지인 미국, 영국, 캐나다, 오스트레일리아 등에서는 '포인트(point)' 제도를 통해 이주자를 규제한다. 예를 들어, 기술, 자격증, 이주자가 투자할 수 있는 금융자산 등을 평가한다. 또한 국경의 감시를 강화하여 불법 및 비밀 이민을 막고 있다. 그 예로 미국-멕시코 국경과 유럽연합의 동부와 남부 경계 지역의 경찰 활동이 강화되고 있다.

국가 경제의 관리자로서의 국가

국가는 경제발전을 유지, 형성, 진흥하기 위해 광범위한 국가 경제정책을 시행한다. 이러한 정책은 무역, 해외직접투자, 산업, 노동시장 등과 연관이 있다(Dicken, 2015). 국가의 경쟁력 향상을 위해 **전략적인** 방식으로 경제정책을 광범위하게 운용한다(표 9.1 참조).

- **무역 전략**: 국가는 자국 생산자의 이익을 위해 적극적인 무역정책을 시행한다. 이 정책은 수출을 촉진하고 수입을 제한하는 경우가 대부분이다. 국제적 규범에 따라 세계경제는 관세장벽을 상당히 축소해 왔지만, 국가는 수입을 줄이기 위해 쿼터, 라이선싱 규정, 라벨 규제, 안전 규제 등 다양한 비관세장벽을 부가하고 있다. 국가는 또한 다양한 국가기관을 통해 수출을 촉진하고, 금융지원과 환율정책을 통해 수출 비용을 조절한다. 예를 들어, 중국이 런민비(人民幣)의 환율 조작—특히 미국 달러와의 환율—을 통해 중국 제조업 수출의 상대적인 비용에 영향을 주는 현상은 논란이 되는 지정학적 쟁점이다.

표 9.1 국가 경제정책의 다양한 유형

무역정책(수입) 관세 비관세장벽(수입쿼터, 라이선스, 보증금, 수수료; 라벨과 포장 규제, 현지 부품 사용 비율 규제)	무역정책(수출) 수출산업에 금융과 재정적 인센티브 수출신용보증제도 수출목표제도 수출진흥기관의 지원
해외직접투자 FDI(투자 대상국) 진입: 정부의 심사; 외국 기업 배제 및 제한 운영: 현지 관리자 고용 의무, 현지 부품 사용 비율, 최소 수출 요건, 기술이전, 금융, 인센티브	해외직접투자 FDI(투자국) 자본수출의 제한(외국환 통제) 해외투자에 대한 정부의 승인 요건
산업 및 기술 정책 투자 및 과세 정책 노동시장정책 국가 조달 및 국영기업 정책 중소기업정책 인수합병 및 경쟁 정책	선정 기준 지역정책: 경제 낙후 지역, 성장 잠재 지역(클러스터) 산업정책: 쇠퇴산업 진흥정책, 신성장 산업지원정책, 전략산업 진흥정책
노동시장정책 유연적 근무제도 도입 장기 실업자나 청년에 대한 저임금 일자리 제공으로 임금의 유연성 제고 이전 가능한 기술 제공으로 직업훈련 확대	

출처: Dicken(2015), 그림 6.8, 6.9, 6.11, 6.12를 수정 인용함.

- **FDI 전략:** 지난 30여 년간 초국적기업에 의한 국가 간 투자가 증가하는 현상은 세계화 과정의 핵심 쟁점이다(제5장 참조). 국가는 세제 혜택, 입지 여건이 좋은 토지의 제공, 기업지원, 노동력의 특성 등을 결합하여 해외투자자에게 매력적인 패키지를 제공한다. 하지만 동시에 현지 부품 사용 비율 규제와 기술이전, 이익의 재투자 등을 요구함으로써 외국인 투자로 인한 수익을 취하려고 한다. 국가는 특정 부문에 대한 해외직접투자를 제한하기도 한다. 예를 들어, 프랑스는 문화 및 방위 산업 부문에 대한 외국 기업의 인수를 제한한다(자료 9.3 캐나다와 오스트레일리아 사례 참조).

- **산업 전략:** 특정 부분의 경제활동을 지원하며, 주로 금융지원을 하는 정책이다. 기업에 대한 세

사례 연구

자료 9.3: 캐나다와 오스트레일리아의 외국인 기업 인수합병 금지

BHP는 세계에서 가장 큰 광업 회사로 본사가 오스트레일리아 멜버른과 영국 런던에 입지해 있으며, 2017년 총매출이 약 300억 달러에 달하였다. 2010년 8월 BHP가 캐나다의 비료 회사 포타시코프(PotashCorp)를 390억 달러로 적대적 인수합병을 시도하였을 때, 많은 사람들은 이 초국적기업이 캐나다 국내기업을 인수하게 될 것이라고 예상하였다. 포타시코프는 캐나다 서스캐처원주 새스커툰에 본사를 둔 세계적인 비료 회사이다. 2010년 11월 캐나다의 산업부 장관 토니 클레멘트(Tony Clement)는 '캐나다에 순이익'이 되지 않는다는 이유로 이 인수를 허가하지 않았다. 캐나다 투자법의 규정에 따르면, 해외 기업의 인수합병은 고용, 수출, 생산, 투자 등 캐나다 국익에 순이익을 주어야만 가능하다. 이는 지난 25년간 '순이익'을 이유로 캐나다에서 외국 기업의 인수합병을 거절한 두 번째 사례이다. 캐나다가 이 인수합병을 거절한 핵심 이유는, BHP가 서스캐처원에 기존 투자를 이유로 연간 1억 9,800만 달러의 세금을 회피할 수 있다는 우려 때문이다. 이 사례는 국가가 국경을 넘어선 투자활동에 대해 정치력을 행사할 수 있다는 것은 물론, 의사결정 과정은 본질적으로 불가피하게 정치적이면서 경제적이라는 것을 상기시켜 준다.

흥미로운 점은 BHP의 본국인 오스트레일리아도 에너지와 농업 등 핵심 분야의 해외 기업의 인수를 정치적인 이유로 적극적으로 금지해 왔다는 사실이다. 2016년 10월 오스트레일리아 연방정부는 중국의 국영기업이 제시한 두 건의 인수합병을 '국가 이익'과 '안보 문제'를 이유로 거절하였다. 첫 번째 건은 중국 국영기업 스테이트 그리드사(State Grid Corporation)와 홍콩 기업 청쿵인프라스트럭처(Cheung Kong Infrastructure)가 오스트레일리아의 전력 회사 오스그리드사(Ausgrid)를 78억 달러에 인수하겠다는 인수의향서를 제출한 사례이다. 두 번째 건은 중국 컨소시엄이 오스트레일리아에서 가장 큰 소목장인 S. 키드먼 앤드 코(S. Kidman & Co)를 인수하고자 한 사례이다. 이 목장은 8만㎢의 면적으로 오스트레일리아 국토의 1%가 넘는다. 오스트레일리아 정부가 두 번이나 중국 기업의 인수합병을 승인하지 않은 시기는, 중국의 '일대일로(Belt and Road)' 정책에 의해 중국 기업들이 개발도상국에서 주택, 농업, 공공 인프라 지원 등에 투자한 중국 투자의 파고가 밀려왔던 때이다('국제적 투자자로서의 국가' 절 참조).

제 완화를 통해 산업 전반에 영향을 주거나, 특정 지역이나 지구, 특정 부문에 대해 지원을 한다. 산업지원은 자동차 및 철강 산업과 같이 산업 쇠퇴를 방지하거나, 바이오테크놀러지 및 디지털 산업과 같이 산업 촉진을 목적으로 하거나, 소규모 스타트업 혹은 '국가 챔피언' 기업을 지원하거나, 탈산업지역이나 도시 내부 쇠퇴지역 등 특정 지역의 지원을 통해 이루어진다.

- **노동시장 전략**: 규제완화를 통한 노동시장의 유연성을 증대하는 정책이다. 영국이나 미국에서는 복지(welfare)국가 체제에서 **근로(workfare)**국가 체제로 전환하였다. 이 체제에서는 국가의 혜택 제공에 따라 시민들이 일자리를 찾게 된다.

이상의 정책들은 다양한 국가에서 다양한 방식으로 전개된다. 무역정책의 사례를 보자. 미국은 자유무역을 강력하게 주장하는 국가(적어도 트럼프 정부까지는)이지만, 이 원칙을 전 세계에서 **수입**하는 모든 품목에 적용하지는 않는다. 미국은 지난 10년간 유럽, 일본, 개발도상국에서 수입하는 철강과 중국에서 수입하는 섬유 및 의류에 징벌적 관세를 부과해 왔다. 미국은 이러한 관세 부과를 국내 생산자의 전략적 중요성과 수출 국가의 불공정한 '값싼 덤핑' 때문이라고 정당화하였다. 미국은 여전히 자국의 면화 생산에 보조금—국제무역 규정을 어긴 행위—을 지급하고 있어 2010년 브라질과 무역분쟁을 겪었으며, 2014년 10월에 가서야 해결되었다. 하지만 2016년 6월 미국농무부는 면화직조비용분담 프로그램(Cotton Ginning Cost Share Program)을 통해 다시 미국 면화 생산자에게 3억 달러의 보조금을 지급하였다. 브라질은 세계무역기구 농업위원회 회의에서 이 새로운 보조금이 면화시장에 미치는 영향에 대해 불만을 표시하였다(https://www.ictsd.org, 2017년 10월 27일 접속).

반면에 동아시아의 신흥공업국(NIES)들은 1960년대 이후 국가 경제를 글로벌 생산 네트워크에 연결하기 위해 전략적으로 **수출**진흥에 명시적인 목표를 두고 있다(Yeung, 2016). 예를 들어, 2000년대 이전에 한국은 국가 챔피언 기업인 현대와 삼성에, 대만은 에이서(Acer)와 다퉁(Tatung)에 수출지원금과 세제 혜택을 주었다. 사실상 대만 정부는 1970년대 초반 이후부터 수출지향 정보통신기술 기업의 발전을 위해 광범위한 전략적 지원을 하고 있다. 예를 들어, 신주과학공원의 건설, UMC, TSMC 등 반도체 부문의 핵심 기업에 투자, 전자연구소(ERSO), 산업기술연구소(ITRI), 중화수출진흥위원회(CETRA) 등 국책연구소와 기관을 통해 산업발전 진흥정책을 시행하고 있다.

국가 경제의 소유자로서의 국가

많은 국가는 국가 자체가 기업을 소유하고 있다. 이러한 국가의 경제 개입은 명백하지만 여전히 간과되고 있는 측면이다. 달리 말하면, 일정 부문에서는 국가 자체가 경제이다. 사실상 국영기업들은 국제사회에서 활발히 활동하고 있으므로 신자유주의 세계화가 민간기업에 의해서**만** 추동된다는 사고는 수정될 필요가 있다. 물론 국가의 기업 경영 참여는 다양한 수준으로 이루어진다. 국영기업 (state-owned enterprises, SOEs)과 정부연관기업(government-linked companies, GLCs)의 차이점에 대해 살펴보자.

국영기업은 국가가 직접 소유하고 운영하는 공공기업이다. 중국해양석유총공사(Chinese National Offshore Oil Corporation, CNOOC)는 중국에서 가장 큰 석유 회사로 1982년 창립하여 베이징에 본사를 두고 있다. 2016년 기준으로 중국해양석유총공사는 종업원 10만 6,000명에 665억 달러의 연간 매출을 올렸다(https://www.cnooc.com.cn/en, 2017년 10월 28일 접속). 중국 정부는 중국해양석유의 지분 70%를 소유하고 회사의 최고운영자를 선임한다. 국영기업은 개발도상국에서 쉽게 찾을 수 있다. 개발도상국은 국가가 직접 소유하고 운영하는 기업을 통해 국가의 긴요한 발전목표를 달성하고자 한다. 브라질의 페트로바스(Petrobas), 중국의 중국원양자원(COSCO), 인도의 인도철도, 말레이시아의 페트로나스(Petronas), 멕시코의 멕시코전기(CFE), 러시아의 가스프롬 (Gazprom) 등 많은 개발도상국은 국영기업을 소유하고 있다. 하지만 노르웨이 석유 회사 스타토일 (Statoil), 스웨덴 주류 회사 시스템볼라겟(Systembolaget), 이탈리아 전기 회사 에넬(Enel), 미국 철도 회사 앰트랙(Amtrak)처럼 국영기업은 개발도상국만의 전유물은 아니다. 국가가 소유한다는 것은 국가가 100%의 지분을 보유한다는 것이 아니라—러시아의 가스프롬과 이탈리아의 에넬은 부분적으로 민영화되었다—국가가 통제권을 가진다는 의미이다. 2008년 글로벌 경제위기 이후로 미국과 영국의 대형 금융기관들이 정부의 관리 체제로 편입되어 효율적으로 재편된 사례에서 보듯이, 선진국들이 '국가자본주의'로 회귀하는 것이 아닌가 하는 논쟁이 있었다(영국의 노던록은행과 스코틀랜드왕립은행, 미국의 모기지 전문기관 패니메이와 프레디맥이 사례이다).

반면에 정부연관기업은 정부가 직간접적으로 간여하지만, 기업의 운영은 전문경영인에게 위임하는 기업을 말한다. 국영기업과 비교할 때, 정부연관기업에 대한 국가의 개입은 상당히 약한 편이다. 정부연관기업은 기본적으로 이윤을 추구하는 민간기업으로 대부분 주식시장에 상장되어 있으며, 정부는 일정 지분만 보유할 뿐이다. 정부연관기업은 주로 개발도상국의 초국적기업에서 많이 찾아볼 수 있다. 싱가포르의 싱가포르항공, 대만의 TSMC, 홍콩의 화윤창업(China Resources Enterprise), 말레이시아의 CIMB 은행 등이 그 사례이다. 국가가 정부연관기업의 절대적인 지분을 소유할 필요가 없으며, 직접 운영하지 않는다는 점에서 국영기업과 차이가 있다. 싱가포르의 케펠그룹 (Keppel Group), 셈브코프(Sembcorp), 싱가포르 테크놀로지스(Singapore Technologies)의 사례

표 9.2 프랑스 정부의 지분 소유 기업, 2014년(%)

회사명	산업 부문	지분율
SNCF	철도 서비스	100
RFF	철도 인프라	100
La Poste	우편	100
Nexter	군수 장비	100
Areva	원자력발전	86.7
EDF	전력	84.5
ADP	공항	50.6
GDF	가스, 전력	33.6
Engie	가스	28.7
Thales	우주항공/고속열차	26.6
Safran	우주항공	22.4
Alstrom	전력/고속열차	20.0
Air France-KLM	항공	15.9
Renault	자동차	15.0
Peugeot-Citroen PSA	자동차	14.1
STMicroelectronics	반도체	13.5
Orange	통신	13.4
Airbus	항공기	11.0

출처: *The Economist*, 2014년 6월 28일자(https://www.economist.com, 2017년 10월 28일 접속).

에서 보면, 1990년대 중반 이후 싱가포르 정부가 동남아시아에 대한 투자를 주도하면서 정부연관기업들은 적극적인 세계화 기업이 되었다. 선진국의 경우 국내 기업에 상당한 추동력을 주고 있다. 프랑스와 이탈리아 정부는 각각 자동차 기업인 르노와 피아트, 프랑스-이탈리아 합작기업인 반도체 회사 ST마이크로일렉트로닉스의 지분의 상당 부분을 취득하였다. 사실상 프랑스는 유럽에서 국영 기업의 비중이 가장 높다. 2016년 말 기준으로 프랑스 정부는 국영 공탁은행 케스데데포(Caisse des Dépôts), 공공투자은행(Bpifrance), APE 등을 통해 1,750개 기업의 지분을 보유하고 있으며, 이는 시가총액 1,150억 달러 이상이다(표 9.2 참조).

공공재와 서비스 공급자로서의 국가

국가는 다양한 **공공재**를 직접적으로 제공한다. 공공재는 교통, 교육, 건강, 인프라, 공공주택 등 국민의 복지에 기본적이지만, 개별 기업이 제공하기에는 이윤이 없거나 분배의 문제가 있을 수 있는 재화와 서비스를 의미한다. 대부분의 경우 공공재를 제공하는 국가의 역할은 최대의 고용자이기도 하다.

- **교통 서비스**: 국가는 지역에서부터 국제 노선까지 다양한 지리적 스케일에서 교통 서비스를 제공한다. 예를 들어, 독일연방정부는 도이체반(Deutsche Bahn)이라는 세계에서 가장 성공적인 철도 운송 시스템을 소유, 운영하고 있다. 중국은 2007년 이후로 중국 100여 개의 도시를 연결하여 세계에서 가장 규모가 큰 고속철도 시스템을 소유, 운영하고 있다. 대부분의 개발도상국과 일부 선진국에서도 국적항공사를 소유, 운영하고 있다(싱가포르항공, 에어뉴질랜드). 이러한 교통 시스템의 국가 소유는 1987년 영국항공을, 1993년 영국철도를 민영화한 영국과는 대조적이다.
- **건강·교육 서비스**: 국가는 항상 국민의 건강과 교육 서비스의 제공에 깊은 관심이 있다. 일부 국가에서는 공공재로서 건강과 교육 서비스를 제공함과 동시에 민간 부문의 건강과 교육 서비스 시장도 개방되어 있다. 예를 들어, 고등교육 수준에서 오늘날 전 세계 대부분의 대학들은 국가의 재정지원에 계속해서 (다양한 정도로) 의존하고 있다. 국가의 중요한 역할 중의 하나는, 제1절의 구글 사례에서 보았듯이 연구개발 인프라 확충과 지원이다.
- **인프라 서비스**: 국가는 도로, 고속도로, 공항, 항구, 전력 시설, 통신 네트워크 등 기반 시설과 편의 시설을 제공한다. 개발도상국은 양질의 공공 인프라 제공 여부가 해외직접투자자를 유인하는 데 중요한 변수가 된다. 일부 국가는 국민의 주거 향상과 노동력의 가격경쟁력을 유지하기 위해 광범위한 공공주택 프로그램을 제공한다. 특히 홍콩과 싱가포르는 아시아에서 공공주택 프로그램을 수출 주도 산업화정책과 성공적으로 연계하여 노동력의 경쟁력을 향상시킨 사례로 꼽힌다.

이상의 내용을 종합하면, 국가 경제에서 국가 주도의 활동 중 가장 중요한 부분은 국가의 고용이다. 하지만 공공 부문의 고용은 주로 특정 지역에 집중된 경우가 많아 지리적으로 불균등하다는 문제가 있다. 일부 경우는 수도와 같이 명백한 이유 때문이기도 하고, 일부 국가의 경우에는 저성장 지역의 경제성장을 촉진하기 위해 의도적으로 국가의 고용을 분산화하는 전략을 취하기도 한다.

국제적 투자자로서의 국가

일부 국가는 엄청난 천연자원의 혜택을 활용하여 수출을 통한 무역 흑자, 장기적인 보수적 재정정책, 축적된 연금 및 사회보장 기금 등을 통해 국가의 부를 엄청나게 축적하였다. 이 중동 국가들 대부분은 국가의 부를 국부펀드로 투자하여 장기적인 금융 소득을 꾀하고 있다. 제8장 제5절에서 이 국부펀드(7조 4,000억 달러)의 글로벌 금융시장에서 국제적 투자자로서의 중요성을 다루었다. 국부펀드는 장기적인 금융·비금융 소득을 올리기 위해 도로, 항구, 공항 등 교통 인프라와 가스, 전력, 상수도 등 유틸리티 인프라, 주택과 학교 등 사회 인프라와 같은 대형 프로젝트에 투자되기도 한다. 이러한 사업들은 대부분의 국가에서 공공재 구축의 일환으로 이루어진다.

국가가 주도하는 인프라 투자 중 최근 가장 중요한 것은 중국의 일대일로(一帶一路, Belt and Road Initiative) 정책이다(그림 9.2 참조). 중국이 '세계에 주는 선물'로 홍보되고, 제2차 세계대전 후 유럽의 재건을 위해 시행하였던 미국 주도의 마셜 플랜(Marshall Plan)에 비교되는 일대일로 정책은, 고대 실크로드 경제벨트와 21세기의 해양 실크로드를 따라 협력적 발전을 위한 개방적이고 포용

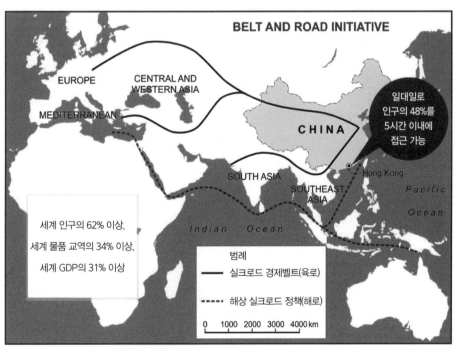

그림 9.2 2013년 이후 중국의 일대일로 정책

출처: https://beltandroad.hktdc.com/en/belt-and-road-basics,hktdc에서 수정 인용함, 2017년 10월 28일 접속.

적인 모델이라고 주장한다(Liu and Dunford, 2016). 중국은 전략적인 국제경제 파트너십과 다자간 신용을 통해 다양한 국가의 이해관계를 인프라 투자와 고용 등 경제개발의 쟁점과 연계한다. 일대일로 정책은 2013년 9월 중국의 시진핑 주석이 주창하였다. 2017년 기준으로 중국은 연간 약 1,500억 달러를 일대일로 정책에 참여한 68개국, 특히 중앙아시아, 남아시아, 동남아시아 국가에 지출하였다. 2017년 10월 기준으로 9,000억 달러의 프로젝트가 계획 중이거나 시행 중이다. 중국은 해당 국가의 인프라에 집중적으로 투자함으로써, 막대한 외환보유고를 선용할 수 있으며, 고속철도 시스템과 시멘트, 철강, 기타 금속재 등의 잉여 판매시장을 개척할 수 있게 되었다. 이러한 경제적 동기 외에 일대일로 정책을 통한 국가의 투자로 중국 서부 국경의 근린 국가와 지정학적으로 안정적인 관계를 유지할 수 있으며, 아시아에서의 영향력을 강화할 수 있게 되었다.

요약하면, 국가는 국경 내외에서 일어나는 경제활동에 지속적으로 엄청난 영향력을 행사한다. 이 장에서 고찰한 국가 기능의 6가지 범주는 분리된 것이 아니라, 상호 연결되고 중첩되어 복합적 방식으로 작동한다. 예를 들어, 교통 영역에 대한 국가의 개입은 서비스 전달, 엄격한 안전관리, 가격 안정에 대한 기본적 보장, 새로운 교통기술의 발전 지원, 교통기관의 정부 소유, 교통 네트워크의 구축과 관리에의 강한 개입 등 다양한 경제적 기능을 포괄한다. 국가의 다중적 기능은 또한 국가 경제가 세계경제와의 관계에서 엄청난 다양성을 낳는다. 국가 경제의 상호작용은, 신자유주의 세계화 관점과는 다르게 시간이 흐를수록 국가의 정치경제가 다양한 방법으로 창출되고 운영되는 것을 보여 준다. 다음 절에서는 현대 국가의 핵심 범주를 파악함으로써 이러한 국가의 다양성을 이해한다.

그림 9.3 독립국가의 수, 1816~2017년

출처: *The Economist*, 2017년 12월 23일자.

9.4 자본주의와 국가의 다양성

국가의 역사적 기원은 다양하다. 수천 년의 역사를 가진 국가가 있는가 하면, 반세기 전에 식민지에서 독립한 국가들도 많다. 따라서 현대 글로벌 정치 지도는 상당히 근래의 것이다(그림 9.3 참조). 국가는 다양한 역사적 배경과 함께 다양한 정치·경제적 속성의 조합으로 다양하게 발전하였다. 어떤 국가들은 제3절에서 서술한 기능을 통해 국내경제에 강한 직접적 통제를 하지만, 다른 국가들은 기업과 금융시장 등의 비국가기관에 기능을 위임하는 경우도 있다. 다양한 국가의 유형을 정의하는 것은 경제에 대한 통제의 역량과 세계화 과정에 저항하거나 참여하는 등의 국가의 역할을 이해하는 데 도움을 준다. 이러한 국가의 다양성은 **자본주의의 다양성**으로 설명된다.

자본주의의 다양성

자본주의의 본질은 국가의 특성에 따라 다양한 변이가 있다는 사실을 설명할 수 있을까? 이 질문에 대답하려면 정치학, 경제사회학, 비교경영학 분야에서 발전한 개념인 **자본주의의 다양성** 접근 방법을 이해해야 한다(Hall and Soskice, 2001). 간단하게 정리하면, 이 접근 방법은 자본주의가 국가에 따라 다양성을 가진 상황에서 국가가 사회 및 경제와 상호작용하는 독특한 방법을 시간의 흐름에 따라 분석한다. 이 관계는 국가 경제에서 경제활동과 시장 관계를 조직하는 일상적인 방법으로 **제도화**된다.

국가의 유형은 크게 친기업적인 자유시장경제(liberal market economy, LME) 국가와 시장개입에 적극적인 조정시장경제(coordinated market economy, CME) 국가로 나눌 수 있다. 이러한 기본적인 자본주의 국가의 유형을 이해하기 위해서는 다음의 4가지 요소가 중요하다.

- **기업 형성과 운영 과정**: 고도의 경쟁시장 국가, 즉 자유시장경제 국가(미국과 영국)의 기업은 민간기업자가 창업한다. 금융시장의 발전과 성숙으로 인해 기업의 최고경영자는 단기적인 성과와 금융 주도의 기업 전략의 추진이라는 엄청난 압력을 받는다(제8장 금융화 부분 참조). 이러한 유형을 가진 국가의 기업들은 아마도 낮은 수준의 기업 간 신뢰가 타 기업과의 장기적 협력이라는 인센티브를 감소시킨다는 것을 경험할 것이다. 반면에 '협력적 자본주의 국가' 즉 조정시장경제 국가(독일과 일본)에서는 은행, 기업, 국가가 안정적이고 지속적인 관계를 유지하여 기업 운영자들은 전략적이고 장기적인 투자를 할 수 있다.

- **기업 거버넌스와 소유 유형**: 주식시장에서 거래되는 상장기업에서 국영기업, 가족기업, 협동조합, 비상장기업까지 다양한 유형의 기업 관리 거버넌스는 국가에 따라 조직 구조가 다양하다. 자유시장경제 국가에서는 기업의 주식 소유자가 직접 운영하지 않고 전문경영인에게 위임한다. 조정시장경제 국가는 기업의 운영을 감시하고 직접 지분투자를 하여 기업 간 관계와 산업발전에 적극적인 역할을 한다.

- **작업, 훈련, 고용 관계**: 국가의 자본주의 체제에 따라 숙련노동자에게 책임을 위임하거나 작업장 기능의 경계구분 방식이 상당히 다르게 나타난다. 영국(자유시장경제 국가)의 경우 작업장의 주요 경계는 최고경영자와 경영전문가 간에, 숙련 노동자와 비숙련 단순작업자 간에 존재한다. 일본(조정시장경제 국가)의 경우는 전통적으로 남성, 핵심 인력과 여성, 임시 노동자 간에 경계가 있다. 따라서 다양한 국가의 자본주의 체제는 고용주와 고용인 간과 동일한 작업장의 고용인 간의 서로 다른 관계성을 촉진한다. 조정시장경제 국가에서는 국가의 명시적 정책에 따라 직업 훈련기관과 기업 인턴십 등에 대한 개발과 투자 등을 통해 엄격한 훈련 시스템이 발전되어 있다.

- **금융 시스템**: 제8장에서 지적하였듯이, 자유시장경제 국가는 금융 시스템의 규제를 완화하여 고도로 세계화되었고, 1990년대 이후 세계 금융화가 진행되었다. 이 시스템은 금융 주체들의 이윤극대화 경향과 국가의 긴밀한 감시 및 모니터링이 부족한 고유한 특성 때문에 대규모 위기에 취약하다. 반면에 조정시장경제 국가의 금융 시스템은 금융기관과 산업체 기업 간의 밀접하고 협력적인 관계를 증진한다. 조정시장경제 국가는 국영 은행과 특별개발기금이나 보조금과 같은 금융정책을 통해 직접적인 역할을 담당한다.

이 두 유형의 특징적인 국가의 자본주의 체제는 기업과 국가의 진화하는 정체, 제도적 맥락과의 상호작용을 다양한 방식을 통해 확인할 수 있다. 이러한 **자본주의의 다양성** 접근 방법은 제2절에서 논의한 신자유주의 세계화의 지배적 담론에 도전한다는 점에서 중요하다. 하지만 2000년대 이후로 이에 대한 비판도 나오고 있다(Morgan and Whitley, 2012; Coe and Yeung, 2015). 그 비판의 주요 내용은 다음과 같다. 즉 자유시장경제 국가와 조정시장경제 국가라는 이분법을 넘어 다양한 유형화의 필요, 국가의 내적·외적 행위주체자에 의한 제도적 변화의 이해, 국가의 여러 자본주의 형태에서 산업 부문이나 지역별 유형화의 인식 등이다. 또한 자본주의 특성에 따른 국가의 유형을 넘어 민주자본주의 사회와 사회주의 및 공산주의 사회 등 정치적 조직화로 인한 국가의 유형도 고려해야 한다.

국가의 다양성

이 절에서는 자유시장경제 국가, 조정시장경제 국가, 사회주의 국가 등의 특성을 보이는 4가지 국가의 유형을 소개한다(표 9.3 요약 참조). 유형 분류를 위한 2개의 광범위한 기준은 다음과 같다.

- **정치 거버넌스 체제**: 정치체제는 신자유주의 국가의 자유민주주의부터 복지국가의 사회민주주의, 발전주의 국가와 권위주의 국가의 엄격한 정치적 통제까지 다양하다.
- **경제제도의 조직**: 이 속성은 기업, 산업, 국가, 비국가기관 등이 상호 연계되는 방식과 관련이 있다. 국가는 한편으로 이 복잡한 관계를 형성하고 주도할 것이며, 다른 한편으로는 민간 부문의 조직이 국가 경제를 주도하도록 허용할 것이다.

신자유주의 국가에서는 정부기관이 민간기업과 산업에 대해 '팔길이 원칙(arm's length principle)'대로 일정한 거리를 유지하려고 한다. 국가의 주요 역할은 법률을 통해 시장의 규칙을 정하고, 규제 시스템을 통해 규칙 준수를 강제하는 것이다. 예를 들어, 미국은 경쟁과 반독점 혹은 반독점법을 통해 시장을 지배하는 투자제도의 발전을 유도한다. 이러한 투자제도하에서 미국 기업들은 투자 수요를 자본시장에 의존하고, 기업의 성과는 주주가치 극대화의 능력에 따른 수행력 평가에 의존하는 경향을 보인다. 따라서 단기투자자들이 기업의 의사결정에 엄청난 영향을 미친다. 유연한 노동시장 정책도 중요한 특징이다. 뉴질랜드의 경우 신자유주의의 전형적인 정책인 엄청난 규모의 민영화

표 9.3 세계경제 속의 다양한 국가 유형

국가 유형	사례	주요 특징	정치 거버넌스 체제	경제제도의 조직
신자유주의 국가	북아메리카(캐나다, 미국), 영국, 오스트레일리아, 뉴질랜드	자유시장경제에 기반	다당제 기반의 자유 민주주의	자본시장의 주도적 역할과 금융 주도 투자제도
복지국가	북유럽 국가(스웨덴, 핀란드, 노르웨이), 서유럽 국가(독일, 프랑스)	국가의 상당한 개입과 시장경제의 혼합	다당제 기반의 사회 민주주의	은행 주도 금융 시스템과 자본, 노동, 국가 간의 강한 상호의존성
발전주의 국가	일본, 신흥공업국(브라질, 멕시코, 한국, 대만, 싱가포르)	기업의 이익과 개인의 자유보다 국가의 자율성 강조	주로 강력한 1당 체제로 약한 권위주의	산업정책과 전략적 투자를 통한 국가의 강한 직접적 경제 개입
권위주의 국가	동유럽 전 사회주의 국가(헝가리), 구소련(러시아), 중국, 동남아시아(캄보디아)	시장 지향 경제로 급속히 이전하는 전 공산주의 국가	1당 체제나 권위주의 지도자 체제로 강한 권위주의	국영기업과 시장경제의 혼합: 이중 궤도 현상

프로그램과 노동시장 재편을 경험하였다(자료 9.2 참조).

복지국가에서는 기업 거버넌스와 기업활동에 대해 노동조합과 국가기관이 직접적인 역할을 담당한다. 민간기업일지라도 노동 관리를 완전한 기업 자율로 하지 못하며, 민간기업의 투자 행태를 구성하는 엄격한 노동법과 기타 복지제도의 규율을 받는다. 국가 경제를 주도하는 자본시장의 역할은 신자유주의 국가보다는 약하다. 독일과 프랑스 기업의 경우, 자본시장보다는 대부분이 국가의 통제를 받는 국내 은행에서 자금을 융통한다. 그 결과 독일과 프랑스의 은행들은 독일과 프랑스 대기업의 상당한 지분을 가지고 있으며, 경영권 참여도 한다(표 9.2 참조). 복지국가는 이처럼 잘 발전되고 규제가 강한 은행 시스템을 통해 국가 경제를 규제한다. 국가의 세제를 통해서도 시민을 위한 실업급여, 의료보험, 퇴직연금, 교육 등 상당한 복지 서비스를 제공한다.

발전주의 국가는 이익집단, 기업, 크게는 국민 전체의 영향으로부터 상당한 자율성을 가진다. 이러한 자율성은 주로 정치적 통제를 통해 달성되는 것으로, 발전주의 국가는 경제발전에 도움이 되는 개입주의 정책을 추구한다(자료 9.4 참조). 국가는 경제발전 목표를 달성하기 위해 국가 주도 엘리트 부서와 전략적 산업정책의 구축을 통해 경제통제를 한다[일본의 구 통상산업성(MITI)과 한국의 구 경제기획원(EPB) 등이 사례]. 이러한 정부의 '선도적' 기관들은 민간 부문에 대한 컨설팅과 조정 역할에 깊이 참여하며, 컨설팅은 정부 정책의 형성과 시행 과정에서 가장 중요한 부분이다. 정부는 엘리트 부서를 통해 육성할 '올바른' 산업 부문과 지원할 '최적의' 기업을 선정한다. 이를 통해 일정한 '국가 챔피언' 기업을 창출하고 지원하며, 이 중 일부는 국가가 직접 소유하거나 국가기관이 관리한다. 발전주의 국가는 산업정책의 성공을 견인하기 위해 국내 자본시장과 노동시장의 규제에 적극적으로 개입한다. 대부분의 발전주의 국가의 자본시장에서는 재정 관련 부서가 국내 은행의 지분을 직접 소유하고 있으며, 수출지원금과 국가 챔피언 기업에 대한 지원을 통해 수출 주도 산업화 프로그램에 재정지원을 한다. 노동시장에서는 자주 노동자의 이익과 권리를 제한하기 위한 적극적인 개입을 한다. 대만과 한국의 경우 노동 분쟁과 파업을 노동조합의 활동을 제한하는 강력한 법률을 통해 관리한다.

권위주의 국가는 고도로 중앙집권화된 정치체제와 갈수록 개방화되는 경제체제를 조합하여 운영한다. 대부분의 권위주의 국가들은 사회주의 국가에서 경제 자유화를 추구하면서도 강력한 정치적 통제를 유지하고 있다. 권위주의 국가의 경제는 국영기업과 (국내외) 민간기업이 혼합되어 있으며, 국가는 국영기업의 소유권 유지와 민간기업과 산업에 대한 강한 규제를 통해 국내경제를 계속 강하게 통제하고 있다. 권위주의 국가들은 중부 유럽, 동유럽, 동아시아, 동남아시아에 많다. 유럽의 전 사회주의 국가들은 경제개혁과 정치개혁을 동시에 이룬 경우도 있고, 러시아와 구 소비에트연방

자료 9.4: 동아시아의 발전주의 국가

발전주의 국가 모델의 등장은 동아시아 국가에서 가장 중요하다(Yeung, 2016, 제1장). 일본, 한국, 대만, 싱가포르의 경제발전을 주도한 국가의 성공 사례에 기반한 발전주의 국가론 주창자들(Amsden, 1989; Wade, 1990)은, 적극적인 산업정책과 선택적인 금융지원을 통한 국가의 의도적 개입으로 후발주자의 약점을 극복하고, 국내외 경쟁에서 규모의 경제를 달성하기 위해 '국가 챔피언'으로 알려진 국내기업에 대한 지원을 가능하게 하였다고 주장한다. 동아시아의 발전주의 국가들은 민간기업의 지원을 위해 신자유주의 국가들보다 더 많은 혁신정책 수단을 효율적으로 활용하였다. 발전주의 국가들은 시장의 가격조정 기제를 허용하는 대신에, 민간기업들의 국가 주도 산업정책 참여를 유도하는 '가격조정 기제 개입'을 통해 시장을 의도적으로 왜곡한다. 시장개입주의 정책에는 무역과 외환 통제, 신용, 수출, 세제 혜택의 선택적 보조, 공공기업과 정부지원 등이 있다. 산업정책은 부문 정책과 기업지원 정책으로 나뉘는데, 특정 산업과 국가기업의 발전을 목표로 효율성과 생산성 향상, 국내시장에서 초기 조정 실패의 극복을 목표로 한다. 국가의 지원을 받은 기업은 국가기관의 매우 엄격한 모니터링을 통해 수행력을 평가받는다. 국가는 또한 스스로 기업가로서의 역할을 자처하며 국영기업을 설립하여 시장에 진입함으로써, 시장을 사회화하고 산업을 공공 부문의 통제하에 둔다.

한국의 경우 **금융자원**의 통제와 분배를 직접 함으로써 발전주의 국가의 필요조건을 갖추게 되었다. 한국은 민간기업가에게 인센티브를 주고 국가 주도의 대규모 산업화 프로젝트를 추진하였다. 1960~1970년대에는 통제 기제의 조합을 통해, 미국의 원조와 지원을 결집하기 위해 지정학을 전략적으로 동원하고, 금융기관을 국유화하며(예로 1964년 이후 한국은행에 대한 군부의 통제), 전략산업과 기업에 보험계약대출(policy loan)과 수출신용장(export credit)을 발행하는 등 발전주의 국가 한국은 조선, 화학, 기계장비, 전자 등의 전략산업이 강한 경쟁력과 수출을 유지하도록 지원하였다. 이러한 적극적인 산업정책과 금융통제의 제도적 기반은 **엘리트 관료주의**였다. 선도적이고 핵심적인 정부의 기관들은 산업정책을 구상, 조정, 실행하는 중요한 역할을 수행한다. 한국의 핵심 부처인 경제기획원*과 중화학공업추진위원회 등의 경제 부처 장관이 당시 박정희 대통령에게 직접 보고하며 운영하였다. 경제 부처는 다양한 부서와 기관들을 집중화하는 기능뿐만 아니라, 산업전환의 조정을 위해 정당정치와 조직화된 압력단체로부터 상대적인 자율성을 확보하기 위해 법과 규정을 제정하기도 하였다.

* 역자주: 기획처, 재무부, 부흥부 등이 통합된 박정희 시대의 정부 부처.

인 벨라루스, 카자흐스탄, 키르기스스탄, 우즈베키스탄 등은 여전히 강력한 정치적 통제를 하고 있다. 동아시아의 중국은 권위주의 국가의 중요한 사례이다. 1978년 중국이 세계경제에 개방한 이후에도 정치적 자유는 여전히 제한적이다. 중국공산당은 중국의 유일한 정치집단이며, 강력한 공산주의적 통제와 시장 자유의 확장을 통해 경제발전을 추구하는 혼합형 체제를 유지하고 있어 '중국적 특성'을 가진 사회주의라고 불린다(Lim, 2014). 이 체제에서는 다수의 국영기업을 공산당이 지명한 관리자와 기업 특성에 맞춘 운영자가 협력하여 운영한다. 중국에서 국가의 기업에 대한 개입은 외국 기업에도 적용된다. 중국공산당 조직위 부위원장인 치위(齊玉)에 따르면, 2016년 말 기준으로 중국에 있는 10만 개의 외국 기업 중 70%가 공산당이 지명한 관리자를 두고 있다고 한다(http://www. straitstimes.com, 2017년 10월 30일 접속). 베트남도 1986년 이후 **개방정책(doimoi)** 프로그램에서 이와 유사한 경로를 밟고 있다. 북아프리카와 중동(사우디아라비아)의 많은 국가도 권위주의 국가의 범주로 볼 수 있다.

이상 4개의 국가 유형에는 국가의 형태와 정치 이데올로기의 영향에 따라 다양한 제도적 변이와 특성이 존재한다. 또한 하나의 유형에서도 다양하고 중요한 변이들이 있다. 미국, 영국, 오스트레일리아는 신자유주의적인 특성을 중심에 두면서도 역사, 경제구조, 글로벌 사회에서의 지위 등의 영향으로 매우 다양한 제도적 차이가 나타난다. 미국과 영국의 보편적 의료에 대한 정책과 태도를 보면 상당한 차이가 드러난다. 마찬가지로 일본, 한국, 대만, 싱가포르 등 동아시아의 선도적인 발전주의 국가들도 서로 다르고 각각 특징적인 성장 경로를 밟고 있으며, 상당히 다른 산업구조를 보인다(예로 일본과 한국의 대기업 집단의 지배적 구조).

국가는 내적으로 다양할 뿐만 아니라, 총체적으로도 정적이기보다는 역동적이어서 시간의 흐름에 따라 진화하고 있다. 라틴아메리카의 경우 베네수엘라의 전면적인 국유화 프로그램처럼, 지난 10여 년간 상당수의 국가가 신자유주의의 경향에 대항하는 시도를 하고 있다. 중부 유럽과 동유럽의 전 사회주의 국가들은 이와는 반대 경향을 보이는데, 약 20여 년 만에 중앙집권적인 사회주의 경제체제에서 강한 시장 요소를 가진 권위주의 국가로 전환하고 있다. 이와 유사하게 2011년 '아랍의 봄'은 튀니지, 이집트, 리비아, 예멘 등에서 권위주의 정권들을 전복시켰다. 튀니지의 경우 1980년대 중반에 국제수지의 위기에 대한 대응으로 자유주의 정책을 강화하는 구조전환 프로그램을 수용하였다. 그 이후 튀니지는 정치권력을 공고히 하고, 유럽과의 무역체제를 자유화하였으며, 외국 자본을 국내 생산 시설로 통합하여 강한 국가체제하에 산업화를 할 수 있었다(Smith, 2015). 이러한 사례를 보면, 국가는 유형 분류의 범주 내에서와 범주 간에서 그 특성의 전환이 가능하다는 것을 알 수 있다.

마지막으로 국가는 국가 운영의 지리적 스케일의 차이가 특성에 영향을 주는 경우이다. 국가는 경제 거버넌스의 제도적 구조를 지역적, 국제적 스케일에서 적극적으로 재편한다. 이러한 **스케일 재편 (rescaling)** 과정에서 국가는 국가 경제의 통제 권한을 지방정부(광역, 시, 군, 구 단위)로 이양하거나, 상위 규모의 국제 블록이나 국제기관에 이양한다. 이러한 스케일 재편은 국가의 역할 축소가 아니라, 국가 단위에서 모든 국가의 기능이 수행될 필요가 없다는 것을 의미한다.

9.5 주권의 등급화와 국가

이제까지 국경 내에서 단일한 형태로 영향을 주고 통제하는 국가에 대해 살펴보았다. 하지만 현실 세계에서 국가의 통제는 그 적용과 효과성 측면에서 사회적·공간적으로 균등하지 않다. 사회적 불균등성을 살펴보면, 국가가 신자유주의 세계화의 맥락에서 경제적 경쟁력 향상을 시도할 때 일정 부분의 국민이 어느 정도 배제될 수 있다. 대중의 일부가 자발적으로 배제되는 상황은 의도적으로 국가의 통제력을 넘어서서 사회의 경계선에 있는 불법적인 부문이나 비공식 부문에서 일하는 경우이다. 일시적 이주 노동자들이 국가의 완전한 서비스와 공공재에 대한 접근성을 가지지 못하는 경우는 비자발적인 배제의 상황이다(제6장 참조).

공간적 불균등성은, 국가가 세계체제 내에서 지위 강화를 위해 의도적으로 국가 공간에 걸쳐 불균등한 정책을 시행하는 경우에 나타난다. 면세 수출자유지역(자유무역지역)과 같이 국가의 특정 지역에 국가의 규제를 다르게 적용하는 경우도 있다. 국가의 통제력이 약할 때는 접근이 어렵거나 접근성이 떨어지는 지역이 발생한다. 국가는 전체 사회와 공간에 전혀 문제없이 완전한 통제력을 발휘하지는 못한다. 현실에서는 국가의 특정 지역에 대해 **주권 등급화**(graduated sovereignty)의 형태로 운영하고, 정치·경제적인 통제의 정도가 국가 내 특정 공간에 중첩되거나 공존하기도 한다.

주권 등급화의 최근 사례는 사우디아라비아가 계획하고 있는 신도시 네옴(NEOM)을 들 수 있다. 네옴은 '새로운 미래'의 약칭으로, 국가 거버넌스의 예외 지역으로 구상하고 있다(그림 9.4 참조). 2017년 10월 사우디아라비아의 모하메드 빈 살만 왕세자는 홍해 연안에 신도시를 건설할 계획을 발표하였다. 약 5,000억 달러의 비용으로 건설되는 이 신도시는 기존 사우디아라비아의 통치체제와는 독립적으로 운영되며, 개발의 단계마다 국제 투자자의 자문을 받을 예정이다. 네옴은 두바이의 '자유지역'의 개념과 유사하게 관세 면제, 국제기준에 맞춘 규범과 노동법 제정, 사우디아라비아의 정치체제와는 독립적으로 운영되는 자율적인 사법제도를 둘 예정이다. 이 신도시(혹은 국가)의 목적은 입주 기업과 산업이 경쟁력을 가지고 상품과 서비스를 생산하도록 지원하는 것이다. 이집트와 요르단에 인접한 네옴 신도시는 아시아, 유럽, 아프리카를 잇는 글로벌 허브로서 작동하도록 디자인되었다. 이러한 신도시 계획은 2014년 이후 세계적인 유가 하락에 직면한 사우디아라비아 경제를 회복시키기 위한 비전 2030 계획의 일부이다.

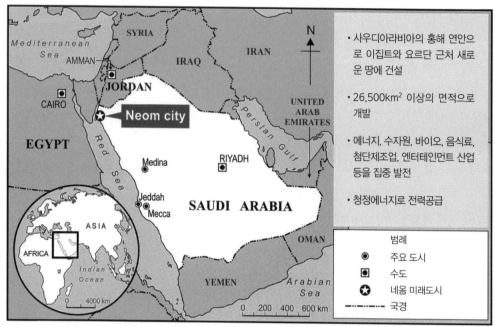

그림 9.4 미래의 메가시티 사우디아라비아 네옴

출처: *The Daily Mail*.

9.6 요약

제9장에서는 신자유주의 세계화 시대에 국가 경제의 운영에서 국가의 역할을 무시하는 것은 지나치게 단순한 사고임을 보여 주었다. 국가는 지속적으로 다양한 방법을 통해 국경 내외의 경제활동을 깊이 있게 운영해 간다. 기본법과 소유권의 보장부터 기본 인프라와 교육의 제공을 통해 기업의 직접 소유와 광범위한 금융 및 세제 혜택까지 다양하다. 그와 동시에 국가는 모두 같지는 않다. 현대 세계경제에서 신자유주의 유형들부터 복지국가, 경제발전 과정에 강력한 역할을 하는 발전주의 국가 유형들까지 다양한 형태를 이루고 있다.

물론 국가가 영토 일부분의 경제통제권을 양도하는 경우도 있으나, 이러한 과정이 정치·경제 활동을 형성하는 데 유일하고 가장 중요한 국가의 존재감을 감소시키는 것은 아니다. 국가 자체는 항상 이러한 재편과 스케일 재구성 과정의 방향성 설정에 국제조직에 가입하거나 지방정부에 권한과 권위를 이양함으로써 간여한다. 국가는 세계화의 수동적 관람자가 아니라, 제5장에서 설명한 초국적기업과 함께 세계화의 건축가로 역할을 한다. 제10장에서는 국가가 세계의 발전을 위한 국제기구의 조직과 추진을 통해 거버넌스 역량과 책임성을 한 단계 올리는 **스케일 상승**의 방법을 고찰한다.

주

- 세계화와 국가에 대한 최근 논쟁과 논평은 다음을 참조할 것. Sparke(2013), Murray and Overton(2014), Dicken(2015).
- 신자유주의와 지리학에 대해서는 다음을 참조할 것. Peck(2010, 2013), Park et al.(2012), Birch and Siemi-atycki(2016).
- Dicken(2015)은 현대 국가와 초국적기업 간의 상호작용에 대해 풍부하고 유용한 자료를 제공한다. 최근 경제지리학에서는 미국과 영국(Christophers, 2016, 2017), 동아시아(Yeung, 2016), 중부 유럽과 동유럽(Smith, 2015)을 대상으로 국가의 다양한 역할과 기능에 대해 깊이 있는 연구 성과를 보여 준다. 동아시아 발전주의 국가에 대한 지리학적 논의는 다음을 참조할 것. Glassman and Choi(2014), Yeung(2014, 2017), Hsu(2017), Hsu et al.(2018).
- 자본주의의 다양성에 대한 논의는 Walter and Zhang(2012)과 Prevezer(2017)를 참조할 것. 최근 경제지리학에서는 이론과 관련된 연구(Peck and Theodore, 2007; Coe and Yeung, 2015), 동아시아(Yeung, 2016), 중국(Webber, 2012; Peck and Zhang, 2013; Lim, 2014; Zhang and Peck, 2016), 미국/영국(Christophers, 2016)에 대한 연구가 있다.

연습문제

- 국가의 종언이라는 명제는 왜 틀렸는가?
- 신자유주의가 국가의 행태에 미치는 영향은 무엇인가?
- 국가의 경제 거버넌스에 대한 접근 방법은 어떻게 다른가?
- 국가가 경제를 운영할 수 있는 역량은 어느 정도까지인가?
- 자본주의 제도의 다양성을 유형화하는 핵심 기준은 무엇인가?

심화학습을 위한 자료

- http://www.globalpolicy.org/nations-a-states.html: 이 세계정책포럼 웹사이트는 근대국가의 역사와 형성에 대한 통찰을 보여 준다.
- https://www.gov.uk/government/organisations: 영국 정부가 운영하는 공공서비스 웹 포털.
- http://www.ca.gov: 캘리포니아주 정부의 웹사이트를 통해 연방정부에 대한 주정부의 권한을 파악할 수 있다.
- https://economicsociology.org: 경제사회학과 정치경제학 분야의 연구자, 학생, 활동가들의 세계적인 커뮤니티로, 국가의 형성과 자본주의의 다양성에 대한 유용한 블로그를 제공한다.

• 앤드루 로스 소킨(Andrew Ross Sorkin)의 책을 기반으로 한 2011년 영화 '대마불사(Too Big to Fail)'는 2008년 금융 위기 시절 미국 정부와 대형 은행 간의 거래를 다루었다. 찰스 퍼거슨(Charles Ferguson)의 2010년 영화 '인사이드 잡(Inside Job)'도 참조할 것.

참고문헌

Amsden, A. H. (1989). *Asia's Next Giant: South Korea and Late Industrialization*. New York: Oxford University Press.

Birch, K. and Siemiatycki, M. (2016). Neoliberalism and the geographies of marketization: the entangling of state and markets. *Progress in Human Geography* 40: 177-198.

Christophers, B. (2016). *The Great Leveler: Capitalism and Competition in the Court of Law*. Cambridge, MA: Harvard University Press.

Christophers, B. (2017). The state and financialization of public land in the United Kingdom. *Antipode* 49: 62-85.

Coe, N. M. and Yeung, H. W. C. (2015). *Global Production Networks: Theorizing Economic Development in an Interconnected World*. Oxford: Oxford University Press.

Dicken, P. (2015). *Global Shift: Mapping the Changing Contours of the World Economy*, 7e. London: Sage.

Glassman, J. and Choi, Y. J. (2014). The chaebol and the US military-industrial complex: Cold War geopolitical economy and South Korean industrialization. *Environment and Planning A* 46: 1160-1180.

Hall, P. A. and Soskice, D. (eds.) (2001). *Varieties of Capitalism: The Institutional Foundations of Comparative Advantage*. Oxford: Oxford University Press.

Hart, D. (2004). On the origins of Google. https://www.nsf.gov/discoveries/disc_summ. jsp?cntn_id=100660 (accessed 24 October 2017).

Hsu, J. Y. (2017). State transformation and the evolution of economic nationalism in the East Asian developmental state: the Taiwanese semiconductor industry as case study. *Transactions of the Institute of British Geographers* 42: 166-178.

Hsu, J. Y., Gimm, D. W., and Glassman, J. (2018). A tale of two industrial zones: a geopolitical economy of differential development in Ulsan, South Korea, and Kaohsiung, Taiwan. *Environment and Planning A* 50: 457-473.

Lim, K. F. (2014). Socialism with Chinese characteristics: uneven development, variegated neoliberalization and the dialectical differentiation of state spatiality. *Progress in Human Geography* 38: 221-247.

Liu, W. and Dunford, M. (2016). Inclusive globalization: unpacking China's Belt and Road Initiative. *Area Development and Policy* 1: 323-340.

Mazzucato, M. (2013). *The Entrepreneurial State: Debunking Public vs. Private Sector Myths in Innovation*. London: Anthem Press.

Morgan, G. and Whitley, R. (eds.) (2012). *Capitalisms and Capitalism in the Twenty-First Century*. Oxford: Oxford University Press.

Murray, W. E. and Overton, J. (2014). *Geographies of Globalization*, 2e. London: Routledge.

Park, B. G., Hill, R. C., and Saito, A. (eds.) (2012). *Locating Neoliberalism in East Asia: Neoliberalizing Spaces in Developmental States*. Oxford: Wiley-Blackwell.

Peck, J. A. (2010). *Constructions of Neoliberal Reason*. Oxford: Oxford University Press.

Peck, J. A. (2013). Explaining (with) neoliberalism. *Territory, Politics, Governance* 1: 132-157.

Peck, J. A. and Theodore, N. (2007). Variegated capitalism. *Progress in Human Geography* 31: 731-772.

Peck, J. A. and Theodore, N. (2015). *Fast Policy: Experimental Statecraft at the Thresholds of Neoliberalism*. Minneapolis, MN: University of Minnesota Press.

Peck, J. A. and Tickell, A. (2002). Neoliberalising space. *Antipode* 34: 380-404.

Peck, J. A. and Zhang, J. (2013). A variety of capitalism… with Chinese characteristics? *Journal of Economic Geography* 13: 357-396.

Prevezer, M. (2017). *Varieties of Capitalism in History, Transition and Emergence: New Perspectives on Institutional Development*. London: Routledge.

Smith, A. (2015). The state, institutional frameworks and the dynamics of capital in global production networks. *Progress in Human Geography* 39: 290-315.

Sparke, M. (2013). *Introducing Globalization: Ties, Tensions, and Uneven Integration*. Oxford: Wiley-Blackwell.

Wade, R. (1990). *Governing the Market: Economic Theory and the Role of Government in East Asian Industrialization*. Princeton, NJ: Princeton University Press.

Walter, A. and Zhang, X. (2012). *East Asian Capitalism: Diversity, Continuity, and Change*. Oxford: Oxford University Press.

Webber, M. J. (2012). *Making Capitalism in Rural China*. Cheltenham: Edward Elgar.

Weiss, L. (2014). *America Inc.? Innovation and Enterprise in the National Security State*. Ithaca, NY: Cornell University Press.

Yeung, H. W. C. (2014). Governing the market in a globalizing era: developmental states, global production networks, and inter-firm dynamics in East Asia. *Review of International Political Economy* 21: 70-101.

Yeung, H. W. C. (2016). *Strategic Coupling: East Asian Industrial Transformation in the New Global Economy*. Ithaca, NY: Cornell University Press.

Yeung, H. W. C. (2017). Rethinking the East Asian developmental state in its historical context: finance, geopolitics, and bureaucracy. *Area Development and Policy* 2: 1-23.

Zhang, J. and Peck, J. A. (2016). Variegated capitalism, Chinese style: regional models, multi-scalar constructions. *Regional Studies* 50: 52-78.

10
국제기구-
어떻게 국제개발을 운영하고 촉진하는가?

탐구 주제

• 세계경제의 운영에 관여하는 다국적 제도와 기관들을 이해한다.

• 국제개발을 위한 국제기구의 강력한 역할을 이해한다.

• 개발정책을 촉진하는 국가와 비국가 조직의 참여를 탐구한다.

• 발전을 위한 상향식 접근 방법의 가능성을 인식한다.

10.1 서론

세계은행그룹(World Bank Group)은 '우리의 꿈은 빈곤 없는 세상입니다'라는 임무를 정했고, 이 구절이 각인된 돌은 워싱턴 D.C.의 본사 입구에 현시적으로 전시되어 있다. 실제로 유엔이 세운 새천년발전목표(MDG)의 첫 번째가 1990년의 빈곤율을 2015년까지 절반으로 줄이는 것이었는데, 5년이나 앞당긴 2010년에 달성하였다. 이러한 세계 발전의 성과는 전 세계의 국제기구, 국가, 기업과 산업계, 시민사회조직(civil society organizations, CSO), 시민들이 집합적 행동의 선봉에 나선 덕분이다. 하지만 세계은행의 '2016년 빈곤과 공동의 번영' 보고서의 종합적 추계에 의하면, 2013년 7억 6,700만 명, 즉 세계 인구의 10.7%는 여전히 극심한 빈곤 속에 지내고 있다(1인당 하루 1.9달러 이하).

전 세계 극빈층의 절반은 사하라이남 아프리카에 살고 있다. 따라서 세계은행은 이 지역의 발전정책에 심혈을 기울이고 있으며, 어느 정도 긍정적인 성과를 거두고 있다. 우간다의 경우 세계은행이 극심한 빈곤층의 비율을 2006년 53.2%에서 2013년 34.6%로 가장 빠르게 감소시킨 사례로 알려져 있다(http://www.worldbank.org). 세계은행은 새로운 인프라 프로젝트에 투자하여 농가의 시장 접근성과 효율성을 향상시킴으로써 우간다의 빈곤퇴치 과정에 크게 공헌하였다.

세계은행과 같은 국제기구의 개입은 지역이 세계경제에 통합되도록 촉진하지만, 때로는 역효과를 낳아 심각한 실패를 초래하기도 한다. 2015년 12월 세계은행그룹의 김용 총재는 우간다 교통부문 발전 프로젝트에 대한 투자를 주민의 중대한 생계 문제와 계약 위반으로 인해 취소한다고 발표하였다. 2009~2011년 동안 세계은행은 우간다 정부의 교통 부문 발전 프로젝트에 2억 6,500만 달러의 대출을 해 주었다. 이 프로젝트는 우간다 서부를 아프리카 횡단 고속도로에 연결하는 대형 국가도로 프로젝트의 일환으로, 우간다 서부 캄웽게에서 포트포털까지 66km의 자갈길 포장을 목표로 하였다(그림 10.1 참조). 아프리카개발은행(AfDB)도 이 프로젝트에 참여하여 우간다의 다른 지역에 투자하였다. 이 프로젝트는 지역사회의 시장 접근성 향상과 일자리 창출을 목표로 하였으나, 세계은행은 안전지침, 모니터링, 사업 진행 등에서 약점을 노출하는 등 심각한 문제가 나타났다. 세계은행 감찰국의 보고서(2016년)에 의하면, 우간다의 지역 주민들이 건설사업으로 인해 수자원, 작물 육묘, 관광길 등에 대한 접근성이 악화되어 심각한 생계의 문제에 직면하게 되었다. 나아가 지역사회 밖에서 유입된 건설노동자에 의한 젠더 폭력에 광범위하게 노출되어 심한 고통을 겪었다. 감찰국은 "이 프

그림 10.1 우간다 서부 캄웽게에서 포트포털 간의 도로 건설 작업
출처: Sue O Connor/Alamy Stock Photo.

로젝트가 유발한 사회적 변화가 일으킨 위험과 위해는 도로 건설이 결코 **단순한** 토지 획득, 금전적 보상, 건설의 과정으로만 이루어지지 않는다는 것을 상기시켜 준다. 도로 건설은 어렵고 사회적·구조적 변화에 대응하는 일이다."라고 하면서 세계은행의 실패를 꾸짖었다(World Bank, 2016: 102).

이 세계은행 프로젝트의 실패 사례는 국제개발과 국제기구의 역할에 대한 우리의 상식에 관해 최소한 3가지의 중요한 의문을 제기하게 한다. 첫째, 국제개발은 세계적 규모에서만 작동하지는 않는다. 국제개발계획이 전 세계에서 성공하려면 다양한 **지리적 스케일**에 따른 제도(화)가 포함되어야 한다. 우간다의 교통 부문 발전 프로젝트의 경우 세계은행과 아프리카개발은행 등 대규모 국제기구가 초기 자금을 지원하였다. 하지만 이 프로젝트의 실행은 국가 단위(우간다 정부와 각 부서)와 지역 단위(프로젝트 계약 회사, 지역사회, 국민)의 제도로부터 완전한 지원을 받아야 했다. 지역 단위에서 부정적인 영향에 관한 관심 부족이 이 프로젝트 실패의 근본적인 원인이었다.

둘째, 국제개발 프로젝트에는 국제기구와 국가 정부만이 아니라 **다양한 참여자**들이 포함된다. 예를 들어, 아동의 권리보호를 위해 일하는 우간다 어린이행복재단(Joy For Children Uganda)과 같은 시민사회조직은 워싱턴에 본부를 둔 연구·변호 조직이며, 세계은행 같은 조직이 지역에 미치는 영향을 모니터링하는 은행정보센터(Bank Information Center)와 같은 비정부조직 등이 있다. 이러한 비정부 참여자들은 매우 중요한 역할을 할 수 있다. 우간다의 경우 지역사회 주민의 불만과 고충을 세계은행 감찰국에 전달하여, 궁극적으로 중요한 사실들을 발견하고 프로젝트 지원을 중단시키는 데 도움을 주었다.

셋째, 국제개발은 경제적 차원으로만 한정해서 볼 수는 없다. 도로를 건설하고, 시장 접근성과 네트워크 연결성을 향상시키는 것은 빈곤퇴치에 기여하는 유용한 개발전략이다. 하지만 양성평등, 건강과 복지, 지속가능한 에너지, 살기 좋은 도시와 지역사회 등 **비경제적 차원**의 발전목표도 포함된다. 따라서 발전이란 다중적인 과정이다.

제5~9장에서는 국제개발의 다양한 차원에 기여하는 대규모 초국적기업, 노동자, 소비자, 금융자본, 국가의 역할에 대해 살펴보았다. 제10장에서는 국제기구가 핵심적으로 관여하고 있는 국제개발의 **거버넌스와 촉진 과정**에 대해 4개의 항목으로 살펴본다. 제2절에서는 자유시장 기제가 발전 거버넌스에서 제도의 중요성을 인정하지 않기 때문에 빈곤국의 발전을 달성하는 수단으로서는 결함이 많다는 점을 살펴본다. 제3절에서는 국제개발에서 제도가 본질적으로 다양한 국가와 비국가 조직들이 참여하는 다자간 조직의 특성이 있다는 점을 살펴본다. 이러한 다자간 조직은 우리의 일상생활(금융, 무역, 투자에서 노동, 환경, 건강, 안전기준까지)의 거의 모든 측면에 영향을 주는 규정, 규범, 기준 등을 구축하고 강제하여 **세계경제를 운영**하는 데 중요한 역할을 담당한다. 제4절에서는 유엔

(UN)과 같은 국가가 비준한 국제기구에서 비정부기구(NGO), 민간 재단에 이르기까지 개발을 촉진하는 국제기구의 역할을 집중적으로 살펴본다. 마지막으로 제5절에서는 국제개발계획이 항상 다자간 조직과 국제적 조직처럼 '하향식'일 필요는 없다는 점을 고찰한다. 지역사회 기반으로 발전을 위해 노력하는 것도 중요하고 효과적이다.

10.2 개발도상국을 위한 시장 기제?

1952년 프랑스의 인구학자 알프레드 소비(Alfred Sauvy)의 논문 「3개의 세계와 하나의 지구(Three worlds, one Planet)」에서 '제3세계'라는 용어가 처음 사용되었다. 이는 냉전 상황에서 어느 편에도 적극적으로 가담하지 않는 국가를 지칭하는 용어이다. '제1세계'는 미국과 그 동맹국들인 서유럽, 일본, 오스트레일리아 등의 국가이며, '제2세계'는 소비에트연방과 동유럽 국가들, 중국, 북한, 일부 동남아시아 국가, 쿠바 등의 공산권 국가를 지칭한다. 제3세계는 아프리카, 중동, 라틴아메리카, 아시아 등 유럽의 옛 식민지였던 빈곤한 국가들을 가리킨다. 제3세계 국가의 지리적 위치가 주로 적도 근처이거나 제1세계의 남쪽에 있어서 집합적 명칭으로 '지구 남부(Global South)'라는 용어가 가장 널리 사용된다. 제3세계 국가들은 저개발이라는 내부적 문제가 있으므로, 제1세계를 기반으로 형성된 시장 기반 산업자본주의 모형으로 '따라잡기'를 할 수 있다는 명제에는 주의가 필요하다. '따라잡기'에 초점을 둔 전통적인 근대화 담론에서는 지구 북부(Global North)의 발전 전문가와 제도를 통해 지구 남부를 '구조'할 수 있다고 주장한다.

북반구의 전문가와 자문가들은 주로 시장 기반의 발전 과정이 궁극적으로 저개발의 문제를 해결하고, 전 세계 국가에 부와 소득을 확산시킬 것이라는 가정에서 출발한다. 제2, 3장에서 살펴보았듯이, 이러한 주장은 지난 60년간 주류 경제발전 담론의 접근 방법이었다. 학문의 유행이 바뀌어도 이러한 주장은 근본적으로 바뀌지 않았다. 주류 담론은 모든 국가가 친시장적인 정책과 전략을 채택하면 국가 경제는 발전할 수 있으며, 불균등 발전은 단지 일시적인 조건일 뿐 궁극적으로는 극복될 것이라고 주장한다. 이러한 관점의 초기 이론이 **근대화이론**으로, 1950~1960년대를 지배한 경제학파로서 제3세계의 발전에 대한 문화적·제도적 장애 요인에 초점을 두었다. 빈곤한 국가가 특정한 선결 조건을 구축한다면, 제1세계의 산업생산, 근대 민주주의 사회, 고도로 발전한 대중소비사회의 모형으로 발전할 수 있다고 주장한다. 근대화이론은 1960년에 미국의 경제사학자 월트 로스토(Walt Rostow)가 제시하였으며, 선결 조건으로 높은 저축과 투자 금리, 현대 과학과 산업생산에 대한 문

<table>
<tr><td>

심화 개념

자료 10.1: 종속성: 근대화이론에 대한 신마르크스주의의 비판

월트 로스토와 근대화론자들의 수렴과 확산에 대한 신뢰와는 달리, 안드레 군더 프랑크(Andre Gunder Frank)와 사미르 아민(Samir Amin) 등 신마르크스주의자들은 1960년대 중반 이후로 핵심 국가들, 즉 제 1세계의 발전을 위해서는 필연적으로 제3세계(대부분은 제1세계의 이전 식민지 국가) 주변부 국가들의 천 연자원과 부존자원을 착취해야 한다고 주장하였다. 이러한 중심—주변부 간의 불균등한 관계에서 제3세 계 국가의 발전은 중심국의 자본, 기술, 시장에 **종속적**으로 될 수밖에 없다. 이러한 착취와 종속적 관계에서 는 주변부의 잉여가치가 지속적으로 중심부로 이전되기 때문에, 주변부 국가들은 발전 잠재력을 충분히 달 성할 수 없는 '저개발(underdevelopment)'이라고 알려진 상황에 놓여 있다. 이러한 비판적 '종속이론'은 1960~1990년대까지 라틴아메리카와 아프리카 국가에서 강한 영향력을 행사하였으며, 수입대체산업화와 외국 자본의 유입 제한 등 내부지향적 발전계획의 정치적·정책적 정당화로 사용되었다. 종속이론과 근대화 이론은 발전의 성과에 대해서는 관점이 다르지만, 제3세계의 발전에 초점을 두고 있다는 점과 두 이론 모두 이론적 추상화의 정도가 높다는 점, 경제지리학적 분석을 위한 공간 단위가 국가라는 점에서는 유사성이 있 다(Moseley, 2017 참조).
</td></tr>
</table>

화적 저항의 감소 등을 주장하였다. 이러한 모형에서는 세계의 경제발전은 시간이 흐를수록 차이가 약해지는 균형 패턴으로 수렴한다고 주장한다. 자료 10.1은 동시대에 제시된 근대화이론에 대한 급 진적 비판론을 소개한다.

발전에 대한 이러한 유형의 경제적 사고는 계속 이어져 최근에는 신고전경제학자와 강력한 국제 기구들[국제통화기금(IMF), 세계은행, 세계무역기구(WTO) 등]이 부와 발전을 창출하는 데 **자유시 장**의 역할을 특히 강조한다. 이와 같은 '워싱턴 컨센서스(Washington Consensus)***, 즉 지구 남부 의 발전에 대한 신자유주의적 접근 방법은 다음과 같다. 저개발은 개발도상국의 내부적인 문제이며, 자본주의의 자유시장 제도를 완전하게 시행하면 자연스럽게 해결될 것이다. 제3세계에 대한 표준화 된 처방전은 급속한 무역자유화, 자본 흐름과 이동의 자유, 정부의 개입 배제, 적자예산 폐지 등이다.

하지만 시간이 흐르면서 정치인, 경제발전 전문가, 정책 자문가들은 신자유주의 시장 기제가 정 부의 개입이 전혀 없이 작동하면 지구 남부의 발전 문제를 해결하지 못한다는 것을 깨닫게 되었다

---

* 역자주: 1989년 미국 의회와 행정부, 경제 부처, 연방준비위원회, 세계은행, 국제통화기금 등이 워싱턴에 모여 라틴아메리카 국가들의 경제위기에 대한 경제개혁과 구조조정을 위해 제시한 정책 권고를 의미한다. 라틴아메리카의 지속가능한 성장을 회 복하기 위한 조건으로 대외지향적인 경제정책, 국내 저축 증대와 투자활동에의 효율적 배분, 국가의 경제적 역할 축소 등을 제 시하였다.

(Sachs, 2015 참조). 최근 국제통화기금의 경제학자들은, "신자유주의 정책들은 성장을 배달해 주는 대신에 불균형을 증대시켰으며, 결과적으로 견고한 확장을 위협하게 되었다"(Ostry et al., 2016: 38; Stiglitz, 2015).라고 지적하였다. 이들은 개발도상국이 무역자유화의 조절과 관리, 보조금, 관세 등의 정책 수단을 통해 서서히 시장을 개방하면 다양한 발전목표를 달성할 수 있을 것으로 보았다. 시장 관리 체제란 국가기관과 국제기구가 국가 경제와 연계된 세계체제를 적극적으로 관리할 필요성을 의미한다. 우간다의 사례에서 보았듯이, 이러한 제도는 다중 지리적 스케일에서 작동하며, 다양한 범위의 국가와 비국가 주체들을 포함한다. 제9장에서 살펴보았듯이, 국가 제도는 국가 경제를 구축하고 관리하는 역할을 한다. 제10장 제3절과 제4절에서는 국제개발을 운영하고 촉진하는 다자간 제도(조직, 기구)와 국제기구의 역할을 고찰한다.

10.3 세계경제의 거버넌스

이 절에서는 세계경제를 운영하기 위한 다자간 제도가 어떻게 구성되는지 살펴본다. 역사적으로 보았을 때, 국가는 **국가적 스케일**의 기능을 수행한다. 하지만 세계적 상호의존성의 과정은 이 경제 거버넌스의 국가 중심적 틀에 도전한다. 특히 국제기구와 국제 지역적 조직이 구성되면서 국가 간 경제정책의 국제적 협력과 조정의 중요성을 증대시켰다. 이처럼 경제 거버넌스가 국가 체제에서 상위의 지리적 스케일의 제도로 이동하는 것을 **스케일 상승** 과정이라고 한다. 여기에 관련된 기관은 세계적 범위에서 활동하는 조직과 대규모 지역 단위의 국가 연합체를 모두 포함한다. 또한 민간기관과 비국가기관도 중요한 역할을 한다. 이 조직들에 대해 살펴보자.

글로벌 거버넌스

글로벌 거버넌스를 관장하는 국제기구 가운데 제2차 세계대전 중인 1942년 미국, 영국, 소비에트연방, 중국 등 4개 국가가 합의한 '유엔 선언(Declaration of United Nations)'으로 탄생한 유엔(UN)이 가장 오래되었고, 기구의 임무와 범위에서 가장 광범위한 조직이다. 하지만 유엔이 국제적 규모의 경제 거버넌스에 미치는 영향은 제한적이다. 경제적인 측면에서 보면 금융제도, 개발지원, 국제무역 등의 운영에 영향을 주는 국제통화기금, 세계은행, 세계무역기구 등의 영향력이 훨씬 크다. 이 중에서 국제통화기금과 세계은행은, 일반적으로 1944년 7월 뉴햄프셔주 브레턴우즈에서 열린 유엔

통화금융회의에서 체결된 '브레턴우즈 제도'로 알려져 있다. 이 회의에서 44개국 730명의 대표가 국제금융 시스템의 중요한 문제를 다루기 위한 일련의 다자간 기구들을 창립하기로 합의하였다. 브레턴우즈 협정(Bretton Woods Agreement)으로 국제무역과 경제 관계를 협의에 따른 의사결정과 협력에 기반한 전후 세계경제 질서를 구축하기 위해 국제통화기금과 국제부흥개발은행(IBRD, 후에 '세계은행'으로 변경)을 창립하였다. 미국과 영국은 다자간 틀이 기존 세계경제의 불황과 무역전쟁의 불안정한 효과를 극복하는 데 필요하다고 판단하였다. 브레턴우즈 협정이 체결된 지 몇 년 후에 관세무역일반협정(GATT)이 체결되고, 1995년 세계무역기구(WTO)로 재편되었다.

워싱턴 D.C.에 본부를 둔 국제통화기금(IMF)은 2017년 현재 189개 회원국이 참가하고 있다. 이 기구는 국제통화 시스템의 핵심 기구이며, 주로 회원국의 대규모 무역적자나 금융 위기의 문제 해결을 돕는다. 2017년 10월 기준으로 국제통화기금은 9,870억 달러의 총 기금 중에서 2,066억 달러를 융자협정으로 빌려주고 있다. 주요 채무국은 그리스, 포르투갈, 우크라이나, 파키스탄 등이다. 국제통화기금은 이뿐만 아니라 회원국의 현금 유동성 위기나 외화 부족 등의 문제에도 도움을 주고 있다. 나아가 채무국 국가 경제의 재구조화를 위한 조건과 정책 전환을 요구한다. 다시 말하면, 국가 경제의 국내 거버넌스에 직접적으로 개입한다. 결과적으로 국제통화기금의 지원을 받은 국가들은 정부지출을 감축하고, 국제통화기금의 신자유주의 정책 처방전에 따라 국가 경제의 통제권을 자유화할 것을 요구받았다(자료 10.2 참조).

제네바에 본부를 둔 세계무역기구(WTO)는, 1947년 설립된 관세무역일반협정(GATT)을 1995년에 재편하여 설립되었다. 이는 국제기구로 회원국 간의 국제무역 분쟁을 조정하기 위해 다자간 규칙 기반의 시스템을 운용한다. 세계무역기구에서 의결되는 거의 모든 의사결정은 전체 회원국의 합의를 통해 이루어지고, 회원국의 선출직 의회와 행정기구에서 반드시 비준이 이루어져야 한다. 2011년 기준으로 세계무역기구의 회원국은 153개국으로 국제무역의 97%를 차지한다. 2016년에는 회원국이 164개국으로 증가하였다. 세계무역기구는 무역협정을 조정하고 협상의 장을 제공하는 것 이외에도 무역분쟁을 해결하고, 국가의 무역정책을 모니터링하며, 국제무역의 범위를 확장하고, 개발도상국에 기술지원과 연수 기회를 제공한다. 세계무역기구는 다자간 기구로서 세계에서 가장 적극적인 국제분쟁의 조정 기제이다. 1995년 이후로 500건이 넘는 분쟁이 세계무역기구로 제소되었으며, 이에 대해 350건 이상의 판결을 내리고 집행하였다.

하지만 세계무역기구에 대한 비판도 많다. 세계무역기구의 부상과 국제무역 규범의 집행은 결과적으로 세계적 규모에서 불균등 발전을 증대시켰다. 발전주의 국가(자료 9.4 참조)로 성장하기를 열망하는 개발도상국들은 보호무역정책을 시행하는 데 어려움이 있지만, 미국과 유럽연합(EU) 국가

자료 10.2: 충격요법

제3장에서 살펴본 바와 같이, 체제로서 자본주의는 내재적으로 위기의 경향이 있다. 이러한 위기 때문에 국가가 외부로부터 국제통화기금(IMF)과 같은 국제기구의 지원을 요청할 때 적극적으로 개입할 수 있는 정치적 기회가 있으며, 특정 유형의 경제 거버넌스가 확산되기도 한다. 충격요법(shock therapy)은 경제위기 시기에 신자유주의 정책 패키지를 요구할 때 이를 설명하기 위해 나타난 용어이다. 이 정책 패키지는 무역자유화, 가격과 환율 통제의 폐지, 자본유통의 자유화, 지역산업에 대한 국가의 지원 폐지, 적자예산의 감소, 국가자산의 대규모 민영화 등으로 구성되어 있다. 용어 자체가 '충격요법'이기 때문에, 이러한 패키지는 빠르게 조합되어 시행된다. 개혁은 주로 경제위기에 처한 국가에 국제통화기금이 자본을 투여하였을 때 그 대가로 요구된다. 1980년대 이전에는 국제통화기금의 자본이 투여되었을 때 대부분 단기적인 현금 흐름의 완화와 같이 단기 처방 위주였다. 하지만 1970년대 후반 이후 라틴아메리카의 부채위기에는 여러 국가가 급격한 자본유입의 부족, 국가 통화의 가치절하, 초인플레이션을 경험하면서 상황이 바뀌었다. 첫 번째로 잘 알려진 충격요법 패키지는 1985년 초인플레이션 상태에 처한 볼리비아에 처방되었다. 선언 21060에는 200여 개의 법률 제정이 포함되었다. 여기에는 달러에 대한 페소(peso) 환율을 변동환율로 바꾸고, 국영 석유 회사와 주석 회사 고용을 3분의 2로 축소하고, 물가통제를 멈추고, 공공 부문에 대한 지원을 폐지하고, 무역 규정을 자유화하는 법률들이 포함되어 있었다. 이후 인플레이션이 급속히 하락하여 패키지가 성공하였다고 칭송되었으나, 결국 볼리비아 경제에 대한 중기적인 영향은 부정적이었다고 평가된다. 이와 유사한 국제통화기금의 **구조조정 프로그램(SAP)**들이 아르헨티나, 칠레, 페루 등 라틴아메리카 국가의 부채위기에 대응하여 시행되었다.

　1980년대 이후로 충격요법은 국제통화기금의 표준으로 정착하여 경제위기에 처한 전 세계의 국가, 특히 1990년대 초반 중부 유럽과 동유럽 국가(폴란드, 러시아), 1997~1998년 아시아 경제위기 때의 동아시아 국가(인도네시아, 한국, 태국)에서 시행되었다. 비평가들은 급속한 경제 구조조정에 드는 막대한 사회적 비용, 충격요법 시행 후 성과의 불균등성 등을 지적하며 충격요법에 점점 더 비판적이 되었다. 찬반 논란과 더불어 충격요법의 시행으로 인해 국제통화기금과 같은 국제기구의 영향력이 증가하고 있다는 점과 국내 정치 엘리트의 지원과 협력이 필수적이라는 점은 상당히 중요하다. 최근에는 2008년 글로벌 금융 위기로 인해 국제통화기금의 이전 구조조정 프로그램 처방전에 대한 신뢰가 하락하였다. 미국과 영국 등 주요 회원국이 어려움에 직면하여 두 국가의 금융조절 시스템이 우수하다는 주장을 더는 할 수 없게 되었기 때문이다. 이는 곧 국제통화기금의 역할에 대한 심각한 재평가로 이어졌다. 2013년 국제통화기금 총재 크리스틴 라가르드(Christine Lagarde)는, 미국 의회가 미국의 국가 부채 한도를 인상하는 데 찬성하여 연방정부 지출 확대에 필요한 자금지원을 하였다. 마찬가지로 2015년 국제통화기금은 유로존 국가들이 공공투자를 줄이지 않고 확대하도록 자문하였다.

와 같은 부유한 국가들은 세계무역기구의 규범을 비웃고 철강, 의류, 농업 등 정치적으로 민감한 부문의 국내 생산자를 보호하는 정책을 시행하고 있다. 결국 자유무역의 영향이 국가에 따라 차등적으로 미치기 때문에, 세계무역기구가 제창하는 무역자유화의 구호는 이러한 불균등한 영향을 감소시키지 못하고 있다. 2001년에 시작된 도하 회의(Doha Round, 2019년 현재까지 진행 중이다)의 진전이 더딘 이유는 이러한 긴장을 반영한 것이다. 농업보조금과 관세 문제가 협상의 진전을 막는 주요 원인이다. 물론 이와 같은 협상이 국제무역의 조직 변화에 어느 정도 가시적인 변화를 가져오기도 하였다. 2015년 12월 세계무역기구 회원국은 농업생산물에 대한 수출보조금 철폐를 약속하는 나이로비 패키지에 서명하였는데, 이는 세계무역기구의 역사상 농업 부문의 가장 중요한 성과로 인정된다. 또한 이 패키지에는 식량안보를 위한 공공 부문의 지분 보유, 개발도상국을 위한 특별 손실 보호기제, 면화에 대한 조치 등이 포함되어 있다. 나아가 서비스 부문에 최빈개도국(least developed countries, LDCs)에 대한 특별우대와 관련된 결정도 있었고, 무역 규정과 관련하여 특별우대를 주는 최빈개도국의 수출에 관한 기준을 정하기도 하였다.

지역 거버넌스

세계의 지역에서 국가들이 경제적 통합이나 한정적인 정치적 통합을 위한 지역(macro-region) 단위의 국가연합이 나타나고 있다. 지역 단위의 경제블록은 세계경제체제 거버넌스의 틀을 구축하는 데 중요한 진전이다. 이처럼 지역 단위의 블록화 현상은 무역장벽을 제거하고 지역 내 교역을 증대시키기 위한 열망 때문에 시작되었다. 디켄(Dicken, 2015)은 지역 경제블록을 4개의 유형으로 분류하였다(표 10.1 참조). 다음의 유형에서 아래로 갈수록 경제적·정치적 통합의 정도가 강해진다.

- **자유무역지역(free-trade area)**: 회원국 간의 무역규제는 감소시키지만, 각 회원국이 비회원국과의 개별 무역협정을 유지한다. 1994년 체결된 캐나다, 미국, 멕시코 간의 북미자유무역협정(NAFTA, 2018년부터 미국·멕시코·캐나다 협정으로 변경).
- **관세동맹(customs union)**: 회원국은 자유무역협정을 운영하고, 비회원국과는 공통의 무역정책을 유지한다. 1991년 체결된 아르헨티나, 브라질, 파라과이, 우루과이의 남미공동시장(MER-COSUR)의 관세동맹(2006년 베네수엘라도 가입하였으나 2016년 이후 정지).
- **공동시장(common market)**: 관세동맹의 특성과 함께 회원국 간의 생산요소의 자유이동을 보장한다. 1973년 체결된 카리브공동체(CARICOM), 2015년 체결된 아세안(ASEAN) 경제공동체.
- **경제연합(economic union)**: 통합의 완성된 형태로 경제정책의 조화와 초국가적 통제를 지향한다. 유럽연합만이 이 유형에 가장 가깝다. 2002년 대부분의 회원국 통화를 유로로 단일화하였

표 10.1 세계경제 환경에서의 주요 지역 경제블록

유형	명칭	회원국	연도
자유 무역 지역	• 유럽자유무역연합 (EFTA) • 북미자유무역협정 (NAFTA)	• 아이슬란드, 노르웨이, 리히텐슈타인, 스위스 • 캐나다, 멕시코, 미국	• 1960 • 1994[2018년 미국·멕시코 ·캐나다 협정(USMCA)으로 재체결]
관세동맹	• 안데스공동체 (CAN) • 남미공동시장 (MERCOSUR)	• 볼리비아, 콜롬비아, 에콰도르, 페루, 베네수엘라 (2006년 탈퇴) • 아르헨티나, 브라질, 파라과이, 우루과이, 베네수 엘라(2016년 12월 이후 정지)	• 1969(1990년에 재체결) • 1991
공동시장	• 카리브공동체 (CARICOM) • 동남아시아국가연 합(ASEAN)	• 앤티가 바부다, 바하마 제도, 바베이도스, 벨리즈, 도미니카, 그레나다, 가이아나, 아이티, 자메이카, 몬트세랫, 세인트키츠 네비스, 세인트루시아, 세 인트빈센트 그레나딘, 수리남, 트리니다드 토바 고, 이외 5개 준회원국 • 브루나이다루살람, 캄보디아, 인도네시아, 라오 스, 말레이시아, 미얀마, 필리핀, 싱가포르, 태국, 베트남	• 1973 • 1967(ASEAN) • 1992(아세안 자유무역지대) • 1997(ASEAN+3: 한국, 일 본, 중국) • 2012(ASEAN+6: 한국, 일 본, 중국, 인도, 오스트레일 리아, 뉴질랜드) • 2015(아세안 경제공동체)
경제연합	• 유럽연합(EU)	• 오스트리아, 벨기에, 불가리아, 크로아티아, 사이 프러스, 체코, 덴마크, 에스토니아, 프랑스, 핀란 드, 독일, 그리스, 헝가리, 아이슬란드, 이탈리아, 라트비아, 리투아니아, 룩셈부르크, 몰타, 네덜란 드, 폴란드, 포르투갈, 루마니아, 슬로바키아, 슬 로베니아, 스페인, 스웨덴, 영국(2019년 10월 탈 퇴)	• 1957(유럽공동시장) • 1992(유럽연합)

출처: Dicken(2015), 표 6.19에서 수정 인용함.

다. 유럽연합은 1957년 유럽공동시장으로 시작하여 28개 유럽 국가가 참여하는 지역통합의 가
장 진보된 형태로 성장하였다(그림 10.2 참조).

이러한 지역 단위 국가연합의 특성 3가지는 다음과 같다. 첫째, 대부분은 처음 두 가지의 유형, 즉
자유무역지역과 관세동맹에 해당한다. 이는 협상이 가장 쉽고 정치적으로도 받아들이기가 쉽기 때
문이다. 둘째, 경제블록은 시간이 흐르면서 발전하고, 유럽연합과 아세안 경제공동체의 경우처럼 통
합의 정도가 강해진다. 이러한 지역 단위의 제도는 시간이 흐를수록 진화하여 각 지역의 거버넌스가

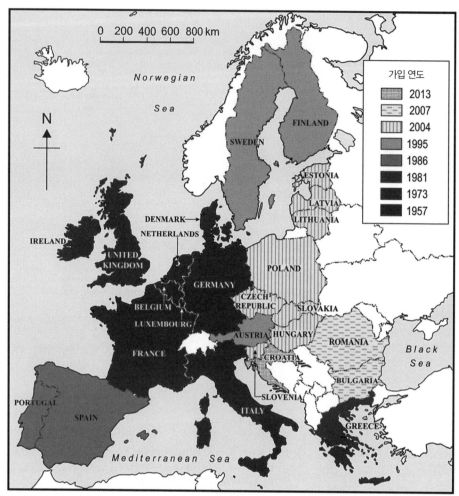

그림 10.2 1957년 이후 유럽연합의 확장

이러한 역동성을 대부분이 동남아시아국가연합(ASEAN)으로 구성된 동남아시아 지역통합의 사례에서 살펴보자. 동남아시아의 통합 과정은 일본, 미국, 최근에는 한국의 초국적기업들이 주도하고 있다. 여기에 1992년 시작된 아세안 자유무역협정(AFTA)과 2015년 시작된 아세안 경제공동체(ASEAN Economic Community) 등의 협정을 통해 통합에 추진력을 주고 있다. 아세안 자유무역협정은 동남아시아국가연합의 6개국이 글로벌 생산 네트워크에서 핵심 플랫폼으로 역할하기 위해 관세·비관세 장벽 철폐와 지역경쟁력 강화를 최종 목표로 시작되었다. 협정 서명 이후 6개국 간의 거의 모든 무역상품에 대한 관세가 없어지거나 6% 이하로 축소되었다. 2008년 아세안 회원국들은 완전한 단일시장과 생산기지로 통합하기로 합의하였으며, 2015년 아세안 경제공동체를 구축함으로써 어느 정도 완성이 되었다. 지역으로서 아세안은 2020년 기준으로 세계에서 다섯 번째로 큰 경제지역으로 세계 GDP의 5.1%를 차지한다. 중산층과 부유층이 빠르게 성장하여 거대한 지역 시장이 형성되고 있다. 2020년까지 1억 2,000만 인구가 중산층이 될 것으로 예측된다. 특히 인도네시아, 베트남, 필리핀, 태국, 미얀마 등의 거대한 신흥국들이 주도할 것이다(아세안의 경제통합과 지역발전에 미치는 영향에 대해서는 ASEAN Secretariat, 2016 및 Yeung, 2017 참조).

강화된다(자료 10.3 참조). 셋째, 모든 지역 경제블록은 각 회원국에 의해 시작되고 권위가 부여된다는 점을 인식하는 것이 중요하다. 하지만 개별 국가의 지역통합에의 참여 정도가 커질수록 국내경제 거버넌스를 지역 블록에 양도해야 한다는 점은 문제가 된다. 유럽연합의 사례에서 보듯이, 회원국들은 유럽연합의 적자를 막기 위해 국내 예산을 조정해서 유럽 단일통화 체제를 유지해야 한다. 여기에 유럽연합 단위의 규정과 법규를 준수해야 한다. 더구나 새로운 지역통합에 맞추어 일정 수준 경제활동의 입지 변동에 적용해야 하는 등 고통스러운 기간을 감내해야 한다(예로 제조업 활동이 서유럽에서 동유럽과 중부 유럽으로 이전, 미국에서 멕시코로 이전. 자료 5.2 참조).

다중 이해관계자 정책: 하이브리드 거버넌스와 민간 부문의 조절

대규모 국제기구와 지역 단위의 국가연합은 규범 제정과 이를 국제금융, 무역, 경제협력 분야에서 집행함으로써 세계경제의 일정 부분을 운영할 수 있다는 점을 살펴보았다. 이러한 경제 거버넌스의 역량은 회원국의 정치적 역량과 금융적 기여 정도에 의존한다. 하지만 세계경제는, 국제기구와 지역 블록의 영향력에 따를 필요가 없는 **민간 및 비국가 기관** 등 광범위한 행위주체자에 의해서도 영향을 받는다. 따라서 공공과 민간 참여자가 함께 바람직한 결과를 추구하는 새로운 유형의 **하이브리드 거버넌스(hybrid governance)**가 탄생한다.

여기서는 생산, 소비, 금융에 관한 **국제표준**을 제정하려는 지속적인 노력을 통해 경제활동이 어떻

표 10.2 표준화의 세계

표준화 유형	변동성
적용 분야	품질보증, 환경, 건강과 안전, 노동, 사회/경제, 윤리, 금융
형태	규칙, 라벨, 표준
적용 범위	기업, 산업 부문, 전체
핵심 기관	국제협회, 국제 비정부기구, 국제노동조합, 국제 미디어 및 평가 기관, 국제기구
인증 과정	1차, 2차, 3차 기업, 민간 부문 회계 및 평가 기관, 비정부기구, 정부
규제 정도	법률로 구속, 시장경쟁 요건, 자율적 규제
지리적 스케일	지역(미국의 주), 국가, 국제 지역(유럽연합), 세계(유엔글로벌콤팩트)

출처: Nadvi and Waltring(2004).

게 운영되는지에 초점을 맞추어 살펴보자. 표 10.2에서 보는 바와 같이, 표준의 세계는 광범위하고 다양하다. 건강, 생산 품질, 환경, 금융, 노동조건 등 경제의 다양한 측면에 적용된다. 표준은 행위규범, 최종생산물의 라벨, 엄격하게 규정된 기술적 표준이나 등급, 일련의 자발적인 정책, 그리고 이들을 종합한 형태로 적용된다. 표준은 또한 특정 원자재(신선한 토마토, 돌고래 안전 참치), 상품(이슬람 율법에 따른 채권, 제8장 제6절에서 다룬 윤리적 투자 펀드), 산업 부문(농업, 제조업), 일반적 적용(특정 국가 시장 판매를 위한 전기제품의 안전기준) 등 다양하게 적용된다. 소비자운동은 명확하게 최종 소비자의 영역(때로는 노동조합도 포함)에 한정되나, 표준은 기업, 비정부기구, 노동조합, 국제기구(국제표준화기구), 그리고 이들의 종합 등 다양하게 적용된다. 표준에 대한 평가로 부여되는 증서나 인증은 다양한 주체자(공공, 민간, 영리 및 비영리 조직 등)에 의해 진행된다. 표준제도의 규제적 효과는 자발적 인증(상품의 '공정무역' 추구)에서 의무적 인증(플라스틱 장난감의 안전기준, 식품의 유기농인증, 임산물의 환경인증, 채권 발행에 대한 투자 가능 등급 등)까지 다양하다. 마지막으로 표준제도는 다음의 두 가지 이유로 본질적으로 **지리적**이다. 특정 상품의 생산과 소비에 적용되는 영역이 있으며, 원거리 장소와 영역을 연결하는 생산 네트워크에의 영향이 지리적이다.

산업과 국가에 적용되는 여러 가지 국제표준의 사례를 보면, 하이브리드 거버넌스가 긍정적인 발전의 효과를 촉진한다고 할 수 있다. 다양한 이해관계자 간의 협력과 갈등을 빚는 국제무대에서 국제개발이 표준제도라는 특정 거버넌스에서 성공적이라고 판단할 수 있다(Bair, 2017). 민간과 공공, 국가와 세계라는 전통적인 양분법은 적용하기가 쉽지 않다. 예를 들어, 국제노동기구(ILO)가 2001년에 시작한 작업환경개선 프로그램은 캄보디아의 의류산업을 모니터링하는 프로그램으로, 지역 제조업자의 국가 노동법 위반을 확인하더라도 국가 정부와 지역 비정부기구의 협력이 없으면 이러한 좋지 않은 관리 관행을 바꾸지는 못한다. 하지만 2007년 이후로 이 프로그램은 지역적, 국가적,

세계적 수준에서 국가, 비국가, 민간의 이해관계자들을 포함하는, 독특한 하이브리드 거버넌스 모델을 적용하여 '스케일 상승'을 하였다. 현재 작업환경개선 프로그램은 국제노동기구가 국가 정부와 함께 노동조합, 공장 소유주, 세계적 브랜드의 의류 및 소매 기업 등 다양한 민간의 참여자들과 연합하여 운영하고 있다. 이러한 다중 이해관계자 정책은 아시아(방글라데시, 캄보디아, 인도네시아, 베트남), 중동과 아프리카(이집트, 요르단), 라틴아메리카(아이티, 니카라과)의 8개국에서 성공적으로 시행 중이다. 이는 1,500여 개 공장의 210만 명의 노동자에게 적용된다(http://betterfactories.org, https://betterwork.org).

다중 이해관계자 **조직에는** 국제개발에서 노동기준과 노동조건을 규제하기 위해 구성된 경우도 있다. 영국의 윤리무역 이니셔티브(ETI)는 1997년 설립된 다중 이해관계자 조직으로 개인 회원과 영국 국제개발부(DFID)가 지원한다. 미국의 공정노동조합(FLA)도 이와 유사하다. 2017년 윤리무역 이니셔티브는 1,660억 파운드 매출을 올린 65명의 기업 회원이 가입하였다(아스다, C&A, 갭, H&M, 테스코 등 영국의 소매 및 제조 기업). 윤리무역 이니셔티브에는 17개 비정부기구(크리스천 에이드, 옥스팸 등)와 전 세계 1억 6,000만 노동자를 대변하는 3개의 국제노동조합의 대표 등이 참가하고 있다. 윤리무역 이니셔티브는 공급사슬에 있는 기업의 노동조건에 대한 9개 항의 기본 규범을 제정하였다(https://www.ethicaltrade.org).

- 인력은 자유롭게 채용되어야 한다.
- 결사의 자유와 단체교섭의 권리는 존중되어야 한다.
- 근로조건은 안전하고 위생적이어야 한다.
- 아동 노동력은 사용하지 않아야 한다.
- 최저 생활임금은 지급되어야 한다.
- 노동시간은 과도하지 않아야 한다.
- 어떠한 차별도 없어야 한다.
- 상시 고용해야 한다.
- 가혹하거나 비인간적인 처우는 허용하지 않는다.

대부분의 소매업자는 뷰로베리타스(Bureau Veritas)와 같은 대규모 국제적·독립적 회계감사기관을 이용하지만, 일부는 주요 공급자에게 이 역할을 맡기기도 하며, 생산지 현지에 있는 비정부기구의 참여를 보장하기도 한다. 윤리무역 이니셔티브가 명시적으로 밝힌 것처럼 명목적인 것을 추구

자료 10.4: 돌고래 안전 참치 생산의 환경인증

1990년대 초반 캘리포니아에 본부를 둔 비정부기구 지구섬협회(Earth Island Institute, EII)는, 국제해양포유류 프로젝트(IMMP)라고 알려진 소비자 주도의 환경 캠페인을 성공적으로 진행하였다. 지구섬협회는 참치 포장산업체와 협의하여 참치 상품 용기에 '돌고래 안전'이라는 표기를 하도록 정의하고, 모니터링하고, 규제하는 데 핵심적인 역할을 하였다(Baird and Quastel, 2011). 이 기획을 시작할 때 대부분의 참치 포장산업은 태국에 집중되어 25개의 참치 통조림 회사가 입지해 있었다. 세계에서 가장 규모가 큰 참치 통조림 회사인 유니코드(Unicord)는 7,000명의 직원이 매일 500톤의 참치 통조림을 생산하였다. 참치 통조림의 주요 시장은 미국과 선진국인 영국, 이탈리아, 독일, 프랑스 등이었다. 지구섬협회의 프로젝트는 다중 이해관계자 인증사업으로 소비자 수요, 상품 라벨, 미국 정부의 상표 관련법, 유엔의 의결, 미디어의 강한 지원 등이 연계되어 있었다. 이 기획은 해양포유류 보호라는 명칭의 환경규제(미국 해양포유류보호법, 1972)에 기반하여, 지구섬협회와 민간 부문의 참여자들이 비정부 및 민간의 규제 제정의 노력으로 성공할 수 있었다. 이 기획의 성공으로 동부 열대 태평양의 황다랑어 수확과 서태평양과 인도양에서의 유자망 어업으로 참치 남획 시 나타나는 돌고래 사망과 부상이 현저하게 감소하였다. 1973년 기준으로 참치잡이와 관련된 돌고래의 사망이 25만 2,000마리였으나, 1984년 8,258마리, 2008년 1,000마리로 감소하였다. 2017년에는 참치와 관련된 돌고래 사망이 99% 감소하였다. 전 세계 참치 회사의 95%가 돌고래 안전 참치잡이 협정에 가입하였으며, 전 세계 시장에서 판매하는 참치 통조림에서 돌고래 안전 라벨을 찾을 수 있게 되었다(http://www.earthisland.org; http://savedolphins.eii.org).

하지 않는다. 사실상 소매업자나 브랜드 상품기획자가 공급사슬에 있는 모든 지점의 노동조건을 파악하는 것은 불가능하며, 기본 규범은 생산국 정부의 활동에 상당 부분 의존한다(예로 노동조합 결성의 권리).

이러한 대형 정책과 기관 외에 최근 동향을 보면, 원자재 특히 농식품 부문에 **민간 부문 주도**의 다중 이해관계자 정책이 증가하고 있음을 알 수 있다(Ouma, 2015). 자료 10.4는 캘리포니아주, 태국 등 다수의 행위주체자를 연결한 돌고래 안전 참치에 관한 환경인증의 사례를 설명한다. 이러한 표준은 개별 기업이 공급사슬의 거버넌스에 대해 '불간섭주의'를 취하는 것을 허용한다.

이 절을 요약하면, 세계경제는 단일한 지리적 스케일을 넘어서는 다양한 행위주체자와 제도에 의해 운영된다는 점이다. 글로벌 거버넌스는 명백하게 **다중 스케일**의 과정으로, 국가의 범위를 넘어 지역 단위의 국가연합, 국제기구 등을 포괄하며, 특정 경제활동을 조절하는 다양한 네트워킹 이니셔티브를 포함한다. 그 결과 점차 서로 다른 영역들을 연결하여 더욱 통합된 '조절의 공간'으로 진화하며, 서로 다른 장소의 행위주체자들이 세계경제에 참여할 가능성을 제공한다.

10.4 지구 남부의 발전 촉진

이제까지는 국제, 지역, 비국가의 스케일에서 다자간 제도가 세계경제의 운영에 집합적으로 참여하는 방식에 초점을 두었다. 세계무역기구와 같은 조직은 경제발전에 직접적으로 참여하는 반면, 유럽연합 같은 기구는 지구 남부의 발전 문제 등에는 명시적으로 참여하지 않는다. 이 절에서는 특히 지구 남부의 발전을 촉진하는 데 가장 중요한 국제기구들을 살펴본다. 이 기구들은 국제기구와 개발기관에서 발전 관련 비정부기구와 민간 재단에 이르기까지 범위가 넓다. 이러한 제도의 영향으로 인해 개발의 효과에 엄청난 차이가 난다.

국제개발 제도

유엔(과 산하 기구), 세계은행, 지역개발은행이나 미국, 영국, 오스트레일리아, 캐나다, 일본 등 나라의 개발원조기구를 포함한 여러 국제기구의 가장 중요한 사명은 국제개발이다. 유엔은 가장 영향력이 높은 국제적 플랫폼으로, 개발 쟁점을 주도한다. 1945년 설립된 이후 빈곤감소, 환경보존, 평화와 안보의 국제협력, 인권 보호, 인도주의적 원조 전달, 국제법의 옹호 등을 통한 복지 향상에 초점을 두었다. 이러한 역할은 유엔의 다양한 프로그램과 전문기구(표 10.3 참조)를 통해 수행되었다. 유엔개발계획(UNDP)은 빈곤퇴치와 불균형 해소를 목적으로 하는 핵심 기구로서, 국가들이 정책 형성, 리더십 기술, 파트너십 능력, 제도적 역량 등을 발전시키는 데 기여하였다. 2000년 9월 뉴욕의 유엔 본부에 모인 세계 정상들은 유엔 새천년 선언을 채택하였다. 유엔이 주도한 10년간의 회의와 정상회담을 통해 준비한 이 선언은 2015년을 목표 연도로 정하고 새천년발전목표(MDGs)를 발표하였다. 이 목표는 다음과 같다.

- 극빈과 기아의 퇴치
- 보편적인 기초교육 달성
- 양성평등 촉진과 여성의 역량강화
- 영아 사망률 감소
- 모성보건의 향상
- 에이즈, 말라리아, 기타 질병과의 투쟁
- 환경적 지속가능성 확보

표 10.3 국제개발을 위한 유엔의 산하 기구

	유엔 산하 기구	활동
유엔 프로그램과 기금	유엔개발계획 (UNDP)	약 170개국에서 활동하는 빈곤퇴치, 불평등 완화, 회복력 구축을 통해 국가가 지속가능하게 진보할 수 있도록 지원함. 국가들이 지속가능발전목표를 달성하도록 지원하는 것이 가장 중요한 역할임.
	유니세프(UNICEF)	어린이와 어머니에게 장기적인 인도주의적 지원과 개발원조를 제공함.
	유엔세계식량계획 (WFP)	기아와 영양실조 퇴치를 목표로 함. 세계에서 가장 규모가 큰 인도주의 기구. 매년 약 75개국, 8,000만 명의 인구를 지원함.
	유엔무역개발회의 (UNCTAD)	개발 쟁점, 특히 발전의 원동력으로서 국제무역과 투자에 초점을 둠.
유엔 전문기구	세계은행 (World Bank)	교육, 건강, 인프라, 통신 등의 개선을 위해 저금리 융자, 무이자 신용대출, 보조금을 제공함으로써 빈곤감소와 생활수준 향상을 목표로 함. 100개국 이상에서 활동.
	국제통화기금(IMF)	국제수지의 조정과 기술적 지원이 필요한 국가에 단기적인 금융지원을 제공하여 경제성장과 고용을 촉진함.
	국제노동기구(ILO)	결사의 자유, 단체교섭, 강제노동 금지, 기회와 처우의 균등 등의 쟁점에 국제표준을 제정함으로써 국제노동권의 촉진에 기여함.
	유엔식량농업기구 (FAO)	기아 퇴치를 위한 국제적 협력을 주도함. 개발도상국과 선진국 간 협정 협상을 위한 장을 제공하고, 개발지원을 위한 기술지식과 정보를 제공함.
	국제농업개발기금 (IFAD)	농촌 빈곤감소에 초점을 두고 개발도상국의 가난한 농촌 인구의 빈곤, 기아, 영양실조 퇴치, 생산성과 소득 증가, 삶의 질 향상 등을 위해 활동함.
	유엔공업개발기구 (UNIDO)	빈곤감소를 위한 산업발전, 포용적 세계화, 환경적 지속가능성을 증진하는 활동.

출처: http://www.un.org/en/sections/about-un/fundsprogrammes-specialized-agencies-and-others/index.html, 2017년 11월 3일 접속.

• 발전을 위한 글로벌 파트너십의 개발

2015년 말 새천년발전목표(MDGs)는 국제기구, 국가, 시민사회, 민간 파트너들을 자극하여 목적 달성을 위한 진전을 이루어 냈다(Liverman, 2018). 이를 계기로 2016년 전 유엔 사무총장 반기문은 2030년을 목표로 17개의 새로운 의제인 지속가능발전목표(SDGs)를 공표하였다. 그림 10.3은 지속가능발전목표를 그래픽으로 제시한 것이다. 이는 발전의 일반적인 경제 차원을 넘어서는 일임을 보여 준다. 유엔은 금융지원, 기술 발전과 이전, 역량강화, 향상된 파트너십 등 임무 수행을 위해 다양한 수단을 동원하였다.

새천년발전목표와 지속가능발전목표를 달성하기 위한 주요 무대는 기업의 사회적 책임을 강화하는 일련의 국제적 행동규범을 발전시키는 일이었다. 2000년 7월 전 유엔 사무총장 코피 아난은

그림 10.3 유엔의 2030 지속가능발전목표 17가지

출처: http://www.un.org/sustainabledevelopment/sustainable-developmentgoals, 2017년 11월 1일 접속.

유엔글로벌콤팩트(United Nations Global Compact)를 제창하였다. 이는 기업의 운영과 전략 수립에 인권, 노동, 환경, 부패 방지의 영역에서 지켜야 할 10가지의 보편적 원칙이다(https://www.unglobalcompact.org). 163개국의 9,670개 기업이 참여한 글로벌콤팩트는 현재 세계에서 가장 크고 자발적인 기업의 지속가능성 이니셔티브이다.

유엔은 새천년발전목표와 지속가능발전목표를 달성하기 위해 자발적 기여를 통한 재원으로 진행되는 프로그램 외에도 표 10.3에 있는 전문기구를 통해 노력하였다. 여기에는 몇 가지 고려할 사항이 있다. 첫째, 이 전문기구들은 회원국의 자발적인 지원과 지정 회비, 때로는 민간 기부를 통해 재원이 조달되는 독립적인 국제기구이다. 각각 다른 시기에 설립되었으나[국제노동기구(ILO)는 유엔보다 먼저 설립], 협상을 통한 협정을 맺고 유엔 시스템 내부로 포함되었다. 둘째, 전문기구들은 국제개발의 다양한 측면에 대응하여 프로젝트 금융(세계은행), 금융안정(국제통화기금)에서 노동권(국제노동기구), 식량안보(유엔식량농업기구), 농업발전(국제농업개발기금), 산업화(유엔공업개발기구)에 이르기까지 전문화되었다. 셋째, 전문기구들의 제도적 역량과 동원 자원은 너무 다양하여 국제개발의 임무를 수행하는 권한과 효과성의 차이에 영향을 미친다. 국제표준을 제정하고(국제노동기구), 협상을 통한 협정을 체결하며(유엔식량농업기구), 기술지원을 제공하는(유엔공업개발기구) 기관이 있는 반면에, 세계은행과 국제통화기금은 차관, 신용융자, 보조금을 제공할 수 있는 금융역량에서 더 직접적인 역할을 한다.

세계은행은 유엔 전문기구 중에서 발전 문제에 초점을 둔 가장 뛰어난 기관일 것이다. 워싱턴 D.C.에 본부를 둔 세계은행은 189개 회원국이 가입되어 있고, 100여 개 개발도상국에 전문지식과 금융 서비스를 제공한다. 기초건강과 교육 제공, 사회발전과 빈곤감소, 공공서비스 제공, 환경보호, 민간기업 발전, 거시경제적 개혁 등 광범위한 활동을 지원한다. 2010년 세계은행의 금융지원은 588억 달러로 최고점에 이르렀다. 남아시아와 아프리카 국가가 융자와 보조금의 주요 수혜국이다. 2017년 현재 대출 협약은 421억 달러로 감소하였다. 세계은행의 지원으로 수혜를 입은 국가는 성공적인 발전 경로의 선순환 사이클로 진입하였다(전후 독일, 일본, 아시아의 신흥공업국). 반면에 세계은행의 경제 자문과 발전지원으로 별 도움이 되지 않은 국가도 있다(칠레와 페루). 최근 세계은행이 광범위하게 진행하는 사업은 **조건부 현금 이전(CCT)** 프로그램이다. 이 프로그램을 통한 수백만 달러의 수혜국은 아동 교육과 건강에 투자한다는 사전 지정투자 협약을 해야 한다. 조건부 현금 이전 프로그램은 빈곤을 감소시키고 부모로 하여금 아동에게 투자하도록 지원하는 사회안전망을 제공한다. 대규모 조건부 현금 이전 프로그램의 사례는 브라질의 **보우사 파밀리아(Bolsa Família)**, 멕시코의 **오포르투니다데스(Oportunidades)** 등으로, 수백만의 가정을 지원하였다. 이 프로그램은 방글라데시, 캄보디아, 칠레, 튀르키예 등 많은 개발도상국과 사하라이남 아프리카 지역에서 인기가 있다.

하지만 세계은행의 프로그램은 종종 논란이 되어 왔다. 세계은행은 보조금이나 금융지원을 받은 수혜국의 정책적 개선을 요구하는 경향이 있다. 다른 지역에서 시행하였던 정책 개입을 수혜국인 개발도상국에 수용할 것을 지속적으로 요구한다. 이러한 (주로 신자유주의적) 발전 이념과 개입의 급속한 세계적 확산은 '빠른 정책'이라고 불리며, 예상하지 못한 결과와 실패로 귀결되곤 한다(Peck and Theodore, 2015). 세계은행의 발전 개입의 불균등한 결과는 개발도상국의 불만족을 낳는다. 세계은행의 정책은 문제의 해결보다는 불균등의 원인이 되고 발전의 문제를 발생시킨다고 알려져 있다. 특히 세계은행은 발전에 대한 서구의 신자유주의적 접근을 마구잡이로 촉진하는 기관이라고 비판받고 있다.

지구 남부의 발전에 영향을 주는 서구의 인식에 대한 대응으로, 중국은 2013년 아시아인프라투자은행(AIIB)을 설립하였다. 아시아인프라투자은행은 새로운 다자간 금융기관으로, 아시아의 긴박한 인프라 구축에 기여하기 위해 설계되었다. 아시아인프라투자은행은 중국의 엄청난 외환보유를 활용하여 아시아에서 금융 프로젝트를 진행하고, 일본이 주도하는 아시아개발은행(ADB)을 넘어 아시아 지역의 경제발전에 큰 역할을 담당할 것을 기대한다. 베이징에 본부를 둔 이 은행은 2016년 1월 유럽 국가를 포함하여 80여 회원국과 함께 사업을 시작하였다(그림 10.4 참조). 아시아인프라투자은행의 자본금 1,000억 달러는 아시아개발은행의 이용 가능한 기금의 거의 3분의 2 정도이며, 세계은

그림 10.4 아시아인프라투자은행(AIIB): 국제개발을 위한 새로운 다자간 기관

출처: Xiao Lu Chu/Getty Images.

행 자본금의 절반가량이나 된다.

　유엔, 세계은행, 아시아인프라투자은행 등 대형 국제기구뿐만 아니라, 대상 국가와 지역에 영향력을 행사하는 지역 및 국가 단위의 지원을 받는 국제개발 기관도 많다. 이러한 **다자간 개발금융기관들**은 아프리카개발은행(AfDB, 1964년 설립), 아시아개발은행(ADB, 1966년 설립), 유럽부흥개발은행(EBRD, 1990년 설립), 미주개발은행(IADB, 1959년 설립), 이슬람개발은행(IsDB, 1975년 설립) 등 다양하다. 장기 자본 흐름에서 시장실패의 문제 해결과 개발도상국, 내전 이후의 국가들을 지원하기 위한 다자간 개발은행(MDB)은 인프라, 경제성장 활동, 빈곤감소 등을 지원한다. 다자간 개발은행은 다양한 경제적·사회적 문제 해결을 위해 금융지원만이 아니라 기술지원 등을 한다.

　하지만 2010년대 이후로 다자간 개발은행은 본래의 기획 의도와 목적 달성에 심각한 문제가 발생하였다. 첫째, 글로벌 금융이 성장하고 이용 가능성이 증가함에 따라 자본시장 실패는 훨씬 덜 중요한 문제가 되었다(제8장 참조). 대부분의 개발도상국은 이제 주로 국내금융을 통해 공공투자를 하거나 세계 자본시장에서 차입한다. 가나와 탄자니아 같은 저소득국가도 10년 만기 정부 발행 채권으로 세계의 투자자들을 모을 수 있다. 둘째, 개발정책과 실무에 대한 전문지식의 급속한 성장과 확산으로 인해 다자간 개발은행의 자문 서비스의 필요성이 감소하였다. 제9장 제4절에서 다룬 다양한 개

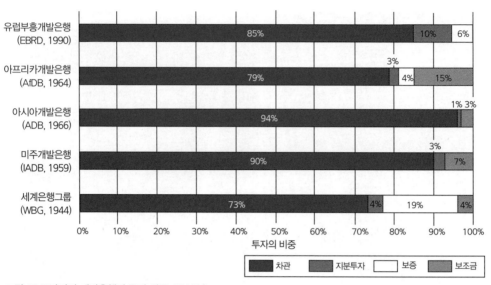

그림 10.5 다자간 개발은행의 투자 비중, 2014년

출처: Center for Global Development(2016), 그림 3: 18.

발 모델의 성공(특히 발전주의 국가)으로 인해 개발도상국은 이제까지 다자간 개발은행이 주도해 왔던 단일한 접근 방법(워싱턴 컨센서스)에 의존할 필요성도 약화되었다. 셋째, 민간 재단과 다른 재원들이 증가하고, 이 기관들이 목표로 하는 지원 대상과 개발 활동이 늘어남에 따라 회원국에 대한 다자간 개발은행의 독점적인 금융 역할이 감소하였다. 사실상 다자간 개발은행은 오래된 조직, 관료주의적 성장, 공식적 거버넌스로 구조화되었기 때문에 새로운 도전에 적응하는 데 상당히 느리다. 그림 10.5는 2014년 기준 다자간 개발은행의 포트폴리오를 보여 준다. 국가 정부와 기업에 제공한 직접차관의 비중이 압도적으로 높다. 다자간 개발은행이 민간 시장을 지원하고 발전을 촉진하는 역할은 제한적이다. 세계은행을 제외하면, 민간 부문의 투자를 자극할 개발 도구로서의 대출 보증의 비중은 아주 적다.

국가가 재정지원을 하는 국제개발기구의 마지막 유형은 개별 국가 정부가 운영하는 개발 부서이다. 여기에는 오스트레일리아 국제개발처(AusAID), 덴마크 국제개발처(DANIDA), 영국 국제개발부(DFID), 일본 국제협력기구(JICA), 미국 국제개발처(USAID) 등이 있다. 이 부서들은 원조공여국의 국제 기여를 위해 주로 해외 개발원조의 운영과 분배를 관장하고 있다. 유엔이나 지역 개발은행 등 다자간 기구와는 달리, 수원국과 쌍방 협력을 통해 국가의 외교정책 목표를 달성하는 데 주력하는 경향이 있다. 지정학적·안보적 목표, 시장 개척, 무역 증진, '소프트 파워(soft power)' 영향력 확대 등 원조공여국의 정책목표에 한정되어 운영된다. 개발원조의 운영은 수원국과의 협력을 통해 지원 프로젝트를 진행하거나, 유엔이나 세계은행과 같은 다자간 기구의 수원국 프로젝트의 일환으로 실행된다. 국제개발처는 원조공여국, 비정부기구, 민간 부문, 학술단체 등 상당히 광범위한 행위주체자와 연계하여 사업을 실행한다. 미국 국제개발처는 2007~2013년 동안 연간 예산이 120억~140억 달러 정도 되는데, 자신이 지정한 실제 업무를 수행하는 다양한 이윤추구 개발업자에게 보조금을 지출하고 협약을 진행함으로써 '개발을 실행'한다(Roberts, 2014: 1033). 1990년대 이후로 국제개발처 대다수는 원조 예산의 축소, 지정학적 환경 변화로 인한 기부자의 감소, 공공지원의 감소 등 문제에 직면하고 있다.

비정부기구와 국제개발

분명히 전 세계 개발의제의 진보에는 국가의 역할이 가장 중심적이었다. 하지만 국제개발은 단순한 국가 주도 프로젝트 이상의 문제였다. 최근에는 비정부기구와 민간 재단의 참여가 엄청나게 증가하였다. 따라서 개발에 대한 관점도 '국가 간'의 일에서 훨씬 광범위한 행위주체자가 촉진하는 '글로벌' 프로젝트로 전환되었다. 비정부 부문과 민간 행위주체자의 개발 성과 촉진의 역할이 갈수록 커지고 있다. 이는 국가 기능의 **공동화(hollowing-out)**와 공공–민간 파트너십 혹은 민간 주도 개발이 증가하고 있다는 반증이다. 개발 프로젝트에 비국가 행위주체자가 늘어남으로써 국가권력이 독립적인 시민사회조직(CSOs)으로 권한이 이양되고 있으며, 때로는 자선단체와 같은 민간 부문으로 이전된다.

오늘날 발전 관련 비정부기구(D-NGOs)는 많이 알려져 있다. 그중 유명한 조직으로는 영국의 크리스천에이드(Christian Aid), 글로벌 저스티스 나우(Global Justice Now), 옥스팸(Oxfam), 미국의 미국적십자사(American Red Cross)와 월드비전(World Vision), 스위스의 국경없는의사회(Doctors Without Borders), 방글라데시의 농촌진흥위원회(BRAC) 등이 있다. 이러한 조직들은 시민사회조직, 민간 자원봉사단체(PVOs), 자선단체, 비영리단체, 제3섹터 조직 등으로도 불린다. 개발도상국에는 국가 단위의 수많은 발전 관련 비정부기구가, 기업지원 연구조직과 발전 연구기관에서부터 지역사회단체, 시민활동연대, 압력단체, 위기/인본주의 구호단체까지 다양하게 이루어져 있다.

최근에는 **민간 재단**이 증가하여 발전 관련 비정부기구의 새로운 유형이 되고 있다. 민간 재단은 동원할 수 있는 자원이 풍부하고(부유한 창립자의 지원), 선진국과 개발도상국에 정치적·경제적 영향력을 확장하고 있어 빠르게 증가하고 있다. 록펠러재단이나 카네기재단처럼 오래된 민간 재단과 협력하는 21세기의 유명 자선단체에는 빌앤드멀린다 게이츠재단(Bill & Melinda Gates Foundation, 2000년 창립)과 챈저커버그 이니셔티브(Chan Zucherberg Initiative, 2015년 창립) 등이 있다. 이 두 재단의 명시적 목표는 신중한 개입을 통해 교육과 건강 부문의 시장실패에 대응하는 것이다. 미첼과 스파크(Mitchell and Sparke, 2016)는 이러한 현상을 "새로운 워싱턴 컨센서스"의 등장이라고 명명하였다. 이처럼 새로운 '공공–민간–자선(3P)' 파트너십은 고도의 비용효율성 알고리즘에 의존하고, 건강과 교육의 개선을 위한 '비즈니스 논리'로 수혜자를 통합하는 등 독특한 방식으로 운영된다. 미국의 억만장자 빌 게이츠(마이크로소프트), 워런 버핏(버크셔 해서웨이), 마크 저커버그(페이스북) 등은 자신들을 시장 기반 사업 방식을 자선사업에 도입한 새로운 유형의 사회사업가로 보고 있다. 고도로 집중화된 투자, 시장조정 파트너십과 지렛대(leveraging), 기술의 빠른 적용, 지속적인 평가, 빠른 투자 회수, 경쟁의 활용, 벤치마킹, 순위 평가 등의 방법을 지원 우선순위 평가에 활용하였다. 이들의 보조금과 지원 프로젝트에서는 한계상황에 처한 개인과 집단을 적극적으로 찾아 자신의 문제해결에 시장 기반 솔루션을 이해하고 채택하도록 훈련하였다.

게이츠재단은 세계의 빈곤, 건강, 교육 등 지원하는 분야의 모든 프로젝트를 벤처사업의 형태로 운영한다. 각각의 사업은 문제정의, 전략 확립, 투자 배분, 운영계획, 투자 회수 조건, 평가 등의 시스템을 갖추고 있다(https://www.gatesfoundation.org, 2018년 1월 19일 접속). 2016년 말 현재 게이츠재단은 403억 달러의 자산을 보유하고 있다. 2000년 창립한 이후로 게이츠재단은 100여 개 국가의 프로젝트에 413억 달러의 보조금을 지출하였다. 소규모 재단의 경우, 애큐먼(Acumen)은 록펠러재단, 시스코시스템재단(Cisco Systems Foundation), 그리고 3인의 자선가로부터 초기 투입 자본을 투자받은 민간 조직이다. 2001년 전 월스트리트의 은행가가 설립한 애큐먼은 농업, 교육, 에너지, 건강, 주택, 수자원, 위생 등 분야의 혁신적인 기업과 기업가에게 '인내심' 있는 자본을 투자하였다. 애큐먼은 이러한 부문의 사업 성장을 위해 투자하면, 수많은 가난한 '고객'에게 서비스를 제공할 수 있다고 믿는다. 2017년 말 현재 애큐먼은 13개국의 102개 기업과 385명의 '변화 주도자'에게 1억 1,000만 달러를 투자하였다. 게이츠재단과 애큐먼은 기업 방식, 시장 논리, ('수혜자'가 아닌) 소비자 지향의 사업 진행 등의 사고를 국제개발 분야에 도입하였다.

이 절에서는 다자간 조직, 국제개발은행, 국가 개발 부서, 비정부기구, 민간 재단 등 지구 남부의 발전을 촉진하는 제도에 대해 살펴보았다. 이 조직들은 다중적인 지리적 스케일에서 운영되며, 지구 남부 개별 국가의 제도적·금융적 역량보다 규모가 더 큰 경향이 있다. 하지만 이러한 개발 노력은 주로 지구 남부의 **밖**에 있는 제도와 행위주체자에 의해 운영됨으로써, 개발도상국과 개발 지역의 수혜 지역에 논쟁적인 결과를 초래하였다. 제5절에서는 지역 내에서의 노력과 실행을 기반으로 하는 대안적 개발 이니셔티브에 대해 살펴본다.

10.5 상향식 발전? 커뮤니티 기반 발전

이제까지 국제기구가 국제개발의 거버넌스와 촉진에 어느 정도 깊이 관여하는지 살펴보았다. 대부분의 개발 프로그램은 하향식, 즉 외부에서 주어진 일련의 개발목표와 실행계획으로 운영된다. 이 장의 첫 부분에 소개되었던 우간다의 도로 건설 프로젝트가 정확한 사례이다. 지역사회는 프로그램의 진행으로 인해 한계상황에 처할 수도 있는데, 외부의 이해관계자들에 의해 프로그램이 기획되고 운영되었다.

지역사회 스케일의 개발 이니셔티브, 즉 커뮤니티 자체에서 개발을 주도하는 유형이 나타나고 있다. 커뮤니티 기반의 개발 프로젝트는 국제기구, 지역 단위의 국가 집단, 부유한 재단에 의한 주류의 하향식 이니셔티브의 유용한 대안이 될 수 있다. 주류의 프로젝트는 '범용(one size fits all)' 전략을 추구한다. 하향식 프로젝트의 전문 계획가는 개발 쟁점을, 표준화된 노하우와 기술적 해결책을 통해 풀 수 있는 '공학적' 문제로 인식한다. 반면에 '상향식' 커뮤니티 기반의 이니셔티브는 지역 개발의 수요에 유연하고 더 잘 적응할 수 있다. 지역사회의 참여를 강조함으로써 개발 프로젝트가 지역사회의 목표, 자원환경, 실행 수단을 훨씬 더 잘 반영한다. 지역사회의 참여는 커뮤니티의 소속감, 책임성, 헌신 등을 보장해 준다.

커뮤니티 기반의 개발 프로젝트는 새롭고 개선된 생산 과정의 창출과 교통 연계의 개선을 통해 시장경제 도입을 증대시키기도 한다. 물론 커뮤니티 개발의 목적은 자본주의 과정의 밖에 있는 '대안경제'를 통한 생활수준과 삶의 질의 향상이다(제14장 참조). 커뮤니티 프로젝트는 수백 달러를 쓰는 세계은행의 프로젝트와 비교할 때 규모가 훨씬 작지만, 지역사회의 특수성을 반영한 수요에 더 잘 대응할 수 있다. 지역사회의 농부들이 자원을 공동으로 사용함으로써 인근 시장에 생산물을 판매하거나, 지역 주민이 비화폐 기반의 상호부조를 통해 노동력을 공유하는 사례도 있다. 이러한 교환 시스템에서는 지역사회의 모든 구성원에게 혜택이 돌아가도록 신뢰와 공정을 가장 중요한 원칙으로 삼는다. 여기에는 일련의 윤리 규범이 정해져 있다. 자원의 공평한 사회적 분배, 환경의 건강성과 지속가능성 보장, 커뮤니티 자산과 장점 강조, 커뮤니티 파트너십 구축 등이다(Gibson-Graham et al., 2013).

필리핀의 수리가오델노르테주, 부키드논주, 보홀주, 라나오델노르테주의 커뮤니티에서 결성된 사회적 기업의 사례를 보자(Gibson et al., 2015). 이 커뮤니티에서는 시간, 돈, 상품 등의 자원을 커뮤니티의 주민, 농부, 이주 노동자들이 공동으로 사용하여 경제활동에 참여하고, 이를 통해 고용과 적절한 소득을 제공한다. 보홀섬의 자그나(Jagna) 농촌 커뮤니티에서는 상대적으로 시원한 기온으로 인해 신선한 생강이 많이 생산되는데, 지역 시장의 규모가 너무 작아 농부들은 생강을 판매하기가 어렵다. 하지만 2004년 12월부터 47~81세의 여성 6~10명이 함께 모여 생강차를 생산하여 소득을 창출하였다. 이 여성들은 공공과 민간 부문의 일자리가 여성에게 연령제한을 두는 경향이 있어 주류 경제에서 소외되었던 사람들이다. 여성들이 스스로 사회적 기업을 설립함으로써 생강차 판매를 통해 현금 수입이 발생하여, 안경도 사고 건강검진 비용을 지불할 수 있게 되었다. 생강차 판매의 성공 이후 생강차 생산 과정에서 쿠키, 사탕, 각질제거 스크럽까지 관련 상품의 생산을 다각화하였다. 이 여성들은 지역사회의 자그나 여성위원회(JCW)의 일원으로 위원회가 추진하는 신용대여와 환경 프로그램에 영향력을 행사할 수 있게 되었다. 이 사례는 개발 프로젝트가 지역 주민의 이익을 위해 커뮤니티에서 '상향식'으로 시작될 수 있음을 보여 주었다. 모든 커뮤니티 기반의 프로젝트가 성공적이거나 효과적이라고 할 수는 없지만, 상향식 프로그램은 하향식으로 진행되는 대규모 프로젝트를 보완하는 유용한 대안이 될 수 있을 것이다.

10.6 요약

제9장에서 살펴본 바와 같이 국가 경제가 기본적으로 국가에 의해 운영되는 것처럼, 이 장에서는 세계경제도 규제받지 않는 시장의 산물이 아니라는 점을 살펴보았다. 세계경제체제는 제도에 의해 운영되고 촉진된다. 이 장에서는 이러한 제도의 여러 특성에 대해 살펴보았다. 세계경제는 다중 스케일에서 작동하고, 다양한 행위주체자들이 참여하며, 단순히 경제 문제만을 다루지 않는다. 이 장에서는 세계경제를 운영하고 개발을 촉진하는 다양한 조직에 대해 고찰하였다.

유엔, 세계은행, 국제통화기금, 세계무역기구 등 세계적인 사명을 가진 다자간 기구가 세계경제의 관리에 얼마나 중요한 역할을 담당하는지 살펴보았고, 유럽의 유럽연합과 동남아시아의 아세안 등 지역 단위에서 운영되는 제도를 고찰하였다. 대부분의 다자간 기구들은, 국가가 국내적 조절 체제를 지역이나 국제적 규모로 경제 거버넌스의 스케일 상승하는 데 관여한다. 국가에 따라 경제 거버넌스의 역량을 다자간 기구에 이양하는 경우도 있지만, 미국, 독일, 중국과 같이 강력한 국가들은 이 제도를 뒷받침하는 핵심적 동력으로 작용한다.

동시에 다양한 행위주체자들이 세계경제의 조율에 참여한다. 상상할 수 있는 거의 모든 산업 분야마다 윤리적 무역 표기에서부터 노동기준의 적용, 환경인증까지 표준제도와 게임의 규칙을 정하는 규제기관이 있다. 국가가 지원하는 국제기구도 있으며, 민간 부문이나 비정부기구가 설립한 기구도 있다. 이러한 기구들은 단지 경제 문제만을 다루지는 않으며, 훨씬 더 넓은 사회적 쟁점에 관심을 갖는 것은 명백하다. 참치산업에 돌고래 보호 문제를 제기한 경우가 대표적인 사례이다.

지구 남부의 개발도 다양한 스케일에서 광범위한 제도에 의해 촉진된다. 세계은행, 지역개발은행과 같은 다자간 기구는 회원국의 자금지원으로 운영되지만, 일부 국가는 국가 차원의 개발 부서를 운영한다. 개발 '산업'에는 수많은 개발 관련 비정부기구도 참여하고 있다. 일부는 지구 북부에 본부를 두고 있지만, 대부분은 지구 남부에 본부가 있다. 자선재단도 개발 정책과 실행에 중요한 역할을 담당하고 있다. 비정부기구와 자선단체는 국가의 개발 부서, 다자간 개발기구, 지구 남부의 국가 정부와 밀접한 관계를 유지하면서 운영된다. 따라서 정부와 비정부 간의 경계는 갈수록 희미해진다. 개발을 위한 가장 효과적인 유형은 아마도 경제적(그리고 환경적) 전환에 지역사회의 수요와 자원을 반영하고 촉진하는 상향식으로 시작한 조직일 것이다.

주

- Mawdsley(2017)는 발전지리학과 관련 분야의 지구 남부에 관한 최근 논쟁을 정리하였다. 전 세계의 발전에 대한 상세한 지리학적 연구는 다음과 같다. 브릭스(BRICS, 브라질, 러시아, 인도, 중국, 남아프리카공화국의 신흥경제 5국)는 Mawdsley(2012), 아프리카는 Murphy and Carmody(2015), Ouma(2015), 동아시아와 동남아시아는 Carmody(2016), Rigg(2012, 2015), Aoyama and Parthasarathy(2016), Yeung(2016), 카리브해 지역은 Werner(2016).
- 발전지리학에서 국제통화기금과 세계은행에 대한 예리한 비판은 Peet and Hartwick(2015)을 참조하라.
- Aoyama and Parthasarathy(2016)는 교육, 에너지, 건강, 금융 분야의 사회 혁신에 하이브리드 거버넌스의 등장에 대한 흥미로운 지리학적 분석을 하였다.
- 국제개발기구와 개발 촉진에서 기구의 역할에 대한 지리학적 비판은 다음을 참고할 것. Ballard(2013), Roberts(2014), Mawdsley(2015), Peck and Theodore(2015), Webber and Prouse(2018).
- 커뮤니티 기반 개발계획의 사례는 Roelvink et al.(2015)을 참조하라.

연습문제

- 브레턴우즈 제도는 어떻게 세계경제를 운영하는가?
- 주요 개발 문제에 국제표준은 왜 중요한가?

- 비국가 행위주체자와 민간 재단은 어떻게 국제개발을 촉진하는가?
- 다중 이해관계자 정책은 무엇이고, 이는 커뮤니티 기반 개발에 어떻게 연계할 수 있는가?

심화학습을 위한 자료

- http://www.imf.org, http://www.worldbank.org, http://www.wto.org: 세계에서 가장 강력한 금융·경제 기구의 홈페이지는 다자간 국제기구가 창출한 개발 성과에 대해 광범위한 정보를 제공한다.
- http://www.brettonwoodsproject.org, http://www.bankinformationcenter.org: 국제통화기금과 세계은행에 대한 비판적인 목소리를 내는 홈페이지.
- http://europa.eu: 유럽연합의 포털은 세계에서 가장 거대한 지역 단위 조직의 기원과 역할에 대한 정보를 제공한다.
- http://asean.org, http://www.apec.org, http://www.naftanow.org: 아세안, 아시아태평양경제협력체(APEC), 북미자유무역협정(NAFTA)은 지역 경제협력의 사례이다.
- https://www.cgdev.org: 글로벌개발센터(Center for Global Development)는 증거 기반 개발정책 연구와 분석을 하는 독립 센터이다.
- https://www.dosomething.org, http://www.globalissues.org: 시민사회조직(CSOs)의 홈페이지. 세상을 긍정적으로 변화시키며 세계의 빈곤감소를 목적으로 한다.
- http://www.communityeconomies.org: 지역경제집단 및 지역경제연구 네트워크(Community Economies Collective and the Community Economies Research Network)의 홈페이지. 발전에 대한 대안적 경제 관행과 경로를 연구한다.

참고문헌

Aoyama, Y. and Parthasarathy, B. (2016). *The Rise of the Hybrid Domain: Collaborative Governance for Social Innovation*. Cheltenham: Edward Elgar.

ASEAN Secretariat (2016). *ASEAN Investment Report 2016: Foreign Direct Investment and MSME Linkages*. Jakarta: ASEAN Secretariat.

Bair, J. (2017). Contextualising compliance: hybrid governance in global value chains. *New Political Economy* 22: 169-185.

Baird, I. and Quastel, N. (2011). Dolphin-safe tuna from California to Thailand: localisms in environmental certification of global commodity networks. *Annals of the Association of American Geographers* 101: 337-355.

Ballard, R. (2013). Geographies of development II: Cash transfers and reinvention of development for the poor. *Progress in Human Geography* 37: 811-821.

Carmody, P. (2016). *The New Scramble for Africa*, 2e. Chichester: Wiley.

Center for Global Development (2016). Multilateral Development Banking for this Century's Development Challenges. Washington, DC. https://www.cgdev.org (accessed 3 November 2017).

Dicken, P. (2015). *Global Shift: Mapping the Changing Contours of the World Economy*, 7e. London: Sage.

Gibson, K., Cahill, A., and McKay, D. (2015). Diverse economies, ecologies, and ethics: rethinking rural transformation in the Philippines. In: *Making Other Worlds Possible: Performing Diverse Economies* (eds. G. Roelvink, K. St. Martin and J. K. Gibson-Graham), 194-224. Minneapolis, MN: University of Minnesota Press.

Gibson-Graham, J. K., Cameron, J., and Healy, S. (2013). *Take Back the Economy: An Ethical Guide for Transforming our Communities*. Minneapolis, MN: University of Minnesota Press.

Liverman, D. M. (2018). Geographic perspectives on development goals: constructive engagements and critical perspectives on the MDGs and the SDGs. *Dialogues in Human Geography* 8: 168-185.

Mawdsley, E. (2012). *From Recipients to Donors: The Emerging Powers and the Changing Development Landscape*. London: Zed Books.

Mawdsley, E. (2015). DFID, the private sector, and the re-centring of an economic growth agenda in international development. *Global Society* 29: 339-358.

Mawdsley, E. (2017). Development geography 1: Cooperation, competition and convergence between 'North' and 'South'. *Progress in Human Geography* 41: 108-117.

Mitchell, K. and Sparke, M. (2016). The New Washington Consensus: millennial philanthropy and the making of global market subjects. *Antipode* 48: 724-749.

Moseley, W. G. (2017). Dependency theory. In: *The International Encyclopedia of Geography*. Chichester: Wiley.

Murphy, J. T. and Carmody, P. (2015). *Africa's Information Revolution: Technical Regimes and Production Networks in South Africa and Tanzania*. Chichester: Wiley.

Nadvi, K. and Waltring, F. (2004). Making sense of global standards. In: *Local Enterprises in the Global Economy: Issues of Governance and Upgrading* (ed. H. Schmitz), 53-94. Cheltenham: Edward Elgar.

Ostry, J. D., Loungani, P., and Furceri, D. (2016). Neoliberalism: oversold? *Finance & Development* 53: 38-41.

Ouma, S. (2015). *Assembling Export Markets. The Making and Unmaking of Global Market Connections in West Africa*. Oxford: Wiley-Blackwell.

Peck, J. A. and Theodore, N. (2015). *Fast Policy: Experimental Statecraft at the Thresholds of Neoliberalism*. Minneapolis, MN: University of Minnesota Press.

Peet, R. and Hartwick, E. (2015). *Theories of Development: Contentions, Arguments, Alternatives*. London: Guilford.

Rigg, J. (2012). *Unplanned Development: Tracking Change in South-East Asia*. London: Zed Books.

Rigg, J. (2015). *Challenging Southeast Asian Development: The Shadows of Success*. London: Routledge.

Roberts, S. M. (2014). Development capital: USAID and the rise of development contractors. *Annals of the Association of American Geographers* 104: 1030-1051.

Roelvink, G., St. Martin, K., and Gibson-Graham, J. K. (eds.) (2015). *Making Other Worlds Possible: Performing Diverse Economies*. Minneapolis, MN: University of Minnesota Press.

Sachs, J. D. (2015). *The Age of Sustainable Development*. New York: Columbia University Press.

Stiglitz, J. (2015). *The Great Divide: Unequal Societies and What We Can Do About Them*. New York: W W Norton.

Webber, S. and Prouse, C. (2018). The new 'gold standard': The rise of randomized control trials and experimental development. *Economic Geography* 94: 166-187.

Werner, M. (2016). *Global Displacements: The Making of Uneven Development in the Caribbean.* Oxford: Wiley-Blackwell.

World Bank (2016). Republic of Uganda Transport Sector Development Project - Additional Financing (P121097): Investigation Report. 106710-UG, 4 August 2016. http://www.worldbank.org (accessed 1 November 2017).

Yeung, H. W. C. (2016). *Strategic Coupling: East Asian Industrial Transformation in the New Global Economy.* Ithaca, NY: Cornell University Press.

Yeung, H. W. C. (2017). Global production networks and foreign direct investment by small and medium enterprises in ASEAN. *Transnational Corporations 24*: 1-42.

11

환경-
기후변화는 모든 것을 변화시키는가?

탐구 주제

• 기후변화의 자연지리와 경제지리를 이해한다.
• 지구온난화의 원인과 영향에 대한 불균등한 지리를 탐구한다.
• 탄소 배출 감소를 위한 정부의 정책 방향에 관해 탐구한다.
• '포스트탄소' 세계의 변화하는 경제지리를 분석한다.

11.1 서론

세계지도에는 섬나라 키리바시(Kiribati)가 두 번 등장한다. 런던을 통과하는 (제국주의 권력의 식민
경영 유산) 그리니치 자오선이 중앙에 오는 지도를 펼쳐 놓으면, 태평양 중앙의 적도에 있는 키리바
시의 위치는 지도의 양쪽 끝이 된다. 이 키리바시가 영원히 사라질 위험에 처했다. 지구온난화로 해
수면이 상승하였으며, 향후 수십 년 동안의 예측이 맞는다면 키리바시 다도해 섬들의 지표면은 해수
면 아래로 가라앉을 것이다.

　키리바시는 350만㎢의 해양에 32개의 환상 산호도(atoll)와 산호초로 이루어진 군도이다(그림
11.1 참조). 2015년 인구 11만 2,407명으로 세계에서 가장 작은 국가 중 하나이며, 가장 가난한 국가
중 하나이기도 하다. 2016년 세계은행의 통계를 보면, 1인당 소득이 2,800달러밖에 되지 않는다. 국
토의 3분의 2인 726㎢의 면적이 해수면보다 2m 이상이 되지 않으며, 3m 이상인 부분은 거의 없다
(Donner and Webber, 2014). 기후변화에 관한 정부간 협의체(IPCC)의 2014년 평가에 의하면, 미
래의 온실가스 배출 시나리오에 따라 21세기 말에는 해수면이 44~74㎝ 정도 상승할 것으로 예측된

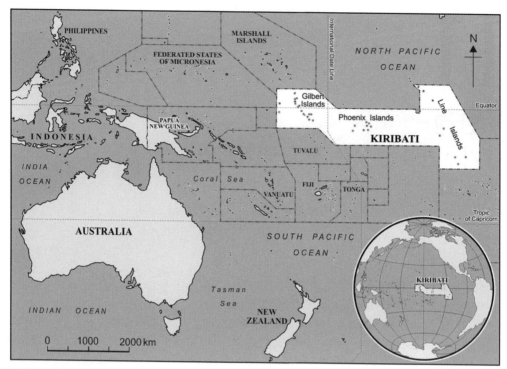

그림 11.1 키리바시 지도

다(IPCC, 2014). 문제는 이러한 세계적인 해수면 상승은 지구상에 고르게 분포하지 않을 것이며, 열대 태평양 지역에서는 더 높을 것이라는 데 있다(IPCC, 2014). 이러한 상황은 해양 순환의 주기적인 이동으로 인한 자연적인 해수면 변동 때문에 더욱 복잡해진다. 예를 들어, 해수 온도와 깊이의 주기적인 변화를 초래하는 '엘니뇨(El Niño)' 현상이 있다.

해수면 상승이 키리바시의 존망에 심각한 결과를 초래하는 동안, 지구온난화는 키리바시에 여러 측면의 영향을 준다. 육지의 고온과 해수 온도의 상승은 기후 패턴을 변하게 하고, 태풍이나 가뭄 같은 기상이변을 초래한다. 생활 생태계 또한 변화하고 있다. 해수 온도와 해수면 상승과 해양의 용존 이산화탄소의 증가는 산호초에 해로운 영향을 준다. IPCC의 2014년 평가보고서에 따르면, 키리바시 산호초에 심각한 영향을 주어 어업과 관광에 경제적 손실을 유발하였다(그림 11.2). 또한 키리바시의 담수 공급도 위기여서 삶에도 부정적인 영향을 주었다. 키리바시 군도는 해수층 아래에 있는 지하수 공급에 담수를 의존하고 있는데, 해수면이 상승하고 폭풍으로 인한 범람과 오염으로 인해 균형 잡힌 담수 공급에 문제가 발생하였다. 따라서 지구온난화는 단순한 온난화의 문제만이 아니라, 생태계와 자연계 순환의 전체 과정에 영향을 주고, 이에 의존하는 인간 사회에 영향을 준다.

그림 11.2 키리바시 타라와 사진

출처: Raimon Kataotao/EyeEm/Getty Images.

    키리바시는 기후변화로 존립 자체가 직접적으로 위협을 받는 명백한 사례이기 때문에, 이 장에서 논의의 시작점으로 살펴보았다. 키리바시의 인구, 물리적 규모, 경제는 모두 무척 작다. 다른 지역을 보면 세계적인 기후변화의 영향은 훨씬 더 광범위하다. 해안 지역의 거주 인구가 위기에 처한 상위 5개국은 방글라데시, 중국, 베트남, 인도, 인도네시아이다. 이 5개국은 세계 인구의 거의 절반을 차지한다. 키리바시의 사례는 이 장에서 살펴볼 기후변화의 경제지리학의 핵심 쟁점들을 제시하고 있다.

    자연환경 시스템의 복잡성은 기후변화에 대한 잘못된 정보, 소위 '기후변화 회의론'의 여지를 남겨준다. 과학적 분석에 의하면, 키리바시의 해수면 상승은 태평양의 자연적인 해양 순환을 과장한 것이며, 이러한 분석은 인간이 초래한 기후변화의 중요성을 과소평가하는 근거로 활용될 수 있다. 제2절에서는 기후변화의 개념에 대한 대중적인 오해, 기술이 문제를 해결할 수 있다는 신념의 존재와 그를 믿는 전문가를 부정하는 분석을 한다.

    제3절에서는 기후변화에 대한 지리학적 접근 방법을 제시한다. 기후변화 현상을 일으키는 인간과 자연계 시스템의 상호작용을 이해하고, 자연환경이 정치적·경제적 과정을 넘어 세계적인 연계성을 만들어 가는 과정을 이해한다. 키리바시는 인구와 경제의 주요 중심지에서 가장 멀리 떨어진 국가 중의 하나일 것이다. 하지만 여전히 자연-환경 시스템을 통해 근본적으로 연결되어 있다. 공간상의 불균형이라는 지리학적 주제도 여기에 깊이 연관되어 있다. 지구적 기후변화를 일으키는 가스 배출

생성에는 뚜렷한 지리가 있음을 알게 될 것이기 때문이다. 이러한 전 지구적 배출의 지리학(geography of emissions) 관점에서 보면, 키리바시의 책임은 거의 없고 오히려 잠재적으로 향후 피해가 클 것이다.

기후변화의 영향을 지리학적 시각으로 이해하는 부분이 제4절이다. 이 영향은 복잡한 환경 시스템과 환류 기제를 통해 파악할 수 있으며, 예상치 못한 방식으로 자신을 스스로 드러낼 것이다. 키리바시의 사례에서 보듯이, 산호초와 담수 공급 등 중요한 두 가지 영향은 아마도 우리가 지구온난화 환경에서 쉽게 찾기가 불가능한 내용이다. 이러한 영향은 장소 기반의 환경과 불균등한 취약성의 맥락에서만 이해할 수 있다. 이는 지리적으로 변이가 큰 지구적 기후변화의 경제적 영향에 대한 문제이다. IPCC의 평가는 기후변화의 원인과 영향에 대한 과학적 합의의 신중한 진전을 반영한 결과이다. IPCC의 평가를 반영하여 지구온난화를 유발하는 가스 배출을 제한하는 광범위한 국제협정과 거버넌스 프로그램이 진행되고 있다. 제5절에서는 탄소세, 탄소상쇄 프로그램, 탄소배출권 거래제도(cap-and-trade schemes) 등의 틀을 살펴본다.

탄소 기반 경제를 넘어 청정에너지, 에너지 소비 감소, '녹색경제'를 위한 공급재 등을 생산하는 새로운 경제 부문의 발전이 필요하다. 이 새로운 산업이 대체하고자 하는 구산업 부문의 공간 패턴과는 다른 입지적 특성을 보인다. 더욱 폭넓게 저탄소 경제로 전환해야 할 필요성은 우리 경제 세계의 공간성에 대한 몇 가지 기본적인 가정을 변화시킨다. 제6절에서는 이러한 내용을 다룬다. 마지막으로 제7절에서는 제5절과 제6절에서 다룬 시장 기반의 해결책과는 다른 새로운 방향을 제시한다. 이 장의 제목에서 보듯이, 환경에 대한 파괴적인 영향을 줄이기 위해 경제체제와 자연과의 관계를 조직하는 방식을 새롭고 더 근본적으로 바꾸어야 한다는 점을 강조한다.

11.2 기후 안주론

세계 기후변화의 암울한 결과의 상황에서도 특정 부문에서는 이 쟁점에 대해 아직도 안주론(complacency)이 존재한다는 사실은 무척 놀라운 현실이다. 2015년 한 여론조사에 따르면, 미국인의 45%만이 기후변화가 '매우 심각한 문제'라고 믿고 있다고 나타났다. 미국만이 아니라, 아시아·태평양 지역의 비율도 미국과 비슷하였고, 유럽은 오히려 약간 더 높았다(54%). 아프리카와 라틴아메리카에서는 훨씬 높은 수치를 보였다(각각 61%와 74%)(Stoeks et al., 2015).

기후변화에 대한 안주론은 실제로 기후변화가 여전히 일어나고 있는지에 대한 회의론에 뿌리를 두고 있다. 다른 여론조사 결과를 보면, 미국인의 48%는 세계 기후변화가 인간의 활동 때문이라고 인식하고, 31%는 자연적인 원인이라고 인식하며, 20%는 기후변화가 실제로 발생하지 않았다고 믿고 있었다(Funk and Kennedy, 2016). 사실상 상당한 기간 동안 인간의 활동 때문에 기후변화가 발생한다고 믿는 미국인의 비중은 50% 정도에 강하게 머무르고 있었다. 이 비율은 2007~2011년 사이에 실제로 감소하였다. 2016년 현재 28%의 미국인만이 기후과학자들이 기후변화의 원인에 대해 가장 잘 이해하고 있다고 믿는다.

지난 수십 년 동안 지구온난화가 존재한다는 과학적 합의가 있었고, 인류가 초래한 배출이 생명과 환경에 미치는 심각한 영향에 관한 명백한 증거들이 늘어나고 있음에도 기후변화에 대한 회의론이 존재한다(Oreskes and Conway, 2010). 1960~1970년대에 미국 정부는 이산화탄소 배출과 기후의 상관관계를 검증하는 고위 연구위원회를 운영하였다. 1988년에 두 건의 중요한 사건이 신문 헤드라인을 장식하였다. 첫째, 고더드 우주연구소(Goddard Institute for Space Studies) 소장 제임스 핸슨(James Hansen)은 미국 하원에 출석하여 탄소 배출과 지구온난화의 상관관계에 대해 증언하였다. 둘째, 기후변화에 관한 최고의 과학적 증거들을 평가하고 종합하기 위한 세계적 노력의 하나로 기후변화에 관한 정부간 협의체(IPCC)를 설립하였다. 1990년 IPCC의 첫 번째 과학평가 보고서가 출간되었다. 이 보고서의 결론은 다음과 같다.

우리는 인간의 활동으로 초래된 배출은 온실가스인 이산화탄소, 메탄가스, 염화불화탄소(CFC), 아산화질소의 대기권 집적을 심각하게 증가시킨다고 확신한다. 이러한 배출가스의 증가는 온실효과를 가중시켜 지표면의 추가적인 온난화를 유발할 것이다(Houghton et al., 1990: xi).

핸슨의 증언과 IPCC 보고서 이후 미국 정부는 실제 행동을 시작하였다. 조지 H. W. 부시 대통령은 온실효과를 감소시키는 '백악관 효과'를 언급하였다. 부시는 1989년 IPCC 회의에 국무장관을 파견하였고, 세계적 기후변화에 대한 대규모 연구 프로그램 예산을 승인하였다.

1980년대 후반에서 1990년대 초반까지 중요한 시기에 과학계와 정치권이 기후변화에 행동을 취해야 할 필요성이 있다고 합의하자, 반대 담론이 나타나기 시작하였다. 이 반대 담론은 기후변화의 존재, 원인, 영향이 있다는 논의에 도전하고, 행동하는 정책에 반대하는 주장을 하였다. 소규모(기후학자가 아닌) 과학자 집단, 경제학자, 연구기관 연구자들이 전파하였으며, 주로 화석연료산업과 자동차산업의 지원을 받아 다음과 같이 주장하였다. 지구온난화는 일어나지 않으며, 데이터를 오독하고 잘못 해석하였다고 주장하였다. 또한 지구온난화가 일어나고 있지만, 기후의 변동은 자연적인 현상으로, 태양과 타 자연계 순환으로부터 나오는 에너지 출력의 변동이라고 주장하였다. 나아가 지구 온난화의 영향은 불확실하므로 급작스러운 행동은 바람직하지 않다는 주장도 있었다. 이러한 영향이 생물의 성장 기간을 연장해 주고 위도가 높은 곳까지 재배할 수 있게 되므로 인류에게 유익할 수 있다는 주장도 있었다.

마지막으로, (앞의 3가지 주장과는 모순되는) 또 다른 주장도 제기되었다. 지구온난화는 일어나고 있으며, 그 영향도 심각하다. 하지만 이를 대면하는 것은 엄청난 비용을 수반하기 때문에, 기술적 독창성과 이주를 통해 이 새로운 환경에 적응해야 한다는 주장이다. 건조한 환경에서도 생존하는 새로운 작물을 재배하고, 연료를 적게 사용하는 효율적인 자동차 엔진을 개발해야 한다고 주장한다. 나아가 기후변화 회의론자들은 기후학자의 연구 동기와 실행을 과소평가하게 유도하고, 뉴스 미디어를 통해 회의론을 강하고 효율적으로 전파한다. 따라서 기후변화 문제를 다루는 언론도 기후변화 행동을 요청하는 목소리와 이를 반대하는 회의론을 '균형 있게' 다루어야 한다는 의무감을 느낀다.

회의론자들의 주장은 구체적인 증거 앞에서 결코 설득력이 없었지만, 온실가스 배출의 속도를 늦추거나 효율적인 감축을 위한 행동을 하려는 대중과 정치인들 사이에 충분한 의심을 심어 주고 있다. 기후변화 회의론에 동의하는 사람들은 크게 두 가지의 동기가 있다. 첫째, '큰 정부'에 저항하는 이념적인 입장이다. (특히 미국 공화당 지지자처럼) 많은 사람들은 배출가스 저감을 위한 계획, 규제, 지출에 회의적이다. 둘째, 잘 조직된 기후 회의론은 로비 단체와 (특히 화석연료 및 자동차 산업의) 기업 단체의 지지를 받는다. 이들의 이윤과 생존은 배출가스에 대한 규제와 세금 부과에 크게 위협받는다.

하지만 궁극적으로 가장 중요한 회의론은 아마도 무관심과 무행동(많은 사람이 취하는 태도)으로 기후변화를 부정하는 경우일 것이다. 우리는 일상생활에서 특정 행동을 하는 것보다 하지 않는 것이 훨씬 편하다(Klein, 2014). 지구온난화에 대한 과학적·정치적 논쟁을 이해하는 것이 상당히 어려운 일이기 때문이다. 또한 기후변화의 결과가 시공간적으로 상당히 멀어 보이는 측면도 있다. 하지만 기후변화에 대한 일생생활에서의 부정은 대부분 소비자로서 우리가 누리는 향유(혹은 향유하려는 열망)―개인의 승용차에서 비행기 여행, 저렴한 의복, 세계화된 식품 공급사슬(제7장 참조)까지―가 그 문제와 실제로 씨름함으로써 위협받을 수 있다는 사고에 뿌리를 둔다. 이 장에서는 기후변화의 원인과 영향을 고찰할 것이지만, 결국 다음과 같은 어려운 문제에 봉착할 것이다. 지구온난화로 인한 위협에 대응하기 위해 우리의 경제체제가 필요로 하는 변화에는 어떠한 근본적인 관점이 필요한가?

11.3 기후변화의 원인과 원천

대기가 없다면 지표 평균온도는 −23℃ 정도가 될 것이다. 이 수치는 지표가 품고 있는 태양복사량만 계산한 것이다. 하지만 대기로 인해 실제 지표면의 온도는 약 14℃ 정도가 된다. 이러한 온난효과 혹은 '온실효과'는 태양복사가 지표에 반사될 때 여러 대기 가스가 에너지를 흡수하고 유지하기 때문에 나타난다. 여기에서 가장 중요한 가스는 수증기(H_2O)이지만, 이산화탄소(CO_2), 메탄(CH_4), 아산화질소(N_2O), 오존(O_3) 등(지구의 자연적인 온난효과에 기여하는 강도순)은 에너지를 보존하는 특성이 있다.

이러한 지구온난화는 자연현상이지만 중요한 것은 인간 활동이 '온실'가스 농도를 증가시키는 데 집중되어 있고, 이 때문에 대기의 온난화를 가중시킨다는 점이다. 이 과정은 기본적으로 석탄, 석유, 천연가스(와 그 파생물) 등 탄화수소 기반의 연료를 태울 때 발생한다. 탄소 방출(과 대기 중 이산화탄소로 전환)의 과정은 1800년대부터 시작되었으며, 전 세계적으로 산업화와 도시 개발이 확산되면서 빠르게 가속화되었다.

이산화탄소 또한 화석연료를 태울 때만이 아니라 여러 과정을 통해 생산된다. 삼림 벌채와 토지이용의 변화(농업용으로의 전환)는 나무와 토양 속에 갇혀 있던 탄소를 방출하였다. 최근에는 시멘트 생산이 중요한 요인이 되고 있다. 시멘트는 석회암(탄산칼슘)으로 생산하는데, 제조공정의 가열 과정에서 엄청난 양의 이산화탄소가 방출된다. 따라서 끊임없는 도시화와 산업사회의 발전이 탄소 배출을 증대시키고 있다. 산업화 이전 시대(1750년경)에서 현시대(2010년대) 동안 인류의 활동으로 대기 중 이산화탄소 비중이 40% 정도 증가하였다(그림 11.3 참조). 이 증가의 약 절반은 지난 40년간 이루어졌다(IPCC, 2014). 산업화 이후로 지구의 평균기온이 약 1℃ 상승하였으며, 최근 IPCC의 추산에 따르면 이 중 61%의 상승은 인간의 이산화탄소 배출 때문이다. 이산화탄소는 온실가스보다 훨씬 오랫동안 대기 중에 머무르는 특성이 있다.

유제품과 육가공 생산의 집중적 증가는 메탄(CH_4) 발생의 가장 주요한 원인이다. 특히 소와 양 등 가축들의 소화 과정에서 발생한다. 유기물의 폐기물(부패한 나무 등)도 메탄 발생의 원인이 된다. 현대 사회가 육류 소비와 폐기물의 발생이 많아짐에 따라 메탄의 농도도 증가하고 있다. 메탄은 이산화탄소보다 훨씬 강력한 온실가스이지만, 현재까지는 적은 양이고 대기 중의 수명도 짧다. 산업화 이전 시대에서 현재까지 대기 중의 메탄 농도는 150% 증가하였고, 지구온난화에 17% 기여한다고 측정된다(그림 11.3 참조). 산업생산과 소비가 강화됨에 따라 다른 가스의 농도도 강해진다. 예를 들어, 아산화질소(N_2O)는 질소 성분의 비료가 농지에 뿌려질 때 발생하며, 염화불화탄소(프레온가스)

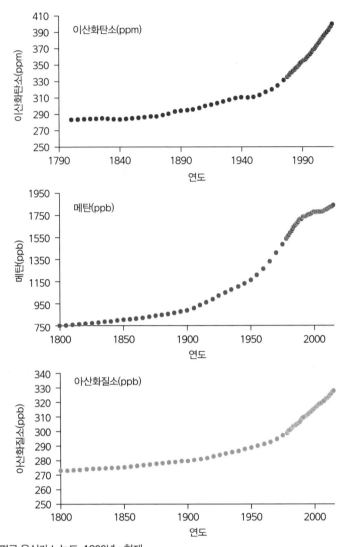

그림 11.3 세계 평균 온실가스 농도, 1800년~현재

출처: IPCC(2014); European Environment Agency, https://www.eea.europa.eu/data-and-maps.

와 오존은 산업생산 과정에서 발생한다. 이 가스들은 지구온난화에 16% 기여한다고 측정된다. 각각의 가스는 그 역할이 다르지만, 과학적·정책적 논의에서는 이 가스들을 하나로 묶어 '이산화탄소 등가물(carbon dioxide equivalents, CDE)이라고 칭하고 하나의 가스로 측정한다.

온실가스의 증가가 지구온난화를 초래하고, 나아가 환류(feedback loop) 시스템 또한 잠재적으로 이 과정을 강화할 수 있다. 북극지방의 영구동토 지역이 해빙됨에 따라 메탄처럼 그 안에 갇혀 있던 가스가 유출된다. 따라서 온난화의 과정을 가속화한다. 이와 유사하게, 연간 해빙의 양이 감소하고 극지의 만년설이 영구적으로 녹아 버림에 따라 알베도(albedo, 달·행성이 반사하는 태양광선의 비율, 반사율)가 감소하여, 이전보다 적은 에너지가 반사되므로 우리의 공간으로 돌아오면서 더 많은 태양복사 에너지가 대기 중에 남게 된다. 다른 환류 시스템은 비정상적인 고온 건조한 기후가 산불의 규모와 빈도를 증가시켜, 대기 중에 더 많은 탄소를 배출한다. 또한 구름이 지구온난화를 완화할 수 있는 반대 환류 시스템을 제공한다는 주장은 아직은 불확실하다(IPCC, 2014). 이상의 내용을 종합하면, 다양한 환류 시스템으로 인해 지구온난화의 정확한 궤적에 대한 우리의 이해를 복잡하게 만들고 있다. 결과적으로 지구온난화를 강화하는 과정은 비선형적이므로 '티핑 포인트(tipping point)'에 대해서는 더 많은 논의가 필요하다.

아마도 명확한 점은 온실가스는 한번 배출되면 대기를 순환하고, 지구 전체에 영향을 준다는 사실이다. 이러한 영향은 온실가스가 배출된 지역에만 한정되지 않는다. 지구의 대기는 인간 활동이 연계된 곳에서 상호 연결되어 상호의존성을 형성한다. 미국, 중국, 오스트레일리아에서의 이산화탄소 배출은 전 지구적 이산화탄소 밀도에 영향을 준다. 따라서 기후변화 현상의 특징은, 특정 원천에서의 배출이 국지적으로나 세계적으로 어디에나 장기적인 영향을 준다는 점이다. 하지만 배출에 대한 책임은 과거나 현재 모두 매우 불균등하게 존재한다. 배출의 불균등한 지리에 대한 이해는 기후변화에 누가(어느 곳이) 비난을 받아야 하고, 누가 배출 감소의 책임을 져야 하며, 영향을 받은 사람들을 도와야 하고, 그 영향을 최소화하는 다음 단계를 밟아야 하는지를 결정하는 데 핵심이 된다.

온실가스 배출의 책임에 대한 지리학적 분석은 개별 국가의 최근 데이터를 고찰하는 데서 시작할 것이다. 2016년 이산화탄소 배출량은 그림 11.4에 나타나 있다. 그림을 보면, 이산화탄소 배출량의 거의 절반이 세계 양대 경제대국인 중국과 미국이 차지하고 있다. 그 외 대량소비를 하는 국가들로 일본, 한국, 캐나다, 유럽연합 등이며, 다음으로는 석유 생산국인 사우디아라비아, 이란, 러시아 등이 명단에 있다.

둘째, 통찰력 있는 지리학적 질문은 국가별로 역사적·누적적 배출량을 고려하는 것이다. 그림 11.5는 반세기 전만 해도 이산화탄소 배출의 막대한 부분이 삼림 벌채, 산업화, 도시화, 대량소비 등의 중심지인 유럽과 북아메리카임을 보여 준다. 기록을 좀 더 길게 유추해 보면, 이 두 지역은 산업혁명 이후부터 전 지구적 배출의 중심지였을 것이다. 최근에는 이산화탄소 고배출 지역이 개발도상국, 특히 중국처럼 급속하게 성장한 대형 국가로 이전하고 있다. 하지만 인류세 단위로 보면, 누적적 이산화탄소 배출의 50% 이상이 1850~2014년까지 유럽연합, 미국, 캐나다에 집중되어 있다(WRI, 2015). 배출 지역의 지리적 전환은, 부유한 국가는 현재와 미래의 지구에 이러한 변화를 끼치게 한

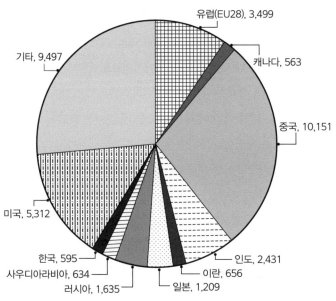

유럽(EU28), 3,499

캐나다, 563

중국, 10,151

인도, 2,431

이란, 656

일본, 1,209

러시아, 1,635

사우디아라비아, 634

한국, 595

미국, 5,312

기타, 9,497

그림 11.4 국가/지역별 이산화탄소 배출, 2016년(MtCO$_2$)

출처: www.globalcarbonatlas.org.

역사적 책임이 있다는 '기후 부채(climate debt)'의 개념을 제시한다.

셋째, 지리학적 분석은 세계경제에 존재하는 연결과 네트워크를 고려한다. 지구 한 부분에서의 배출은 아마도 다른 부분에서 소비를 위한 상품 공급 때문일 것이다(Liverman, 2015). 한 계산에 의하면, 2008년 전 세계 배출의 26%가 다른 지역에서 소비될 수출 상품과 서비스의 생산 때문이라고 한다(Peters et al., 2011). 따라서 글로벌 생산 네트워크의 지리학을 이해하면 배출의 책임은 우리가 생각하는 것보다 한층 더 복잡해진다(제4장 참조).

넷째, 지리학적 탐구는 다중 스케일을 통합하여 분석한다. 한 지역의 높은 배출은(전력 생산이나 제조업 활동) 다른 지역에 상품이나 부를 제공할 것이다. 캐나다의 경우, 배출량이 높은 주는 오일샌드(oil sand)에서 역청을 채굴하거나 셰일(shale)에서 천연가스를 생산하는 곳이다. 하지만 생산품은 이 지역에서 소비되지 않고, 매출도 여러 지역에 분산된다. 즉 전 세계에 흩어져 있는 석유 회사의 주주들, 토론토에 있는 은행과 비즈니스 서비스 기업, 오타와에 있는 연방정부의 조세국으로 가서 정부 프로그램을 통해 전국의 수혜자에게 분산되고, 캐나다 동부 해안에서 일시적으로 이주한 석유 채굴 노동자의 집과 가족에게 송금된다. 따라서 이러한 배출의 궁극적인 경제적 수혜자가 누구이고, 어디에 있는가를 결정짓기는 쉬운 일이 아니다.

다섯째, 공간성은 배출의 장소 기반 맥락과 연관된다. 여기에서 우리가 알아야 하는 것은 어떤 유

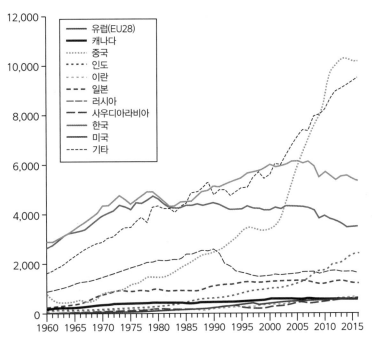

그림 11.5 국가/지역별 이산화탄소 배출, 1960~2016년 (MtCO$_2$)

출처: www.globalcarbonatlas.org.

형의 라이프스타일, 즉 상황이 주어진 장소에서 높은 배출을 유지하게 하는가이다. 단순하게 보면, '생존적인' 배출과 '사치스러운' 배출을 구별하는 것이다. 인도의 이산화탄소 배출량은 중국, 미국에 이어 세계 3위이다. 하지만 여전히 대량의 빈곤층이 있는, 2016년 인구의 15.5%(2억 명 이상!)가 전기를 쓰지 못하는 인도를 볼 때, 모든 배출을 동등하게 취급해야 하는 것이 합리적인지 묻지 않을 수 없다(World Bank, 2018). 요약하면, 기본권과 삶의 질을 위해 사용되는 배출은 고급 라이프스타일 소비를 위한 배출과는 다르게 고려되어야 할 것이다.

마지막 지리학적 질문은 어느 규모의 공간이 배출을 판단하기에 적절한 단위인가에 관심을 가지는 것이다. 개인이나 개별 기업이 배출의 속성을 판단하기에 더 나은 단위가 될 것이다. 그림 11.5에 나타나듯이, 2006년 중국은 세계 최대의 이산화탄소 배출국이지만, 2016년 1인당 배출량은 세계 53위이다. 이처럼 배출의 속성을 개인 단위로 축소해 보자. 어떤 사회든 부유한 개인은 자원을 적게 쓰는 사람에 비해 훨씬 배출집약적인 라이프스타일을 영위한다. 개인적 소비의 모든 측면, 즉 전자기기와 인터넷 검색, 개인 자동차, 비행기 여행, 가정용 난방과 냉방 등이 개인의 탄소'발자국'이 된다. 기업도 일련의 특정 환경적·배출적 관행에 기반하여 이윤을 추구하기 때문에 책임성의 단위로 고려할 수 있다. 한 연구에 의하면, 1854~2010년까지 단지 90개의 회사(대부분 화석연료와 시멘트 부문)가 지구 전체 배출의 3분의 2를 차지하였다(Heede, 2014).

이상에서 살펴본 배출의 공간성은, 온실가스를 줄이기 위해 어느 곳이 책임이 있고, 언제 배출하는가를 확인할 수 있게 해 주므로 중요하다. 배출 감소를 위한 국제 협상에서 차별적인 배출의 문제는 가장 논쟁적인 의제이다. 이처럼 복잡한 협상에서는 기후변화의 영향과 비용의 이해가 가장 중요하다.

11.4 기후변화의 영향과 비용

전 세계의 자연환경에 영향을 주는 지구온난화는 배출의 지리학과는 큰 연관이 없지만, 영향의 경제적 비용은 불균등하게 분포하며, 그 원인과는 단절되어 있다. 이 절에서는 지구온난화의 가장 긴급한 환경영향과 그로 인한 경제적 비용을 살펴본다.

환경영향

배출의 직접적인 영향은 대기 온난화를 초래하는 것이다. 1880년 이후 전 지구적으로 육지와 바다를 종합한 평균 지표면 온도는 약 0.9℃ 증가하였다(IPCC, 2014). 하지만 이것이 환경 시스템에 미치는 영향은 간접적이고 복잡하다. 온난화 자체도 불균등하게 분포하여, 어떤 지역은 심각한 온난화가 진행되고 있다. 고온 건조한 날씨가 늘어나고, 강도도 강해지고 있다. IPCC의 측정에 따르면, "1850년 이후 어떤 기간보다도 지난 30년 동안 지표면은 점점 더 강한 온난화가 진행되었다"(IPCC, 2014: 40). 미래 예측 모델에 따르면, 미래의 온난화는 온실가스 배출을 줄이려는 노력의 성공(실패)에 달려 있으며, 2100년에는 산업화 이전 평균보다 2~5℃ 정도 높아질 것으로 예측한다.

전반적인 기온이 상승하면 어떤 지역은 습도가 올라가고, 다른 지역은 건조해질 것이다. 강수의 유형도 변화할 것이다. 눈이 오는 지역을 비가 대신할 것이고, 봄 해빙수가 사라지면 이전과는 매우 다른 생태가 나타날 것이다. 이러한 수자원 시스템의 변화는 극심하고 장기간 지속되는 홍수도 초래할 것이다. 기온 또한 지리적 범위, 공간분포, 식물·동물·곤충·어류의 이동 등 생태계에 의존하고 있는 모든 종에 영향을 미칠 것이다(IPCC, 2014).

건조하고 뜨거운 기후 때문에 사막 지역이 확장될 것이고, 해양 환경도 생명체가 살기에 우호적이지 않을 것이다. 대양에 용해된 이산화탄소는 바닷물의 산성도를 높인다. 산성도는 높아진 온도와 함께 산호초와 같은 해양생물의 성장에 영향을 줄 수 있다. 유네스코 세계자연유산인 오스트레일리아 그레이트배리어리프(대보초)에 대한 2016년 연구에 따르면, 대보초의 표면 면적이 해양의 열파도에 의해 6개월 만에 30% 감소하였다(Hughes et al., 2018).

높은 온도가 대양의 바닷물 양을 증가시키고, 빙하와 빙상이 녹아 대양의 양이 증가하여 해수면도 상승한다. 1901~2010년 기간 동안 전 세계 해수면은 약 19cm 상승하였다. 제1절에서 살펴본 바와 같이, 미래 배출 시나리오에 따르면 해수면은 44~74cm 정도 더 상승할 것으로 예상된다. 극지방의 해빙 함유량이 감소함에 따라 해양 환경도 변화할 것이다. 현재의 온실가스 배출 정도가 계속되면, 21세기 중반이면 북극해는 여름에 얼음이 사라질 것이다. 빙하권에서는 영구동토층의 깊이와 면적

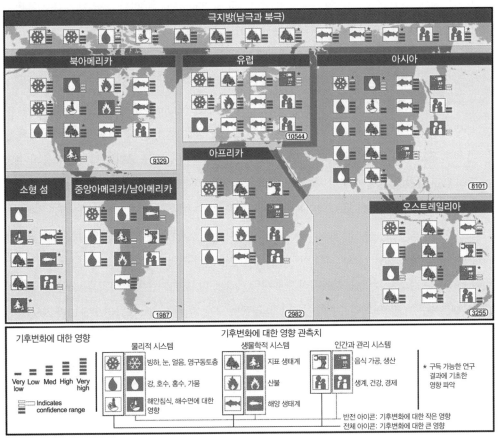

그림 11.6 기후변화가 생물물리학과 인간 시스템에 미치는 영향

출처: 2014 IPCC Assessment.

또한 감소하고 있다.

아마도 기후변화의 가장 주목할 만한 영향은 일상적인 기후 패턴과 극한 날씨의 연관관계가 불확실해진다는 것이다. 온난해진 해수는 대양에서 생성되는 태풍이나 허리케인의 집중도와 강도를 상승시키고, 대륙 방향으로 이동시킨다. 기후 패턴의 변화는 가뭄과 관련되며, 산불을 증가시킨다. 그림 11.6은 2014년 IPCC의 측정에 기반하여, 기후변화에 미치는 요소들을 신중하게 계산하여 생물물리학적 영향을 종합한 것이다.

경제적 비용

환경 시스템 변화의 경제적 영향은 인간 사회의 너무나 많은 측면에 연결되어 있어 측정하기가 매우 복잡하다. 생산, 운송, 소비 시스템은 각각의 시기마다 자연환경에 의존한다. 분명한 것은 기후변화가 진행됨에 따라 우리 일상생활의 거의 모든 측면이 그 영향에서 벗어날 수가 없다. IPCC는 우리가 고려해야 할 경제적 위험 3가지를 제시하였다. i) 농업과 수산업에 미치는 영향, ii) 도시 기반 시설에 미치는 위험, iii) 인류 건강에 대한 영향 등이다.

이 장의 앞부분에서 기후변화가 자연환경에 미치는 영향은 특정 종의 멸종, 농사 가능한 지역, 어류 서식지와 이동이라고 지적하였다. 이 자원들은 생산과 생활에 기반이 되므로, 모두 경제적 영향을 미친다. 온도 상승과 (식물의 호흡에 이용되는) 이산화탄소의 증가는 고위도 지역 동토층의 수명이 많이 남지 않았고, 식물이 빨리 자라며, 성장기가 확대된다는 것을 의미한다. 이와 함께 물 부족, 사막화 확대, 경작지의 이전 등도 의미한다. 가뭄, 태풍, 해수 범람 등의 기상이변 현상도 나타난다. 이러한 부정적 요인 때문에 대부분의 예측 모델은 21세기에는 곡물 수확량이 줄어들고, 곡물 종류에 따라 다양한 변이가 있을 것으로 추정한다. 전 세계 쌀과 콩 수확량은 상대적으로 영향을 덜 받지만, 밀과 옥수수는 감소할 것이다. 북아메리카에 대한 예측에 따르면, 기온이 오르고 물 공급 문제로 인해 2020년 옥수수, 콩, 면화의 수확량이 감소할 것이며, 곡물과 배출가스 시나리오에 따라 2099년까지 30~82%가 감소할 것으로 예상한다(IPCC, 2014). 이러한 패턴이 전 세계적으로 반복되면, 특정 지역과 사회집단에게는 식량안보가 문제가 될 것이다.

도시 용수 공급, 에너지 시스템, 주택, 비즈니스도 태풍, 허리케인, 폭풍해일 등의 기상이변 현상에 매우 취약하다. 해발고도가 낮은 해안 지역에서 미래의 유일한 선택지는 그 지역을 버리는 것이 될 것이다. 미국 역사상 가장 비싼 허리케인 다섯 중의 셋은 2017년 8~9월 사이에 발생하였다(하비는 1,250억 달러, 마리아는 900억 달러, 이르마는 500억 달러). 2005년의 허리케인 카트리나는 가장 잔 인해 뉴올리언스를 중심으로 1,610억 달러의 재산 피해를 주었다(NOAA, 2018). 세계에서 가장 강력한 기록을 가진 태풍은 2013년 11월 필리핀에서 발생한 하이옌이다. 공식적인 기록을 보면, 6,000명 이상이 사망하였으며, 3만 명이 상해를 당했다. 100만 채 이상의 주택이 전부 혹은 일부 손상되었으며, 400만 명의 이재민이 발생하였다(IBON Foundation, 2015). 기후변화와 단 한 번의 폭풍과의 직접적인 연계를 찾는 것은 문제가 있지만, 명백한 것은 빈도와 강도가 증가하고 있다는 점이며, 해수 온도의 상승이 증명해 주고 있다. 또한 많은 인명을 앗아가는 폭풍해일(바닷물이 육지까지 잠식하는 현상)이 해수면 상승으로 악화되고 있다. 제1절에서 지적하였듯이, 섬나라와 해안 지역은 해수면 상승으로 인해 심각한 위협을 받고 있다. 키리바시와 인도양, 몰디브에서는 국가의 존립마저 위태롭게 하고 있다.

기후변화가 인간의 건강에 미치는 영향은 직간접적이며, 건강관리 비용, 생산성 손실, 생계 수단의 상실 등 경제적 영향이 있다. 직접적인 영향은 강한 열파로 인한 탈수, 일사병, 열사병으로 인한 상해와 사망 등이 있다. 특히 취약한 집단은 이 요인들에 직접 노출되는 농업과 건설업 종사자들과 어린이, 노인, 노숙자들이다. 간접적인 영향은 산불 발생의 증가로 인한 사망과 호흡기 질환이다. 지구온난화는 또한 다양한 매개곤충의 활동 증가로 인해 식품매개성 질병이나 수인성 질환의 위험성을 증가시킨다. 작물 생산 중단으로 식량안보가 위태로워진 지역은 영양결핍이 발생한다. 세계보건기구(WHO)의 평가에 따르면, 기후변화로 인해 2030~2050년 사이에 연간 약 25만 명의 추가 사망자가 발생할 수 있으며, 이 중 3만 8,000명은 노인들의 열 노출, 4만 8,000명은 설사, 6만 명은 말라리아, 9만 5,000명은 아동 영양실조 때문일 것으로 예측하였다(WHO, 2018).

경제모델을 활용한 전 세계적 기후변화의 비용 분석에서는 다양한 영향들을 종합하여 예측한다. 2006년 영국 정부의 지원을 받은 한 종합적인 연구[스턴 리뷰(Stern Review)]에서는, 기후변화의 전체 비용과 위험은 각 연도 전 세계 GDP의 5% 정도가 될 것으로 예측하였다. 스턴 리뷰는 또한 전통적인 경제 분석에서는 지구 남부의 생산, 토지, 주택의 손실 가치를 낮게 평가하기 때문에 그 영향을 과소평가한다고 지적하였다. 이러한 요소들을 다 포함하면, 연간 전 세계 GDP의 20% 정도로 상승한다. 다른 지역에서의 행동 비용, 즉 배출량을 줄이고, 기후변화의 최악의 시나리오를 피하기 위한 행동 비용은 매년 전 세계 GDP의 1% 정도로 추정된다(Stern, 2007).

기후변화 경제학의 핵심 개념은 '탄소의 사회적 비용(social cost of carbon, SCC)'이다. 이는 현재 배출되는 탄소 1톤(혹은 등가물)당 '실제' 비용이다. 이 수치는 탄소세(제5절 참조)와 관련된 정책에 영향을 주기 때문에 중요하다. 탄소의 사회적 비용은 해수면 상승, 사이클론(cyclone) 발생 빈도 증가, 인류 건강에 미치는 영향, 농업 생산성 감소 등의 장기적인 피해를 종합한 모델을 이용하여 계산된다. 이 모델에서 핵심 변수는 미래 비용을 현재 비용으로 감가하는 감가율인데, 주로 1~5% 정도이다. 2018년 노벨경제학상을 받은 윌리엄 노드하우스(William Nordhaus)는 역동적 통합기후-경제모델(Dynamic Integrated Climate-Economy model, DICE)이라고 불리는 탄소의 사회적 비용 예측 모델을 개발하였다. 노드하우스는 이 모델의 가장 최신 버전에서 3% 감가율을 적용하여, 탄소의 사회적 비용을 87달러라고 제시하였다(Nordhaus, 2017).

이러한 모델과 예측은 포괄적이고 일반적이긴 하지만 현재 배출의 장기적 비용을 계상하는 데 유용하다. 여기에 **장소 특수적 과정**에 의해 형성되는 기후변화의 취약성을 고려한 지리학적 관점을 추가해 보자. 태풍, 허리케인, 가뭄 등의 극심한 기상현상이 지역에서 발생하면, 보통은 모든 사람에게

자료 11.1: 기후변화의 취약성: 인도 데칸고원

환경 변화의 영향이 사회적·공간적으로 불균등한 이유를 이해하기 위해서는 장소의 중요성을 파악해야 한다. 데칸고원은 텔랑가나주, 마하라슈트라주, 안드라프라데시주, 카르나타카주의 일부가 포함된 인도 중남부의 대규모 내륙 지역이다(그림 11.7). 동고츠산맥으로 이루어진 해안 고지대의 영향으로 높새바람이 있어 대부분 반건조 지역이다. 이 지역 주민 60% 정도는 농사로 생계를 유지하지만, 주기적인 가뭄으로 인해 생존이 어렵다(Taylor, 2015). 최근에는 다음의 3가지 요인으로 인해 어려움이 가중되었다. 즉 농업 자유화, 가구 부채의 증가, 관개수에 대한 차별적인 접근성이다.

1990년대 이후로 농업 자유화 정책으로 인해 농업에 대한 지원(비료, 씨앗 등)을 줄이고, 지역 생산자를 보호하는 관세를 낮추었다. 이 정책의 최대 수혜자는 대규모 농장이 있는 부농이고, 소규모 농부들은 어려움이 가중되었다. 비싸진 농사 재료 구입을 위해 신용을 쌓으려면 식량작물 대신에 환금작물을 재배해야 하였다. 쌀농사와 함께 고추, 사탕수수, 면화 등의 재배가 증가한 반면, 물이 덜 필요하고 덜 비옥한 토양에서도 자랄 수 있으며, 가뭄에 저항력이 강한 전통적인 식량작물(수수와 기장)은 대체되었다. 농업용수에 대한 수요가 높아지자 농부들은 빚을 내서 지하수에 접근할 수 있도록 드릴로 구멍을 팠다. 부유한 농부들은 '지하수면 끝까지 파는 경쟁'에서 우물을 깊게 파기 위해 추가 대출을 받을 수 있었지만, 이미 많은 빚을 진 가난한 농부들은 선택의 여지가 별로 없었다(Taylor, 2015: 158). 따라서 계급 불평등이 첨예하게 드러났다. 부농들이 농사에서 더 잘 버는 것뿐만 아니라, 가난한 농부의 빚 자체로, 가난한 채무자의 자원이 부유한 채권자에게 이전되는 현상이 나타났다.

이는 기후변화 이전에 이미 나타난 취약한 상황이다. 데칸고원의 평균기온과 폭염일은 갈수록 증가하고, 몬순 장맛비는 빈도가 줄어들고 있으며, 극심한 강우 현상이 심해지고, 전반적으로 계절 강수량은 줄어들고 있다(IPCC, 2014). 그 영향은 명백히 농부들의 생존 위기를 심화시킨다. 하지만 이러한 취약성은 고르게 분포하지 않고, 농업 운영의 불평등한 경제체제와 밀접히 연관되어 있다. 이미 생존의 한계에 있는 사람들은 더 취약해진다. 부채, 빈곤, 환경 스트레스로 인한 절망으로 자살하는 농부들이 증가하였다. 정부의 공식

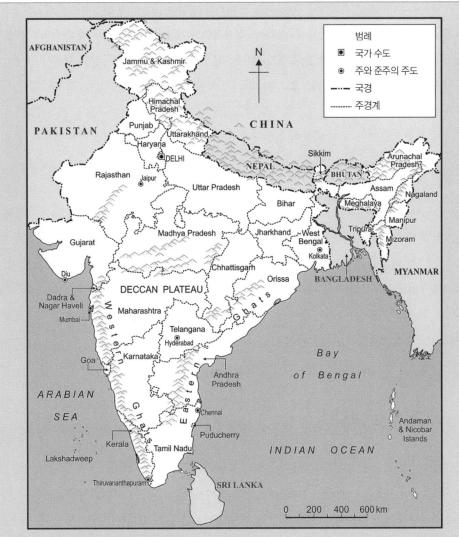

범례
- ◉ 국가 수도
- ◉ 주와 준주의 주도
- ─·─·─ 국경
- ········· 주경계

그림 11.7 데칸고원과 고츠산맥이 표기된 인도 지도

통계에 의하면, 2011~2015년 동안 안드라프라데시와 텔랑가나 지역의 농부 1만 명이 자살하였다고 되어 있으나, 인도에서의 자살 중 6만 명 정도가 기후변화로 인한 스트레스가 직접적인 원인일 것으로 추정된다 (Carleton, 2017; Vaditya, 2017).

우리는 데칸고원의 사례에서, 인간–환경 관계와 계급 관계가 밀접하게 연결되어 있음을 보았다. 이러한 국지적 과정은 나아가 중층적 스케일에서 더 넓은 지역적 과정과 연결된다. 금융기관은 지역 단위 기관도 있고, 국가 단위 기관도 있다. 지역발전 모델은 세계은행의 자문과 프로젝트에 의해 지원받은 이론으로 추진된다. 농산물시장은 생산 네트워크에 있는 국지적, 지역적, 국가적, 세계적 행위주체자들에 의해 형성된다. 이처럼 비극적인 결과를 초래한 사례는 지리학적으로 매우 중요한 과제이다.

동일한 영향을 주는 '자연'재해라고 한다. 하지만 이러한 영향의 균등성은 진실이 아니다. 가장 심하게 영향을 받는 사람은 기존에 경제적·사회적·정치적으로 가장 불이익을 받는 계층이다. 이들은 이미 생계 수단 불안정성의 위험에 놓여 있기 때문이다. 농부들은 이미 한계상황인 땅에서 근근이 생계를 유지하고 있거나, 사전에 위험 경고가 내려져도 이동할 수 있는 자원이 없는 가족도 있다. 저지대나 해안 지역에 사는 사람들은 홍수의 위험에 노출되어 있어, 그들의 집은 이미 가장 위험한 지역에 위치해 있기 때문이다. 또한 미등록 이주자나 소수자들이 정부의 서비스에 쉽게 접근할 수 없는 상황이 있을 수도 있다.

따라서 취약성은 '계급, 직업, 신분, 민족, 젠더, 건강, 나이, 토지 소유 여부, 이민 상태, 소셜 네트워크' 등 여러 차원이 있다(Liverman, 2015: 308). 취약성이 작동하는 방식은 근본적으로 지역에서 나타나는 차별적이고 불평등한 권력이 작동하는 방식과 관련되어 있다. 전 세계적인 예측 모델과 마찬가지로, 지역적 과정도 경제적 과정 등의 대규모 지역적 과정과의 연계된 맥락에서 이해될 수 있다. 자료 11.1은 인도 농촌을 사례로 이러한 점을 설명한다. 이 사례는 정치적·경제적 권력, 생계 수단, 자원에의 접근성이 자연환경과의 관계에 배태되는 현상을 탐구하는 정치생태학적 논리로 설명한다. 자료 11.2는 정치생태학 분야에 대한 간단한 소개이다.

11.5 배출가스 규제

1980년대에서 1990년대 초반까지 지구온난화가 긴급한 쟁점이라는 과학적·정치적 인식이 성장하였다. 제2절에서 지적한 바와 같이, 이에 대해 기후 회의론자들은 평가절하하였지만, 온실가스 배출 감소를 협의하기 위한 국가적·국제적 기구를 설치하자는 합의에 이르렀다. 지난 30여 년간 다양한 합의각서와 실행 체제를 시행하였다. 특히 이러한 규제 과정을 이해하기 위해서는 장소와 스케일에 대한 지리학적 관점이 유용하다. 배출가스의 규제 방식을 형성하는 주체는 영역적 권력이지만, 왜 이러한 기획이 현재까지 온실가스를 충분히 축소하는 데 실패하였는가를 설명해 주는 논리는 다중적 스케일이다.

유엔기후변화협약(UNFCCC)은 1992년 리우데자네이루에서 열린 '지구 서밋(Earth Summit)' 회의에서 체결되었다. 1995년까지 목표와 책임을 확정하고, 1997년 교토의정서를 채택하였다. 교토의정서에서는, '공통적이지만 차별적인 책임'의 원칙의 기조로 (개발도상국에 비해) 선진국이 배출가스 축소의 필요성이 더 크다고 인식하였다. 1990년과 비교하여 2008~2012년, 2013~2020년 두 차례의 기간 동안 배출가스 축소 의무의 법제화에 합의하였다. 하지만 중요한 약점은 세계 최대의 배출국인 미국이 의정서에 서명하지 않았고, 대량 배출국인 캐나다가 2011년에 합의서를 철회하였다는 점이다. 교토의정서의 배출 감소 목표는 기술적으로는 달성할 수 있었으나, 이는 러시아와 동유럽 공산국가의 경제적 몰락과 대규모 오염배출 산업의 쇠퇴로 인한 것이었다. 다시 말하면, 배출가스 감소는 교토의정서에 따른 정책과는 관계가 없었다.

2015년 파리협정은 2020~2030년 기간의 배출에 관한 협정으로, 지구온난화를 2℃(선호하기는

자료 11.2: 정치생태학

정치생태학은 환경 문제를 근본적으로 경제적·정치적 권력구조에 뿌리를 두고 있는 것으로 보는 학제적 연구 분야이다. 정치생태학은 1970년대에 인문지리학의 한 분야로 시작되었다. 당시에는 인간-환경 관계에 대한 전통적인 접근을 '문화생태학'이라고 하였으며, 특정 장소에서 자연에 완전히 적응하고 지속적인 균형을 이루는 사회를 연구하였다. 생태적인 문제는 적절한 관리만 있으면 해결 가능한 기술적인 문제로 보았다. 전 세계의 환경 악화에 관한 관심이 증대되고, 특히 개발도상국의 절대적 빈곤이 심각해지자, 이러한 관점이 부적합하다고 여겨지게 되었다. 이와 동시에 1970년대에 세계적인 환경운동이 동기를 부여하고, 마르크스 정치경제학이 인문지리학에 영향을 주자, 자본주의의 기반이 되는 권력관계를 비판적으로 사고하기 시작하였다(제3장 참조).

정치생태학자 연구의 시작은 환경 변화가 사회적·경제적·정치적 권력구조에 배태되는 방식이다. 이를 기반으로 공유재산의 사유화 과정, 토지와 자원에 대한 접근성, 자원 기반 생산 과정에서 계급 기반의 불평등과 착취, 국가의 역할, 상품시장의 기능 등이 생태적 악화와 밀접히 연관되어 있다고 본다. 자연과 사회는 상호 연결된 시스템으로 간주된다. "자본주의는 자연의 모든 부분을 필연적으로 사유화하고, 상품화하고, 화폐화하고, 상업화하는 생태 시스템이다"(Watts, 2015: 32). 마이클 와츠(Michael Watts)의 고전적인 저작 『침묵의 폭력(Silent Violence)』(1983년 초판)에서는 서아프리카의 가뭄과 기근을 다루었다. 그는, 가뭄의 위험을 관리하고자 할 때 시장, 사회적 불평등, 기후변화 등의 상호작용을 통해, 농민 가구의 계급에 따라 선택할 수 있는 대안이 차별적이라는 것을 보여 주었다.

지난 수십 년 동안 정치생태학 분야는 확장되어 광범위한 실증적 연구와 이론적 영향을 주었다. 1990년대 이후에는 환경 문제가 재현되고 담론화되는 구성 방식에 연구 관심이 많았다. 삼림 등의 생태계에 대한 과학적·기술적 관리 자체도 연구 대상이 된다. 정치생태학자는, 자연보호구역과 국립공원이 사회집단에 따라 자원에의 접근과 경제적 복지에 미치는 영향 등 보존 전략의 연구도 진행하였다(모잠비크의 림포포 국립공원에 대한 Lunstrum, 2016). 정치생태학은 마르크스주의 외의 비판이론, 즉 자원 접근에 관한 젠더화된 권력관계나 환경 악화에 대한 인종화된 집단의 차별적인 책임 등의 연구도 진행한다. 풀리도(Pulido, 2016)는 미시간주의 플린트시를 사례로 수자원 오염에 대한 '환경 인종차별주의'와 '인종차별 자본주의'에 대해 연구하였다.

1.5℃) 이하로 유지하는 목표에 합의하였다. 하지만 목표를 법제화해서 구속하기보다는, '국가결정기여(Nationally Determinded Contributions)'에 기반하기로 합의하였다. 파리협정에서는 2℃를 목표로 확정하지 않았다. 오히려 국가별로 더 야심적인 목표를 세울 수 있도록, 5년의 재생 주기와 강력한 책임성 및 투명성의 과정을 포함하였다.

결국 배출 감소를 위한 국제적 체제는 목표를 강제하기에는 힘이 약하다. 산업은 배출가스 통제가 약한 지역으로 무게 추가 기울어지며, 그 결과 지리적으로 불균등한 규제의 가능성을 열어 두기에 핵심 문제이다. 물론 수많은 중앙정부와 지방정부에서는 배출 감소 프로그램을 실행하고 있다. 탄소세, 탄소배출권 거래제도, 탄소상쇄 프로그램, 오염원 직접 규제 등의 선택지에서 한두 개의 프로그램을 시행한다.

탄소세는 배출 탄소(혹은 다른 온실가스 유형의 등가물)의 양에 직접 세금을 부과하는 것이다. 이처럼 오염에 특정 가격을 부과하는 방법은 에너지 보존, 소비 감소, 오염이 적은 대안으로 수요 이동 등의 효과를 볼 수 있다. 탄소세의 장점은 조세 부담을 '좋은' 것(소득세나 부가세처럼 고용이나 기초식품 구매)에서 탈피하여 '나쁜' 것(오염)으로 전환하였다는 점이다. 캐나다 브리티시컬럼비아주에서는 2008년 이후 화석연료의 구매와 사용에 탄소세를 부과하고 있다. 탄소 1톤(혹은 등가물)당 10캐나다달러였으며, 점차 인상되어 2018년에는 1톤당 35캐나다달러가 되었다. 휘발유 1L당 8센트 이하를 부가한 것이다. 2021년에는 탄소세가 50캐나다달러가 될 것이다. 세수는 세액공제의 형태로 주민에게 돌려주며, 탄소중립 산업에 인센티브로 지급된다.

탄소배출권 거래제도는 탄소세와는 다르게 운영된다(물론 논의에서 이 두 가지는 종종 혼동되기도 한다). 탄소배출권 거래제도의 틀은, 국가 정부가 연간 총 허용 배출량을 결정하고 해당 한도까지 오염을 배출할 수 있는 허용권을 발행한다. 자신의 허용치를 초과한 오염배출자는 허용량까지 사용하지 않은 대상으로부터 허용권을 구매해야 한다. 이처럼 오염허용권 시장이 형성되면, 배출량을 줄이는 것이 허용권을 팔 수 있으므로 이익이 된다. 허용권을 사야 하는 주체는 배출량을 줄이는 방법을 찾아야 하는 동기부여가 된다. 따라서 이러한 제도를 배출권 거래제도라고 한다. 이 프로그램의 가장 큰 장점은 탄소세와 달리 탄소 배출의 절대 한계를 정하기 때문에, 목표를 확정할 수 있다는 점이다. 탄소세는 가격이 충분히 높지 않으면 목표를 달성하기 어렵다. 반면에 기존의 대량 배출원이 대량의 할당을 받을 수 있는 위험이 있는 등, 초기 할당량을 정확히 배분하기가 어렵다. 또한 배출량이 줄어들어 시장에 허용권이 너무 많아지면 가격이 낮아질 가능성이 있고, 오염의 비용이 결과적으로 비싸지 않게 될 수도 있다. 따라서 시간이 흐름에 따라 허용 가능한 배출 목표는 하향 조정된다는 점이 중요하다.

캘리포니아의 배출권 거래제도는 2013년에 시작되었는데, 대형 발전소, 산업 시설, 연료 공급업체(천연가스와 석유) 등의 대형 배출 시설을 대상으로 하였다. 2015년에는 배출 한도가 4억 톤 정도였으나, 2030년에는 2억 톤으로 하향 조정된다(C2ES, 2018). 총 450개 정도의 기업이 이 프로그램에 참여해야 하고, 이는 캘리포니아 전체 탄소 배출량의 약 85%를 차지한다. 이 프로그램의 목표는 1990년대의 배출량 수준을 2013~2020년 사이에 16% 정도, 2030년까지 추가로 40% 정도로 낮추는 것이다. 캘리포니아의 프로그램은 캐나다 퀘벡(2014년 시작)과 온타리오(2018년 시작)의 프로그램과 통합되었다(2018년 새 정부가 들어서서 계속 참여할지는 알 수 없다). 캘리포니아의 프로그램이 세계에서 가장 크지는 않지만(유럽연합의 배출권 거래제도, 한국의 배출권 거래제도, 중국 광동성의 시범 프로그램 등이 규모가 더 크다), 지방정부가 조직한 프로그램이 국경을 넘어 배출권 거래가 된 유일한 사례이다(C2ES, 2018).

탄소세와 탄소배출권 거래제도 외에 세 번째 연관된 배출 감소 정책은 탄소상쇄 프로그램이다. 이 프로그램은 다른 곳에서 등가물의 배출을 감소시킴으로써 탄소 배출 허용권을 받는 방식이다. 이 중 핵심적인 틀은 1997년 교토의정서에서 결정한 청정개발체제(Clean Development Mechanism, CDM)이다. 청정개발체제에서는 개발도상국에서의 배출 감소 프로젝트(탄소 배출을 감소, 회피, 수집)로 '탄소 인증 감축량(CER)'을 받는데, 1단위가 이산화탄소 1톤에 해당한다. 이 탄소 인증 감축량은 거래되거나 판매할 수 있으며, 교토의정서에 의해 배출 감소 목표를 달성하기 위해 선진국에서 사용할 수 있다. 2018년 청정개발체제는 111개국에서 8,000개 이상의 프로젝트가 등록되었으며, 19억 건 이상의 탄소 인증 감축량 증서가 발행되었다. 하지만 최근에는 이 프로그램이 줄어들고 있다. 2012~2013년 동안 3억 7,900만 건이 발행되었는데, 2016~2017년 동안에는 1억 5,000만 건으로 감소하였다(UNFCCC, 2018). 하지만 청정개발체제만이 탄소상쇄 프로그램의 전부는 아니다. 민간기업에서는 배출량을 줄이거나 방지하기 위해 새로운 프로젝트에 '투자'할 수 있는 기회를 포착하여 수많은 프로그램을 개발하고 있다. 오스트레일리아 콴타스항공은 항공산업 분야에서 가장 규모가 큰 탄소상쇄 프로그램을 운영하고 있다. 콴타스는 승객이 자신이 탄 비행기의 탄소 배출을 상쇄하기 위해 한 개 이상의 프로그램에 기여할 수 있게 하였다. 예를 들어, 웨스턴오스트레일리아의 산불로부터 탄소 배출을 줄이기 위해 태즈메이니아의 삼림 지역 보호, 파푸아뉴기니의 열대우림 지역 생계 지원 등 지역의 화재관리기술 지원이 있다. 민간의 탄소상쇄 프로그램이 많아지자, '금본위제'처럼 다양한 기준과 인증 체제가 나타났다(www.goldstandard.org).

탄소배출권 거래제도와 탄소상쇄 프로그램은 많은 비판을 받았다. 허용권이 거래되고 배출허용 증서를 위한 시장이 발달하자, 투기와 이윤추구를 위한 기회가 생겨났다(Bumpus and Liverman,

2011). 다시 말하면, 오염통제가 오염방지보다 이윤의 원천이 된 것이다(Bryant, 2018). 기후변화 쟁점에 대한 최고의 해결책은 오염을 허용해 주는 허용권을 사거나 상쇄하는 것이 아니라, 무엇보다도 먼저 탄소 배출을 줄이는 것이다. 탄소상쇄 프로그램도 문제가 있다. 탄소 인증 감축량 1단위가 실제로 탄소 배출을 막았는지를 확인하기가 어렵다. 또한 탄소상쇄 프로그램이 실행 지역에서 의도하지 않은 결과를 낳을 수도 있다. 지역에서 장작이나 다른 자원으로 사용하기 위해 비공식적으로 삼림을 이용하는 지역 주민을 배제할 수가 있다(Rotz, 2014). 생산 네트워크가 티셔츠 소비자를 멀리 떨어진, 본 적도 없는 봉제 회사 노동자의 작업조건과 연결하는 것과 같은 방식이다. 탄소상쇄 프로그램은 글로벌 네트워크를 통해 상품의 구매자와 멀리 떨어진 열대우림이나 다른 지역의 주민을 연결한다.

탄소 배출 감소의 마지막 유형은 직접적인 규제와 정책적 개입이다. 2017년 영국과 프랑스는 2040년까지 자국 영토에서 휘발유와 등유를 사용하는 자동차와 밴의 판매를 금지하겠다고 발표하였다. 중국 정부는 경제활동에 엄청난 자원을 투하하고 강한 통제를 하여, 전기자동차를 생산할 야심 찬 계획을 세우고 있다. 국내 생산자에게는 인센티브를 주고 소비자에게 보조금을 지급하여, 2025년까지 연간 전기자동차 판매를 300만 대로 늘리겠다는 계획이다(Yeung, 2018). 나아가 직접 지원이나 세제 감면을 통해 대안적 녹색기술(탄소 포집 및 저장, 풍력, 태양열발전, 폐기물 재활용)의 연구개발을 지원할 예정이다. 기후변화 정책의 특기할 만한 점은 모든 단위의 정부가 참여한다는 것이다. 심지어 하위 단위의 정부가 국가 정부보다 더 적극적인 경우도 있다. 캐나다 온타리오 주정부는 2003년 석탄화력발전소 사용을 중단하겠다고 선언하였다. 이후 석탄화력발전의 비중은 2003년 25%에서 2014년 0%가 되었다. 도시 단위에서도 적극적인 역할을 하고 있다. 뉴욕시는 100만 개의 빌딩을 에너지 효율적으로 재구축하는 프로그램을 시작하였으며, 뉴욕시 정부의 자동차를 전기자동차로 바꾸고, 나무를 심고, 지붕을 태양광 패널로 교체하였다(Milman et al., 2017).

배출을 규제하는 모든 프로그램은, 경제활동을 규제하고 서비스 제공자로서 역할하는 국가의 영역적인 권력에 기반한다. 하지만 규제가 시행되는 행정 단위와 쟁점이 제기되는 글로벌 단위와의 지리적 단위 불일치의 문제가 있다. 첫째, 엄격한 배출 통제를 시행하지 않는 행정구역은 다른 지역의 노력 때문에 이익을 얻는 '무임승차'의 가능성이 크다(적어도 이러한 배출 규제는 지구온난화를 조금이라도 줄이기 때문). 이는 개별 국가가 배출 규제를 하려는 동기를 감소시킨다. 이상적으로는 배출 규제를 하지 않는 국가에 대한 벌칙을 국제적으로 합의하면 되지만, 지난 30여 년 동안 유엔기후변화협약을 통해 합의를 이루려던 노력은 실패하였다. 초국가 단위의 규제 사례는 유럽연합의 배출가스 거래제도뿐이다.

둘째, 국지적 배출 규제는 다른 지역으로 오염 활동을 이전시키는 효과를 가져온다. 이러한 현상을 '탄소 유출'이라고 부른다. 이는 배출 규제와 비용을 증가시킬 것이고, 가장 중요한 쟁점이 될 것이다. 세계적 규모에서 보면, 중국의 배출이 엄청나게 증가하는 현상으로 나타났다(그림 11.5 참조). 근본적으로 세계의 제조업(전자, 의류, 완구 등)과 그로 인한 탄소 배출의 대부분이 중국으로 이전하였다. 물론 이러한 현상은 국가 내에서도 일어난다. 중국에서는 각 성별로 탄소배출권 거래제도가 달라 전력 생산에 필요한 배출 허용량이 불균등하다(Zeng et al., 2018). 상품이 쉽게 운송되고 생산 비용이 지역에 따라 다르다면, 최소 비용 지점으로 공장 이전이 일어나는 것은 피할 수 없다. 이 경우에는 전력 생산에 가장 관대한 배출 허용 지역으로 이전할 것이다. 결국 국지적 프로그램은 한계가 있다. 탄소 배출에 대한 지역적 규제가 배출의 문제를 진지하게 다룰 수 있도록 궁극적으로 적절한 국가적·초국가적 규모의 거버넌스로 이어질 수 있기를 바란다.

11.6 녹색경제의 지리학

기후변화에 대한 관심과 행동의 결과로 등장한 녹색경제는 두 가지 차원이 있다. 첫 번째는 배출 감소의 필요에 부응한 상품과 서비스의 개발이다. 두 번째 차원은 '탈탄소화'가 갈수록 필요해짐에 따라 에너지 생산과 사용에 보편적인 전환을 이루는 것이다. 이는 도시지리학과 산업지리학의 구조에 영향을 준다. 이 절에서는 이 두 차원에 대해 상세하게 다룬다.

제5절에서는 온실가스 배출 감소를 위한 다양한 프로그램들을 살펴보았다. 이러한 규제 외에 민간기업도 자율적으로 배출 감소를 위해 노력한다. 비록 소수이지만, 자신의 기업활동을 낮은 환경 발자국으로 운영하려는 사명을 가진, 금융적 이익을 창출하기보다는 더 높은 목표를 설정한 사회적 기업들이 있다(제14장 참조). 글로벌 공급사슬에서 운송 때문에 발생하는 배출을 감소시키기 위해 지역의 농산물을 이용하는 식료품점과 식당이 있다. 환경에 관심을 가진 사람들이 기업을 운영하여 의사결정에 배출 감소가 하나의 요인이 되는 경우도 있다. 이러한 사례는 대부분 소규모 자영업자들로서, 자신의 우선순위와 의지대로 행동하기가 훨씬 자유로운 경우이다(North, 2016). 합리적인 경제적 전략으로 배출량을 줄이는 사례도 있다. 물자의 낭비적 사용을 줄이고, 효율적인 기계에 투자하며, 에너지를 절약하여 비용을 줄임과 동시에 환경적 책임성을 표현한다. 이를 환경의식이 있는 소비자들을 유인하는 마케팅 기회로 활용하기 때문에, 이러한 책임성을 공개적으로 표현하는 것 자체가 목적이다.

녹색경제는 많은 산업 분야에서 새로운 생산 과정을 도입하고 신상품을 개발하기도 한다. 금융 분야에서는 배출허용권 시장의 창출로 새로운 투자상품을 개발한다. 제8장에서 설명하였듯이, 거래 가능한 금융 도구가 만들어지면, 그 도구 자체가 투기와 이윤의 기회가 된다. 보험 분야에서는 극심한 기상이변으로 인해 손실이 날 위험에 대응하는 '대재해채권(catastrophe bond)'이라는 신상품이 개발되었다(Johnson, 2014). 제조업 분야에서는 태양광 패널, LED 전구, 에너지 효율 건축 자재 등 세계적으로 생산되는 상품들이 엄청나게 확산되었다.

새로운 녹색경제 생산은 독특한 경제지리적 특징을 보인다. 급속하게 확장하고 있는 전기산업에서 일부 생산업체는 전통적인 자동차 중심지에서 조립하여 자동차 생산을 한다. 미국 시장에서 셰비 볼트는 디트로이트 인근 GM의 오리온 공장에서 생산되고, 도요타 프리우스는 일본에서 수출된다. 하지만 미국 전기차 최대 회사인 테슬라는 캘리포니아 프리몬트에 생산 시설이 있다. 전통적인 자동차 생산의 지리와는 상당히 다른 공간 패턴을 보인다. 자동차 생산의 중심지 밖에서는 광산 기업들이, 전기차 구동에 필수적인 배터리의 필수 원자재인 코발트와 리튬의 매장 지역 찾기를 강화하고 있다. 세계 코발트 광산의 3분의 2는 아프리카 콩고민주공화국에 있고, 캐나다와 중국에도 상당한 매장량이 있다. 리튬은 2015년 오스트레일리아, 아르헨티나, 칠레의 광산에서 대다수를 공급하였다(Narins, 2017). 리튬 생산의 지리는 특히 흥미로우며, 자원 채굴 세계에 대한 통찰력을 제공해 준다(자료 11.3 참조).

녹색경제의 두 번째 차원은 개별 산업의 지리적 패턴을 넘어 '에너지 전환'과 관련이 있다. 세계의 에너지가 생성되고 사용되는 방식이 변화하고 있다. 크게는 제5절에서 서술한 것처럼 정책과 규제 때문이다. 이러한 변화에 대한 지리학적 관점은 중요한 통찰을 제공한다. 여기에서는 현재 작동하고

사례 연구

자료 11.3: 상품으로서의 리튬

리튬은 충전용 리튬 이온 배터리의 생산에 가장 중요한 천연자원이다. 따라서 전기차가 일상화될수록 중요성이 증가한다. 녹색경제가 확장되면서 새로운 금속 공급원을 찾고 채굴하려는 경쟁이 진행되었다. 따라서 리튬의 가격은 매우 유동적이다. 2015년 후반에 대형 자동차 회사들이 전기차 시장으로 이전하겠다는 신호를 보이자, 탄산리튬의 가격이 톤당 6,000~7,000달러에서 2016년 일사분기에 2만 6,000달러로 치솟았다가, 2017년 후반에는 2만 달러 이하로 어느 정도 안정을 찾았다.

리튬 채굴의 측면을 보면 채굴산업에 대한 일반적인 통찰력을 얻을 수 있다. 첫 번째, 자원의 물질적 특성이 매우 중요하다. 리튬은 주기율표에서 가장 가벼운 금속이며, 비교적 적은 양이 사용된다(다른 금속광에

그림 11.8 오스트레일리아의 리튬 노천광산

출처: Carla Gottgens/Bloomberg/Getty.

비해). 따라서 운송 비용이 낮다. 또한 상당히 보편적인 물질이지만, 집약도가 낮아서 특정 침전물만 채굴할 수 있다. 채굴 과정도 일반적이지 않다. 리튬의 원형 물질은 소금물 형태로 용해되어 있어 이를 증발시켜 금속을 추출한다. 따라서 대다수의 광물 채굴과 같은 유형의 환경적·사회적 문제를 일으키지 않는다. 염호(소금 호수)의 리튬은 주로 아르헨티나, 볼리비아, 칠레 등에 집중되어 있다. 하지만 이들 국가의 리튬 저장 지역은 안데스산맥의 외딴 산악지대에 있다. 동시에 중국의 리튬 생산은 국내에서 채굴되거나, 리튬의 주요 저장 지역으로 알려진 오스트레일리아에서 수입된 경암 광물에서 이루어진다(그림 11.8 참조).

두 번째 요점은 천연물질을 상품으로 전환하는 데 필요한 기술과 경제적 수요의 중요성이다. 최근에 리튬을 추출하는 기술이 발전하여 연구개발의 관심이 리튬 함유율이 낮은 광산으로 이동하고 있다. 중요한 것은, 자연의 물질은 추출할 수 있는 기술이 있을 때 자원 상품이 된다는 점이다.

마지막으로, 광물이 있는 지역의 자원 채굴에는 항상 국가와 채굴 지역의 지역 정치가 개입한다. 라틴아메리카 염호 리튬 저장 지역의 중심에 있는 볼리비아는 흥미로운 사례이다. 볼리비아는 세계에서 가장 큰 리튬 매장 국가이지만, 상위 10위 리튬 생산 국가에 포함되지 못했다. 이는 부분적으로는 리튬 함유량이 적고 접근성이 좋지 않은 외진 지역에 있기 때문이다. 그러나 이보다 중요한 이유는 볼리비아의 국수주의적 정치환경 때문에 외국 투자자에게 보호장치를 마련해 주지 않아서이다. 따라서 세계적인 광산 기업들이 시설의 국유화 가능성 때문에 투자를 망설이게 된다. 여기에 광산 운영에서 이익이 없는 농민과 원주민 등 지역 주민의 반대도 있다. 리튬에 대해서는 나린스(Narins, 2017), 재스쿨라(Jaskula, 2018) 등을 참조할 것.

있는 몇 가지 공간성을 살펴본다(Bridge et al., 2013).

경제활동의 불균등한 분포는 진화하는 에너지 시스템에 기반을 둔 경제 상황을 반영한다. 에너지 시스템의 주력이 수력, 석탄, 전력을 기반으로 변화하면서 사회의 경제지리를 형성하였다. 초기 산업발전은 수력에의 접근성에 의존하였으며, 석탄의 사용은 펜실베이니아와 사우스웨일스 같은 탄광 지역의 발전으로 이어졌다. 석유와 가스의 발전은 사우디아라비아, 미국, 러시아, 캐나다 등의 유전과 함께 에너지산업의 지리를 변모시켰다. 여기에 파이프라인, 항만 시설, 정유 시설 등의 공간구조가 발전하였다. 화석연료로부터의 전환은 에너지 생산과 에너지 인프라의 새로운 지리를 형성하였고, 새로운 장소에 새로운 발전을 추동하였다. 수력발전은 20세기 후반 캐나다 퀘벡주의 엄청난 인프라 발전을 유발하였다. 또한 풍력, 조력, 태양열 발전 등에 필요한 기후와 지역들도 에너지 부문의 새로운 생산의 지리를 형성하였다. 세계 최대의 태양열발전소는 모로코에 있지만, 중국은 2015~2017년까지 단 3년 동안에 태양열발전 설비를 3배 이상 증대시켰다. 이 책의 표지 사진은 중국 장시성 러핑시에 있는 비교적 규모가 작은 태양열발전소이다.

경제의 탈탄소화(decarbonization)는 기존 화석연료의 생산과 분배 구조를 넘어서는 새로운 영향을 준다. 대부분의 경제 세계는 운송, 난방, 산업의 원자재 등에 이용되는 석유 가격에 의존한다. 사람과 화물의 비행기 운송 활동은 특히 의존도가 심하다. 부패하기 쉬운 식품의 글로벌 생산 네트워크는 유연하고 빠른 운송에 의존한다. 자동차 부문처럼 복잡한 조립생산 시설은 부품을 빠르게 원하는 곳으로 이동할 수 있는 물류에 의존한다. 이러한 산업들은 운송비가 낮은 곳에 입지한다. 만약 연료비가 비싸져서 이러한 가정들이 무너지면, 특정 산업의 공간구조는 변화할 수밖에 없다. 탄소세와 다른 프로그램이 배출 비용에 포함되고, 세계적인 물류의 환경적 영향에 대한 소비자의 의식이 높아지면서, 식품 공급사슬은 '탈세계화'의 징후를 보이고 있으며, 로컬푸드 운동이 많은 지역에서 나타나고 있다.

도시 규모에서 교외의 확장은 화석연료 기반 자동차에 의존한다(그림 11.9 참조). 하지만 포스트탄소 경제에서 이러한 모델은 가능하지 않으며, 생산과 재생산(주거 경관)의 지리가 전환하고 있다. 도시가 대중교통에 대한 의존도를 높이면서 콤팩트시티(Compact City) 패턴으로 발전함에 따라, 도시의 밀도 패턴이 변화하고 있다. 빌딩 건축 설계와 자재도 에너지 효율을 강조하고 있으며, 전기자동차 충전소와 자전거 공유 인프라가 도시 경관의 공통 요소로 자리 잡고 있다.

녹색경제와 연관된 새로운 지리의 등장은 특히 지역 단위에서 자주 논쟁적이다. 생산양식과 우리 삶의 방식은 화석연료에 깊게 의존하고 있다. 따라서 포스트탄소 경제로의 이동은 사회적 동요와 불평등한 영향을 줄 것이다. 강한 공동체의식과 정체성의 뿌리가 깊은 탄광도시의 쇠퇴와 교통수단의

그림 11.9 오스트레일리아 퍼스의 자동차 의존적 교외 확장

출처: Jason Edwards/Getty Images.

필요성을 정당화할 만큼 밀도가 되지 않는 교외 지역의 소외 등이 있을 수 있다. 포스트탄소 인프라를 설치하는 것도 논쟁적이다. 화석 기반 에너지는 지하로 땅을 파거나 광산을 개발하여 생산한다. 따라서 하나의 에너지자원 매장 지역에서 많은 양의 연료를 생산할 수 있다. 하지만 풍력 및 태양열 발전 등의 재생에너지는 훨씬 넓은 지역의 토지가 필요하므로 공간 이용에 갈등이 발생할 수 있다 (Huber and McCarthy, 2017). 재생에너지 계획은 국지적 토지이용을 교란시키지만, 넓은 지역이나 국가 전체에 혜택을 주기 때문에 특히 논란이 된다. 인도 구자라트 지역의 태양열발전 사례를 보면, 2012년 아시아 최대 규모의 태양열발전소인 차란카 태양열발전소(Charanka Solar Park)가 건설되었다. 이 프로젝트는 인구 1,500명이 주로 농사나 가축을 키우는 작을 마을의 2,000헥타르 부지에 설립되었다. 이 땅은 공식적으로는 '황무지'였으나, 비공식적으로는 숯을 만들거나 방목지로 이용되었다. 따라서 지역의 생계와 생활방식에 큰 영향을 주었다. 이 프로젝트는 지역적, 국가적, 세계적 규모에서 '환경적으로 좋은' 일이 국지적 규모에서는 막대한 비용을 감수해야 하는 사례가 되었다 (Yenneti and Day, 2016).

11.7 기후변화가 모든 것을 바꿀까?

제5절과 제6절에서는 세계적 기후변화에 대한 대응 양식을 살펴보았다. 배출 통제에는 세금, 시장 형성, 규제 등의 접근 방법이 있다(제5절). 이와 같은 방식을 통해 다른 에너지 체제로 전환이 이루어지고 있고, 경제활동의 지리도 변하고 있다(제6절). 이러한 전환에는 협력적인 행동이 요구되지만, 아직까지는 우리가 조직한 사회의 방식처럼 전환적 행동은 나타나지 않고 있다. 하지만 여기에는 더 큰 변화가 필요하다는 논점들이 있다.

첫 번째 논점은, 제5절과 제6절에서 설명한 행동으로 지구온난화를 수용할 수 있는 한계까지 다다르기에는 턱없이 부족하며, 우리의 노력을 극적으로 강화해야 한다고 지적한다. 우리가 생산하고 사용하는 에너지를 요구 수준까지 맞추기 위해서는 훨씬 더 강력하고 급격한 변화가 필요하다. IPCC의 2018년 특별보고서에서는, 지구온난화의 한계를 1.5℃로 제한하기 위해서는 전 세계 이산화탄소 배출량을 2030년까지 2010년의 45%로 감축해야 하며, 2050년까지 순 제로 배출을 달성해야 한다고 지적하였다. 지구온난화의 한계를 2℃로 제한하기 위해서는 2030년까지 20%를 감축해야 하며, 2075년까지 순 제로 배출을 달성해야 한다. 나아가 이는 "에너지, 토지, 도시, 인프라 등에서 급속하고 광범위한 전환이 요구된다"(IPCC, 2018: 21). 다시 말하면, 향후 10년 안에 모빌리티(mobility)에 대한 관점(토지와 공중), 식단(로컬푸드는 늘리고, 육류는 줄인다), 도시와 건축물의 디자인 방식(대량 이동과 에너지 효율) 등이 극적으로 바뀌어야 한다. 이러한 전환은 기술적으로는 가능하나, 정부와 개인의 전망 전환과 굳은 결심, 응급조치가 필요하다.

두 번째 논점은, 자연을 보는 관점의 철학적 변화이다. 우리의 경제체제는 '값싼 자연', 즉 자연 세계의 자원은 우리가 마음대로 이용할 수 있다는 가정하에서 이루어졌다(Moore, 2015). 이 가정과 함께 자연에 대한 우위를 가정하는 문화적 전통을 이어 왔다. 현대의 지질학적 시기인 '인류세'는 자연에 대한 인간의 지배를 의미한다(Davies, 2018). 자연은 아무 가치 없이 단순히 주어진 것으로 가정한다. 물론 자연의 일정 부분(목재, 곡물, 토지, 광물, 지하수, 식물 등)은 시장 교환을 하며, 일정한 화폐가치가 부여되어 있다. 이러한 특정한 가치 부여 외에 자연 대부분은 주어진 것으로 간주된다. 특히 우리는 지구의 거대한 '커먼스(commons)', 즉 대양과 대기를 우리의 필요에 따라 지속적으로 공급되는 저장고로 보며, 우리가 버리는 쓰레기를 아무런 영향 없이 흡수할 것으로 본다. 하지만 제1장에서 보았듯이, 플라스틱 오염이 다양한 해양생물을 위협하면서 대양의 용량은 한계에 다다랐다. 온실가스 배출로 인해 대기도 마찬가지이다. 따라서 자연에 대한 우리의 관점, 즉 외생적이고, 지배적이며, 저평가된 사고는 이제 변해야 한다. 인간 사회를 자연과 유리되었다고 보지 말고, '자연 속에'

있는 것으로 보아야 한다.

세 번째 논점은, 자연과 상호작용하는 방식을 제공하는 자본주의 체제와 관련이 있다. 나오미 클라인(Naomi Klein)은 자신의 저서 『이것이 모든 것을 바꾼다(This Changes Everything)』에서 기후변화 행동에 대한 초기 반대론자들이 중요한 점을 인식하였다고 주장한다(Klein, 2014). 회의론자와 부정론자들은 단순히 이익이 걸린 화석연료산업과 연계되어 반응을 보인 것이 아니라고 주장한다. 그들은 기후변화의 영향이 우리가 조직하는 경제생활의 방식에 너무나도 커다란 함의점을 주기 때문에 위협을 느낀다. 기후변화를 정확하게 인식하기 위해서는 자본주의 자체의 핵심적인 측면에 대해 의문을 가져야 한다. 자본주의 체제는 주로 신자유주의적이기는 하지만 몇 가지 논리가 있는데, 우리의 세계 환경과 통합해서 유지하기에는 맞지 않는 측면이 있다.

- 지속적인 생산의 성장 기제
- 세계적인 운송과 모빌리티가 요구되는 새로운 생산과 소비 공간의 지속적인 확장
- 자원의 사적 소유와 생태적 커먼스의 사유화
- 기업이윤과 개인의 부의 극대화라는 정신
- 이윤극대화를 위해 가능한 한 생산 비용의 외부화와 사회화
- 이윤과 부의 축적에 장애가 되는 정부의 규제와 정책 반대
- 정부지출(배출 감소 프로젝트) 반대

이러한 주장은 개별 자본주의 기업(소유자와 종업원)이 직접적으로 세계 환경에 대해 적대적이 아니라, 기업들이 경쟁하고 궁극적으로 보상을 받는 자본주의 체제가 문제라고 지적한다.

클라인이 제시한 해결책은, 경제체제를 조직하는 자본주의의 규범을 재고하여 자연과의 관계를 재정립하는 것이다. 여기에는 몇 가지 조건이 있다. 첫 번째, 경제활동, 특히 민영화된 도시 교통과 전력 등 환경적으로 중요한 인프라의 공공 소유권을 증대시켜야 한다. 이러한 시설에는 상당한 투자가 필요하다. 공공과 민간 부문 모두 효율적이고, 지속가능하며, 조화로운 발전을 위해 신중하고 광범위한 계획이 필요하다. 또한 민간기업의 영역으로 남아 있는 활동에 대해서도 책임 있게 행동하기 위해 긴밀하게 규제하고 인센티브를 제공해야 한다. 두 번째 변화의 영역은 생산의 재국지화(re-localization)이다. 이를 통해 우리의 삶이 더 이상 글로벌 생산 네트워크를 완성하기 위한 선박, 비행기, 트럭 등에 의존하지 않아야 한다. 이는 생산체제의 지리적 구조의 변화를 초래할 것이다. 새로운 시장과 새로운 상품을 찾기 위해 계속된 자본주의의 확장은 끝내야 한다.

세 번째 변화의 영역은 세계의 부유한 국가와 계층의 라이프스타일에 기반한 소비주의 문화의 억제이다. 지구상 인구의 상당 부분은 여전히 기본 수요를 채우기 위해 더 많이 소비해야 한다는 점을 인식해야 한다. 따라서 부유한 국가와 계층이 훨씬 큰 부담을 감당해야 한다. 지속적인 소비의 확장과 경제성장의 확산은 자본주의 체제를 가능하게 하지 못할 것이다. 이는 그동안 광범위하게 논의된 개념으로 '탈성장(degrowth)'주의(독일어로는 postwachstum, 프랑스어로는 décroissance라고 한다)의 아이디어로서 많은 관심을 받았다(D'Alisa et al., 2015). 요약하면 이 주장은 매우 급진적인 요구처럼 들리지만, 제14장에서 살펴보듯이 이러한 실천(지속가능하고, 공공적이며, 공정하고, 윤리적인)은 이미 존재하고 있으며, 더 확장되고 풍부해져야 한다.

11.8 요약

지구온난화가 인류세 이후의 원인으로 나타났다는 사실은 과학적으로 밝혀졌으나, 우리의 탄소 의존적인 경제 세계에 미치는 영향에 대해서는 여전히 논쟁적이다. 논쟁의 이유 중 하나는 배출의 지리적 불균등성과 관련이 있다. 기후변화에 대한 책임이 불균등하게 분포하고 있으며, 경제활동의 세계적인 이동의 지리를 면밀하게 고찰해야 한다. 글로벌 생산 네트워크, 즉 생산 지역과 멀리 떨어진 소비 수요를 고려하면 배출의 책임은 한층 더 복잡해진다. 기후변화가 발생하는 자연 시스템 또한 지리적으로 복잡해서, 한 장소에서 발생한 배출이 지구적으로 불균등하게 생물물리학적으로 인간에게 영향을 준다. 하지만 인류는 앞으로 몇십 년 내에 심각한 변화, 즉 어업과 농업에 미치는 영향, 식량 확보와 수자원 공급 부족의 문제, 도시 인프라의 훼손, 인류 건강에 미치는 영향 등을 보게 될 것임은 명백하다. IPCC의 상세한 계산에 따르면, 이러한 예측은 '높은 신뢰도'를 보인다.

기후변화에 대한 분석은 경제학자들이 선호하는 종합 모델링을 통해 전 지구적 영향을 평가한다(제2장 참조). 하지만 지리학적 접근은 특정 장소의 물리적·경제적 상황을 깊게 분석한다. 인도 데칸고원의 물리적·경제적·정치적 과정의 상호작용 분석이 하나의 사례이다. 이러한 장소 기반의 접근 방법은 취약성이 우리가 사는 장소에 의해 결정되는 것만이 아니라, 차별적인 경제력(과 탈경제력)에 의해서도 결정되며, 이 두 가지는 국지적으로 뿌리를 내리고 있지만 세계적인 연계를 통해 형성된다는 점을 명확히 보여 준다.

탄소 배출에 대응하기 위해 다양한 규모의 정부에서 노력을 기울이고 있지만, 정부의 프로그램들을 비판적으로 연구하기 위해서는 지리학적 시각이 중요하다. 소수의 예외를 제외하면, 탄소세, 탄소배출권 거래제도, 규제 등은 모두 국가 정부의 프로그램들이다. 유엔의 배출 감소 협상 프로그램도 이 문제를 국제적 규모로 대응하여 세계적 규모의 해결책을 제시하기는 어렵다. 지역의 프로그램들은 불일치의 문제와 노력의 불균등성으로 인해 무임승차자의 문제와 배출의 전치 현상이 나타날 수 있다. 배출 규제가 탄소상쇄 프로그램처럼 초국가적으로 이루어진다면, 배출 감소가 실제로 일어났는지 세심하게 평가하기 위해 장소 기반의 분석이 요구된다.

포스트탄소 경제로의 급속한 전환이 올 것이고, 이는 경제활동의 불균등한 지리에 대한 광범위한 시사점을 줄 것이다. '녹색경제' 산업이 발전하고 있으며, 이전 산업과 비교하였을 때 성장의 공간 패턴이 상당히 다르다. 리튬처럼 이전에는 간과되었던 자원이 주목받는 상품이 되고, 이들은 독특한 채굴과 처리 공정의 지리를 보인다. 우리가 에너지를 생산하고 사용하는 방식의 전환을 통해 광범위한 변화가 따른다. 이제까지 대부분 경제 세계의 지리는 비교적 값싼 화석연료라는 가정하에서 이루어졌다. 하지만 재생에너지로의 대전환은 커다란 지리적 시사점을 제공해 준다. 우리는 새로운 전력의 원천으로의 전환 그 이상이 필요하다. 자본주의 체제의 동력과 자연 세계와의 관계를 살펴보아야 한다. 따라서 기후변화는 '모든 것을 바꾸는' 잠재력을 가지고 있다.

주

- 경제지리학에서는 기후변화의 경제적 차원과 관련된 주요한 연구들이 있다. Liverman(2015)은 탄소 배출 규제, Bridge et al.(2018)은 석유, 채굴산업, 에너지 전환, Leichenko(2018)는 기후변화에 대한 취약성, Knox-Hayes(2018)는 탄소시장의 구축에 관한 연구를 하였다.
- 정치생태학 분야에 대한 최신 동향 검토는 Perreault et al.(2015)이 있으며, Taylor(2015)는 인도, 파키스탄, 몽고의 기후변화 적응과 취약성에 대한 정치생태학적 접근 방법을 보여 준다.
- 기후변화 과학과 영향에 관한 종합적 연구는 기후변화에 관한 정부간 협의체(IPCC)의 평가보고서이다. 최근의 평가보고서(5판)는 2013~2014년에 출판되었으며, 평가의 다양한 요소들은 홈페이지 www.ipcc.ch.에서 볼 수 있다. 가장 많이 인용된 특별보고서는 2018년 출판된 『1.5℃의 지구온난화』이다. 여섯 번째 평가보고서는 2021년 출판이 시작되며 2022년 종합판이 출판된다.
- 스턴 보고서는 기후변화의 경제학에 대한 초기의 포괄적인 저작이다(Stern, 2007). 노드하우스의 기후변화에 대한 저작은 2018년 노벨경제학상을 받았다(Nordhaus, 2017). 노드하우스의 2013년 저작은 이 분야의 입문서이다(Nordhaus, 2013).

연습문제

- 기후변화의 원인과 영향은 공간상에서 어떻게 불균등한가?
- 정부가 탄소 배출을 감축하는 데 사용하는 4가지 수단에 대해 장단점을 서술하라.

- 기후변화는 자본주의 시장체제 내에서 작동하는 정책으로 대응할 수 있는가? 아니면 더 근본적인 변화를 통해 우리의 경제를 조직하는 것이 필요한가?
- 포스트탄소 녹색경제의 등장은 기존의 경제지리를 어떻게 재형성하는가?

심화학습을 위한 자료

- 온라인 글로벌 탄소지도(Global Carbon Atlas) 사이트는 온실가스 배출의 지리, 기후변화 영향의 과학적 예측, 그 외 다른 쟁점에 대해 시각적으로 우수한 자료를 제공한다(http://www.globalcarbonatlas.org). 캘리포니아 공과대학교의 기후데이터 탐색기(세계자원연구소)는 우수한 비교 자료를 제공한다.
- 수많은 다큐멘터리 영화에서 기후변화의 과학, 경제학, 정치학을 다루고 있다. 이 장의 내용과 관련이 있는 영화들은 다음과 같다. 마티유 리츠(Matthieu Rytz)의 아노테스의 방주(Anotes Ark, 2018)는 기후변화에 대한 키리바시의 투쟁을 다루었다. 로버트 케너(Robert Kenner)의 의심하는 상인(Merchants of Doubt, 2014)은 오레스키스와 콘웨이의 저서를 기반으로 제작되었다(Oreskes and Conway, 2010). 애비 루이스(Avi Lewis)의 이것이 모든 것을 바꾼다(This Changes Everything, 2015)는 나오미 클라인의 동명의 저서를 기반으로 제작되었다.
- 캐나다 CBC 방송은 무료 6부작 팟캐스트 '2050 변화의 정도'를 공개하였다. 여기에서는 브리티시컬럼비아 기후변화의 물리적 과정과 인간의 영향에 대해 쉽고 정보 전달이 가능하도록 제공한다. 코끼리 팟캐스트(2015~2017)는 기후변화의 과학과 정책에 대한 인터뷰를 제공한다.
- 많은 신문에서는 기후변화에 대해 특집호를 발간하였다. 『가디언』은 장기간에 걸쳐 제작한 우수한 특집호를 무료로 제공한다. www.theguardian.com/environment/climate-change.

참고문헌

Bridge, G., Bouzarovski, S., Bradshaw, M., and Eyre, N. (2013). Geographies of energy transition: Space, place and the low-carbon economy. *Energy Policy* 53: 331-340.

Bridge, G., Barr, S., Bouzarovski, S. et al. (2018). *Energy and Society: A Critical Perspective*. London: Routledge.

Bryant, G. (2018). Nature as accumulation strategy? Finance, nature, and value in carbon markets. *Annals of the American Association of Geographers* 108: 605-619.

Bumpus, A. and Liverman, D. (2011). Carbon colonialism? Offsets, greenhouse gas reductions, and sustainable development. In: *Global Political Ecology* (eds. R. Peet, P. Robbins and M. Watts), 203-224. Routledge.

C2ES (Center for Climate and Energy Solutions) (2018). California cap and trade. https://www.c2es.org/content/california-cap-and-trade (accessed 21 June 2019).

Carleton, T. A. (2017). Crop-damaging temperatures increase suicide rates in India. *Proceedings of the National Academy of Sciences* 114: 8746-8751.

D'Alisa, G., Demaria, F., and Kallis, G. (eds.) (2015). *Degrowth: A Vocabulary for a New Era*. New York, NY: Routledge.

Davies, J. (2018). *The Birth of the Anthropocene*. Berkeley, California: University of California Press.

Donner, S. and Webber, S. (2014). Obstacles to climate change adaptation decisions: a case study of sea-level rise and coastal protection measures in Kiribati. *Sustainability Science* 9: 331-345.

Funk, C. and Kennedy, B. (2016). *The Politics of Climate Change*. Pew Research Center. http://www.pewinternet.org/2016/10/04/the-politics-of-climate (accessed 21 June 2019).

Global Carbon Atlas (n.d.). Online database. www.globalcarbonatlas.org (accessed 21 June 2019).

Heede, R. (2014). Tracing anthropogenic carbon dioxide and methane emissions to fossil fuel and cement producers, 1854-2010. *Climatic Change* 122: 229-241.

Houghton, J. T., Jenkins, G. J., and Ephraums, J. J. (eds.) (1990). *Climate Change: The IPCC Scientific Assessment*. Cambridge: Cambridge University Press.

Huber, M. T. and McCarthy, J. (2017). Beyond the subterranean energy regime? Fuel, land use and the production of space. *Transactions of the Institute of British Geographers* 42: 655-668.

Hughes, T. P., Kerry, J. T., Baird, A. H. et al. (2018). Global warming transforms coral reef assemblages. *Nature* 556: 492-496.

IBON Foundation (2015). *Disaster upon Disaster: Lessons beyond Yolanda*. Quezon City: IBON Foundation.

IPCC (2014). *Climate Change 2014: Synthesis Report. Contribution of Working Groups I, II and III to the Fifth Assessment Report of the Intergovernmental Panel on Climate Change*. Geneva, Switzerland: IPCC.

IPCC (2018). *Global Warming of 1.5oC*. Geneva, Switzerland: IPCC. http://www.ipcc.ch/report/sr15 (accessed 21 June 2019).

Jaskula, B. (2018). *2016 Minerals Yearbook: Lithium (Advance Release)*. Washington DC: United States Geological Survey, Department of Interior. https://minerals.usgs.gov/minerals/pubs/commodity/lithium/myb1-2016-lithi.pdf (accessed 21 June 2019).

Johnson, L. (2014). Geographies of securitized catastrophe risk and the implications of climate change. *Economic Geography* 90: 155-185.

Klein, N. (2014). *This Changes Everything: Capitalism vs. the Climate*. New York: Simon & Schuster.

Knox-Hayes, J. (2018). Carbon markets: resource governance and sustainable valuation. In: *The New Oxford Handbook of Economic Geography* (eds. G. Clark, M. Feldman, M. Gertler and D. Wojcik), 683-702. Oxford: Oxford University Press.

Leichenko, R. (2018). Vulnerable regions in a changing climate. In: *The New Oxford Handbook of Economic Geography* (eds. G. Clark, M. Feldman, M. Gertler and D. Wojcik), 665-682. Oxford: Oxford University Press.

Liverman, D. (2015). Reading climate change and climate governance as political ecologies. In: *The Routledge Handbook of Political Ecology* (eds. T. A. Perreault, G. Bridge and J. e. McCarthy), 303-319. London: Routledge.

Lunstrum, E. (2016). Green grabs, land grabs and the spatiality of displacement: eviction from Mozambique's Limpopo National Park. *Area* 48: 142-152.

Milman, O., Eskenazi, J., Luscombe, R., and Dart, T. (2017). The fight against climate change: four cities leading the way in the Trump era. *The Guardian* (12 June 2017).

Moore, J. W. (2015). *Capitalism in the Web of Life: Ecology and the Accumulation of Capital*. New York: Verso.

Narins, T. P. (2017). The battery business: lithium availability and the growth of the global electric car industry. *Extractive Industries and Society - an International Journal* 4: 321-328.

NOAA (National Oceanic and Atmospheric Administration) (2018). Fast Facts: Hurricane Costs. https://coast.noaa.gov/states/fast-facts/hurricane-costs.html (accessed 21 June 2019).

Nordhaus, W. D. (2013). *The Climate Casino: Risk, Uncertainty, and Economics for a World Warming.* New Haven: Yale University Press.

Nordhaus, W. D. (2017). Revisiting the social cost of carbon. *Proceedings of the National Academy of Sciences* 114: 1518-1523.

Oreskes, N. and Conway, E. M. (2010). *Merchants of Doubt: How A Handful of Scientists Obscured the Truth on Issues from Tobacco Smoke to Global Warming.* New York: Bloomsbury Press.

Perreault, T. A., Bridge, G., and McCarthy, J. (eds.) (2015). *The Routledge Handbook of Political Ecology.* London: Routledge.

Peters, G. P., Minx, J. C., Weber, C. L., and Edenhofer, O. (2011). Growth in emission transfers via international trade from 1990 to 2008. *Proceedings of the National Academy of Sciences* 108: 8903-8908.

Pulido, L. (2016). Flint, environmental racism, and racial capitalism. *Capitalism Nature Socialism* 27: 1-16.

Rotz, S. (2014). REDD'ing forest conservation: the Philippine predicament. *Capitalism Nature Socialism* 25: 43-59.

Stern, N. (2007). *The Economics of Climate Change: The Stern Review.* Cambridge, UK: Cambridge University Press.

Stokes, B., Wike, R., and Carle, J. (2015). *Global Concern about Climate Change, Broad Support for Limiting Emissions.* Washington, DC: Pew Research Center. http://www.pewglobal.org/2015/11/05/global-concern-about-climate-change-broad-support-forlimiting-emissions (accessed 21 June 2019).

Taylor, M. (2015). *The Political Ecology of Climate Change Adaptation: Livelihoods, Agrarian Change and the Conflicts of Development.* London: Routledge.

UNFCCC (United Nations Framework Convention on Climate Change) (2018) Annual report of the Executive Board of the clean development mechanism to the Conference of the Parties serving as the meeting of the Parties to the Kyoto Protocol. https://unfccc.int/sites/default/files/resource/03.pdf (accessed 21 June 2019).

Vaditya, V. (2017). Economic Liberalisation and Farmers' Suicides in Andhra Pradesh (1995-2014). *South Asia Research* 37: 194-212.

Watts, M. (2013). *Silent Violence: Food, Famine, and Peasantry in Northern Nigeria (with A New Introduction).* Athens: University of Georgia Press.

Watts, M. (2015). Now and then: the origins of political ecology and the rebirth of adaptation as a form of thought. In: *The Routledge Handbook of Political Ecology* (eds. T.A. Perreault, G. Bridge and J. McCarthy), 19-50. London: Routledge.

WHO (World Health Organization) (2018). Climate change and health. http://www.who.int/en/news-room/fact-sheets/detail/climate-change-and-health (accessed 21 June 2019).

World Bank (2018). World Development Indicators Database. www.databank.worldbank.org (accessed 21 June

2019).

WRI (World Resources Institute) (2015). *CAIT Climate Data Explorer*. Washington, DC: World Resources Institute. http://cait.wri.org (accessed 21 June 2019).

Yenneti, K. and Day, R. (2016). Distributional justice in solar energy implementation in India: The case of Charanka solar park. *Journal of Rural Studies* 46: 35-46.

Yeung, G. (2018). "Made in China 2025": the development of a new energy vehicle industry in China. *Area Development and Policy* 4: 39-59.

Zeng, Y., Weishaar, S. E., and Vedder, H. H. B. (2018). Electricity regulation in the Chinese national emissions trading scheme (ETS): lessons for carbon leakage and linkage with the EU ETS. *Climate Policy* 18: 1246-1259.

4부

사회문화적 차원

12

클러스터-
근접성이 왜 중요한가?

탐구 주제

• 수많은 경제활동에 근접성이 왜 여전히 중요한가를 이해한다.

• 세계경제의 클러스터 유형에 대해 평가한다.

• 특정 지역과 경제활동을 연계하는 경제적·사회문화적 힘을 탐구한다.

• 클러스터가 외부 네트워크 연결에 의존하는 방식과 진화 양식을 탐구한다.

12.1 서론

캘리포니아 멘로파크시의 평범한 도로인 샌드힐로드(Sand Hill Road)는 그리 알려지지 않은 곳이다. 하지만 1970년대 초반 클라이너 퍼킨스 코필드 & 바이어스(Kleiner Perkins Caufield & Byers)와 세쿼이아캐피털(Sequoia Capital) 등 선도적인 기업이 설립된 이후 샌드힐로드는 글로벌 벤처캐피털 산업의 중심이 되었다. 이곳은 수십 개의 글로벌 벤처캐피털이 집적되어 있다(그림 12.1 참조). 미국의 6대 펀드 중 3개(뉴엔터프라이즈 어소시에이츠, IVP, 가나안 파트너스)를 관리하는 회사가 이곳에 입지해 있다. 벤처캐피털은 주로 첨단기술 분야 창업 기업의 초기 단계에 투자하고, 이후 여러 단계에 투자를 지속하여 지분을 획득하는 민영 회사이다. 이는 전통적인 은행이나 금융기관의 투자를 받기가 어려운 아이디어에 투자하는 펀드로서, 고위험 고수익의 기업 금융이다. 클라이너 퍼킨스 코필드 & 바이어스와 세쿼이아캐피털은 1999년 구글에 1,250만 달러를 투자하였다. 2004년 구글이 주식시장에 상장되었을 때, 두 투자 회사의 지분가치는 각각 43억 달러나 되었다(350배 투자 이익을 거두었다). 왓츠앱(WhatsApp)도 단순한 벤처캐피털 투자 회사인 세쿼이아캐피털의 큰

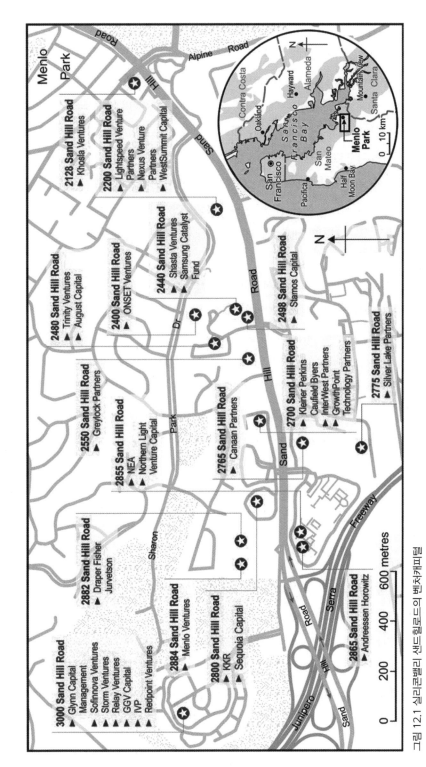

그림 12.1 실리콘밸리 샌드힐로드의 벤처캐피털

출처: http://www.ivycommercial.com/blog/2017/10/12/why-vcs-wont-leave-sand-hill-road(2018년 5월 29일 접속).

성공 사례이다. 2014년 페이스북이 왓츠앱을 220억 달러에 인수하였을 때, 세쿼이아캐피털의 두 차례에 걸친 투자금 6,000만 달러는 30억 달러의 가치로 성장하였다.

2017년 미국은 전 세계 벤처캐피털 투자의 55%를 차지하였다. 캘리포니아는 미국 벤처캐피털 투자의 50%를 차지하며 미국 산업을 지배하였고, 멘로파크시에는 캘리포니아 벤처캐피털 투자의 80% 이상이 집중되어 있다. 샌드힐로드의 벤처캐피털 클러스터는, 2017년 전 세계 벤처캐피털 투자의 22%를 차지하며 약 350억 달러를 투자하였다. 총액으로 보면 샌드힐로드의 벤처캐피털은 총 투자액 1,600억 달러를 관리하고 있다(NVCA, 2018 기준). 최근 선도 기업들은 중국, 인도, 이스라엘 등에 지사를 설립하여 새로운 시장기회를 두드리고 있으며, 아시아에서도 상당한 정도의 새로운 벤처캐피털이 등장하고 있다. 하지만 샌드힐로드가 글로벌 벤처캐피털의 중심이라는 지위는 변함이 없다.

샌드힐로드를 따라 오랫동안 형성된 벤처캐피털 클러스터를 어떻게 이해해야 할까? 여기에는 4가지의 교훈이 있다. 첫째, 첨단화되고 즉각적인 텔레커뮤니케이션 시대에 특정 장소에 '그곳에 있는 것'의 지속적인 중요성과 변호사, 투자자, 발명가, 기업가들의 네트워크에서 물리적인 실재가 지역의 사회조직 형성에 중요하다는 사실이다. 샌드힐로드는 실리콘밸리로 알려진 남부 캘리포니아의 혁신 지역으로 뿌리내렸다. 전 세계에서 가장 강력하고 영향력이 큰 기술, 소프트웨어, 소셜 미디어 기업이 집적해 있는 지역이다(그림 12.2 참조). 이 지역의 인재와 자본의 물리적 근접성이 지역경쟁력과 성공의 원천이 된다. 작업장에서만 상호작용이 이루어지는 것이 아니라, 식당, 커피숍, 바 등 사회적 공간에서도 이루어진다. 둘째, 시간이 흐름에 따라 특정 장소는 경제활동의 특정 유형과 연계된다. 즉 '선망의 장소'로 알려지게 된다. 이러한 명성 효과는 클러스터의 강점을 강화하고, 실리콘밸리 지역이라는 애매한 입지보다는 샌드힐로드라는 주소의 중요성을 설명하는 실마리가 된다. 요약하면, 정확한 주소는 그곳에 자리 잡은 기업에 일정한 신뢰를 주고, 기업이 의존하는 자본 확충을 가능하게 해 준다.

셋째, 경제활동으로서의 벤처캐피털의 속성을 이해하는 것이 중요하다. 제4, 5장에서는 특정 생산 유형이 세계적 규모로 확산되고 기술을 활용하여 원거리에서도 운영되는 방식을 이해하였다. 하지만 벤처캐피털 투자는 특정 유형의 지식의 급속하고 효율적인 순환을 가능하게 하는, '노하우'와 '노후(know-who)'의 국지화된 네트워크에 기반하고 있다. 투자를 위한 새로운 산업을 선정하고 유망한 기업을 찾기 위해서는 시간의 흐름에 따른 시장과 기술 변화를 세밀하게 관찰하고, 최초 투자 이후 기업과 함께 일하며, 신뢰와 사회적 관계에 기반한 지속적인 상호작용이 필요하다. 벤처캐피털과 첨단기업의 고위험, 고변동 상황에서는 기술혁신가와 금융제공자의 장소 특수적 관계가 절대적으

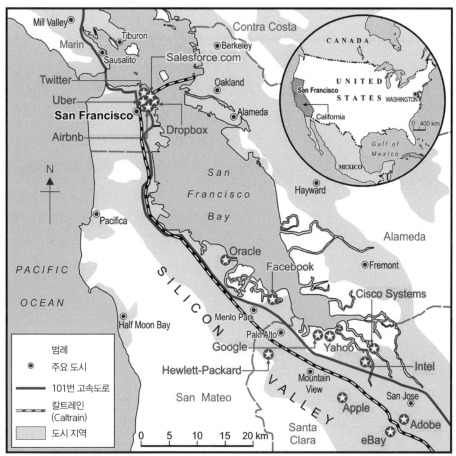

그림 12.2 실리콘밸리의 기술 선도 기업들

출처: 저자.

로 중요하다. 넷째, 샌드힐로드는 국지적으로 특징적인 '비즈니스 방식'이 시간에 따라 진화하는 기회의 창을 제공한다. 실리콘밸리는 수십 년 동안 발전해 온 특정한 비즈니스 관행이나 '문화'로 인해 다른 첨단기술 클러스터와는 차별화된 특성이 있다.

이 장에서는 특정 장소와 결부된 경제활동이 클러스터화되는 경향이 무엇인지를 이해한다. 클러스터화는 실리콘밸리나 벤처캐피털 산업에만 나타나는 현상이 아니라, 자본주의 경제의 일반적인 특성이며, 모든 경제 부문과 장소에서 나타난다. 정책결정자의 클러스터 발전을 위한 증진 전략은 매우 보편적이다. 즉 고부가가치, 수출지향적인 산업활동의 지원을 통해 경제성장에 크게 기여하도록 기획한다. 하지만 클러스터가 특정의 한정된 경제 부문에 지나치게 특화되면 위험성이 따른다. 이 장에서는 6단계로 논의를 펼친다. 제2절에서는 입지 의사결정에, 전통적인 입지 이론 모델에서 고려하는 기업 내부의 요인을 넘어 기업 외부와의 관계 요인을 고찰한다. 제3절에서는 세계경제에서 활동하는 다양한 유형의 상호작용을 통해 발전하는 클러스터들을 상세하게 다룬다. 앞서 살펴본 샌드힐로드의 벤처캐피털 클러스터는 다양한 유형 중 단지 하나의 형태이다.

다음으로는 두 절을 통해 국지적 상호작용의 본질을 고찰한다. 먼저 제4절에서는 클러스터와 연계된 기업 간의 다양한 계약 관계와 연계의 특성을 살펴본다. 제5절에서는 클러스터 관심사를 넓혀 기업들을 서로 '접합해 주는' 역할을 하는 광범위한 사회문화적 힘에 대해 살펴본다. 지역 클러스터가 시간의 흐름에 따라 강한 상호작용을 지속하는 방식에 대해서도 분석한다. 제6절에서는 최근의 진화론적 경제지리학 이론에 기반을 두고, 시간의 흐름에 따른 클러스터의 발전 양식에 대해 고찰한다. 마지막으로, 클러스터가 집적의 '영원한' 형태인지에 대한 개념적인 질문을 던진다. '일시적 클러스터(temporary clusters)'라고 명명할 수 있는, 단기간에 달성할 수 있는 클러스터의 속성에 관해 탐구한다.

12.2 산업입지론

산업혁명 시기에 셰필드는 세계 최고의 철강 생산 도시로 자리 잡았고, 20세기 초반까지 그 지위를 유지하였다. 셰필드는 지역에서 나는 철광석, 석탄, 수력과 오랫동안 금속 식기류 생산의 중심으로 유지해 온 명성에 기반한 금속가공의 혁신이 결합하여 철강산업이 번성하였다. 섬유산업에서는 1860년 2,000여 개의 공장에 36만 명의 노동자를 고용한 영국 북서부의 맨체스터가 면직산업의 세계적인 중심으로 등장하였다. 나아가 멀리 미국 북동부와 유럽 북서부 지방에서는 대규모 섬유산업과 탄광 지역의 철강산업이 빠르게 발전하면서, 원자재와 생산품을 운송하는 운하와 철도 네트워크의 발전이 이루어졌다. 미국 매사추세츠의 로웰, 프랑스의 릴, 벨기에의 겐트 등도 산업화 초기에 섬유산업이 발전하였다.

기업이 왜 특정 장소에 입지하는가를 이해하기 위한 첫 번째 시도는, 1909년 『산업입지론(The Theory of the Location of Industries)』(영어판은 1929년 출판)을 저술한 독일의 경제학자 알프레트 베버(Alfred Weber)에 의해 이루어졌다. 베버는 19세기 후반 독일의 루르(Ruhr) 공업지대 탄광 지역의 급속한 산업 성장을 설명하기 위해 이론을 발전시켰다. 베버의 목적은 입지에 대한 일반이론을 정립하여 생산활동의 공간분포를 설명하기 위한 것으로, 산업입지의 **최소비용 모델** 접근법을 발전시켰다. 이 모델은 주도 산업이 에너지와 원자재 산지, 교통 네트워크에 근접하여 입지하던 시절에는 완벽하게 잘 맞았다. 하지만 제4, 5장에서 서술한 초국적기업과 네트워크에 기반한 현대 산업에는 적절하지 않다.

　베버는 제조 기업 공장은 총 운송비를 최소화하는 곳에 입지하는 경향이 있음을 파악하였다. 운송비는 공장으로 운송하는 원자재와 시장으로 운송하는 최종생산품의 **무게**, 그리고 이 두 가지를 운송하는 **거리**에 의해 결정된다. 여기서 베버는 무게-거리(ton-mile)라는 기본적인 비용 단위를 상정한다. 따라서 입지 결정은 주어진 생산지와 소비지에서 총 무게-거리가 최소화되는 지점이 된다. 베버의 입지 삼각형은 산업입지의 문제를 잘 표현해 준다(그림 12.3a 참조). 입지 삼각형 모델은 제조 공장이 1개, 원자재 산지가 2개, 시장이 1개인 경우를 가정한 것이다. 베버는 수학적 모델을 이용하여 입지 삼각형 내에서 최소비용 지점을 계산하였다. 제조공정이 **무게 감소 과정(weight-losing)**이면 최적 입지는 원자재 방향으로 쏠리고, **무게 증가 과정(weight-gaining)**이면 최적 입지는 시장 방향으로 쏠리게 된다. 예를 들어, 제련 공장은 철광석 광산에 가까운 쪽으로 입지하고, 음료나 자동차 공장은 시장에 가까운 쪽으로 입지한다.

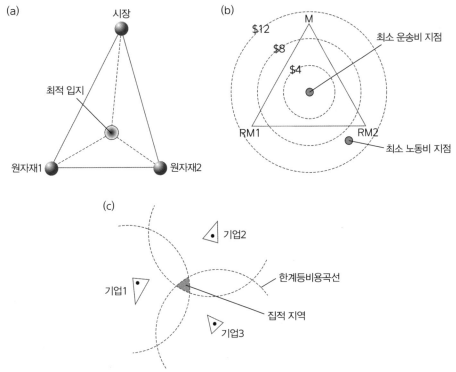

그림 12.3 베버의 산업입지론: (a) 입지 삼각형, (b) 한계등비용곡선, (c) 집적경제
출처: 저자.

베버는 원자재, 시장, 운송비의 효과를 모형화하는 데 노동비를 추가하였다. 생산품의 단위중량당 소요되는 평균임금을 계산하여 노동비 지수를 고려하였다. 노동비 지수가 높은 산업은 노동비의 공간 변이에 민감할 것이다. 베버의 모델에 의하면, 기업은 원자재와 생산품의 이동에 드는 운송비의 증가보다 생산 단위당 소요되는 노동비의 하락이 큰 쪽으로 입지할 것으로 예측한다. 이는 **등비용곡선(isodapane)**을 사용하여 계산한다. **한계등비용곡선(critical isodapane)**은 입지 요인에 의해 절약되는 비용이 추가 운송비를 넘는 지점을 표시한 것이다. 그림 12.3b에서 한계등비용곡선이 8달러라면, 추가 운송비가 노동비의 절약보다 비싸지므로 노동비가 싼 곳으로 이전하는 것이 의미가 없다. 하지만 한계등비용곡선이 12달러라면 추가 운송비보다 노동비의 절약이 크기 때문에, 노동비가 싼 곳으로 이전해야 한다.

베버의 산업입지론과 이와 유사한 접근 방법들은 1950~1960년대 경제지리학 분야에서 크게 확산되었다. 하지만 1970년대 이후에는 경제지리학자들이 이러한 추상적인 모델링 기법을 크게 비판하면서 유행에서 사라졌다(제15장 참조). 여러 면에서 그 이유를 쉽게 찾을 수 있다. 베버의 모델은 현실 세계를 거의 닮지 않은 무정형의 지표 공간을 가정하고 있다. 또한 산업입지 의사결정자가 완전한 정보에 접근할 수 있으며, 순수한 경제적 사고로 완벽하게 합리적인 의사결정을 내린다고 가정한다. 나아가 원자재, 시장, 값싼 노동력 등이 공간상의 한 지점에만 있다는 가정도 비현실적이다. 베버의 모델에서는 기업의 총비용에서 운송비가 가장 중요한 요소라고 가정하지만, 대부분의 선진 산업국가에서는 경제구조에서 서비스 부문이 가장 발달한 점도 약점이 된다. 하지만 베버의 교훈은 다양한 생산비용 간의 상쇄 효과에 의해 산업입지가 결정된다는 것으로, 신국제분업이 활발한 현대사회에서도 의미가 있다(자료 5.4 참조). 중국, 인도, 브라질 등 세계적인 제조업 중심지에서는 생산비용과 운송비 간의 상쇄 효과가 나타날 수 있다. 나아가 국가 경제정책에 의해 외국인 투자를 유치할 때는 낮은 생산비용이 중요한 유인 요소가 된다.

베버가 **집적경제(agglomeration economies)**의 본질을 제시한 최초의 학자라는 점은 무척 중요하다. 집적경제는 이 장의 후반부에서도 설명할 내용으로, 함께 있음으로써 나타나는 비용 절감을 의미한다. 산업은 정도의 차이는 있지만, 산업입지론에서 예측한 바와 같이 원자재 산지, 운송과 배송 터미널 지점, 값싼 노동비 지점 등에 집적하거나 군집하는 경향이 있다. 나아가 군집(clustering)은 기업에 입지적 이점만이 아닌 경제적 이익을 제공해 준다. '규모의 경제'라고 알려진, 대량생산하는 기업에서 발생하는 **내부경제(internal economies)의 이익**과는 반대로, 클러스터 내에서 다른 기업 및 조직과의 연계로부터 발생하는 **외부경제(external economies)의 이익**을 향유한다(제5장 제5절에서 설명한 '기업 간 관계'). 다시 말하면, 기업 자체의 자원으로서는 활용할 수 없는 경제적 이익을 클러스터 내외의 다른 참가자와의 연계를 통해 누릴 수 있다. 베버의 설명에 의하면, 이러한 집적경제는 저임금 지역에 근접함으로써 발생하는 최소비용 입지의 유인력으로 작동한다. 기업의 입지이동은, 이동함으로써 발생하는 추가적인 운송비보다 더 많은 이익이 있으면 나타난다. 그림 12.3c에서 보여 주듯이, 집적은 한계등비용곡선이 관련 기업과 겹쳐지는 부분에서 나타난다. 작은 음영으로 처리된 삼각형 부분은 기업 1, 2, 3이 현재의 입지에서 이동하여 함께 입지하면 비용 절감의 혜택을 누릴 수 있는 지역이다.

베버의 분석에서 취약한 부분 중의 하나가 집적의 분석이다. 베버의 작업에서는 집적경제의 본질에 대해 거의 다루지 않고 있다. 특히 기술이전과 같은 지식 흐름의 유형에 대해 다루지 않았으며, 입지 이전의 관점은 단순하고 기계적이다. 집적경제는 원자재 비용이나 노동비 같은 변수와는 다르게 작동한다. 즉 다른 기업들의 입지 의사결정에 의한 기업의 입지 패턴과 관련이 깊다. 물론 베버의 논리 방식은 집적경제의 사고를 발전시키는 데 경제지리학적 연구의 중요한 흐름을 제시하였다는 데의의가 있다. 다음 절에서는 최근에 발전된 집적경제의 개념화와 설명에 대해 다룬다.

12.3 클러스터의 유형

클러스터를 이해하기 위한 첫걸음은 현대 경제에서 다양한 이유로 인해 여러 유형의 기업들이 함께하는 집적의 다양한 유형을 파악해야 한다. 이 장의 시작에서 보았듯이, 군집은 광범위한 지역적 규모(실리콘밸리)에서 거리나 근린 규모(샌드힐로드)까지 상당히 신축적이다. 뉴욕 같은 세계도시는 대도시 규모의 일반적인 집적경제도 나타나지만, 다양한 경제활동으로 인해 여러 유형의 집적경제가 발생한다. 하지만 뉴욕을 자세히 들여다보면, 금융기관(월스트리트), 광고(매디슨가), 패션산업(미드타운맨해튼) 등 다양한 특화 집적경제의 이익을 제공하는 클러스터 활동을 볼 수 있다. 현대의 공간 경제를 효율적으로 이해하는 경제지리학자의 시선으로 바라보기 위해서는 지리적 규모, 부문별 조합, 역동성의 변동을 이해하는 것이 가장 중요하다. 이러한 맥락에서 주요 클러스터의 유형을 8가지로 분류하여 살펴본다.

- **노동집약적 장인생산 클러스터**: 열악한 작업장(sweatshop)과 이주 노동자의 비중이 아주 높은 의류·봉제 산업 부문에서 일반적인 클러스터의 유형이다(제6장 참조). 기업은 매우 빡빡한 하청 구조에 놓여 있으며, 종종 가내수공업으로도 이루어진다. 이러한 하청 구조로 인해 생산 과

정에서 상품의 효율적인 교환을 위해서는 함께 입지하는 것이 필요하다. 의류·봉제 산업 클러스터의 사례는 로스앤젤레스, 뉴욕, 파리 등이 있다.

- **디자인 집약적 장인생산 클러스터:** 특정 상품이나 서비스의 고품질 생산에 특화된 중소기업의 긴밀한 집적 지역이다. 개별 중소기업들이 고도로 분화되어 있어 특화되고 세분화된 역할을 담당하는 분리 생산체제를 이루고 있다. 기업의 강한 네트워크는 가족 간의 유대나 장인정신의 기술에 크게 의존한다. 기업들이 밀집해 있음으로써 세분화된 분업 구조를 효율적으로 운영할 수 있다. 이탈리아 중부와 북동부의 산업지구는 디자인 집약적 장인생산 클러스터의 전형적인 사례이다. 이러한 유형의 클러스터는 토스카나주, 에밀리아로마냐주, 베네토주의 여러 지역에 분포하고 있으며(그림 12.4 참조), 이들을 이탈리아의 전통적인 북부 산업지구와 남부 농업지구에 대비하여 '제3이탈리아(Third Italy)'라고 통칭한다. 이탈리아의 산업지구들은 주문제작 방식의

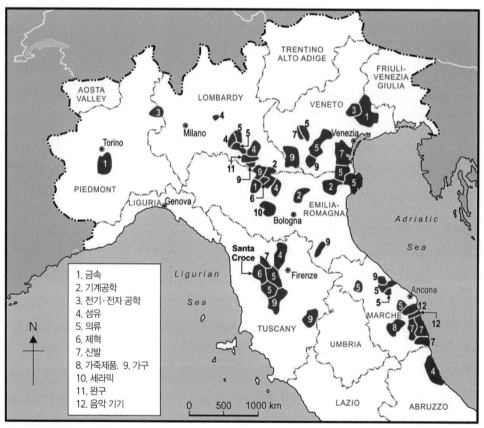

그림 12.4 이탈리아의 산업지구

출처: Amin(2000), 그림 10.1에서 수정 인용함.

디자인 집약적 고품질의 상품생산으로 세계적인 명성을 획득하였다. 토스카나주의 제혁 산업 지구인, 피사에서 동쪽으로 40km 떨어진 곳에 있는 산타크로체가 하나의 사례이다. 1970년대 부터 전 세계적으로 고품질의 이탈리아 가죽제품에 대한 수요가 증가함에 따라, 이 작은 도시는 500개가 넘는 장인 기업과 하청 기업에서 수천 명의 고용이 있는 생산지구로 발전하였다. 이 지구의 기업들은 제혁 과정을 15~20단계로 세분화한, 고도의 복잡한 분업 구조에 속해 있다. 또한 산타크로체는 제혁산업의 유지에 필요한 다양한 지원 조직과 창고업, 수출/유통 에이전트, 바이어, 화학 기업, 운송 기업 등도 발달하였다.

- **첨단기술 혁신 클러스터**: 컴퓨터나 바이오 기술 등 새로운 포스트포디즘 부문이 특징이다. 이 클러스터 유형은 창의적이고 혁신적인 중소기업과 유연하고 고도로 숙련된 노동시장을 기반으로 성장하는 경향이 있다. 전문성을 가진 인재들의 집적이 클러스터 성장의 기반이 된다. 산업화와 노동조합 결성의 역사가 많지 않은 곳에서 발전하는 특성이 있다. 사례로는 미국의 실리콘밸리와 보스턴 루트(Route) 128, 프랑스의 그르노블, 영국의 케임브리지 등이 있다.

- **유연적 생산 허브 앤드 스포크(hub-and-spoke) 클러스터**: 이 유형의 클러스터에서는 단일이나 소수의 대기업이 클러스터 밖의 시장에 상품을 판매하기 위해 지역의 수많은 공급자로부터 부품을 공급받는다. 이 지역에서는 적시생산 시스템(Just-in-time, JIT)의 공간 논리로 클러스터가 구성된다. 표 12.1에서 보듯이, 시스템 내 부품공급자의 규모와 빈도를 유지하기 위해 고객, 공급자, 물류 관리자 간의 밀접한 관계가 필요하므로 함께 입지할 강한 인센티브가 있다. 그림 12.5에서 보듯이, 일본 도요타시의 도요타 공장에 매우 근접하여 핵심 부품공급사와 물류 기업이 입지해 있다. 이 서로 다른 세 공장은 가장 효율적인 방법과 빡빡한 일정으로 박자를 맞추

표 12.1 대비생산 시스템과 적시생산 시스템의 특성 비교

대비생산 시스템(Just-in-case, JIC)	적시생산 시스템(Just-in-time, JIT)
부품을 대량으로 부정기적으로 배송	부품을 소량으로 자주 배송
공급사슬의 문제나 부품의 불량이 있을 때를 대비한 고비용, 대량의 재고	즉시적인 사용에 필요한 최소한의 재고 보유
공급을 받은 후에 표본 체크로 품질관리	공급사슬의 전 과정에서 품질관리
재고 보관과 관리를 위해 대형 창고와 직원 필요	최소한의 창고와 직원
가격 기준으로 많은 공급자 이용	계층적 공급사슬 내에서 소수의 선별적 공급자 이용
고객, 공급자와 느슨한 관계	고객, 공급자, 물류 관리자와 매우 밀접한 관계
공급자가 가까이 입지해도 인센티브 없음	공급자가 가까이 입지하면 강한 인센티브 제공

출처: Dicken(2015), 그림 5.21에서 수정 인용함.

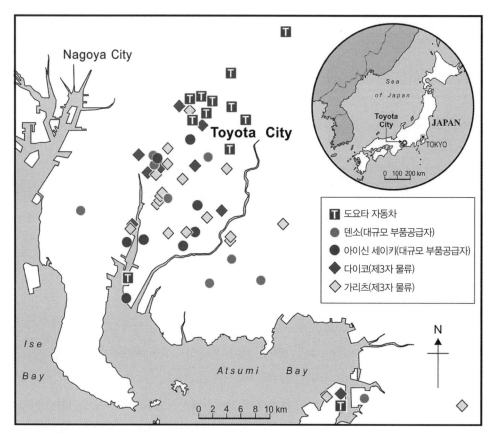

그림 12.5 일본 도요타시의 적시생산 집적

출처: Kaneko and Nojiri(2008), 그림 6에서 수정 인용함.

듯이 '방문하는', 끊임없이 순환하는 운반차에 의해 연결되어 있다. 다른 사례로는 미국 시애틀의 보잉사, 독일의 기업도시, 루트비히스하펜[거대 화학 기업 바스프(BASF)가 총 고용의 3분의 1을 차지], 잉골슈타트(아우디가 총 고용의 2분의 1을 차지), 볼프스부르크(폭스바겐이 총 고용의 80%를 차지) 등이 있다.

• **생산 중심 위성 클러스터:** 외부 지배를 받는 생산 시설이 집적한 클러스터이다. 상대적으로 '낮은 기술'의 조립생산 활동부터 연구개발 역량이 있고 어느 정도 기술력을 갖춘 생산 공장까지 '독립적인' 기업의 군집지이다. 클러스터의 기업들은 동일한 노동시장에 대한 접근성을 높이고, 지구에서 제공하는 금융 혜택을 위해 함께 입지한다. 대표적인 사례가 개발도상국의 수출자유지역(export processing zone, EPZ)이다. 말레이시아 페낭의 전자산업단지는 전형적인 사례이지만, 서비스 부문에도 이러한 유형이 많아지고 있다. 1990년대 이후로 '역외' 콜센터 허브와

그림 12.6 필리핀 마닐라의 콜센터

출처: Jana Kleibert.

이와 유사한 비즈니스 외주 회사(business process outsourcing, BPO)의 집적지가 엄청나게 증가하고 있다. 콜센터는 광범위한 지원 서비스(판매, 마케팅, 기술지원, 고객상담, 시장조사, 예약, 정보 제공 등)를 전화로 전 지구상에 분포한 소비자들을 응대하는 기업-소비자 접속 방식이다. 인도(벵갈루루, 뭄바이), 필리핀(마닐라, 세부) 등은 젊고 저임금의 영어 소통이 가능한 노동력이 풍부한 곳으로, 비즈니스 외주 회사가 집적된 곳이다. 필리핀의 경우 120만 개의 일자리와 연간 210억 달러의 매출을 보인다. 마닐라에는 비즈니스 외주 회사의 80%가 집중되어 있으며, 마카티, 보니파시오 글로벌 시티 등은 새로운 콜센터 클러스터가 속속 설립되고 있다(Kleibert, 2017, 그림 12.6 참조).

• **비즈니스 서비스 클러스터**: 금융 서비스, 광고, 법률 서비스, 회계 등 비즈니스 서비스 활동은 세계도시의 중심지구(뉴욕, 런던, 도쿄. 자료 8.2 참조)나 배후지에 입지한다(런던 외곽 웨스턴아크 지역의 소프트웨어, 컴퓨터 산업지역). 이러한 업종은 공간적으로 집중하는 특성이 있다. 비즈니스 서비스는 글로벌 생산 네트워크를 조정 및 통제하는 기능이 요구되기 때문에, 지식 교환을 활성화하기 위해 선도 도시의 초국적기업 본사 인근에 집적하는 경향이 있다.

• **국가 주도 클러스터**: 대학, 방위산업 연구개발 시설, 교도소, 관공서 등 공공 부문 시설의 입지를 통해 조성하는 클러스터이다. 정부의 연구개발 기관 투자(미국 콜로라도스프링스, 한국 대덕지구, 영국 M4 코리도, 싱가포르 바이오폴리스 등), 대학(미국 위스콘신주 매디슨, 영국 옥스퍼드와 케임브리지, 중국 베이징 등) 등이 있다.

• **소비 클러스터**: 도시 중심부에는 소매점, 바, 식당, 문화 여가 시설 등 다양한 소비자 서비스 활

동이 강하게 집적하는 경향이 있다. 런던 웨스트엔드의 공연지구와 뉴욕의 브로드웨이는 세계적으로 유명한 곳이고, 도쿄의 시부야, 상하이의 신톈디 등 다양한 상점과 유흥가지구도 있다. 라스베이거스는 도시 전체의 경제가 소비 활동에 의존하는 특수한 경우이다(자료 12.1 참조). 다양한 유형의 도시 어메니티(amenity)와 이를 즐기려는 관광산업이 집적하여 독특한 경관을 보인다(제7장 참조).

물론 현실에서는 이러한 유형을 적용하기가 쉬운 일은 아니다. 많은 장소는 두세 개 이상의 유형의 특성이 나타나는 **하이브리드** 형태가 많다. 예를 들어, 실리콘밸리(그림 12.8 참조)는 '클러스터 중의 클러스터'로서 첨단기술 혁신 클러스터, 유연적 생산 허브 앤드 스포크 클러스터(인텔과 휼렛패

사례 연구

자료 12.1: 비바 라스베이거스!

미국 네바다주의 라스베이거스는 소비 클러스터의 상징과도 같은 곳이다. 이 도시는 1905년 작은 사막철도역의 농업 타운으로 시작하였으나, 지금은 200만 명이 넘는 인구가 거주한다. 잘 알려진 바와 같이, 거대한 카지노, 레저, 오락, 소매업 중심지로 성장하여, 2017년 4,200만 명의 방문객이 카지노에 100억 달러 이상을 소비하고 총 350억 달러를 지출하였다. 또한 연간 2만 회 이상 개최되는 산업 컨벤션과 무역박람회에 참석하기 위해 650만 명 이상이 라스베이거스를 방문한다. 도시의 고용구조는 이러한 소비 활동을 반영하여, 2017년 29만 2,000명의 노동자(총 고용의 29%)가 레저와 관광 분야에 종사하며, 관련 지원산업 분야인 공공 부문, 건강, 교육, 비즈니스 서비스, 건설 부문에도 고용이 많다. 반면에 제조업 고용은 2만 3,700명(총 고용의 2.4%)밖에 되지 않는다. 1970년대 중반부터 1990년대 중반까지 라스베이거스는 미국 최대의 카지노 리조트에서 세계적인 관광 중심지로 전환하였다. 이러한 전환은 연방정부와 시정부의 규제완화로 인해 도시계획과 도시발전 기획에 대해 빠른 의사결정이 있었기에 가능하였다. 테마파크, 소매, 카지노 명소는 이 도시의 유명한 '스트립(Strip)' 거리를 따라 군집하고 있다(그림 12.7 참조). 객실 7,000실의 MGM 그랜드 호텔 등 세계 20대 호텔 중 12개가 라스베이거스에 있다. 라스베이거스 클러스터가 주는 의미는 특정 지역 경제에서는 소비 부문이 매우 중요하며, 이러한 지역은 방문객에게 카지노 등의 시설을 통해 돈을 쓰게 하는 레저 시설을 개발함으로써 지역발전을 기획한다는 점이다(제7장 참조). 도시의 경제구조가 협소하므로 2000년대 후반 경제 침체기에는 소비자의 지출이 급속히 감소하여 지역 경제가 불황을 맞고, 실업률이 최고로 치솟았으며(2011년 후반에 14%), 주택 가격과 실질임금이 하락하였다. 그 후 라스베이거스의 경제는 회복되었으며, 도시산업의 다각화 전략을 통해 인터넷 기업인 스위치(Switch)와 자포스(Zappos) 등이 본사를 라스베이거스로 이전하였다. 하지만 지금까지 라스베이거스는 외부에서 유인한 방문객에게 여전히 크게 의존하는 구조이다.

출처: *The Economist*, 2015.

그림 12.7 소비 클러스터: 라스베이거스 스트립

출처: RebeccaAng/Getty Images.

그림 12.8 다면적인 클러스터? 실리콘밸리 새너제이의 첨단기술 기업

출처: Steve Proeh/Getty Images.

커드 등의 첨단 제조업이 입지), 국가 주도 클러스터(연방정부의 엄청난 국방비 지출의 중요성으로 인해) 등의 특성을 보인다. 실리콘밸리는 이러한 복잡성과 함께 국지적 상호작용에 국한되지 않는 특성이 있다. 실리콘밸리의 기업들은 다양한 파트너, 공급자, 고객 등과 중요한 국내적·국제적 생산 네트워크에 연결되어 있으며, 또한 이를 주도하고 있다. 다시 말하면, 클러스터가 국지적 힘만이 아니라 외부적 연계로 구성되어 있다. 클러스터의 단순한 유형들은 시작점이며, 훨씬 더 복잡한 현실을 이해해야 한다(자료 12.2 참조). 다음에서는 클러스터를 연계해 주는 집적경제에 대해 상세히 살펴본다.

심화 개념

자료 12.2: 클러스터의 한계?

클러스터에 대한 논의는 학계와 정책 모두에 막대한 영향을 미쳤지만, 클러스터의 확산과 함께 비판도 있다. 테일러(Taylor, 2010)는 클러스터의 개념이 '주문을 외우는(mesmerizing mantra)' 상황이 되어, 국지적 집적을 통한 성장의 역동성을 올바로 이해하는 데 제약을 준다고 지적한다. 클러스터에 대한 비판을 상세히 살펴보면 다음과 같다.

- **유동적인 규모(slippery scales)**: 군집의 지리적 규모가 도시 내 소규모 지구[런던의 소호(Soho)나 뉴욕의 트라이베카(Tribeca)], 도시 지역 전체(파리나 상하이), 소규모 국가 단위(싱가포르나 아일랜드)까지 상당히 신축적이다. 클러스터의 역동성이 발생하는 상세한 공간적 규모에 대한 정의를 세밀하게 하지 않으면, 그 개념 자체가 무의미해질 위험이 있다.
- **'국지성'에 대한 지나친 강조**: 클러스터의 개념이 지역의 경제적 상호 연계를 지나치게 강조하면, 국가나 국제적 규모의 클러스터 외부 지역과의 넓은 연계를 상실해 버리는 실질적인 위험이 있다. 국지적 연계의 중요성은 경험적으로 증명되지 않고 가정만 있는 경우가 많다. 반면에 초국적기업이나 글로벌 생산 네트워크 내에서 지식의 형성이 클러스터 간에 효율적으로 이전될 수 있는 사례가 많다.
- **클러스터 상호작용**: 큰 규모의 집적지 내의 개별 기업 클러스터 간의 연계 특성과 중요성에 대한 관점은 논쟁적이다. 예를 들어, 베이징은 3개의 상호 보완적인 바이오의약산업 클러스터가 있는데(Bathelt and Zhao, 2016), 이처럼 동일한 업종이나 연관 업종 클러스터 간의 연계가 있을 수 있다.
- **자본주의의 피할 수 없는 요구**: 이제까지는 기업이 군집함으로써 나타나는 커뮤니티의 형성, 협력, 비전의 공유, 상호 이익의 상호작용 등의 긍정적인 측면에 초점을 두어 왔다. 하지만 클러스터가 성공하기 위해 중요한 요소들, 즉 경쟁, 가격, 이윤, 불균등한 권력관계 등 자본주의의 요구에 대해서는 무관심한 측면이 있다(제3장 참조).

12.4 클러스터의 협력: 집적경제

단순하게 생각하면, 교통·통신 기술이 발전하는 시대에 경제활동의 지속적인 집적은 우리의 직관과 반대의 현상이다. 집적에 대한 전통적인 설명을, 유명한 경제학자 앨프레드 마셜(Marshall, 1890)의 19세기 후반부터 20세기 초반의 영국 산업지구에 대한 아이디어를 빌려서 하면 다음의 4가지 핵심적인 요인을 들 수 있다.

- **중간재 산업**의 발전을 통해 특화된 상품을 공급한다. 제조업체가 상품과 서비스 공급자와 함께 입지하면 운송비를 감소시킬 수 있다.
- 노동자가 지역 공장에서 요구되는 기술을 습득함에 따라 **숙련 노동자 풀**이 성장하고, 기업과 노동자는 구직, 구인의 비용이 감소한다.
- 개별 기업의 비용을 감소시키는 **지역의 인프라**와 집합적 자원이 있다. 여기에는 토지, 교통, 통신, 전력 공급 등 건조환경의 여러 요소와 교육, 훈련, 건강과 같은 광범위한 서비스의 제공이 포함된다.
- 경제활동의 집적을 통해 공식적·비공식적 **대면접촉(face-to-face contact)**을 촉진하고, 경제활동의 모든 부문에서 정보를 전달하고, 아이디어와 혁신을 확산시킨다.

이 4가지 요소는 클러스터에 입지한 개별 기업에 집적경제(비용 절감) 효과를 창출한다. 집적경제는 동종이나 연관 기업의 집중(공급자 풀과 특화 노동력의 형성)이나 대도시 지역에서 다양한 산업의 일반적인 군집(공통교육, 교통 서비스에의 접근성)을 통해 나타난다.

제4, 5절에서는 클러스터에서 기업 연계를 촉진하는 두 가지 유형의 집적경제의 특징을 살펴본다. 첫 번째는 **시장적 상호의존(traded interdependencies, Storper, 1997)**으로, 클러스터에 공급자, 파트너, 고객이 함께 입지하여 공식적 시장 거래관계를 형성하는 경우이다. 이처럼 근접성이 커지면 기업은 운송, 통신, 정보교환, 잠재적 고객의 탐색과 스캔에 소용되는 거래비용을 절감할 수 있다. 기업의 공간적 분산이 커지면 이 비용은 증가할 것이다. 결과적으로 상호작용의 비용이 큰 기업은 함께 입지함으로써 집적하는 경향을 보일 것이다. 제3절 클러스터의 유형에서 이러한 유형의 클러스터를 살펴보았다. 장인생산 클러스터의 경우 소기업과 가내공업의 근접성으로 인해 세분화된 분업이 가능하였고, 유연적 생산 클러스터에서는 공급기업이 적시생산 시스템의 요구에 맞추기 위해 고객 기업에 근접하여 입지한다. 대다수 제조산업 분야에서 공급기업은 조립생산 고객기업에 가까이 입지하는 경향이 있다(도요타시의 자동차산업, 중국 충칭시의 개인용 컴퓨터산업). 기업이 집적하는 과정에서 핵심적인 요인은 **수직적 분리**(vertical disintegration)이다. 이는 제조 기업이 핵심 역량, 즉 디자인, 혁신, 제품 통합에 집중하기 위해 부품과 모듈을 공급자로부터 받는 과정이다. 이러한 분리 과정을 통해 특정 부문의 기업 간 거래관계가 활발해지고, 이 관계를 유지하기 위한 비용의 최소화를 위해 공간적 집적의 경향이 강하게 나타난다.

영화와 방송 산업이 집적해 있는 할리우드의 사례를 간단히 살펴보자(Scott, 2005; 그림 12.9 참조). 할리우드는 오랫동안 세계적인 영화·방송 산업의 중심지로 자리 잡았다. 영화 400억 달러, 가정용 영상송출 500억 달러 등 연간 900억 달러의 매출을 내는 산업으로, 남부 캘리포니아에서 약 5,000개의 기업이 약 22만 명의 고용(미국 총 고용의 3분의 1)을 창출한다. 2016년 캘리포니아는 미국 전체의 50%가 넘는 700편의 영화와 방송을 제작하였으며, 임금만 220억 달러를 지불하였다 (www.mpaa.org 참조). 그림 12.10은 이 산업의 집적 특징을 잘 보여 준다. 영화·방송 산업의 핵심

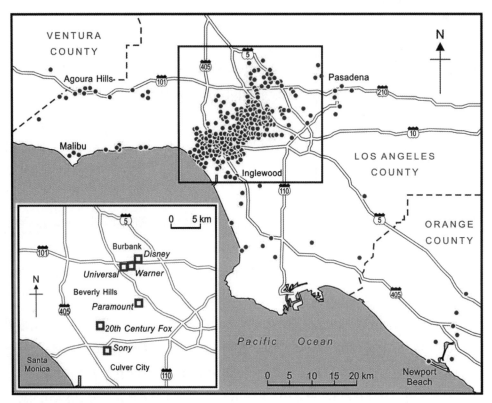

그림 12.9 할리우드 영화제작 클러스터
출처: Scott(2002), 그림 4에서 수정 인용함.

에는 엄청난 힘을 가지고 있는 할리우드 스튜디오 '빅 6'(메이저라고도 한다), 즉 워너브라더스, 파라마운트, 소니, 20세기 폭스, 디즈니, 유니버설이 있다. 이들 모두는 이제 글로벌 미디어 거대기업의 일부이다. 1950년대에 스튜디오들은 수직적으로 통합되어 전체 생산 과정을 '인하우스(in-house)' 방식으로 제작하였으나, 1980년대에 기술 및 규제의 변화로 인해 '새로운' 할리우드가 나타났고 지금까지 이어지고 있다. 새로운 생산 시스템은 스튜디오, 수많은 독립제작사, 더 많은 특수 서비스 기업(시나리오 제작, 조명, 의상, 케이터링, 촬영) 등 세 그룹 간의 강력한 시장적 상호의존에 기반한 수직적으로 분리된 생산 네트워크가 특징이다. 하지만 스튜디오는 여전히 선도 기업이며, 자본력과 분배권을 가지고 있어 전체 생산 네트워크의 통제 및 조절 권한을 유지하고 있다.

그림 12.10에서 보듯이, 집적에는 3개의 층이 있다. 이를 통해 시장적 상호의존의 개념을 넘어서는 논의가 있다. 첫째, 수많은 숙련 노동력이 있는 지역노동시장의 존재이다. 이 노동시장은 전 세계로부터 인재들이 이민을 와서 지속적으로 업그레이드된다. 둘째, 풍부한 제도적 환경이다. 기업(미국 영화·텔레비전 제작자연합), 노동자(미국 영화배우조합), 정부부처(캘리포니아 영화위원회)를 대변하는 조직과 협회가 많아서 제도적 환경이 풍부하다. 이 기관들은 산업에 윤활유를 제공해 주고 공통의 이익을 대변한다. 셋째, 집적기업들은 경로의존적 과정(제3장 제5절)을 통해 할리우드 장소와 경관에 뿌리내리고, 영화와 방송 제작의 핵심 지역으로서 명성과 이미지를 형성한다(자료 3.4 참

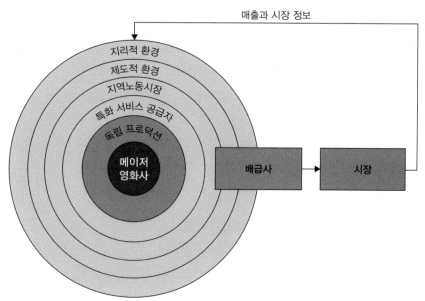

그림 12.10 할리우드 영화제작 클러스터의 개념도
출처: Scott(2002), 그림 3에서 수정 인용함.

조). 이들 3가지 요인을 종합하면, 기업 내외부와 깊은 연계를 가진 클러스터를 형성하여 참여 기업에 강한 집적경제의 이익을 제공하고, 영화산업에서 할리우드의 리더십과 전 세계로의 막대한 수출을 유지하게 해 준다.

12.5 비시장적 상호의존과 지역의 생산문화

할리우드는 직접 연계된 기업 간의 단순한 가시적 거래관계 이상의 그 무엇이 있다. 또한 전 세계 영화산업계의 핵심 의사결정자와 재무적 투자자 간의 가십, 정보교환, 거래 성립, 신뢰 구축, 명성 증진의 장소이다. 따라서 집적지에서의 경제적 관계성만으로는 집적지의 형성, 규모, 중요성을 설명할 수가 없다. 경제·산업 클러스터의 사회문화적 기반, 즉 **비시장적 상호의존**(untraded interdependencies, Storper, 1997) 개념의 도입이 필요하다. 이는 기업들을 엮어 주는 비공식적 연계이며, 특화된 생산의 유형과 관련된 기술, 태도, 습관, 관습 등의 비가시적 집합으로 구성된다. 특히 클러스터는 동종이나 연관 산업에서 일하는 종사자들의 대면 상호작용을 강화하고 지속하게 해 준다. 이러한 상호작용은 혁신과 지식 교환을 촉진하여 클러스터 기업의 성공에 매우 실질적인 영향을 준다.

개인 간 국지적 상호작용은 **암묵지**(tacit knowledge)의 이전에 특히 중요하다. 암묵지는 커뮤니케이션이 쉽지 않은 '노하우'에 대한 최고의 사고로서, 실제 생활에서 함께 일을 하는 사람들 사이에서만 효율적으로 창출되고 공유된다. 반면에 **명시지**(codified knowledge)는 문장으로 쓰거나 다이어그램을 작성함으로써 가시적으로 만들어진 아이디어와 노하우를 의미한다(지금 당신은 명시지를 읽고 있다). 명시지(예로 영화 대본)는 공간을 넘어 이동할 수 있으나, 암묵지(인기 있는 영화가 되기 위한 대본 쓰는 법)는 지리적으로 엮여 있으며, 국지성에 기반한 비시장적인 사회문화적 상호작용에 의해서만 접근할 수 있다. 암묵지는 숙련된 작업자가 선호하며, 특정 장소의 역동적이고 창의적인 사회환경을 추동하는 힘이 된다.

비시장적 상호의존의 기제: 모터스포츠 밸리의 사례

비시장적 상호의존은 현실세계에서 어떠한 형태로 나타날까? 영국의 모터스포츠 밸리(Motorsport Valley)는 이 역동성을 흥미롭게 보여 준다. 모터스포츠 밸리는 영국 남부 지역, 즉 런던 서부와 옥스퍼드셔, 노샘프턴셔의 중심부에 걸쳐 있는 초승달 모양의 지역에 강하게 집적한 모터스포츠 활동을 말한다(그림 12.11 참조). 영국의 모터스포츠산업의 대부분, 즉 4,500개의 회사에 대다수가 고숙련 엔지니어인 4만 1,000명의 종사자가 이곳에 모여 있다. 이 지역은 1990년대 이후로 모터스포츠 활동을 선도하는 세계적인 중심지로 자리 잡았다. 연간 매출은 120억 달러이며, 매출의 25%를 연구개발 활동에 사용한다. 2000년 이후로 매년 포뮬러(Formula) 1 대회에 참가한 10~12개 팀 중 7~8개 팀이 영국을 기반으로 하고 있다. 포뮬러 1과 관련된 150개 핵심 기업 중에서 48%인 72개가 영국 회사이다. 따라서 모터스포츠 밸리는 오랫동안 이 부문의 글로벌 허브이며, 모터스포츠의 출전자, 전문가, 엔지니어, 부품, 자금, 스폰서 등은 전 세계에서 유입된다(www.the-mia.com/The-Industry 참조).

모터스포츠 밸리를 구성하는 수백 개의 중소기업 간의 전문지식 순환 방식은 흥미롭게도 공식적인 비즈니스 거래가 아닌, 비시장적 상호의존이다. 지식이 확산하는 상호작용 방식의 특징은 다음과

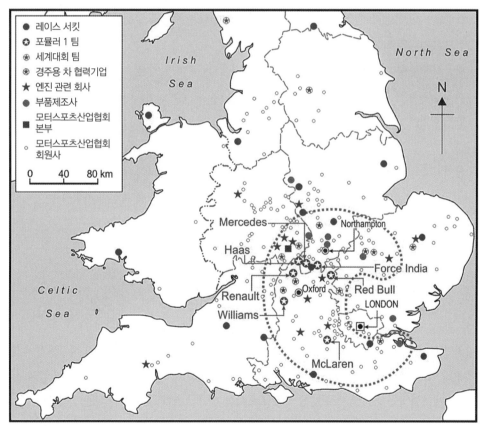

그림 12.11 영국의 모터스포츠 밸리

출처: 저자.

같다(Pinch and Henry, 1999; Jenkins and Tallman, 2010).

- **노동력의 이동**: 핵심 인력, 즉 엔지니어, 운전자, 디자이너, 정비공 등의 순환이 진행되고 있다. 이는 노하우에 대한 핵심 정보가 기업과 팀 간에 이전된다는 것을 의미한다. 직원의 이동에 관한 조사 결과를 보면, 디자이너와 엔지니어는 평균 3.7년 만에 회사를 이전하며, 재직 기간 동안 8번 회사를 옮긴다.
- **공급자 공유**: 모터스포츠 팀을 연계해 주는 지식 이전의 기제는 수많은 부품과 서비스 공급업체들이다. 원칙적으로는 공급업체가 한 팀의 성공적인 아이디어를 다른 팀에 이전하기에는 비밀유지 협약 때문에 제약이 있지만, 현실에서는 공급업체가 고객에게 가장 최신, 최고의 조언을 주기 위해 기술적 노하우가 새어 나가는 경향이 있다.
- **기업의 탄생과 소멸**: 모터스포츠는 무척 비싸고 고위험의 비즈니스이다. 따라서 기업의 탄생과 소멸률이 매우 높다. 기업이 새로 나타나거나 소멸한다는 것은 직원들이 서로 섞이게 되고 결과적으로 지식의 확산이 이루어진다.
- **비공식적 협력**: 경주용 자동차 회사는 극도로 경쟁적이고 비밀이 많은 환경에 있지만, 실무협의회에 참가하여 상호작용을 하는 등 집합적인 노력을 해야 하는 강한 규정에 묶여 있다. 규제와 향후 변화에 대한 집합적 토의와 대응 등을 위해서는 새로운 유형의 기업 간 지식 이전이 필요하다.
- **산업인력의 친분**: 앞서 지적한 역동성으로 인해 모터스포츠 밸리에서의 개인 간 네트워킹이 매우 강하다. 이러한 네트워크는 기업과 팀을 교차하면서 직원의 고용 촉진과 기술적 문제에 대한 자문 등 다양한 이유로 인해 활성화된다.
- **경주 트랙의 관찰**: 경주용 자동차의 기술은 시험주행과 경주 시에 트랙에서 드러난다. 한 팀에서 다른 팀 경주용 차의 특이점을 파악하면, 그들은 이를 모방하고 그 변화를 테스트해 본다. 새로운 혁신이 서로 경쟁하는 많은 자동차에서 거의 동시에 나타나는 일은 흔하다.

위의 간단한 사례 연구에서 보듯이, 수많은 암묵지의 전파 기제는 두 기업 간의 계약관계에 의존하지 않는다. 모터스포츠 밸리에서는 새로운 기업의 탄생률이 높고, 기업 간 상호작용이 강하며, 기업 간 숙련 기술자의 빠른 흐름이 지식 역동성의 핵심 요인이 된다. 효율적인 기제의 상세한 조합은 부문과 장소에 따라 달라진다. 금융 부문의 경우, 비공식적 상호작용이 일어나는 작업장 밖의 공간(펍, 클럽, 커피바 등)이 가장 중요한 정보 공유의 장소이다. 과학연구 부문(컴퓨터과학)은 콘퍼런스에서의 발표와 상호작용, 학술지의 논문, 온라인 포럼 등이 지식 전파, 이전, 발전의 중요한 공간이다. 여기서 가장 중요한 점은, 수없이 많은 클러스터가 내부에서 일어나는 국지적인 사회문화적 상호작용의 본질로부터 경제성을 창출해 낸다는 것이다.

지역 규모의 비시장적 상호의존

모터스포츠처럼 특정 부문에서 단계를 올려, 비시장적 상호의존 발전의 선행조건에 대해 도시와 지역 단위에서 사고해 보면 어떻게 될까? 이 과정을 시간의 흐름에 따른 진화론적 관점에서 보면, 특정 장소는 산업문화와 연계되어 간다. 같은 국가에서도 비즈니스 관행의 총합은 국지적, 지역적으로 서로 다른 양상을 보인다. 즉 혁신과 기업가정신의 차이로 인해 경제적 성공과 밀접한 연관이 있다.

지역의 경제적 성공의 핵심인 사회문화적 요인을 이해하기 위해서는 제2장 제5절에서 소개한 **제도적 관점**으로 돌아가는 것이 필요하다(Gertler, 2018). 제도적 관점에서는, 경제가 법률과 규칙 등 공식적 제도와 비즈니스 규범 및 관행에 관한 비공식적 제도(비시장적 상호의존의 영역)에 의해 강하게 형성된다고 본다. 중요한 점은 이러한 제도가 특정 산업의 기업 간 상호작용에 의해서만 형성되는 것이 아니라, 교육 및 의료 조직(학교와 병원), 정치 및 경제 조직(정부와 중앙은행) 등 광범위한 비기업적 요소도 지역 경제의 형성에 기여한다는 것이다. 어떤 지역은 이러한 조직의 '혼합'이 풍부하여 성장 친화적인 경제문화와 강한 혁신역량을 보인다. 이 '혼합'에 포함된 조직의 범위는 상당히 광범위하다. 조직 간 협력의 수준과 효과성, 자원 확보를 위해 국가적, 국제적 규모의 조직과 협상할 때 지역의 집합적 의견 제시, 지역 경제에서 기업·비기업 조직 간의 공동 발전 의식 등이 있다.

가장 바람직한 경우는 조직들의 혼합이 역동적이고, 유연한 제도, 혁신의 진행, 높은 신뢰 수준, 효율적인 지식 순환 등으로 지역 경제가 성장하는 상황이다. 경제지리학자들은 이러한 생산과 혁신의 성공적인 지역적 양상블을 설명하기 위해 **학습지역**이라는 개념을 사용하였다. 여기서 중요한 지역의 조직은 연구 센터와 대학, 교육 및 훈련 기관, 상공회의소, 기업 협회, 기술 증진기관 등이다. 이러한 조직들이 지역의 기업 및 노동자와 상호작용을 진행함으로써 지역 특유 제도의 총체, 즉 **산업문화**가 형성된다.

이와 같은 주장은 캘리포니아 실리콘밸리와 보스턴의 루트(Route) 128의 비교연구에서 잘 설명된다(Saxenian, 1994 참조). 핵심 질문은 1980년대부터 1990년대 초반에 소프트웨어, 전자산업 등 특정 산업 부문에서 왜 캘리포니아 실리콘밸리는 급성장하였고 매사추세츠의 루트 128은 쇠퇴하였는가 하는 것이다. 두 지역은 유사한 역사와 기술을 가지고 있지만, 실리콘밸리는 분산적이며 협력적인 산업 시스템을 구축한 반면, 루트 128은 독립적이고 수직·통합적 기업이 우세하였다. 미국에 있는 두 지역은 **지역문화**의 차이가 컸다. 실리콘밸리는 협력적인 **기업 간** 관계가 우세하였고, 루트 128은 **기업 내** 수직적 통합에 크게 의존하였다.

1940년대 초반 매사추세츠의 보스턴 지역에 상당수의 전자 회사가 입지하였다. 비슷한 시기에 캘리포니아의 샌타클래라밸리(현 실리콘밸리)는 살구와 호두 농장으로 유명한 농업 지역이었다. 이후 40년 동안 상당한 변화가 있었다. 세계적 명문 대학인 하버드와 MIT가 있는 매사추세츠가 1980년대에 세계적인 전자산업의 선도 지역 자리를 실리콘밸리에 **빼앗겼을까?** 기업문화 측면에서 보면, 실리콘밸리의 엔지니어와 전문가들은 기업가정신이 강하다. 직장을 자주 옮기거나, 회사를 그만두고 창업하는 일은 실리콘밸리의 문화환경에서는 흔하게 볼 수 있다. 하지만 매사추세츠의 산업문화는 대기업 중심으로 형성되어, 엔지니어와 전문가들은 자신들을 채용하고 성장시켜 준 대기업에 안주하는 경향이 크다. 이러한 미국 서부 해안 지역의 실리콘밸리 노동시장의 유연성과 이동성은 동부 해안 지역에서는 배신이며 배은망덕한 것으로 치부된다.

이러한 지역 산업문화의 차이로 인해 매사추세츠보다 실리콘밸리 기업 간의 협조와 협력의 경향이 훨씬 강하다. 실리콘밸리 기업들은 기업 간 연합, 부품과 서비스 계약, 정보 공유 등 공식적·비공식적 방식의 협력에 익숙하다. 서로 다른 기업의 종사자들이 지역의 비즈니스나 사교 모임에 자주 섞인다. 반면에 매사추세츠의 기업들은 극도로 비밀주의이고 자기충족적이며, 가업 간 종사자의 접촉도 거의 없다. 실리콘밸리의 산업문화는 정보와 기술 공유에 무척 관대하였지만, 매사추세츠의 기업은 자신들의 지식재산권을 보호하고 기업 간 정보와 지식 공유를 막는다. 실리콘밸리의 벤처자본 또한 기업 간 기술과 지식 이전에 매우 중요한 역할을 한다. 반면에 보스턴은 전통적인 금융 조달 방식이 우세하여, 자본을 제공하는 은행은 창업 기업에 자문하거나 성장을 지원할 기술에 대한 전문지식이 없다.

요약하면, 실리콘밸리와 루트 128의 차이는 지역 산업문화의 차이와 이로 인한 기업가정신과 혁신의 차이에 기인한다. 두 지역의 차이는 시간이 흐름에 따라 점진적으로 나타났으나, 결국 각 지역에 입지한 소규모 기업의 지식 순환과 지원의 네트워크에서 명백한 차이를 보인다. 이러한 관행이 자리를 잡으면 지속하는 경향을 보이고, 실리콘밸리와 같은 성공 스토리는 다른 지역에서 모방하고자 하는 모범 사례가 된다. 사실상 지역의 혁신과 학습문화의 정착을 촉진하는 정책은 많은 지방정부와 국가정부의 전형적인 논리가 되었다.

글로벌 네트워크의 결절점

클러스터는 광의의 지역문화에 배태되어 차별화되는 특성을 보인다. 세계화와 고차 정보통신기술 (ICT) 시대에 클러스터가 여전히 중요한 이유를 이해하기 위해서는 클러스터를 '개방'하여 고찰할 필요가 있다. 자료 12.2에서 살펴본 바와 같이, 클러스터 내의 특성에만 집중하다 보면 지역 외부와의 핵심적인 연계를 놓칠 수 있다. 클러스터는 **관계적** 공간으로, 국지화된 시장적·비시장적 상호의존의 네트워크만이 아니라 공간을 가로질러 주요한 연계를 형성한다. 따라서 경제활동의 특정 지역 집중이, 부분적으로는 다른 경제활동이 글로벌 생산 네트워크의 형성을 통해 전 세계적으로 분산되는 과정과 동일한 과정이라는 점을 이해해야 한다(제4장 참조). 특정 상품이나 서비스의 생산체제 내부에 있는 기업의 의사결정 부서는 국지적으로 집적해야 한다. 반면에 생산, 판매, 마케팅, 고객지원 등의 기업활동은 공간적으로 분산할 수 있다. 공간축소 기술을 활용한 경제활동의 공간적 분산은 조정과 통제가 **필요**하며, 이 조정과 통제 기능은 주요 세계도시에 중요한 기업 기능 입지를 통해 가능하다.

좀 더 구체적으로 살펴보면, 이러한 분산은 글로벌 선도 기업의 통합과 조정에 새로운 문제를 초래한다(Coe and Yeung, 2015). 기업은 생산체제 전반에 걸쳐 모든 일에 대한 정보를 가져야 한다. 신뢰를 형성하는 등 중요한 개인 간 관계 유지에 필요한 사회적 상호작용도 필요하며, 기업에서 상품과 공정의 혁신을 유지해야 한다. 클러스터는 기업 본사, 정부 부처, 산업 전문 미디어 등과 상호작용하여 암묵지 전파와 글로벌 네트워크 통제의 중심으로 역할함으로써 이러한 문제에 대해 해결책을 제시해 준다. 클러스터는 사회 교류의 중심으로, 이 장소에서는 개인 간의 관계가 형성되고 유지된다. 클러스터는 수많은 기술 사용자와 공급자의 지속적이고 강한 상호작용을 통해 혁신을 창출할 수 있는 임계치(critical mass)를 제공해 준다. 이러한 과정은 세계화와 정보기술의 혁신 과정에서도 런던, 뉴욕 등 선도적인 금융 중심지들이 우위성을 유지하는 데서 볼 수 있다(제8장 참조). 따라서 클러스터는 자족적인 순수 국지적 관계만이 아니라, 이 국지적 관계가 비국지적 관계를 촉진하고 지원하는 **글로벌 네트워크의 결절점**으로 역할하는 것으로 이해해야 한다.

특수한 경우에는 물리적 근접성에만 의지한다고 알려진 암묵지도 글로벌 네트워크를 통해 전파된다. 클러스터에서의 지식의 '융합(buzz)'은 상당 부분이 대면접촉과 일상적인 상호작용에 의존하지만, 현대적인 통신기술과 지식이 많은 개인의 이동으로 이루어지기도 한다. 이처럼 근접성은 개인 간, 전기통신과 이동을 통해 형성된다. 많은 초국적기업은 지식 저장고와 모범 사례를 공유할 수 있도록 설계된 지식관리 시스템을 활용하는 등 기술을 이용하거나, 매니저와 연수교육자 등 핵심 인력

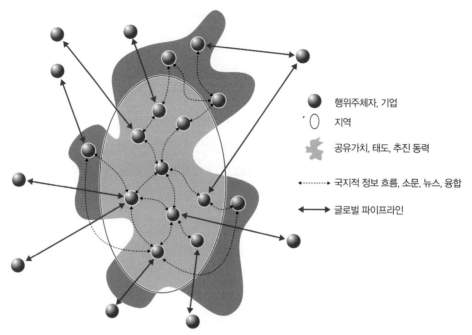

그림 12.12 국지적 융합과 글로벌 파이프라인
출처: Bathelt et al.(2004), 그림 1에서 수정 인용함.

을 순환시켜 국경을 넘어 클러스터들을 연계하는 활동을 일상적으로 진행한다. 초국적기업은 또한 유사한 효과를 얻기 위해 다른 클러스터에 입지한 기업과 파트너십을 맺기도 한다. 현실에서는 이러 한 지역 클러스터에서의 '융합'이 클러스터 간 지식을 연계하고 전파하는 '글로벌 파이프라인(global pipelines)'과 조합을 이룬다(그림 12.12 참조). 어떤 경우에는 서로 떨어진 클러스터들이 상호 연계 를 통해 공생적으로 발전하기도 한다. 예를 들어, 다이아몬드산업 부문에서는 수라트(인도)와 앤트 워프(벨기에)에 입지한 제조·생산 및 무역 클러스터가 20세기 중반부터 후반까지 상호 이익을 주는 클러스터 간 지식 흐름, 기술 교환, 시장에의 접근을 촉진하는, 초국적 기업가들의 이동과 가족 경영 네트워크의 확립을 통해 발전해 왔다(Henn and Bathelt, 2018).

12.6 클러스터에 대한 역동적 접근 방법

이제까지 이 장에서는 정태적(static) 방법으로 클러스터를 살펴보았다. 다양한 유형의 클러스터들 과 시장적·비시장적 상호의존 등 클러스터에서 기업 간 연계의 다른 유형의 융합 방식을 알아보았다. 또한 비기업 조직, 지역의 경제문화, 글로벌 파이프라인의 역할 등 클러스터를 형성하는 주요 요소도 고찰하였다. 하지만 다음과 질문은 아직 하지 못했다. 처음에 클러스터는 어떻게 형성되는가? 클러스터는 시간의 흐름에 따라 어떻게 발전하는가? 왜 어떤 클러스터는 장기적으로는 사라지고, 어떤 클러스터는 더욱 강해지는가?

제3장에서 보았듯이, 지난 15년 동안 진화경제지리학자들은 경제활동의 공간 패턴이 경로의존적으로 발전하는 양상에 대해 깊은 관심을 가져왔다. 이러한 관점은 클러스터가 생성, 성장, 유지, 쇠퇴의 4단계로 이루어진 **라이프 사이클(life cycle)**을 거친다는 것을 의미한다(그림 12.13 참조). 기업들이 상호 학습을 함에 따라 상호작용과 지식 교환의 과정으로 인해 기업의 역량은 수렴되기 시작하므로, 시간이 흐를수록 클러스터에 속해 있다는 이점이 사라질 것이다. 요약하면, 많은 기업 중에 홀로 강점을 유지하기는 어려울 것이며, 시간이 흐를수록 특정 지역 기반 경제활동의 클러스터가 **특화**되는 것이, 고착(lock-in) 과정이 나타나고 기존의 활동 방식이 침체되면서 강점에서 약점으로 바뀐다. 이러한 문제가 해결되지 않은 경우 클러스터가 유지되도록 재생 과정이 시작될 수 없거나, 좀 더 급진적으로 새로운 라이프 사이클을 시작하는 전환 과정이 없다면 클러스터는 쇠퇴할 것이다(그림 12.13의 두 화살표 참조).

앞의 질문에 대답하기 위해 좀 더 일반적인 틀을 사용할 수 있다. 클러스터가 어떻게 '생성'되는가는, 클러스터가 경제발전에 미치는 영향을 고려할 때 학계와 정책결정자들의 오랜 관심사였다. 클러스터는 때로는 우연한 혁신이나 기업 또는 창업가의 일방적인 입지 의사결정이 성장의 '계기'가 되듯이 우연히 생성되기도 한다. 하지만 클러스터는 주로 기존의 입지 조건과 국지적이거나 비국지적

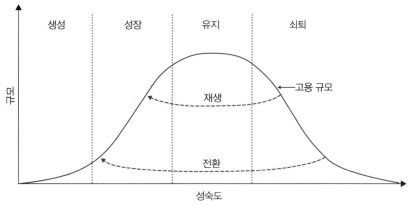

그림 12.13 클러스터 라이프 사이클?

출처: Menzel and Fornahl(2010), 그림 4에서 수정 인용함.

원인에 의한 특정 이벤트의 혼합으로 생성된다. 예를 들어, 스웨덴 남부 스카니아(Scania) 지방의 바이오가스 산업지역(그림 12.14)은 1990년대 이후 발전한 40여 개 기업의 클러스터로 스웨덴 바이오가스산업의 20%를 차지하고 있다(Martin and Coenen, 2015). 1990년대에 천연가스 인프라에 대한 투자와 바이오가스 실험을 통해 이 지역에는 성장의 여건이 조성되었다. 스웨덴 환경보호국이 2002~2008년 동안 기후투자 프로그램을 시작하였을 때, 이 지역 기업들은 온실가스 배출을 줄이고 에너지 효율을 높일 수 있는 지역의 선도 정책에 대한 투자를 받는 등 이점을 누렸다. 스카니아 지방은 바이오가스에 대한 국가투자의 절반을 차지하였다. 2000년대 후반부터는 지방정부가 2020년까지 모든 공공교통을 탄소중립 실천을 하고 스카니아의 높은 농업생산과 시너지(바이오가스를 농업에 사용)를 형성하기로 함에 따라 지속적인 성장에 추진력을 얻게 되었다. 이 사례에서 국가적, 지

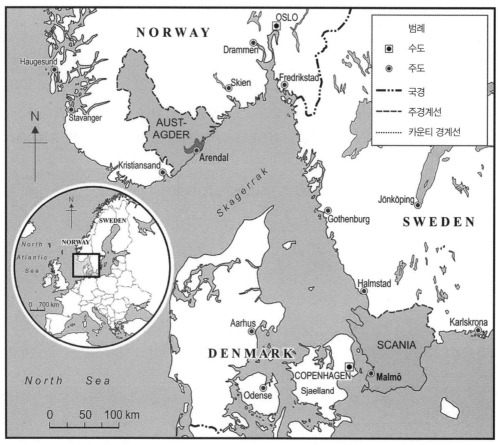

그림 12.14 스칸디나비아 클러스터: 스웨덴 스카니아의 바이오가스, 노르웨이 아렌달의 레저 보트
출처: 저자.

역적 규모의 정책추진이 계기가 되어, 기존 지식 및 인프라 기반과 상호작용하여 클러스터의 생성과 확장이 이루어졌다.

클러스터 라이프 사이클 모델에서는 한 시기가 지나면 쇠퇴가 시작되고, 클러스터는 특화의 한계로 인해 축소된다고 설명한다. 사실상 앞의 클러스터 사례에서 보여 준 경제 경관은 이제 쇠퇴의 길만이 남아 있다. 스칸디나비아의 다른 사례를 보면 좀 더 명확해진다. 1960년대 이후로 노르웨이 남부 아렌달(Arendal) 지역은 유리섬유 레저 보트 생산의 중심지로 부상하였다(그림 12.14 참조). 목재 보트를 생산하는 유산을 바탕으로 유리섬유 기술에 대한 투자가 이루어지면서 성장하였다(Isaksen, 2018). 2000년에 아렌달 클러스터는 노르웨이 레저 보트 생산의 75%를 차지하면서, 800개의 일자리, 30개의 보트 조선소, 수많은 공급자 네트워크를 아우르게 되었다. 최초의 쇠퇴 징후는 2007~2008년 기간의 글로벌 금융 위기 때문에 더욱 악화되고 수요가 급감하게 되었다. 이러한 새로운 상황에서 보트 조선소는 수공으로 제작하는 값비싼 방식을 더는 유지할 수 없었으며, 2018년에는 클러스터에 핵심 기업이 하나만 남게 되었다. 다른 회사들은 폐쇄하거나 해외의 비용이 싼 곳으로 이전하였다. 아렌달 레저 보트 산업의 사례는 클러스터 라이프 사이클 모델을 설명하는 적절한 사례이다. 다만 산업의 쇠퇴가 고착화에 의한 '국지적' 과정에만 관련되었다기보다는, 클러스터의 생성과 성장이 외적 요인, 즉 금융 위기와도 관련이 있다.

그렇다면 클러스터가 어떻게 고착화와 쇠퇴를 피하고, 그림 12.13에 제시된 것처럼 재생과 전환의 과정을 밟을 수 있을까? 클러스터의 재생은 하나의 경제 부문에서 지속적인 혁신으로 추동되는 경향이 있다. 실리콘밸리는 1980년대 이후로 개인용 컴퓨터, 소프트웨어, 디지털 경제에 이르기까지 새로운 첨단기술을 선도해 왔다. 이와 비슷하게 독일 남부 지역에는 수십 년 동안 전 세계 자동차산업을 선도해 온 클러스터가 여러 개 있다. 따라서 클러스터 내의 기업과 클러스터 조직의 융합, 지역의 문화 등이 새로운 혁신의 파도를 유지할 수 있으면, 특화가 항상 클러스터의 쇠퇴를 동반하지는 않는다. 클러스터의 전환 과정은 두 가지 유형이 있다. 첫째, 성장이 클러스터의 핵심 비즈니스와 연관된 활동을 창출할 수 있다면, 이는 **분기(branching)** 과정으로 이해될 수 있다. 뮌헨이나 슈투트가르트의 자동차 기업이 전통적인 내연기관 자동차에 더해 전기자동차를 발전시키는 것이 이러한 분기의 사례이다. 둘째, 완전히 새로운 분야에서 성장의 창출이 가능하다면, 이는 **경로창출(path creation)** 과정이다. 이러한 발전은 훨씬 어려울 뿐만 아니라 일상적이지 않고, 실리콘밸리나 세계도시처럼 광범위한 집적이 있는 곳에서 나타날 수 있다. 예를 들어, 테슬라(전기자동차와 배터리 기술)와 실리콘밸리의 환경기술 기업의 성장은 전통적인 IT의 중심에서 벗어난 새로운 경로이다. 인터넷 검색 거대기업 구글도 유사하게 자율주행 자동차 발전에서 완전히 새로운 경로를 창출하고 있다.

연관 다양성(related variety)의 개념은 광의의 성장을 추동하는 연관 분야(cognate)의 산업들이 약하게 연계된 클러스터의 잠재적 이점을 설명하기 위해 경제지리학자들이 고안하였다. 다시 말해, 특화(specialization)와는 대비되는 다양화와 이질성의 이점이 있다는 의미이다. 연관 다양성은 기업이 배경 기술과 시장의 맥락에서 다른 기업과 연관되는 범위를 의미한다. 즉 집적지 내에서 어느 정도 연계된 서로 다른 기업들이 혁신적이고 경제성장을 이룰 수 있는 방식의 상호작용을 통해 지식을 조합할 잠재력을 가질 수 있다는 주장이다. 반면에 무관 다양성(unrelated variety)은 지식 상호작용을 하기에는 무관한 경제활동이 생산적으로 되는 상황을 의미한다. 노르웨이 보트 생산의 사례에서 보았듯이, 지역이 협소하고 하나의 클러스터만이 지배적일 때 분기 과정이나 경로창출을 추동할 연관 다양성의 잠재력이 제한적이다. 하지만 대부분의 클러스터는 광범위한 집적지에 배태되어 있다. 이러한 맥락에서 단일 산업 부문이나 연관 산업의 클러스터 간의 시너지가 성장을 유지하고 새로운 분기나 경로를 창출할 수 있는 범위가 중요한 질문이 된다. 예를 들어, 런던에서 금융과 소프트웨어 부문의 고차 지식의 조합은 런던 동부의 테크시티(Tech City)가 '핀테크(FinTech)'의 세계적 선도 결절점으로 성장을 추동한다.

12.7 일시적 클러스터는 가능한가?

경제지리학자는 사회경제적 상호작용을 가능하게 하는 공간적 근접성(같은 장소, 같은 시간에 사람들이 있는)의 중요성을 계속 강조해 왔다. 하지만 클러스터를 일시적 관점으로 보면 어떨까? 다시 말하면, 기업은 집적경제와 지식 유출(spillover)이라는 이익을 위해 클러스터에 영원히 입지해야 하는가? 최근의 연구 결과를 보면, 영구적인 유형의 클러스터뿐만 아니라 **일시적** 클러스터도 여러 유형이 나타나고 있다. 많은 산업 분야 경제조직에서 **프로젝트 기반**의 유형이 갈수록 지배적이 되고 있다. 프로젝트는 기업 내나 기업 간의 특화된 전문 인력팀이 함께 모여 지정된 기간에 특정 임무를 수행하는 것을 의미한다(자료 12.3 참조). 반면에 콘퍼런스, 컨벤션, 무역박람회 등 전문가들의 모임은 일시적 클러스터로서, 클러스터에서 발견한 지식 이전 기제를 아주 짧은 기간 동안 집중적으로 전시한다.

대형 글로벌 무역박람회는 정말로 거대하고, 다양한 산업 분야를 아우르는 메가 이벤트이다. 광저우 무역박람회(Canton Fair)의 경우 매년 두 차례 각각 3주 동안 개최되는데, 전자장치, 건축 자재, 의류, 사무용품, 섬유 등 광범위한 잠재적 수출상품을 전시한다. 2017년 10~11월 광저우 무역박람회에서는 20만 명이 넘는 방문객과 2만 5,000개의 전시 회사가 참가하여 약 300억 달러의 비즈니스가 이루어졌다. 다른 무역박람회는 특정 산업 분야에 집중한다. 2017년 라스베이거스에서 일주일 동안 열린 건축박람회는 150개 국가에서 2,800개의 전시 회사와 13만 명의 방문객이 참가하였고, 2018년 프랑크푸르트에서 열린 조명건축박람회(Light+Building)는 건축기술 이벤트로서 5일 동안 2,700개의 전시 회사와 22만 명의 방문객이 참가하였다. 하지만 이러한 대형 글로벌 행사의 이면에서는 수많은 지역적, 국가적, 국제적 회의가 개최된다. 이들 회의는 다양한 비즈니스 커뮤니티 간의 상호작용을 촉진하는 기능을 한다. 나아가 무역박람회의 주최 도시도 대중적인 관광도시로서 큰 장이 열리는 기회가 된다. 라스베이거스의 경우(자료 12.1 참조) 매년 무역박람회가 2만 회 이상 개최된다.

심화 개념

자료 12.3: 프로젝트 기반 작업

프로젝트란 일련의 인력이 함께 복잡한 업무를 완성하는 것으로 주로 건축, 광고, 건설, 조선, 영화 제작 등의 분야에서 특정 목적을 달성하기 위해 조직하는 것이다. 산업 분야에서 오랫동안 형성된 작업 방식인 프로젝트 방식은 자동차, 화학 등 새로운 업종과 소프트웨어, 뉴미디어, 비즈니스 컨설팅 등 새로운 산업 부문에서도 지배적인 방식이 되었다. 프로젝트는 기업이나 조직이 현재 진행하고 있는 활동과는 격리된 환경에서 다양한 전문 분야와 조직적 배경이 다른 작업을 하는 인력이 함께 모여 형성하는 일시적인 사회 시스템이라고 할 수 있다. 프로젝트는 구성(constitution), 지속 기간, 입지에 따라 상당히 다양한 유형이 있다. 구성의 측면을 보면, 단일 기업이나 여러 기업 출신의 다양한 기술 역량을 가진 전문 인력으로 구성된다. 여러 기업 출신의 전문 인력으로 구성된 프로젝트는 가상 기업(virtual firm)이라고 할 수 있다. 프로젝트의 지속 기간을·보면, 몇 주(TV 방영용 이번 주의 영화 제작)에서 몇 달, 몇 년(다국적기업 고객을 위한 대형 소프트웨어 제작)이 걸리기도 한다.

　입지의 측면에서 보면, 프로젝트 팀은 기업의 업무 네트워크 내에 있는 고객 기업이나 중립적인 장소, 아니면 사이버 공간(멀리 떨어진 전문 인력들이 특정 소프트웨어나 건축 도면에 대해 동시에 또는 순차적으로 작업하는 팀)에 입지한다. 대부분은 대면접촉과 원격통신으로 소통한다. 프로젝트 팀의 구성원은 한 사무실이나 기업이 입지한 국가 내에서 충원되었지만, 최근에는 고객 기업의 수요에 맞추기 위해 **초국가적** 프로젝트 팀을 결성하는 일이 증가하고 있다. 상세한 프로젝트 팀의 구조는 다양하지만 두 가지 명확한 특성이 있다. 첫째, 프로젝트는 시공간적으로 고도로 유연하고 조직 내외로 다양한 유형의 암묵적 '노하우' 이전을 촉진하므로, 갈수록 많아지는 작업의 유형이다. 둘째, '기업', '클러스터' 등과 같은 핵심 분석 범주의 경계를 흐리게 하므로, 경제지리학자에 중요한 도전이 된다. 사실상 프로젝트 작업의 세계에서는 '어디에서' 경제활동이 발생하느냐를 판단하는 것이 문제가 된다. 광고와 패션디자인 산업 분야의 프로젝트 작업에 관한 자세한 연구는 선리 등(Sunley et al., 2011)과 토카틀리(Tokatli, 2011)를 참조할 것.

이러한 단순한 이벤트가 영구적 클러스터의 이점을 모방할 수 있을까? 무역박람회는 비즈니스를 수행하고 거래를 하는 참가자에게 기회를 제공할 뿐만 아니라, 상호작용을 통해 상품과 시장 정보를 공유할 수 있게 해 준다. 이 과정을 통해 지식이 '수직적'(공급자와 고객 간), '수평적'(동일 업종의 경쟁자 간)으로 교환될 수 있다. 무역박람회의 일시적 근접성은 신제품과 기존 상품, 생산 과정, 시장의 역동성에 대한 명시지와 암묵지의 교환 및 유통의 광장을 제공해 준다. 이러한 상호작용의 결과로 시장 추세에 대한 이해를 높이고, 고객의 효율적인 유지와 관리, 신기술 발전에 대한 인식, 연구·생산·마케팅 분야에 새로운 파트너의 발굴 등이 가능해진다. 일부는 계획하에 전략적으로 이루어지지만, 대부분의 상호작용은 공식적인 회의장 주변에 있는 전시장 회랑, 카페, 바, 식당 등에서 우연히 이루어진다.

사실상 무역박람회는 '글로벌 융합'의 광장을 조성한다. 무역박람회는 집약적인 시간 내에 영구적 클러스터와 거의 동일한 지식을 창출하고 이전하는 기제를 보여 준다. 그렇다면 무역박람회의 지리적인 시사점은 무엇일까? 첫째, 그림 12.12에서 보듯이, 무역박람회는 영구적 클러스터가 적극적으로 구축한 글로벌 파이프라인을 통해 작동한다. 이 다이어그램에 시계열을 도입하면, 기업이 성공적인 무역박람회를 마치고 클러스터로 돌아온 후에 클러스터들을 연계한 글로벌 파이프라인 네트워크의 밀도가 증가할 것이다. 기업은 국지적 파이프라인 밖의 연계를 구축하기 위해 국가적, 국제적 회합에 참여할 것이다. 자기충족적인 클러스터도 생산한 상품과 서비스를 외부 시장에 접근하는 것이 필요하므로, 이러한 파이프라인은 무척 중요하다. 둘째, 선도적인 클러스터와는 멀리 떨어져 있는 기업도 무역박람회를 통해 혁신적이고 경쟁력을 유지할 수 있는 정보를 받고, 입지적으로 불리한데도 성공적인 운영을 할 수 있는 기회를 제공한다. 하지만 대부분의 기업은 무역박람회를 입지로 인한 고유한 집적경제를 확장하고 발전시키는 데 활용하며, 입지적으로 불리한 점을 무역박람회로 상쇄시키는 경우는 드물다.

12.8 요약

경제학자 앨프레드 마셜(Marshall, 1890: 225)이 다음과 같은 유명한 주장을 한 지도 한 세기가 지났다.

한 기업이 입지를 정한 후에는 오랫동안 머문다. 이곳을 따라 입지하는 유사한 기술력을 가진 기업의 이점은 매우 크다. 집적의 이점은 미스터리가 아니며, 공기 중에 스며드는 것처럼 나타난다. …
작업의 효율이 향상되고, 장비의 창조와 개선이 이루어지며, 작업 과정과 비즈니스의 조직에도 장점
이 나타난다. 한 사람이 새로운 아이디어를 가지면, 다른 사람들이 이를 수용하고 새로운 제안을 통
해 개선되면서 더 새로운 아이디어의 원천이 된다.

이 주장은 오늘날에도 놀라울 만큼 현실에 부합한다. 경제 행위자의 군집을 추동하는 힘은 불균
등 발전의 패턴과 함께 가장 강력해서 중첩되고 상호 연결된 특화 산업 클러스터의 발전을 견인한
다. 대도시 지역은 공유자원과 시장에의 접근성으로 인해 강력한 집적경제를 제공하며, 도심 지역
은 특화 클러스터가 특정 산업활동의 경제적 이익을 추구한다. 현대 세계경제에는 다양한 유형의 클
러스터가 존재한다. 세계도시의 중심업무지구와 해안가 자유무역지역은 경제활동의 클러스터를 대
표한다. 이 두 유형의 클러스터는 구조, 추동력, 기업의 집적을 유지하는 동력 등에서 서로 완연히 다
르다.

이 장에서 살펴보았듯이, 클러스터를 엮어 주는 집적경제는 본질적으로 시장적이거나 비시장적이
다. 포스트포디즘 생산기술은 거래비용을 감소하기 위해 연관 기업들을 집적하게 하는 새로운 경향
을 창출하였다. 많은 산업 분야에서 기업들은 국지적 '융합'과 지식을 순환할 수 있게 하는 사회적 상
호작용의 과정으로부터 이익을 얻기 위해 집적한다. 마셜이 웅변으로 지적하듯이, 성공적인 클러스
터에서는 이러한 이익이 '공기 중에서' 스며든다. 집적경제의 자세한 조합은 산업 부문과 장소에 따
라 다르다. 시간이 흐름에 따라 이러한 역동성은 지역의 생산문화에 정착하여 지역 특유의 방식으로
차별화된다. 마찬가지로 개별 클러스터의 운명은 변화하는 환경에 적응할 수 있는 역량에 따라 흥망
성쇠가 결정된다. 어떤 클러스터는 고전적인 라이프 사이클의 궤적을 따르고, 다른 클러스터는 재생
과 전환의 과정을 경험할 것이다.

클러스터의 개념의 잠재적인 한계에 대해 인식하는 것은 중요하다. 클러스터는 글로벌 네트워크
상에서의 개방적인 결절점으로 보아야 하며, 세계화 과정에 따라 이전보다도 더 강하게 상호 연계될
것이다. 경제활동은 국지적인 경제적·사회적 상호작용만을 통해 형성되는 것이 아니다. 국지적 관
계와 비국지적 관계, 대면접촉과 전자적 원격통신을 통한 의사소통, 한 장소에 국한된 사람과 여러
장소를 순환하는 사람, 가시적인 생산 과정과 비가시적 지식 교환 등의 복잡한 조합에 의해 구성된
다. 무역박람회는 클러스터 군집의 이익이 집약된 상호작용을 위해 사람들을 함께하게 하는 일시적
인 모임을 통해 달성될 수 있는 사례가 된다.

주

- Dicken and Lloyd(1990)는 산업입지 고전이론에 대해 폭넓고 이해하기 쉬운 가이드를 제공한다.
- Scott(1988)은 시장적 상호의존에 핵심 논의를. Storper(1997)는 비시장적 상호의존의 개념을 소개한다. Amin and Thrift(1992)는 '글로벌 네트워크에서의 결절점'이라는 고전적인 개념을 소개하였고, 이는 시간이 지날수록 증명이 되었다.
- 북아메리카와 중국에서의 영화산업에 대한 상세한 내용은 다음을 참고하고(Scott, 2002, 2005; Foster et al., 2015; Zhang and Li, 2018), 모터스포츠산업에 대해서는 다음을 참고할 것(Pinch and Henry, 1999; Pinch et al., 2003; Jenkins and Tallman, 2010, 2016).
- 런던의 디자인 에이전시(Sunley et al., 2011), 뉴욕, 파리의 패션디자인(Tokatli, 2011), 베이징의 바이오의약 (Bathelt and Zhao, 2016), 마닐라의 콜센터(Kleibert, 2017), 다이아몬드산업의 교역센터(Henn and Bathelt, 2018) 등의 흥미로운 연구가 있다. 이탈리아 산업지구의 최근 진화에 관한 상세한 연구는 다음을 참조할 것(De Marchi et al., 2018).
- 클러스터의 진화에 관한 연구는 다음을 참조할 것(Menzel and Fornahl, 2010, Martin and Coenen, 2015; Isaksen, 2018). '일시적 클러스터'인 무역 쇼에 관한 연구는 다음을 참조할 것(Maskell et al., 2006; Bathelt and Zeng, 2015; Bathelt et al., 2014).

연습문제

- 집적이 발전할 수 있는 요인은 무엇인가?
- 공간적 근접성이 경제 과정에 어떠한 방법으로 어느 정도까지 중요한가?
- 군집은 경제의 사회적 특성을 어떻게 보여 주는가?
- 현대의 경제발전 과정을 설명하는 클러스터 개념의 한계에 대해 설명하라.
- 일시적 클러스터는 지식의 창출과 이전의 과정에 어떠한 역할을 하는가?

심화학습을 위한 자료

- clustermapping.us: 미국의 클러스터 매핑 프로젝트 홈페이지.
- www.clusterobservatory.eu: 유럽 클러스터 정책과 평가 홈페이지.
- https://www.unido.org/our-focus/advancing-economic-competitiveness/supporting-small-and-medium-industry-clusters/clusters-and-networksdevelopment: 유엔공업개발기구(UNIDO) 가 발전주의 관점에서 제시하는 클러스터 정책.
- http://www.lboro.ac.uk/gawc: 러프버러 대학교가 호스팅하는 세계화와 세계도시(GaWC) 홈페이지에서 제공하는 세계도시의 클러스터와 네트워크에 대한 방대한 자료.
- https://www.cityoflondon.gov.uk/Pages/default.aspx: 세계적인 금융 클러스터 중의 하나인 영국에 대한 자료. www.thecityuk.com은 런던시에 대한 자료 제공.

- www.jointventure.org: 조인트벤처 실리콘밸리에서 제공하는 첨단기술 클러스터의 자료.
- 이 장에 제시된 클러스터의 스토리들은 유튜브에서 찾을 수 있다. 예를 들어, 실리콘밸리에 대한 관점들은 https://www.youtube.com/watch?v=UO-8CMdeSHA, https://www.youtube.com/watch?v=r44R KWyfcFw에서 제공. 캐나다 온타리오주 워털루 지역의 기업가정신과 문화에 관한 내용은 https://www.youtube.com/watch?v=Q4EzYAB8Q4A에서 제공. 다만 이러한 비디오들은 비판적으로 시청해야 하며, 누가 왜 제작하였는지를 생각해야 한다.

참고문헌

Amin, A. (2000). Industrial districts. In: *A Companion to Economic Geography* (eds. E. Sheppard and T. Barnes), 149-168. Oxford: Blackwell.

Amin, A. and Thrift, N. (1992). Neo-Marshallian nodes in global networks. *International Journal of Urban and Regional Research* 16: 571-587.

Bathelt, H., Golfetto, F., and Rinallo, D. (2014). *Trade Shows in the Globalizing Knowledge Economy*. Oxford: Oxford University Press.

Bathelt, H., Malmberg, A., and Maskell, P. (2004). Clusters and knowledge: local buzz, global pipelines and the process of knowledge creation. *Progress in Human Geography* 28: 31-56.

Bathelt, H. and Zeng, G. (eds.) (2015). *Temporary Knowledge Ecologies: The Rise of Trade Fairs in the Asia-Pacific Region*. Cheltenham: Edward Elgar.

Bathelt, H. and Zhao, J. (2016). Conceptualizing multiple clusters in mega-city regions: the case of the bio-medical industry in Beijing. *Geoforum* 75: 186-198.

Coe, N. M. and Yeung, H. W. C. (2015). *Global Production Networks: Theorizing Economic Development in an Interconnected World*. Oxford: Oxford University Press.

De Marchi, V., Di Maria, E., and Gereffi, G. (eds.) (2018). *Local Clusters in Global Value Chains: Linking Actors and Territories Through Manufacturing and Innovation*. London: Routledge.

Dicken, P. (2015). *Global Shift: Mapping the Changing Contours of the World Economy*, 7e. London: Sage.

Dicken, P. and Lloyd, P.E. (1990). *Location in Space: Theoretical Perspectives in Economic Geography*, 3e. New York: Harper & Row.

Economist, The (2015). Las Vegas: viva again (18 July).

Foster, P., Manning, S., and Terkla, P. (2015). The rise of Hollywood east: regional film offices as intermediaries in film and television production clusters. *Regional Studies* 49: 433-450.

Gertler, M. (2018). Institutions, geography, and economic life. In: *The New Oxford Handbook of Economic Geography* (eds. G. L. Clark, M. P. Feldman, M. S. Gertler and D. Wojcik), 230-242. Oxford: Oxford University Press.

Henn, S. and Bathelt, H. (2018). Cross-local knowledge fertilization, cluster emergence, and the generation of buzz. *Industrial and Corporate Change* 27: 449-466.

Isaksen, A. (2018). From success to failure, the disappearance of clusters: a study of a Norwegian boat-building cluster. *Cambridge Journal of Regions, Economy and Society* 11: 241-255.

Jenkins, M. and Tallman, S. (2010). The shifting geography of competitive advantage: clusters, networks and firms. *Journal of Economic Geography* 10: 599-618.

Jenkins, M. and Tallman, S. (2016). The geography of learning: Ferrari gestione sportiva 1929-2008. *Journal of Economic Geography* 16: 447-470.

Kaneko, J. and Nojiri, W. (2008). The logistics of Just-in-Time between parts suppliers and car assemblers in Japan. *Journal of Transport Geography* 16: 155-173.

Kleibert, J. M. (2017). On the global city map, but not in command? Probing Manila's position in the world city network. *Environment and Planning A* 49: 2897-2915.

Marshall, A. (1890). *Principles of Economics*. London: Macmillan.

Martin, H. and Coenen, L. (2015). Institutional context and cluster emergence: the biogas industry in Southern Sweden. *European Planning Studies* 23: 2009-2027.

Maskell, P., Bathelt, H., and Malmberg, A. (2006). Building global knowledge pipelines: the role of temporary clusters. *European Planning Studies* 14: 997-1013.

Menzel, M.-P. and Fornahl, D. (2010). Cluster life cycles - dimensions and rationales of cluster evolution. *Industrial and Corporate Change* 19: 205-238.

NVCA (2018). *National Venture Capital Association 2018 Yearbook*. nvca.org (accessed 15 June 2019).

Pinch, S. and Henry, N. (1999). Paul Krugman's geographical economics, industrial clustering and the British motor sport industry. *Regional Studies* 33: 815-827.

Pinch, S., Henry, N., Jenkins, M., and Tallman, S. (2003). From industrial districts to knowledge clusters: a model of knowledge dissemination and competitive advantage in industrial agglomerations. *Journal of Economic Geography* 3: 373-388.

Scott, A. J. (1988). Flexible production systems and regional development: the rise of new industrial spaces in North America and Western Europe. *International Journal of Urban and Regional Research* 12: 171-186.

Scott, A. J. (2002). A new map of Hollywood: the production and distribution of American motion pictures. *Regional Studies* 36: 957-975.

Scott, A. J. (2005). *On Hollywood: The Place, the Industry*. Princeton, NJ: Princeton University Press.

Storper, M. (1997). *The Regional World*. New York: Guilford Press.

Sunley, P., Pinch, S., and Reimer, S. (2011). Design capital: practice and situated learning in London design agencies. *Transactions of the Institute of British Geographers* 36: 377-392.

Taylor, M. (2010). Clusters: a mesmerising mantra. *Tijdschrift voor Economische en Sociale Geografie* 101: 276-286.

Tokatli, N. (2011). Creative individuals, creative places: Marc Jacobs, New York and Paris. *International Journal of Urban and Regional Research* 35: 1256-1271.

Zhang, X. and Li, Y. (2018). Concentration or deconcentration? Exploring the changing geographies of film production and consumption in China. *Geoforum* 88: 118-128.

13

정체성–
경제는 젠더화되고 인종화되었는가?

탐구 주제

- 개인의 정체성이 어떻게 다양한 경제 과정과 경험에 영향을 주는지 탐구한다.
- 젠더, 민족성, 인종이 경제적 기회에 대한 접근성을 어떻게 세계적으로 불균등하게 분포되게 하는가를 고찰한다.
- 정체성이 어떻게 노동시장과 작업장에서의 경험에 영향을 주는가를 탐구한다.
- 소수민족 경제가 도시 공간과 초국가적 네트워크에 어떠한 영향을 주는지 고찰한다.

13.1 서론

캐나다는 민족의 다양성에 대한 긍정적인 태도와 양성평등을 향한 선진적인 관점을 가지고 있다는 데 자부심이 있다. 이러한 공동적 자부심은 여러 가지 측면에서 기초가 잘 잡혀 있다. 캐나다는 다문화적 다양성과 차별 금지를 촉진하는 입법화와 제도화의 역사가 깊다. 캐나다 권리자유헌장은 성, 인종, 민족 기원, 종교, (후에 제정된) 섹슈얼리티 등에 기반한 차별을 금지하는 헌법적 보호를 제공한다.

하지만 캐나다에서도 젠더화되고 인종적 차이에 따라 아주 명백한 불평등이 있다. 2015년 정규직 여성의 연간 소득이 남성 평균 임금의 75%밖에 되지 않았다(Statistics Canada, 2016a). 심지어 그 중에 고위 관리직은 차이가 더 명확하였다. 2015년 여성 고위 관리직의 평균 연봉은 11만 6,141캐나다달러였으나, 비슷한 고위직 남성의 연봉은 18만 9,658캐나다달러였다. 인종적 차이에 따른 불균형도 있다. 2015년 여성이면서 소수민족 출신 고위 관리직의 평균 연봉은 10만 2,666캐나다달러이지만, 소수민족 남성은 12만 2,435캐나다달러였다. 젠더와 인종은 소득 불균형을 설명하는 데 중요한 역할을 한다는 결론을 피할 수 없다.

젠더와 인종 기반의 정체성도 사람들이 취업하고자 하는 직업 유형에 영향을 미친다. 2015년 캐나다의 통계를 보면, 운송장비 제조업(자동차) 종사자의 78%가 남성이었으며, 의류 판매점 종사자의 75%가 여성이었다. 이와 동시에 흑인 여성은 캐나다 전체 노동력의 1.6%에 불과하지만, 돌봄 서비스와 요양간호 시설에서 근무하는 종사자의 7%를 차지한다. 남아시아 남성은 캐나다 노동력의 2.9%이지만, 택시 및 리무진 기사의 31%를 차지한다. 자영업 또한 독특한 패턴을 보인다. 전체 노동력 중에 12%가 자영업이지만, 자영업 노동력의 한국계 캐나다인이 21%를 차지한다(Statistics Canada, 2016b).

캐나다의 상황이 젠더와 인종이 경제적 기회를 형성한다는 것을 시사한다면, 다른 나라는 훨씬 더 심각하다. 전 세계적으로 젠더와 인종이 특정 장소에서 다양한 방식으로 이해되고 충원되며, 이들이 경제적 과정에 미치는 영향에 따라 고도로 불균등한 고용 소득의 분포를 보인다. 부유한 국가 가운데 한국의 경우 여성이 남성보다 평균 36.7%로 소득이 낮아, 젠더에 따른 큰 임금 격차를 보인다. 에스토니아와 일본이 뒤를 이어 각각 28.3%와 25.9%의 격차를 보인다. 덴마크의 젠더 임금 격차는 단지 5.7%밖에 되지 않는다(OECD, 2018).

민족과 인종 또한 노동시장의 개인 임금에 명백한 영향을 주지만, 그 영향은 전 세계적으로 복잡하고, 장소에 따라 차별적이며, 역사적 차이에 따라 다르게 나타난다. 아일랜드나 이탈리아 민족도 북아메리카에서 차별을 받았다고 할 수 있지만, 이는 100여 년 전의 일이다. 북아프리카나 튀르키예 출신의 커뮤니티가 수 세대 이전에 정착한 유럽의 경우, 이들은 현대에도 여전히 노동시장에서 차별을 받고 있다. 한 연구에 따르면, 네덜란드에서는 현지에서 태어나고 자란 튀르키예인과 모로코인들이 일자리를 찾고 더 안정적인 일자리로 이동하는 데 큰 어려움을 겪고 있다(Witteveen and Alba, 2018). 요약하면, 소수민족은 이른바 '소수민족 불이익(ethnic penalty)'이라는 것으로부터 고통받고 있다.

차별에 대한 대응으로 소수민족은 경제적 안전을 위해 공동으로 밀접하게 상호의존해 왔다. 주로 도시에서 함께 거주하며 마이애미의 리틀아바나, 노바스코샤주 핼리팩스의 아프릭빌, 전 세계의 차이나타운 등 집단 거주지를 형성하였다. 이러한 장소는 문화적 친근감과 함께 자신들의 언어로 전달되는 상품과 서비스를 제공한다. 나아가 편견에 대한 피난처 역할을 하며, 인종차별이 없는 고용기회의 네트워크를 형성한다. 소수민족의 연계는 국경을 넘어선 비즈니스를 추구할 때도 차별에 대한 보호와 신뢰에 기반한 위험 최소화의 역할을 수행한다. 이러한 상황은 오랫동안 차별을 당해 온 다른 소수집단에도 해당한다. 다양한 섹슈얼리티에 더 개방된 사회에서도 게이 및 레즈비언 커뮤니티와 비즈니스는 자신들의 연대와 지역사회에서의 수용을 위해 공감이 높은 장소에 군집하는 특성이 있다.

이러한 사례에도 불구하고 젠더, 인종, 다른 비경제적 정체성을 구별하는 경향은 여전히 상존한다. 일자리, 생산, 소비 상황에서 사람들은 개인이 체화한 정체성과는 상관없이, 순수한 경제적 행위 주체자로서 활동한다고 가정한다. 하지만 정체성은 우리가 찾는 일자리의 유형, 우리가 버는 소득액, 우리가 비즈니스를 수행하는 양식 등 우리가 경제생활을 경험하는 방식을 형성한다. 이 주제가 이 장의 핵심 내용이다. 나아가 공간 간의 연계, 다양한 규모에서의 장소 형성, 불균등한 공간 패턴 등의 지리적 특성이 경제생활에서 정체성의 역할을 이해하는 데 가장 중요하다.

제2절에서는 경제적 과정이 종종 젠더와 인종에 대해 '색맹'이 되는 몇 가지 방식을 탐구한다. 이는 상당히 철저한 조사와 분석이 필요하다. 제3절에서는 젠더화되고 인종화된 정체성이 노동시장에서 경험을 형성하고, 그 결과는 어떻게 되는지에 초점을 둔다. 젠더 역할은 세계적으로 상당히 다양하게 나타난다는 사실을 인식함으로써 지리적 패턴을 분석한다. 제4절에서는 작업장과 가정 사이의 공간의 일상적인 연계가 남성과 여성에 따라 어떻게 차별적으로 나타나는가를 고찰한다. 제5절에서는 작업장이 다른 사람들을 배제하면서 젠더화되고 인종화된 정체성을 형성하는가를 장소의 중요성으로 고찰한다. 제6절에서는 비즈니스 거래에서 민족정체성의 역할을 살펴본다. 먼저 도시 근린의 규모에서 살펴보고, 규모를 확대하여 초국적 비즈니스 관계가 민족적 공통성의 길을 따르는 상황을 고찰한다. 이 장의 마지막에서는 젠더, 인종, 정체성의 다른 범주들을 세심하게 보아야 하며, 각각을 따로 보는 것이 아니라 정체성의 조합이 드러내는 특성에 주의해야 한다는 지적을 한다.

13.2 경제에서의 젠더와 인종 바로 보기

경제생활에서는 남성과 여성의 근본적인 생물학적 차이를 반영하며, 젠더의 역할은 종종 무시된다. 왜 남성과 여성이 서로 다른 직업을 선호하느냐는 질문에 대한 일반적인 설명은 두 성별의 물리적 차이에서 시작한다. 남성은 신체적으로 우월하여 건설, 광산, 창고업 등을 선호한다고 주장한다. 이러한 사고가 어느 정도는 사실이나 남성은 전기기술자와 운전사 등의 업종에서 월등히 많고, 여성은 간호사나 초등학교 교사 등의 업종에서 압도적으로 많다는 사실을 설명하지는 못한다. 전통적인 설명으로는 젠더에 따른 적성의 차이, 즉 여성은 상세하고 꼼꼼한 작업을 잘하고, 남성은 첨단기술 도구를 더 잘 사용한다고 주장할 것이다. 이러한 관점은 2017년 구글의 고위 소프트웨어 엔지니어가 보낸 유명한(물론 논쟁적인) 메모에 잘 나타나 있다. 이 메모에서 여성은 생물학적으로 (사물보다) 사람에게 관심이 많고, 협조적이며, 쉽게 불안해한다. 이러한 이유로 여성은 기술 기반의 작업장에 맞지 않는다고 주장한다(The Economist, 2017). 이 엔지니어는 곧 해고되었다. 구글의 인력은 여전히 69%가 남성이고, 기술 분야에는 남성이 80%를 차지하고 있다(Lien and Pierson, 2017).

특정 직종은 젠더화된 특성에 적합하다는 주장은 반대 사례를 제시하면 무너지기 시작한다. 시계 수리나 맞춤 양복 등의 복잡한 작업은 관습적으로 남성의 영역이었는데, 이처럼 여성의 특성처럼 보이는 속성을 다른 부문이나 맥락에서 활용한다. 초등학교 교사나 간호사에는 압도적으로 여성이 많은데, 이러한 일을 완벽하게 수행할 역량이 있다고 보이는 젠더로서의 남성도 충분히 있다. 마찬가지로 세계에서 가장 널리 알려진 2개 대기업의 CEO가 여성이지만[GM의 메리 바라(Mary Barra)와 펩시의 인드라 누이(Indra Nooyi)], 500대 미국 기업의 CEO 중에서 여성은 5%밖에 되지 않는다.

왜 여성은 기업의 고위 관리직에서 낮게 대표되고 남성보다 임금을 적게 받는가에 관해 설명해 보자. 여성은 자식을 갖거나 아픈 가족을 돌보기로 결정하였을 때, 자신의 야망을 줄이거나 노동력 풀에서 완전히 빠져 버리는 경향이 있다는 것이 일반적인 논리이다. 이는 곧바로 직업 경력 사다리에서 승진할 수 있는 능력이나 역량에 영향을 미친다. 하지만 이러한 주장 역시 불만족스럽다. 작업장이나 고용관계가 가정을 돌보며 직업 경력을 발전시키는 일을 조화롭게 할 수 있는 형태로 일상적 구조화가 이루어진다면, 여성이 그러한 선택을 할 필요가 없을 것이다. 여성이 스스로 자신의 직업 경력을 축소한다는 사고 자체가 이러한 선택을 하게 만든 환경을 무시하는 것이다. 이와 같은 환경은 넉넉한 부모 육아휴직 급여, 직장 어린이집, 재택근무 여건 등을 통해 변모하고 있다. 여성 노동력의 비중이 가장 높고, 남녀 임금 격차가 가장 적은 국가가 정부 차원에서 이러한 지원을 하는 국가이기도 한 것은 우연이 아니다.

이러한 내용은 소수민족과 인종차별에도 동일하게 적용된다(자료 13.1 참조). 2017년 구글의 기술 직종에 흑인은 1%, 라틴계는 3%를 차지하였다. 이는 캘리포니아 인구 중 흑인이 차지하는 비중은 6%, 라틴계의 비중이 32%인 것과 비교된다. 아시아계 미국인은 주 인구의 약 11%를 차지하지만, 기술 직종에서의 비중은 39%나 된다(Lien and Pierson, 2017). 이러한 노동시장 불균형에 대한 논의에는 두 가지 가정이 지배한다. 첫째, 기업은 단순히 직종에 가장 적합한 인재를 고용하며, 결과적으로 인력의 구성이 인구의 구성비를 반영하지 못하는 사실에 기업의 책임이 없다는 논리가 일반적이다. 다시 말하면, 노동시장은 단순하게 기술, 경험, 자격증에 따라 대상을 분류하고 순위를 책정한다.

자료 13.1: (소수)민족성, 인종, 인종화

민족성이란 다양한 방식으로 표시되거나 부호화되는 차이를 말한다. 중국의 기업가정신이라고 이야기하였을 때, 중국에 있는 기업 자체가 아닌, 전 세계 중국인 디아스포라의 기업 관행을 의미한다. 중국인의 민족성은 중국인이 다수인 중국 사회가 아니라, 중국 밖에서 다른 집단과 함께 있을 때 의미가 있다. 따라서 민족성은 항상 관계적 개념이며, 집합적 정체성으로서 포함과 배제를 동시에 한다. 민족성은 공통의(실제이거나 상상의) 역사적 경험, 조상, 일련의 문화적 관행, 예를 들어 언어, 출신 지역, 종교 등에 기반한다. 민족성은 단순히 소수집단—실제로 종종 이렇게 사용되지만—을 의미하는 것이 아니다. 소수민족이 된다는 것은 주류에서 벗어나거나 비정상적인 것이 아니다. 사실상 우리 모두가 소수민족성을 가지고 있다. 이러한 의미에서 백인 외국인이 운영하는 방콕의 영국식 펍은 태국인이 런던에서 운영하는 식당 못지않게 소수민족적이다. 민족정체성은 안정적이거나 불변하는 것은 아니다. 민족정체성에 대한 관점은 환경에 따라 다양하게 드러나며, 시간이 흐르면서 강한 민족정체성이 형성된다. 자신의 마을이나 지역 소속감이 강한 이탈리아 이주자들은 20세기에 북아메리카 지역으로 이주하였으나, 그 후 이탈리아계 미국인으로서의 민족정체성을 형성시켜나갔다. 민족성과 인종은 구분해야 한다. 인종은 인류의 가시적인 특성(머리카락, 피부색, 골격구조)을 의미한다. '인종'은 거칠게 정의되고, 한 인종 내에서도 특수성에 따라 많은 변이가 있어 분석적 범주로서는 거의 도움이 되지 않는 개념이다. 인종이라는 사고는 특정 외양을 보이는 집단을 인종화할 때, 즉 다른 집단에 의해 범주화되고 특정 속성이 부여될 때 사용되는 경향이 있다. 이러한 이유로 '인종'은 종종 사회적 구성물이라는 것을 인정하기 위해 따옴표를 붙인다. 인종화된 집단의 개념은 근본적인 생물학적 차이를 말하는 것이 아니라, 외적인 모습에 기반한 **가정**을 의미하는 것이기 때문에, 인종의 개념보다 훨씬 더 유용하다(Mullings, 2017 및 Skop and Li, 2017 참조).

둘째, 한 직종에 최적의 후보자가 일정한 배경이 있는 경우는 특정 집단에 따라 '자연스러운' 적성이 있기 때문이라고 종종 이야기한다. 아시아계 미국인은 과학과 수학에 더 강한 적성이 있다는 사고는 수십 년이나 이어졌다. 이러한 가정들은 몇 가지 중요한 점을 놓치고 있다. 개인이 일자리를 찾을 때 자신의 기술만이 아닌 훨씬 많은 조건으로 판단된다. 가장 중요한 것은 기업문화에 '적합'한지도 평가한다는 사실이다. 이러한 평가는 인종, 민족, 젠더, 종교, 기타 정체성의 요소 등과 절대 무관하지 않다. 또한 지원자 풀이 사회 전체 구성을 대표하지 못했을 때, 특정 교육적 궤적을 따라 특정 학생들을 인도하는 사회적 과정에 대해 의문을 품어야 한다. 사회경제적 계급의 배경, 가족구조, 학교의 품질, 적성과 궤적에 대한 진부한 가정 등은, 어떠한 타고난 유전자보다 기술과 관심사가 자신을 드러내고 형성하는 데 훨씬 중요한 요인이 된다.

경제적 과정에 대한 일반적인 이해에 '정체성 색맹'을 보이는 또 다른 영역은 비즈니스 거래가 이윤추구라는 유일한 동기에 의해 추동된다고 생각하는 것이다. 기업을 설립하거나 후원하고, 비즈니스 관계를 구축하려는 사회적·문화적 동기는 모두 애매한 것이다. 경제적 과정에 대한 기술적 분석은 익명적이고, 보편적이며, 합리적이다. 개인적인 연계, 사회적 관계, 충성심, 차별, 혹은 독특한 문화적 관행이 개재될 여지가 없다. 현대 자본주의는 경제활동에 이러한 사회적·감성적 기반을 제거해 버렸다고 가정되기 때문에, 사회적·감성적 기반은 '전통적인' 소규모, 장인 생산, 심지어 농업사회의 유산이라고 여긴다.

하지만 도시 경관은 다른 이야기를 한다. 경제는 훨씬 더 복잡하고 '비합리적'이며, 사회적으로 배태되었다. 모든 기업은 유사한 업종이 군집하여 입지하면 이익을 얻을 수 있다는 이점이 있다(제12장에서 논의). 하지만 도시의 사회지리적 특성을 보면, 유사한 기업의 군집만이 아니라, 유사한 민족적 배경이 있는 사람들이 소유하고 지원하는 기업이 함께해야 한다. 경제 논리를 초월하는 작업의 네트워킹 과정이 없으면, 집적의 비가시적인 경제적 이익은 적을 것이다. 국가에 따라 비즈니스 관계가 형성되는 방식도 마찬가지이다. 따라서 왜 젠더, 민족성, 인종적 정체성이 경제생활에 심각한 역할을 하는지에 대한 설명을 폭넓게 찾을 필요가 있다.

13.3 젠더와 작업의 불균등 지리학

가정의 규모는 노동시장이 어떻게 젠더화되는가를 이해하는 중요한 출발점이다. 특히 가정에서 남성과 여성의 가사 분담 방식과, 특정 작업이 여성성 또는 남성성과 연계되는 방식의 이해가 중요하다. 하지만 가사 분담 방식에 보편적인 패턴은 없으며, 장소에 따라 엄청난 변이가 존재한다.

대규모 설문조사에 기반한 연구에 따르면, 우리 삶의 상당 부분이 무급노동에 소요된다. 세계의 가장 크고 부유한 국가에서 매일 43%의 노동시간이 무급노동으로 이루어진다(OECD, 2011). 국가별로 상당한 차이가 있는 점은 흥미롭다. 일본인은 일하는 시간이 가장 길기로 유명하지만 무급노동의 비중은 가장 낮아서, 총 노동시간의 약 30% 정도를 차지한다. 반면에 독일은 총 노동시간은 짧지만, 훨씬 많은 시간을 무급노동에 할애하여 48%를 차지한다. 튀르키예와 오스트레일리아는 무급노동에 50%를 약간 넘게 할애한다. 이러한 통계는 삶과 일의 문화적 패턴이 환경에 따라 달라짐을 설명해 준다. 종합하면, 실제로 행해지는 엄청나게 많은 양의 일이 생산적인 경제활동으로 계산되지 않는다는 점이다(제2장 참조).

무급노동을 하는 사람들은 무슨 임무와 기능을 할까? 그림 13.1은 세계 각국의 무급노동을 유형별로 분류하였다. 여기서 다시 흥미로운 차이는 무급노동이 문화적 맥락에 따라 변이가 크다는 점을 보여 준다. 아일랜드의 경우 가장 많은 시간을 가족구성원을 돌보는 데 보내지만, 뉴질랜드와 튀르키예에서는 자원봉사의 시간이 평균보다 높게 나온다. 연구의 추정에 따르면, 모든 무급노동이 해당 국가의 평균 임금을 받는다면, 각 국가 GDP의 35~75%에 해당할 것이다(OECD, 2011).

이 장에서 가장 중요한 쟁점은 이러한 무급노동을 누가 하는가이다. 대부분 여성에 의해 이루어진다. 그림 13.2를 보면, 대부분의 국가에서 여성은 남성보다 2배, 심지어 3배 정도 많은 무급노동에 종사한다. 물론 장소에 따라 젠더 역할의 지리적 차이가 매우 크다. 스칸디나비아 국가들에서는 남성이 여성보다 무급노동을 적게 하지만 그 차이는 그리 크지 않다. 임금노동에 참여하는 여성의 비율이 낮고, 젠더 관계의 문화가 다른 국가들은 남녀의 무급노동 차이가 크게 나타난다. 인도, 한국, 일본은 여성보다 남성의 무급노동 참여율이 상당히 낮은 국가들이다.

전반적으로 이야기하면, 전 세계적으로 무급노동은 주로 여성들이 대부분을 담당한다. 나중에 살펴보겠지만, 여성성을 가사공간, 가사노동과 여성의 엄청나게 많은 가정 **밖**의 작업 경험을 연관 지어 형성하게 하는 것은 매우 중요하다. 가장 명백한 영향은 여성에게 주어지는 모성의 기대와 결혼으로 인한 한계이다. 매우 자유주의적이고 여성이 해방된 국가에서조차도 일차적인 부모 역할과 가사노동을 담당하는 사람은 여전히 여성이라는 점은 의심할 여지가 없다. 물론 문화권에 따라 변이가

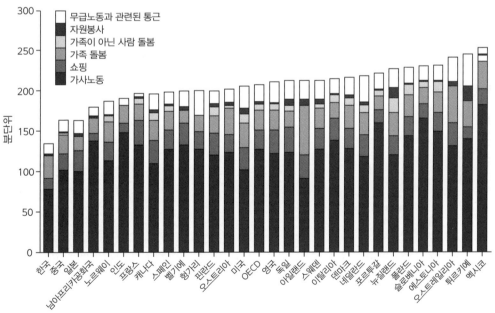

그림 13.1 세계 각국 무급노동의 범주, 무급노동 시간 순위(분단위)

출처: OECD(2011), http://www.oecd.org/social/soc/societyataglance2011.htm.

있지만, 이러한 기대로 인해 여성이 노동력에 진입하는 것을 방해한다.

　노동력에 포함된다는 것은 임금을 받는 노동력, 즉 고용, 자영업, 구직활동을 하는 사람에 포함되어 경제활동인구 중 고용 인구 비율 계산에 포함되는 것을 의미한다. 그림 13.3은 지난 수십 년간 여성의 노동력 참여가 상당히 증가하는 경향을 보여 준다. 물론 이 패턴도 불균등하다. 가나, 뉴질랜드, 스위스, 중국, 캐나다, 싱가포르, 스웨덴은 여성의 참여가 상당히 높지만(약 60% 이상), 인도, 이탈리아, 튀르키예, 파키스탄, 방글라데시, 사우디아라비아는 훨씬 낮다(40% 이하).

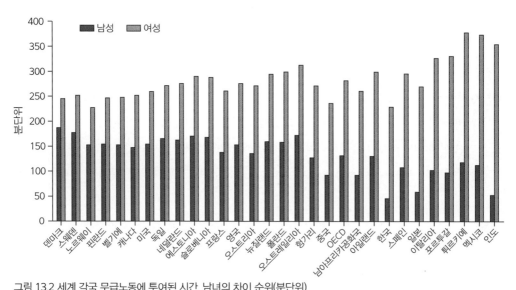

그림 13.2 세계 각국 무급노동에 투여된 시간, 남녀의 차이 순위(분단위)

출처: OECD(2011), http://www.oecd.org/social/soc/societyataglance2011.htm.

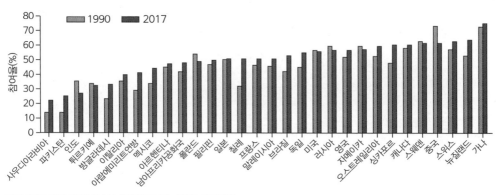

그림 13.3 세계 각국 여성 노동력 참여도, 1990, 2017년

출처: World Bank(2018).

지구 북부의 부유한 국가에서 여성의 높은 노동력 참여는 20세기 중반부터 시작되어 지속되는 경향이다. 반면에 신흥공업국은 최근에야 이러한 경향을 보인다. 말레이시아에서 여성의 참여율은 1957년 영국 식민 통치에서 독립하였을 때 30%였으나, 2017년에는 50% 이상으로 상승하였다. 이러한 여성 참여의 증가는 전통적인 여성의 직업 분야, 즉 시장 가판 운영이나 초등학교 교사 등의 분야에서 증가한 것이 아니라, 1970~1980년대 수출지향적인 의류나 전자 산업의 급속한 성장으로 인한 것이었다. 이는 농촌 여성을 노동집약적인 산업으로 이끌었다.

약간의 예외를 제외하면, 지난 수십 년 동안 여성의 노동력 참여는 '선진국'이나 '개발도상국' 모두에서 계속 증가하였다. 이 변화의 평행선은 근본적으로는 동일한 과정의 부분들이지만, 본질에서는 다르다. 핵심은 세계경제의 재편 때문이다(제3장 참조). 그중 하나의 요소는 선진국의 탈산업화와 서비스 경제로의 구조적인 전환이다. 이러한 변화로 인해, 남성 생계부양 가족과 전업주부 여성의 역할을 강조하는 포디즘 시기의 안정적이고 보수가 좋던 산업 직종은 대부분 사라졌다. 임금이 낮아지고 직업의 안정성이 낮아짐에 따라, 선진국에서는 맞벌이 가정이 점차 당연시되었고, 많은 사람이 계약직이나 임시직에 종사하게 되었다. 이러한 변화와 동시에 1960년대 이후 사회 전체에서 여성의

그림 13.4 필리핀 카비테 경제구역의 대형 산업단지에서 퇴근하는 여성 노동자
출처: 저자.

역할이 변화하여 점차 공공영역에 더 많이 참여하고 수준 높은 교육을 받을 수 있게 되었다. 이상의 이유로, 또한 이러한 변화의 원인으로 결혼과 출산 연령이 높아지는 경향이 나타났으며, 어느 쪽도 하지 않는 것에 대한 사회적 수용성이 커지고 있다.

동시에 선진국의 제조업 일자리가 멕시코, 중국, 인도, 방글라데시 등의 개발도상국으로 이전하였다. 개발도상국에서는 여성이 주된 산업 노동력으로 자리 잡았다. 의류, 완구, 전기기구, 컴퓨터 조립 등을 하는 세계의 산업단지에서는 적어도 노동력의 4분의 3 이상이 여성이다(그림 13.4 참조). 왜 여성의 비율이 높은지에 대해서는 다양한 대답이 나올 수 있다. 공장 관리자는 여성적인 특성이라고 여겨지는 개인적인 속성을 강조하고, 지루하고 반복적인 작업에 대한 인내와 손재주와 정확성, 연장자인 상관이나 남자 관리자의 권위에 대한 복종 등이 요구되는 노동 과정에 유용하다고 판단된다.

개발도상국 산업단지의 특수성을 이해하면, 젠더 기반의 권력구조가 작업장의 명령 기제로 재생산됨으로써 노동력을 강하게 통제할 수 있다고 주장하면서, 상황에 대한 다른 시각으로 노동조건에 대해 비판할 수 있다. 또한 노동자들은 항상 저임금에 시달리며, 심지어 생활비를 충당할 수 없는 조건에 있다고 비판한다. 노동력은 대부분 젊고 미혼이어서 가족부양의 부담이 없으므로, 고용주들은 이러한 통제와 저임금을 유지할 수 있다. 사실상 산업노동자는 농촌의 가족을 부양하기보다는 반대의 경우가 많다. 이처럼 상반되는 관점으로 인해 개발도상국의 노동집약적인 공장의 고용이 실제로 젊은 여성을 해방하는 것인지, 아니면 자본주의의 극한 착취와 억압의 재현일 뿐인지에 대한 논쟁이 많다(표 13.1 참조).

여성의 노동력 참여가 증가하는 현상에 대해서는 몇 가지 고려할 점이 더 있다. 여성이 일한다고 해서 가사를 남성이 담당하는 것이 아니라 다른 여성이 맡게 된다. 또한 많은 국가에서 여성의 노동

표 13.1 여성의 산업체 고용의 해방 가능성에 대한 상반된 견해

해방으로서의 여성의 산업체 노동	억압으로서의 여성의 산업체 노동
• 노동 시간과 조건이 농업이나 집안일보다 나음. • 지역 구매력으로 보았을 때 임금이 괜찮음. • 일부 노동자는 장기간 근무를 원하고, 고용주에 의해 기술발전이 있음. • 고용을 통해 공적인 참여와 존중을 받으며, 다른 여성과 만날 기회를 얻음. • 소득이 있으므로 사회적 역할이 커지고 가족의 존중을 받으며, 결혼과 출산을 늦출 수 있는 역량이 커짐.	• 저임금과 낮은 혜택, 때로는 최저생활 수준 이하임. • 취약하고 위험한 노동조건과 가혹한 공장 통제가 자주 있음. • 불안정한 고용: 국제정세의 변화에 따라 일자리가 사라질 수 있고, 여성이 결혼하거나 자녀를 가질 경우 해고될 수 있음. • 승진이나 기술발전의 기회가 제한되어 있음. • 여성은 반복적이고, 지루하며, 수작업으로 하는 일자리에 취업이 국한되어 있음. • 공장 내부에서 가부장적인 지배와 권력이 재생산됨. • 임금노동을 한다고 해서 가정에서의 의무가 줄어들지 않음. 임금은 가장인 남성의 소유가 될 가능성이 있음.

력 참여 증가로 인해, 워킹맘을 대신해서 가정 청소와 아이 돌봄을 담당할 저임금 가사노동력의 국내 이주가 많아졌다. 제6장에서 보았듯이, 가사노동자는 가난한 농촌 지역에서 이주해 온다. 싱가포르나 두바이 같은 곳은 해외 임시 노동자를 수용한다. 전반적으로 보아, 전 세계적으로 여성 노동력의 증가가 있으나 부수적인 역할에 그치고 있다. 물론 여성 노동의 평가절하가 젠더 때문만은 아니다. 여성의 노동시장 참여는 공장 노동자와 돌봄 노동자이며, 여성의 하위직화는 인종 및 민족과 크게 관련되어 있다. '제3세계 여성'의 신체와 삶이 평가절하되는 현상은 상당히 뚜렷하다. 자료 13.2에서는 여성성이 인종 및 국적과 함께 융합되면서 작업장에서 평가절하되는 현상과 함께, 젠더는 정체성의 다른 측면과 뗄 수 없는 관계라는 것을 보여 준다.

심화 개념

자료 13.2: '제3세계 여성'에 대한 평가절하

현대 세계경제에서 제조업과 관광산업, 접객업 등에 투자한 초국적기업은 가난한 국가의 여성을 특별히 선호한다. 부유한 나라에서는 임금노동력에 편입된 여성의 가정일을 수행하는 보모나 가정부로도 선호된다. 하지만 선호된다는 것이 가치를 인정받는다는 의미는 아니다. 이러한 일자리는 일반적으로 임금이 낮고 비숙련 노동력으로 취급받는다. 심지어 어떤 경우에는 숙련된 작업을 **할 수 없다**고 평가받으며, 젠더, 민족, 국적과 조합되어 고정관념을 만들어 낸다. 여성은 작업에 대한 능력이 떨어지고, 지루하고 반복적인 작업에 불평하지 않으며, 세부적인 작업에 적합하고, 남성성 중심의 관리 통제에 저항하지 않는다고 여긴다. 이러한 평가절하는 멕시코 북부 국경의 **마킬라도라(Maquiladora)**라고 알려진 공장에서 특히 비극적으로 나타났다(자료 5.2 참조). 1990~2000년대에 국경 마을 시우다드후아레스 주변 사막에서 수백 명의 여성 시신이 발견된 사건이 있었다. 2010~2012년 사이에 이러한 살인은 최고조에 이르렀다. 이 사건은 공장에서 여성의 신체, 생명, 일 등을 무가치한 것으로 본다는 증거가 되었다.

여성은 공장에서 비숙련이며, 훈련이 어렵고, 고분고분한 노동력으로 여겨지면서 노동집약적인 조립라인 노동력의 70%를 차지한다. 관리자나 감독관은 스스로를 공장 운영의 인재라고 여기고, 여성 인력을 로봇처럼 단순한 수작업을 하는 노동자로 생각한다. 따라서 여성 인력을 훈련하는 것은 의미가 없으며, 여성들은 가치 있는 일을 하기 위해 쉽게 그만두거나 이직하는 경향이 너무 크다고 생각한다. 결국 멕시코의 여성 노동자는 완전히 일회용이거나 대체 가능한 인력, 즉 공장의 일부로서 궁극적으로 소모되고(뻣뻣한 손, 피곤한 눈, 허리 통증) 버려지는 부품으로 간주된다. 공장 밖에서는 새로 독립한 여성을 성적으로 문란하고 위험스럽게 자유로운, 즉 도시에서 오랫동안 있어 온 성매매 여성과 같은 유형으로 취급한다. 결론적으로 앞의 사건은 단순히 공장 노동자에게 일어난 일이 아니라, 시우다드후아레스에서 일어난, 전형적인 멕시코 여성에 대한 평가절하로 보아야 한다. 여성 노동자에게 낮은 임금, 열악한 작업조건, 승진의 기회 제한 등은 멕시코 여성에 대한 평가절하의 일부분이다. 산업생산에서 노동자를 '일회용'으로 여긴다면 멕시코 북부 지역이 가장 이상적인 곳이다. 위의 사례에 대한 자세한 내용은 라이트(Wright, 2006)를 참조하고, 아이티와 도미니카 공화국의 유사한 사례에 관한 연구는 베르너(Werner, 2016)를 참조할 것.

13.4 젠더, 인종, 노동시장

이제까지 많은 국가에서 여성들에게 대부분의 가사 부담이 주어지는 방식에 대해 살펴보았다. 부부가 모두 직장을 다니는 경우도 마찬가지로 여성에게만 부담이 주어진다. 이는 여성이 노동력에 참여하는 방식에 시사점을 제시해 준다. 무임금 및 임금 노동 모두 여성의 일상생활에 통합되어 여성의 취업 가능한 일자리의 유형에 영향을 준다. 나아가 도시에서 개인의 거주지도 민족적·인종적 정체성의 관점을 형성하는 데 영향을 미친다. 이는 정체성이 개인의 노동시장의 경험을 형성하는 방식에 관한 질문에 지리적 시각을 적용할 수 있게 해 준다. 가장 중요한 것은 작업장과 가정 사이의 지리적 연계가 고용 결과를 결정하는 데 중요한 역할을 한다는 점이다.

미국과 다른 지역의 도시에 관한 연구를 보면, 남성과 여성이 노동시장에 참여하는 방식이 다름을 알 수 있다.

- 여성은 아이가 학교에서 돌아오면 집에 있어야 하고, 학교에서 아이를 데려와야 하며, 쇼핑과 일상의 다른 활동을 통합시켜야 하는 등의 필요가 있으므로 장거리 통근이 제한된다(Rapino and Cook, 2011). 결과적으로 여성은 남성보다 통근 시간이 짧아지는 경향이 있다. 물론 예외도 있다. 뉴욕 지역의 연구에 따르면. 흑인과 히스패닉 여성들은 백인 남성과 여성보다 통근 시간이 훨씬 길었다. 도심 부근에 거주하는 소수민족은 교외 지역으로 이전한 고용 중심지까지 먼 거리를 이동한다(Preston and McLafferty, 2016). 공공 교통의 질도 요인 중의 하나이다. 알바니아의 수도 티라나의 최근 연구에서는, 공공 교통에 대한 투자가 낮아 많은 여성들이 직장까지 걸어서 출근한다. 자가용을 소유한 가족들은 남성들이 차를 이용할 가능성이 훨씬 크다. 이러한 '교통 빈곤'은 여성의 취업 접근성에 큰 장애가 된다(Pojani et al., 2017).
- 구직활동에서 여성은 개인 네트워크를 이용하는 경향이 있지만, 남성은 광고나 고용기관 등 공식적인 과정에 많이 의존하는 경향을 보인다. 여성의 구직 정보 네트워크는 거의 모두가 다른 여성이며, 이러한 소셜 네트워크는 주로 근린 기반이다(Joassart-Marcelli, 2014). 이는 여성의 취업 기회가 극도로 국지적이거나 제한적이라는 사실을 의미하며, 따라서 여성이 집 가까이에 입지한 작업장에 의도치 않게 집중하는 현상을 재생산한다. 특히 여성이 인종적 또는 민족언어학적으로 소수계일 때 이러한 현상이 강하게 나타나며, 구직 정보를 얻기 위한 긴밀한 소셜 네트워크에 의존할 때 더욱 심하다.
- 고용주는 노동자 풀에 접근할 수 있는 지역에 입지하고, 지역에 거주하는 노동력을 신중하게 회

사의 기존 노동자들을 통해 충원하기도 한다. 이는 안정적이고, 요구도 심하지 않으며, 비파괴적인 노동력을 확보하는 암묵적 방법이다. 이러한 대도시 교외 지역에 여성 고용의 집중을 **핑크 칼라 게토**(pink collar ghetto)라고 한다.

- 여성은 가정이 거주지를 정한 후에 직업을 찾는 경우가 많다. 이러한 의사결정은 주로 남편이 고용된 이후에 이루어진다. 따라서 여성은 고용 가능성에 따라 거주지를 선택하지 않고 현재 거주지 인근에서 일자리를 찾는 경향이 많다.
- 마지막으로 도시 공간에서 가정과 직장이 연결될 때, 인종적 차이가 젠더와 조합된다는 점을 강조하는 것이 중요하다. 특히 거주 패턴의 인종차별적인 분리와 이러한 지역에 대한 공공 교통의 불균등한 접근성(미국 도시의 특성)으로 인해 고용기회의 불균등성이 더욱 심해진다(Shabazz, 2015; Parks, 2016).

젠더, 인종, 공간이 모두 노동시장에서 개인의 경험을 형성한다는 점은 중요한 지적이다. 가정은 여성이 책임지는 공간으로 여겨지고, 구직을 위한 소셜 네트워크는 인종화되며, 주거지 입지는 고용 입지에 맞추어 조정되어야 한다. 모든 요인을 종합하면, 노동시장과 가정−직장 연계의 지리는 남성과 여성, 인종화된 집단에 불균등한 고용을 초래하게 된다. 하지만 이러한 쟁점이 현상화되는 불균등성은 도시 주거 구조, 교통 시설, 소수민족의 분리, 남성성과 여성성의 문화가 원인이 된다. 따라서 젠더와 공간의 상호작용에 관한 보편적인 패턴은 없으며, 세상의 다양한 도시에서 불균등한 지리적 현상이 나타난다.

13.5 정체성과 작업장

가정 공간만이 아니라 가정과 연계된 일자리에도 젠더화되는 현상이 나타난다. 마찬가지로 인종도 거주지 분리의 요인만이 아니다. 작업장 또한 젠더화되고 인종화된 환경이 되어, 여기에 맞지 않는 사람은 집단에서 배제된다. 앞서 구글의 사례를 통해 첨단기술 부문의 작업장을 둘러싼 논쟁에 대해 지적하였다. 이 부문은 젠더화된 작업장이 일상적인 관행을 통해 배제적 환경이 될 수 있는지를 보여 주는 유용한 사례이다. 각각을 따로 떨어뜨려서 보면 많은 사람이 소수화되고 이러한 배제적 환경에 포함된다.

케임브리지(영국)와 더블린(아일랜드)의 첨단기술 기업의 연구에서는, 작업장이 다양한 방식으로 고도로 남성화되는 사례를 보여 준다(Gray and James, 2007; James, 2017). 이 지역 기업의 여성들은 일과 가정의 의무를 결합해야 하는 압력 때문에 임시직으로 고용되는 경우가 많다. 따라서 여성들은 근무시간에 동료와 사회화하기보다는 자기 일을 마치는 것에 초점을 둔다. 그 결과 기업의 사회적 분위기는 남성이 주도하게 되고, 축구나 자동차, 기타 남성의 관심사가 주로 논의의 대상이 된다. 결과적으로 사회적 분위기의 남성화로 인해 여성들은 커피 모임, 파티, 퇴근 후 술자리 등의 사회적 이벤트에 참가하는 경우가 적어진다. 이는 일견 중요한 쟁점이 아닌 것 같지만, 두 가지 중요한 결과를 초래한다. 첫 번째, 여성 직원은 회사의 비공식적 지식 교환에 적게 참여하고, 따라서 회사에 기여할 능력이 줄어든다. 이는 지식 교환과 혁신의 공간을 배제함으로써 결국 기업의 전반적인 생산성 축소로 이어진다. 두 번째 결과는, 여성은 현재 재직하고 있는 회사나 넓은 노동시장에서 직업 경력 발전에 필수적인 네트워킹과 지식 교환 모임에의 참여가 적어진다. 직장 기반의 소셜 네트워크의 남성화는 여성의 상승 기회를 제한할 수 있으며, 첨단기술 부문의 남성 위주 분위기를 강화할 수 있다.

유사한 사례는 금융 부문에서도 찾을 수 있다. 싱가포르의 연구 결과, 금융 부문의 작업장에서 기대하는 젠더화되고 인종화된 규범이 있으며, 이를 따르지 않는 사람은 배제된다. 이는 인종과 관련해서는 더욱 명확하게 나타난다. 한 연구에서 싱가포르의 영국-인도계 은행에 고위직으로 근무하는 여성이 인도계 지원자가 보낸 지원서를 처리하는 내용을 소개하였다.

내 이름이 넬슨이고 외모가 라틴계나 남아메리카계로 보여서인지, 인사부에서 내가 인도계인지 몰랐다는 사실은 상당이 흥미롭다. 우리는 채용 심사 중이었고, 그들이 이력서를 검토할 때 … 인도 이름의 이력서를 보기만 하면 쳐다보지도 않고 쓰레기통에 던져 버렸다(Ye, 2016: 140).

젠더는 또한 작업장에서 신체적 규범이 정해져 있다. 같은 연구에서 한 남성 고위직은 다음과 같이 언급하였다.

여성의 경우에는 주의해야 한다. 당신은 정말 잘생겨야 한다. 그렇지 않으면 일을 정말 잘해야 한다. 하지만 그런 사람은 드물다. 다른 회사의 여성들은 옷을 완벽하게 잘 입는다. 그들은 무역 현장에서 인상을 남기려고 옷을 입고 몸매도 좋다. … 그들은 중국계 싱가포르인이거나 외국인일 것이다. 좋은 것이 좋은 것이다! (Ye, 2016: 147)

흥미롭게도 이 사례에서 묘사된 여성에 대한 신체적 유형은 '중국계 싱가포르인'과 '외국인'(백인을 의미할 것이다)이다. 무슬림 말레이시아 여성과 같은 타인의 의상과 자기표현은 암묵적으로 배제된다. 위 인터뷰는 여성성이 정체성의 다른 차원과 결합한 사례를 보여 준다. 작업장이 단지 남성성이나 여성성과 연계된 것만이 아니라, 젠더 수행력과도 연계되었다는 사실을 강조해 준다. 은행업의 사례에서는 이성애자라는 젠더 정체성을 보여야만 받아들여진다는 점을 강하게 암시한다. 다른 산업이나 작업장에서도 마찬가지일 것이다.

나아가 일자리는 여성성이나 남성성의 일정한 특성의 수행력을 갈수록 강하게 요구한다. 특히 소비자나 고객과의 사회적 상호작용이 요구되는 업종일 경우에는 더욱 심하다. 서비스 제공자의 젠더와 섹슈얼리티 등의 태도는 매우 중요하고, '상품'의 기본적인 부분이다. 예를 들어, 국제 항공사에서 승무원의 근무 자세와 탑승객을 대하는 태도를 강조하는 것은 당연하다. 투자은행, 부동산, 바텐더, 건강관리, 학교 등 다른 직업군에서도 유사한 요구사항이 있다. 즉 이러한 직종은 사회적 상호작용의 요소가 있어야 한다. 이와 같은 직종은 서비스 중심의 경제사회에서 확산하는데, 기술적 능력만이 아니라 특정 업무의 체화를 요구한다. 젠더와 인종화된 정체성이 특히 중요하고, 신장, 외모, 몸무게, 피부색, 몸단장, 복장, 행동거지, 억양, 언변, 감성 등 신체적 특징도 중요하다. 다시 말하면, 사회적 상호작용에서 신체의 모든 것이 보이는 방식이 중요하다(McDowell, 2009). 핵심은 젠더와 인종이 작업장에서 **수행된다**는 점이다. 이러한 수행력은 남성과 여성, 인종화된 집단의 특정한 역할을 창조하는데, 이는 극복하기가 어렵다.

영국의 간호 업무는 젠더와 인종 기반의 수행력을 보여 주는 작업장의 사례이다(Batnitzky and McDowell, 2011). 간호 업무의 젠더화는 무척 명백하다. 이미 간호 업무에 대한 고정관념은 여성적이고 모성의 속성과 연관되어 있다. 인내, 온화, 헌신, 정서적 민감성 등등. (동료, 환자, 관리자에게) 좋은 간호사가 되는 것은 이러한 속성을 발휘하는 것이다. 간호 업무는 또한 인종적 정체성의 측면에 의해서도 정의된다. 영국 국립보건원(NHS)은 1940년대 후반에 설립되었고, 영연방(대영제국) 전체에서 간호사를 충원하였다. 하지만 간호 업무 중에서 주로 저임금이고 덜 선호하는 부문의 인력들을 충원하였다. 지금까지 이어지는 이 전통은 유색인종 여성(특히 카리브해 지역, 남아시아, 필리핀인)과 연관된 가정과 고정관념인 천하고, 더럽고, 하층계급의 업무를 담당하는 것이다. 물론 이 업무들은 간호사 작업장에 필요한 일이기는 하다. 나아가 이러한 유형의 작업은 종종 노동자 자신에게 내재화되어, 작업장에서 특정의 육체는 특정의 업무를 수행하는 것이 '자연스러운' 것처럼 느낀다.

작업장과 연관되어 있지만, 또 다른 관점은 퀴어 젠더화와 비정규적인 섹슈얼리티이다. 게이와 레즈비언이 된다는 것은 취업할 수 있는 일자리의 유형, 개인이나 커플이 살고 싶은 주거, 안전하다고 느끼는 작업장의 종류에 심대한 영향을 줄 것이다. 이성애 중심의, 그리고 동성애혐오증을 느끼는 작업장은 젊은 게이 노동자가 전문적인 성취를 하기에는 심각한 장애가 될 것이다. 오타와와 워싱턴 D.C.의 게이 남성에 관한 연구는 섹슈얼리티가 노동시장과 연결되는 다양한 방식을 보여 준다(Lewis and Mills, 2016). 게이나 게이 커플은 안전하고 보호받는다고 느끼는 대규모 게이 공동체가 있는 도시에서 신중하게 일자리를 찾을 것이다. 또한 그들은 자신들에게 수용적이라고 인지된 특정 부문(예로 공공 부문)을 목표로 할 것이다. 그럼에도 가장 관용적인 조직의 작업장에서도 여전히, 아웃팅(outing)한 게이 남성들도 자신의 섹슈얼리티를 너무 자주 드러내지 않기를 기대한다. 게이 정체성이 합법적인 많은 장소에서도 실제로는 매우 한정된 고용기회만이 있다.

이제까지 노동시장에서 여성, 인종화된 소수자, 비정규적인 섹슈얼리티를 배제하는 과정을 살펴보았다. 하지만 이제는 노동시장에서 경제생활은 더 이상 이성애자 백인에게만 긍정적이지는 않다는 사실을 인정하는 것이 중요하다. 젊은 사람들이 안정적인 고용을 기대하던 적이 있으나, 선진국의 경제재편으로 인해 한때 그들이 점유하였던 일자리들은 점차 사라지고 있다. 자료 13.3은 영국에

<table>
<tr><td></td><td style="text-align:right">심화 개념</td></tr>
</table>

자료 13.3: 잉여 남성성

선진국의 도시 노동시장은 갈수록 양극화되고 있다. 한쪽 끝부분에는 '지식경제'라고 불리는 높은 지위와 높은 보수의 기술집약적 일자리가 있다. 이러한 직업군은 높은 수준의 정규교육을 요구하며, 주로 법무, 회계, 마케팅, 컨설팅 등의 비즈니스 서비스 부문과 디자인, 엔터테인먼트, 광고, 언론 등 창조산업 부문이다. 공공부문의 고위 관료직도 같은 특권을 누린다. 이 분야에는 여성에게 진입장벽이 있지만, 적어도 진입 초반부는 남성과 여성에게 공평하게 열리고 있다. 다른 쪽 끝부분은 주로 서비스 부문인 저임금, 낮은 지위, 불안정한 업종이 있다. 이러한 직업은 소매업, 서무직, 음식 서비스, 청소, 접객 부문이다. 이들 업종은 대중과 접촉해야 하고, 사회적으로 여성의 직업으로 구조화되어 있다. 전통적인 남성성의 속성은 이러한 직업에 젊은 남성은 맞지 않는다고 여긴다.

제조업과 자원 부문에서 전통적인 남성성을 강조하는 일자리는 줄어들고 있다. 세계적인 산업재편으로 이러한 부문의 고용이 임금이 낮은 외국으로 이전하고 있기 때문이다. 이제 서구 경제에서 공장, 광산, 제지 공장 등에서의 안정적인 일자리는 찾기가 어렵다. 그 결과 영국 사회에서는 정규교육 수준이 낮은, 젊은 노동자 계층 남성에게 고용기회는 갈수록 어려워졌다. 이러한 직업군에서 남성적 정체성을 확보해 주는 전통적인 일자리도 함께 사라졌다. 젊은 남성은 스스로 잉여(일자리를 잃는 것)가 되었을 뿐만 아니라, 남성들이 자존감과 정체성을 발전시켜 왔던 '사내다운' 남성성도 불필요해지고 시대에 뒤떨어진 개념이 되었다. 일부에게 이는 단기 일자리를 찾아 여기저기로 떠도는 '포트폴리오 커리어'를 의미한다. 남성적 정체성은 더 이상 작업에서 창출되는 것이 아니라, 입을 옷, 감상할 음악, 마실 음료 등 자신이 결정하는 소비로부터 창출된다. 요약하면, 경제재편이 여성을 하위직 역할을 담당하는 노동력으로 끌어들였다면, 젊은 남성을 배제하도록 이끌고, 남성성의 전통적인 기반을 제거하였다(McDowell, 2003, 2014; Hardgrove et al., 2015 참조).

서 나타나는 현상을 보여 준다.

13.6 소수민족 클러스터와 네트워크

소수민족 기업과 클러스터

이제까지 개인이 도시 노동시장에서 다양한 일자리에 차별적으로 분류되는 방식과, 이를 통해 여성과 인종화된 집단이 사회적 약자의 위치에 남게 되는 방식을 살펴보았다. 때에 따라서는 소수민족과 소수인종이 스스로 사업을 시작하여 상가를 형성함으로써 노동시장에서 한계화에 대응하기도 한다. 이러한 창업 과정은 오랜 전통이 있지만, 20세기 후반에 상당히 많은 사람들이 이민을 오면서 뚜렷해진 현상이다(제6장). 주요 이민 도시에는 독특한 차이나타운, 코리아타운, 리틀인디아, 리틀도쿄, 그리스타운, 리틀이탈리아, 포르투갈마을 등이 있다(그림 13.5는 싱가포르의 리틀인디아). 도시경관에서 가장 눈에 띄는 소수민족 사업은 식당, 식품점, 세탁소, 여행사 등이다. 소수민족 사업은 이러한 활동뿐만 아니라 은행, 부동산, 건설, 제조업 등 비가시적인 업종도 많다.

소수민족 집단은 이민 온 국가에 새로운 사업체를 설립하는 경향이 있다. 이민자 집단이 임금노동력에 빠르게 동화되는 경우(필요한 언어능력을 가지고 캐나다에 온 영국, 자메이카, 필리핀 이민자), 자영업을 하는 경우는 많지 않다. 하지만 고용에 대한 문화적 장벽을 극복하기 어려운 경우에는 일반적으로 자영업을 선택한다. 이민자 커뮤니티가 충분한 자본을 가지고 이주하였을 때 자영업 선택이 더욱 많다. 최근 한국이나 대만에서 미국으로 이주한 이민자들이 그 사례이다. 소수민족 커뮤니티의 내부 자원을 활용하여 창업한다. 자료 13.4는 캐나다 온타리오주의 한국인 편의점 이야기로, 이러한 소수민족 자원의 중요성을 강조한다.

소수민족 네트워크는 비즈니스를 시작한 초기 정착자에게 자본과 사업 운영에 대한 보증을 제공할 뿐만 아니라, 사업에 대한 중요한 정보도 제공한다. 신규 창업 시 관료제도의 어려움을 극복하는 방법, 기회를 찾을 수 있는 시장 정보, 신규 창업자가 필요로 하는 공급자, 직원, 고객에 대한 정보를 제공해 준다. 하지만 신규 비즈니스를 시작할 **기회구조**가 좋지 않다면, 이러한 소수민족의 자원은 의미가 없을 것이다. 이는 이민 국가가 제공하는 기회와 장벽에 관련되어 있다. 정부 정책이 특정 부문에 신규 비즈니스를 허용하느냐도 중요하고, 전반적인 경제 환경도 소규모 비즈니스가 뿌리내리고 성장하는 데 영향을 줄 것이다. 나아가 소수민족 커뮤니티의 규모와 공간분포도 비즈니스가 소수

그림 13.5 싱가포르의 리틀인디아
출처: 저자.

사례 연구

자료 13.4: 캐나다 온타리오주의 한국인 편의점

1967년 유럽계 백인 이민자에게 편향된 규정을 변경한 신이민법 발효 전에는 한국의 캐나다 이민자가 많지 않았다. 한국의 이민자는 1970년대 초반부터 시작되었지만, 1990년대에 들어서자 이민이 본격적으로 증가하였다. 2016년 캐나다에 거주하는 한국계 이민자는 13만 명인데, 이 중 80%가 지난 25년간 이루어졌다. 1990년대 후반 한국의 금융 위기 이후 이민이 급속히 증가하였다. 2016년 캐나다에 있는 한국계 소수민족의 20% 이상이 자영업에 종사하고 있다(캐나다인은 12% 정도가 자영업에 종사한다). 이는 1990년대에 캐나다로 이주한 한국계 이민자의 거의 절반이 비즈니스 이민 프로그램을 통해 캐나다로 온 사실을 반영한다. 한국인들의 사업체는 주로 비디오 대여점, 식당, 세탁소 등이며, 특히 편의점이 많다. 2010년 한국계 이민자가 온타리오에서 운영하는 편의점 수는 2,000개를 넘어섰다. 그림 13.6은 토론토에 있는 한인 편의점이다.

왜 그렇게 많은 한인 이민자들이 편의점 사업을 할까? 이 방정식의 한편에는, 1980년대 후반 이후 소매업 부문의 구조재편으로 편의점 체인을 소유한 기업들이 소매점을 매각하기 시작한 시점이 있다. 이때가 정확히 한국계 비즈니스 이민자들이 비즈니스 기회를 얻기 시작한 시기이다. 편의점은 또한 가족이 운영하기에 적정한 규모이며, 특별한 기술적 노하우가 필요하지 않고, 많지는 않지만 매일 꾸준한 현금 흐름이 있으

그림 13.6 한인이 운영하는 편의점
출처: 저자.

며, 캐나다 비즈니스 이민 프로그램 규정(정착 지역에 따라 30~40만 캐나다달러의 투자 필요)에 따라 구입 가능한 금액이기 때문이다. 하지만 왜 한인인가? 부분적인 이유로는, 한인 이민자의 영어 구사 능력이 상대적으로 낮으므로 특정 비즈니스만이 가능하기 때문이다. 한인 편의점 비즈니스를 설명하는 중요한 요소는 한국계 이민자 커뮤니티의 소수민족 지원 네트워크이다. 이 장의 앞부분에서 설명하였듯이, 특정 집단이 경제나 노동시장의 특정 부문에서 기반을 차지할 때, 신규 이민자들이 기존 이민자들의 안내로 이 분야에 종사하게 되고 사업의 집중이 강화된다. 한국계의 경우, 온타리오 한인비즈니스협회(OKBA)를 통해 제도화되었다. 온타리오 한인비즈니스협회는 1973년 창립되어 소매업에 종사하는 신규 한인 이민자에게 가장 중요한 조직으로 자리 잡았으며, 편의점 종사자들에게 정보, 신용, 도매 서비스 등을 제공한다. 나아가 회원 간의 상호 존중과 연대를 위한 사회적 환경을 창출하는 비가시적인 역할도 중요하다. 이는 특히 전문성의 상실과 문화적 차이로 힘들어하는 캐나다 이민자들의 자존감 강화에 도움이 된다(Kwak, 2002; Chan and Fong, 2012). 2016년 이후로 편의점을 운영하는 한인 가족의 삶을 드라마화한 '킴스 컨비니언스(Kim's Convenience)'라는 시트콤이 방영 중이다. 한인 편의점 가족과 젠더의 역동성에 대한 좀 더 진지한 다큐멘터리 영화는 이선경의 '코너스토어의 장면들(Scenes from a Corner Store)'(Yi, 1996)이다.

민족 사회에서만 영업할지를 결정하는 데 영향을 줄 것이다.

　소수민족 집단이 특정의 비즈니스나 부문에 어쩔 수 없이 편입되는 경우도 있다. 20세기 초반 미국으로 이주한 중국 이민자들은 임금노동력에서 대부분 배제되고 단지 미천한 업무만을 할 수 있었기 때문에 식당과 세탁소를 운영하였다. 이처럼 자영업을 할 수밖에 없는 상황을 **봉쇄된 이동성 명제**라고 한다. 중국인 무역상들이 수백 년 전에 정착해 온 인도네시아나 필리핀 등 많은 동남아시아 국가에서는 중국인이 시민권을 거부당하거나, 1950년대의 법으로 시민권이 없는 사람은 토지를 소유하거나 소매업을 할 수 없었다. 결과적으로 중국인들은 도매, 은행업, 제조업을 할 수밖에 없었고, 아이러니하게도 그 후 이 부문은 수익성이 높고 가장 역동적인 산업이 되었다. 똑같은 상황이 미국이나 다른 국가로 이주한 유대인에게도 일어났다. 유럽의 토지소유권에서 배제되고 기술자 길드에서 배척된 유대인들은 중개무역상, 소매업자, 대부업자밖에 할 수 없었다.

　21세기 초반에는 이러한 제도화된 인종차별주의가 약화되었으나, 소수민족의 차별(예로 언어나 종교의 차이)은 여전히 이민 국가에서 특정 집단을 소외시키는 기반이 된다. 주요 이민 국가에서는 '비즈니스 이민자' 프로그램을 만들어 비즈니스 운영의 경험이 있거나 대규모 자본투자를 할 개인들에게 영주권이나 시민권을 주고 있다. 캐나다, 오스트레일리아, 뉴질랜드의 경우 많은 수의 중화권(중국, 홍콩, 대만) 이민자들이 이 프로그램을 통해 진출하며, 사업체를 설립할 의무를 진다.

　이민자의 비즈니스는 공간적으로 군집함으로써, 차이나타운이나 리틀인디아 같은 가시적인 상업지구를 형성하여 **클러스터**를 구축한다. 따라서 **장소**는 소수민족 경제의 등장에 중요한 부분을 차지한다. 클러스터화 과정에는 몇 가지 차원이 있다. 첫째, 소수민족 비즈니스 클러스터는 주로 자신들의 거주지의 핵심 지역에 입지한다. 소수민족 거주 지역은 소수민족 기업에 취업 기회를 위해 처음 이 지역에 거주한 이민자들을 고용하기가 쉽다. 신규 이민자들은 주류 노동시장에서 기존 자격증을 인정받지 못하고, 언어의 한계가 있으며, 차별 등의 장벽이 있지만, 소수민족 비즈니스에서는 문제가 되지 않을 수 있다. 비즈니스가 특정 소수민족을 대상으로 하면(식당이나 식품점), 잠재적 고객이 집중된 지역에서는 명백한 이익이 된다.

　둘째, 경쟁 기업과 근접 입지하여 기업의 이익을 창출하는 **집적경제**(제12장 참조)가 있을 수 있다. 식당은 지역의 개별 상점과 식당으로 이끌린 고객(특히 소수민족 집단)을 통해 집합적 이익을 볼 수 있다. 뉴욕, 샌프란시스코, 런던, 맨체스터, 시드니의 차이나타운은 그 자체가 관광 명소로 고객을 유인한다. 그중에는 부유한 관광 고객만이 아니라, 차이나타운에서 살고 일하고 학교에 다니는 중국인 고객도 있다. 영국 맨체스터시 러시홈 지역의 '커리 마일(Curry Mile)'과 런던 브릭레인 지역의 방글라데시 식당들도 집적함으로써 이익을 얻고 있다(그림 13.7 참조).

그림 13.7 런던의 브릭레인

출처: mattjeacock/Getty Images.

셋째, 소수민족 비즈니스 클러스터에서는 기업이 소수민족의 자원에 접근할 수 있다. 자본, 노하우, 시장 정보를 제공해 주는 네트워크는 공간적 근접성을 요구하는 대면접촉 상호작용을 기반으로 한다. 이러한 네트워크는 소수민족이 성공적으로 비즈니스를 설립하고, 효율적으로 작업하는 곳의 다양한 환경에서 중요하게 작용한다. 따라서 연관 산업의 군집은 필수 요건이 된다.

마지막으로, 공간 앙클라브(enclave, 소수민족 집단 거주지)는 소수민족 정체성을 유지하고 성장시키는 데 가시적인 기반을 집합적으로 형성한다. 소수민족 비즈니스 클러스터의 건축물, 사용 언어, 판매 상품, 보이는 얼굴들까지도 정체성을 강화하고 긍정적으로 수용하도록 보장한다. 다시 말하면, 차이나타운에서 중국인이 되는 것은 '중국인다움'을 상기시켜 주고, 중국 상품과 서비스에 대한 수요가 지속될 가능성을 증가시킨다.

이민자가 많은 대도시에서 소수민족 집단이 공간적 군집과 앙클라브를 형성하는 것이 바람직한가에 대해서는 많은 논쟁이 있었다. 긍정론자들은 소수민족 경제가 신규 이민자에게 기회를 주고, 시장 세그먼트(segment) 접근성을 제공하며, 상호 지원의 기제를 구성한다고 주장한다. 반대로 부정론자들은 소수민족 경제가 소외되고, 낮은 임금과 열악한 노동조건에 처해 있으며, 확장의 기회가 제한적이라고 주장한다. 표 13.2에 이러한 다양한 입장이 제시되어 있다. 하지만 중요한 것은 소수

표 13.2 소수민족 기업의 양면성

항목	긍정적	부정적
창업 이유	• 시장 기회 • 창업 기획	• 차별 • 이동성의 제한
네트워크와 조직구조	• 소수민족의 자원 • 소수민족 집단의 조직역량 • 자본조달에 협력	• 과도한 내적 경쟁 • 네트워크에 의존 • 소수민족의 상업화
네트워크와 노동력	• 이민자에 취업 기회 • 효율적인 노동력 충원 • 저임금 노동력의 장점 • 인적자본에 대한 보상	• 소수민족 집단에 대한 억압과 분리 • 저임금과 착취적인 노동조건 • 인적자본에 대한 낮은 보상
네트워크와 시장	• 제한된 시장에의 접근성 • 성공적인 비즈니스 거래	• 폐쇄적 시장의 한계
영향	• 내부적 지원 체제와 사회적 이동성	• 착취적 노동관계와 구조적 한계화 • 배우자 착취

출처: Walton-Roberts and Hiebert(1997), 표 1에서 수정 인용함.

민족 경제를 영화에서 보는 고정관념처럼 일률적이라는 가정을 하지 않는 것이다. 어떤 곳, 어떤 집단에서는 비공식적 접촉, 소규모 비즈니스, 저숙련, 저임금노동이 아직도 있지만, 훨씬 더 복잡한 현실이 존재한다. 이민자가 많은 관문도시의 대부분의 소수민족 커뮤니티는 이제 정교하고 공식화된 비즈니스를 수행한다.

또한 소수민족 경제는 역동적이고 모바일로 진행되고 있다. 최근에는 부유한 신세대 이민자들이 이주해 오면서, 소수민족이 있는 교외 도시의 구도심에 새로운 소수민족 주거와 상업 집적지가 형성되고 있다. 이러한 지역은 **소수민족 교외도시(ethnoburb)**라 불리는데, 게토화되고 소외되는 공간이 아니라, 소수민족 은행이 지역발전을 위한 투자를 통해 소수민족 비즈니스가 번성하는 집적지이다. 로스앤젤레스의 중국계 은행은 모기지 대출과 상업 대출을 통해 도심의 차이나타운과 몬터레이 파크에 있는 중국인 교외도시 등에 중국계의 비즈니스 집중을 증대시키고 있다. 샌프란시스코만 지역에서도 비슷한 역동성이 보인다. 토론토(밴쿠버의 리치먼드, 시드니의 채스우드와 함께)의 교외 지역도 홍콩, 대만, 중국 본토에서 이주한 부유한 신규 이민자들의 주요 목적지이다. 토론토 도심에 있는 두 개의 차이나타운은 이제 상대적으로 규모가 적은 중국인 주거지와 비즈니스 집적지이다. 베트남인 등 다른 소수민족 집단이 이 지역에서 성장하고 있다. 현재 중국인 상업활동의 중심지는 수많은 중국 쇼핑몰이 개발된 토론토의 북동부 교외 지역이다.

초국적 소수민족 비즈니스 네트워크

지역의 소수민족 인구에 서비스를 제공하는 소수민족 클러스터의 성장과 함께, 소수민족의 유대는 초국적 비즈니스 네트워크의 발전을 추동한다. 소수민족 네트워크는 소수민족의 동일한 정체성을 기반으로 한 관계를 통해 세계경제 공간을 연결한다. 물론 제5장에서 설명한 초국적기업보다는 힘이 없지만, 소규모 기업도 국경을 넘어 네트워킹한다.

최근에 초국적 소수민족 기업의 관행이 관심사가 되고 있다. 중국계 소수민족 기업은 특별한 관심의 대상이다. 중국 자체의 경제력이 성장하였으며, 이와 함께 환태평양 지역뿐만 아니라 전 세계 중국계 소수민족 커뮤니티가 크게 성장하였기 때문이다. 시드니에서 싱가포르, 샌프란시스코까지 중국계 소수민족 커뮤니티(정확히 말하자면 그 안의 특정 부분)는 민족 간 유대에 의한 글로벌 네트워크 구축으로 인해 경제적으로 번영을 누린다.

국경을 넘어선 경제적 연계로 추동되는 중국계 소수민족 네트워크의 사례는 베트남에 있는 말레이시아 기업의 투자에서 찾을 수 있다. 1980년대 후반부터 베트남의 공산주의 경제체제는 민간기업과 해외투자에 문호를 개방하였다. 동시에 말레이시아는 높은 임금과 고부가가치 생산에 초점을 두고 재편되는 산업으로 중진국 대열에 합류하였다. 그 결과 노동집약적인 활동은 새로운 입지를 찾아 이전을 준비하고 있었다. 베트남은 매력적인 투자 대상이었다. 2016년 말레이시아는 베트남의 해외투자 프로젝트 상위 10위에 들었다(Vietnam, 2018). 말레이시아와 베트남에는 중국계 소수민족이 상당히 많았고, 이들은 합작회사 설립에 매우 중요한 역할을 담당하였다. 특히 말레이시아 중소기업의 참여가 활발하였으며, 주로 소매업, 제조업, 농업, 기타 부문 등에 투자하였다. 한 연구에 따르면, 베트남에 투자한 말레이시아 중소기업의 거의 3분의 2가 중국계 소수민족 파트너와 합작회사를 설립하였다(Lim, 2016).

하지만 초국적 기업가정신이 중국계 소수민족에만 있지는 않다. 프랑스 남부의 항구도시 마르세유의 무역 네트워크는 도심의 벨쟁스 지역까지 이어진다(Mitchell, 2011). 여기에는 주로 알제리인의 가게와 세파르디(Sephardi, 스페인·북아프리카계의 유대인) 도매상이 소수민족 지역을 형성하고 있으며, 이 지역은 예전 프랑스 식민지였던 마그레브(Maghreb, 리비아, 알제리, 튀니지를 포함하는 아프리카 서북부 지역)인과 사하라이남 지역의 이민자들이 정착한다. 고도로 개인화되고 신뢰 기반 제도로 운영되는 벨쟁스 지역은 프랑스 남부 지역 시장에서 이민 2세대, 3세대에게 특이한 음식과 소수민족 상품을 제공한다. 주말에는 북아프리카에서 고객이 오기도 한다. 마르세유 도심 기반의 무역 회사들은 지중해 지역 전역과 더 먼 지역을 초국적 소수민족 네트워크로 연결한다.

이러한 네트워크에서 활발한 비즈니스 관행은 주류 시장경제에서는 찾기 어렵지만, 현대 세계경제에서 경쟁하기 위해 잘 적응하고 있다. 소수민족 비즈니스 네트워크의 관행은, 비즈니스 관계를 시작하고 강화하는 데 개인화된 신뢰와 사회문화적 연계에 초점이 있다. 중국계 소수민족 비즈니스의 경우, 이는 만다린 중국어로 '관계'를 의미하는 중국어, 유교 자본주의 혹은 **관시(guanxi)** 자본주의로 알려지게 되었다. 중국계 소수민족 기업의 5가지 특징은 다음과 같다.

- 가족의 유대는 비즈니스 운영에서 가장 중요한 요소이다. 수십억 달러 규모의 중국계 소수민족 비즈니스도 창업자의 아들, 사위, 형제, 조카들에 의해 운영된다(고위 관리직은 남성 친척의 전유물이다). 가족 경영의 장점은 초국적 비즈니스 관계에서도 빠른 의사결정을 할 수 있다는 점이다.
- 가족구성원 밖과의 비즈니스 거래는 다른 유형의 문화적 친밀성에 기초한다. 동일한 집단의 멤버십, 장소 기반의 정체성, 언어적 공통성 등이 그것이다. 따라서 비즈니스 연계의 사회적 기반은 비즈니스 관계를, 순수한 계약 관계를 넘어 상호 신뢰와 호혜성으로 끈끈하게 연결한다. 외국 파트너와 합작회사를 설립할 때 법적 효력이나 계약의 효력을 쉽게 강제할 수 없으므로, 이러한 거래는 신뢰할 수 있는 관계를 형성한다. 이는 1990년대 초반 이후 대만과 홍콩의 제조 기업이 중국 본토에 엄청난 양의 투자를 할 때 기반이 되었다.
- 가족이나 문화적 관계는 비즈니스 관행에서 명성과 신뢰의 중요성을 일깨워 준다. 이러한 관계는 경쟁 기업 사이, 구매 기업과 공급자 사이, 고용주와 고용인 사이에도 적용할 수 있을 것이다. 비즈니스 관계에서 신뢰의 유대는, 양 파트너가 대양을 사이에 두고 떨어져 있어도 계약을 존중한다는 보증이 되어 특히 효과적이다. 신뢰에 기반한 관계는 법적 계약에 기반한 관계보다 전 세계 공간을 훨씬 쉽게 횡단한다.
- 비공식 네트워크를 통해 신사업의 자금을 조달할 수 있는 능력은 엄청난 유연성을 창출한다. 공식적인 은행이나 주식시장을 통하지 않고 같은 소수민족 네트워크의 회원에게 융자를 받는 형식으로 신사업 자금을 융통하는 경우가 많다. 중국계 소수민족 커뮤니티에서는 처음부터 차별적인 환경에 처해 있거나 공식적인 신용 채널에 대한 접근성이 부족하므로, 이와 같은 상호 원조가 오랜 전통이었다. 현대의 초국적 비즈니스 운영에도 이러한 비공식 네트워크는 상대적으로 쉽고 낮은 이자율로 신사업을 할 수 있는 자본조달을 가능하게 해 준다.
- 비공식 네트워크는 시장 정보의 교환에서 비즈니스 파트너십만이 아니라 부채감(indebtedness)으로 연결됨으로써 관계를 강화해 준다. 부채감은 자본으로 연계된 것이 아니라, 선물과

정보 제공 같은 호의를 교환으로 형성된다. 이러한 '선물경제'를 문화적으로 이해하면 선물이란 바로 정확히 갚아야 하는 것이 아니라, 지속적인 관계를 형성하는 것임을 알 수 있다.

이 절에서는 가족적·소수민족적 유대가 소수민족 경제에서 특정 도시의 지역을 넘어 훨씬 큰 규모에서 작동함을 이해하였다. 초국적 소수민족 기업도 도시의 비즈니스 클러스터를 형성하는 유대와 소수민족 자원의 확장을 통해 네트워킹한다. 특히 중국계 소수민족 기업의 네트워크 사례에서 이러한 유대가 현대 세계경제에서도 유연하고 신뢰할 수 있는 파트너십의 필요에 잘 적응한다고 밝혀졌다.

13.7 정체성의 교차

이제까지 정체성의 다양한 측면이 경제생활의 경험을 형성하는 데 중요하다는 점을 설명하였다. 마지막으로 중요한 3가지 쟁점이 있다. 첫째, 정체성의 다양한 차원은 장소 기반적이고 관계적이다. 다시 말하면, 여성이 된다는 것, 중국인이라는 것, 게이가 된다는 것은 전 세계에서 보편적이거나 불변이 아니다. 정체성은 장소에서 구성된다. 도시 규모의 장소에서도 시간과 공간에 따라 정체성의 축의 중요성이 다르게 나타난다. 미국 대도시에서 음악산업에 종사하는 흑인 여성은 작업장에서 배제된다고 느끼지 못할 수 있다. 하지만 백인 남성성이 규범처럼 보이는 도심의 기업형 법률사무소에서 일하는 것은 그 장소에 '적합'한가에 대해 상당히 다른 영향을 줄 것이다(Roderique, 2017의 사례 참조). 즉 정체성은 관계적이다. 정체성은 특정 맥락에서 연계되고 드러나게 된다.

둘째, 특정 젠더, 인종, 소수민족 정체성의 의미를 미리 가정하지 말아야 한다. 사실상 정체성은 예상보다 덜 중요한 상황이 있을 수 있다. 민족성을 논의할 때는 항상 집단과 범주를 나누는 경향이 있고, 정체성은 의미가 있으며 동질적이라고 가정하는 경향이 있다. 즉 정체성은 선천적이고 본질적인 특성으로 인해 행태와 경험을 결정할 것이라는 가정을 한다. 하지만 실제로는 민족성이 관행을 결정하지 않으며, 오히려 관행에서 민족성을 발견할 수 있다. 이는 미묘한 차이이지만 중요한 점이다. 특정 정체성을 가진 개인이 특정한 행위를 할 것이라는 꽉 막힌 논의로부터 자유로워질 수 있다. 요약하면, 민족성을 통해 특정한 경제적 관행의 유형을 예측하거나 중요한 특성을 찾을 수 있을 것이라는 가정은 하지 말아야 한다.

중국인 민족성에 뿌리내린 것으로 알려진 초국적 비즈니스 네트워크의 사례를 살펴보자. 대만 신주 첨단기술 지역과 캘리포니아 실리콘밸리 사이의 광범위한 연계는 중국 민족 네트워크에 기반하고 있다. 하청과 정보 공유 등에서는 민족 간의 유대가 관계 형성을 촉진할 수 있지만, 대부분의 사업가는 민족 간 유대에 여전히 조심하고 있다(Saxenian and Sabel, 2008). '**관시** 자본주의'를 형성하는 순수한 문화적 논리보다는 협력의 기술적·경제적 논리가 훨씬 더 중요하다. 기업 관계의 조직에서 **관시**는 지배적인 원칙이 아니다. 관시는 시스템 자체가 아니라 시스템의 윤활유 역할을 한다. 결국 첨단기술산업을 형성하는 결정적인 요소는 기술적 역량과 시장 기반의 합리성이다. 따라서 단순한 경제 논리를 문화적, 정체성 기반의 과정을 지나치게 강조하는 논리로 대체해서는 안 된다.

마지막으로 젠더, 인종, 민족적 배경, 섹슈얼리티는 혼합되어 개인의 정체성을 형성한다. 정체성의 축에서 요소들이 분리되어 각각 경제적 경험을 형성하는 데 영향을 주는 것은 불가능하다. 어설라 번스(Ursula Burns)는 2009~2016년 동안 제록스(Xerox Corporation)의 최고경영자였다. 그녀는 포춘 500대 기업에서 최초의 흑인 여성 최고경영자였다. 파나마에서 출생하여 뉴욕시의 저소득 가정 주거 프로그램의 혜택을 받은 홀어머니 밑에서 자란 그녀는 미국 기업의 계층구조에서 맞닥뜨린 수많은 가정을 극복해 냈다. 하지만 빈곤, 흑인, 여성, 이민자 등에서 어떤 것이 그녀가 당면한 가장 큰 난관이었는지를 구별해 내기는 어려울 것이다. 분명한 것은 이러한 제한된 정체성의 모든 요소의 조합이 그녀에게는 등산하기 어려운 가파른 언덕이었을 것이다. 마찬가지로 이 장애물의 기반이 되는 사회적 과정도 상호작용적이며 중복적이다. 빈곤가정 아이들의 교육 기회에의 접근성 제약, 유색인종 여성의 경험을 형성하는 인종차별주의와 성차별주의, 이민자의 소셜 네트워크 부족 등 요소들이 조합되어 경제적 기회를 제약한다. 어설라 번스와 같은 행운의 소수만 예외였다. 따라서 기회와 억압의 복합적인 형태에 대한 통합적인 이해, 즉 교차분석이 중요하다(Mollett and Faria, 2018).

13.8 요약

이 장에서는 경제적 과정의 운영과 경험에 중요한 역할을 하는 정체성, 특히 젠더, 인종, 민족성에 대해 살펴보았다. 경제적 과정이 체화된 정체성을 무시하는 '맹목적인' 논리에 따른다는 사고는 근시안적인 관점이다.

이 장에서는 먼저 노동시장 참여에서 젠더의 불균등한 세계 지리를 추적하였고, 여성의 참여가 증가하는 경우 중 일부는 여성의 신체에 대한 평가절하를 반영한다고 주장하였다. 노동시장의 차별적인 영향을 이해하기 위해 가정에서 젠더화된 분업이 집 밖에서의 고용기회에 불균등한 접근성을 초래함을 밝혔다. 인종의 거주지 분리의 지리도 노동시장에 영향을 준다. 따라서 가정과 직장의 공간적 연계는 젠더화되고 인종화된 노동시장을 형성하는 핵심적인 지리적 과정이다.

작업장에서 젠더화된 배제가 작용할 수 있고, 인종화된 신체가 자주 특정 작업에 적합한지 혹은 적합하지 않은지를 구성하는 방식도 살펴보았다. 이는 비정규적인 섹슈얼리티 등 다양한 유형의 정체성이 작업장에서 어떻게 수행되는가 하는 쟁점으로 이어진다.

다음으로 민족성에 대한 광범위한 논의와 도시 경관에서 소수민족 비즈니스 앙클라브를 통해 민족성이 어떻게 각인되는지를 고찰하였다. 이는 주로 주류 노동력에서 배제되는 상황에 대한 반응이다. 민족성은 초국적 비즈니스 네트워크를 추동하는 능동적인 힘이며, 특히 높은 신뢰가 요구되는 거래에서 발휘된다. 하지만 민족성의 중요성을 과대평가해서는 안 된다는 점이 중요하다. 민족성을 개인의 행동이나 운명을 결정짓는 핵심적인 것으로 보아서는 안 된다. 오히려 민족성은 장소 기반적이고, 관계적이며, 항상 체화된 정체성의 다른 차원과 교차한다.

주

- 린다 맥도웰과 그 동료들의 광범위한 지리학적 연구는 젠더화된 작업장, 남성성의 재가동, 경제생활에서 젠더, 인종, 종교, 다른 정체성의 교차 등에 대해 명확하고 통찰력 있으며, 경험적으로 풍부한 해석을 제공해 준다(McDowell, 1997, 2003, 2009; Batnitzky and McDowell, 2011; Hardgrove et al., 2015; Rootham, 2015). 2014년 맥도웰의 기조연설 비디오와 연구 업적은 *Economic Geography* 저널의 홈페이지에서 볼 수 있다(McDowell, 2015).
- 미국지리학회가 출간한 *International Encyclopedia of Geography*는 젠더, 인종, 민족성, 섹슈얼리티와 고용과의 관계에 대한 최근의 자료를 제공한다(Mullings, 2017; Skop and Li, 2017; Wilson, 2017 참조).
- 첨단기술 부문 노동시장과 작업장에서의 젠더, 인종, 섹슈얼리티에 관한 연구 업적은 다음을 참조할 것. Wright et al.(2017), James(2017), Cockayne(2018).

연습문제

- 가정에서의 분업이 여성의 임금노동력 시장 일터의 경험에 어떠한 영향을 주는가?
- 작업장은 어떻게 배제적으로 젠더화되고 인종화될 수 있는가?
- 임금노동력 시장에의 접근성 증가는 전 세계 여성의 해방을 의미하는가?
- 소수민족 비즈니스는 거기에 참여하는 사람에게 유익한가?

심화학습을 위한 자료

- 캐탈리스트(Catalyst)는 비즈니스에서 여성의 기회를 확장하기 위한 비영리기관이다. 워싱턴에 본부를 두고 있으며, 캐나다, 유럽, 인도, 오스트레일리아, 일본에 지사가 있다. 홈페이지는 작업장의 젠더에 대한 풍부한 데이터와 연구를 제공한다. www.catalyst.org.
- 경제협력개발기구(OECD)는 2011년 무급노동에 대한 보고서를 출간하였다. '한눈에 보는 사회(Society at a Glance)' 시리즈는 광범위한 데이터와 논점을 제공한다. www.oecd.org/els/social/indicators/SAG.
- 마킬라연대네크워크(Maquila Solidarity Network)는 전 세계 수출 공장 여성의 작업에 관한 캠페인과 정보를 제공한다. http://www.maquilasolidarity.org.
- 유엔, 세계은행, 유럽연합, 다른 세계기구와 국가 통계청에서는 젠더, 인종, 작업에 대한 온라인 통계정보를 제공한다.
- 최근 작업장에서의 젠더 기반 차별의 최고위층 사례로 미디어의 관심이 많았다. 인터넷에서 '실리콘밸리의 성차별'이나 '젠더 임금 격차' 등을 검색해 보면 엄청나게 많은 사례가 나온다.
- 젠더 평등, 작업장 성차별, 반인종차별주의의 쟁점은 최근 사회운동에서 가장 첨예한 부분이다. 특히 #MeToo 운동과 흑인의 생명도 소중하다(Black Lives Matter) 등은 미디어에서 크게 문제화되었다.

참고문헌

Batnitzky, A. and McDowell, L. (2011). Migration, nursing, institutional discrimination and emotional/affective labour: ethnicity and labour stratification in the UK National Health Service. *Social & Cultural Geography* 12: 181-201.

Chan, E. and Fong, E. (2012). Social, economic, and demographic characteristics of Korean self-employment in Canada. In: *Korean Immigrants in Canada: Perspectives on Migration, Integration, and the Family* (eds. S. Noh, A.H. Kim and M.S. Noh), 115-132. Toronto: University of Toronto Press.

Cockayne, D. G. (2018). Underperformative economies: discrimination and gendered ideas of workplace culture in San Francisco's digital media sector. *Environment and Planning A* 50: 756-772.

Gray, M. and James, A. (2007). Connecting gender and economic competitiveness: lessons from Cambridge's high-ech regional economy. *Environment and Planning A* 39: 417-436.

Hardgrove, A., McDowell, L., and Rootham, E. (2015). Precarious lives, precarious labour: family support and young men's transitions to work in the UK. *Journal of Youth Studies* 18: 1057-1076.

James, A. (2017). *Work-Life Advantage: Sustaining Regional Learning and Innovation*. Oxford: Wiley-Blackwell.

Joassart-Marcelli, P. (2014). Gender, social network geographies, and low-wage employment among recent Mexican immigrants in Los Angeles. *Urban Geography* 35: 822-851.

Kwak, M. J. (2002). Work in family businesses and gender relations: a case study of recent Korean Immigrant Women. Master's thesis. Department of Geography, York University, Canada.

Lewis, N. M. and Mills, S. (2016). Seeking security: gay labour migration and uneven landscapes of work. *Environment and Planning A* 48: 2484-2503.

Lien, T. and Pierson, D. (2017). Google employee's memo triggers another crisis for a tech industry struggling to diversify. *Los Angeles Times* (7 August 2017).

Lim, G. (2016). Firm entry modes and Chinese business networks: Malaysian investments in Vietnam. *Singapore Journal of Tropical Geography* 37: 176-194.

McDowell, L. (1997). *Capital Culture: Gender at Work in the City*. Oxford: Blackwell.

McDowell, L. (2003). *Redundant Masculinities? Employment Change and White Working Class Youth*. Oxford: Blackwell.

McDowell, L. (2009). *Working Bodies: Interactive Service Employment and Workplace Identities*. Oxford: Wiley-Blackwell.

McDowell, L. (2014). The sexual contract, youth, masculinity and the uncertain promise of waged work in Austerity Britain. *Australian Feminist Studies* 29: 31-49.

McDowell, L. (2015). Roepke lecture in economic geography - The lives of others: body work, the production of difference, and labor geographies. *Economic Geography* 91: 1-23.

Mitchell, K. (2011). Marseille's not for burning: comparative networks of integration and exclusion in two French cities. *Annals of the Association of American Geographers* 101: 404-423.

Mollett, S. and Faria, C. (2018). The spatialities of intersectional thinking: fashioning feminist geographic futures. *Gender, Place & Culture* 25: 565-577.

Mullings, B. (2017). Race, work, and employment. In: *International Encyclopedia of Geography: People, the Earth, Environment and Technology* (eds. D. Richardson, N. Castree, M. F. Goodchild, et al.). Oxford: Wiley.

OECD (2011). *Society at A Glance 2011 - OECD Social Indicators*. OECD publishing http://www.oecd.org/ social/soc/societyataglance2011.htm (accessed 23 August 2018).

OECD (2018). Gender wage gap. Dataset from the OECD iLibrary. https://data.oecd.org/ earnwage/gender-wage-gap.htm (accessed 13 July 2018).

Parks, V. (2016). Rosa parks redux: racial mobility projects on the journey to work. *Annals of the American Association of Geographers* 106: 292-299.

Pojani, E., Boussauw, K., and Pojani, D. (2017). Reexamining transport poverty, job access, and gender issues in Central and Eastern Europe. *Gender, Place & Culture* 24: 1323-1345.

Preston, V. and McLafferty, S. (2016). Revisiting gender, race, and commuting in new york. *Annals of the American Association of Geographers* 106: 300-310.

Rapino, M. and Cook, T. (2011). Commuting, gender roles, and entrapment: a national study utilizing spatial fixed effects and control groups. *The Professional Geographer* 63: 277-294.

Roderique, H. (2017). Black on Bay Street: Hadiya Roderique had it all. But still could not fit in. *Globe and Mail* (4 November 2017).

Rootham, E. (2015). Embodying Islam and *laicite*: young French Muslim women at work. *Gender, Place & Culture* 22: 971-986.

Saxenian, A. L. and Sabel, C. (2008). Venture capital in the "periphery": the new Argonauts, global search, and local institution building. *Economic Geography* 84: 379-394.

Shabazz, R. (2015). *Spatializing Blackness: Architectures of Confinement and Black Masculinity in Chicago*. University of Illinois Press.

Skop, E. and Li, W. (2017). Ethnicity. In: *International Encyclopedia of Geography: People, the Earth, Environment and Technology* (eds. D. Richardson, N. Castree, M. F. Goodchild, et al.). Oxford: Wiley.

Statistics Canada (2016a). 2016 Census of Population. Statistics Canada Catalogue no. 98-400-X2016304.

Statistics Canada (2016b) 2016. Census of Population. Statistics Canada Catalogue no. 98-400-X2016360.

The Economist (2017). A Google employee inflames a debate about sexism and free speech. *The Economist* (10 August 2017).

Vietnam (2018) Foreign direct investment projects licensed by main counterparts. Data tabulation from General Statistics Office of Vietnam. https://www.gso.gov.vn (accessed 23 August 2018).

Walton-Roberts, M. and Hiebert, D. (1997). Immigration, entrepreneurship, and the family: Indo-Canadian enterprise in the construction industry of Greater Vancouver. *Canadian Journal of Regional Science* 20: 119-147.

Werner, M. (2016). *Global Displacements: The Making of Uneven Development in the Caribbean*. Chichester: John Wiley & Sons.

Wilson, B. M. (2017). Corporatization of race: an American case study. In: *International Encyclopedia of Geography: People, the Earth, Environment and Technology* (eds. D. Richardson, N. Castree, M.F. Goodchild, et al.). Oxford: Wiley.

Witteveen, D. and Alba, R. (2018). Labour market disadvantages of second-generation Turks and Moroccans in the Netherlands: before and during the Great Recession. *International Migration* 56: 97-116.

World Bank (2018). Labor force participation rate, female. Data tabulation. https://data.worldbank.org/indicator/SL.TLF.CACT.FE.ZS (accessed 8 August 2018).

Wright, M. (2006). *Disposable Women and Other Myths of Global Capitalism*. New York: Routledge.

Wright, R., Ellis, M., and Townley, M. (2017). The matching of STEM degree holders with STEM occupations in large metropolitan labor markets in the United States. *Economic Geography* 93: 185-201.

Ye, J. (2016). *Class Inequality in the Global City: Migrants, Workers and Cosmopolitanism in Singapore*. New York, NY: Palgrave Macmillan.

Yi, S-K. (1996). Scenes from a Corner Store. Youtube. https://youtu.be/3s-ldW7l9o8 (accessed 21 August 2018).

14

대안– 우리는 다양성 경제를 창출할 수 있을까?

탐구 주제

• 다양성 경제를 참고하여 우리의 사고를 지배하고 있는 자본주의의 한계를 탐구한다.

• 경제활동의 대안 자본주의와 비자본주의적 유형에 관해 탐구한다.

• 다양성 경제의 강한 장소귀속성과 공간 패턴, 네트워크 연계, 공간적 유형에 대해 고찰한다.

14.1 서론

런던시의 금융지구에서 6km 정도 떨어진 런던 중심가의 지역 상점에서는 영국의 공식 화폐가 아닌 다른 화폐로 상품을 거래한다. 이는 브릭스턴파운드(Brixton Pound, B£)라고 불리는 것으로, 지역의 예술가가 데이비드 보위처럼 과거 지역에서 거주하던 예술가들을 빼어나게 디자인하였다(그림 14.1a 참조). 브릭스턴파운드는 트랜지션 타운 브릭스턴(Transition Town Brixton)이라는 커뮤니티 조직이 2009년 9월 종이화폐로 시작하였으며, 2년 후에는 전자화폐 플랫폼을 도입하였다. 현재 약 50만 브릭스턴파운드가 유통되고 있으며, 약 250개의 지역 상점에서는 종이화폐가, 200개의 지점에서는 전자화폐가 순환되고 있다. 지역 주민들은 지역 공과금을 이 화폐로 지불할 수 있으며, 지역의 고용주들은 임금을 지불할 수도 있다. 이 화폐는 지역에서만 통용되기 때문에 지역의 자영업자 매출 향상에 도움을 주고, 돈이 지역 밖의 기업으로 '빠져'나가지 않도록 기획되었다. 이렇게 함으로써 '지역의 자영업자와 고객이 서로 협력하여 도울 수 있고, 브릭스턴 중심 상점가의 다양성과 자부심을 강화할 수 있도록 하는 것'을 목적으로 한다(brixtonpound.org). 영국에서 브릭스턴뿐만이 아니라 브리스틀, 카디프, 헐, 리버풀, 플리머스 등 10여 개 다른 도시들도 지역화폐를 시작하였다.

(a)

(b)

그림 14.1 지역화폐의 사례: (a) 브릭스턴파운드, (b) 방글라-페사

출처: (a) Chris Ratcliffe/AFP/Getty Images. (b) https://cdsblogs.wordpress.com/2013/08/15/complementary-currencies-contrasting-fates-m-pesa-and-bangla-pesa-in-kenya.

케냐 몸바사 외곽에는 2만 명이 사는 비공식 정착지가 있는데, 이곳에서도 유사한 화폐가 있다. 이 지역 주민들은 2013년 이후로 지역 상호 신용 화폐인 방글라-페사(Bangla-Pesa) 바우처를 이용하여 상품과 서비스를 구매한다(그림 14.1b 참조). '방글라'는 이 정착지의 이름에서 유래되었으며, '페사'는 지역 언어인 스와힐리어로 화폐를 의미한다. 이 지역 주민은 처음에 400단위(약 4달러 상당의 교환 가치)의 방글라-페사를 부여받는데, 이 중 절반은 지역에서 사용하기 전에 먼저 커뮤니티의 기관을 통해 사용해야 한다. 영국 파운드화와 교환할 수 있는 브릭스턴파운드와는 달리, 방글라-페사는 국내 통화인 케냐 실링으로 교환되지 않는다. 대신 이 바우처는 상호 협의가 되면 상품과 서비스 구매에 사용할 수 있고, 호혜적인 방식으로 사용할 수 있어 '돈을 창출하는' 기능을 할 수 있다. 2,000여 명의 사용자가 220개의 상점에서 사용하고 있으며, 비공식 정착지 경제의 여러 문제, 즉 돈의 부족, 시장의 불안정성, 낮은 투자 수준, 지역 비즈니스의 부족 등의 상황에 대응할 수 있도록 고안되었다. 무이자 신용과 지역 경계를 넘지 못하는 통화 사용을 통해 시장의 안정성 향상, 지역의 거래 상승, 신용 축적, 지역 일자리와 비즈니스 발전 등을 목적으로 한다. 현재 방글라-페사는 케냐의 비영리기관인 풀뿌리경제재단(Grassroots Economic Foundation)이 운영하는 7개 화폐 중의 하나이며, 남아프리카공화국과 콩고의 지역화폐 발전에 도움을 주기도 하였다(www.grassrootseconomics.org).

세계적으로는 수백 가지의 대안화폐와 지역화폐가 운영되고 있다. 핵심은 중앙은행이 발행하고

관리하는 화폐와 달리, 지역화폐는 비국가 행위자가 생산하는 거래 네트워크라는 점이다. 지역화폐는 국가의 공식 화폐와 공존하면서 보완적인 역할을 하며 지역의 경제발전을 목적으로 설계되었다. 요약하면, 지역화폐는 **대안적** 경제를 조직하고 운영하는 방식의 대표적인 사례이다. 그렇다면 무엇에 대한 대안인가? 제2, 3장에서는 지배적인 아이디어의 집합(주류 경제학)으로서와 자본주의의 강력한 체제로서 경제가 어떻게 기능하는지를 고찰하였다. 하지만 주류 경제가 전지전능하다는 가정의 함정에 빠지지 말아야 한다. 이 책의 여러 부분에서 이미 다양한 대안적 행동양식에 관해 설명하였다. 제2장의 '빙산' 경제, 제7장의 비공식 소매활동, 제8장의 이슬람 금융, 제10장의 커뮤니티 기반의 발전 양식, 제13장의 가내/재생산 노동의 중요성 등이 사례이다. 이러한 서로 다른 요소들을 연결해 주는 것이 주류 자본주의의 핵심 동력인 기업 소유주의 사적인 부와 이윤 극대화와는 다른 일련의 목표 지향점이다. 어떤 경우에는 대안화폐를 통해 지역 경제발전을 이루어 전통적인 자본주의를 보완하려는 목표가 있고, 다른 경우에는 대안적 실천을 통해 자본주의의 이윤추구 동기를 약화하고 이로부터 명백하게 분리되고자 설계되기도 한다.

이 장에서는 대안경제의 실천을 강조하고 다양성 경제의 특성을 드러냄으로써 다음 3가지를 제시한다. 첫째, 대안적인 경제활동이 고립되거나 미미한 사례가 아니라, 현대 경제에서 아주 흔하고 다중적 유형으로 나타나는 것을 보여 줌을 목표로 한다. 지역화폐는 경제적 교환의 대안적 수단을 제공하고자 하지만, 기업, 작업, 자신 소유권의 대안적 형태도 확인할 수 있다. 둘째, 이러한 대안경제의 근본적인 자리를 밝힐 것이다. 앞서 소개한 두 가지 지역화폐는 대안경제에서만 사용이 한정되며, 지역의 영향을 받아 형성된다. 브릭스턴파운드는 문화적 다양성, 커뮤니티 정신, 지역 행동주의 역사 등을 고취하기 위해 고안되었다. 공정무역과 같은 대안적 경제실천은 전 세계 지역과의 광범위한 네트워킹을 기반으로 한다. 셋째, 대안경제는 주류 자본주의 경제와 종종 불편한 공존을 한다. 깊게 뿌리내리고 있는 자본주의와 정치체제는 워낙 광범위하고 구석구석 스며들어 있기 때문에, 대안화폐가 진정한 자율성을 성취하는 것은 극도로 힘든 일이다.

이 장은 6개의 절로 구성되어 있다. 제2절은 지배적인 경제 관점의 한계를 제시하고, 광범위한 대안적 실천을 기반으로 하는 다양성 경제 관점의 필요성을 확립한다. 이후의 4개의 절(제3~6절)은 대안적 접근 방법의 4가지 영역, 즉 시장, 기업, 작업방식, 자원/자산 소유권에 관해 탐구한다. 마지막으로 제7절은 대안적 경제실천의 한계를 탐구한다. 특히 자본주의 체제는 이러한 노력을 이윤추구 과정으로 '편입'해 버리는 경향이 있으므로 어려움이 있다. 따라서 다양성 경제가 확장하여 자본주의에 대한 의미 있는 대안이 되는 점에 대해서는 의문을 제기한다.

14.2 경제의 자본 중심적 관점을 넘어서

제2장에서 설명한 바와 같이 '경제'에 대한 특정한 재현은 학계, 정책, 일상적 담론에서 지배적이다. '당연한 것으로 여겨지는' 경제는 자본주의 기업, 임금노동, 시장 교환, 사적 재산 등에서 일상적으로 순환하며, 자본주의 체제의 틀 안에서 이루어진다. 이 '자본 중심적' 담론은 경제 경관 전반을 지배하고, 종종 자유시장, 소비자 선택, 경제적 효율성, 낙수효과 등의 용어와 함께 설명되기도 한다.

따라서 자본중심주의(capitalocentrism)는 자본주의가 경제적 논의의 중심에 자리하고, 대안적 발전 양식이나 비자본주의적 발전 양식에 대해서는 가치가 거의 없는 것으로 치부하여 한계화시켜 버리는 방식을 의미한다. 비자본주의적 활동은 "원시적, 후진적, 침체적, 전통적이어서 독립적인 성장과 발전을 할 역량이 없으며, 현대적, 성장지향적, 역동적 자본주의 경제에 **반대**되는 것"으로 경제 발전의 장애물로 인식한다(Gibson-Graham, 2006a: 41, 저자 강조). 방글라-페사 대안화폐도 케냐의 정책결정자들이 반대하였다. 2017년 케냐의 한 장관은, "이는 단순한 물물교환일 뿐으로 막아야 한다. 우리는 21세기에 살고 있다. 사람들은 왜 아직도 한 세기 이전의 방식에 빠져 있을까?"라고 지적하였다. 실제로 2013년 이 화폐를 발명한 윌 루딕(Will Ruddick)과 5명의 멤버는 체제 전복 활동으로 체포되어 실형을 선고받았다. 그 후 이들은 혐의를 벗고 풀려났으나, 이러한 반응은 자본 중심적 사고의 강건함을 보여 주며, 대안화폐를 위협적이고 지난 세기의 잔재로 인식할 수 있다는 점을 드러낸다.

자본중심주의에 도전하기 위해서는 두 가지의 상호 연계된 전략이 필요하다. 첫째, 공식 경제의 핵심 요소(자본주의 기업, 임금노동, 시장, 사적 재산)에서 벗어난 다른 경제의 언어와 서사의 발전이 필요하다. 둘째, 자본주의는 지배적이지만, 다양한 유형의 경제활동과 공존해야 하는 부분적이고 다공질적(porus)인 경제체제이므로, 대안경제의 일상적 규모와 중요성을 증명할 필요가 있다. 이 장에서는 경제지리학자 깁슨-그레이엄(J. K. Gibson-Graham)과 동료 학자들이 이 분야에서 제공하는 최적의 기준을 따라 다양성 경제의 여러 요소를 탐구한다.

첫째, 경제에 대한 반대 서사의 측면에서 보면 경제활동은 자본주의 이윤추구의 동기에 추가되거나, 혹은 이를 탈피해 다양하고 중첩되는 동기에 의해 보완된다는 점을 인식하는 것이 필요하다. 깁슨-그레이엄 등(Gibson-Graham et al., 2013)은 커뮤니티 경제의 개념을 통해 기존 경제를 '철회(take back)'시키도록 노력해야 한다고 주장한다. 이는 '경제는 무엇을 위한 것인가'라는 단순한 질문에 잠정적인 대답을 줄 수 있을 것이다. 깁슨-그레이엄 등은 커뮤니티 경제는 "함께 평등하게 잘 **생존**하고, 사회환경적 건강을 풍부하게 할 수 있도록 **이익을 배분**하며, 우리만이 아니라 상대방의 복지를 지원하는 방향으로 **사람들을 대하고**, 자연 및 문화 **공유재**(commons)를 유지 관리·보충·성장하도록 **돌보며**, 다음 세대가 잘살도록 **현재의 부를 미래 세대를 위해 투자**하는 것"에 관심을 둔다고 주장한다(Gibson-Graham, 2006a: xviii-xix, 저자 강조). 중요한 것은 경제에 대해 무심하고 기술적으로 토의하는 것보다는, '평등', 지속가능성', '복지', '돌봄' 등의 명시적인 용어처럼 지금 여기에서 작동하는 인간의 가치가 분명하다는 점이다. 이들은 사실상 다른 유형의 경제활동을 추동하는 목표를 평가하기 위한 윤리적인 '점검표'를 제시한다. 따라서 대안경제의 실천은 이러한 광의의 윤리적 관심사의 범위로 측정될 수 있다.

깁슨-그레이엄(Gibson-Graham, 2006b)은 나아가 주류 경제와는 대비되는 커뮤니티 경제의 새로운 언어 발전을 주도한다. 주류 경제는 글로벌, 대규모, 경쟁 기반, 수출지향적, 단기 성과 위주, 관리 주도, 탈윤리적이라고 생각될 수 있다. 반면에 커뮤니티 경제는 지역 애착, 소규모 생산, 협동 관계, 지역 시장 지향, 장기 투자, 커뮤니티 주도, 윤리적 접근을 강조한다. 이 장에서 살펴보겠지만, 이러한 양분법은 문제가 없지는 않다. 경쟁 관계와 협동 관계 사이에는 수많은 회색 지역이 있다. 커뮤니티 경제를 국지적 장소의 규모로 귀속시키는 것은 상당한 도전이며, 궁극적으로는 한계가 있다. 하지만 종합적인 관점으로 보면, 경제활동의 서술을 위한 틀을 재고할 필요가 있으며, 우리가 사용하는 언어의 광범위한 영향을 통해 사고한다는 것은 아주 중요하다.

둘째, 그림 2.7 빙산 경제로 돌아가 보자. 우리의 삶을 돌아보면, 모든 경제적 관계가 자본주의적인 것은 아니다. 오히려 상당히 떨어져 있다. 해수면 아래를 보면 자본주의는 "경제활동의 엄청난 바다에서 단지 하나의 특정한 경제적 관계의 집합"일 뿐임을 알 수 있다(Gibson-Graham, 2006b: 70). 이를 일반화하면, 자본주의는 인류 역사 전체와 함께하지 않았다. 자본주의는 16~17세기에 서유럽(과 주변 제국)에서 나타난 특정한 경제조직의 한 유형으로, 이후 지구 전체로 확산하였다. 1900년대 초반 동유럽의 공산주의 블록이 붕괴되기 전까지 일부 국가들은 자본주의를 받아들이지 않았다. 나아가 제9장에서 보았듯이, 자본주의 자체는 동질적인 체제가 아니라, 다양한 국가와 지역의 제도적 특성을 반영하여 국가적 변이가 존재한다. 물론 지배적인 자본주의 경제 내에서도 자본주의 규범에 완벽하게 일치하지 않는 경제활동이 수없이 일어나고 있다.

이처럼 다양한 경제 제도는 항상 있었다. 평론가들은 경제적 전환과 위기의 시기에 이러한 제도가 많았고 가시적이었다고 주장한다(Castells et al., 2017). 경제지리학자들은 다양성 경제 제도가 가족, 친구, 이웃의 지원 네트워크를 통해 실현됨으로써, 1990~2000년대에 동유럽과 중부 유럽 지역이 국가사회주의에서 자본주의로 이전하는 전환기에 생존할 수 있었음을 증명하였다(Stenning et al., 2010). 최근에는 2007~2008년 글로벌 금융 위기 이후 장기적이고 심각한 경기 침체를 경험한

자료 14.1: 커뮤니티 부의 형성: 클리블랜드 모델

20세기 초반 오하이오주 클리블랜드(Cleveland)는 신흥도시였다. 철강, 화학, 페인트, 기계장비, 전기기기 등 중화학공업으로 미국 경제를 선도하였다. 하지만 1930년대 대공황으로 인한 금융 충격과 정부의 산업 분산을 위한 정책 등으로 말미암아, 클리블랜드 인구는 1950년대 90만 명에서 현재는 40만 명 이하로 감소하였다. 지난 10여 년 동안 클리블랜드 시정부는 클리블랜드 기반의 조직들과 협력하여 커뮤니티 부의 형성이라고 알려진 새로운 접근 방법을 도입하였다. 이 장소 기반 전략은 두 가지 핵심 원칙을 가지고 있다. 첫째, 병원, 대학 등 향후 폐쇄되거나 이전할 가능성이 없는 대형 비영리기관을 지역 앵커(anchor)기관으로 설정하여 지역 내에서 구매 지출을 가능한 한 최대한 하도록 지원한다. 둘째, 이 앵커기관이 구매할 상품과 서비스는 가능한 한 지역 노동자 소유의 협동조합이 제공하도록 하여, 상대적으로 가난한 노동계층이 지역에서 부를 유지하도록 지원한다. 클리블랜드 모델의 핵심은 대학 중심 정책으로, 핵심 앵커인 클리블랜드 클리닉, 대학병원, 케이스웨스턴리저브 대학교 등이 연합하여 연간 예산 30억 달러를 사용하여, '지역에서 고용하고, 지역에 살고, 지역에서 구매하고, 연계하자'라는 구호 아래, 6만 명 지역 주민의 자산을 늘리는 것이다. 또한 성공적이라고 많이 알려진 에버그린 협동조합(Evergreen Cooperative Initiative)의 설립이 있다. 이는 협동적 비즈니스의 발전을 조율하여, 클리블랜드 클리닉에 지역 소유의 세탁소가 서비스를 제공함으로써 150명의 일자리를 창출하는 등의 역할을 한다. 현재 클리블랜드 모델이라고 알려진 이 정책은 미국 20곳 이상의 도시에서 추진되고 있다.

클리블랜드 모델은 미국을 넘어 세계로 확산하고 있다. 영국의 선두 후보는 영국 북서부의 소규모 공업도시인 인구 14만 명의 프레스턴(Preston)이다. 2011년 7억 파운드의 도심 재개발계획이 무산된 이후, 시의회는 공공 부문의 앵커기관이 지역에서 더 많은 돈을 지출하도록 노력하고 있다. 2013~2017년 동안 6개 앵커기관(2곳의 의회, 경찰, 2곳의 고등교육기관, 주택협동조합)이 프레스턴 내에서 구매한 예산 비중이 5%에서 18%로 증가하였으며(7,400만 파운드), 랭커셔카운티 내에서 지출한 예산 비중은 39%에서 79%로 증가하였다(1억 9,900만 파운드 증가)(Economist, 2017). 미국과 영국의 커뮤니티 부의 형성에 대한 자료는 community-wealth.org와 cles.org.uk를 참조할 것.

그리스, 스페인 같은 국가에서 이러한 경제활동이 있었다. 자료 14.1은 미국 북동부의 탈산업화된 도시에서 시작된 커뮤니티 단위 부의 형성에 대한 접근 방법을 보여 준다.

표 14.1은 깁슨-그레이엄(Gibson-Graham, 2006b)이 **다양성 경제**라고 부르는 내용을 파악하기 위해 유용한 템플릿이다. 4개의 행은 경제적 다양성을 설명하는 4개의 영역이다.

- 교환 과정의 가치평가와 관련된 거래의 다양한 유형
- 잉여가치의 생산과 분배 방식과 관련된 기업의 다양한 유형
- 노동자가 보상받을 수 있는 방식과 관련된 노동의 다양한 유형

• 커뮤니티 자원관리 방식에 대한 함의와 관련된 자산 소유의 다양한 유형

    3개의 열은 자본주의, 대안 자본주의, 비자본주의 활동 간의 차이를 보여 준다. '대안 자본주의'는 자본주의의 범주에 포함되는 활동을 의미하지만, 이윤추구와 함께 환경적 지속가능성을 우선시하는 기업이 있는 것처럼 무언가 다르게 하려는 시도들이 있다. '비자본주의'는 상당한 정도로 자본주의와 연계되지 않고 완전히 다른 동기와 합리성에 의해 추동되는 활동을 말한다. 표 14.1에는 순수한 '자본주의'의 범주를 넘어서는 광범위한 활동이 제시되어 있다. 대부분은 모호하지 않고, 소수만이 추구하는 활동이 아니다. 오히려 가사노동, 자영업, 국영기업, 증여, 비공식 시장 등 무척 중요하고 흔한 활동들이다.

    제3~6절에서는 표 14.1의 내용을 로드맵으로 활용할 것이다. 제3절의 대안적 시장에서는 각 영역의 본질에 대해 논의하고, 대안 자본주의와 비자본주의 활동 유형의 사례를 설명한다. 각각의 경우에 작업의 지리적 특성과 실천 활동의 장단점을 평가한다.

표 14.1 다양성 경제

거래	기업	노동	자산 소유
시장	자본주의	임금	사적 재산
2. 대안 시장:	대안 자본주의:	대안 임금:	대안적 사적 재산:
• 공정무역, 직교역 • 호혜적 교환 • 대안화폐 • 지역거래 시스템 • 물물교환 • 지하 시장 • 비공식 시장	• 녹색 자본주의 기업 • 사회적 책임 기업 • 국영기업	• 자영업 • 호혜적 노동 • 현물지급 • 인턴십	• 국영 • 임대 • 99년 임대 • 관례 • 커뮤니티 운영 • 커뮤니티 트러스트
3. 비시장:	비자본주의:	비임금	자유로운 접근
• 가구 간 교환 • 증여 • 글리닝(gleaning)* • 국가 할당 • 사냥, 낚시, 채집	• 협동조합 • 사회적 기업 • 자영업	• 가사노동 • 가족노동 • 협동작업 • 자원봉사 • 시간은행 • 자급자족	• 공기 • 물 • 해양 • 에코시스템 서비스 • 지식과 기술

출처: Gibson-Graham et al.(2013).
* 역자주: 유통 규격에 맞지 않아 농장에서 버려질 작물을 직접 수확하는 활동.

14.3 대안 시장

추상적인 수요와 공급 법칙에 기반한 시장교환은 자본주의 체제의 핵심이다. 자료 2.4에서 상세히 살펴본 것처럼, 시장이 어떻게 형성되고 작동하는가에 대해서는 문제가 많다. 이 절에서는, 시장은 인간의 생계에 기반한 상품과 서비스의 순환에 필요한 모든 거래의 한 부분일 뿐이라는 점에 초점을 둔다. 표 14.1의 첫 번째 행(거래)에서 보여 주듯이, 다양한 교환 기제를 고려할 필요가 있다. 외부적으로 결정된 가격을 사용하는 합리적인 경제주체 간의 상호작용에 기반하기보다는, 공유, 나눔, 자원의 공정 배분 등 다양한 동기를 기반으로 이전과는 다른 유형의 다양한 거래 관계가 나타난다. 이러한 활동의 상대적 중요성은 공간적·사회적으로 변이가 있지만, 대부분의 활동은 일상적이며 이들 활동이 없이는 우리의 일상생활이 어려울 것이다.

대안 시장 기제의 관점에서 보면 다음과 같다. 국가가 판매하는 공공재(상품과 서비스)는 엄격한 이윤 기준보다는 정책목표에 의해 추동된다. 지역의 거래 체제와 대안화폐는 이 장의 초반부에서 보았듯이, 지역 경제발전 과정에 추동력을 제공하도록 설계된다. 비공식 시장과 지하 시장에서는 상품과 서비스가 극히 국지적·개인적 조정에 의해 거래된다(제7장 참조). 물물교환 시스템은 상품의 가치가 참가자에 의해 평가되고 화폐는 필요 없다. 직교역 조직[일본 알터무역(Alter Trade Japan)]과 온라인 포럼[이베이, 크레이그스리스트(Craigslist), 캐러셀(Carousell)]은 이윤추구 자본주의 매개체의 개입을 최소화하여 기업과 개인과의 거래를 촉진한다. 윤리적/공정무역 조직은 생산자와 소비자가 가격 수준, 즉 적어도 이론적으로는 생산에 참여한 커뮤니티가 최소한의 생계 수준을 유지할 수 있는 목표에 동의한다. 마지막의 사례를 좀 더 자세히 살펴보자. 이제는 많은 선진국에서 폭넓게 자리 잡은 운동이 된 윤리적 소비는, 소비자가 상품 구매의 선택을 통해 상품이 생산되는 경제, 사회, 환경 조건에 관심을 표출하는 방법이다. 제4장에서 보았듯이, 우리는 소비를 통해 모든 물자를 기반으로 하는 광범위한 생산 네트워크에 포함되고 의미를 부여받기 때문에, 소비는 어쩔 수 없이 정치적인 활동이다. 따라서 윤리적 소비는 일상적이고 국지적인 범위를 넘어 멀리 떨어진 다른 이들에 대한 보호의 관점이 필요한 '책임성의 지리학(geography of responsibility)'의 실천이다.

이러한 윤리적 소비 운동의 사례는 1992년 자선단체와 비정부기구가 결성한 영국의 공정무역재단(Fairtrade Foundation)이 있다. 이 재단의 사명은 '모든 영세 생산자와 노동자가 안전하고 지속가능한 생계를 향유하며, 자신의 잠재력을 충분히 발휘하고 미래를 결정할 수 있는 세상'을 지향한다. 이를 위해 공정무역의 실현, 영세 생산자와 노동자의 역량 강화, (사회적·환경적) 지속가능한 생계유지 촉진 등 3개의 목표를 설정하였다. 이러한 목표를 달성하기 위한 가장 중요한 기제는 생산자가 물자를 확보할 수 있도록 경제적 보상을 보장해 주고, 공정무역의 기준에 부합하는 개발도상국의 상품에 공정무역 라벨을 붙이는 것이다. 영국의 공정무역재단은 다음과 같이 다양한 활동을 한다(www.fairtrade.org.uk, 2018년 6월 13일 접속).

- 물자를 재배하거나 생산하는 기업, 농부, 노동자를 위한 사회적·경제적·환경적 기준을 제정한다. 농부와 노동자를 위한 기준은 노동자의 권리와 환경의 지속가능성을 보장하고, 기업에 대한 기준은 공정거래 최저 가격을 지키고 기업발전과 커뮤니티 프로젝트에 투자할 수 있도록 추가적인 공정무역 장려금(Fairtrade Premium)도 지급해야 한다.
- 공정무역의 기준에 맞게 생산한 상품과 물자에 개별적으로 인증을 하며, 공정무역 라벨은 소비자에게 이 기준을 통과하였다는 표식이 된다.
- 주로 소매업자들인 타 기업과의 파트너십을 통해 이들도 공정무역 상품을 개발할 수 있도록 돕는다.
- 2018년 금의 공정무역 증진 캠페인을 한 것처럼, 윤리적 공정무역과 관련된 폭넓고 다양한 쟁점을 영국 정부에 제기한다.
- 코트디부아르 코코아 재배 커뮤니티의 여성 지도자 학교 설립처럼, 농부와 노동자를 위한 특정 계획을 위해 직접 노력한다.
- 커뮤니티, 종교단체, 교육기관 등과 협력하여 공정무역에 대해 시민에게 널리 알린다.

지난 20년 동안 영국에서 공정무역 상품의 판매는 급속히 증가하였다. 2016년에는 16억 4,000만 파운드의 비용이 공정무역 상품 구매에 사용되었으며, 개발도상국 생산자에게 3,200만 파운드의 공정무역 장려금이 지급되었다(2009년 금액의 두 배). 음식, 특히 커피, 바나나, 초콜릿, 코코아, 차와 면화, 꽃 등 비식품 상품 등 다양한 상품에 공정무역 라벨이 붙여졌다. 영국의 선도적인 공정무역 브랜드는 카페다이렉트(Cafédirect, 커피, 차)와 트레이드크래프트(Traidcraft, 음식, 음료, 수제품, 선물 등) 등이 있으며, 이제는 대형 슈퍼마켓인 테스코에서도 공정무역 브랜드를 볼 수 있다.

영국의 공정무역재단은 독일 본에 있는 국제공정무역기구 네트워크의 회원사이다. 2018년 국제 공정무역기구는 74개국 1,226개 공정무역 인증 생산자조직의 165만 명의 농부와 노동자를 지원하였다. 1억 600만 파운드의 장려금이 교육, 인프라, 생산과 품질향상 등의 기획에 투자되었다. 공정무역 활동의 지리적 패턴은 선진국 소비자와 개발도상국 생산자의 전통적인 연계 패턴을 닮았다. 윤리적 소비는 크게 보아 고소득 시장에 주로 분포하고 있다. 하지만 자세히 살펴보면, 특징적인 패턴과 연계가 있다는 것을 알 수 있다. 국제공정무역기구는 3곳의 지사가 있는데, 인증 생산자조직을 기준으로 아프리카와 중동(노동자의 64%), 라틴아메리카와 카리브해 지역(노동자의 20%), 아시아·태평양 지역(노동자의 16%)이다(그림 14.2 참조). 동아프리카 지역은 전 세계 공정무역 노동자의 50%를 차지하는데(80만 명), 그중에서 케냐, 탄자니아, 에티오피아가 69만 3,000명의 노동자와 43%를 차지한다. 2018년 공정무역의 최종 수요시장을 기준으로 보면, 국제공정무역기구에는 30개의 국가별 공정무역기구가 가입되어 있다. 이 중 유럽에 19곳, 아시아에 6곳, 아메리카에 3곳(미국, 캐나다, 브라질), 오스트레일리아와 뉴질랜드에 각각 1곳이 있다. 영국의 시장은 전 세계 기업과 노동자에게 제공하는 공정무역 장려금의 3분의 1을 차지한다. 결과적으로 국제공정무역기구는 '국제적인' 윤리적 무역조직의 하나이지만, 이 기구의 운용은 선도적인 소비자시장인 서유럽과 그 식민지였던 동아프리카의 연계를 실질적으로 반영한다.

윤리적 소비는 이러한 국제적·국가적 패턴 내에서 강한 지역적 특색을 보인다. 공정무역도시(Fairtrade Town)를 보면 윤리적 소비 사고가 장소 기반적으로 적용된 흥미로운 사례를 찾을 수 있

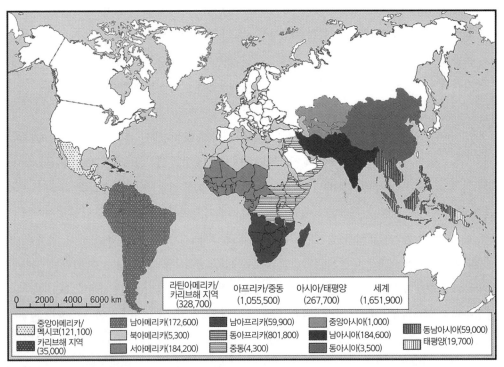

그림 14.2 2010년대 중반 공정무역 농부와 노동자 분포

출처: Fairtrade International(2015), 그림 3.5에서 수정 인용함.

다. 공정무역도시는 시의회, 지역 소매업, 지역 미디어, 이벤트를 통해 공정거래를 지원한다고 인정된 도시를 국제공정무역기구가 인증한다. 이 아이디어는 2000년 4월 영국 랭커셔의 소규모 상업도시 가스탱(Garstang)이 첫 번째 공정무역도시로 인증받으면서 확산되었다. 2018년 중반에는 영국에서 631개 공정무역도시가 인증되었고, 32개국 2,000곳의 도시가 인증을 받았다(www.fairtradetowns.org). 1,160곳의 공정무역도시가 영국과 독일 두 나라에 집중되어 있고, 유럽 밖에서는 100여 곳이 있다.

공정무역이라는 대안 시장 외에 **비시장**(non-market) 교환이라는 유형이 있다. 가정에서는 엄청난 범위의 상품과 서비스(요리, 청소, 세탁 등)를 생산하고, 가정의 루틴과 관례에 따라 공유한다. 이외에도 의무와 호혜성의 규범에 따른 증여, 노령연금·양육수당 등 국가가 사회계층과 역할에 따라 제공하는 수당, 국가 전유의 양도 불가 소득·자산·판매세, 농산물의 글리닝, 특정 지역에서 협상에 의한 사냥·낚시·채집 활동과 같은 광범위한 비시장 교환이 있다. 특별한 증여의 경우를 보면, 해외에 살며 일하는 1,000만 명 이상의 필리핀인을 정기적으로 집으로 보내는 '발릭바얀(balikbayan)' 선물 박스가 있다. 제6장에서 학습하였듯이, 이러한 이주 노동자들이 보내는 송금은 가정경제를 영위하는 데 가장 중요하고 필리핀 경제 전반에도 중요하다. 발릭바얀 박스는 증여경제와 연관되었지만 약간은 다른 유형이다.

발릭바얀 박스는 필리핀의 전통적인 기념품(pasalubong)을 주는 관행의 현대적 양식이다. 이 기념품은 여행자가 집에 돌아갈 때 가족, 친구, 동료에게 줄 선물을 의미한다. 발릭바얀 박스를 보내는 관행은 1980년대에 필리핀 정부가 해외에 있는 자국민에게 소득의 대부분을 가능한 한 필리핀에서 지출하기를 장려하는 정책을 펼치면서 시작되었다. 구입한 선물을 인편으로 보내기에는 부피가 너무 커서 운송이 어려워지자 발릭바얀 박스가 탄생하였다. 1987~2017년 동안 발릭바얀 박스는 수입세와 관세가 면제되었다. 2017년 관세 부과가 결정되자 정치적으로 논쟁적인 쟁점이 되었다. 발릭바얀은 '조국으로 돌아가다'의 의미이다. 필리핀에는 매달 약 40만 박스의 발릭바얀이 도착하며, 크리스마스는 1년 중 가장 바쁜 시기이다. 3가지 규격의 골판지 박스는 선적 컨테이너에 효율적으로 쌓을 수 있으며, 특화운송 기업이 주로 선편으로 운송한다(그림 14.3 참조). 때로는 인편으로 전달하거나 항공 편으로 부치기도 한다. 특화운송 기업은 박스당 40~80달러에 문 앞까지 배달해 준다. 이는 비슷한 박스를 배달하는 일반적인 국제 운송 서비스에 비하면 엄청나게 싼 가격이다. 흔하게 보내는 상품은 필리핀에서 구할 수 있는지와 상관없이 의류(신상품과 중고), 보관 식품, 과자/초콜릿, 화장품, 담배, 전자기기, 비타민/약품, 가방, 완구, 신발 등이다.

발릭바얀 박스는 필리핀 출신의 해외 노동자와 고국에 있는 가족을 연결해 주는 중요한 초국적

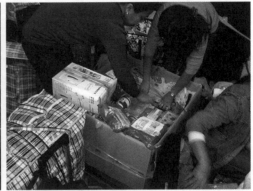

그림 14.3 증여경제의 사례: 홍콩의 발릭바얀 박스의 포장

출처: 저자.

'접착제'가 되었다. 런던에 있는 필리핀 노동자에 관한 연구에서는 이러한 관행을 흥미로운 일이라고 지적하였다(McKay, 2016). 발릭바얀 박스를 조합하면, 런던과 주변에 있는 벼룩시장(car boot sales)에 모든 물건이 다 있는 것처럼, 지역의 비공식 경제와 강한 연계를 창출할 수 있을 것이다. 어떤 필리핀 이민자들은 가족의 필요 사항을 광범위하게 조사할 것이고(예로 특정 의약품), 다른 사람들은 단순히 자신이 원하거나 해외 이주자로서의 신분에 걸맞은 상품을 보낼 것이다. 그러면 아마도 원하지 않는 상품이 필리핀에 도착할 것이고, 이는 곧 다른 사람에게 선물로 주거나 시장에서 재판매될 것이다. 따라서 발릭바얀 박스는 상품이 모인 곳에서 대안경제 거래를 지원할 것이고, 받은 곳에서도 마찬가지이다. 이 사례는 광범위하고 장거리에서도 보살핌을 할 수 있는 국제적으로 네트워크된 증여경제를 보여 준다. 비록 시장경제 거래가 상품의 구입과 운송에 개입되었지만, 근본적으로 발릭바얀 박스는 가족의 보살핌을 보여 주려는 욕구 때문에 추동된 문화적 관행이다.

14.4 대안적 기업

경제에 대한 지배적인 설명에서는 자본주의 기업이 생산을 조직하는 데 가장 효율적인 실체라고 주장하는 경향이 있다. 자본주의 기업에서는 모든 건물과 장비를 사적으로 소유하고, 노동자는 임금을 받고 정해진 일정에 따라 일하며, 상품은 생산되어 시장 기제를 통해 분배되고, 이윤은 기업 소유자나 주주가 가져간다. 반면에 다양성 경제의 관점에서는, 소유와 생산을 다르게 조합하면 수많은 다양한 조직적 형태가 있을 수 있다고 인식한다(제2장 참조).

먼저 두 가지 중요한 점을 지적할 필요가 있다. 첫째, '순수한' 자본주의 기업 같은 것은 없다. 모든 기업은 값싸거나 임금 지불이 없는 노동력인 인턴을 사용하거나, 정부 지원과 보조의 혜택을 받는 등 비자본주의적 관행을 어느 정도 이용한다. 나아가 비자본주의 기업이 자본주의 제도로부터 완전히 단절되기도 어렵다. 둘째, 자본주의 기업의 범주는 다양해서 이윤 분배의 방식이 다양하다. 비상장기업(private firm)은 기업 소유주의 경제적 잉여가 돌아가기 때문에, 가족기업은 가족구성원의 우선순위를 가장 높게 둘 것이다. 반면에 상장기업(public companies)은 이사회가 재투자와 주주배당 사이의 균형을 결정한다. 제9장에서 보았듯이, 기업은 자본주의의 국가 간 변이와 특정한 기업 문화 및 경영전략에 따라 상당히 다양한 모습을 보일 것이다(제5장 참조).

이상의 기초적인 내용을 바탕으로 **대안 자본주의**하의 기업 형태에 대해 생각해 볼 수 있다(표 14.1 참조). 제9장에서 보았듯이, 국영기업은 세계경제에서 중요한 역할을 담당하며, 이윤을 넘어 전략적이거나 분배적인 성격이 있는 목표를 추구할 것이다. 이 절에서는 핵심적인 기업의 사명이 사회적·환경적 목표를 추구하는 기업에 대해 살펴본다. 이러한 전략이 주류와는 달리 어느 정도 '대안적'인가에 대해서는 논란이 있지만, 기업에 따라서는 다른 기업보다 진정성 있게 목표를 추구한다. 이러한 사회적·환경적 목표는 기업이, 제10장에서 다루었던 영국의 윤리무역구상(Ethical Trading Initiative)과 이 장 제3절에서 제시한 공정무역 운동 등의 다중 이해관계자 행동강령에 참여함으로써 구체화된다. 물론 기업이 자체적으로 사회적 책임(CSR) 프로그램을 개발하는 경우도 있다. 이러한 내용은 기업의 비즈니스 모델에 통합된 기업전략으로, 핵심 경제활동의 영향을 완화하고, 이윤 극대화 추구를 조절할 수도 있다. 기업의 사회적 책임은 오랜 역사를 가졌지만, 1990년대 이후로 기업의 세계화와 생산 네트워크의 확장과 함께 다음과 같은 이유로 눈에 띄게 증가하였다(Hughes, 2018).

- 반기업 행동주의 등장, 의류산업의 열악한 작업장(sweatshop) 반대 운동에서 시작되었다.
- 기업 브랜드와 명성의 중요성, 대기업은 부정적인 인식에 취약하다.
- 기업활동에 대한 시민의 관심 증대와 글로벌 통신이 확대되면서 영향력이 강화되었다.
- 금융/투자자의 기업의 윤리적 활동에 대한 중요성이 커지고 있다.

생활용품의 거대기업 유니레버(Unilever)의 사례를 살펴보자. 이 회사는 사회적 책임 활동에 자부심을 가지는 전통이 있다. 20세기 초반에 이 기업의 전신인 레버브라더스(Lever Brothers)가 리버풀 인근의 비누 공장 옆 포트 선라이트에 모범적인 마을을 조성하였다. 이 마을은 공장의 노동자와 가족을 위한 고급 주택과 커뮤니티 시설을 제공하기 위해 조성되었다. 1914년 화랑, 병원, 학교, 수영장, 교회, 호텔 등의 시설을 가진 800개 주택단지가 건설되었다. 우리가 관심을 가지는 기획은 최근에 제시되었다. 2010년 유니레버는 지속가능한 생활계획, 즉 '환경발자국(Environmental Footprint)*'을 감소시키고 긍정적인 사회적 영향을 증가시키면서 기업의 사업을 성장시키는 비전을 발표하였다. 여기에서 지속가능한 생활이란, '모든 사람이 지구상의 자연적인 한계 안에서 잘살 수 있는 세상을 만드는' 데 도움을 주는 것으로 정의된다. 이 계획은 3개의 핵심 목표와 9개의 핵심 사업을 전 지구적으로 시행하는 것이다(표 14.2 참조). 어떤 사업은 유니레버 상품과 직접 연관되었지만(정수용 알약), 모든 사업이 그렇지는 않다. 회사 홈페이지에는 실패에 대한 정직한 평가 등 모든 개별 사안에 대해 상세히 제시되어 있다. 예를 들어, 유니레버의 제품 사용 소비자당 온실가스 발자국은 실제로 지난 2010~2017년 동안 9% 증가하였다. 가장 중요한 이유는 유니레버 개인 생활용품을 사용할 때 온수의 소비가 많았기 때문이다. 기업의 사회적 책임(CSR)에 대한 유니레버의 접근

표 14.2 유니레버의 지속가능한 생활계획의 기본 요소

건강과 복지의 증진	환경영향의 축소	생계의 향상
목표 '2020년까지 수십억의 사람들이 건강과 복지를 증진할 수 있는 행동을 취하도록 지원한다.'	**목표** '2030년까지 우리 기업이 성장함에 따라 상품의 생산과 사용에 소요되는 환경발자국을 절반으로 축소한다.'	**목표** '2020년까지 우리 기업이 성장함에 따라 수백만의 생계를 향상시킨다.'
핵심 사업 • 건강과 위생 • 영양 개선	**핵심 사업** • 온실가스 • 수자원 이용 • 쓰레기와 포장 • 지속가능한 구입	**핵심 사업** • 작업장에서의 공정성 • 여성에게 기회 제공 • 포용적 사업
사례 '수자원 정수를 통해 2020년까지 안전한 음용수 1,500억L를 제공한다.'	**사례** '2020년까지 우리 회사 운송 네트워크에서 발생하는 이산화탄소 배출을, 운송량이 상당히 증가하더라도 2010년 수준까지 낮춘다. 이는 이산화탄소 효율을 40% 개선한 것이다.'	**사례** '젠더 균형 조직을, 특히 관리자 수준에서 구축할 것이다.'
2017년 말까지 개선 사항 '퓨어잇(Pureit)은 2017년까지 안전한 음용수 960억L를 제공하였다. 2017년 통계는 110억L이다.'	**2017년 말까지 개선 사항** '2010년 이후로 이산화탄소 효율을 31% 개선하였다. 2016년에 비해 2017년은 이산화탄소 효율을 6% 개선하였다.'	**2017년 말까지 개선 사항** '2017년 유니레버의 여성 관리자의 비율이 47%에 달했다.'

출처: https://www.unilever.com/sustainable-living(2018년 6월 14일 접속).

* 역자주: 인간이 생태계에 얼마나 많은 요구를 하는지에 대한 측정표.

방식은 항상 종합적이고 해당 분야를 선도한다고 알려져 있다.

기업의 사회적 책임 지지자들은, 기업의 경제적 수행력과 사회적·환경적 지속가능성이 상호 연결되어 있고 상호 강화하는 특성이 있어 이러한 전략이 진보적인 타협점이라고 여긴다. 이는 유니레버 리더십의 전략과 같다. 하지만 비즈니스 옹호자들은, 이 비즈니스에는 '가치'가 형성되지 않기 때문에 기업의 사회적 책임 활동은 기업에 금전적으로 부정적인 영향을 미칠 것이라고 주장한다. 더 비판적인 관점에서는 기업홍보로서의 기업의 사회적 책임 활동은 사실상 '일상적인 기업'의 관행과는 먼 전략이라고 보는 경향이 있다. 이러한 내용은 지나친 단순화이고 일반화의 오류를 범해서는 안 되지만, 유니레버의 사례에서 보는 것처럼 기업의 핵심 관심사인 상품을 더 많이 판매하는 것과 기업 운영으로 인한 사회적·생태적 발자국을 줄이려는 욕구 사이에는 분명히 명백한 긴장이 있다.

둘째, **비자본주의** 기업에 대해 생각해 볼 필요가 있다. 비자본주의적 요소는 실제보다는 기대치가 더 높은 것도 사실이다. 역사적으로나 현대 세계경제 상황에서 볼 때 가장 중요한 유형은 협동조합이다. 일반적으로 협동조합은 상호 합의한 목표를 위해 회원 집단이 소유하고 운영하는 조직이다. 따라서 소유와 운영제도의 측면에서 기업과는 다르다. 현재 전 세계적으로 300만 개의 협동조합에 1,600만 명의 고용인, 1,100만 명의 노동자 조합원, 2억 5,300만 명의 자영업 생산자 조합원(최대 부문은 농업)이 참여하고 있으며, 협동조합의 9억 5,000만 명 회원—소비자 회원을 다 합하면, 협동조합과 직접적으로 연계된 사람은 약 12억 명에 이른다(www.cicopa.coop).

이 중에서 4개의 부문이 가장 활발하다. 농업과 식품(전 세계 협동조합 매출의 28%), 보험(23%), 금융(18%), 도소매업(12%)이다. 표 14.3에 제시된 것처럼 세계 최대의 협동조합을 보면, 선도적인 협동조합은 선진국에 기반을 두고 있지만, 국가 경제에 기여하는 정도는 농업 생산품을 수출하는 개발도상국이 훨씬 크다.

- 농업 및 식품 협동조합: 소규모 자영업으로 구성된 생산자 조합이 많고, 함께함으로써 안정성과 높은 가격을 유지하려고 한다. 가장 큰 조합은 일본의 젠노(Zen-Noh)로서, 약 1,200개 농업협동조합의 연합체이다.
- 보험 협동조합: 상호신용조직으로 보험에 가입한 소비자들이 소유하고 민주적으로 운영한다. 세계에서 가장 큰 조합은 미국의 카이저 퍼머넌트(Kaiser Permanente)이다.
- 금융 협동조합: 은행 및 금융 서비스를 제공하고, 회원—고객이 민주적으로 운영하는 협동조합 은행과 신용조합이다. 109개 국가에 6만 8,000개의 신용조합이 있으며, 2억 3,500만 명의 회원이 있다. 약 1조 4,000억 달러의 예금을 관리하고, 전 세계 경제활동인구의 13.5%를 차지하고

표 14.3 15대 협동조합과 상호신용조합, 2015년 매출 기준

순위	조직	국가	산업 부문	매출(10억 달러)
1	크레디아그리콜	프랑스	은행·금융 서비스	70.89
2	카이저 퍼머넌트	미국	보험	67.44
3	스테이트팜	미국	보험	64.82
4	BVR	독일	은행·금융 서비스	56.26
5	젠쿄렌	일본	보험	49.17
6	BPEC	프랑스	은행·금융 서비스	49.07
7	REWE	일본	도소매업	48.18
8	크레디뮈튜엘	프랑스	은행·금융 서비스	46.65
9	닛폰생명	일본	보험	44.10
10	ACDLEC	프랑스	도소매업	39.25
11	젠노	일본	농업·식품	38.80
12	네이션와이드	미국	보험	35.34
13	CHS	미국	농업·식품	34.58
14	농협	한국	농업·식품	33.94
15	리버티뮤추얼	미국	보험	32.45

출처: World Co-operative Monitor(2017), https://monitor.coop/sites/default/files/WCM_2015%20WEB.pdf.

있다. 미국에서 침투율은 52%이지만, 아시아에서는 8%이다(www.woccu.org). 프랑스의 크레디아그리콜(Crédit Agricole)은 이 분야에서 최대이며, 매출 순위는 전 부문을 통틀어 세계 1위이다.

- 도소매업 협동조합: 이 유형은 구매(purchasing) 주도와 소비자 주도에 따라 구분된다. 구매 주도는 독립적인 영세 소매업자 대규모의 구매를 위해 광범위한 네트워크에 가입하는 경우를 말한다(소상공인협동조합). 독일의 레베(Rewe)는 이 유형에서 가장 큰 협동조합이다. 반면에 영국의 코업그룹(Co-op Group)은 450만 명의 회원이 소유한 소비자 주도 협동조합으로 회원인 소비자가 할인판매를 하는 상품과 서비스에 직접 영향을 준다.

다섯 번째 범주는 노동자가 생산설비인 건물과 장비를 소유하고 스스로 경영활동을 하는 유형이다(회원-노동자). 유명한 사례는 아르헨티나 타일 제조 기업 파신팟(FaSinPat, 스페인어로 사장 없는 공장)으로, 2001~2002년 경제위기 동안 폐쇄된 공장을 250명의 노동자가 점유하여 다시 일으킨 공장이다. 이후로 지역정부의 지원 부족과 2007~2008년의 글로벌 금융 위기로 인해 상당히 어려웠

으나. 현재 고용은 450명으로 증가하였다. 2009년 이 회사의 내용이 공개되었는데, 관리자는 직원 중에서 수시로 선출하고 순환하는데, 보직에 따른 추가 수입은 없다. 세계에서 가장 규모가 큰 산업 협동조합은 스페인의 몬드라곤 협동조합(Mondragon Cooperative Corporation, MCC)이다. 표 14.2에 사례 설명을 하였지만, 몬드라곤도 자본주의 세계경제 속에서 협동조합 모델을 지속하는 데 도전을 받고 있다. 자본주의 기업과 마찬가지로 협동조합도 '순수한' 조직 형태는 아니다. 조직 구조와 목표 등에서 다양한 변이가 있다.

대안적 기업의 마지막 유형은 **사회적 기업**이다. 사회적 기업은 일정한 사회적·환경적 목표에 부합하는 상품과 서비스를 생산한다. 앞서 소개한, 사회적 책임을 가진 자본주의 기업과의 차이점은 사회적 목적이 핵심 사항이라는 점이다. 물론 상세한 경계를 나누기란 어렵다. 어떤 사회적 기업은 비영리단체이자 자선기관이며, 다른 사회적 기업은 이윤을 추구하지만 이를 진보적인 목표 달성에 사용하고, 또 다른 기업은 협동조합과 중복되기도 한다.

가장 유명한 사회적 기업은 그라민은행(Grameen Bank)이다. 방글라데시의 커뮤니티 개발은행으로, 1983년 무함마드 유누스(Muhammad Yunus)가 설립한 이래 2,500개 지점의 방대한 네트워크로 발전하여, 농촌의 가난한 사람들에게 무담보로 소액대출(미소 금융)을 해 준다. 창립 이후부터 2018년 중반까지 300억 달러의 대출을 시행하였으며, 96%의 대출 상환율을 기록하였다. 8만 1,000개 마을의 900만 명의 회원들에게 소액대출을 하였으며, 이 중 96%가 여성이다. 그라민은행은 약 2만 5,000명의 직원을 직접 고용하고 있다. 회원들이 소유주인 그라민은행은 농촌 주민, 특히 권한이 없는 여성들이 가난에서 벗어나 자신의 길을 열 수 있게 신용을 개선해 주어야 한다는 철학으로 운영된다. 최근에는 블레이크 마이코스키(Blake Mycoskie)가 2006년 캘리포니아에서 설립한 영리기업 탐스 슈즈(TOMS shoes)가 있다. 이 회사는 단순한 캔버스화 제조 기업으로 시작하였으며, 신발한 켤레를 팔 때마다 70여 개 개발도상국의 가난한 어린이에게 한 켤레를 기증한다는 '1대1' 비즈니스 모델을 채택하였다. 2016년까지 6,000만 켤레의 신발이 기증되었다. 이러한 신발 기증은 가난의원인 해결과는 거리가 멀다는 비판도 있다. 탐스는 이에 대응하여 제조 상품의 범위를 안경, 커피, 가방으로 확장함으로써, 상품의 판매가 개발도상국 국민들의 눈 건강 보호, 물 공급, 모성보호 등과 연계되도록 하였다. 탐스 신발 생산의 40%는 케냐, 인도, 에티오피아, 아이티 등 신발을 기증하는 개발도상국에 집중되어 있다. 2014년 이 회사 지분의 50%인 3억 달러가 사모펀드 회사인 베인캐피털(Bain Capital)에 판매되었다는 사실은, 자본주의 기업과 대안적 기업 사이의 경계가 흐리다는 것을 다시 한번 보여 준다.

14.5 대안적 노동

이 장에서는 대안적 노동에 대해 살펴본다(표 14.1의 3번째 행). 표준적인 자본주의 고용관계가 임금

노동에 기반하며, 이는 노동자가 일상적인 필요보다 훨씬 높은 월급을 받는 고숙련 전문 인력에서부터, 조건과 계약이 훨씬 불안정하고 광범위한 임시직, 시간제, 계절제, 하청 노동 등이 있다.

하지만 제3~4절에서 살펴본 바와 같이, 임금노동의 관점에서 벗어나면 우리는 다시 보수를 받는 **대안적** 고용과 **비자본주의적** 무급노동의 차이를 구분할 수 있다. 대안적 유급 고용은 자영업, 노동의 현물 교환, 인턴십이 포함되고, 무급노동은 가사와 가족 돌봄, 동네 공동 작업, 자원봉사, 자족 노동(자신이 먹을 음식을 직접 기르거나 스스로 집수리를 하는 것) 등이 있을 수 있다. 이러한 작업은 보수는 없지만 대신 사랑, 우정, 커뮤니티 지원, 보호, 자부심 등 다른 형태의 보상이 있다. 핵심은 경제 안에서 다양한 유형의 작업이 있으며, 단순히 '고용주'와 '피고용인'을 넘어 일련의 다른 정체성이 있다는 점이다. 이 절에서는 자영업의 중요성을 보여 주는 소위 공유경제를 살펴보고, 장소 기반의 무급 호혜적 노동인 타임뱅크(timebank)를 고찰한다. 자료 14.3은 생태농업 부문에서 나타나는 인턴십과 자원봉사를 설명한다.

사례 연구

자료 14.3: '음식을 위한 노동': 캐나다 온타리오의 무급 농업노동

지난 10년 동안 캐나다, 미국, 서유럽의 '생태지향적인' 소규모 농장에는 수많은 계절 인턴, 견습생, 단기 자원봉사 작업이 증가하고 있다. 이러한 유형의 무급노동은 최소한의 돈을 받고 하는 개인 노동으로 훈련, 음식, 숙소 등의 다양한 보상이 있다. 주로 농부 주도의 조직이 인력배치를 조정한다. 캐나다에서는 농업인 양성을 위한 협력적 지역동맹(CRAFT), 애틀랜틱 캐나다 유기농 지역 네트워크(ACORN) 등이 있다. 온타리오 지역에서 실시된 이러한 현상의 역동성에 대한 연구도 있다. 이와 같은 유형의 무급노동은 소규모 농장에 있어 온 무급 가족 노동의 오랜 전통의 현대적 형태이다. 이처럼 규모가 작고 경제적으로 유지하기 쉽지 않은 작업장에서는 무급노동의 기여가 농장을 유지할 수 있는 가장 중요한 요소이다. 동시에 경제적 동기를 넘어선 명백히 중요한 동기가 있다. 농부와 인턴, 자원봉사자들은 산업화된 농업 부문에 대한 실질적인 대안으로서 지속가능한 유기농 농장을 발전시키려고 노력하는 것이다. 노동자들은 이러한 대의명분에 자신의 노동력이 기여한다고 느끼며, 나아가 이 분야에서의 경력을 쌓는 데 도움이 되는 경험과 지식을 얻는다. 이 과정에서 형성되는 우정과 커뮤니티 구축도 중요한 요소이다(그림 14.4). 결국 소규모 유기농 농장에서의 무급노동이 증가하는 현상은 다음과 같은 흥미로운 문제를 제기한다.

- 이 불안정한 노동 체제는 얼마나 윤리적이고, 지속가능하며, 합법적인가? 너무 착취적이지 않은가?
- 이 제도는 미래의 농부 세대에게 효과적인 훈련 수단을 제공하는가? 남성보다는 여성이 많은 것은 젠더의 특성이 작동되는 것은 아닌가?
- 농부가 적절한 임금노동에는 덜 의존하고 이러한 유형의 노동에 지나치게 의존하는 위험성은 없는가?
- 생태지향적인 농업의 미래가 무급 인턴, 견습생, 자원봉사자에 의존하는 것인가?

자세한 내용은 에커스 등(Ekers et al., 2016) 및 레보코와 에커스(Levkoe and Ekers, 2017)를 참조할 것. 다양한 전문 분야에서 인턴십의 증가는 이코노미스트(Economist, 2014)를 참조할 것.

그림 14.4 온타리오의 한 농장에서 작업하는 인턴 노동자
출처: Charles Levkoe.

전문가들은 2000년대 후반 경제위기 시에 공유경제, '주문형(on-demand)' 경제, '긱(gig)' 경제가 나타났다고 설명한다. 이러한 유형의 일자리는 선진국의 실업과 저고용 상태에서 스마트폰의 사용과 '앱'의 개발이 맞물리면서 확산되었다. 공유경제에는 에어비앤비 및 숙박앱, 자동차 및 자전거 공유앱 등 숙박과 교통수단을 공유한다는 의미도 있다. 임무 기반의 공유경제는 고용에 중요한 시사점을 준다. 자영업은 전혀 새로운 직업이 아니지만, 공유경제의 발전은 새로운 형태의 자영업 발전을 촉진하고 지리적 의미도 달라진다.

공유경제에는 두 가지의 모델이 있다(Scholz, 2017).

• **주문형 노동:** 이 유형에서 가장 많이 알려진 기업은 택시에서는 우버(Uber)이고, 쇼핑 배달은

인스타카트(Instacart), 가정일은 태스크래빗(Taskrabbit)이 선도적 기업들이다. 우버는 2010년 대부분의 투자자가 투자를 거절한 작은 소규모 신생기업에서 급속히 성장하여, 2017년 700억 달러 가치의 기업이 되었다. 2016년 우버는 83개국에서 20억 건 이상의 차량 운행을 하고 연간 65억 달러의 매출을 올렸다(물론 아직 이익은 내지 못하고 있다). 의사, 변호사, 컨설팅 전문가 등 고급 노동시장을 개척하려는 시도가 있었지만, 이러한 유형은 루틴화되고 장소 기반의 노동이 더욱더 성공적이라는 것을 보여 준다.

- **온라인 작업 연계 서비스:** 업워크(Upwork), 피버(Fiverr), 아마존 메커니컬 터크(Amazon Mechanical Turk), 프리랜서(Freelancer) 등이 이 분야의 선도적 기업들이다. 2018년 업워크는 1,200만 명의 프리랜서와 500만 명의 등록 사용자를 보유하였다. 매년 300만 개의 작업이 등록되며, 이는 10억 달러의 가치이다. 소프트웨어 코딩, 번역, 디자인, 시장조사 등 다양한 온라인 작업은 다시 소규모 작업으로 쪼개져 서로 다른 지역에 있는 작업자들이 가격을 기준으로 경쟁한다. 여기에는 매우 특이한 공간 패턴이 나타나는데, 특정 기술 기반의 글로벌 노동시장이 창출된다. 이 앱들이 만들어진 미국의 고객 시장이 가장 크고, 미국 밖에서는 인도와 필리핀 등의 개발도상국에 프리랜서들이 집중되어 있다(제12장에서 논의한 콜센터와 비슷한 이유이다).

자영업에 대한 새로운 시장이 열리는 현상이 바람직한가에 대해서는 다양한 관점이 있다. 우선 학생, 반은퇴자, 아이가 있는 사람 등 정규직을 할 수 없는 사람들에게 많은 유연성과 일자리 기회를 제공한다는 관점이 있다. 반면에 비공식화된 자영업의 새로운 유형이 확산되면서, 노동자는 한계적 일자리를 찾고 안정성이 없으며, 연금, 건강보험, 산재보험에 가입할 수가 없고, 자신의 훈련과 경력 개발에 스스로 책임을 져야 한다는 비판이 있다. 우버는 이처럼 상반되는 상황의 사례를 보여 준다. 우버의 기업구조는 차량 랜트 과정이어서, 우버 운전사는 '독립적인 계약자'로서 스스로 얼마나 오래 일할지를 결정할 수 있다. 하지만 온라인상에서 이루어지는 사용자의 수행력 평가는 다른 측면이 있다. 이처럼 새롭게 등장하는 유형의 작업은 규제가 애매한 회색지대이며, 서비스가 도시와 국가를 통해 확장됨에 따라 새로운 지리적 패턴을 보인다. 우버는 상당히 논쟁적이다. 정부가 기존 택시산업도 보호해야 하고, 우버 운전사의 고용 상태도 걱정해야 하기 때문이다. 2017년 9월 런던에서 우버는 규제 및 안정성 문제로 금지되었다. 덴마크에서도 3년의 운행 후 2017년 우버의 허가가 취소되었다. 프리랜서와 자영업자를 어떻게 관리하는지는 국가에 따라 상당히 편차가 크다. 이처럼 새로운 유형의 서비스와 그 영향은 지리적으로 불균등하고 차별적으로 나타난다.

대안적 노동과는 상당히 다른 유형이 타임뱅크이다. 타임뱅크는 장소 기반의 서비스로서 회원 간

기술과 노동을 주로 온라인 교환 매체를 이용하여 맞바꾸는 것을 의미한다. 여기에서는 어떠한 활동이든 간에 하나의 시간 단위는 동일한 가치를 가진다는 원칙이 있다. 따라서 이 그룹에서 호혜와 상호 존중에 기반하여 모든 사람은 평등한 자산으로 본다. 타임뱅크는 아이 돌봄, 집수리, 글쓰기, 가르치기, 법률 자문, 일시적 위탁(respite care), 운전교습, 회계 자문, 컴퓨터 지원, 배달 서비스 등등 매우 다양한 활동을 교환한다. 타임뱅크에서는 누구도 고용주나 고용인이 아니며, 임금도 없어서 상당히 흥미로운 유형의 비급여 노동관계이다.

타임뱅크의 기본 아이디어는 공동생산이다. 따라서 경제체제에는 시장이 인식하는 것보다 더 큰 역량이 있다는 점을 보여 준다. 추가적인 재정 부담 없이 덜 활용된 노동력을 사용한다는 '발견'은 지역 경제에 승수효과를 창출하는 것을 목표로 한다. 타임뱅크는 이러한 경제적 효과 외에도 두 가지 장점을 발휘하도록 설계되었다. 첫째, '한 시간을 한 시간으로'의 원칙을 통해 사회정의와 평등을 위해 노력한다. 소외된 사람들은 이 제도에 참여함으로써 자존감이 향상된다고 느낄 것이며, 동시에 자신이 지불할 수 있는 한계를 넘어서는 기술과 서비스에 접근할 수 있게 될 것이다(회원 대부분은 저소득계층이다). 이 제도에서는 계층, 젠더, 인종 등의 장벽이 더는 문제가 되지 않는다. 둘째, 타임뱅크는 상호작용과 지원의 호혜적 네트워크를 발전시킴으로써 커뮤니티 형성의 연습이 된다. 지역에서 운영하면서 개인과 집단의 역량을 강화하고 자신의 삶을 스스로 조절할 수 있게 해 준다.

전 세계적으로 수백 개의 타임뱅크가 있지만, 대부분은 선진국에 크게 편중되어 있다. 영국에는 300여 개의 타임뱅크가 있고, 여기에는 5,000개 조직과 4만 1,000명의 사람들이 참여하고 있다. 미국에도 비슷한 수의 타임뱅크가 운영되고 있다. 2011년 10월에 뉴질랜드의 수도에서 시작한 웰링턴 타임뱅크(Wellington Timebank)는 흥미로운 사례를 보여 준다. 회원은 온라인 인터페이스를 이용하여 청소, 정원 가꾸기, 컴퓨터 지원 등 자신의 노동을 제공할 시간과 요청할 작업을 제시한다. 이 타임뱅크는 웰링턴 시의회와 다른 재원을 통한 지원을 받았다. 2018년 중반까지 웰링턴 타임뱅크의 회원은 670명이며, 이 중 3분의 2는 여성 회원이고, 2만 시간의 노동을 교환하였다(wellington-south.timebanks.org). 심층 인터뷰의 결과, 이러한 커뮤니티 형성 방식의 가능성과 문제점이 제시되었다(Diprose, 2016).

- 웰링턴 타임뱅크는 파편화된 개인들을 호혜적 연계와 상호의존성으로 묶으려는 긍정적인 사고를 기반으로 시작되었다. 회원들은 타임뱅크의 사회성을 중요하게 생각한다.
- 웰링턴 타임뱅크는 모든 회원이 기여하는 것에 가치를 둠으로써, 사회적으로 소외된 개인의 참여와 커뮤니티의 다양성 형성을 긍정적으로 인식한다.

- 낯선 사람과의 상호작용에는 안전과 보호를 중요시한다. 이를 위해 회비, 운영자와의 인터뷰, 추천서 2부, 경찰 조회 등의 일정한 참가 기준을 둔다. 전과 기록이 있는 회원의 참여는 운영위원회에서 결정한다.
- 그동안의 불만 사항을 토대로 '안전한 교환을 위한 팁'을 작성하여 홈페이지와 다른 커뮤니케이션 방법을 통해 공유한다.
- 타임뱅크 밖에서 행해지는 사회적 규범을 무시하기 어려울 때가 있기 때문에, 모든 사람의 시간의 가치는 동등하다는 원칙에 일상적인 긴장이 있다.
- 회원은 타임뱅크 네트워크 외부의 '히피'나 '무정부주의자'들과 협상을 해야 한다.

결론적으로 "웰링턴 타임뱅크는 커뮤니티 활성화의 신화적인 유토피아도 아니고, 다양한 사람들이 함께 어울리는 용광로로 완벽하게 기능하는 것도 아니다."(Diprose, 2016: 1424)라는 사실은 명백하다. 종합적으로 보면, 아마도 지역 커뮤니티는 많은 다양성 경제 제도에 민감하지만 너무 낭만적으로만 접근할 일이 아니라, 이 제도들을 유지하기 위해 집중적인 협상의 과정에 놓여 있음을 인식해야 한다.

14.6 대안적 자산

이 장에서 살펴볼 마지막 영역은 대안적 자산 소유와 사용의 잠재력과 관련이 있다. 사적 재산은 자본주의 체제의 기초로서, 사람들은 토지소유권을 확보하고 다른 자원을 생산적으로 사용한다는 가정에 기반한다. 다시 한번 표 14.1(4번째 행)을 상기해 보면, 자원의 사적 소유는 수많은 소유 유형 중의 하나일 뿐이다. 첫째, 특정한 자원은 소유권을 설정하기가 극히 어려워 **개방적 접근**을 허용한다. 사실상 지구상에서 우리의 집합적 복지는 공기, 햇빛, 바다가 제공해 주는 수많은 자원, 공유 지식재산권 등 공식적인 소유가 없는 것들에 의존한다(Gibson-Graham et al., 2013). 하지만 이러한 개방적 접근 자원의 문제는, 대양의 미세플라스틱 수준의 증가에 대한 논쟁에서 보듯이 환경 악화와 남용에 취약하다. 정리하자면, 현대에는 인클로저(enclosure)라고 알려진 과정을 통해 개방적 접근 자원의 사유화가 지배적인 경향이다. 하나의 사례가 국제해저기구(ISA)와 2001년 6회에서 2017년까지 27회 체결한 심해 채굴협약의 수가 증가하는 현상이다. 사실상 기후변화의 배경이 되는 광산업, 임업, 농업, 도시화의 확장으로 말미암은 압박으로 인해 소유권 분쟁이 갈수록 심해지고 있다.

둘째, 개방적 접근 자원 외에도 개별 자본주의 소유주 모델과 함께 공존하는 **대안적 사적 재산 소유**를 생각해 볼 수 있다. 제9장에서 본 바와 같이, 가장 중요한 공공재산은 시민의 집합적 이익을 대신하여 국가가 소유하고 운영한다(Cumbers, 2012). 하지만 여기에서는 커먼스(The commons)의 개념과 밀접한 관련이 있는, 커뮤니티가 관리하는 자산 시스템을 고려해 보자(자료 14.4 참조). 이는 땅이나 수자원 등 가시적 자원이나, 문화적 관습이나 지식 등 비가시적 자원과 관련이 있다. **커머닝 (commoning)** 과정은 커먼스가 생산되고 재생산되는 과정으로, 사유화의 반대 과정이다. 커머닝은

핵심 개념

자료 14.4: 커먼스

커먼스는 커뮤니티가 운영하는 자원이나 자산을 의미한다. 구체적으로 깁슨-그레이엄(Gibson-Graham et al., 2013)의 설명에 따르면 다음과 같다.

- 자산에 대한 접근은 광범위하고 공유되어야 한다.
- 자산의 사용은 커뮤니티와 협의해야 한다.
- 이익은 커뮤니티(혹은 더 넓게)에 분배되어야 한다.
- 자산의 보호·관리는 커뮤니티 구성원이 수행해야 한다.
- 커뮤니티 구성원은 자산에 대한 책임을 져야 한다.

누가 커먼스를 '소유'해야 하는가는 상당히 복잡한 문제이다. 때로는 커뮤니티가 자원을 반드시 소유해야 하는가는 의문이지만, 사적 소유, 국가 소유, 공개 자산 등 어떤 유형의 자산에서도 실제로 커먼스가 창출될 수 있다. 접근이 개방된 자원은 사람들이 다른 사람에게 미치는 영향을 고려하지 않고 자신의 이익만을 위해 행동하면 결국 황폐화되고 만다고 '커먼스(공유지)의 비극'에서 지적한다. 하지만 노벨경제학상을 받은 엘리너 오스트롬(Elinor Ostrom)은 사실상 공유지의 비극은 예외적인 경우이며, 다양한 유형의 커먼스를 잘 관리하면 오랫동안 유지할 수 있다고 주장한다. 알프스 지방의 농부들은 목초지를 수백 년 동안 성공적으로 관리해 왔다. '글로벌 커먼스'의 사고는 해양, 대기, 숲, 생물다양성(biodiversity)에 대한 환경파괴의 관심을 고취시킨다. 여기에는 지리적 규모에서 민감한 쟁점이 제기된다. 브라질의 열대우림은 그곳에 사는 원주민의 것인가? 주정부, 브라질 정부의 것인가? 아니면 세계적으로 중요한 '녹지(green lung)'인가?

커먼스는 전통적으로 커뮤니티 소유이면서 모두에게 이익을 주는 농지, 방목지, 숲 등에 초점을 두었었다. 이제 오스트롬과 다른 학자들의 연구 결과에 따라, 이 개념은 다음 4가지의 광범위한 자산으로 확장되었다.

- 생물물리학적 커먼스: 물, 공기, 흙, 암석, 햇빛, 동식물 생물다양성 등의 천연자원
- 문화적 커먼스: 언어, 음악, 종교, 예술 등 다양한 문화 유형
- 사회적 커먼스: 공유하는 교육, 건강, 법, 정치제도
- 지식 커먼스: 다양한 종류의 내생적인 과학적·기술적 전문지식

개인, 사회집단, 자연 시스템, 문화, 지식 등이 상호의존적이라는 것을 인식하는 데서 시작된다. 커머닝은 이미 사유화로부터 공유화로 전환한 커먼스를 보호하거나(도시의 공공공간이나 유전암호), 우리 자산을 지속하도록 사적 재산을 되찾고 공유하는 커먼스를 확장하거나(상수도 시스템을 공공 소유로 바꾸는 것), 새로운 커먼스를 창출하는 것(도시에서 커뮤니티 정원 가꾸기 실천) 등이 있다 (Amin and Howell, 2016).

지배적인 사유화와 인클로저 과정에 대항하여 '뒤로 돌아가기'를 추구하는 커뮤니티 집단의 역동성을 보여 주는 사례는 많다. 커머닝이 작동하고 있는 미국 북동부 해안 지방 커뮤니티 어업의 형성을 살펴보자. 메인주 해안어업인협회(MCFA)는 작은 마을인 포트클라이드의 어부들이 주도하여 2006년 4월에 창립되었다(Snyder and St. Martin, 2015). 이들이 시작한 커뮤니티 단위의 해안어업인협회는 곧 메인주 해안가 12개의 마을로 확산되었다(그림 14.5 참조). 회원은 주로 해저 물고기(대구, 도다리, 광어) 어부들이었으며, 새우, 랍스터, 참다랑어, 청어, 작은 대구, 아귀, 가리비 어부들도 참여하였다. 협회는 '메인만의 어업을 회복하기 위한 방법을 찾고 촉진하며, 다음 세대를 위해 메인

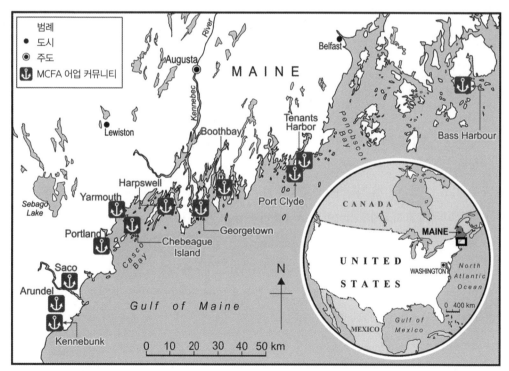

그림 14.5 미국 메인주 MCFA의 어촌계

출처: https://www.mainecoastfishermen.org/annual-report.

주의 어업 커뮤니티를 지속가능하게 하기 위한' 산업 기반의 비영리단체라고 스스로 규정하고 있다(www.mainecoastfishermen.org). 경제적인 동기도 있지만, 소규모 어업의 생존을 확보하기 위해 시도한 접근 방법은, "어업은 어부들이 굳은 의지로 헌신하는 문화, 유산, 가족의 일, 생활양식이기도 하다"라는 사실을 인식하고 있다(Snyder and St. Martin, 2015: 33).

메인주 해안어업인협회를 설립한 동기는 갈수록 증가하는 어업의 기업화, 관광과 연결된 해변의 젠트리피케이션으로 인한 어부의 접근성 제한, 소형 장비의 정리와 폐쇄, 과잉 어업 축소를 위한 관리계획 등 해안 지역의 영세 어부들이 직면한 여러 도전에 대한 대응이었다. 미국 다른 지역의 이러한 문제에 대한 관리계획은 과잉 어업을 해결하기 위한 시장 논리를 이용하는 경향이 있다. 즉 해안 지역을 구분하여 할당하고 개별 어부에게도 할당하는 총허용어획량(total allowable catch, TAC) 쿼터를 시행하였다. 이 쿼터는 뉴잉글랜드 지역 전체에서 조정하였는데, 자신에게 주어진 할당량을 채우지 못하거나 다른 지역과 교환하지 못하는 소규모 어부들에게는 부정적인 영향을 주었다.

메인주 해안어업인협회의 총허용어획량 쿼터에 대한 대응으로, 외부에서 주어진 시스템의 한계 내에서 작업하여 다음과 같은 창의적인 기획을 제시하였다.

- 협회는 갓 잡은 신선한 해산물 브랜드의 이윤추구형 협동조합을 창립하고, 자신들의 상품을 포틀랜드나 보스턴 등의 대도시가 아니라 지역에 판매할 계획을 세웠다. 지역 교회가 동원되어 해산물의 배포를 돕고, 커뮤니티에서 신선한 해산물 운송을 위한 마케팅과 물류 계획이 구축되었다.
- 협회는 어획량을 모니터링하고 주어진 쿼터를 준수하기 위해 선박용 카메라 기술을 도입하였다.
- 협회는 비정부기구 및 과학자들과 협력하여, 어떤 어업 도구가 환경피해를 최소화하는지 연구하고, 어류자원 서식지의 상세한 지도화 등의 작업을 한다.
- 협회는 네이처 컨서번시(Nature Conservancy), 도서협회 등과 협력하여 어업허가권을 메인주 내에서 유지하고 외부로 유출되지 않도록 어업허가권 저축제도를 운용한다.
- 협회는 연방정부와 주정부에 광범위한 로비활동을 하고, 유사한 도전을 받는 다른 지역에 롤모델로 인정받는다.

이 절에서는 자본주의 제도와 대안적 제도 간의 흐린 경계선의 사례들을 설명하였다. 대안 자본주의 제도 중 대표적인 전략이 협동조합이다. 이는 자신들이 재배한 상품의 시장을 스스로 구축하는,

장소 기반의 지리적 특성을 보인다.

14.7 다양성 경제의 한계?

이 장에서는 다양성 경제의 중요성을 상호 연계된 두 개의 층위에서 탐구하였다. 첫째, 경제는 본질적으로 자본주의적 활동의 우월성과 탁월성을 가정하지 않는다는 것을 설명할 필요가 있다고 강조하였다. 둘째, 현대 경제의 실상을 반영하기 위해 다양성 경제를 발견하고 상세히 밝히는 일은 중요하다. 광범위한 대안 자본주의적 실천은 지배적인 자본주의 체제와 함께하면서 상호작용한다. 이러한 활동의 중요성은 사회적·공간적으로 변이가 있지만, 자본주의가 가장 지배적이고 강력한 신자유주의적 맥락에서도 이러한 활동은 사회의 총체적인 운영에 필요불가결하다. 가정, 비공식 경제, 국가 영역에는 엄청난 양의 경제활동이 내재해 있다. 사실상 전 세계의 많은 사람들에게는 대안적 실천과 비자본주의적 활동이 일상적으로 주된 경제활동이 될 것이다. 이는 나아가 자본주의적 제도를 비정상적으로 보아야 하고, '대안적'이라는 명칭은 잘못 붙여졌다는 것을 의미한다(White and Williams, 2016). 이는 흥미로운 주장이지만, 이러한 사고방식에는 잠재적인 한계가 있다고 생각하는 것이 중요하다(Smith, 2012). 결론적으로 이 절에서는 다음과 같은 주장을 탐구할 것이다.

첫째, 앞서 살펴보았듯이, 대안경제 중 어떤 유형은 명백히 진보적이며, 다른 유형은 훨씬 덜하다. 대부분은 자본주의의 대안으로서 가능하지는 않지만, 광의의 권력구조와 관련하여 참여의 주변성에 대항하기 위한 전략이다. 대안적 경제활동의 강도가 자본주의 체제가 작동하는 장소와 시간에 밀접히 연관되어 있다는 사실은 그 활동 자체가 투쟁적이며 위기 시에 드러난다는 점을 보여 준다. 지난 수십 년 동안 북아메리카 지역의 탈산업화 도시에서, 1990년 이후 중부 유럽과 동유럽의 전환경제에서, 2008년 금융 위기 이후 강한 긴축을 하는 서유럽 국가에서, 그리고 비공식 경제가 지배적인 개발도상국에서 이러한 사실이 드러났다. 인도네시아 자카르타의 비공식 거주지 주민들은 시정부에 의해 퇴거당하기 이전, 퇴거당하는 동안, 퇴거당한 이후에도 전치(dislocation)의 과정이 초래한 트라우마를 이겨 내기 위해 광범위하게 다양성 경제의 실천을 한다(Leitner and Sheppard, 2018). 따라서 수많은 다양성 경제는 자본주의 경제와 국가가 시민에게 적절한 자원을 제공하지 못한 실패에서 탄생하며, 이를 얻기 위한 시민 투쟁의 마지막 도피처 전략이다(Amin, 2009).

둘째, 다양성 경제가 보여 주는 고유한 지리적 특성을 탐구할 필요가 있다. 대부분의 다양성 경제제도는 특정 커뮤니티의 형성, 환경영향 감소, 사람들이 살고 일하는 곳에서 부의 축적 등의 조합으로 생성하려는 의도가 있으므로, 의도적인 지역적 특성(localism)이 작동한다. 성공적인 지역 제도를 축하하기 위해서는 그 제도의 장점과 속성을 분석하는 것이 중요하지만, 제도의 광역적 적용의 중요성과 연관관계도 평가하는 것이 중요하다. 지역의 제도를 국가적, 국제적으로 확장하면 매우 다른 관점이 보이며, 지역의 제도를 더욱 큰 프로젝트로 '확장'할 수 있는 잠재력을 평가하는 것은 가치 있는 일이다. 이 장에서는 지역을 넘어 나타나는 지리적 특성을 고찰하였다. 수많은 장소 기반의 기획이 성공하면 빠르게 광역적 프로젝트로 확장된다. 공정무역도시 운동과 클리블랜드 모델은 빠르게 확산하였다. 공정무역은 중요한 국제적 운동으로 성장하였다. 증여, 프리랜서 작업, 자원봉사, 협동조합 기업 등의 제도는 모두 초국적 차원에서도 중요한 의미가 있다. 지난 수십 년 동안의 공유경제와 긱 경제의 폭발적인 확산에서 보듯이, 좋든 싫든 글로벌 통신기술의 발전으로 인해 아이디어의 연계 및 교환의 과정과 속도가 빨라졌다. 또한 강한 영역적 배태성, 특히 국가 공정무역재단이나 협동조합연맹 등 다양성 경제에 기반한 핵심 제도가 있는 국가 단위에서 조직화되는 경향이 있다. 따라서 다양성 경제의 잠재력을 이해하기 위해서는, 세계자본주의에 대한 국지적 대안을 강조하기보다는, 장소 기반의 프로젝트가 '확장'을 위해 분투하는 내용을 탐구하는 것이 중요하다.

셋째, 다양성 경제활동이 자본주의 체제에 포획되어 포함되거나 '통합'될 가능성에 주의할 필요가 있다(Fuller et al., 2010). 비평가들은 공정무역을, 소매업자들이 특정 상품의 가격을 인상하는 작은 변화의 방식으로 해석한다. 소매업자들은 공정무역 상품 판매로 농부와 노동자보다 더 많은 이익을 누릴 것이다. 자료 14.2에서 살펴본 것처럼, 몬드라곤도 세계자본주의 경제의 맥락에서 경쟁력 있는 협동조합 그룹이 되기에는 많은 도전이 놓여 있다. 비용 상승, 기술변화, 해외 기업과의 경쟁의 영향으로부터 자유롭지 못하다. 몬드라곤이 세계화될수록 협동조합의 이상은 옅어졌다. 마지막으로, 공유경제도 초기에는 자영업을 통한 개인의 유연성과 자율성을 제공하였지만, 자본주의의 축적, 즉 '플랫폼' 경제의 최신 모델이 되어 가고 있다(자료 14.5 참조). 대안 자본주의나 비자본주의적 활동으

심화 개념

자료 14.5: 플랫폼 자본주의의 등장?

평론가들은 공유경제나 '긱' 경제의 부상과 대비하여 '플랫폼 자본주의'의 성장을 강조한다(Srnicek, 2017). 플랫폼 자본주의는 신기술 네트워킹의 힘을 통해 개별 작업자와 사용자의 해방이라는 공유경제 담론에 대한 해결책임을 의도하는 용어이지만, 실제로는 이윤을 창출하기 위해 데이터를 수집하고 사용하는 데 중점을 두는, 새로운 자본주의 성장 기제를 의미한다. 데이터는 자본주의 체제의 새로운 원자재가 되었다. 더 많은 기업이 주요한 기능을 온라인으로 이동함에 따라, 플랫폼 발전의 추세에 순응하게 되었다. 플랫폼은 2010년

이후에 강하게 등장하였으며, 이제는 소셜 미디어, 온라인 시장, 크라우드소싱, 크라우드펀딩 등의 광범위한 분야에서 뚜렷해졌다(표 14.4 참조).

표 14.4 플랫폼 경제의 차원

분야	플랫폼 유형	대표 사례
온라인 시장 교환	오프라인 배달, 다운로드, 스트리밍을 통한 상품과 서비스의 시장	아마존, 애플, 스포티파이, 이베이, 알리바바, 크레이그스리스트, 타오바오, 라쿠텐, 플립카트 등
소셜 미디어와 사용자 제작 콘텐츠	콘텐츠 포스팅을 위한 사용자 커뮤니케이션의 장	페이스북, 유튜브, 플리커, 트위터 등
공유경제	충분히 이용되지 않는 자산과 서비스 고용을 위한 시장	우버, 에어비앤비, 튜로, 저스트파크, 리프트 등
크라우드소싱	거래와 계약직 작업, 프리랜서와 비공식 노동, 노하우 시장	태스크래빗, 업워크, 아마존 메커니컬 터크, 클릭워커, 프리랜서 등
크라우드펀딩과 개인 간 대출	기부, 서약, 대출, 투자자금 시장	킥스타터, 인디고고, 렌딩클럽, 프로스퍼 등

출처: Langley and Leyshon(2017), 표 1에서 수정 인용함.

그렇다면 플랫폼이란 무엇인가? 4가지의 특징을 생각해 볼 수 있다. 첫째, 가장 단순한 수준에서 보면 광고주, 소비자, 생산자, 공급자 등 서로 다른 사용자 집단을 중개해 주는 기능을 제공하는 디지털 기술이다. 애플의 앱스토어처럼 사용자가 자신의 상품, 서비스, 시장을 창출할 수 있도록 해 주는 내장형 도구의 형태가 많다. 플랫폼은 중개 기능을 통해 사용자 간 상호작용에 대한 엄청난 양의 데이터를 창출하고 분석할 수 있다. 둘째, 플랫폼은 '네트워크 효과'를 창출하고 또한 이에 의존한다. 더 많은 사용자가 플랫폼에 가입할수록 데이터의 품질이 향상됨으로써 서비스가 개선되어 모든 사람에게 더 유용해진다. 이러한 효과는 시간이 흐를수록 시장에서 지배적인 플랫폼이 나타나고 독점의 경향을 만든다. 우버의 경우, 운전사와 사용자가 증가함에 따라 네트워크 효과를 강화하여 이익을 얻는다. 셋째, 플랫폼은 다른 사업의 수익으로 유지하는(cross-subsidization) 경우가 많다. 구글은 검색과 이메일 서비스를 무료로 제공하기 위해 광고를 활용한다. 넷째, 가장 중요한 특성은 우버가 택시산업의 현대를 바꾸듯이, 주로 비상장 기업인 플랫폼 기업의 소유주가 상호작용의 규칙을 정한다. 실질적으로 플랫폼 기업은 시장의 본질을 바꾸고 있기 때문에, 시장의 기업과 정부의 규제자와 정치적으로 대립하고 격심한 충돌을 일으킨다. 종합하면, 이러한 특성으로 인해 플랫폼 기업은 현대 자본주의의 특징이라고 할 수도 있을 만큼 엄청난 이윤을 추출해 간다. 자세한 내용은 랭글리와 레이션(Langley and Leyshon, 2017) 및 서르닉(Srnicek, 2017)을 참조할 것.

로 사고하기보다는, 자본주의보다 넓은(more-than-capitalist) 제도로 생각하는 것이 훨씬 효과적이다. 항상 자본주의 역동성과 엮여 있지만, 동시에 이러한 역동성을 특정 장소에서와 장소를 가로질러 재형성할 수 있는 잠재력이 있는 제도로 사고하는 것이다(Sheppard, 2019).

14.8 요약

이 장에서는 제2장에서 제시한 경제체제로 돌아가 완전하게 설명하였다. 논리적으로 생각해 보면, 전체를 완전히 장악하고 지리적으로 동일하게 나타나는 유일한 지배적인 경제체제를 상상하기는 어렵다. 이러한 사고방식은 사실상 현실 세계의 실제보다 현대 사회의 고유한 권력구조를 더 잘 보여 줄 것이다. 경제는 '경제적' 체제이면서 사회문화적 체제이다. 이러한 관점에서 볼 때, 장소에 따른 경제 내외부에서 엄청난 다양성을 기대할 수 있다. 이 장에서는 시장 교환, 기업, 작업 방식, 자산 체제 등에서 대안적 유형들을 정리하고 그 다양성을 탐구하였다. 대안 자본주의 제도는 다르게 행동하려고 하면서도 여전히 주류 자본주의 경제에 깊게 뿌리내리고 있는 사례도 있다. 또한 비자본주의를 추구하면서 자본주의와 멀리 떨어져 작동하려는 노력도 있지만, 실제로 그 이상을 달성하기는 어렵다. 이러한 모든 활동이 어느 정도 공유하고 있는 속성은 이윤극대화라는 협소한 자본주의의 추동력을 넘어서려는 일련의 목표가 있다는 점이다. 이러한 목표를 어디까지 달성하였는지를 평가하고, 누가 어떠한 이익을 취하였는지를 평가해 보면, 커뮤니티 경제의 핵심 이념인 윤리적 영역에 도달하게 된다.

이상의 분석을 통해 3가지 결론에 도달하였다. 첫째, 단순하게 보면 다양성 경제활동의 다양한 유형을 제시하였다. 둘째, 이러한 제도의 지리적 차원을 살펴보면, 특정 가정이나 작업장에서부터 세계적인 제도와 엄청난 초국적기업의 사회적 책임까지 범위가 다양하다. 셋째, 다양성 경제는 전환의 잠재력을 유지하기 위해 항상 자본주의의 역동성과 얽혀 있다는 점을 강조하였다.

주

- Gibson-Graham(2006a)은 자본중심주의에 대한 비판을 제시하고, Gibson-Graham(2006b)과 Gibson-Graham et al.(2013)은 다양성/커뮤니티 경제에 대한 최초의 분석을 제공한다. 다양성 경제를 지지하는 집합적 행동의 지리학에 대한 조전적인 분석은 Roelvink(2016)를 참조할 것.
- Smith(2012)는 다양성 경제에 대한 경제지리학자의 분석을 정리하였다. 다른 분석은 Fickey(2011)를 참조할 것.
- 책임성의 지리학의 개념은 Massey(2004)를 참조할 것.
- 몬드라곤 협동조합(MCC)의 국제적 발전에 대한 평가는 Errasti(2015)와 Bretos et al.(2018)을 참조할 것.
- 공정무역과 기업의 사회적 책임에 관한 뛰어난 연구는 Hughes(2018)를 참조할 것. 같은 저자의 남아프리카공화국의 화훼산업에 관한 연구도 참조할 것(Hughes et al., 2014).
- 다양성 경제 논쟁에 대한 지리학자의 공헌은, 공유경제는 Davies et al.(2017), 음식 제공은 Holmes(2018), '역성장' 쟁점은 Krueger et al.(2017)을 참조할 것.

연습문제

- 현대 사회에서는 왜 자본중심주의적 사고가 지배적인가?
- 공정무역은 일반 무역과 비교해 어느 정도 의미 있는 대안이 되는가?
- 자본주의 기업과 협동조합 기업의 핵심적인 차이는 무엇인가?
- '공유경제'는 진보적인 발전인가? 아니면 퇴행적인 변화인가?
- 지리적 규모의 사고로 다양성 경제에 대해 어떠한 점을 밝힐 수 있는가?
- 진정한 비자본주의 경제활동이 있을 수 있는가?

심화학습을 위한 자료

- www.communityeconomies.org: 커뮤니티 경제연합(CEC)과 커뮤니티 경제연구 네트워크는 대안경제에 관한 학술적·실용적 자료를 제공한다.
- 이 장에서 소개한 두 가지 대안화폐와 더 자세한 사항은 다음을 참고할 것: complementarycurrency.org, brixtonpound.org, www.grassrootseconomics.org.
- ica.coop/en: 국제협동조합연맹은 전 세계 협동조합에 관한 정보와 자료를 제공하며, www.woccu.org는 신용협동조합에 대한 정보를 제공한다.
- https://www.mondragon-corporation.com/en: 몬드라곤 협동조합에 대한 풍부한 자료를 제공한다. 협동조합 모델에 대한 광범위한 평가는 https://youngfoundation.org/projects/humanity-at-work를 참조할 것.
- 타임뱅크에 대한 영국의 타임뱅크 홈페이지에서 상세한 자료를 제공한다. www.timebanking.org. 미국의 타임뱅크에 대해서는 timebanks.org를 참고할 것.
- www.onthecommons.org: 커먼스와 관련된 전략발전에 대해 풍부한 자료를 제공한다.
- www.sustainable.org: 지속가능한 커뮤니티 온라인은 미국에 있는 단체로, 지속가능한 제도에 관한 정보를 공유한다.

참고문헌

Amin, A. and Howell, P. (eds.) (2016). *Releasing the Commons: Rethinking the Futures of the Commons*. London: Routledge.

Bretos, I., Errasti, A., and Marcuello, C. (2018). Multinational expansion of worker cooperatives and their employment practices: markets, institutions, and politics in Mondragon. *ILR Review* 72: 580-605.

Castells, M., Banet-Weiser, S., Hlebik, S. et al. (2017). *Another Economy Is Possible: Culture and Economy in a Time of Crisis*. Cambridge: Polity.

Cumbers, A. (2012). *Reclaiming Public Ownership: Making Space for Economic Democracy*. London: Zed Books.

Davies, A., Donald, B., Gray, M., and Knox-Hayes, J. (2017). Sharing economies: moving beyond binaries in a digital age. *Cambridge Journal of Regions, Economy and Society* 10: 209-230.

Diprose, G. J. (2016). Negotiating interdependence and anxiety in community economies. *Environment and Planning A* 48: 1411-1427.

Economist, The (2014). The internship: generation i (12 September). www.economist.com (accessed 15 June 2019).

Economist, The (2017). Jeremy Corbyn's model town (21 October), p.53.

Ekers, M., Levkoe, C., Walker, S., and Dale, B. (2016). Will work for food: agricultural interns, apprentices, volunteers and the agrarian question. *Agriculture and Human Values* 33: 705-720.

Errasti, A. (2015). Mondragon's Chinese subsidiaries: coopitalist multinationals in practice. *Economic and Industrial Democracy* 36: 479-499.

Fairtrade International (2015). *Scope and Benefits of Fairtrade*, 7e. www.fairtrade.net (accessed 15 June 2019).

Fickey, A. (2011). 'The focus has to be on helping people make a living': exploring diverse economies and alternative economic spaces. *Geography Compass* 5: 237-248.

Fuller, D., Jonas, A., and Lee, R. (eds.) (2010). *Interrogating Alterity: Alternative Political and Economic Spaces*. Aldershot: Ashgate.

Gibson-Graham, J. K. (2006a). *The End of Capitalism (as We Knew It): A Feminist Critique of Political Economy*, 2e. Minneapolis: University of Minnesota Press.

Gibson-Graham, J. K. (2006b). *A Postcapitalist Politics*. Minneapolis: University of Minnesota Press.

Gibson-Graham, J. K., Cameron, J., and Healy, S. (2013). *Take Back the Economy: An Ethical Guide for Transforming Our Communities*. Minneapolis: University of Minnesota Press.

Holmes, H. (2018). New spaces, ordinary practices: circulating and sharing within diverse economies of provisioning. *Geoforum* 88: 138-147.

Hughes, A. (2018). Corporate social responsibility and standards. In: *The New Oxford Handbook of Economic Geography* (eds. G. L. Clark, M.P. Feldman, M.S. Gertler and D. Wojcik), 448-461. Oxford: Oxford University Press.

Hughes, A., McEwan, C., Bek, D., and Rosenberg, Z. (2014). Embedding Fairtrade in South Africa: global production networks, national initiatives and localized challenges in the Northern Cape. *Competition & Change* 18: 291-308.

Krueger, R. J., Schulz, C., and Gibbs, D.C. (2017). Institutionalizing alternative economic spaces? An interpretivist perspective on diverse economies. *Progress in Human Geography* 42: 569-589.

Langley, P. and Leyshon, A. (2017). Platform capitalism: the intermediation and capitalisation of digital economic circulation. *Finance and Society* 3: 11-31.

Leitner, H. and Sheppard, E. (2018). From Kampungs to Condos? Contested accumulations through displacement in Jakarta. *Environment and Planning A* 50: 437-456.

Levkoe, C. Z. and Ekers, M. (eds.) (2017). *Ecological Farm Internships: Models, Experiences and Justice*. Workshop report. www.foodandlabour.ca (accessed 15 June 2019).

Massey, D. (2004). Geographies of responsibility. *Geografiska Annaler B* 86: 5-18.

McKay, D. (2016). *An Archipelago of Care: Filipino Migrants and Global Networks*. Bloomington: Indian University Press.

Roelvink, G. (2016). *Building Dignified Worlds: Geographies of Collective Action*. Minneapolis: University of Minnesota Press.

Roelvink, G., St. Martin, K., and Gibson-Graham, J. K. (eds.) (2015). *Making Other Worlds Possible: Performing Diverse Economies*. Minneapolis: University of Minnesota Press.

Scholz, T. (2017). *Uberworked and Underpaid: How Workers Are Disrupting the Digital Economy*. Cambridge: Polity.

Sheppard, E. (2019). Globalizing capitalism's raggedy fringes: thinking through Jakarta. *Area, Development and Policy* 4: 1-27.

Smith, A. (2012). The insurmountable diversity of economies. In: *The Wiley-Blackwell Companion to Economic Geography* (eds. T.J. Barnes, J. Peck and E. Sheppard), 258-274. Chichester: Wiley.

Snyder, R. and St. Martin, K. (2015). A fishery for the future: the Midcoast Fishermen's Association and the work of economic being-in-common. In: *Making Other Worlds Possible: Performing Diverse Economies* (eds. G. Roelvink, K. St. Martin and J.K. Gibson- Graham), 26-52. Minneapolis: University of Minnesota Press.

Srnicek, N. (2017). *Platform Capitalism*. Cambridge: Polity.

Stenning, A., Smith, A., Rochovska, A., and Świątek, D. (2010). *Domesticating Neo-liberalism: Spaces of Economic Practice and Social Reproduction in Post-socialist Cities*. Oxford: Wiley.

White, R. and Williams, C. C. (2016). Beyond capitalocentricism: are non-capitalist work practices 'alternatives'? *Area* 48: 325-331.

World Co-operative Monitor (2017). *Exploring the Co-operative Economy*. https://monitor.coop/en (accessed 15 June 2019).

5부

결론

15

경제지리학-
지적 여행과 미래의 방향

탐구 주제

- 경제지리학 분야의 이론 발전 방향을 추적한다.
- 경제지리학 이론을 사회적·학문적 맥락에서 평가한다.
- 새롭게 변모하는 맥락과 환경이 미래의 경제지리학을 어떻게 변화시킬지 생각해 본다.

15.1 서론

2018년 완전히 다른 두 국가가 자국의 경제발전을 위해 '진흥' 자금 패키지를 계획하고 있다고 발표하였다. 아랍에미리트연방(아부다비와 두바이를 포함한 아랍연방, UAE)은 2018년 6월에 계획을 발표하였다. 이 계획은 새로운 주택과 교통 프로젝트, 교육투자, 중소기업 지원, 첨단산업 지원, 연구개발센터 지원으로 총 136억 달러를 투자한다. 아랍에미리트연방은 전 세계 석유 매장량의 6%를 차지하지만 원유 가격의 하락과 2014년 이후 정치적 혼란으로 인해 예산을 감축하고, 공공건설 프로젝트를 취소하였으며, 수천 개의 공공일자리를 축소하였다(제6장에서 설명하였듯이, 대부분의 에미리트 시민은 공공 부문에 고용되어 있다). 이 투자 패키지는 아랍에미리트연방이 석유 수입 의존에서 벗어나려는 장기 계획의 일부이다.

2018년 9월에는 남아프리카공화국이 경제성장을 위한 투자 패키지를 발표하였다. 아랍에미리트연방처럼 석유 자원이 없는 남아프리카공화국의 패키지는 다소 약하다. 정부지출을 통한 경제성장보다는 외국인 숙련 기술자에 대한 비자 발급 유연화, 통신 회사에 새로운 주파수 제공, 전력·철도·항만 비용 같은 비즈니스 비용의 인하 등 정책개혁에 초점을 두고 있다. 나아가 이 패키지에는 흑인 상업농장 지원과 농촌 지역에 새로운 인프라 투자 등 농업과 농촌 지역에 대한 신규 지출 방향을 설정하였다. 남아프리카공화국의 대통령 시릴 라마포사(Cyril Ramaphosa)는 이러한 정책이 정부의 기존 예산 범위 안에서 실행될 것이라고 선언하였다. 이를 보면, 이 패키지는 경제 전체를 추동하기보다는 특정 부문에 집중함으로써 자원의 단순한 재배치임을 알 수 있다.

아랍에미리트연방과 남아프리카공화국의 정책에서 중요한 것은, 두 나라 모두 정부지출을 통해 경제적 수요를 촉진하고 경기쇠퇴에 대응하기 위한 정책 프로그램인 '경제진흥 패키지'를 제시하였고, 이는 10여 년 전부터 유행한 경제정책의 경향에 합류하였다는 점이다. 2008~2009년 금융 위기 이후, 선도적인 산업국과 개발도상국의 회의인 G20에서 '빠른 효과를 위해서는 국내 수요를 추동할 수 있는 재정정책을 사용'해야 한다고 선언하였다. 2008년 말에서 2009년 초의 몇 달 동안 여러 국가에서는 국내경제에 수조 달러를 쏟아붓는 지출정책을 입안하였다. 여기에서 놀라운 사실은 이 국가들(이후에 아랍에미리트연방과 남아프리카공화국도 참여)은 이전에 수십 년 동안 인기 없었던 경제정책을 집단적으로 채택하였다는 점이다. 사실상 1970년대 중반 이후, 서양의 국가(와 세계은행, 국제통화기금 등 국제 금융기관의 영향을 받은 국가)들은 경기 침체기에는 정부지출을 삭감해야 한다는 사고를 하고 있었다. 그렇지 않으면 공공자금이 민간 부문의 지출과 투자를 몰아낼(crowing out) 수 있기 때문이다.

2008~2009년 이후 정부의 정책은, 영국의 경제학자 케인스가 1930년대에 처음 제시하고 20세기 중반을 풍미하였던 사고로 돌아갔다. 제2장에서 살펴보았듯이, 케인스는 경제위기와 혼란을 이겨내기 위해 가능한(그리고 필요한) 포괄적인 경제정책을 제시하였다(Mann, 2017). 이 경제관리 체제 중의 하나가, 정확히 아랍에미리트연방과 남아프리카공화국이 계획한 경제 주기에 대응한 정부지출이다. 케인스(Keynes, 1936)는 분명히 그의 아이디어가 재생된 것을 보고 만족하였을 것이다. 결국 케인스가 1936년에 서술한 대로, "일상적인 사람, 즉 어떤 지적 영향도 받지 않았다고 스스로 믿는 사람은 대개 어떤 죽은 경제학자의 노예이다"(p.383). 이 경우 케인스는 전 세계 지도자들에게 영향을 준 '죽은 경제학자'이다.

케인스에 대한 관심의 부활에서 얻을 수 있는 교훈은, 경제가 작동하는 방식에 대한 아이디어는 시간과 장소의 산물이라는 점이다. 아이디어가 대중성을 얻고 영향력을 가지는 것은 상황과 맥락을 반영한다(그리고 이해관계 집단의 권력을 반영한다). 케인스는 1930년대 대공황이라는 혹독한 지적 여건에서 자신의 아이디어를 발전시켰지만, 그의 아이디어는 1940년대 후반부터 1970년대 중반까지 전후 재건 시기의 맥락에서 채택되었다. 2008~2009년 이후 경제가 어려운 시기에 다시금 그의 아이디어가 등장하였다.

경제지리학자의 사고는 케인스의 그것만큼 영향력이 있지는 않지만, 경제지리학 개념의 발전은 학자들이 연구하던 시기와 또 이에 대한 비판의 시대를 반영하면서 이루어졌다. 이 책의 대부분은 경제지리학 분야의 지적 여행을 추동한 아이디어와 논쟁에 대한 구체적인 언급 없이 경제지리학자들의 작업을 탐구한 것이다. 하지만 이 책에 제시된 아이디어들은 지난 반세기 동안 경제지리학 분야의 지적 여행의 한 부분임을 알 수 있을 것이다. 결론 부분인 이 장에서는 경제지리학이 상황과 맥락(지적 맥락과 경험적 맥락)을 반영하여 변화하는 모습을 다루었다. 그리고 경제지리학의 미래를 형성할 새로운 지평선에 어떠한 도전이 놓여 있는지 살펴볼 것이다.

15.2 변화하는 경제지리학

20세기 후반에 경제지리학 분야에서는 다양한 스타일의 질문, 즉 지적 전통이 나타났다. 세부 분야에서는 독창적인 질문을 제기하고 대답을 찾는 독자적인 방법론을 개발하였다. 이 세부 분야의 전통에 대해 전부 서술하기는 다음의 이유로 어렵다. 첫째, 학파에 간단한 명칭을 붙이기는 너무 쉬우나, 학파 내에서도 다양성이 있고 학파 간에도 상호 중첩되기 때문이다. 지성사는 항상 우리가 사후에 지칭하는 범주보다 훨씬 복잡다단한 것이 현실이다. 둘째, '구식' 사고방식은 불필요하고, 현재의 접근 방법(특히 저자가 선호하는)에 계몽되는 것을 암시하는 지식의 계보를 구축하려는 유혹이 있다. 사실상 우리는 한때 최첨단이었던 학파의 접근 방법으로부터 많은 것을 배운다. 나아가 어떤 상황에서도 대부분은 사라지지 않고 학문의 주류에 통합된다. 셋째, 모든 학문의 역사는 항상 깔끔하게 정리되는 '시기' 구분을 하는 경향이 있다. 마치 학자들이 집단적으로 화합하여 함께 나아가는 것처럼 묘사한다. 하지만 현실에서는, 어느 시기에도 새로운 질문을 제기하는 선구적 학자들은 대다수의 경제지리학 수강생들이 교실에서 배우는 내용을 반영하지 않는 경향이 있다. 이 책과 같은 교과서에서 배우는 내용과 실제로 최첨단 경제지리학 연구가 수행하는 내용과는 항상 시차가 있다.

이러한 지적에도 불구하고, 경제지리학이 수년에 걸쳐 어떻게 진화되었는지 파악하는 것과 시간과 장소를 반영하여 어떻게 실행되는지를 탐구하는 것은 의미 있는 일이다. 경제지리학과 총체적인 지리학 분야가 최초에 시작된 이후 광범위한 사회적 맥락의 영향은 중요하다. 영어권에서 지리학이라는 학문이 제도화된 것은 영국 식민지 프로젝트의 일환으로 19세기 후반에 시작되었다. 영국 왕립지리학회와 같은 학회, 학회에서 발행하는 학술지, 학술대회 등은 모두 학술적·실용적 측면에서 식민주의를 지원하려는 목적이었다. 경제지리학자들은 식민지의 자원을 평가하고, 제국의 상업과 무

자료 15.1: 존재론, 인식론, 방법론

지식철학은 여러 특징적인 개념으로 구성된다. **존재론**은 세상에 무엇이 존재하고 그에 따라 우리가 알 수 있는 것은 무엇인가에 대한 철학적 신념을 의미한다. 경제, 자연, 문화 등의 범주를 사용할 때, 우리는 이 범주들은 세상에 존재하는 대상이며 따라서 알 수 있는 것이라는 존재론적 주장을 하는 것이다. 이러한 대상의 존재에 대해 논쟁할 때(이 책의 여러 장에서 논의), 우리는 존재론적 토론에 개입한 것이다.

인식론은 무엇이 지식을 구성하고, 이는 어떻게 얻을 수 있는가에 대한 일련의 철학적 신념이다. 일부 경제지리학자들은 지식이란 다른 연구자가 똑같이 반복할 수 있도록 객관적으로 구축된 데이터에서 도출된다고 주장하는 반면, 다른 학자들은 주관적인 해석을 통해 경제 경관에 대한 진정으로 의미 있는 이해를 할 수 있다고 주장한다. 사실상 인식론적 입장은 존재론과 밀접히 연관되어 있지만, 같은 것은 아니다. 즉 알 수 있다는 믿음이 없는 무언가가 존재하거나, 아는 방법을 모르는 무언가가 존재한다.

방법론은 세상에 대해 지식이 주장하는 것을 평가하는 틀이다. 특히 자료수집 기법을 선택하고 평가하는 원칙을 제공한다. 예를 들어, 페미니스트 경제지리학자들은 참여 여성의 역량을 강화하는 자료수집 기법을 채택하고, 연구 과정에서 형성된 관계를 소중하게 반영할 것이다.

역을 분석하는 데 기여하였다. 따라서 당시 대부분의 경제지리학은 상업지리학으로 알려졌다. 이어서 20세기 전반을 통해 지역에 관해 서술하는 전통이 지리학 분야를 지배하였다. 시간이 흐름에 따라 식민지 지식의 생산과의 연계는 약화되었지만, 그 목적은 여전히 지역의 자원과 자원의 활용에 대한 통합적 분석의 일부로 남아 있다. 이러한 전통이 도전을 받고 현대 경제지리학의 이야기가 시작된 시기는 제2차 세계대전 이후이다.

다음 3개의 절에서는 지난 70여 년간 경제지리학의 지적인 우여곡절을 실증주의, 구조주의, 후기구조주의라는 3개의 넓은 범주로 나누어 본다[셰퍼드의 논문에 기반(Sheppard, 2006)]. 이 3개의 범주는 경제지리학자가 연구와 논문을 통해 질문을 형성하고 어떠한 방법으로 대답을 찾는지에 대한 철학의 차이를 반영한다. 3개 범주의 차이를 보기 위해서는 지식철학이 존재론, 인식론, 방법론의 개념을 통해 어떻게 구성되는지 이해하는 것이 중요하다(자료 15.1 참조).

실증주의: 과학과 계량 경제지리학

제2차 세계대전 이후 학문으로서 경제지리학은 이전과는 상당히 다른 사회적 맥락에 처하게 된다. 이 시기는 유럽의 제국들로부터 개발도상국이 독립하였으며, 북아메리카, 유럽, 오스트레일리아/뉴질랜드 등의 선진국들은 전후 경제 붐과 도시 확장을 경험하였고, 앞서 말한 케인스식 국가 경제 운영을 시행하였다.

이러한 상황에서 경제지리학자들은 관심을 돌려 (식민주의 시대에 한 것과 똑같이) 자신이 살고 일하는 장소와 시간에 대해 질문하기 시작하였다. 급성장의 맥락에서 주요 관심은 산업입지, 도시성장 패턴, 토지이용의 변화, 교통 네트워크의 발전, 무역의 역동성 등이었다. 나아가 케인스식 경제운영 전략과 전후 계획 및 재건에 정부의 깊은 참여가 일반화된 사회에서 학문적 연구를 바탕으로 한 정부의 개입을 통해 경제적 과정이 형성되고 방향 설정이 될 수 있다는 강한 의지가 있었다.

동시에 경제지리학에서 체계적이고 '과학적인' 지식생산 방식에 대한 욕구가 점증하였다. 이러한 현상은, i) 공간 패턴과 경제활동에 기반한 보편적인 '법칙'이나 원리 추구, ii) 이러한 패턴을 확인하기 위한 양적 데이터 사용, iii) 확인된 패턴을 수학적으로 엄격하게 증명하기 위한 통계기법의 활용 등이다. 이러한 관행은 도시화의 패턴, 지역 성장, 산업입지, 공간상의 흐름과 상호작용에 적용되었다.

경제지리학에서 계량적(quantitative) 전통은 두 가지의 경향이 있다(Scott, 2000). 첫 번째 전통은 수학적 모델을 이용한 공간분석과 초기 컴퓨터 기술을 이용한 분석이다. 당시의 학자들은 펀치카드(메인프레임 컴퓨터에 데이터 제공용)와 느린 컴퓨터 작업에 관해 이야기하곤 한다. 오늘날에는 스마트폰으로 잠깐 쉽게 할 수 있는 컴퓨터 분석에 당시에는 며칠이 걸렸다. 컴퓨터 기술이 진보하면서 이러한 접근 방법이 자리를 잡고, 냉전 시대의 분위기에 따라 군사와 과학 연구에 정부의 지출이 많았던 것도 하나의 요인이었다(Barnes, 2015).

두 번째 계량적 전통은 공간과 입지를 신고전경제학 모델에 통합시키는 방법이다. 이러한 연구 경향을 지역과학(regional science)이라고 하며, 지리경제학적 분석을 하는 현대 경제학자들의 기반이 된다. 이 중에서 가장 유명한 사람은 폴 크루그먼(Paul Krugman)으로, 2008년에 공간, 입지, 거리가 무역과 경제활동 집적의 가장 근본적인 원인임을 밝힌 연구 업적을 인정받아 노벨경제학상을 받았다.

공간분석과 지역과학에서는 독일 지리학의 초기 고전을 재발견한다. 1826년 처음 출판된 요한 폰 튀넨(Johann von Thünen)의 농업토지이용 이론은 최적 토지이용 패턴의 모델 구축에 이용되었다. 발터 크리스탈러(Walter Christaller)의 중심지이론(1933년)은 도시 체계론과 소비자행태 모델 구축에 영향을 주었다. 알프레트 베버(Alfred Weber)의 산업입지론(1909년)은 제조업 공장의 최적 입지를 이해하는 데 이용되었다(제12장 참조). 이러한 고전들은 중요한 기초를 형성하였지만, 계량경제지리학의 성장으로 인해 그 자체가 고전이 되었다. 이전 세대의 어렴풋한 애매함과 기술적인 지역분석을 일소해 버린, 새로운 유형의 지식에 대한 지적 흥분은 새로운 세대의 젊고 유능한 학자들을 매료시켰다. 그중에서 이 분야를 새롭게 정의하고, 카리스마와 최고의 능력을 갖춘 학자들은 최고의 젊은 대학원생들을 유혹하였다. 지리학처럼 비교적 규모가 작은 학문 분야에서 이러한 사회적 성격으로 인해 큰 영향을 주었다(Barnes, 2012). 1960년대 후반에서 1970년대 초반에 계량적, 모델 구축적, '과학적' 경제지리학 접근 방법은 보편적은 아니었어도, 확실히 연구의 중심 영역을 지배하였다.

이처럼 다양한 접근 방법을 종합하면, 지식생산의 실증주의적 '과학적' 접근 방법이라고 할 수 있다. 이는 세상에 대한 진실은 현상을 직접 관찰하고 측정함으로써 밝혀질 수 있다는 것을 의미한다. 나아가 측정되는 것은 시간과 공간을 넘어 일정하게 나타난다는 믿음이 있었다. 이 일정함으로 인해 경험적 관찰로부터 일반 원칙·법칙·모델을 개발하고 검증할 수 있다고 믿었다.

실증주의 경제지리학을 과거의 것으로만 생각하면 실수가 될 것이다. 앞서 지적한 대로, 공간 관계의 과학은 새로운 세대의 경제학자들에게 에너지를 주고 있으며, 경제학과 경제지리학 간의 연계를 수십 년 전보다 한층 강화할 것이다(『경제지리학 저널』이라는 논문집은 경제학자와 지리학자의 연구 출판을 목적으로 2001년 창간되었다). 경제지리학자는 수학적, 모델 구축의 노력을 계속하고 유의미한 발견을 지속할 것이다. 특히 국제무역 패턴, 지역발전, 주택과 노동시장의 경향 등 대형 데이터 세트가 연구 질문에 대답을 주는 분야는 더욱 그러하다.

구조주의적 접근 방법

두 번째 접근 방법은 실증주의, 과학철학과는 상당히 다른 세계관을 보인다. 세상을 관찰과 측정으로 이해하기보다는 바로 보이지 않는 숨은 구조를 본다. 이 구조가 세상에서 사람들의 활동을 형성하고 제한하며, 권력의 차이를 창조한다고 믿는다. 자본주의, 계급, 젠더, 인종에 의해 창조된 구조와 불평등은 경제지리학에 특히 중요하다(제3장에서 경제권력에 대한 구조주의적 접근을 논의하였다). 경제지리학자들은 이러한 이슈를 논의하면서 자신을 둘러싼 세계의 긴박한 사회적 이슈에 영향을 받았다(또한 영감을 받고, 분노하고, 감동하고, 자극을 받았다). 경제지리학자들은 또한 규범적인 의제 개발에 노력하였다. 이는 경제지리학자들이 단순히 경제 세계를 서술하고 분석하기만을 원하는 것이 아니라, 더 나은 세상을 형성하고 변화시키고 싶다는 것을 의미한다. 많은 경제지리학자가 사회정의, 경제적 불평등, 환경적 지속가능성에 관심을 두고 있다.

경제 문제에 대한 구조주의적 접근 방법의 뿌리를 보면, 이러한 진보적이고 규범적인 의제가 명백해진다. 계량지리학과 입지분석이 20세기 중반의 전후 국가 경제 성장의 필요성에 대응하여 주목받지만, 1960년대 후반에 다양한 사회운동이 일어났고, 1970년대 초반에는 경제성장이 둔화되었다. 특히 미국에서 시민권 항거, 페미니스트 및 환경 운동, 베트남전쟁 반대운동 등은 대안적 사고와 기성세대에 대한 저항적 사고를 불러일으켰다. 경제지리학에서는 계량적 방법론의 과학적 확실성이 이러한 운동이 강조하는 사회 문제를 명확하게 다룰 수 있는 역량이 부족한 것처럼 보였다. 북아메리카와 서유럽에서는 도시 빈곤과 분리, 젠더 불평등, 불균등한 세계 발전, 탈산업화 등이 긴박한 이슈였다. 구조주의자는 관찰 가능한 경제 현상의 기반이 되는 구조적 과정에 대한 이해를 요구하고, 이를 변화시키려는 정치적 의제를 제시하였다.

경제지리학적 질문에 정치적이고 급진적인 접근 방법으로 전환한 유명한 사례가 데이비드 하비(David Harvey)이다. 하비는 영국 역사지리학의 서술적인 전통에서 훈련받았지만, 1960년대 계량혁명에 기여함으로써 자신의 이름을 알렸다. 그의 저서 『지리학에서의 설명(Explanation in Geography)』(1969)은 지리학자를 위한 과학적 방법의 철학적 기초를 제시하는 계량지리학으로 자리매김하였다. 하지만 몇 년 후에 하비의 지적 접근 방법은 극적으로 변하였다. 1969년 영국에서 미국의 볼티모어로 옮긴 후에 도시 빈곤, 인종을 기반한 분리, 탈산업화를 직면하고, 계급관계에 의해 근본적으로 추동되는 경제의 이해를 위해 마르크스 이론으로 돌아선다.

그 후 수십 년 동안 하비가 그의 제자, 제자의 제자들을 통해 지리학계에 미친 영향은 엄청났다. 하비는 20권이 넘는 저작을 통해 사회과학과 인문학에 큰 영향을 주었다. 경제가 균형이 아닌 위기로 가는 경향을 보았고, 조화로운 분업이 아니라 계급 간 반감에 의해 추동된다고 본 하비는 실증주의 경제지리학을 통해서는 취할 수 없는 구조적 힘에 대한 관점을 제시하였다. 이러한 접근 방법은 처음에는 논쟁이 있었으나 점차 많은 관점이 주류에 편입되었고, 마르크스 이론이 제공하는 전체 틀을 받아들이지 못하는 학자들도 수긍하게 되었다. 자본주의의 구조적 논리에 대한 사고, 경제적 과정에서 계급 기반 권력관계의 확인, 불균등 발전의 개념화 등은 모두 지리학 분야 마르크스 이론의 유산에 의존한다.

마르크스주의 사고는 위기를 자본주의의 근본적인 모순 때문에 불가피한 결과로 보지만, 경제지리학 마르크스학파의 한 유파는 자본주의가 위기를 피하기 위한 방식을 연구한다. **조절이론(regulation theory)**이라고 알려진 이 유파는 1970년대에 등장하였으며, 위기를 효과적으로 피하거나 늦추기 위해 형성된 제도를 연구한다. 조절이론은 제2차 세계대전 이후 30년 동안 포디즘 체제 아래 서유럽과 북아메리카에서 경제성장을 유지하던 시기에 특별한 관심을 둔다(제3장, 제7장). 포디즘 이후 포스트포디즘이나 유연적 전문화가 경제지리학자의 주요 분석 주제였다. 클러스터나 고성장 지역 생산의 신지리학(제12장), 이러한 성공 스토리 지역의 사회적·제도적 기반은 지난 20여 년간 경제지리학자에게 에너지를 제공하였다. 다중 스케일에서 경제적 과정을 '조절'하거나 지배하는 국가와 핵심 제도의 역할이 특히 중요한 주제였다(제9장, 제10장).

　자본주의의 역동성이 1970년대 이후 북아메리카, 유럽, 오스트레일리아의 제조업 쇠퇴와 일자리 부족을 초래함에 따라, 경제지리학자들은 특정 장소와 지역에서 경제적 재편이 미치는 효과에 관해 관심이 커졌다. 자본주의의 역동성을 이론화하는 것이 초점이 아니라, 급박한 국지적 역동성의 이해를 위한 맥락을 분석하는 것이 중요하였다. 도린 매시(Doreen Massey)는 자본주의하에서의 지역 변화를 세밀하게 이해하는 작업을 발전시킨 주요 학자이다. 그녀는 국지적 특성이 대규모 구조적인 힘과 끊임없이 상호작용한다고 보았다[(Massey, 1995). 제3장 제5절에서 지적하였듯이, 이 분야의 현대 연구 영역이 로컬리티와 지역에 초점을 둔 '진화경제지리학(evolutionary economic geography, EEG)'이다. 진화경제지리학은 과거의 발전이 미래의 궤적 형성에 주는 영향에 초점을 두며, 국지적·사회적 관계가 발전경로에 도움이 되거나 방해가 되는 방식을 연구한다(Martin and Sunley, 2015).

　글로벌 생산 네트워크에 대한 분석은 자본주의 성장의 제도적 기반을 세밀하게 분석하는 새로운 연구 분야이다(제4장 참조). 이러한 분석은 상호작용하는 기업 및 비기업 행위주체자를 이해함으로써, 특정 부문이 어떻게 글로벌 경제 공간에서 활동을 조직하고, 특정 장소의 발전 궤적 형성에 미치는 영향이 무엇인가를 설명하기 위해 노력한다. 기업조직의 제도적 유형(제5장 참조)과 이의 국가 및 기타 규제적 제도와의 관계는 이 분야 연구의 핵심 주제이다. 글로벌 생산 네트워크의 연구는 자본주의와 불균등 발전을 이해하기 위한 시도에 뿌리를 두고 있지만, 계급관계와 위기에 대한 마르크스 이론과는 거리가 멀다. 글로벌 생산 네트워크의 연구는 다른 제도적 접근 방법처럼 마르크스주의 지리학에 영감을 얻은, 넓은 의미의 정치적·경제적 접근이며, 자본주의에 대한 근본주의적 사고와 모든 관찰 가능한 현상을 설명하는 논리와는 거리가 있다.

　마르크스주의 지리학의 또 다른 유파는 노동에 초점을 두는 연구이다. 이 분야는 두 가지 유형이 있다(자료 6.2 참조). 첫 번째 유형은 노동조합운동에서 조직화된 노동의 지리적 전략을 연구한다. 1990년대에 특히 미국과 영국에서 노동조합운동은 탈산업화와 적대적인 정부 정책으로 인해 그 힘이 심각하게 약화되었다. 따라서 노동자 조직의 새로운 방법에 대해 전략을 세우고, 이민자, 여성, 소수민족 등 '비전통적인' 집단으로 확장되었다. 기업의 규모가 갈수록 커짐에 따라 노동 조직화의 규모에 대해 고려하는 것이 중요해졌다. 노동지리학의 두 번째 유형은 제도에 대한 마르크스주의적 분석을 지역 규모로 진행하고, 노동시장이 형성되고 조절되는 양식을 이해하고자 한다. 이러한 유형의 탐구는 선진국 정부가 신자유주의 정책을 채택하는 시기에 특히 적실하다.

최근 경제지리학의 비판적 논의에서 가장 강력한 태도가 페미니스트 접근 방법이다(제13장 참조). 페미니스트 접근 방법이 발전하게 된 사회적 맥락은 페미니스트 운동의 성장, 노동력 풀에 여성의 참여 증가, 우연이 아닌 여성 지리학자의 대폭 증가와 젠더 이슈에 초점을 두는 선도적인 여성 경제지리학자의 증가 등이다[영국의 도린 매시, 미국의 수전 핸슨(Susan Hanson)]. 경제생활에서 젠더

자료 15.2: 경제지리학의 '문화적 전환'

이 장에서는 구조주의적 접근과 후기구조주의적 접근 방법을 구분하였다. 이들은 지식생산에 대한 상당히 다른 접근 방법을 보인다. 구조주의와 후기구조주의 틀에서의 경제지리학은 연구 주제에서 전환을 이룬다. 특히 1990년대 이후로 문화가 경제적 과정에 미치는 영향에 관심을 가졌다. 이는 다음과 같이 다양한 방식으로 특징을 보인다.

- 첫째, 작업장이나 노동시장에서 젠더, 민족성, 섹슈얼리티 등 문화적으로 기호화된 정체성은 정체성이 체화되지 않은 경제적 동인으로서만이 아니라, 체화된 개인으로서 경제생활의 경험을 이해할 수 있는 중요한 역할을 한다. 이는 상호작용적인 '업무 수행'이 갈수록 보편화되어 가고 있는 서비스 부문의 일자리에 특히 중요하다.
- 둘째, 문화적으로 처방된 상호작용의 방법은 산업 클러스터에서 지식 교환과 혁신이 나타나는 방식을 이해하는 데 필수적이다. 작업의 문화도 특정 기술과 작업 관행이 어떤 맥락에서는 성공적이고 다른 맥락에서는 그렇지 않은지를 이해하는 데 중요하다. 이를 확장해 보면, 연구자들이 전 세계에서 기업과 정부의 규제가 상당히 차별적으로 이루어진다는 사실을 인식하고, '자본주의 문화'의 차이에 대한 많은 논의가 있었다.
- 셋째, 기업 자체에 기업문화가 있다는 사실은 명확하게 밝혀졌다. 일반 직원, 관리자, 기업주는 합리적이거나 객관적인 방식으로 행동하기보다는, 습관, 가정, 편견 등 기업 내에서 만들어지고 영속화된 일련의 문화적 관행에 의해 행동한다.
- 넷째, 소비자는 상품과 서비스를 순수하게 효용 기준으로만 구매하는 것이 아니라, 상품이나 서비스에 체화된 상징적 의미도 고려한다. 이러한 '문화자본'은 경제적 의사결정에 갈수록 중요해진다. 나아가 순수 문화적 혹은 상징적 산품을 생산하는 경제 부문(영화, 음악, 디자인, 광고 등)의 중요성이 높아지고 있으며, 경제지리학적 연구의 초점이 되고 있다.
- 마지막으로, 경제의 물질적 현실을 형성하는 자본, 상품, 노동의 흐름처럼, 경제의 이해를 형성하는 '텍스트'나 재현에 대한 관심과 수요가 커지고 있다. 싱크탱크, 경영대학원, 심지어 교과서에서도 텍스트나 재현이 구성하는 현실에 관한 면밀한 연구가 필요하다.

이상의 내용을 종합하면, 이 요소들은 경제적 삶의 문화적 맥락, 즉 '문화적 전환'으로서 경제지리학자들의 연구 관심이 커지고 있다.

화된 권력구조에 관한 질문, 즉 항상 적실한 문제였으나 거의 관심이 없었던 질문이 전면으로 등장하였다. 계급과 젠더가 불균등한 권력의 두 가지 기본적인 구조라면, 세 번째는 소수민족과 인종 기반의 차별이다. 비판적 경제지리학은 명시적으로 반인종차별주의였으며, 최근 연구의 중요한 초점은 노동시장, 작업장, 주택 시장 등이다. 인종에 관한 관심이 커지면서 영어권 경제지리학에서 교육과 연구를 하는 비백인 학자가 비록 규모는 작아도 증가하고 있지만, 일상적인 경제활동에서 소수민족의 차별이 나타나며, 제6장에서 서술한 노동력 이주 때문에 이러한 분야의 연구가 많아지고 있다.

마르크스주의에서 제도주의, 지역주의, 페미니즘, 빈인종차별주의 접근 방법은 확실히 다양해지고, 때로는 서로 근본적인 차이를 보이기도 한다. 하지만 경제지리학에서 이러한 접근 방법들이 공통으로 가지고 있는 특징은 이론적 저술과 경험적 연구로 밝혀진 근본적인 권력구조의 존재에 대한 신념을 공유한다는 점이다. 이처럼 다양한 접근 방법이 넘쳐나는 것은 경제적 과정과 문화적 과정의 교차, 즉 소위 경제지리학의 '문화적 전환'에 대한 관심이 커지는 현상과 일치한다(자료 15.2 참조).

후기구조주의 경제지리학

경제생활의 계량적 패턴에 관한 실증주의적 연구에서 탈피하여 근본적인 권력구조를 추적하는 접근 방법은 먼 길을 걸어왔다. 하지만 구조주의적 접근 방법은 그 자체로 약점이 있어 서로 대비되는 아이디어들이 등장하였고, 이들을 통칭해 후기구조주의라고 한다. 실증주의는 측정할 수 있는 현상에서 진실을 찾았고, 구조주의는 근본적인 사회적 과정의 구조에서 진실을 찾았다면, 후기구조주의는 절대적 진리는 결국 발견할 수 있다는 점을 부정하는, 지식에 대한 접근 방법이다. 대신에 주어진 현상에 대한 다중의 '진리'가 있을 수 있다고 주장한다. 따라서 경제지리학의 기존 지적인 접근 방법이 진실을 전달하였다 할지라도, 이는 부분적이며 연구자의 상황과 관점을 반영한 것이라는 입장이다. 이처럼 후기구조주의의 핵심 주장은 지식은 부분적이고 상황적이며 조건적이라는 점이며, 이는 상당한 시사점이 있다.

이러한 철학적 입장은 1990년대 경제지리학에서 관심을 가지기 시작하였으며, 여러 갈래가 있다. 첫째, 경제지리학자는 경제적 과정의 이해와 재현 방법에 대한 강한 시사점에 관심을 가지기 시작하였다. 줄리 그레이엄(Julie Graham)과 캐서린 깁슨(Katherine Gibson)은 우리가 자본주의를 어떻게 개념화하는지가 자본주의에 대한 대응 양식을 형성한다고 주장한다. 자본주의는 총체적이고 강력한 구조가 아니라, 전복될 수 있는 취약한 구조로 볼 수 있다고 주장한다. 이처럼 우리의 이해를 해방시키면, 경제생활의 유형을 대안적이고 다양하게 상상할 수 있다고 주장한다(Gibson-Graham,

2006). 따라서 이 접근 방법은 자본주의를 구조로서 분석하기보다는, 우리의 사고방식에 의해 만들어지는 제약에 대해 의문을 제기한다(자료 2.2 참조).

경제지리학의 후기구조주의적 사고의 두 번째 유형은 경제생활의 재현과 담론의 권력에 대한 탐구이다. 담론의 개념은 자료 15.3에 설명되며, 그 시사점은 광범위하다. 담론에 관심을 가지는 것은 계급관계, 빈곤, 국가 규제 등 물질적 과정에 관심을 덜 가지고, 이러한 과정과 이해되는 방식에 관심을 더 가지게 된다. 경제지리학자는 이 개념을 여러 방향으로 연구한다.

- 비즈니스 교육에서 젠더와 작업에 대한 담론은 금융 부문의 직장과 작업장 정체성의 남성성 문화의 '정당화, 재생산, 유지'에 역할을 하는 것을 보여 준다(Hall, 2013: 222).
- 장소는 관광산업의 기반이 되기 위해 다양한 방식으로 재현되고 브랜딩되거나 특정 상품과 관련되는 특성을 보인다(뉴캐슬 브라운 에일, 샴페인, 피지워터)(Pike, 2015).
- 지난 수십 년간 가장 강력한 경제 담론은 '발전'과 연관되어 있다. 특히 정책적 접근은 성장, 번영, 근대화의 경로로 이끌 것이라는 개념을 제시한다(Radcliffe, 2015).

후기구조주의적 관점의 세 번째 유형은 경제적 과정에서 개인의 정체성에 질문을 던진다. 후기구

핵심 개념

자료 15.3: 담론이란 무엇인가?

담론은 '사물'을 개념화하고, 질서를 부여하며, 우리와 다른 사람들을 이해시키기 위해 채택하는 기술의 총합과 관련이 있다. 사실 『사물의 질서(The Order of Things)』는 프랑스 철학자 미셸 푸코(Michel Foucault)의 핵심 저작이다. 푸코는 언어가 우리의 세상에 대한 인식에 어떻게 영향을 미치고, 세상에서의 행동에 영향을 주는지에 대한 이해에 크게 기여하였다. 푸코는 특히 언어, 기술, 제도를 이용하여, 사람이 특정 방식으로 재현될 수 있는지에 관심이 있었다('범인', '미친', '비정상적인' 등).

따라서 담론을 분석하기 위해서는 특정 주제에 대한 사고가 우리가 받아들이고 사용하는 용어에 의해 어떻게 형성되는지, 전문가들이 주제를 어떻게 구성하는지, 특정 현상에 대한 분석은 어떻게 제도화되는지를 고려해야 한다(즉 아이디어가 우리의 삶을 조직하는 제도, 정부, 법률, 관습, 종교, 학문 등에 어떻게 배태되는지). 담론은 한 명의 저자에 의해 의식적으로 창조되는 것이 아니라, 지속되기 위해 끊임없이 재생산(즉 수행)되어야만 하는 집합적 이해라는 사실에 비추어 볼 때, 담론의 제도화는 중요하다. 하지만 모든 담론이 지배적이 되는 데 성공하는 것은 아니다. 담론은 권력의 구조를 반영하고 재창출한다. 권력을 가진 주체만이 자신의 요구에 따라 포함과 배제, 정상과 비정상을 구성할 수 있음으로써 담론은 권력을 반영한다. 담론은 또한 자신이 서술하는 대상을 강력하게 구성하고 귀속함으로써 권력을 재창출한다.

조주의는 개인의 정체성을 범주적(노동자, 여성, 흑인, 게이, 이민자 등)이고 강력한 구조에 구속된 것으로 보기보다는 덜 고정적으로 본다. 이러한 정체성 범주는 특정 상황과 다른 사람과의 연관관계의 맥락에서 구성되며, 따라서 불확정적이고 관계적이다. 나아가 정체성은 특정 역할이 반복적으로 수행되는 총량이므로 변화할 수 있다. 결과적으로 제13장 자료 13.3에 서술한 것처럼, 남성성이 젊은 남성의 경제적 기회를 제한하는 반면, 여성은 노동력에 포함되어 특정의 여성성을 수행한다.

후기구조주의의 마지막 유형은 누가 지식을 생산할 권력을 가졌는가를 질문한다. 포스트식민주의라고 불리는 접근 방법은, 선진국이 정치적·문화적·경제적으로 개발도상국(이전 식민지)을 압도하는 것을 지지하는 지식생산의 역할을 점검한다. 포스트식민주의도 지식이 생산되는 장소와 어떠한 유형의 이해가 창출되는지의 연계에 주목하며, 특히 이 과정에서 누가 이익을 얻는가에 초점을 둔다. 이러한 사고는 경제발전과 빈곤의 연구에 영향을 주었다. 포스트식민주의는 기존 모델에 대한 비판을 넘어, 서구와 영어권의 지식 센터에서 수입할 것이 아니라, 경제이론이 문화, 맥락, 지식 획득의 대안적 방법 등에 민감할 필요성을 제시한다. 깁슨 등(Gibson et al., 2018)은 동남아시아와 남아시아의 문화적 맥락에 뿌리를 둔 다양한 경제적 주제어를 제시한다. 그들은 서구의 아이디어로 직접 번역될 수 없는 장소 기반의 경제 개념이 존재하며, 주로 공유와 호혜라는 대안적 경제 관행을 의미한다고 지적한다(제14장 참조).

경제지리학에서 후기구조주의적 접근 방법의 등장은 최근의 현상이어서, 현재의 지적인 경향을 설명할 수 있는 광범위한 역사적 상황을 찾기는 어렵지만 몇 가지 추측은 가능하다. 첫째, 인터넷과 커뮤니케이션 수단의 발전으로 정보의 폭주가 광범위하고 접근성이 좋아진 시대가 되었으므로, 아이디어와 재현은 어디에서 오고, 누구의 관심이 역할을 하고, 우리의 사고를 어떻게 형성하는가에 관한 질문이 증가하는 것은 놀라운 일이 아니다. 여기에는 너무나 많은 관점이 있지만, 고정적이고 절대적인 진리라는 아이디어는 당연히 설득력이 떨어진다. 둘째, 세계경제의 재편이란, 부유하고 산업화가 이루어진 서구의 지식과 경제모델을 지구 남부의 가난한 개발도상국에 수출하는 아이디어가 갈수록 유지되기 어려워진다는 의미이다. 현재 세계에서 가장 역동적인 국가들도 한때는 외국 발전 전문가의 진단과 '지원'을 받았다. 서구에서 발전된 이론들은 이제는 완벽하지 않다고 할 수 있다. 후기구조주의 학자의 말을 빌리면, 우리는 이제 '유럽의 지방화' 과정을 목도하고 있다(Chakrabarty, 2007).

후기구조주의적 접근 방법의 공통적인 특징은 단 하나의 진리를 추구하는 학문이 아니라는 점이다. 실증주의적 접근 방법에서 진리는 경험적 데이터로부터 나오는 것으로 보고, 구조주의적 접근 방법에서는 진리를 근본적인 권력구조의 형태로 보며, 후기구조주의에서는 진리를 정의하기 어려운 것으로 본다. 경제지리학에 대한 후기구조주의적 접근 방법은 경제 세계에 대한 우리의 지식이 어떻게 구성되고, 이러한 방식으로 사물을 이해한 결과가 무엇인가를 묻는 것이다.

앞서 지적한 것처럼, 이 장에서 논의한 3가지의 접근 방법, 즉 실증주의, 구조주의, 후기구조주의가 경제지리학 분야의 지식의 순차적인 발전을 나타낸 것으로 보는 것은 맞지 않다. 또한 여기서는 영어권에만 집중적으로 초점을 둔 점을 이해하는 것이 중요하다. 다른 언어권에서의 지적 계보는 상당히 차별적으로 나타난다. 자료 15.4는 비영어권에서 경제지리학이 상당히 다르게 발전한 궤적을 살펴보았다. 프랑스, 독일, 중국 등에서는 앞서 설명한 지적 흐름이 부분적으로만 인식될 것이다.

심화 개념

자료 15.4: 영어권 밖의 경제지리학

이 책 전체가 거의 영어권 경제지리학의 전통만을 다루었지만, 다른 지역에서 경제지리학은 상당히 차별적인 양식으로 발전하였다. 이러한 다양한 접근 방법에 관한 소수 사례는 다음과 같다. 지리학적 탐구에 대한 프랑스의 전통은 여러 시기에 영어권 국가에 어느 정도 영향을 주었다. 하지만 '계량혁명'은 기술적 지리학의 강한 전통을 가진 프랑스 지리학에서는 거의 영향을 주지 못하고 지나갔다. 독일에서는 20세기 초반에 기술적 지리학 탐구가 뚜렷하였고(북아메리카 지역에 영향을 주었다) 강한 계량지리학의 전통도 있었다. 하지만 급진적인 구조주의적 접근 방법은 거의 무시되었다. 이러한 현상은 부분적으로는 북아메리카와 영국과는 상당히 다른, 젊은 학자들이 주류로 침투하기가 힘든 위계적인 학자 사회의 전통에 기인하였을 것이다. 하지만 아이러니하게도 독일과 프랑스의 지리학적 사고의 요소들은 영어권 경제지리학의 발전에 엄청나게 영향을 주었다. 19~20세기 초반의 독일 입지론은 1950~1960년대에 영어권 독자들에게 재발견되었다. 앞서 살펴보았듯이, 폰 튀넨, 알프레트 베버, 발터 크리스탈러의 저작들은 1950~1960년대 '과학적' 경제지리학자들에게 중요한 텍스트였다. 비판이론에서의 프랑스 학문의 영향은 상당히 다른 방식으로 이루어졌다. 미셸 푸코, 자크 데리다, 피에르 부르디외 등 비지리학자의 저작들은 1990년대 이후 비판이론적 접근 방법의 발전에 영향을 주었으며, 경제지리학에도 기여하였다.

서유럽 밖에서는 중국 경제지리학의 전통이 학문이 수행되는 사회적·정치적 맥락의 중요성을 보여 준다. 1950~1970년대 후반의 개혁개방까지 중국 정부는 중공업과 물리적 인프라의 발전을 강조하였다. 지리학자들은 무비판적으로 정부에 맞추어 연구할 것으로 기대되었고, 그들의 관심은 천연자원에 대한 조사, 산업단지와 철도 부지의 선정, 농업 토지이용 계획, 산업 부문과 도시 체계의 종합계획 등에 집중되었다. 1980년대에 개혁 이후 무역과 투자를 개방하고, 산업의 공간분포와 기존 산업과 도시성장 패턴이 재편되어 광둥성, 푸젠성, 저장성, 상하이, 장쑤성 등 해안 지역이 빠르게 성장하자, 경제지리학자들은 이 지역에 연구의 초점을 두었다. 급속한 성장 지역의 환경 문제가 커지자, 경제지리학자들은 환경영향, 환경개선과 비용 연구에 관심을 두었다. 이러한 모든 노력을 보면, 중국의 경제지리학자들은 비판적인 사회과학자라기보다는 국가정부의 계획가나 자문가로서 역할을 한 것으로 보인다. 중국의 연구 경향은 다른 지역의 연구와 마찬가지로 직접적인 제도 환경과 사회적·정치적 맥락을 반영한 것이다.

15.3 변화하는 세계

경제지리학 분야가 과거의 폭넓은 사회적 맥락을 반영하여 진화하였듯이, 미래의 발전도 같은 방향으로 이어질 것이다. 미래의 환경 변화가 어떻게 전개될지는 예언할 수 없지만, 현재의 경향을 통해 경제지리학자의 관심이 요구되는 중요한 변화를 제안할 수는 있을 것이다. 여기에서 우리는 5가지의 변화를 제시하고자 한다. 세계 경제권력의 급격한 이동, 새로운 유형의 글로벌 통합(분리), 환경의 새로운 도전, 신기술발전의 역동성, 새로운 유형의 직업이다.

세계 경제권력의 새로운 지리학

21세기 초반 미국은 전 세계 경제생산(구매력 기준 GDP)의 20.5%를 차지하였다. 미국의 인구는 전 세계 인구의 4.5%가 채 되지 않는다. 하지만 2017년 미국의 전 세계 GDP 비중은 15.3%(IMF, 2018 데이터)로 하락하였다. 반면에 중국의 경제는 2000년 전 세계 경제생산의 7.4%에서 확대되어 2017년 18.2%를 차지하였고, 이미 2013년에 미국의 GDP를 추월하였다. 중국은 '일대일로' 정책(제9장 참조)을 시행하여 전 세계로 경제적 영향력을 확대하고 있다. 지리경제학적 권력의 재편은 현재 진행되고 있는 세계경제 재편의 일부분이다. 같은 이유로, 유럽의 GDP 비중은 2000년 28.4%에서 2020년 중반에 20% 이하로 감소할 것으로 예상된다. 반면에 남아시아의 비중은 5.5%에서 11%로 증가할 것으로 예상된다.

이 수치들은 전 세계의 부가 여전히 엄청난 불균등한 분포를 보임을 제시하지만, 세계경제 지도가 재조정되고 있음은 확실하다(제3장 참조). 경제지리학자의 연구는 이러한 변화를 지속적으로 반영할 것임은 틀림없다. 이는 성장과 쇠퇴가 전 세계 공간에 차별적으로 영향을 주는 방식을 이해하는 것을 의미한다. 나아가 새로운 맥락에서 경제성장이 **어디에서 어떻게** 나타나는지 이해하는 것을 의미하기도 한다. 부와 경제성장이 선진국에 집중되면, 선진국의 운영 방식은 쉽게 보편적인 것으로 될 것이다. 세계경제의 재편이란, 영어권 경제지리학자가 정말 진지하게 새로운 유형의 조직과 행태를 받아들여야 함을 의미한다. 예를 들어, 중국과 인도 등 다른 국가에서는 이전과는 다른 기업조직의 유형, 소비자 행태, 국가 규제가 나타나고, 이는 새롭게 이해되어야 한다. 앞서 지적하였듯이, 지식과 이해는 시간과 장소 특수적이다. 기존의 아이디어는 반드시 새로운 상황에서 검증되어야 하며, 그래야 새로운 아이디어가 등장할 수 있다.

새로운 유형의 통합(분리)

세계경제 지도가 변하면서 새로운 유형의 상호의존성, 통합, 분리가 뚜렷해졌다. 이주, 자본, 무역의 흐름이 강해지면서 이러한 흐름의 지역적, 국제적 규모를 반영하는 거버넌스 구조를 향해 힘겹게 이전하고 있다. 제6장에서 살펴보았듯이, 일시적이든 영구적이든 이주 흐름의 증가는 전 세계에서 현실로 다가오고 있다. 이주는 국내 이주와 국제 이민을 다 포함한다. 이주의 증가는 이주/시민권 지위, 민족의 차이, 인종적 정체성 등의 이유로 한계화된 소수자의 경제 자원에 대한 불균등한 접근성의 이슈를 부각시킬 것이다. 따라서 노동 이슈에 관심이 있는 경제지리학자는 시민권 체제에 집중할 것이다. 문화적 차이의 역할은, 서로 다른 민족적·언어적·인종적·종교적 기원을 가진 사람들이 동일한 공간에서 공존함에 따라 중요한 쟁점이 될 것이다.

금융자본은 노동력보다 더 강하게 갈수록 유동성이 커지고 있다(제7장 참조). 이는 국가 경제를 투자의 탈출로부터 위태롭게 만들고 있으며, 국가 간의 부채관계가 복잡해져 한 국가의 불행이 다른 국가와 무관하지 않게 되는 상호의존의 정도가 깊어졌다. 2000년 말 기준으로 미국 정부의 부채(미국 국채)의 최대 소유자는 3,170억 달러를 소유한 일본과 600억 달러를 가진 중국이다. 2018년이 되자 두 국가가 소유한 미국 국채는 1조 달러 이상이 되었다. 이 세 국가는 경쟁자이지만, 뿌리 깊게 상호 연계된 금융 시스템의 네트워크에 함께 있다.

무역 흐름 또한 국경을 넘어선 상호의존 관계를 창출한다. 미국 트럼프 정부가 2018년 북미자유무역협정(NAFTA)의 재협상을 주장하였을 때, 세 국가가 얼마나 통합되어 가는지 명백해졌다. 당시 등장한 미국, 캐나다, 멕시코협정(USMCA)은 이를 거의 바꾸지 못했다. 영국의 유럽연합 탈퇴 협상의 어려움은 유럽 지역의 맥락에 뿌리를 두고 있는 깊은 상호의존성을 보여 준다. 트럼프와 브렉시트(Brexit)는 인적자원, 무역, 자본 흐름의 대규모 경제 공간의 통합에 긴장이 흐르고, 국가(국수주의)의 장벽을 세우기 위한 대항력이 지속됨을 보여 준다.

환경의 새로운 도전

세계적 상호의존성이 나타나는 또 다른 분야는 경제활동이 의존하고 있는 자연환경이다. 정부가 환경악화를 인식하고 이를 의제화할 방법을 찾기 시작할 때, 거대하고 어려운 장벽이 등장하였다. 제11장에서 설명하였듯이, 앞으로 다가올 지구온난화의 도전은 매우 심각하고 위협적이다. 지구의 기후, 생태 시스템, 경제적 생산, 인류의 건강, 이주, 인프라 등에 미치는 영향은 엄청나게 심각한 시사점을 줄 것이다. 현재 상황으로는 지구적 규모의 배출가스 제한은 어렵고, 국가에 따라서는 환경규제가 강해지기보다는 느슨해지기도 한다. 그 영향은 미래 세대의 지구의 변화일 것이다.

탄소 배출 이외에도, 폐기물의 지리학은 미래 경제활동에 대한 우리의 사고를 형성할 것이다. 선진국의 고도의 대량소비와 개발도상국의 급속한 소비 증가(특히 중국과 인도)는 우리가 버리는 것에 대한 자연환경의 흡수 한도에 심각한 압박을 주고 있다. 제1장에서 보았듯이, 플라스틱 폐기물은 엄청난 문제, 특히 대양의 수자원 생태, 조류, 동물의 생존에 심각한 영향을 준다. 일상생활에서의 쓰레기 배출도 갈수록 큰 문제가 되고, 전자제품이 빠르게 교체되면서 나타나는 전자 폐기물도 전 지구적 규모에서 계속 빠르게 증가하고 있다. 따라서 우리가 쉽게 사용하고 버리는 상품의 사후 처리에 대한 고민을 심각하게 해야 한다는 긴급한 의제가 제기된다(Lepawsky, 2018). 폐기물의 지리학은 생산과 소비의 지리학만큼 중요할 것이다.

신기술

지난 20여 년간 일상생활에서 신기술의 역할은 극적으로 변했다. 이 책을 읽는 학생들이 태어났을 때 이메일과 인터넷이 등장하였고, 와이파이가 나오기 시작하였으며, 트위터와 페이스북은 없었다. 노트북과 휴대폰은 거의 드물었고, 비디오 스트리밍 서비스, 파일 다운로드, 온라인 쇼핑은 일상생활에서 아직 나타나지 않았다. 많은 국가에서 이러한 정보통신기술은 우리가 어떻게 소비하고, 무엇을 소비하며, 어떻게 일을 하는지를 근본적으로 변화시키고 있다. 동시에 웹 기반의 커뮤니케이션이 강화됨에 따라, 기술에 접근하는 사람과 그렇지 않은 사람과의 간극은 깊어진다. 하지만 명백한 것은, 급속한 생산과 커뮤니케이션 기술의 발전은 미래의 세계경제를 엄청나게 전환시킬 것이라는 점이다.

현재 우리가 사용하고 있는 상품과 서비스의 생산에서 인공지능(AI)과 빅데이터 분석의 역할이 증대될 것이다. 인공지능은 인간 지능에 더 가까워진(속도, 패턴 인식, 기억 등의 기능은 더 우수하다) 컴퓨터 정보처리를 통한 머신러닝(machine learning)이다. 인공지능의 역량은 극적으로 향상될 것이며, 다른 산업에 영향을 줄 것이다. 인공지능이 복잡한 증상에 대해 패턴을 인식하면 의학적 진단은 추측을 줄이고 의학 전문가적인 판단을 할 수 있다. 컴퓨터가 이중 언어를 구사하는 인간 두뇌의 미묘한 차이를 번역할 수 있게 되면, 언어의 차이 때문에 나타나는 커뮤니케이션의 장벽이 낮아질 것이다. 인공지능의 창조적 산출(이야기, 대본, 디자인, 비디오, 이미지 등)이 더욱 정교해질 것이다. 인공지능과 컴퓨터를 이용한 많은 프로그램에서 가장 중요한 점은 빅데이터의 역할이다. 데이터 자체가 중요한 상품이다. 빅데이터 분석은, 광고산업(과 광고판을 판매하는 기업)이 갈수록 특정 고객을 목표로 상품 추천을 하는 데 세분화된 자료를 제공한다. 데이터는 금융 부문의 복잡한 판매 알고리즘의 기초가 되는 것에서부터 보험업의 위험 분석, 운송 및 건강관리 등 공공 서비스의 운영에까지 중요한 기반이 된다.

경제지리학자의 중요한 질문은 이러한 새로운 기술이 경제성장과 부의 불균등성의 패턴에 어떠한 영향을 주는가이다. 온라인의 성장으로 인해 쇠퇴하는 소매업과 신문산업에도 소프트웨어와 하드웨어 발전으로 새로운 산업이 나타나고 있다. 새롭게 등장하는 산업의 지리학은 이전과는 상당히 다르며, 혁신 허브에 집중한 클러스터에서 발전할 것이다(제12장 참조). 이는 국가적, 세계적으로 부의 공간적·사회적 불균등성을 증대시킬 것이다. 두 번째 질문은 이러한 새로운 산업에 대한 차별적인 지역적, 국가적 규제와 조정에 관한 것이다. 전 세계 인터넷이 3개의 규제 시스템으로 나뉠 것으로 추측된다. 즉 국가가 통제와 규제를 하는 중국의 지배, 데이터 보호에 대한 유럽연합의 규정을 준수하는 유럽 영역, 인터넷이 처음 시작된 미국 중심의 인터넷이다. 국가는 기존 산업의 위기에 대응하는 데 주력하므로, 국가적 규제의 역할도 작아질 것으로 보인다. 전 세계적으로 우버와 에어비앤비에 관한 논란, 즉 택시산업과 숙박업의 위기에 대한 논의가 많아지는 것이 좋은 사례이다.

커뮤니케이션 기술이 추동하는 흥미로운 '반작용'도 있다. 소셜 미디어는 다양한 유형의 경제적 불공정의 문제를 제기하는 정치적 동원을 추동한다. 사회운동은 작업장의 경험과 경제정책에도 영향을 준다. 미국에서의 '흑인의 생명도 중요하다(Black Lives Matter)' 운동은 경제적 불평등과 작업장에서의 차별 등 다양한 인종적 배제의 문제를 강조한다. 2017년 이후로 #Me Too 해시태그는 작업장에서 젠더 수행 방식의 변화를 초래하였다. 2011년 시작된 '점령하라(Occupy)' 운동은 전 세계에서 소득과 부의 불평등이 심각하다는 인식을 불러일으켰다. 따라서 기술 주도의 장소 통합은 경제생활을 형성하는 영향력에 대한 저항운동을 촉진하였다.

새로운 유형의 직업

기술은 전 세계 국가에서 작업의 특성을 급속하게 재형성하고 있다. 자동화와 로봇이 제조업에서 인간을 대체하듯이, 인공지능은 서비스산업에서 인간의 역할을 대신한다. 그 효과는 이미 명백하다. 미래에는 택시 기사가 자율주행 자동차로 대체되고, 콜센터는 로봇이 수행하는 인공지능 주도의 상호작용에 대체될 것으로 전망된다. 한 예측에 따르면, 2030년에는 프랑스, 일본, 미국 등 고임금 국가에서 20~25%의 일자리가 대체될 수 있다고 본다(McKinsey Global Institute, 2018).

또한 기술은 노동시장의 작동 방식을 변화시킨다. 아마존 메커니컬 터크, 크라우드플라워, 클릭워커 등 웹 기반의 '소작업(microtask) 플랫폼'은 번역, 교정, 데이터처리, 녹취 편집 등의 작은 사무 작업에 필요한 인력을 쉽게 전 세계적으로 구할 수 있게 되었다(제14장 참조). 이러한 전자 노동시장은 수요에 따른 작업(work-on-demand)의 궁극적인 형태이다. 고용주와 고객은 24시간 유연한 전 세계의 노동력에 접근할 수 있게 되었다. 나아가 경쟁으로 인해 임금은 낮게 유지될 수 있다. 이러한 플랫폼에 고용된 디지털 노동자는 재택근무를 하므로 가정과 직장 공간의 경계가 빠르게 흐려진다. 우리 삶의 모든 차원에서 일이 스며들어 갈수록 지배적으로 된다. 이러한 작업과 직업의 불안정성도 중요한 사회적 관심사이다.

제6장에서 지적하였듯이, 이러한 유형의 고용도 여성화되고 인종화되는 경향이 확대되고 있다. 미국 노동통계국은 2016~2026년 사이에 미국에서 가장 빠르게 성장할 직업군을 예측하였다. 절대 수치가 가장 많이 증가할 직군은 개인 돌봄 서비스, 음식 준비 노동자, 간호사, 가정 건강 서비스이다. 이 직군은 미국에서 새로운 일자리의 5분의 1을 차지할 것으로 예측된다. 그리고 모두 여성화, 인종화되고(간호사는 예외) 저임금의 특징을 가질 것이다. 또한 미국과 많은 국가에서 노령화 인구 구조의 도전을 강하게 받을 것으로 예측된다. 작업의 구조화 방식, 노동시장의 구성 방식, 이러한 과정과 정체성의 연계 방식에 긴밀한 관심이 있는 경제지리학은 이러한 변화에 대응하기 위해 많은 연구가 요구된다.

15.4 요약

이 책에서는 경제지리학을 학문 분야로서 표현하기보다는, 경제지리학이 경제적 과정에 대한 우리의 이해에 기여하는 아이디어를 중심으로 전개하였다. 이는 경제지리학 내에서의 논의, 시계열적인 학문의 발전 등 이제까지 많은 주목을 받지 않았던 방식이다. 이 장에서는 다양한 시대에서 주도하였던 접근 방법의 모습을 간략하고 단순하게 설명하였으며, 현대의 연구활동에 대한 정보를 제시하였다. 학문의 경향을 실증주의, 구조주의, 후기구조주의적 접근 방법으로 분류하여 설명하였으며, 학자들이 세계를 이해하려는 전략을 강조하였다. 여기에서 소개한 접근 방법은 여러 가지 방법으로 이 책에서 적용해 보았다. 이 장에서 논의한 핵심은 경제지리학에서의 지식생산 자체가 특징적인 지리 현상이라는 점이다. 다시 말하면, 다양한 맥락(시간과 장소)에서 바라봄으로써 왜 지적인 접근 방법이 변화하는지를 이해할 수 있다. 미래의 경제지리학은 경제지리가 실행되는 시간과 장소를 반영하여 변화할 것이다.

미래의 맥락이 어떻게 될지는 일부분만의 예언이 가능할 것이다. 경제력의 패턴은 재분배되고 있으며, 중국의 등장이 명백하게 현재의 경향이다. 현재의 정치 경향은 국수주의적, 보호주의적 경제 전략을 선호하고 있으나, 자본, 사람, 무역의 흐름은 더욱 강화되고 심각하게 약화될 가능성은 작다. 환경악화로 인해 많은 국가는 방향을 재정립하여 국지적 생산과 소비 감소를 요구받고 있다. 하지만 환경의 지속가능성을 보장하려는 노력은 성공하기가 어려울 것 같다. 따라서 미래 경제의 주요 특징은 기후변화, 오염, 다른 유형의 환경악화의 영향과 관련이 있을 것이다. 온라인 커뮤니케이션, 인공지능, 빅데이터 분석 부문의 기술적 역동성은 지속될 것이며, 소셜 미디어가 추동하는 사회운동도 중요한 방식으로 경제생활을 형성할 것이다. 마지막으로, 새로운 유형의 고용과 특정 부문 일자리의 감소는 작업이 조직되는 방식을 변화시킬 것이다(우리의 일 밖의 삶과 관련해서도). 불안정한(precarious) 고용이 심화되어 경제에서 특정 집단을 한계화하는 차이의 형태(젠더, 인종, 시민권 등)에 대한 의문이 제기될 것이다. 이 모든 미래 시나리오는 이 책에서 틀을 제시한 공간적 유형화, 네트워크, 장소, 영토 등의 분석적 렌즈를 이용하는 경제지리학자의 현실에 기반을 둔 분석을 요구할 것이다.

주

- 반스의 연구는 현대 경제지리학의 철학적 기반을 심도 있게 다루고, 실증주의, 구조주의, 후기구조주의적 접근 방법을 설명한다(Barnes, 1996). 경제지리학의 변화 경향을 다루고 철학적 접근 방법을 설명한 작업은 다음과 같다. Scott(2000), Sheppard(2006), Walker(2012). 반스와 크리스토퍼스는 경제지리학사와 그 범위를 생생하고 쉽게 정리하였다(Barnes and Christophers, 2018).
- 경제지리학의 최근 연구를 잘 정리한 연구는 다음과 같다. Barnes et al.(2012), Clark et al.(2018).
- 지리학의 국가별 전통을 다룬 서적은 『세계 인문지리학 백과사전(International Encyclopedia of Human Geography)』이다. 독일은 Hess(2009), 프랑스 지리학은 Benko and Desbiens(2009), 남아프리카 지리학은 Hammett(2012), 중국 지리학은 Liu et al.(2016)이 다루었다. Hassink et al.(2019)은 경제지리학에 다양한 목소리가 필요하다고 주장하면서 중국, 포르투갈, 스페인의 자료를 제시하였다.
- 경제지리학에서 '페미니스트의 급증' 현상(Werner et al., 2017)과 이 연구에 대한 반응은 다음의 저널에 소재되었다. *Environment and Planning A*, 48.10(2016). 포스트식민주의 경제지리학에 대한 정리는 Pollard et al.(2011)을 참고할 것.

연습문제

- 역사적 시기의 사회적·정치적 상황을 반영한 경제지리학의 아이디어와 틀은 무엇인가?

- 문화지리학과 경제지리학은 여전히 별개의 학문 분야인가?
- 현대 경제지리학에서 계량적 접근 방법의 역할은 무엇인가?
- 2040년 출판될 경제지리학 교과서의 주요 주제들은 무엇이라고 생각하는가?

심화학습을 위한 자료

- 데이비드 하비의 저서, 오디오, 비디오 자료는 다음 블로그를 참고할 것. davidharvey.org.
- 미국지리학회의 경제지리학 분과는 경제지리학 관련 자료와 링크를 제공한다. https://egsgaag.wordpress. com. 영국 왕립지리학회의 경제지리학 연구그룹 주소는 다음과 같다. www.egrg.org.
- 경제지리학 여름학교는 경제지리학 분야 신규 학자들에게 고급 연수, 멘토링, 전문적 발전을 위한 워크숍 등을 제공한다. http://www.econgeog.net.
- 세계경제지리학대회는 정기적으로 전 세계 경제지리학자의 모임이다. 대회는 2000년 싱가포르에서 시작하여 베이징, 서울, 옥스퍼드, 쾰른 등에서 개최되었으며, 2021년에는 더블린에서 열릴 예정이다. 홈페이지는 다음과 같다. http://www.gceg.org.

참고문헌

Barnes, T. (1996). *Logics of Dislocation: Models, Metaphors and Meanings of Economic Space.* New York: Guilford Press.

Barnes, T. (2012). Roepke lecture in economic geography - notes from the underground: why the history of economic geography matters: the case of central place theory.

Barnes, T., Peck, J., and Sheppard, E. (eds.) (2012). *The Wiley-Blackwell Companion to Economic Geography.* New York: Wiley-Blackwell.

Barnes, T. J. (2015). American geography, social science and the Cold War. *Geography* 100: 126-132.

Barnes, T. J. and Christophers, B. (2018). *Economic Geography: A Critical Introduction.* Oxford: Wiley.

Benko, G. and Desbiens, C. (2009). Francophone geography. In: *International Encyclopedia of Human Geography* (eds. R. Kitchin and N. Thrift). Amsterdam: Elsevier.

Chakrabarty, D. (2007). *Provincializing Europe: Postcolonial Thought and Historical Difference* (New Edition). Princeton, NJ: Princeton University Press.

Clark, G. L., Feldman, M.P., Gertler, M. S., and Wojcik, D. (eds.) (2018). *The New Oxford Handbook of Economic Geography.* Oxford: Oxford University Press.

Gibson, K., Astuti, R., Carnegie, M. et al. (2018). Community economies in Monsoon Asia: keywords and key reflections. *Asia Pacific Viewpoint* 59: 3-16.

Gibson-Graham, J. K. (2006). *The End of Capitalism: A Feminist Critique of Political Economy*, 2e. Oxford: Blackwell.

Hall, S. (2013). Business education and the (re)production of gendered cultures of work in the city of London. *Social Politics* 20: 222-241.

Hammett, D. (2012). W(h)ither South African human geography? *Geoforum* 43: 937-947.

Harvey, D. (1969). *Explanation in Geography*. London: Edward Arnold.

Hassink, R., Gong, H., and Marques, P. (2019). Moving beyond Anglo-American economic geography. *International Journal of Urban Sciences* 23: 1-21.

Hess, M. (2009). German-language geography. In: *International Encyclopedia of Human Geography* (eds. R. Kitchin and N. Thrift). Amsterdam: Elsevier.

IMF (International Monetary Fund) (2018). IMF Data Mapper. Online database. https:// www.imf.org/external/datamapper (accessed 28 October 2018).

Keynes, J. M. (1936). *The General Theory of Employment, Interest and Money*. London: Macmillan.

Lepawsky, J. (2018). *Reassembling Rubbish: Worlding Electronic Waste*. Cambridge, MA: The MIT Press.

Liu, W., Song, Z., and Liu, Z. (2016). Progress of economic geography in China's mainland since 2000. *Journal of Geographical Sciences* 26: 1019-1040.

Mann, G. (2017). *In the Long Run We are All Dead: Keynesianism, Political Economy, and Revolution*. London: Verso.

Martin, R. and Sunley, P. (2015). Towards a developmental turn in evolutionary economic geography? *Regional Studies* 49: 712-732.

Massey, D. (1995). *Spatial Divisions of Labour: Social Structures and the Geography of Production*, 2e. New York: Routledge.

McKinsey Global Institute (2018). *AI, Automation, and the Future of Work: Ten Things to Solve for*. San Francisco: McKinsey and Company https://www.mckinsey.com/featuredinsights/future-of-work/ai-automation-and-the-future-of-work-ten-things-to-solve-for (accessed 28 October 2018).

Pike, A. (2015). *Origination: The Geographies of Brands and Branding*. Oxford: Wiley.

Pollard, J., McEwan, C., and Hughes, A. (eds.) (2011). *Postcolonial Economies*. London: Zed Books.

Radcliffe, S. A. (2015). *Dilemmas of Difference: Indigenous Women and the Limits of Postcolonial Development Policy*. Durham, NC: Duke University.

Scott, A. J. (2000). Economic geography: the great half-century. *Cambridge Journal of Economics* 24: 485-504.

Sheppard, E. (2006). The economic geography project. In: *Economic Geography: Past, Present and Future* (eds. S. Bagchi-Sen and H. Lawton-Smith), 34-46. New York: Routledge.

Walker, R. (2012). Geography in economy: reflections on a field. In: *The Wiley-Blackwell Companion to Economic Geography* (eds. T. Barnes, J. Peck and E. Sheppard), 47-60. New York: Wiley-Blackwell.

Werner, M., Strauss, K., Parker, B. et al. (2017). Feminist political economy in geography: Why now, what and what for? *Geoforum* 79: 1-4.

찾아보기

ㄱ

가격경쟁 157
가계 60
가라르 285
가사노동 77
가사노동자 199, 201
가사도우미 201
가처분소득 19
가치 91
개발도상국 97, 154, 244
개방정책 316
거버넌스 129
거시 지역 103
건조환경 99, 108, 233
경기순환 95
경로의존성 110
경로창출 112, 415
경제 54, 57
경제 경관 36, 129
경제기획원 314
경제발전 32, 90
경제성장 103
경제연합 330
경제적 거래 56, 72, 79
경제적 과정 63, 81
경제적 위험 179
경제적 합리성 74, 76
경제지리 109
경제지리학자 25
경제지리학적 접근 방법 72, 80
경제체제 97
경제학 59

경제학자 35
경제학적 관점 79
경제행위 77
경제협력개발기구 58
경제활동 22, 28, 30, 31
계급 76
계량경제학 62
계절노동자 187
고객서비스센터 243
고용률 189
공간 80
공간분포 26
공간적 분업 100
공간적 조성 99
공간축소 기술 127
공간 패턴 31
공공자원 25, 41
공공재 309
공급 67
공동시장 330
공식적 소매업 243
공업적 하청 171
공유경제 471, 472, 481
공유재 457
공적개발원조 204
공정가격 69
공정무역 73
공정무역 도시 462
공정무역재단 461
과당매매 267
과잉축적의 위기 94
관계적 공간 411

관광 223, 253
관광산업 78, 254, 258
관세 43
관세동맹 330
관세무역일반협정 328
관시 446
광고 123, 221
광물자원 87
교외 소매점 단지 234
교외화 233, 238
교토의정서 368
교환가치 121
교환기제 460
구글 294
구매력 207
구매력평가 56
구매자 주도 생산 네트워크 131
구산업지역 88, 102, 103
구조조정 103
구조주의 493
국가 97
국가경제 65
국가사회주의 250
국가적 규모 30
국가주도 클러스터 399
국내 기업 156
국내총생산 54, 55, 76, 81, 205
국민국가 296
국방국가 294
국부펀드 281
국영기업 306
국제개발기구 342
국제결제은행 269
국제 관광 253
국제노동기구 200
국제무역 140
국제부흥개발은행 328
국제상품시장 136
국제생수협회 24

국제 이주 194, 199
국제적 아웃소싱 172
국제커피협정 134
국제통화기금 65, 90, 133, 269
국제표준 333
국제 하청 169, 172
국제화 156, 176
국지성 402
권위주의 국가 313, 314
귀환 이주 194
규제 위험 179
규제 철폐 신자유주의 298
규제자 301
균형 68
그라민은행 470
근대경제학 61
근대화론 90
근대화이론 325, 326
근로국가 305
글로벌 가치사슬 125
글로벌 거버넌스 327
글로벌 경제 36, 87
글로벌 규모 124
글로벌 금융 267
글로벌 금융 위기 53, 205
글로벌 기업 151, 153
글로벌 산업 38
글로벌 상품사슬 125
글로벌 생산 495
글로벌 생산 네트워크 125, 129, 132, 136, 144, 156, 157,
    173, 178
글로벌 소싱 132
글로벌 은행 152
글로벌 자본주의 체제 88
글로벌 장소감 35
글로벌파트너십 338
금본위제도 269
금융 네트워크 120
금융자본 263, 264

금융증권화 263
금융화 276
기술적 분업 60
기술적 조정 94
기업 67
기업 간 거래 158
기업금융 266
기업 내 거래 158
기업 네트워크 119
기업문화 161
기업 본사 160
기업의 장소화 155
기후 부채 360
기후변화 39, 40, 77, 351
기후변화에 관한 정부간 협의체 355
깁슨-그레이엄 456

Ⓝ
나오미 클라인 379
내부거래 157
내부경제 394
내부 이주 195
네옴시티 317
네트워크 36, 119, 120, 495
네트워크 관계 158
노동 계약 191
노동 관행 102
노동력 190
노동 문제 201
노동시장 70, 180, 187, 189, 192, 214
노동 예비군 94
노동이동성 195, 196
노동자 92
노동자 센터 211
노동조건 95, 144, 187
노동조직 전략 208
노동조합 101, 102, 207
노동조합주의 210, 211, 216
노동지리학 207

노동착취공장 132
녹색경제 373
뉴딜 전략 95

Ⓓ
다양성 경제 455
다중 규모 체계 119
다중 스케일 336
단위형 투자신탁 265
담론 498
대량생산 93
대량소비 103
대면접촉 403
대비생산 시스템 397
대안금융 284
대안 시장 459, 460
대안 자본주의 459
대안적 경제 455
대안적기업 464
대안적노동 470
대안적 자산 475
대안화폐 455
대재해채권 374
대중관광 256
대처리즘 270
데이터센터 242
데칸고원 366
도넛경제학 58
도시경제 104
도시 관광 254
도시 금융화 280
독점금지 규제 175
돌고래 안전 336
돌봄 457
돌봄 일자리 191
동남아시아국가연합 333
두뇌 유출 206
등비용곡선 394
디아스포라 194, 205

ㄹ

라이선스 협약 178
라이프사이클 413
래리 페이지 295
러스트벨트 103, 112
레이거노믹스 270
루트128 410
리바 285
리쇼어링 173
리튬 374
린 유통 138

ㅁ

마킬라도라 166
맥도날드화 178
먹이사슬 39
메가시티 85
명시지 406
모터스포츠밸리 406
몬드라곤협동조합 469
무관 다양성 416
무급노동 77, 428
무역박람회 417
무장소성 271
무점포 소매업 245
문화자본 248
문화적 전환 496
문화 회로 251
물류 120, 137
물류센터 138
물류 공급업체 139
물류 혁명 138
물물교환 시스템 460
뮤추얼펀드 265
민간기업 28
민족성 427
민족집단 74

ㅂ

바보로서의 소비자 224
반도체산업 176
발릭바얀 463
발전 경로 110
발전주의 국가 313, 314
방글라-페사 454
방법론 491
백인성 250
법치주의 301
벤처캐피털 388
벼룩시장 464
보이지 않는 손 61
보험기금 265
보호무역정책 179
복지 457
복지국가 313, 314
봉건 경제 91
봉쇄된 이동성 명제 442
부동산투자신탁 279
부채담보부증권 265
북미자유무역협정 44
분 공장 110
분기 415
분산화 238
분업 60
불균등 발전 88, 97, 102, 109
불균형 94
불법 이주자 198
브랜드 호핑 251
브레턴우즈 체제 269
브레턴우즈 협정 328
브렉시트 188
브릭스턴파운드 453
비거주 노동력 196
비공식 57
비공식 시장 459
비공식적 소매업 244
비공식적 소매 활동 246

비공식적협력 408
비시장 459, 463
비시장 교환 463
비자 196
비자본주의 459
비정부기구 172, 343

Ⓢ

사모펀드 264, 265
사업 모델 233
사용가치 121
사유재산권 92
사회구성체 102
사회운동 210
사회적기업 470
사회적 과정 215
사회적 불평등 191
산업도시 106
산업 4.0 94
산업사회 61
산업입지론 392
산업자본주의 106
산업지역 99
산업혁명 60, 89, 98
상업적 하청 169
상징적 상품 247
상징적 소비 248
상품교환 251
상품사슬 124
상품화 121
상호연결성 119
상호의존성 80, 119
생계비 210
생산 네트워크 37, 38, 124, 129, 136, 139, 142, 144, 152, 158, 224
생산수단 91, 92, 97
생수 18, 22, 25, 43
생수병 18
생수산업 19

생수업체 28
생태 관광 256
생활시간조사 57
생활양식 30
생활임금 210
샤리아 285
서브프라임 278
서비스산업 131
석유화학산업 24
선도 기업 129, 130
성장주기 112
세계경제 137, 145, 155. 156, 178
세계도시 106, 187, 245, 271
세계무역 156
세계무역기구 90, 133, 328
세계 엑스포 254
세계은행 65, 90, 205
세계주의자적 관점 154
세계화 154, 157, 193, 228
세르게이 브린 295
셰일 360
소기업 246
소농 경제 91
소득 29
소득불평등 207
소매 공간 231
소매 세계화 231, 232
소매업 227
소매 활동 228
소비 과정 225, 258
소비자 221, 257
소비자금융 266
소비자 선호 250
소비자주권 224
소비 클러스터 399
소셜 미디어 222
소수민족 423
소수민족 교외도시 444
소수민족 불이익 424

소수민족 클러스터 439
소프트 파워 342
송금 204
송금 흐름 205
쇼핑 251
쇼핑센터 236
수원 26
수자원 25
수직적 통합 165, 167
수쿠크 285
수행 437
스마트폰 118
스케일 45, 296
스케일 재편 316
스타얼라이언스 174
스턴리뷰 365
시간제 209
시민사회조직 322
시장 67
시장 메커니즘 74
시장경제 91
시장규제 301
시장적 상호의존 403
시장진입 176
식민주의 29, 35, 97
신고전주의 경제학 224
신국제분업 103, 172
신용부도스와프 265
신자유주의 295
신자유주의 본격화 298
신자유주의 정책 208
신제국주의 98
신흥공업국 103, 170
실리콘밸리 390
실업률 212
실증주의 491

◎

아시아인프라투자은행 340

아웃렛 쇼핑몰 237
아웃소싱 127
아이폰 118
아프리카개발은행 323
안데스 공동시장 133
안주론 354
암묵지 406
앙클라브 443
앵커 458
어빙피셔 62
업그레이드 128
에너지전환 374
에버그린 협동조합 458
엘니뇨 352
엘리트 이주 193
여성의 하위직화 433
역동적 통합기후–경제모델 366
역외금융센터 275
연결 36, 47
연관 다양성 416
연구개발 160
연구개발 센터 162
연구개발 활동 161
연기금 265
영역 42, 48
영역권 42, 44
영역적 생산복합단지 99
영화산업 253
오일달러 270
온라인 세계 222
온라인 소매 243
온라인 소매업 223, 228, 240
온라인 포럼 223
온실가스 356
올림픽대회 254
완전경쟁 68
외국인 노동자 196, 203
외부거래 157
외부경제 394

외환시장 70
운전자본 266
워싱턴 컨센서스 326
원산지 123
월스트리트 274
위성 클러스터 398
위험 178, 179
유니레버 466
유러달러 269
유럽연합 44, 133, 195, 212
유럽 통합 196
유엔개발계획 58
유엔무역개발회의 156
유연성 93
유입자 187
유효수요 66
윤리무역 이니셔티브 335
윤리무역구상 465
윤리적 소비 460
윤리적 소비 운동 137
은유 62
의사결정 73, 76
이미지 123
이민 프로그램 194
이주 경로 198
이주 기회 206
이주 노동 186, 215
이주 노동자 43, 190, 195, 199, 202
이주산업 211, 213
이주 인프라 211, 213
이주자 120, 186, 189
이주자 공동체 209
이주 프로그램 192
이코노크러시 52, 53, 62, 66, 81
인간개발지수 58
인간 활동 32
인구밀도 26, 27
인류세 359
인수합병 140, 174, 228

인식론 491
인적 네트워크 120
인종화 427
인종화된 노동시장 449
인클로저 475
인터넷 138
인터넷 광고 222
일대일로 309
일용직 노동 191
임계치 411
임시 외국인 노동자 196
입지 26, 47
입지 결정 28
잉여 남성성 438
잉여가치 92

ㅈ
자동차산업 28, 167
자동화 191
자본가 91
자본시장 264, 265
자본주의 41, 42, 91
자본주의 체제 92, 95, 98, 100
자본중심주의 456
자산유동화증권 263
자연재해 180
자연환경 32
자유무역지역 330
자유시장 90
자유시장경제 311
작업장 190, 435
장소 31, 34, 35, 47, 442
장소 마케팅 256, 258
장소 만들기 35
장소특수적 과정 366
장인생산 클러스터 403
재택근무 208
재활용 143
저발전 90

저소득 249
저임금 191
적시생산 시스템 397
전략적 제휴 174, 175
전략적 현지화 233
전문 공급업체 228
전문 라이선스 기관 194
전문 서비스 164
전시효과 172
전자물류 141
전자상거래 139, 222, 240, 241, 248
전쟁 자본주의 97
정보기술 93
정보네트워크 434
정체성 424
정체성 색맹 427
정치 거버넌스 313
정치경제학 61, 368
제3세계 90
제도적 관점 409
제도적 네트워크 120
제도적 맥락 133
제조업 86
제조업자개발생산 131
제조자설계생산 169
제품 상품화 249
제품 위험 179
제품 차별화 248
젠더 425
젠더 관계 101, 132
젠트리피케이션 106, 239
조세피난지 37
조세회피지 270
조인트벤처 174, 175
조절이론 96, 494
조정시장경제 311
조지프 슘페터 93
존 메이너드 케인스 64
존재론 491

종속이론 326
주권의 등급화 317
주류 경제학 54, 76, 180
주문자상표부착생산 130, 169
주문처리 모델 241
주문처리센터 243
주문형 노동 472
주변부 98
주장삼각주 85
주택권 211
중고물품 매매 243
중앙정부 44
중앙집중화 234
증권 265
증여 459
지구 남부 337
지구 북부 347
지구서밋 368
지구섬협회 336
지구온난화 356
지리경제학 80
지리적 규모 88
지리적 스케일 324
지리적 차원 81
지리학적 사고 47
지리학적 접근 방법 20, 26, 35, 48
지방정부 27, 28, 133
지속가능발전목표 338
지속가능성 58, 457
지역 거버넌스 330
지역문화 410
지역 블록 133
지역 쇼핑센터 234
지역화폐 453
지하경제 77
직업훈련 190
진화경제지리학 110, 495
집단 경제 91
집단 조직화 208

집적경제 394, 442
징계 메커니즘 203

ㅊ

창조적 파괴 93
채권금융 279
책임성의 지리학 460
천연자원 43, 78
청정개발체제 371
초국적기업 18, 36, 37, 44, 125, 140, 145, 150, 151, 152, 153,
    154, 156, 169, 178, 180, 228, 249
초국적 비즈니스 네트워크 447
초국적 생산 단위 163
초국적 생산 방식 167
초국적 영역 252
초국적 활동 152
총수요 94
최빈개도국 330
최소비용모델 392
최저임금 210
충격요법 329
취약성 181, 205

ㅋ

카페다이렉트 461
커머닝 476
커먼스 476
커뮤니티 경제 457
커뮤니티 기반 발전 345
커피 120
커피산업 134
컨베이어 벨트 93
케이맨 제도 275, 276
케인스주의 65
코카콜로니제이션 178
콤팩트시티 376
크라우드소싱 481
크라우드펀딩 481
클러스터 164, 390

클러스터화 129
클리블랜드 모델 458
키리바시 351

ㅌ

타임뱅크 471, 474
탄소배출권 354
탄소상쇄프로그램 371
탄소세 370
탄소의 사회적 비용 365
탈산업화 495
탈성장주의 380
탈탄소화 376
테마파크 256
퇴직연금제 93
투입−산출 구조 126
투자은행 267
트레이드크래프트 461
특화 413
틈새시장 93, 226, 240
티핑 포인트 359
파생상품 265

ㅍ

팔길이 원칙 313
페트(PET) 플라스틱병 24
편의점 231
평가절하 95, 109
평등 457
포디즘 93, 225
포스트식민주의 506
포스트포디즘 93, 225
풀뿌리경제재단 454
프랜차이징 176
프로젝트 기반 작업 417
플라스틱 폐기물 39
플랫폼 자본주의 480
핀테크 416
핑크 칼라 게토 435

ㅎ

하이브리드 거버넌스 333

하청 169, 208

학습지역 409

한계등비용곡선 394

한인 편의점 440

항공동맹 174

해외 업무위탁 169

해외직접투자 85, 204, 298

행동경제학 73

허브 앤드 스포크 클러스터 397

헤지펀드 264, 265

헨리 포드 93

호모 이코노미쿠스 74, 224

화장품산업 250

화폐 70

화폐가치 91

화폐경제 77

환경결정론 89

환경발자국 466

환경영향 20

환경자산 58

환경적 과정 78

환금작물 200

회복탄력성 113

효용 62, 72

후기 산업도시 239

후기구조주의 496

현대 경제지리학 강의

초판 1쇄 발행 2011년 9월 9일
3판 1쇄 발행 2024년 7월 31일

지은이 닐 코(Neil M. Coe), 필립 켈리(Philip F. Kelly), 헨리 영(Henry W.C. Yeung)
옮긴이 안영진·남기범

펴낸이 김선기
편집팀장 이선주
편집 김란
디자인 조정이
펴낸곳 (주)푸른길
출판등록 1996년 4월 12일 제16-1292호
주소 (08377) 서울특별시 구로구 디지털로 33길 48 대륭포스트타워 7차 1008호
전화 02-523-2907, 6942-9570~2
팩스 02-523-2951
이메일 purungilbook@naver.com
홈페이지 www.purungil.co.kr

ISBN 979-11-7267-014-6 93980